高等学校教材

化学分析与仪器分析基础

邓飞跃　衣馨瑶　邓春艳　邓文凯　杨　远　编

中国教育出版传媒集团
高等教育出版社·北京

内容提要

本书以国家认证认可监督管理委员会对检验检测人员持证上岗所需专业知识的基本要求为主线，力求概念清晰、深入浅出、讲求实用。本书涵盖了分析化学的基本概念、基础知识、方法原理和实验技术，所有实例来自本书编写时现行有效的国家标准或行业标准。全书分为十三章，各章后附有思考题和习题，书后附分析化学常用的相关参数。

本书可作为高等学校工科近化学类专业分析化学课程的教材，也可作为化学相关专业学生进入检验检测领域工作上岗培训的理论教材。

图书在版编目（CIP）数据

化学分析与仪器分析基础 / 邓飞跃等编. -- 北京：高等教育出版社，2024.2

ISBN 978-7-04-061560-9

Ⅰ. ①化… Ⅱ. ①邓… Ⅲ. ①化学分析-教材 Ⅳ. ①O65

中国国家版本馆 CIP 数据核字（2024）第 024706 号

Huaxuefenxi yu Yiqifenxi Jichu

策划编辑 付春江　责任编辑 付春江　封面设计 张　志　版式设计 杨　树
责任绘图 黄云燕　责任校对 高　歌　责任印制 田　甜

出版发行 高等教育出版社
社　　址 北京市西城区德外大街 4 号
邮政编码 100120
印　　刷 涿州市京南印刷厂
开　　本 787mm × 1092mm　1/16
印　　张 25.25
字　　数 560 千字
购书热线 010-58581118
咨询电话 400-810-0598
网　　址 http://www.hep.edu.cn
　　　　 http://www.hep.com.cn
网上订购 http://www.hepmall.com.cn
　　　　 http://www.hepmall.com
　　　　 http://www.hepmall.cn
版　　次 2024 年 2 月第 1 版
印　　次 2024 年 2 月第 1 次印刷
定　　价 49.50 元

本书如有缺页、倒页、脱页等质量问题，请到所购图书销售部门联系调换
版权所有　侵权必究
物 料 号 61560-00

前言

科学和社会的发展日新月异，分析化学的发展也一日千里，经典教材中的许多分析方法已经被时代大潮所淘汰。教学改革最关键的是教学内容的改革，因此，编写一部反映分析化学最新发展成果的教材是编者的夙愿。

中南大学是国家工科化学教学基地之一，其体现四大化学融合的“一段式”教学改革成果获得多项国家级和省部级教学成果奖，并出版了多部教材，获得了国内同行的好评。中南大学分析化学教学团队对工科大学化学系列教材中一直缺少一本体现教学改革精神的分析化学教材深感遗憾，本教材的出版，使中南大学工科大学化学系列教材的编写画上了圆满的句号。

本书是为工科近化学类专业量身打造的一本分析化学简明教材，也可作为化学相关专业学生进入检验检测领域工作上岗培训的理论教材。

本书编写力求通俗易懂，够用为度，所有名词除摩尔吸光系数的物理意义有自己的理解以外，其余全部遵循全国科学技术名词审订委员会公布的《化学名词》第二版（2016）的规定，所有实例均来自现行有效的国家标准或行业标准，各章的知识点通过章末思考题进行串联，以便学生课前预习和课后复习。练习题有选择题、判断题、计算题和简易的图谱解析，以便学生掌握各种方法的基本原理、基本常识，并会计算和报告各种方法的分析结果。与方法机理有关的复杂计算未在习题中列出，对近化学类学生这部分可不做要求。仪器分析部分特别强调理论联系实际，每种分析方法通过一个实例说明其能解决的实际问题及使用仪器分析解决实际问题过程中的重要注意事项。考虑到本教材的适用对象和学时，建议第十三章为自学内容，未列出思考题和习题。

编写过程中编者参考了一些相关的教材、专著、手册等，主要参考文献已列于书末。本书的编写得到了中南大学的立项支持，在编写过程中得到了高等教育出版社领导、编辑的大力支持，审稿专家提出了许多宝贵的修改意见，国内许多仪器生产商提供了宝贵的第一手资料，对上述支持和帮助本书出版的各位表示衷心感谢！

教材编写由邓飞跃教授牵头，衣馨瑶副教授、邓春艳教授、邓文凯博士、杨远副教授（湖南农业大学）全程参与了教材的编写。阳明辉教授、施树云教授、文莉副教授、吴倩副教授、刘琦副教授对各自专长领域的有关章节进行了修改与审订，深圳准诺检测有限公司李关侠、湖南省产商品质量检验研究院吴海智分别提供并整理了环境类、产商品类检测方法的应用实例。

限于编者水平，书中疏漏和不妥在所难免，敬请读者和同行批评指正。

编　者

2023年8月

目录

第一章　分析化学概要

1.1　分析化学的发展历程

分析化学(analytical chemistry)在日常生活和经济活动中随处可见。例如,检测新装修的住房中甲醛等有害挥发性物质是否超标;大米、蔬菜、水果等农产品是否存在农药残留;生活饮用水是否达标;企业产品的等级分类等都必须用分析化学的技术和手段加以解决。因此,化学相关专业的学生学习一定的分析化学知识是非常必要的。

分析化学是获取物质化学信息,研究物质的组成、状态和结构的科学。现代化学中无机化学、有机化学、物理化学主要是进行基础理论的研究,分析化学则是利用它们的基本理论解决检验、检测中的实际问题,因此,也有人将分析化学称为检测化学。检测结果又推动和促进了理论化学的发展。

16 世纪,天平的出现使分析化学具有了科学的内涵。经过 19 世纪物质定性鉴定和定量分析的发展,到 20 世纪 20~30 年代,随着物理化学溶液理论的成熟,分析化学引入物理化学的理论建立了化学分析的基本理论,分析化学不再是各种分析方法的简单堆砌,已经从经验上升到了理论。

20 世纪 40 年代以后,由于科学技术的进步,特别是一些重大的科学发现和发展,同时为了满足生产和科学研究的需要,分析化学也发生了革命性的变革,从传统的化学分析发展到仪器分析。

20 世纪 70 年代以来,以计算机广泛应用为标志,人类进入了现代信息时代。信息技术给科学技术发展带来了巨大的推动力,促使分析化学进入了第三次变革。随着计算机技术与分析仪器相结合,分析仪器逐步实现了自动化、智能化。

现代分析化学将化学与数学、物理学、计算机科学、生物学和医学结合起来,通过各种各样的方法和手段,得到分析数据,从中取得有关物质组成、结构和性质的信息,进而揭示物质世界构成的真相,分析化学进化成了分析科学。

1.2　分析化学的定义、任务和作用

分析化学的定义是在动态中发展演化的,在不同历史时期有不同的定义。20 世纪 50 年代对分析化学的定义是:研究物质组成的测量方法和有关原理的一门科学。20 世纪 90 年代则认为分析化学是:获取物质化学组成和结构信息的科学。现代分析化学的

定义是：发展和应用各种方法、仪器和策略，以获得物质在特定时间和空间有关组成和性质信息的科学。分析化学的发展与生命科学、环境科学、信息科学、材料科学、能源科学、食品科学、资源科学等学科的发展息息相关，小到每个人的衣食住行，大到国民经济的方方面面都是分析化学的服务对象，足见分析化学的重要性。当前科学技术的发展和人们生活水平的提高，尤其是5G大数据时代，既向分析化学提出了严峻的挑战，也为分析化学带来了巨大的发展机遇，扩展了分析化学的研究和应用领域。

分析化学在生命科学与技术中发挥了巨大的作用，在2020年全球流行新型冠状病毒的初期，我国科学家第一时间分离出了毒株，并进行了DNA测序，确定了病毒的类型，对全球疫情进行了示警，为科学防控提供了支持。

矿产、能源领域的研究成果大都是以检验、检测数据为主要支撑，各种测试技术已被列入地质科学技术的四大体系之一，各种色谱分析方法已经成为石油工业不可或缺的组成部分。

目前，全国共有约4万家取得CMA资质的第三方检验检测机构，从业人员数以百万，服务领域涵盖环境、食品、医学临床、化工、轻工、机械、地质、冶金、材料、司法等。分析化学在保证国民经济平稳发展、提高人们生活质量、确保人民生命健康、保证社会公平公正中发挥着巨大的作用。在现代所有前沿科技领域，无一不是以检验、检测手段作为后盾。因此，分析化学也被形象地说成是一切生产过程和科学研究的“眼睛”，是一切假冒伪劣产品的“照妖镜”。

1.3　分析方法的分类

分析化学的分类方法众多，按分析任务的目的可分为定性分析、定量分析和结构分析。按分析对象可分为无机分析和有机分析。按分析的技术手段可分为化学分析和仪器分析。按分析样品量的多少及含量的高低可分为常量分析、微量分析、痕量分析。按照分析结果的用途又可分为快速分析、例行分析、仲裁分析。

1.3.1　定性分析、定量分析和结构分析

定性分析（qualitative analysis）是识别和鉴定纯物质或物料中组分的分析方法。组分常指元素、无机离子、有机官能团、化合物，有时也指含有一种或几种物质的一个物相。简单地说，就是鉴定一种物质中有没有某种成分或有些什么成分。定量分析（quantitative analysis）是测定样品中元素、离子、官能团或化合物含量，说明物质中某一种成分有多少或者其含量是多少。结构分析就是鉴定化合物的基团结构、分子结构、晶体结构等信息。

1.3.2　无机分析和有机分析

无机分析（inorganic analysis）是指对无机组分的定性、定量、结构及形态的分析，

分析对象是无机物。有机分析（organic analysis）是指对有机组分的定性、定量、结构及构象的分析，分析对象是有机物。无机物和有机物在组成和结构上存在显著差异，因此，它们的分析要求和分析手段也不尽相同。

1.3.3 常量分析、微量分析、痕量分析

根据样品量的多少通常分为常量和微量。

常量分析（macro analysis）是指样品质量大于 0.1 g 或试液体积大于 10 mL 的分析。微量分析（micro analysis）是指样品质量在 0.1~10 mg 或试液体积在 0.01~1 mL 的分析。介于两者之间的样品分析称为半微量分析（meso analysis）。样品质量小于 0.1 mg 或试液体积小于 0.01 mL 的分析称为超微量分析（ultramicro analysis）。对于不同质量的样品，选用的分析方法和分析仪器也可能不同。

根据样品中待测组分含量的高低分为常量组分和痕量组分。

大于 1% 的组分称为常量组分，小于 0.000 1% 的组分称为痕量组分。介于两者之间的还可分为半微量组分（1%~0.01%）和微量组分（0.01%~0.000 1%）。对痕量组分的分析称为痕量分析（trace analysis），有时需要对含量远小于 0.000 1% 的组分进行分析，称为超痕量分析（ultratrace analysis），如对半导体硅片中杂质含量小于十亿分之一的样品组分进行分析。

1.3.4 快速分析、例行分析、仲裁分析

快速分析（fast analysis）是在保证一定准确度的前提下，在尽可能短的时间内给出分析结果的分析过程。快速分析强调分析的时效性，如钢铁冶炼的炉前分析，交通警察判断驾驶员是否饮酒驾车使用呼气式酒精测试仪进行的现场检测。例行分析（routine analysis）是为配合生产或例行检测而进行的分析，如生产企业对原材料和产品的例行检测，检验检测机构根据合同对外提供例行的检测服务。仲裁分析（arbitration analysis）是具有仲裁资质的检测机构按照仲裁分析方法进行分析，为在某一问题上争执不决的各方提供公正、准确、权威的分析测试数据。仲裁分析主要用于对外贸易、国内商事和民事上的争议。国际贸易中的仲裁资格对贸易安全非常重要，我国许多有实力的检测机构正在努力争取国际仲裁的资质。

1.3.5 化学分析和仪器分析

在现有的分析化学教材中，教材的知识结构都是按照化学分析和仪器分析的脉络展开的。

一、化学分析

化学分析（chemical analysis）是基于物质的化学反应建立的分析方法，通过物质的

化学反应及其计量关系来确定被测物质组成及含量，主要有滴定分析法和重量分析法。化学分析只能用于常量组分的分析，由于这两种方法最早用于定量分析，因此也称为经典分析法。

重量分析法是通过天平直接称量物质质量来计算分析结果，分为沉淀重量法、电重量法和气化法。沉淀重量法耗时长、效率低，但由于结果准确可靠，现在通常作为仲裁方法使用。电重量法是利用电解的原理将金属电解沉积在阴极上，根据阴极质量增加进行定量分析，有人也把这种方法归于仪器分析的电解分析法。气化法是现代检验检测实验室常用的重量分析法，常用于煤炭分析中水分、挥发分、灰分、固定炭的分析，有机物中挥发分、灼烧残渣等的分析。

将标准溶液滴加到待测物质的溶液中，使其与待测物质发生化学反应，并用适当方法确定反应的终点，根据反应的化学计量关系计算溶液中待测物质含量的分析方法称为滴定分析法，也称容量分析法。根据滴定反应的机理不同可分为酸碱滴定法、配位滴定法、氧化还原滴定法和沉淀滴定法。

化学分析曾是检验检测最常用的分析方法，但随着现代分析仪器的飞速进步，越来越多的检测任务逐步由化学分析向仪器分析过渡，但许多仪器分析方法也需要一定的化学前处理，化学分析的基本操作和理论体系对仪器分析的知识体系依然重要。

二、仪器分析

仪器分析（instrumental analysis）是基于物质的物理或物理化学性质，使用分析仪器测量物质的某些物理或物理化学性质的参数及其变化来获取物质的化学组成、成分含量及化学结构等信息的分析方法。

（一）仪器分析方法的分类

现代仪器分析应用了现代分析化学的各种新理论、新方法、新技术，把光谱学、量子学、傅里叶变换、微积分、模糊数学、生物学、电子学、电化学、激光、分离技术、计算机及软件成功地运用到现代分析的仪器上。仪器分析方法种类繁多，且新的方法还在不断诞生、发展和完善。根据仪器分析的基本原理，可以分为以下 5 个大类。

1. 光学分析法

建立在物质与光的相互作用基础上的仪器分析方法称为光学分析法。物质与光的相互作用包括物质对光的发射、吸收、散射、衍射、偏振等。

常用于样品中无机成分分析的光学分析方法有分光光度法，分子发光分析法、原子发射光谱法（经典光源、ICP 光源）、原子吸收光谱法（火焰原子化法、电热原子化法）、原子荧光法、X 射线衍射法、X 射线荧光法、光电子能谱法、电子显微镜法、散射法等。

常用于样品中有机成分分析的光学分析方法有红外光谱法、拉曼光谱法、核磁共振波谱法、电子顺磁共振法、旋光法等。

光学分析法是现代检验检测实验室应用最广的仪器分析方法。

2. 电化学分析法

建立在物质的电阻、电导、电位、电流、电荷量等电化学性质基础上的分析方法称为电化学分析法。

常用的有电势分析法、电位滴定法、电解和库仑分析法、伏安分析法、电导分析法等。

电化学分析在科学研究领域应用较多,在现代检验检测实验室因效率和环保方面的原因重要性有所下降。

3. 色谱分析法

根据混合物中各组分在互不相溶的两相(分别称为固定相和流动相)中的吸附能力、分配系数或其他亲和力作用的差异而建立起来的分离后进行测定的分析方法称为色谱分析法。

根据流动相和固定相的状态不同或分离机理不同,色谱分析法又可分为气相色谱法、高效液相色谱法、离子色谱法、超临界流体色谱法、薄层色谱法等。

色谱分析法虽然可以用于简单无机物的定性、定量分析,但它最主要的应用是有机物的分析,是现代食品、药品、环境等领域最主要的分析手段之一。

4. 质谱分析法

样品在离子源中被电离成带电的离子,带电的离子在质量分析器中按离子的质荷比(m/z)的大小进行分离,并记录其图谱,根据谱线的位置和谱线的相对强度来进行分析的方法称为质谱分析法。

5. 联用分析方法

联用分析方法也称联用分析技术。将几种方法结合起来,特别是将分离方法和检测方法相结合,汇集各自方法的优点,弥补各自方法的不足,已经成为当前仪器分析的重要发展方向。主要是将色谱、光谱等分析技术与质谱联用,提升分离效能,提高方法的灵敏度。

除了上述5大类仪器分析方法以外,还有一些利用特殊的物理或物理化学性质来进行分析的方法。例如,利用物体的热性质进行分析的差热分析法和热重分析法、利用放射性同位素的性质进行分析的放射化学分析法。

(二)仪器分析方法的特点

与化学分析方法比较,仪器分析具有如下特点:

(1)灵敏度高。大多数仪器分析法适用于痕量组分的分析。例如,石墨炉原子吸收分光光度法测定某些元素的绝对灵敏度可达 10^{-14} g。

(2)取样量少。化学分析法需用 10^{-4}~10^{-1} g,仪器分析样品常在 10^{-8}~10^{-2} g。

(3)在低浓度范围分析的准确度较高。含量在 10^{-9}%~10^{-5}% 范围内的杂质测定,相对误差可低达 1%~10%。

(4)快速。例如,发射光谱分析法在 1 min 内可同时测定水中 48 种元素。

(5)可进行无损分析。有时可在不破坏样品的情况下进行测定,特别适于考古、文物等特殊领域的分析。有的方法还能进行表面或微区(直径为微米级或更小)分析,且样品可回收。

(6)自动化程度高,操作较简便。很多仪器可省去繁杂的化学操作过程,可直接进样。现代许多仪器在样品准备好以后可以自动测定并报告分析结果。

但仪器分析的设备较复杂,价格较昂贵。最贵重的分析仪器单价超过 1 000 万元。

1.4 分析检测的一般流程和分析结果的报告

1.4.1 分析检测的一般流程

分析检测的方法众多,定量分析的一般流程为:从分析对象中按一定的规则采取一定数量能代表分析对象整体特性的物料,这一过程称为采样。对采取的物料进行加工制成符合分析要求的样品,这一过程称为制样。定量称取一定质量的样品,经过适当的预处理(如制成溶液,对待测组分进行分离和富集,对固体表面进行抛光,制成一定的形状等)使样品满足测定的要求,再选用适当的化学或仪器分析方法进行测量,这一过程称为测定(或检测)。最后根据测量数据报告样品中待测组分的构成及含量,必要时根据测定的结果对样品进行评价。

一、样品的采集、制备和分解

在执行一项分析检测任务时,不可能对分析对象总体进行分析,只能在总体中采集一部分样品,并对采集的样品进行有限次的平行测定。采样的关键是采集的样品必须能代表分析对象的整体特性,必须具有代表性。采集的代表性物质称为样品(sample)。

对大批量的固体检测对象,如进口的一船铁矿石需要从多少个点采集多少质量的样品可利用下面的经验公式进行估算:

$$n=\left(\frac{t\sigma}{E}\right)^2 \tag{1-1}$$

$$Q=kd^a \tag{1-2}$$

式(1-1)中 n 为应采样的单元(点)数,n 取整数,尾数只升不舍;t 为与采样单元数和置信度有关的统计量;σ 为各个采样单元含量标准偏差的估计值,物料越不均匀,σ 值越大,采样单元数越多;E 为分析对象中待测组分的允许误差,允许误差越小,采样单元数越多。

式(1-2)中 Q 为最小采样质量,单位为 kg;d 为样品物料颗粒的最大粒径,单位为 mm;K 和 a 均是与物料种类有关的常数,由各部门根据经验拟定,K 值在 0.05~1.0,a 值在 1.6~2.6,一般没有特别说明时 a 值取整数 2。

从各采样点采集的样品先汇集、破碎成更细的样品,再根据式(1-2)进行缩分。缩分后必须保留足够具有代表性的样品。常规分析一般要求最终检测的样品能过 200 目(筛孔 74 μm)筛,质量不少于 50 g,金矿样品要保留 200 g。

样品的采集和制备必须保证最后得到的分析样品能够代表原样品,否则,无论后续分析多么完美,最后得到的结果也是毫无意义的。随着分析人员素质的提高和检测手段不断改进,检测的误差越来越小,尽管采样人员也进行了持证上岗培训,并按照严格的规程进行采样,但由于样品本身的不均匀性,采样的误差来源还是要占到总分析误差90% 以上。

样品正式测定前,直接测定的固体样品需要加工成一定的形状,化学分析需要对样品进行分解,制成溶液。

样品分解的方法很多,优先用水溶解,水不溶物可用酸溶,常用的酸有盐酸、硫酸、硝酸、氢氟酸、高氯酸等,有些物料可用氨水、氢氧化钠等碱性溶剂溶解。酸溶、碱溶解决不了的样品可先高温熔融或烧结,再用酸浸出转变为溶液。

二、干扰组分的分离和痕量组分的富集

对于复杂的样品,基体成分可能干扰测定。样品中待测元素以外的组分统称为基体(matrix)。分析中基体对待测组分的干扰效应称为基体效应(matrix effect)。仪器分析中减小基体效应的最佳方法是对标准样品和待测样品进行基体匹配。化学分析的干扰优先采用掩蔽的方法,掩蔽是加入一种被称为掩蔽剂的试剂,它与干扰组分反应降低其在溶液中的浓度或活性,使干扰组分不对样品中待测组分的测定产生干扰。掩蔽解决不了的干扰组分必须进行分离。分离是指将干扰组分或待测组分从基体中分离出来,或是将痕量待测组分从基体中富集分离出来。

常用的分离富集方法有沉淀分离法、萃取分离法、离子交换分离法等,可详见有关专著。

三、测定

根据被测组分的性质、含量及对分析结果准确度的要求,可从各类标准分析方法中选择合适的分析方法进行分析测定,找不到标准分析方法的样品,可利用文献介绍的方法或自行研制的分析方法进行测定。检验检测机构的技术人员应熟悉各种分析方法的原理、准确度、灵敏度、选择性和适用范围等,以便选择合适的分析方法。

四、分析结果的报告和评价

根据样品质量、测量信号、计量关系,计算各组分的含量或浓度,提交正式的检测报告,必要时对分析结果进行评价。检测报告必须说明检测的依据(方法名称)、使用的仪器、检测的日期等信息。

1.4.2 分析结果的表示

一、待测组分的化学表达形式

分析结果通常以待测组分的实际存在形式的含量表示。如果待测组分的实际存在形式不清楚,则分析结果以氧化物或元素形式的含量表示。例如,矿石分析中,常以氧化物的形式表示分析结果(如 K_2O、CaO、Fe_2O_3、P_2O_5、SiO_2 等),金属材料中常以元素形

式（如 Fe、Cu、W、Mo 和 C、H、O、N、S）的含量表示，电解质溶液分析常以离子存在形式的含量表示。

二、待测组分含量的表示方法

1. 固体样品

固体样品中待测组分的含量通常以质量百分含量表示。若称取的样品质量为 m，测得组分 B 的质量为 m_B，则样品中 B 组分的含量 w_B 为

$$w_B = m_B / m \tag{1-3}$$

当待测组分含量很低时，还可用 μg/g（10^{-6}）、ng/g（10^{-9}）、pg/g（10^{-12}）表示，依次习惯表示为 ppm、ppb、ppt。

2. 液体样品

液体样品中的待测组分的含量可用物质的量浓度表示，单位为 mol/L，或用质量体积浓度表示，单位为 g/L、mg/L 等。

3. 气体样品

气体样品中待测组分的含量通常用体积分数或质量浓度表示。

1.5 分析试剂、标准物质和量值溯源

1.5.1 分析试剂

一、试剂规格

根据国家有关规定，化学试剂的纯度通常分为化学纯、分析纯和优级纯三级。分析检测过程中使用的常规试剂不低于分析纯，基准物质必须是优级纯，试剂生产必须得到国家计量管理部门的授权，基准试剂可当二级标准物质使用。

特殊分析检测领域必须使用更高纯度的试剂，如 ICP-MS 使用的硝酸纯度必须大于 99.999%，半导体检测试剂的纯度必须大于 99.999 999%，各单项杂质含量不大于 1.0×10^{-11}，其单价是分析纯试剂价格的 100 倍以上。

分析化学中用水的纯度也有要求。纯水通常分为三级，常量分析可使用三级纯水，微量、痕量组分的测定可能需要二级纯水或一级纯水。纯水国家标准主要指标见表 1-1。

表 1-1 纯水国家标准主要指标

指标名称		一级水	二级水	三级水
pH 范围（25 ℃）		—	—	5.0~7.5
电导率	mS/m	≤ 0.01	≤ 0.10	≤ 0.50
	μS/cm	≤ 0.1	≤ 1	≤ 5
比电阻（25 ℃）/（mΩ·cm）		>10	>1	>0.2

二、基准试剂

分析检测中离不开标准物质，标准物质用以校准仪器和方法，以便得到准确的分析结果。能用于直接配制标准溶液或直接标定标准溶液的物质称为基准试剂，基准试剂简称基准物，但它不是一级标准物质中严格意义上的基准物。

基准物质应符合下列要求：

（1）试剂的组成与化学式完全相符，若含结晶水，其结晶水含量也应符合化学式，如 $H_2C_2O_4 \cdot 2H_2O$，$Na_2B_4O_7 \cdot 10H_2O$。

（2）性质稳定，不与空气中的氧、二氧化碳反应，不吸潮等。

（3）纯度足够高，质量分数在 99.9% 以上。

（4）参加滴定反应要严格按反应式定量进行，没有副反应。

常用的基准物质有纯单质及其氧化物，如金、银、铜、锌、铁、钴、镍、铝、硅等；化合物常用作基准物质的有氯化钠、重铬酸钾、硼砂、邻苯二甲酸氢钾、碳酸钠、二水草酸、草酸钠、三氧化二砷、碳酸钙、硫酸铁铵等。

三、标准溶液的配制

标准溶液的配制可用两种方法。

1. 直接法

准确称取一定质量的基准物质溶解后配成一定体积的溶液，根据物质质量和溶液体积即可计算出该标准溶液的准确浓度。

2. 标定法

很多物质不具备基准物质的条件，但仍然具备标准物质的条件，可以先将其配制成近似于所需的标准溶液的浓度，然后用基准物质或已知准确浓度的标准溶液进行标定，从而求出该标准溶液的准确浓度。例如，浓盐酸因易挥发，不具备基准物质的条件，但稀释后稀盐酸很稳定，可作为标准溶液使用，欲配制 0.100 0 mol/L 盐酸标准溶液，可以先配制大约 0.1 mol/L 盐酸溶液，然后称取一定质量的硼砂基准物质进行标定，从而计算出它的准确浓度作为标准溶液使用。

1.5.2 标准物质和量值溯源

一、标准物质

标准物质（reference material）的定义是：具有足够均匀和精确确定了的一种或多种特性量值，用以校准设备、评价测量方法或给材料赋值的材料或物质。

标准物质可以是纯的或混合的气体、液体或固体。标准物质按规定分为一级标准物质和二级标准物质。

一级标准物质（GBW）又称为基准物，采用绝对测量方法或其他准确、可靠的方法测定标准物质的特性量值，其测量准确度要达到高水平。标准物质须由国务院计量行政部门批准、颁布并授权生产,并授权标准代号,标准物质必须持证使用。

二级标准物质[GBW(E)]是采用准确可靠的方法或直接与一级标准物质相比较的方法测量其特征量值、均匀性、稳定性和定值准确度,它能满足现场测量和例行分析工作的需要,也须经国家有关计量管理部门批准、颁布和授权生产,并附有标准证书。二级标准物质主要用作例行分析的质量控制。

二、量值溯源

根据国家计量法的有关规定,检验检测机构出具的所有检测报告的数据都必须能溯源至国家标准。

1.6 定量分析的依据和定量分析方法

1.6.1 标准溶液浓度的表示方法

一、物质的量浓度

标准物质浓度常用物质的量浓度表示。物质 B 的量浓度是指单位体积溶液中所含物质 B 的量,用符号 c_B 表示:

$$c_B = \frac{n_B}{V} \tag{1-4}$$

式中 n_B 表示溶液中溶质 B 的物质的量,单位为 mol 或 mmol; V 为溶液的体积,单位为 L; c_B 常用的单位为 mol/L。

由于物质的量取决于基本单元的选择,因此,表示物质的量浓度时必须指明基本单元,例如,某硫酸的浓度由于选择不同的基本单元,其浓度就不同。如 $c_{H_2SO_4}=0.10$ mol/L, $c_{\frac{1}{2}H_2SO_4}=0.20$ mol/L。由此得出 $c_B=\frac{1}{2}c_{\frac{1}{2}B}$,其通式为

$$c_{\frac{b}{a}B} = \frac{a}{b}c_B \tag{1-5}$$

二、滴定度

在生产单位的例行分析中,为了简化计算,常用滴定度来表示标准溶液的浓度。滴定度是指每毫升标准溶液相当于被测物质的质量(g 或 mg)。滴定度用 T 表示,例如, $T_{Fe/K_2Cr_2O_7}$=0.005 000 g/mL,表示 1 mL 重铬酸钾标准溶液相当于 0.005 000 g 铁。若滴定中消耗重铬酸钾的体积为 25.40 mL,则被滴定溶液中铁的质量为

$$m_{Fe}=0.005\,000 \text{ g/mL} \times 25.40 \text{ mL}=0.127\,0 \text{ g}$$

滴定度与物质的量浓度可以换算,例如,上述重铬酸钾标准溶液的滴定度可换算为物质的量浓度。由

$$Cr_2O_7^{2-}+6Fe^{2+}+14H^+ \xlongequal{} 2Cr^{3+}+6Fe^{3+}+7H_2O$$

$$c_{K_2Cr_2O_7}=\frac{T_{Fe/K_2Cr_2O_7}\times10^3}{M_{Fe}\times6}=0.014\ 92\ mol/L$$

三、质量体积浓度

现代检验检测机构通常外购标准溶液，常用质量体积浓度表示，物质 B 的质量体积浓度是指单位体积溶液中所含物质 B 的质量，单位为 g/L 或 mg/L 等。

1.6.2 分析检测定量分析的依据和分析结果的计算

一、化学分析标准溶液与被滴定物质之间的化学计量关系

在直接滴定法中，设标准溶液 A 与被滴定物质 B 有下列化学反应：

$$aA+bB \xlongequal{} cC+dD$$

式中 C、D 为滴定产物。当上述滴定反应达到化学计量点时，A 物质的量与 B 物质的量有如下关系：

$$n_B=\frac{b}{a}n_A \quad 或 \quad n_A=\frac{a}{b}n_B \qquad (1\text{–}6)$$

式中$\frac{b}{a}$或$\frac{a}{b}$称为反应计量比。

例如，草酸标定高锰酸钾的浓度时，滴定反应为

$$2MnO_4^-+5C_2O_4^{2-}+16H^+ \xlongequal{} 2Mn^{2+}+10CO_2+8H_2O$$

由式（1–6）即可得出$n_{KMnO_4}=\frac{2}{5}n_{H_2C_2O_4}$。

也可以根据等物质量的规则进行计算，根据反应方程式，选择高锰酸钾的基本单元为$\frac{1}{5}KMnO_4$，$H_2C_2O_4$ 的基本单元为$\frac{1}{2}H_2C_2O_4$由等物质量规则可得

$$n_{\frac{1}{5}KMnO_4}=n_{\frac{1}{2}H_2C_2O_4}，\ 5n_{KMnO_4}=2n_{H_2C_2O_4}，同样可得出n_{KMnO_4}=\frac{2}{5}n_{H_2C_2O_4}$$

在间接滴定法中，涉及两个以上的化学反应，必须从总的反应中找出实际参加反应的物质的量之间的关系。例如，在酸性溶液中，以 $K_2Cr_2O_7$ 为基准物质，标定硫代硫酸钠时，先在酸性溶液中用重铬酸钾与过量碘化钾反应生成单质碘，再用硫代硫酸钠滴定生成的碘。

$$Cr_2O_7^{2-}+6I^-+14H^+ \xlongequal{} 2Cr^{3+}+3I_2+7H_2O \qquad (1)$$

$$I_2+2S_2O_3^{2-} \xlongequal{} 2I^-+S_4O_6^{2-} \qquad (2)$$

反应（1）中，I^- 被 $K_2Cr_2O_7$ 氧化为 I_2，但在反应（2）中 I_2 又被 $Na_2S_2O_3$ 还原为 I^-，根据两个反应的化学计量关系可得

$$n_{K_2Cr_2O_7}=\frac{1}{3}n_{I_2}，\ n_{I_2}=\frac{1}{2}n_{Na_2S_2O_3}，\ n_{K_2Cr_2O_7}=\frac{1}{6}n_{Na_2S_2O_3}$$

二、仪器分析定量分析的依据

在仪器分析方法中，测量的信号强度与样品中待测组分含量的关系主要有两种，一种是待测组分含量（浓度）与测量信号成正比，数学表达式为

$$A=Kc \tag{1-7}$$

式中 A 为仪器的测量信号强度，c 为样品中待测组分浓度，K 是与样品特性及测量条件相关的常数。

另一种是待测组分含量（浓度）的对数与测量信号呈线性关系，表达式为

$$E=K\lg c+a \tag{1-8}$$

式中 E 为测量信号，c 为样品中待测组分浓度，K、a 均是与样品特性及测量条件相关的常数。

三、标准溶液浓度的计算

1. 直接配制法

设基准物质 B 的摩尔质量为 M_B（g/mol），质量为 m_B（g），则物质 B 的物质的量为

$$n_B=\frac{m_B}{M_B}$$

若将其配制成体积为 V（L）的标准溶液，它的浓度为

$$c_B=\frac{n_B}{V}=\frac{m_B}{V\times M_B} \tag{1-9}$$

2. 标定法

设以浓度为 c_A（mol/L）的标准溶液滴定体积为 V_B（mL）的物质 B，在化学计量点时用去标准溶液的体积为 V_A（mL），则由式（1-6）可得

$$n_B=c_B\times V_B\times 10^{-3}=\frac{b}{a}n_A=\frac{b}{a}c_A\times V_A\times 10^{-3}$$

若已知 c_A、V_A、V_B，则

$$c_B=\frac{b\times c_A\times V_A}{a\times V_B} \tag{1-10}$$

若已知物质 B 的摩尔质量为 M_B，则可由式（1-10）求出物质 B 的质量

$$m_B=n_B\times M_B=\frac{b}{a}c_A\times V_A\times 10^{-3}\times M_B \tag{1-11}$$

若以基准物质标定标准溶液，设所称取的基准物质质量为 m_A（g），摩尔质量为 M_A，则计算公式为

$$c_B=\frac{b\times m_A}{a\times M_A\times V_B}\times 10^3 \tag{1-12}$$

四、滴定分析待测组分含量的计算

设样品的质量为 m（g），测得其中组分 B 的质量为 m_B（g），由式（1-3），待测组分的质量

分数为

$$w_B=m_B/m=c_B\times V_B\times 10^{-3}/m$$

将式（1-11）代入可得

$$w_B=\frac{b}{a}\times\frac{c_A\times V_A\times M_B}{m}\times 10^{-3} \tag{1-13}$$

五、仪器分析待测组分含量的计算

现代仪器分析通常配置了计算机和数据处理软件，只需将待测样品信息和标准样品信息事先输入计算机，测定完成后仪器会自动计算并报告分析结果。具体处理方法有如下几种。

1. 标准样品直接比较法

如果待测样品与标准样品基体匹配，浓度接近，且测量信号与样品浓度严格遵守定量关系，则可在相同的仪器工作条件下分别测定标准样品和待测样品的信号，从而求出待测样品中待测组分的含量（或浓度）：

$$A_s=Kc_s \qquad A_x=Kc_x$$

$$c_x=c_sA_x/A_s \tag{1-14}$$

此法简便、快速，但由于只与一个标准样品比较，偶然误差较大，只适合基体匹配的样品的快速测定，准确度要求较高时只能用下面的定量方法测定。

2. 工作曲线法

这是实际工作中用得最多的一类定量分析方法。工作曲线法根据标准样品的不同又分为标准曲线法和校正曲线法。

工作曲线法是配制一系列不同浓度的标准溶液，以不含待测组分的空白溶液作参比，通过调节仪器使其信号响应值为零。在相同条件下测定标准溶液和待测溶液的信号值，以标准溶液的信号值为纵坐标，对应的标准溶液浓度为横坐标作图得到标准曲线，如图 1-1 所示。

根据待测样品的信号强度，做一条平行于横坐标的虚线，虚线与工作曲线的交点对应的横坐标即为样品中待测组分的浓度。若用标准样品的测量信号对其浓度作图，则称为校正曲线。

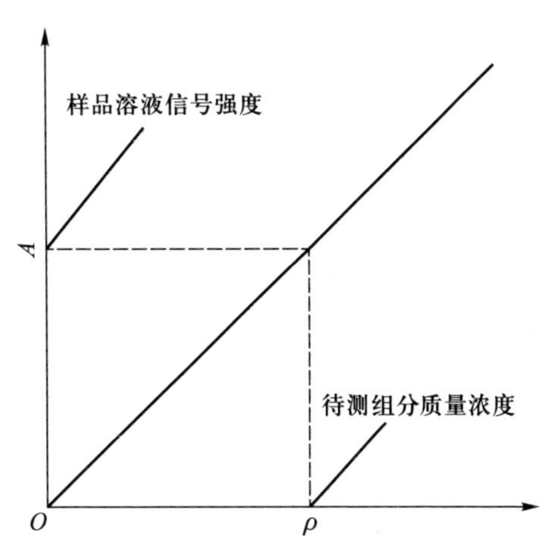

图 1-1　工作曲线示意图

现在分析仪器通常带有自动作图系统，可自动生成校正曲线，并计算出样品中待测组分含量（浓度）。若需手工绘制工作曲线，则要求工作曲线两侧的点至工作曲线的距离的和相等。实际工作中的工作曲线不一定严格过原点，此时线性方程可写成 $Y=a+bX$。

工作曲线的线性可用相关系数 R 进行表

征，理论上直线的相关系数 R=1，但实际工作中相关系数 R 会小于 1，R 数值越接近 1 表明工作曲线越理想，工作曲线至少要 R>0.99 才能比较准确地报告分析结果，很多分析方法要求工作曲线的 R>0.999。相关系数可用最小二乘法求得，带计算机的分析仪器在自动绘制工作曲线时也会自动给出 R 值，所以通常不需要操作者进行计算。

工作曲线的另一个重要指标是线性范围（linearity range）。它是指在一定精密度、准确度的前提下（如 R>0.99）能准确定量测定的最低浓度到最高浓度间的范围，在实际应用中，分析方法的线性范围至少要有 2 个数量级，有的方法可达 5~6 个数量级。线性范围越大，样品测定的浓度适应性越强。

线性范围的确定可用作图法（响应值 Y / 浓度 X）或计算回归方程（$Y=a+bX$）来研究建立。在实际工作中工作曲线的浓度选择是所有样品中的待测组分的浓度在工作曲线最低点和最高点浓度之间，大多数测量浓度落在工作曲线的中间，且工作曲线的浓度范围落在方法的线性范围内。

工作曲线法的优点是：绘制好标准工作曲线后测定工作就变得相当简单，可直接从标准工作曲线上读出含量，因此，特别适合大量样品的分析。但工作曲线法仅适合基体不产生干扰或在制作工作曲线时标准溶液与待测样品进行了严格的基体匹配时进行测定，否则采用工作曲线法进行测定会产生较大方法误差，这时必须采用标准加入法进行测定。

3. 标准加入法

标准加入法，又称标准增量法或直线外推法，是一种被广泛使用的仪器分析定量分析方法，同时也是验证仪器分析准确度的测试方法。这种方法尤其适用于检验样品中存在干扰物质的情况。

将一定量已知浓度的标准溶液加入待测样品中，测定加入前后样品的浓度。如果样品中存在干扰物质，则干扰物质对原样品中待测物的影响程度和加入的校准样品中的待测物的影响程度相同，从而可以相互抵消。

标准加入法可通过计算法或作图法求出样品中待测物的浓度。

计算法测定方法如下：取体积为 V 的样品溶液两份，一份加入浓度 c_s 的标准溶液 V_s，两份溶液再同时加入其他试剂（如稳定剂、掩蔽剂等）后稀释至原体积的两倍，分别测得未加标准溶液的样品的测定值为 A_x，加入了标准溶液的样品的测定值为 A_s。

$$A_x=K\times c_x/2$$

$$A_s=K\times(c_x+c_s\times V_s/V)/2$$

$$c_x=A_x\times c_s\times V_s/[V\times(A_s-A_x)] \tag{1-15}$$

作图法一般把试液分成四等份，一份不加标准溶液，另三份分别加入不同浓度的标准溶液，稀释至相同体积在相同的实验条件下测量信号影响值，以加入的标准溶液的浓度为横坐标，测量响应值为纵坐标作图，加入标准溶液后样品中总浓度还应在方法的线性范围内，则可得一直线，直线外推至与横坐标的交点，交点的绝对值即为样品中待测组分的含量，如图 1-2 所示。

标准加入法也是考察方法准确度的有效手段，具体方法是用所选方法先测定样品中待测组分含量，再在样品中加入一定量已知物质的量的待测组分的标准物质，测定样品加标准物质后的和量，和量减去样品中的量再除以加入量，可得回收率。若回收率在

95%~105% 之间,可认为方法可靠。测定低含量时回收率可放宽至 90%~110%。

4. **内标法**

若某种仪器分析方法测量条件的变化对测定结果的影响较大,采用工作曲线法或标准加入法进行测量时,若在测定过程中仪器的测量条件发生波动,则会对测定结果产生影响,造成误差。采用内标法可有效减小仪器测量条件波动对分析结果的影响。

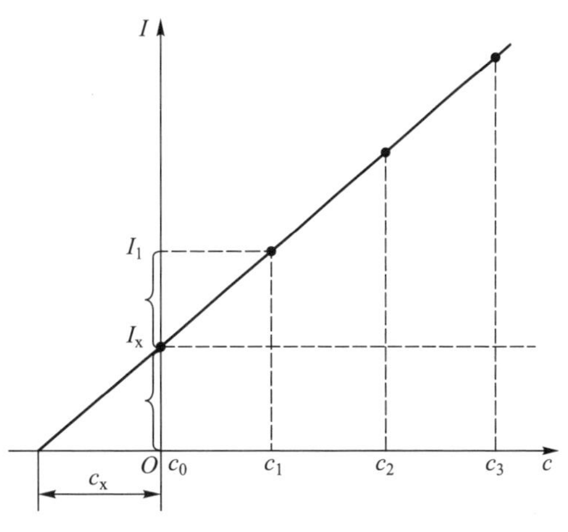

图 1-2 标准加入法示意图

内标法是在样品中选取一个或人工加入一个性质与待测物相近,浓度已知且适当的物质作为内标物。内标物在所有标准样品及测定样品中的浓度必须严格一致。然后分别测定待测物和内标物的响应值,用待测物的信号值与内标物的信号值相除,所得结果对标准物质的浓度作图,可得内标法的工作曲线,按工作曲线法求得样品中待测组分的含量,由于内标法工作曲线的测定结果受仪器工作条件的影响较小,因此工作曲线可用较长时间,每次测定时进行单点校正即可。

内标法也可只选一个标准样品通过比较法求得分析结果。

若标准样品内标物的响应值为 A_{fs},标准物的浓度为 c_s,信号响应值为 A_s,待测物的浓度为 c_x,信号响应值为 A_x,待测样品内标物的响应值为 A_{fx},则

$$A_s/A_{fs}=Kc_s$$

$$A_x/A_{fx}=Kc_x$$

$$c_x=c_sA_xA_{fs}/A_{fx}A_s \qquad (1-16)$$

1.7 衡量检测方法优劣的性能指标

1.7.1 精密度

精密度(precision)是指在相同条件下对同一样品进行多次平行测定,各平行测定结果之间的符合程度,分析方法要求精密度高以确保方法的准确度。

精密度一般用标准偏差 s(对有限次测定)或相对标准偏差 RSD(%)表示,其值越小,平行测定的精密度越高,详见第二章相关内容。

1.7.2 灵敏度

仪器或方法的灵敏度(sensitivity)是指被测组分在低浓度区,当浓度改变一个单位

时所引起的测定信号的改变量，1975年国际纯粹与应用化学联合会（IUPAC）规定，灵敏度 S 的定义是分析标准函数的一阶导数。若分析标准函数为

$$x=f(c) \tag{1-17}$$

式中 x 为测量值；c 为被测元素或组分的浓度或含量。则灵敏度：

$$S=\frac{\mathrm{d}f(c)}{\mathrm{d}c} \tag{1-18}$$

由此可以看出，灵敏度就是分析校准曲线的斜率。S 大则灵敏度高，意味着测量值随浓度改变的变化大。灵敏度受校正曲线的斜率和仪器设备本身精密度的限制。两种方法的精密度相同时，校正曲线斜率较大的方法较灵敏，两种方法校正曲线的斜率相等时，精密度好的灵敏度高。

1.7.3 检出限

检出限（detection limit，D.L.）的定义为：以特定的分析方法，以适当的置信水平被检出的最低浓度或最小量，分析方法通常希望得到较低的检出限。

只有存在量达到或高于检出限才能可靠地将有效分析信号与噪声信号区分开，以确定样品中被测元素具有统计意义的存在。"未检出"即指被测元素的量低于检出限。在IUPAC的规定中，对各种光学分析方法，可测量的最小分析信号 $x_{\min}$ 由下式确定：

$$x_{\min}=\overline{x_0}+Ks_{\mathrm{B}} \tag{1-19}$$

式中 $\overline{x_0}$ 是用空白溶液（也可为固体、气体）按同样测定分析方法多次（一般为20次）测定的平均值；s_{B} 是空白溶液多次测定的标准偏差；K 是由置信水平决定的系数。IUPAC推荐 K=3，在误差正态分布的条件下，其置信度为99.7%。

由式（1-19）可以看出，可测量的最小分析信号为空白溶液多次测量平均值与3倍空白溶液的标准偏差之和，它所对应的被测元素浓度即为检出限D.L.。

$$\mathrm{D.L.}=\frac{x_{\min}-\overline{x_0}}{S}-\frac{ks_{\mathrm{B}}}{S}=3\frac{s_{\mathrm{B}}}{S} \tag{1-20}$$

式中 S 为灵敏度，即分析校准曲线的斜率。由式（1-19）和式（1-20）可知，检出限和灵敏度是密切相关的，但其含义不同。灵敏度指的是分析信号随组分含量的变化率，与检测器的放大倍数有直接关系，并没有考虑噪声的影响。因为随着灵敏度的提高，噪声也会随之增大，信噪比和方法的检出能力不一定会得到提高。检出限与仪器噪声直接相联系，提高测定精密度、降低噪声，可以改善检出限。

1.7.4 线性范围

校正曲线的线性范围（linear range）是指能定量测定的最低浓度到遵循线性响应关系的最高浓度间的范围。在实际工作中，分析方法的线性范围至少应有两个数量级，有些方法的线性范围可达5~6个数量级。线性范围越宽，样品测定的浓度适用性越强。

1.7.5 选择性

选择性（selectivity）是指分析方法不受样品基体共存物质干扰的程度。然而，迄今为止，还没有发现哪一种分析方法绝对不受其他物质的干扰。干扰越少，选择性越好。

1.7.6 准确度

准确度（accuracy）是多次测定的平均值与真值相符合的程度，用误差或相对误差描述，其值越小准确度越高。实际工作中，常用标准物质或标准方法进行对照试验确定，或用标准物质加标回收进行估计，加标回收率越接近 100%，分析方法的准确度越高，但加标回收试验不能发现某些固定的系统误差。

1.7.7 仪器噪声

仪器噪声是指仪器正常信号之外的干扰信号的总和。噪声的存在会使仪器的基线不稳，产生波动。测定结果的精密度下降、检出限变差。

1.7.8 工作效率

工作效率无疑是检验检测工作的重要考核指标。工作效率是指仪器获得一个准确的测定参数所需的时间。现代效率最高的仪器如发射光谱分析可同时对样品中存在的所有元素进行定性、定量分析，数秒内可获得样品的所有有用信息。

1.8 发展中的分析化学

现代科学技术的发展、生产的需要和人民生活水平的提高对分析化学提出了新的要求，为了适应科学发展，仪器分析越来越受到重视，分析仪器向着微型、高效、自动、智能的方向发展，分析化学的应用和发展详见图 1-3。

目前仪器分析的发展趋势有以下几个特点：

（1）方法创新。进一步提高仪器分析方法的灵敏度、选择性和准确性。各种选择性检测技术和多组分同时分析技术等是当前仪器分析研究的重要课题。

（2）分析仪器智能化。计算机在仪器分析法中不仅能控制仪器的全部操作，实现分析操作的自动化和智能化，而且可以储存分析方法和分析数据，运算分析结果。

（3）新型动态分析检测和非破坏性检测。离线的分析检测不能瞬时、直接、准确地反映生产实际和生命环境的情景实况，动态分析及时控制生产、生态和生物过程。运用先进的技术和分析原理，研究并建立有效、实时、在线和高灵敏度、高选择性的新型

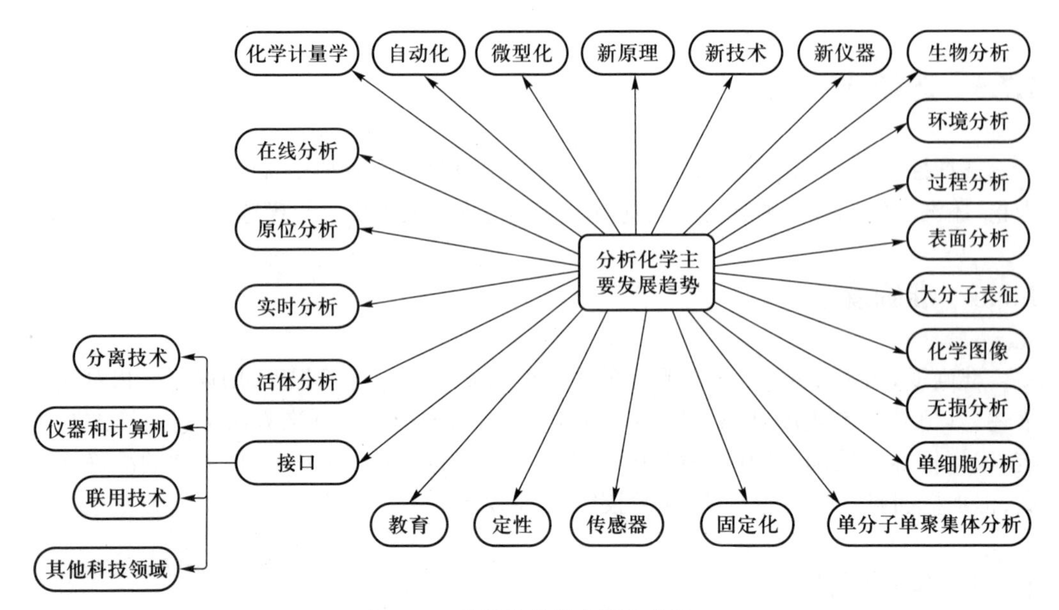

图 1-3　分析化学的应用和发展

动态分析检测和非破坏性检测，将是 21 世纪仪器分析发展的主流。生物传感器和酶传感器、免疫传感器、DNA 传感器、细胞传感器等不断涌现，纳米传感器的出现也为活体分析带来了机遇。例如，激光技术用于光谱分析已形成了十多种方法，可进行寿命短至 1.0×10^{-12} s 组分的瞬态分析。电子探针技术可测定 1.0×10^{-15} g 的元素，所需试液只有 1.0×10^{-12} mL。光电子光谱法的绝对灵敏度达到 1.0×10^{-18} g，可检测一个原子，达到了定性分析的终极。微区分析法能在相当于一个原子直径（小于 1 nm）的区域内进行测定。利用荧光素生物发光可以测定生物体内相当于一个细菌所含的磷酸三腺苷（ATP）。对稀有珍贵样品、文物、案件证物，可进行保全原物不受任何损坏的无损分析。

（4）联用分析技术广泛应用。多种现代分析技术的联用、优化组合，使各自的优点得到充分发挥，缺点予以克服，展现了仪器分析在各领域的巨大生命力。目前，已经出现了电感耦合高频等离子体 - 原子发射光谱（ICP-OES）、傅里叶变换 - 红外光谱（FT-IR）、电感耦合高频等离子体 - 质谱（ICP-MS）、气相色谱 - 质谱联用（GC-MS）、高效液相色谱 - 质谱联用（HPLC-MS）、气相色谱 - 傅里叶变换红外光谱 - 质谱联用（GC-FTIR-MS）等联用技术。尤其是现代计算机技术与上述体系的有机融合，实现人机对话，更使仪器分析联用技术得到飞速发展，开拓了一个又一个研究的新领域，解决了一个又一个技术上的难题，带来了一个又一个令人振奋的惊喜。

（5）扩展时空多维信息。随着环境科学、宇宙科学、能源科学、生命科学、临床化学、生物医学等学科的兴起，现代仪器分析已不局限于将待测组分分离出来进行表征和测量，而且成为一门为物质提供尽可能多的化学信息的科学。随着人们对客观物质认识的深入，某些过去所不甚熟悉的领域（如多维、不稳定和边界条件等）也逐渐提到日程上来。采用现代核磁共振光谱、质谱、红外光谱等分析方法，可提供有机物分子的精细结构、空间排列构成及瞬态变化等信息，为人们对化学反应历程及生命的认识提供了重要基础。

在生物体保持正常生命活动的状态下,现代仪器分析能够准确测定某些元素的价态、迁移规律及某些物质量的变化,了解它们在活体组织不同部位、不同层次中的分布,以探讨生物体内细胞乃至细胞膜等微观世界的奥秘,得知生命活动的机理和真谛,为人类造福。在此过程中,超微型光学、电化学、生物选择性传感器和探针起到了非常重要的作用,使分析化学从宏观深入微观区域,实现了新体系的分子设计及分子工程学研究,从分子水平、超分子水平探讨物质的组成状态和结构,适应了生物分析和生命科学快速发展的需要。

新的过程光二极管阵列分析仪与计算机等技术融合,可进行多组分气体或流动液体的在线分析,15 s 内能提供 1 800 多种气体、液体或蒸气的测定结果,真正实现了高速分析。目前,已应用于试剂、药物、食品等生产过程中的产品质量控制分析,同时,分析精密度、灵敏度、准确度也有很大程度的提高。

(6) 国产仪器不断进步。近 30 年来,随着我国经济的飞速发展,综合国力不断提高,检测手段与时俱进,大多数领域检测装备已经达到国际先进水平。同时国家科技部重金支持分析检测仪器国产化,国产原子吸收、原子荧光、红外光谱等仪器基本占据了国内市场,红外碳硫分析仪、离子色谱、ICP、光电直读光谱仪等大量仪器已经接近国际先进水平。中国仪器仪表行业协会、中国仪器仪表学会、仪器信息网每年一次发表中国科学仪器行业发展报告,评价每年科学仪器的最新进展和行业动态,有助于业内人员了解分析检测仪器的国际、国内最新成就。

1.9 分析化学中常用的量和单位

一、国际单位制(SI)的基本单位(7 个)

长度(l)/ 米(m),质量(m)/ 千克(kg),时间(t)/ 秒(s),电流(i)/ 安培(A),热力学温度(T)/ 开尔文(K),物质的量(n)/ 摩尔(mol),发光强度(I)/ 坎德拉(cd)。

二、导出单位

摩尔质量(M)/(g/mol)(必须指明基本单元),物质的量浓度(c)/(mol/L),质量(m)/(g、mg),体积(V)/(L、mL),质量分数(w)/(%),质量浓度(ρ)/(g/mL、mg/mL),相对分子质量(M_r),相对原子质量(A_r)。

思 考 题

1. 分析化学发展历程中经历了哪些阶段?
2. 简述分析化学在现代国民经济和人类生活中的地位和作用。
3. 分析方法如何分类?

4. 简述分析检测的一般流程,采样和制样的原则是什么?

5. 如何分离干扰组分?富集痕量组分的手段有哪些?

6. 固体样品、液体样品、气体样品如何表达分析结果?

7. 基准物质有哪些要求?

8. 标准溶液如何配制?

9. 标准物质如何分类?实验用纯水有何要求?

10. 标准溶液浓度有几种表示方法?如何计算标准溶液浓度?

11. 化学分析定量的依据是什么?如何计算化学分析的定量结果?

12. 仪器分析定量的依据是什么?各种定量分析方法有何特点?如何定量获得分析结果?

13. 衡量检测方法优劣的指标有哪些?这些指标如何影响分析方法的优劣?

14. 简述现代分析化学的发展趋势。

习　　题

一、选择题

1. 20 世纪 70 年代以来分析化学的发展(　　)。

A. 从经验升至理论　　B. 基本成熟

C. 化学分析发展到仪器分析　　D. 实现分析仪器智能化

2. 能有效消除仪器测量条件波动对分析结果的影响的分析方法是(　　)。

A. 标准样品直接比较法　　B. 工作曲线法

C. 标准加入法　　D. 内标法

3. 某样品质量为 5 mg,按样品量属于(　　)。

A. 常量分析　　B. 半微量分析

C. 微量分析　　D. 超微量分析

4. ICP 原子发射光谱法同时测定一个样品中的所有元素的测定时间不超过(　　)。

A. 1 s　　B. 1 min

C. 5 min　　D. 10 min

5. 交通警察使用呼气式酒精检测仪检查驾驶人员是否饮酒按分析目的分类属于(　　)。

A. 快速分析　　B. 例行分析

C. 仲裁分析　　D. 不能确定

6. 下列试剂中所有试剂都能作为基准试剂的是(　　)。

A. 三氧化二砷、氯化钠、金

B. 高锰酸钾、重铬酸钾、硼砂

C. 硫代硫酸钠、碳酸钙、银

D. EDTA、草酸钠、碳酸钠

7. 分析检测的常规试剂不低于(　　)。

A. 工业纯　　B. 化学纯

C. 分析纯　　D. 优级纯

8. 一级纯水的比电阻不小于(　　)。

A. 0.2 MΩ　　B. 1 MΩ　　C. 5 MΩ　　D. 10 MΩ

9. 不能用于表示标准溶液的浓度的是(　　)。

A. 物质的量浓度　　B. 滴定度

C. 质量百分浓度　　D. 质量体积浓度

10. 消除基体干扰最有效的方法是(　　)。

A. 标准样品直接比较法　　B. 工作曲线法

C. 标准加入法　　D. 内标法

二、判断题

1. 分析化学的起源可追溯至16世纪天平的使用。

2. 分析化学是一切生产和科学研究的眼睛,是一切假冒伪劣产品的照妖镜。

3. 分析化学的分类方法众多,按分析对象可分为定性分析、定量分析和结构分析。

4. 微量分析要求样品质量大于0.2 g。

5. 仲裁分析主要用于对外贸易仲裁、国内商事和民事上的争议。

6. 有机物中的水分、挥发分、灰分、固定炭、灼烧残渣等属于化学分析。

7. 光学分析法是现代检验检测实验室应用最广的仪器分析法。

8. 电化学分析法检测方便因而应用日益广泛。

9. 若根据公式计算出的采样单元为17.1,则至少应从17个分布均匀的单元采样。

10. 样品分解时优先水溶,其次酸溶,再次考虑碱溶,最后考虑熔融。

11. 分析矿物样品中的硅,报告结果时通常用硅的质量分数表示。

12. 基准物质要求纯度足够高,质量分数在99.9%以上。

13. 碘容易提纯,因而可作为基准物质直接配制标准溶液。

14. 混合的气体或液体不能作为标准物质。

15. 国家计量法规定,检验检测实验室的所有分析结果必须溯源至国家标准。

16. 检测的灵敏度越高,要求试剂的纯度越高。

17. 工作曲线的线性可用相关系数表征,理想直线的相关系数等于1。

18. 工作曲线法的优点是可直接从标准工作曲线上读出含量,因此特别适合于大量样品的分析。同时可适用于所有类型样品的测定,是通用的仪器分析方法。

19. 内标法的校正曲线可在较长时间内有效,不需每次制作校正曲线。

20. 现代分析化学与我们所有人的日常生活息息相关。

三、计算题

1. 某矿山采矿矿石的最大粒径为1.6 mm,根据经验,K值取0.5,a值取2,每个采样点至少应采集质量为多少的矿石?破碎后最大粒径为0.35 mm,每个点还应保留多少矿石以确保样品的代表性。

2. 在国际铁矿石贸易中，一批矿石各个采样单元含量标准偏差的估计值为0.35%，分析结果的允许误差为0.20%，t值约定为1.96，则这批铁矿石至少应从多少个点进行采样？

3. 配制0.020 00 mol/L重铬酸钾标准溶液500 mL，应称取重铬酸钾的质量是多少？

4. 称取0.500 0 g铁矿石，采用重铬酸钾法进行测定，已知重铬酸钾对铁的滴定度T为0.010 00 g/mL，消耗标准溶液31.25 mL，求样品中铁的含量及标准溶液的物质的量浓度。

5. 用纯As_2O_3标定$KMnO_4$的浓度，若0.211 2 g As_2O_3在酸性溶液中刚好与36.42 mL $KMnO_4$溶液反应，则该$KMnO_4$溶液的浓度是多少？

参考答案

6. 在500 mL溶液中，含有9.21 g $K_4Fe(CN)_6$。试计算该溶液的浓度及在以下反应中对锌的滴定度。

$$3Zn^{2+}+2[Fe(CN)_6]^{4-}+2K^+ = K_2Zn_3[Fe(CN)_6]_2$$

第二章　分析结果的质量控制

在分析化学中，考虑问题的出发点是将可能的误差减小至最小的程度，以便获得准确的分析结果。但是在实际工作中，不论方法设计得多么完美，实验操作得多么精细，同一实验人员平行测定的结果还是会存在一定的差异。这也就是说，分析检测的误差是客观存在的，因此，我们有必要弄清误差的来源、如何最大限度地减小误差，并学会对分析检测的数据进行评价和取舍，从而保证分析结果客观、公正、准确。

2.1　分析化学中误差的基本概念

2.1.1　准确度、精密度、不确定度

一、准确度与误差

分析结果准确度是指分析结果测定值 x 与样品真值（true value，μ）相符的程度，两者相差越小，则分析结果的准确度越高，准确度的高低可用绝对误差（absolute error，E）和相对误差（relative error，E_r）来衡量。

$$E=x-\mu \tag{2-1}$$

$$E_r=\frac{x-\mu}{\mu}\times100\% \tag{2-2}$$

式（2-1）和式（2-2）计算结果为正值表明结果偏高，为负值表示结果偏低。相对误差一般更能反映分析结果与真值之间偏离的程度，例如，分析实验室常用的分析天平的感量是 0.000 1 g，俗称万分之一天平，每次称量的最大误差为 0.000 1 g，若称量 0.100 0 g，则最大相对误差为 $\frac{0.0001}{0.1000}\times100\%=0.1\%$，若称量 0.010 0 g，则最大称量误差为 $\frac{0.0001}{0.0100}\times100\%=1.0\%$。由此可知，绝对误差相等，相对误差不一定相同。

所谓真值就是指某一物理量本身具有的客观存在的真实数值。严格地说，任何物质中各组分的真值是不知道的，由于测量总是存在误差，因此，用测量的方法是得不到真值的。那么在实际工作中如何确定样品的真值？

在分析化学中，常用如下值当作真值来计算误差：

（1）理论真值。如某化合物的理论组成计算值。

（2）计量学约定真值。如国际计量大会上约定的长度、质量、物质的量单位等。

（3）相对真值。标准物质说明书上给出的量值，或分析工作者约定用现有最准确的分析方法经过多人、多个实验室反复测量并用数理统计的方法进行处理后大家公认的测定结果。

二、精密度与偏差

由于真值很难获得，因此准确度难以求得，实际工作中常用精密度（precision）来衡量分析结果的优劣。

分析结果的精密度是指多次平行测定结果相互接近的程度。首先必须求得测量平均值 $\bar{x}$：

$$\bar{x}=\frac{1}{n}\sum_{i=1}^{n}x_i \tag{2-3}$$

精密度的高低用偏差（deviation，d）来衡量。偏差是指某次测量结果与多次平行测量平均值的差值。

$$d=x_i-\bar{x} \tag{2-4}$$

式中 $\bar{x}$ 为多次平行测定结果的平均值。当测量次数不多时常用平均偏差 $\bar{d}$ 和相对平均偏差 $\overline{d_r}$ 来表示精密度。

$$\bar{d}=\frac{1}{n}\sum_{i=1}^{n}|x_i-\bar{x}| \tag{2-5}$$

$$\overline{d_r}=\frac{\bar{d}}{\bar{x}}\times 100\% \tag{2-6}$$

偏差 d 为正表示结果偏高、为负表示结果偏低，平均偏差是偏差绝对值的平均值，一定为正。当平行测定次数较多时，常用标准偏差（standard deviation，s）和相对标准偏差（relative standard deviation，RSD）来表示测定结果的精密度。

$$s=\sqrt{\frac{\sum_{i=1}^{n}(x_i-\bar{x})^2}{n-1}} \tag{2-7}$$

$$\text{RSD}=\frac{s}{\bar{x}}\times 100\% \tag{2-8}$$

标准偏差也称均方根偏差，相对标准偏差 RSD 也用 S_r 表示，以前也叫变异系数，曾用 CV 表示。相对标准偏差越小，表示测定结果的重现性越好，各测量值越接近，精密度越高。

偏差也可用全距 R（range）或称极差表示，它是一组测量数据中最大值与最小值之差

$$R=x_{\max}-x_{\min} \tag{2-9}$$

用极差表示偏差，简单直观，便于运算，缺点是没有利用全部测量数据。统计处理数据时还有一个中位数的概念，若将一组测量数据按大小秩序排序，总数为奇数时，最中间的测量值即为整个测量数据的中位数，若总数为偶数时，则最中间两个测量数据的

平均值为该组数据的中位数。中位数与平均值越接近,说明这组测量数据越好。

三、准确度与精密度之间的关系

准确度是表示测定结果与真值符合的程度,而精密度是表示测定结果彼此之间符合的程度。由于真值是很难得到的,实际工作中常用精密度来评价测量结果的好坏。根据准确度和精密度的定义,假设有甲、乙、丙、丁四人对同一标准样品进行四次平行测定,测定结果如图 2-1 所示。

由图 2-1 可见,甲的测定结果准确度和精密度均好,结果可靠;乙的平均结果虽然接近真值,但偏差较大,精密度不好,若只取两次结果平均则误差很大;丙的精密度与甲相当,但存在系统误差,平均结果与真值相差太大;丁的结果准确度和精密度都很差,结果不可信。

由此可以得出如下结论:对于测量结果,精密度好是准确度好的前提,但精密度好不一定准确度高。

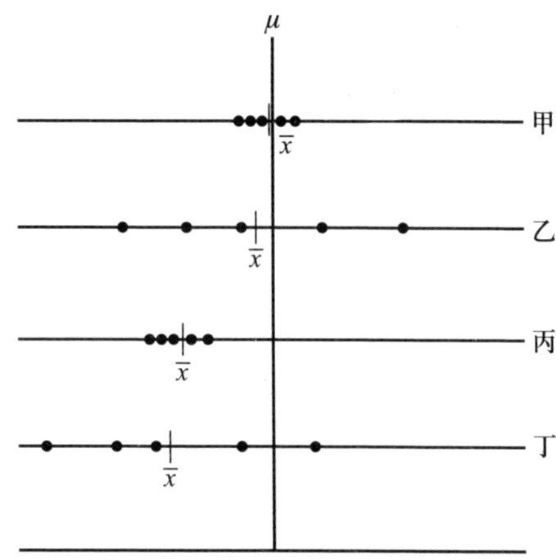

图 2-1　精密度与准确度关系图

四、平均值的标准偏差

样本平均值是非常重要的统计量,通常以此来估计总体均值 μ。今假设对同一总体中的一系列样品进行分析,可求出一系列样本平均值 $\overline{x_1}$、$\overline{x_2}$、…。由于 x 的各次测量是由同一总体而来,并用同一方法测定,故可认为单次测量的方差相等,用 $\sigma_{\bar{x}}$ 表示总体平均值的标准偏差。统计学已证明:

$$\sigma_{\bar{x}}=\frac{\sigma_x}{\sqrt{n}} \tag{2-10}$$

对于有限次测量则为

$$S_{\bar{x}}=\frac{S_x}{\sqrt{n}} \tag{2-11}$$

由此可见,平均值标准偏差与测定次数的平方根成反比。随着测定次数的增加,测定误差减小,当 n 大于 5 时,$S_{\bar{x}}$ 随测定次数的增加而减小得很慢,如图 2-2 所示。这时再增加测定次数,工作量增加了,但对减小误差已经没有多少实际意义。

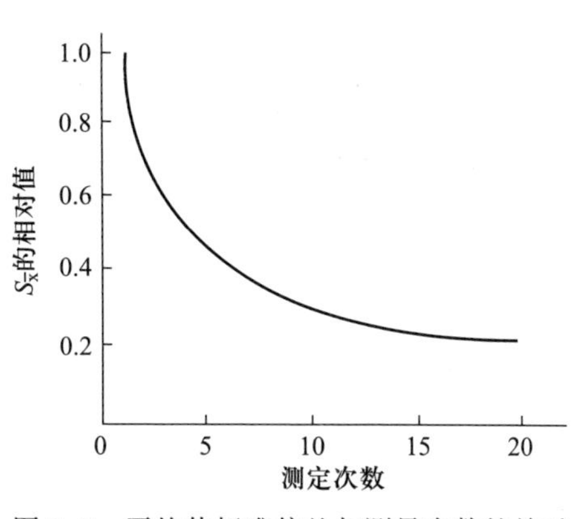

图 2-2　平均值标准偏差与测量次数的关系

【例 2.1】 已知某铅锌矿石标准样品中的铜含量为 0.22%,某人用原子吸收法进行测定,结果分别为 0.21%、0.23%、0.24%、0.25%、0.24%、0.25%。试计算测定结果的误差、相对误差、平均偏差、相对平均偏差、标准偏差、相对标准偏差及极差。

解：先求平均值

$$\bar{x}=\frac{1}{6}\sum_{i=1}^{6}x_i=\frac{0.21\%+0.23\%+0.24\%+0.25\%+0.24\%+0.25\%}{6}=0.24\%$$

绝对误差 $E=\bar{x}-\mu=0.24\%-0.22\%=0.02\%$

相对误差 $E_r=\frac{E}{\mu}\times100\%=\frac{0.02\%}{0.22}\times100\%=9.1\%$

平均偏差 $\bar{d}=\frac{\sum_{i=1}^{6}|d_i|}{6}=\frac{0.03\%+0.01\%+0.01\%+0.01\%}{6}=0.01\%$

相对平均偏差 $\bar{d}_r=\frac{\bar{d}}{\bar{x}}\times100\%=\frac{0.01\%}{0.24\%}\times100\%=4.2\%$

标准偏差 $s=\sqrt{\frac{\sum_{i=1}^{n}(x_i-\bar{x})^2}{n-1}}=\sqrt{\frac{0.03\%^2+0.01\%^2+0.01\%^2+0.01\%^2}{6-1}}=0.015\%$

相对标准偏差 $s_r=\frac{s}{\bar{x}}\times100\%=6.2\%$

极差 $R=x_{max}-x_{min}=0.25\%-0.21\%=0.04\%$

五、不确定度

不确定度（uncertainty of measurement）是指由于测量误差的存在，对被测量值不能肯定的程度，从另一方面理解，分析结果的不确定度也反映可信赖程度。由于真值难以确定，误差也就难以确定。为更好地确定测量结果与真值之间的联系，人们引入了不确定度的概念。测量不确定度是“表征合理地赋予被测量之值的分散性，与测量结果相联系的参数”。它是指各测量值距离平均值的最大距离。

$$不确定度=\max(|x_i-\bar{x}|,\ i=1,\ 2,\ \cdots,\ n) \tag{2-12}$$

不确定度越小，所得结果与真值越接近，分析质量越高，其使用价值越大，反之亦然。测量不确定度是对误差分析的最新理解和阐述。以前只用误差表述结果的可靠性，现在用测量不确定度能更合理地表征测量值的分散性。

测量不确定度的有关计算详见有关专著，国际具有证明作用的检测报告必须报告测量结果的不确定度。

2.1.2　分析过程中的误差

在定量分析的过程中，误差总是存在的。根据误差的来源和性质不同，可以分为系统误差、随机误差和过失误差。

一、系统误差

系统误差(systematic error)是由某种固定的原因造成的,具有重复性、单向性。理论上系统误差的大小、正负是可以测量的,所以系统误差又称为可测误差。若能发现系统误差产生的原因,就可以设法避免或校正。产生系统误差的主要原因有:

(1)仪器误差。仪器误差来源于仪器本身不够精确,长期使用造成磨损引起仪器精度下降,仪器未调整至最佳状态,器皿未经校正等。

(2)试剂误差。试剂误差来源于试剂不纯或溶剂不纯。

(3)方法误差。方法误差是由方法不够完美造成的测量误差,例如,滴定分析中的终点误差,重量分析中沉淀的溶解损失、共沉淀干扰等。

(4)主观误差。主观误差是操作人员的主观因素造成的。例如,不同人员对终点颜色辨别不同、读数偏差等。

二、随机误差

随机误差(random error)也称偶然误差,是在测定过程中一系列有关因素微小的随机波动形成的具有相互抵偿性的误差,它决定测定结果的精密度。随机误差有时正、有时负、有时大、有时小。随着测定次数的增加,正负误差相互抵消,误差平均值趋向于零,因此,多次测量平均值比单次测量值的随机误差小。随机误差是无法测量的,是不可避免的,也是不能加以校正的。分析工作者可以设法减小,但不能完全消除。

三、过失误差

过失误差是指工作中的差错、不按操作规程执行等原因造成的误差。例如,反应器皿不洁净、试液损失、加错试剂、看错读数,记录及计算错误等。因此,学习过程中必须养成严谨的工作作风、培养实事求是的科学态度。一经发现错误的测定结果一律剔除,重新测定。

2.1.3 公差

既然误差是客观存在的,生产部门及制订国家标准时会允许一定的误差存在。分析方法允许的误差称为公差。如果误差超出了允许的公差范围,则该数据必须重做。对一般工业分析而言,公差允许的误差范围较宽,见表2-1,而重要的基础参数的测定如原子量的测定,则允许的公差很小。现在所有国家和行业标准分析方法都给出了允许的公差范围。分别用重复性限(同一人平行测定允许的最大误差)和再现性限(不同实验室测定结果允许的最大误差)表示。重复性限和再现性限的确定是从参与标准方法制订的大量测量数据中根据一定的统计规律计算得到的。在实际工作中,没有超出重复性限的测量数据允许取平均值报告分析结果,超出重复性限的数据必须重新测定。

表 2-1　公差范围与待测组分含量的关系

质量分数 /%	90	80	40	20	10	5	1	0.1	0.01	0.001
公差（相对误差）/%	± 0.3	± 0.4	± 0.6	± 1.0	± 1.2	± 1.6	± 5.0	± 20	± 50	± 100

2.1.4　误差的传递

在定量分析中，分析结果是通过各测量值按一定的公式运算得到的，该结果也称为间接测量值。既然每个测量值都有误差，因此，各测量值的误差也要传递到分析结果中去，影响分析结果的准确度。误差的传递规律随误差的性质及运算方法的不同而不同。

设测量值 x、y、z 其各自的绝对误差分别是 E_x、E_y、E_z，相对误差分别为$\frac{E_x}{x}$、$\frac{E_y}{y}$、$\frac{E_z}{z}$，标准偏差分别为 s_x、s_y、s_z。计算结果为 w，绝对误差为 E_w，相对误差为$\frac{E_w}{w}$，标准偏差为 s_w。

一、系统误差的传递

1. 加减运算

若计算公式为$w = ax+by-cz$，分析结果的绝对系统误差是各测量值绝对误差的代数和。

$$E_w=aE_x+bE_y-cE_z \tag{2-13}$$

2. 乘除运算

若计算公式为$w = a\frac{xy}{z}$，分析结果的相对系统误差是各测量值相对误差的代数和。

$$\frac{E_w}{w}=\frac{E_x}{x}+\frac{E_y}{y}+\frac{E_z}{z} \tag{2-14}$$

3. 指数运算

若分析结果的计算公式为 $w=ax^b$，分析结果的系统误差为各测量值相对误差的指数倍。

$$\frac{E_w}{w}=b\frac{E_x}{x} \tag{2-15}$$

4. 对数运算

若计算公式为$w = a\lg x$，则其误差传递公式为

$$E_w = 0.434a\frac{E_x}{x} \tag{2-16}$$

二、随机误差的传递

随机误差一般用标准偏差 s 表示，其传递规律与系统误差不同。

1. 加减法

若计算公式为 $w=ax+by-cz$，不论是加法还是减法，分析结果的标准偏差的平方都等

于各测量值的标准偏差的平方和。

$$s_w^2=a^2s_x^2+b^2s_y^2+c^2s_z^2 \tag{2-17}$$

2. **乘除法**

若计算公式为$w=a\dfrac{xy}{z}$,则

$$\frac{s_w^2}{w^2}=\frac{s_x^2}{x^2}+\frac{s_y^2}{y^2}+\frac{s_z^2}{z^2} \tag{2-18}$$

3. **指数关系**

若计算公式为 $w=ax^b$,则

$$\frac{s_w}{w}=a\frac{s_x}{x} \tag{2-19}$$

4. **对数关系**

若计算公式为 $w=a\lg x$,则

$$s_w=0.434a\frac{s_x}{x} \tag{2-20}$$

【例 2.2】 用 0.100 0 mol/L(c_2)的盐酸标准溶液滴定 20.00 mL(V_1)氢氧化钠溶液的浓度,耗去盐酸标准溶液 25.00 mL(V_2)。已知 20 mL 单刻度吸量管的标准偏差 s_1 为 0.02 mL,每次读取滴定管的读数标准偏差 s_2 为 0.01 mL,现假设盐酸的浓度是准确的,试计算氢氧化钠的浓度和分析结果的标准偏差。

解: 氢氧化钠的浓度为

$$c_1=\frac{c_2\times V_2}{V_1}=\frac{0.100\ 0\ \text{mol/L}\times 25.00\ \text{mL}}{20.00\ \text{mL}}=0.125\ 0\ \text{mol/L}$$

V_1、V_2 的偏差对 c_1 浓度的影响,以随机误差乘除法的方式传递,且滴定管有两次读数误差。

20 mL 单刻度吸量管的标准偏差 $s_{V_1}=s_1$ 为 0.02 mL,滴定管 V_2 的标准偏差为

$$s_{V_2}=s_2^2+s_2^2=0.01^2+0.01^2=2\times 0.01^2$$

以上两项标准偏差传递至计算结果 c_1 的标准偏差为

$$\frac{s_{c_1}^2}{c_1^2}=\frac{s_{V_1}^2}{V_1^2}+\frac{s_{V_2}^2}{V_2^2}=\frac{0.02^2}{20.00^2}+\frac{2\times 0.01^2}{25.00^2}=1.32\times 10^{-6}$$

$$s_{c_1}=\sqrt{c_1^2\times 1.32\times 10^{-6}}=0.000\ 1\ \text{mol/L}$$

2.2　有效数字及其修约规则

在定量分析中,分析结果所表达的不仅仅是样品中待测组分的含量,同时还反映了测量的准确程度。因此,在实验结果的记录和结果的计算过程中,保留几位数字不是随意的,要根据测量仪器、分析方法的准确度来确定。

2.2.1 有效数字

有效数字(significant figure)是实际可测到的数字,即可靠数字加一位可疑的数字。可靠数字是指某个经多次测量的结果总是固定不变的数字。在科学实验中任何一个物理量的测定都是有一定限度的,例如,分析天平称取某一块硬币的质量,三人称量的结果分别为 1.234 5 g、1.234 6 g、1.234 4 g。在这 5 位数中,前四位是固定不变的,只是最后一位稍有差别,这最后一位称为可疑数字。对于可疑数字,除非特别说明,通常可以理解它可能有 ±1 的误差。确定有效数字位数时通常遵循如下原则。

(1)记录数据时只能保留一位不确定数值。

(2)数字 0~9 都是有效数字,但当 0 只作为小数点定位位置时不是有效数字,0 在最后面一定是有效数字。例如,0.035 0 前面两个 0 不是有效数字,后面一个 0 是有效数字,它为三位有效数字。

(3)分析化学中的常数、倍数可根据计算公式取任意位有效数字。

(4)分析化学中一些常用的对数、负对数表示的常数只有小数点后面的数才是有效数字,如某溶液 pH=10.86,某酸的 pK_a=4.76 这两个数据都只有两位有效数字。

2.2.2 有效数字运算规则

不同位数的几个数据进行运算时,为了简化计算,在确保计算结果准确的前提下可对数据进行修约。修约规则与运算类型有关,一般将加减运算称为低级运算,乘除、指数和对数等称为高级运算。

一、低级运算修约规则

加减运算以绝对误差最大的数据为修约依据,实际上是小数点后位数最少的数据为修约依据,所有数据修约至相同的小数点后位数。如 0.012 1+25.64−1.057 82,计算前统一修约为 0.01+25.64−1.06。

二、高级运算修约规则

高级运算修约规则是以相对误差最大的数据为依据,各数据的保留位数与相对误差最大的数据的有效数字位数相同。如 0.012 1 × 25.64 ÷ 1.057 82,计算前各数据统一修约至 0.012 1 × 25.6 ÷ 1.06。高级运算时,当首位数字是 8 或 9 时,该数据可多算一位有效数字。

三、混合运算修约规则

在计算公式中既有高级运算,又有低级运算时,应按运算的优先秩序,在每一运算步骤中按照上述规则进行修约,然后再进行计算,所得结果按照下一步的运算规则进行修约后进行计算。

四、数字修约规则

在运算中弃去多余数字时，有效数字修约必须遵循中华人民共和国国家标准GB/T 8170—2008《数值修约规则与极限数值的表示和判定》。数字修约规则要点如下：

（1）只允许对原数值一步到位修约至所需要的位数。

（2）尾数修约遵循4舍6入5取双的规则。当测量值中被修约的数字等于、小于4时则舍去，大于、等于6时则进位，等于5时则要根据前面一位的奇偶来确定，奇数进位，偶数舍弃，但若5后面带有任何不是零的数据则只进不舍。

例如，将0.213 346修约为4位有效数字时，不能先修约为0.213 35再修约为0.213 4，而应直接修约为0.213 3。0.213 45和0.213 450 1修约至4位时分别为0.213 4和0.213 5。

2.2.3 有效数字在分析化学中的应用

一、正确记录数据

国家市场监督管理总局进行计量认证和审查认可时对分析检测数据的原始记录有着严格的要求，各级各类实验竞赛和实验教学过程中对数据记录同样有着严格要求，要点如下：首先必须及时真实记录，凡是以回忆录的形式记录数据都是违规的；万一因为重新测定或其他因素需要修改数据时只能杠改，不能涂改，改动人员必须签名以示负责。记录必须规范，能真实反映仪器的测量精度。如滴定管的读数必须记录至小数点后两位，分析天平称量的数据必须记录至小数点后四位。

二、正确选取与有效数字匹配的分析仪器

若称取2~3 g试剂，就不需要万分之一天平，用百分之一天平即可。量取10 mL缓冲溶液可用量杯，这样可加快工作进度，节约工作时间。但必须准确的场合一定要准确量取或准确称取，如分析中要准确称取0.010 00 g样品，则万分之一精度的天平就达不到要求，而应选用十万分之一精度的分析天平。

三、正确报告分析结果

报告的分析结果应该严格遵循有效数字的运算和修约规则，在化学分析中，样品称量、体积读数等一般都保留四位有效数字，仪器分析一般保留三位有效数字，实际工作中低含量组分的测定允许误差较大，可以只保留两位有效数字，以减轻数据处理的工作量。

上述修约规则是有效数字修约的通用规则，一般情况下必须遵守，但在实际工作中，有效数字的修约还要根据特定的场景和对象。例如，根据式（1-1）计算采样点数量时，若计算结果为5.1，为确保采样的代表性，应进位为6，选取6个点进行采样。法律规定犯罪建嫌疑人体内血液中酒精浓度大于等于80 mg/100 mL为醉酒驾驶，须负刑

责。在司法鉴定中若测得某嫌疑驾驶人体内血液中酒精浓度为 79.6 mg/100 mL，保留两位有效数字也不能进位至 80 mg/100 mL，因为实测结果没有达到获罪标准，若进位则达到了获罪标准。

2.3　分析数据的统计处理

2.3.1　随机误差的正态分布

虽然随机误差是某些难以控制且无法避免的偶然因素造成的，它的大小、正负都不确定，具有随机性。尽管单个随机误差的出现毫无规律，但进行多次重复测定，会发现随机误差符合正态分布（normal distribution）的统计规律。

正态分布是德国数学家高斯首先提出来的，故又称为高斯曲线，如图 2-3 所示。其数学表达式为

$$y=f(x)=\frac{1}{\sigma\sqrt{2\pi}}e^{-(x-\mu)^2/2\sigma^2} \tag{2-21}$$

式中 y 表示概率密度；x 表示测量值；μ表示总体平均值，当测定次数无限多时为真值；σ 为总体标准偏差。

μ、σ是函数的两个重要参数，μ是正态分布曲线最高点的横坐标值，σ是从总体平均值 μ到曲线拐点间的距离。μ决定曲线在 x 轴的位置，例如，σ相同而μ不同时，曲线的形状不变，只是在 x 轴平移。σ决定曲线的形状，σ小，数据的精密度好，曲线瘦高；σ大，数据精密度差，曲线扁平。μ和σ的值一经确定，曲线的位置和形状就固定了，这种正态分布以 $N(\mu,\sigma^2)$表示。$x-\mu$表示随机误差，若以 $x-\mu$作横坐标则曲线最高点对应横坐标为零，这时曲线成为随机误差的正态分布曲线。

由图 2-3 及式（2-21）可见：

（1）$x=\mu$时，y 值最大，此即分布曲线的最高点，说明误差为零的测量值出现的概率最大。也就是说，大多数测量值在算术平均值附近。

（2）曲线通过 $x=\mu$这一点的垂直线为对称轴。这表明绝对值相等的正、负误差出现的概率相等。

（3）当 x 趋向于$-\infty$或$+\infty$时，曲线以 x 轴为渐近线，说明小误差出现的概率大，大误差出现的概率小。

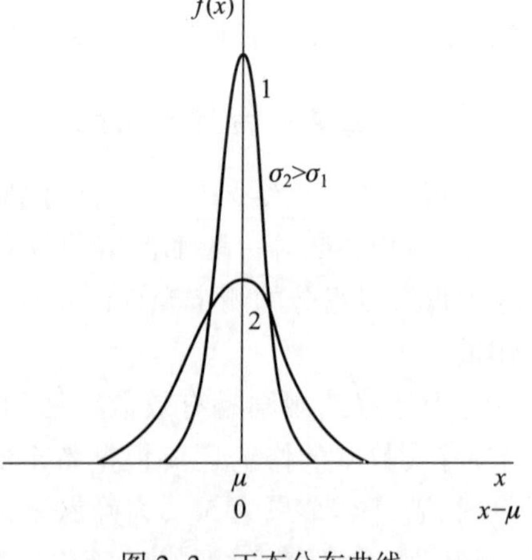

图 2-3　正态分布曲线

为了处理方便，令

$$u=\frac{x-\mu}{\sigma} \tag{2-22}$$

代入式（2-21）可得

$$y=f(x)=\frac{1}{\sigma\sqrt{2\pi}}e^{-u^2/2}$$

$$du=\frac{dx}{\sigma}\qquad dx=\sigma du$$

$$f(x)dx=\frac{1}{\sqrt{2\pi}}e^{-u^2/2}du=\Phi(u)du$$

$$y=\Phi(u)=\frac{1}{\sqrt{2\pi}}e^{-u^2/2} \tag{2-23}$$

这样，曲线的横坐标就变为 u，纵坐标为概率密度函数。用 u 和概率密度表示的正态分布曲线称为标准正态分布曲线，用符号 $N(0,1)$ 表示。标准正态分布曲线形状与 σ 大小无关，无论原来正态分布曲线是瘦高还是扁平的，经过这样的变换后都得到一条标准的正态分布曲线。标准正态分布曲线较正态分布曲线应用起来更方便些。

不论标准偏差 σ 为何值，分布曲线与横坐标之间所夹的总面积，就是概率密度函数在 $-\infty\sim+\infty$ 区间的积分值，它代表各种大小偏差的样本值出现的概率总和，其值为 1。即概率为

$$P(-\infty<x<\infty)=\frac{1}{\sigma\sqrt{2\pi}}\int_{-\infty}^{\infty}e^{-(x-\mu)^2/2\sigma^2}=1 \tag{2-24}$$

对于任何正态分布，样本值 x 落在区间 (a,b) 的概率 $P(a\leqslant x\leqslant b)$ 相应地可由标准正态分布算出。

$$P\left(\frac{a-\mu}{\sigma}\leqslant u\leqslant\frac{b-\mu}{\sigma}\right)=\frac{1}{\sqrt{2\pi}}\int_{\frac{a-\mu}{\sigma}}^{\frac{b-\mu}{\sigma}}e^{-u^2/2}du \tag{2-25}$$

为了方便，常将标准正态分布制成表。由于积分上下限不同，表的形式有很多种。为了区别一般会在表头绘制示意图，用阴影部分指示面积，所以在查表时一定要仔细观看，不要用错。

由表 2-2 可见，在一组测量数据中随机误差超过 $\pm\sigma$ 的测量值出现的概率为 31.7%，随机误差超过 $\pm 2\sigma$ 的测量值出现的概率为 4.5%，随机误差超过 $\pm 3\sigma$ 的测量值出现的概率为 0.3%。也就是说，出现特别大的误差的概率很小，如果一旦出现，可以舍弃。

表 2-2　正态分布概率积分表

$\|u\|$	面积	$\|u\|$	面积	$\|u\|$	面积
0.0	0.000 0	0.5	0.191 5	1.0	0.341 3
0.1	0.039 8	0.6	0.225 8	1.1	0.364 3
0.2	0.079 3	0.7	0.258 0	1.2	0.384 9
0.3	0.117 9	0.8	0.288 1	1.3	0.403 2
0.4	0.155 4	0.9	0.315 9	1.4	0.419 2

续表

$\|u\|$	面积	$\|u\|$	面积	$\|u\|$	面积
1.5	0.433 2	2.0	0.477 3	2.5	0.493 8
1.6	0.445 2	2.1	0.482 1	2.6	0.495 3
1.7	0.455 4	2.2	0.486 1	2.7	0.496 5
1.8	0.464 1	2.3	0.489 3	2.8	0.497 4
1.9	0.471 3	2.4	0.491 8	2.9	0.498 7

【例 2.3】 计算 $0.5<u<1$ 区间的概率。

解:

$$P(0.5<u<1)=\int_{0.5}^{1}\frac{1}{\sqrt{2\pi}}e^{-\frac{u^2}{2}}du=\int_{0}^{1}\frac{1}{\sqrt{2\pi}}e^{-u^2/2}du-\int_{0}^{0.5}\frac{1}{\sqrt{2\pi}}e^{-\frac{u^2}{2}}du$$

$$=0.341\ 3-0.191\ 5=0.149\ 8$$

一个样品平行测定 1 000 次,出现分析结果落在$u\pm 3\sigma$以外的机会只有 3 次。

2.3.2 *t* 分布

在分析测试中,测定值都会受到许多随机因素的影响,虽然这些个别因素对测定的影响较小,但各因素总和将对分析结果产生显著影响。用统计的观点来看,测定误差是一个随机误差变量,是许多数值微小又相互独立的随机变量之和。在一组测定值中,当测定值的个数足够多时,测定误差遵循正态分布。然而,当测定次数较少时,是小样本实验。小样本实验无法求出总体平均值 μ 和总体标准偏差 σ,而只能求出样本均值 $\bar{x}$ 和样本标准偏差 s。处理小样本实验数据,可采用类似于正态分布的 t 分布。

由概率论知道,若 x 为正态分布,则 $\bar{x}$ 也为正态分布,若用样本标准偏差 s 代替总体标准偏差 σ,得到统计量:

$$t=\frac{|\bar{x}-\mu|}{s_{\bar{x}}}=\frac{|\bar{x}-\mu|}{s}\sqrt{n} \tag{2-26}$$

以 t 为统计变量的分布,称为 t 分布。t 分布可说明:当 n 不大时随机误差分布的规律性。t 分布曲线的纵坐标仍为概率密度,横坐标则为统计量 t。图 2-4 为 t 分布曲线。

由图 2-4 可见,t 分布曲线与正态分布曲线相似,只是 t 分布曲线随自由度 f($f=n-1$)的变化而改变,在 $f<10$ 时,与正态分布曲线的差异较大,当 $f>20$ 时,与正态分布曲线已经非常相似,当 $f\to\infty$ 时,t 分布曲线与正态分布曲线完全重合。

与正态分布曲线一样,t 分布曲线下面一定区域内的积分面积就是该区域内随机误差出现的概率。不同的是,对于正态分布,只要 u 值一定,相应的概率也一定。而对于 t 分布曲线,当 t 一定时,由于 f 值的不同,相应曲线所包含的面积也不同。即 t 分布的区间概率不仅随 t 值而改变,还与 f 值有关。不同 f 值及概率所对应的 t 值已由统计学家计算出来。表 2-3 列出了常用部分 t 值。表中置信度用 P 表示,它表示在某一 t 值时,测定值落在($u\pm ts$)范围内的概率,测定值落在此范围外的概率为($1-P$)称为显著性水平,用 α 表示。由于 t 值与置信度及自由度有关,一般表示为 $t_{\alpha,f}$。例如 $t_{0.05,10}=2.23$ 表示置信度为 95%,测定 11 次的 t 值为 2.23。

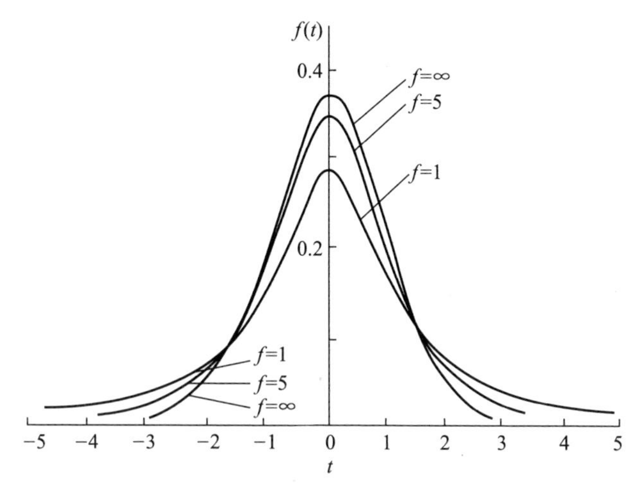

图 2-4　t 分布曲线 f=1, 5, ∞

表 2-3　t 分布表(双边)

f	置信度,显著性水平		
	P=0.90, α=0.10	P=0.95, α=0.05	P=0.99, α=0.01
1	6.31	12.71	63.66
2	2.92	4.30	9.92
3	2.35	3.16	5.84
4	2.13	2.78	4.60
5	2.02	2.57	4.03
6	1.94	2.45	3.71
7	1.90	2.36	3.50
8	1.86	2.31	3.36
9	1.83	2.26	3.25
10	1.81	2.23	3.17
20	1.72	2.09	2.84
∞	1.64	1.96	2.58

2.3.3　置信水平与平均值的置信区间

如前所述,随机误差服从正态分布。当 μ 和 σ 已知时,可以求得测定值为中心的某一区间的概率。然而总体平均值 μ 在大多数情况下是未知的,因此,需要讨论当标准偏差 σ 或 s 已知时,在一定概率下 μ 的取值范围。在统计学上,把这一取值范围称为置信区间。

一、总体标准偏差 σ 已知时 μ 的置信区间

已知 σ 时,可用单次测定值来估算总体均值 μ 的置信区间。由于 $u=\frac{x-\mu}{\sigma}$,考虑 μ 的符号时,可推出如下关系式:

$$\mu=x\pm u\sigma \tag{2-27}$$

同理,也可用样本平均值估算 μ 的置信区间:

$$\mu=\bar{x}\pm u\sigma_{\bar{x}}=\bar{x}\pm u\sigma/\sqrt{n} \tag{2-28}$$

【例 2.4】 某工厂长期生产滚珠,滚珠的直径服从正态分布,σ=0.15,某天随机抽取 6 个产品测得直径分别为 14.95 mm、15.00 mm、14.95 mm、14.90 mm、15.10 mm、15.05 mm。估计该产品的直径的置信区间(设置信度为 95%)。

解: 已知置信度 95% 时,u=1.96,由 6 个产品的直径可得 $\bar{x}$ =14.99 mm

$$\mu=\bar{x}\pm u\sigma/\sqrt{n}=14.99\pm1.96\frac{0.15}{\sqrt{6}}=14.99\pm0.12(\text{mm})$$

结果表明,有 95% 的把握认为(14.99 ± 0.12)mm 包含当天的总体均值。

二、样本标准偏差 s 已知时 μ 的置信区间

在实际工作中,由于测定的数据有限,所以只知道 $\bar{x}$ 和 s,而不知道 σ,此时可用样本标准偏差代替总体标准偏差来估算 μ 的置信区间。由统计量 $t=\frac{\bar{x}-u}{s_{\bar{x}}}=\frac{\bar{x}-\mu}{s}\sqrt{n}$ 可得

$$\mu=\bar{x}\pm t_{\alpha,f}\frac{s}{\sqrt{n}} \tag{2-29}$$

【例 2.5】 测定铜精矿中铜的含量,平行测定四次结果分别为 20.53%,20.48%,20.57%,20.42%,试计算置信度为 90%,95%,99% 时总体平均值 μ 的置信区间。

解:

$$\bar{x}=\frac{1}{n}\sum_{i=1}^{n}x_i=20.50$$

$$s=\sqrt{\frac{\sum_{i=1}^{n}(x_i-\bar{x})^2}{n-1}}=0.06\%$$

由 $\mu=\bar{x}\pm t_{\alpha,f}\frac{s}{\sqrt{n}}$ 可得

置信水平	α	$t_{\alpha,f}$	置信区间
90%	0.10	2.35	20.50 ± 0.07
95%	0.05	3.16	20.50 ± 0.10
99%	0.01	5.84	20.50 ± 0.18

由本例可以看出，置信度越高，置信区间就越宽，即所估计区间包括真值的可能性就越大，在分析化学中一般将置信度定在 90% 或 95%。

2.4 分析数据的可靠性检验

在分析测试过程中，平行测定的结果总是存在差异，这是因为在实验过程中不可避免出现误差，如随机误差、系统误差、过失误差。一个数据是否可信，误差是由随机误差引起还是由系统误差引起，这类问题在统计学上属于“假设检验”。如果分析结果之间存在显著性差异，就认为它们之间存在系统误差，否则没有系统误差，纯属由随机误差引起，认为是正常的。分析化学中常用的显著性检验有 t 检验和 F 检验，可用下列统计方法进行判断。

2.4.1 *t* 检验法

一、平均值与标准值的比较

为了检查分析数据是否存在较大的系统误差，可对标准样品进行若干次分析，然后利用 t 检验法比较测定结果的平均值与标准样品的标准值之间是否存在显著性差异。

进行 t 检验的一般步骤是：

（1）根据实际问题提出统计假设 H_0 和备选 H_1。

（2）选定统计量 t，并计算 $s, \bar{x}, t$。

（3）选定显著性水平 α。

（4）比较 t 和 $t_{\alpha,f}$，作出统计判断：若 $t>t_{\alpha,f}$，拒绝原假设，若 $t \leqslant t_{\alpha,f}$，接受原假设。

进行 t 检验时，可先计算出 $\bar{x}$、s，并按式（2-26）计算出 t 值。根据置信度和自由度由表 2-3 查出相应的 $t_{\alpha,f}$ 值。若 $t>t_{\alpha,f}$，则认为 $\bar{x}$ 与 μ 之间存在显著性差异，说明选用的分析方法存在系统误差，否则可认为两组数据之间不存在显著性差异，误差只是由随机误差引起。在分析化学中，通常以 95% 的置信度为检验标准，其显著性水平为 5%。

【例 2.6】 某人研究了一个新的方法，选用标准物质对新方法的可靠性进行检验。已知标准物质中待测组分含量为 10.77%，采用新方法 9 次平行测定结果分别为 10.73%，10.74%，10.77%，10.77%，10.77%，10.80%，10.81%，10.82%，10.86%。问新方法是否可靠。

解：

$$H_0: \mu=10.77\%$$

$$\bar{x}=10.79\% \qquad s_{\bar{x}}=0.04\%$$

$$t=\frac{|\bar{x}-\mu|}{s}\sqrt{n}=\frac{10.79-10.77}{0.04}\sqrt{9}=1.5$$

选定显著性水平 α=0.05，双尾检测，查 t 分布表，$t_{0.05,8}$=2.31，由于计算的 t 值小于查表的 t 值，原假设成立，方法没有系统误差。

常量分析方法一般要求相对误差小于 0.2% 作为方法准确性判断标准，新方法相对误差 $E_r=\frac{x-\mu}{\mu}\times100\%=\frac{10.79-10.77}{10.77}\times100\%=0.18\%$，相对误差小于 0.2%。因此，新方法准确可靠。

二、两组平均值的比较

不同分析人员用同一分析方法或同一分析人员用不同方法对同一样品进行多次测定，所得结果 $\bar{x}$ 一般并不相等，判断两组数据之间是否存在系统误差可用 t 检验法进行判断。

设两组分析数据的测定次数、标准偏差及平均值分别为 $n_1, s_1, \bar{x}_1$ 和 $n_2, s_2, \bar{x}_2$。由于两组测量结果的平均值都是实验值，这时需要先用下面将要介绍的 F 检验判断两组分析结果的精密度 s_1 和 s_2 之间是否存在显著性差异，若无显著性差异，则可认为 $s_1\approx s_2$。此时可用 t 检验法进行检验。

$$t=\frac{\overline{x_1}-\overline{x_2}}{\sqrt{\frac{\bar{s}^2}{n_1}+\frac{\bar{s}^2}{n_2}}}=\frac{\overline{x_1}-\overline{x_2}}{\bar{s}\sqrt{\frac{n_1+n_2}{n_1\times n_2}}} \tag{2-30}$$

式中 $\bar{s}$ 为合并方差，可由下式求出：

$$\bar{s}^2=\frac{(n_1-1)s_1^2+(n_2-1)s_2^2}{n_1+n_2-2} \tag{2-31}$$

将式（2-30）求出的 t 和 t 分布表查得的 t 值进行比较：

如果 $t\leqslant t_{0.05,(n_1+n_2-2)}$，接受原假设，认为两组数据没有显著性差异。

如果 $t>t_{0.05,(n_1+n_2-2)}$，拒绝原假设，认为两组数据存在显著性差异。

若 $n_1=n_2=n$，即两个样本容量相同，则

$$t=\frac{|\overline{x_1}-\overline{x_2}|}{\bar{s}}\sqrt{\frac{n}{2}} \tag{2-32}$$

若 $n_1=n$，$n_2=\infty$，则式（2-30）就变为（2-26）

$$t=\frac{|\overline{x_1}-\mu|}{\bar{s}}\sqrt{n}$$

由此可见，样本平均值与标准的比较是两平均值比较的一个特例。

【例 2.7】 用两个方法分析某石灰石中镁的含量（%），方法 1：1.22、1.25、1.26。方法 2：1.31、1.34、1.35。这两种方法存在显著性差异吗？（s_1、s_2 之间无显著性差异）

解：

$$H_0:\quad \mu_1=\mu_2$$

$$\overline{x_1}=1.24\%\quad \overline{x_2}=1.33\quad s_1=0.021\%\quad s_2=0.021\%$$

$$\bar{s}^2=\frac{(n_1-1)s_1^2+(n_2-1)s_2^2}{n_1+n_2-2}=\frac{2\times0.021\%^2+2\times0.021\%^2}{3+3-2}$$

$$\bar{s}=0.021\%$$

$$t=\frac{|\Delta\bar{x}|}{\bar{s}\sqrt{\frac{1}{n_1}+\frac{1}{n_2}}}=\frac{1.33-1.24}{0.021\sqrt{\frac{1}{3}+\frac{1}{3}}}=5.25$$

当置信度 95% 时，$t_{0.05,4}$=2.78，$t>t_{0.05,4}$，原假设不成立，两种方法之间存在显著性差异（系统误差）。

2.4.2 *F* 检验法

F 检验法是通过比较两组数据的方差，以确定它们的精密度是否存在显著性差异的方法。统计量 *F* 的定义为两组方差的比值，大的为分子，小的为分母。

$$F=\frac{s_{大}^2}{s_{小}^2} \tag{2-33}$$

将计算所得与表 2-4 所列 *F* 分布表数值进行比较，在一定的置信度及自由度时，若 *F* 计算值大于表值，则认为这两组数据的精密度之间存在显著性差异，否则不存在显著性差异。置信度一般取 95%。表中列出的 *F* 值为单边值，引用时须加以注意。由于表 2-4 所列 *F* 值是单边值，所以可以直接用于单边检验，即检验某一组数据的精密度是否大于、等于另一组数据的精密度，此时置信度为 95%，显著性水平为 0.05。而进行双侧检验时，如判断两组数据精密度是否存在显著性差异时，即一组数据和精密度可能优于、等于，也可能不如另一组数据时，显著性水平为单侧检验时的 2 倍，即 0.10，因此此时的置信度为 P=1−0.10=0.90，即 90%。

表 2-4 *F* 分布表（方差大的为 f_1、方差小的为 f_2）

f_2	f_1										
	1	2	3	4	5	6	7	8	9	10	12
1	161.4	199.5	215.7	224.6	230.2	234.0	236.8	238.9	240.5	241.9	243.9
2	18.51	19.00	19.16	19.25	19.30	19.33	19.35	19.37	19.38	19.40	19.41
3	10.13	9.55	9.28	9.12	9.01	8.94	8.89	8.85	8.81	8.75	8.74
4	7.71	6.94	6.59	6.39	6.26	6.16	6.09	6.04	6.00	5.96	5.91
5	6.61	5.79	5.41	5.19	5.05	4.95	4.88	4.82	4.77	4.74	4.68
6	5.99	5.14	4.76	4.53	4.39	4.28	4.21	4.15	4.10	4.06	4.00
7	5.99	4.74	4.35	4.17	3.97	3.87	3.79	3.73	3.68	3.64	3.57
8	5.32	4.46	4.07	3.84	3.69	3.58	3.50	3.44	3.39	3.35	3.28
9	5.12	4.26	3.86	3.63	3.48	3.37	3.29	3.23	3.18	3.14	3.07
10	4.96	4.10	3.71	3.48	3.33	3.22	3.14	3.07	3.02	2.98	2.91
11	4.84	3.98	3.59	3.36	3.20	3.09	3.01	2.95	2.90	2.85	2.79
12	4.75	3.89	3.49	3.26	3.11	3.00	2.91	2.85	2.80	2.75	2.69

【例 2.8】 用两种不同方法测定合金钢中钼的含量，方法一 3 次测定结果的平均值为 1.24%，标准偏差为 0.021%，方法二 4 次测定的平均值为 1.33%，标准偏差为 0.017%，问两种方法之间是否存在显著性差异（置信度 90%）。

解：

$$F=\frac{s_{大}^2}{s_{小}^2}=\frac{0.021^2}{0.017^2}=1.53$$

查表 2-4 得 $f_{大}=2$，$f_{小}=3$，$F_{表}=9.55$，$F<F_{表}$。

说明两组数据的精密度没有显著性差异。则合并标准偏差为

$$s=\sqrt{\frac{(n_1-1)s_1^2+(n_2-1)s_2^2}{n_1+n_2-2}}=0.019$$

$$t=\frac{|\bar{x}_1-\bar{x}_2|}{s}\sqrt{\frac{n_1n_2}{n_1+n_2}}=\frac{|1.24-1.33|}{0.019}\sqrt{\frac{3\times4}{3+4}}=6.20$$

查表 2-3，当 $P=0.90$，$f=3+4-2=5$ 时，$t_{0.10,5}=2.02$，$t>t_{0.10,5}$，说明两种方法之间存在显著性差异。

2.5　异常值的检验与取舍

在实际工作中，当对同一样品进行多次平行测定时，常发现其中某一个值明显偏大或偏小，这个测定值称为异常值，又称可疑值或极端值。在报告结果时，这个异常值是参加平均值的计算还是舍去，要考虑产生该异常值的实验过程，看有无技术上的异常原因或过失误差存在，如有，应舍弃。若无，且原因不明，则应进行异常值检验，以决定该异常值的去留。

2.5.1　*Q* 检验法

Q 检验法首先将所有测定结果按从小到大排序：x_1、x_2、…、x_{n-1}、x_n。然后选择统计量 *Q* 进行计算。

当 x_n 为异常值时

$$Q=\frac{x_n-x_{n-1}}{x_n-x_1}\tag{2-34}$$

当 x_1 为异常值时

$$Q=\frac{x_2-x_1}{x_n-x_1}\tag{2-35}$$

统计学家已经计算出不同置信度时的 *Q* 值，见表 2-5。当计算所得 *Q* 值大于查表所得 *Q* 值时，异常值舍去，反之则保留纳入平均值的计算。

【例 2.9】 某标准溶液四次标定值（mol/L）分别为 0.201 4、0.201 2、0.202 5、0.201 6，异常值 0.202 5 能否舍弃？

解：x_n 为异常值，故统计量 *Q* 为

表 2-5 Q 值 表

测定次数		3	4	5	6	7	8	9	10
置信度	90%($Q_{0.90}$)	0.94	0.76	0.64	0.56	0.51	0.47	0.44	0.41
	95%($Q_{0.95}$)	0.98	0.85	0.73	0.64	0.59	0.54	0.51	0.48
	99%($Q_{0.99}$)	0.99	0.93	0.82	0.74	0.68	0.63	0.60	0.57

$$\frac{x_n - x_{n-1}}{x_n - x_1} = \frac{0.202\,5 - 0.201\,6}{0.202\,5 - 0.201\,2} = 0.69$$

选定置信度为 90%,查表得 $Q_{表}$=0.76,由于 0.69<0.76,故 0.202 5 应保留。

2.5.2 格鲁布斯(Grubbs)法

格鲁布斯法也是先将所有测定结果按从小到大排序:x_1、x_2、…、x_{n-1}、x_n。并求出平均值 $\bar{x}$ 和标准偏差 s,再根据统计量 T 进行判断,若 x_1 为异常值则

$$T = \frac{\bar{x} - x_1}{s} \tag{2-36}$$

若 x_n 为异常值,则

$$T = \frac{x_n - \bar{x}}{s} \tag{2-37}$$

将计算所得 T 值与表 2-6 中查表所得 $T_{\alpha,n}$ 值进行比较,若 $T > T_{\alpha,n}$,则异常值舍去,否则异常值保留。

表 2-6 $T_{\alpha,n}$ 值 表

n	显著性水平 α			n	著性水平 α		
	0.05	0.025	0.01		0.05	0.025	0.01
3	1.15	1.15	1.15	10	2.18	2.29	2.41
4	1.46	1.48	1.49	11	2.23	2.36	2.48
5	1.67	1.71	1.75	12	2.29	2.41	2.55
6	1.82	1.89	1.94	13	2.33	2.46	2.61
7	1.94	2.02	2.10	14	2.37	2.51	2.66
8	2.03	2.13	2.22	15	2.41	2.55	2.71
9	2.11	2.21	2.32	20	2.56	2.71	2.88

格鲁布斯法最大的优点是在判断异常值时,引入了正态分布中最重要的样本参数——平均值 $\bar{x}$ 和标准偏差 s,故方法的准确性更高,缺点是计算稍麻烦。

【例 2.10】 某样品平行四次测定结果分别为 1.25、1.27、1.31、1.40。1.40 这个数据明显偏大,是否保留?

解：

$$\bar{x}=1.31 \quad s=0.066$$

$$T=\frac{x_n-\bar{x}}{s}=\frac{1.40-1.31}{0.066}=1.36$$

查表 2-6 得 $T_{0.05,4}=1.46>1.36$，故 1.40 这个值应保留，纳入平均值计算。

2.6 回 归 分 析

在仪器分析中，通常采用工作曲线法进行定量分析。理论上，测量信号与待测组分的含量成正比，为了减小误差，通常配制一系列不同浓度的标准溶液，在相同实验条件下测量其响应值，用响应值对标准溶液的浓度作图，理论上是一条过原点的直线，但在实际工作中，由于随机误差的存在，所测得的响应值与浓度的关系并不是一条理想的直线，这就需要用回归的方法找到一条最接近各数据点的直线，从而使测得的结果误差最小。现代仪器都具有强大的数据处理功能，测定数据出来后能立即进行线性回归，给出回归方程，并自动计算出相关系数以判断工作曲线的质量。

2.6.1 一元线性回归

根据光吸收定律，吸收光谱分析吸光度 A 与待测组分含量 c 成正比，更一般地，若测量信号用 y 表示、样品浓度用 x 表示，定量关系可表述为

$$y=kx \tag{2-38}$$

当工作曲线的相关参数输入以后，仪器通过一元线性回归（详见数学有关知识）得到回归方程：

$$y=a+bx \tag{2-39}$$

式中 a 是工作曲线的截距；b 是工作曲线的斜率，可通过下列公式计算得到。

$$b=\frac{\sum_{i=1}^{n}(x_i-\bar{x})(y_i-\bar{y})}{\sum_{i=1}^{n}(x_i-\bar{x})^2} \tag{2-40}$$

$$a=\bar{y}-b\bar{x} \tag{2-41}$$

当在相同实验条件下测得样品溶液的响应值后，可根据式（2-39）仪器会自动计算测定结果。

2.6.2 相关系数

一条工作曲线线性关系的好坏可用相关系数（correlation coefficient，R）来检验，相关系数的定义式为

$$R = b\sqrt{\frac{\sum_{i=1}^{n}(x_i - \bar{x})^2}{\sum_{i=1}^{n}(y_i - \bar{y})^2}} \tag{2-42}$$

相关系数 R 的物理意义如下：

（1）当两个变量之间存在完全的线性关系时，R=1。

（2）当两个变量之间完全不存在的线性关系时，R=0。

（3）当 R 值在 0 至 1 之间时，表示两变量之间存在相关关系，R 值越接近 1，说明线性关系越好。但是，以相关系数判断线性关系好坏时还应考虑测量的次数和置信水平。表 2-7 列出了不同置信水平及自由度时的相关系数。若计算出的相关系数大于表上的相应的数值，则表示两变量是显著相关的，所求的回归方程有意义，反之则无意义。

由于工作曲线最多做 7 个点，自由度最多为 5，因此，在分析化学中更多自由度的相关系数没有实际意义。

现代仪器回归方程和相关系数的计算通常由仪器自动完成，在实际工作中不需要手动计算，学习者掌握其基本概念即可，本教材中就不举计算实例了。

表 2-7 检验相关系数的临界值表

f=n−2	置信度			
	90%	95%	99%	99.9%
1	0.988	0.997	0.999 8	0.999 999
2	0.900	0.950	0.990	0.999
3	0.805	0.878	0.959	0.991
4	0.729	0.811	0.917	0.974
5	0.669	0.755	0.875	0.951

2.7 提高分析结果准确度的方法

综合前几节的讨论，在分析测试的过程中，误差是不可避免的。但分析测试的产品就是检测数据，为了确保分析测试的产品是正品，所以分析测试工作者必须在每一工作环节将可能的误差减至最小的程度，以确保得到的检测数据能反映样品的真实情况。下面结合实际对分析测试的各个环节分别进行讨论。

2.7.1 选择合适的分析方法

随着国家标准分析方法成体系地建立，大多数分析任务都能找到对应的国家标准分析方法或行业标准分析方法，对于应用较少的分析检测任务，企业也会建立企业标准。但是,每一个标准分析方法都有一个应用的范围。基体不同,分析方法不同。如地壳中最常见的元素铁的测定,其测定方法现有国家和行业标准数以百计。因此,在选择测定方法时首先要明确测定对象的基体,现有标准分析方法首先是按基体分类。其次要确定检测的具体指标(成分),不同的成分由于其性质的差异分析方法也不相同。最后要考虑待测成分的含量范围,不同的含量范围分析方法也不同。若某物质的某一个特定指标既无法找到国家标准、也找不到行业标准,此时可查找相关文献,使用别人验证过的方法,或自己根据分析化学的相关原理自行建立分析方法。

2.7.2　通过调整样品质量或样品体积减小测量误差

天平称量质量及量器量取体积时都不可避免地存在误差,如一般分析天平的误差为0.000 1 g,两次称量最大误差可达 ±0.000 2 g,为了使称量的相对误差小于0.1%,样品的质量就不能太小,从相对误差的计算中可以得到:

$$样品质量=\frac{绝对误差}{相对误差}=\frac{0.000\ 2}{0.001}=0.2(g)$$

可见化学分析称量样品一般必须大于0.2 g。

在滴定分析中,一般滴定管一次读数误差为0.01 mL,两次读数最大误差可达0.02 mL,所以,为了使滴定管的读数误差小于0.1%,每次消耗的滴定剂的体积必须大于20 mL。对于火法试金分析,大气中可吸入颗粒物 PM_{10} 的分析等,由于称量的质量可能小于10 mg,因此,普通分析天平无法胜任,必须选用感量为0.01 mg或0.001 mg的天平。

2.7.3　消除系统误差

系统误差的产生原因是多方面的,实际工作中可根据具体情况采用不同的方法来检验和消除系统误差,常用的方法有如下几种。

一、对照实验

为了检验某种方法是否存在系统误差,做对照实验是最常用的方法。对照实验的方法有下列几种。

1. 与标准样品对照

用同样的分析方法对标准样品进行测定,然后用 t 检验法对分析结果进行检验,以判断分析结果与真值是否存在显著性差异。若没有显著性差异则证明采用的方法准确可靠。若存在显著性差异则说明采用的方法存在系统误差,必须找到原因并加以消除。

由于标准物质数量和种类有限,若找不到基体匹配的标准样品,实际工作中也有采用内部反复测试认为结果准确可信的管理样品或人工合成样品代替标准样品进行对照实验。

2. 与标准方法对照

当找不到合适的标准样品进行对照时，可将测定结果与采用国家标准分析方法或公认的经典分析方法进行对照，通过 t 检验法判断两种方法之间是否存在显著性差异。若无显著性差异，则认为选用的方法可信，若存在显著性差异，则认为选用的方法存在系统误差，必须找出原因并加以消除，否则不能使用。

3. 加标回收法

当样品的组成不完全清楚、找不到合适的对照标样，也没有合适的标准方法进行对照时，可采用加标回收实验检验方法的准确度。

加标回收实验通常是将样品分成几等份，其中一份直接测定，另几份分别加入不同已知量的待测组分，然后在相同条件下进行测定。加标的样品测定结果减去不加标的样品的测定结果，并计算加标回收率。根据回收率判断是否存在系统误差，常量组分要求回收率在 99%~101%，微量组分回收率在 90%~110% 即可。

二、空白试验

为了检查溶剂、试剂是否存在干扰组分或待测组分，检测器皿是否被玷污，通常采用空白试验。

所谓空白试验就是在不加待测组分的情况下，按照与待测组分分析同样的分析条件和步骤进行试验，并把所得结果作为空白值。从样品的分析结果中扣除空白值以后，就得到比较可靠的分析结果。当空白值较大时应找出原因，加以消除。如选用更高等级的试剂、更高规格的溶剂等。

在实际工作中，进行空白试验是分析工作不可或缺的一个环节，千万不能省略。

三、校准仪器

根据《中华人民共和国计量法》的有关规定，凡出具具有证明作用的检测报告所使用的量器，都必须定期进行检定或校准，确保能溯源至国家标准。必须校准的仪器包括各种大型分析仪器、滴定管、容量瓶、吸量管、分析天平。一些测定对环境条件有严格要求，则控制测定条件的仪器也应定期校准，如温度计、湿度计、冰箱和烘箱及马弗炉的控温元件等。

四、分析结果的校正

分析过程的系统误差，有时可以采用适当的方法进行校正。例如，《铜及铜合金化学分析方法 第 1 部分：铜含量的测定》（GB/T 5121.1—2008），方法规定铜的测定采用电重量法进行，要求分析结果十分准确，因电解不完全可能造成负的系统误差。因此方法规定，电解后的溶液再用分光光度法测定残余铜量，将分光光度法结果加到电重量法的分析结果中去从而获得样品中铜的准确结果。

2.7.4 减小随机误差

减小随机误差的最佳方法是增加测定次数，取平均值作为分析结果，但测定次数增加会降低工作效率，必须在两者之间取得平衡，实际工作中平行测定 2 次，当 2 次测定结果的偏差小于方法的重复性限时，取平均值报告分析结果，若偏差超过方法的重复性限，必须重新测定。仲裁分析通常平行测定 4 次。

思　考　题

1. 准确度、精密度、不确定度在分析化学中如何表示？对分析结果有何影响？
2. 准确度与精密度之间有何关系？
3. 系统误差与偶然误差各有何特点？
4. 在实际工作中如何确定有效数字的位数？运算中如何对数据进行修约？
5. 正态分布与 t 分布有何区别与联系？
6. 如何根据置信水平判断真值或平均值的置信区间？
7. 如何判断分析结果是否存在系统误差？
8. 如何对异常值进行检验与取舍？
9. 相关系数在分析化学中有何意义？
10. 实际工作中可采取哪些措施提高分析结果的准确度？

习　题

一、选择题

1. 可用下述哪种方法减少滴定过程中的偶然误差（　　）。

A. 进行对照实验　　B. 进行空白试验

C. 进行仪器校准　　D. 增加平行测定次数

2. 分析方法的准确度是反映该方法（　　）的重要指标，它决定着分析结果的可靠性。

A. 系统误差　　B. 随机误差

C. 标准偏差　　D. 正确

3. 在容量分析中，由于存在副反应而产生的误差称为（　　）。

A. 公差　　B. 系统误差

C. 随机误差　　D. 相对误差

4. 下述论述中正确的是（　　）。

A. 方法误差属于系统误差　　B. 系统误差包括操作失误

C. 系统误差呈现正态分布　　D. 偶然误差具有单向性

5. 下列论述中正确的是（　　）。

A. 准确度高一定需要精密度高　　B. 分析测量的过失误差是不可避免的

C. 精密度高则系统误差一定小　　D. 精密度高准确度一定高

6. 标准偏差的大小说明（　　）。

A. 数据的分散程度　　B. 数据与平均值的偏离程度

C. 数据的大小　　D. 数据的集中程度

7. 衡量样本平均值的离散程度时，应采用（　　）。

A. 标准偏差　　B. 相对标准偏差

C. 极差　　D. 平均值的标准偏差

8. 以加热驱除水分法测定 $2CaSO_4 \cdot H_2O$ 中结晶水的含量时，称取样品 0.400 0 g，已知天平称量误差为 ±0.1 mg，分析结果的有效数字应取（　　）。

A. 四位　　B. 一位　　C. 两位　　D. 三位

9. 在分析天平上称取样品，可能引起的最大绝对误差为 0.000 1 g，如要求称量的相对误差小于 0.1%，则称取的样品质量应该（　　）。

A. 大于 0.2 g　　B. 大于 0.1 g　　C. 大于 0.4 g　　D. 大于 0.5 g

10. 当置信度为 0.95 时，测得 Al_2O_3 的 μ 置信区间为（35.21 ± 0.10）%，其意义是（　　）。

A. 在所测定的数据中有 95% 在此区间内

B. 若再进行测定，将有 95% 的数据落入此区间内

C. 总体平均值 μ 落入此区间的概率为 0.95

D. 在此区间内包含 μ 值的概率为 0.95

11. pH=9.26 中的有效数字是（　　）位。

A. 1　　B. 2　　C. 3　　D. 4

12. 分析工作中实际能够测量到的数字称为（　　）。

A. 精密数字　　B. 准确数字

C. 可靠数字　　D. 有效数字

13. 9.25 × 0.213 34 ÷ 1.200 修约后由计算器计算的结果为 1.644 187 5，按有效数字修约规则最后结果应修约为（　　）。

A. 1.644 2　　B. 1.645　　C. 1.644　　D. 1.64

14. 下列数据记录正确的是（　　）。

A. 分析天平：0.28 g　　B. 移液管：25 mL

C. 滴定管：25.00 mL　　D. 量筒：25.00 mL

15. 在一组平行测定中，测得样品中钙的质量分数分别为 22.38%、22.36%、22.40%、22.48%，用 Q 检验判断、应弃去的是（　　）。（已知：测定 4 次 $Q_{0.90}$=0.76）

A. 22.36%　　B. 22.40%　　C. 22.48%　　D. 无舍弃

16. 将 1 245.51 修约为四位有效数字，正确的是（　　）。

A. 1 246　　B. 1 245

C. 1.245×10^3　　D. 12.45×10^3

17. 测定某样品，五次结果的平均值为 32.30%，s=0.13%，置信度为 95% 时（t=2.78），置信区间报告如下，其中合理的是哪个（　　）。

A. 32.30 ± 0.16　　B. 32.30 ± 0.162

C. 32.30 ± 0.161 6　　D. 32.30 ± 0.21

18. 置信区间的大小受(　　)的影响。

A. 总体平均值　　B. 平均值

C. 置信度　　D. 真值

19. 有两组分析数据,要比较它们的测量精密度有无显著性差异,应当用(　　)。

A. Q 检验　　B. t 检验

C. F 检验　　D. G 检验

20. 下列有关随机误差的论述中不正确的是(　　)。

A. 随机误差在分析中是不可避免的

B. 随机误差出现正误差和负误差的机会均等

C. 随机误差具有单向性

D. 随机误差是由一些不确定的偶然因素造成的

二、判断题

1. 对滴定终点颜色的判断,有人偏深有人偏浅,所造成的误差为系统误差。

2. 使用滴定管时,为了减少误差,每次滴定应从“0.00”刻度附近开始。

3. 消除了系统误差后,测定的精密度好,结果准确度就好。

4. 随机误差影响测定结果的精密度。

5. 偏差会随着测定次数的增加而增大。

6. 做的平行测定次数越多,结果的相对误差越小。

7. 有效数字是指计算出来所得到结果的数字。

8. pH=3.05 的有效数字是三位。

9. 系统误差对分析结果的影响是比较恒定的,会使测定结果系统地偏高或偏低。

10. 分析检测中的误差只来源于系统误差和偶然误差。

11. 用 $Na_2C_2O_4$ 标定 $KMnO_4$ 溶液得到 4 个结果,分别为:0.101 5,0.101 2,0.101 9 和 0.101 3(mol/L),用 Q 检验法来确定 0.101 9 应舍去。(当 n=4 时,$Q_{0.90}$=0.76)

12. 化学分析中,置信度越大,置信区间就越大。

13. 分析测定结果的偶然误差可通过适当增加平行测定次数来减免。

14. 可疑值是指所测得的数据中的任意的一个数值。

15. 移液管的体积校正:一支 10.00 mL(20 ℃下)的移液管,放出的水在 20 ℃时称量为 9.981 4 g,已知该温度时 1 mL 的水质量为 0.997 18 g,则此移液管在校准后的体积为 10.02 mL。

三、计算题

1. 用碘量法测定含铜量为 27.20% 的铜精矿标准样品,五次测定结果分别是:27.22%、27.24%、27.25%、27.20%、27.15%,试计算平均值、中位数、平均偏差、相对平均偏差、标准偏差、相对标准偏差、绝对误差、相对误差。

2. 用某法分析某种食物中蛋白质的含量,共测定 10 次,其分析结果分别是:4.88%、4.92%、4.71%、4.90%、4.88%、4.85%、4.86%、4.99%、4.86%、4.87%,试求:(1)按 Q 检验法检验这组数据中是否有舍去的数据,置信度为 99%($Q_{9,\,0.99}$=0.60);(2)按(1)的结论求平均值、相对标准偏差、置信度 99% 的置信区间（$t_{9,0.01}$=3.25）。

3. 测定某钛矿中 TiO_2 的含量，6 次分析结果的平均值为 58.66%，s=0.07%。试求：（1）总体平均值的置信区间；（2）平均值和标准偏差不变，如果测定三次，置信区间又为多少？上述计算结果说明了什么问题？置信度选 95%（已知：95% 置信度，$t_{0.05,2}$=4.3；95% 置信度，$t_{0.05,5}$=2.57。）

4. 有一标样，标准值为 0.123%，今用一新方法测定，四次测定结果分别为：0.119%、0.118%、0.112%、0.115%，试判断新方法是否存在系统误差？置信度选 95%。

5. 采用某标准方法测定钙的含量，三次测定的平均值为 21.46%，若已知标准偏差为 0.041%，试分别计算 90%、95% 置信度时平均值的置信区间。（已知 $t_{0.1,2}$=2.92，$t_{0.1,3}$=2.35，$t_{0.05,2}$=4.30，$t_{0.05,3}$=3.18。）

6. 甲乙两人分别测定同一样品，所得结果如下：

甲：93.3%、93.3%、93.4%、93.4%、93.3%、94.0%

乙：93.0%、93.3%、93.4%、93.2%、93.5%、94.0%

在置信度 95% 的水平下用格鲁布斯法检验异常值是否应舍弃。

参考答案

第三章　化学分析法

化学分析法包括重量分析法和滴定（容量）分析法，它是经典的定量分析方法，也是目前测量高含量组分最准确的定量分析方法。对于常量组分的测定，大多数国家标准仍然采用化学分析方法。虽然现代仪器分析方法简便、快速，但样品的预处理、标准样品定值等环节依然要利用到化学分析的知识，因此，化学分析法是分析化学的源头和基础，必须加以重视。

3.1　重量分析法

重量分析法是以适当的分离方法将被测组分与其他组分分离后，用称量的方法直接称取被测组分的质量，或者已分离出的其他组分的质量，从而间接计算出被测组分含量的方法。

重量分析法直接用分析天平称量而获得分析结果，不需要标准样品或基准物质进行定值。如果方法可靠、操作细心，通常能得到非常准确的分析结果。

重量分析法最大的优点是准确度高，但是重量分析法操作烦琐，耗时较长，在追求效率的当代，其使用频率正在下降。同时该方法一般不适用于微量、痕量组分的测定。

按称量前分离方法不同，重量分析法可分为气化法、沉淀重量法和电重量法。电重量法将在仪器分析的电化学分析中介绍，本节介绍气化法和沉淀重量法。

3.1.1　气化法

气化法是利用样品中的水分、低沸点有机组分易挥发的特性，将样品置于烘箱或马弗炉内加热，使易挥发组分挥发分离，根据加热前后样品质量变化计算样品中相应组分含量的分析方法。由于样品不需要过滤、洗涤等烦琐步骤，因此，速度相对较快，且没有其他可替代方法，因此，气化法是当代检验检测实验室最常用的重量分析方法，主要用于样品中水分、挥发分、灼烧损失、灰分等项目的测定。

一、水分的测定

许多样品都含有水分，如土壤、矿物、煤炭、食品等，水分的多少会影响产品的品质，并影响其他组分的测定结果，因此，水分的测定是检验检测实验室最常见的检测项目之一。

准确称取一定量的样品于已经恒重的称量瓶中，置于电热烘箱中在适当温度（通常是105~110℃）下烘干一定时间，取出置于干燥器中冷却至室温后，称取干燥后的质量。为了使样品干燥完全，须反复烘干至恒重。例如，《煤中全水分的测定方法》（GB/T 211—2017）方法A规定，称取一定量的粒度小于13 mm的煤样，于105~110 ℃下，在氮气流中干燥至质量恒定，根据煤样干燥后的质量损失计算出全水分；环境保护标准《土壤 干物质和水分的测定 重量法》（HT 613—2011）规定，105 ℃下土壤蒸发水的质量占干物质的质量分数为水分含量。水分含量按式（3-1）计算：

$$M_{ad}=\frac{m_1}{m}\times 100 \qquad (3-1)$$

式中 M_{ad} 为水分含量（%）；m_1 为干燥后失去的质量（g）；m 为样品质量（g）；下标ad表示样品为空气干燥基。

烘干温度和所需时间与样品性质和所含水分的存在形式有关，对于无机类样品烘干温度可以高一些，有机物样品烘干温度不宜过高。水分存在形式有表面水（如附着水和吸着水）和化合水（如结晶水），附着水只要在湿度较低的空气中，放置一段时间，即可挥发逸去，吸着水一般应在105~110 ℃下烘干除去，而结晶水则需在更高温度下烘干才能除去。

二、挥发分和灼烧损失的测定

一些矿物、有机物、煤炭等样品中含有一些易挥发的无机或有机成分，这些成分对样品的性能有较大影响，必须进行测定。现以煤中挥发分的测定为例介绍挥发分的测定方法。

在《煤的工业分析方法》（GB/T 212—2008）中规定了挥发分的测定方法。称取一定质量粒度符合要求的煤样置于已经恒重的特制坩埚中，在隔绝空气条件下置于已经升温至（900±10）℃的马弗炉中加热7 min，挥发损失的质量称为挥发分。对于含水样品，计算挥发分时应减去水分含量。

$$V_{ad}=\frac{m_1}{m}\times 100-M_{ad} \qquad (3-2)$$

式中 V_{ad} 表示空气干燥基挥发分质量分数（%）；m_1 表示样品加热时的质量损失（g）；m 表示空气干燥基煤样的质量（g）；M_{ad} 为水分含量（%）。

而若以含水样品为基底，不同种类煤样品的挥发分或其他组分含量难以比较，所以实验室通常把刚收到的样品叫作收到基，收到基在自然通风的条件下与空气中的水分达到平衡后称为空气干燥基。分析检测中通常以空气干燥基为计算基准，若以收到基为基准进行计算，则必须进行换算。

某些无机物样品（如黏土或矿石等）常要求测定“灼烧损失”，这是指在一定温度条件下经过灼烧所损失的物质质量，它包括可燃烧的有机物，也包括在此温度下可分解组分分解出的气体，如碳酸盐受热分解所放出的二氧化碳。

三、灰分和固定碳的测定

样品（如煤或其他有机类样品）在高温灼烧后所残存的物质，统称为灰分，灰分通常是无机类矿物质或金属氧化物。

例如，煤样中灰分的测定。将一定质量的样品平摊在已经恒重的灰皿中，置于（815±10）℃的马弗炉中在有氧状态下灼烧至恒重，测定样品中残留的物质的质量，从而求出样品中灰分的质量分数，计算公式如下：

$$A_{ad}=\frac{m_1}{m}\times 100 \qquad (3-3)$$

式中 A_{ad} 表示空气干燥基样品中灰分质量分数（%）；m_1 表示样品加热后残留的质量（g）；m 表示空气干燥基煤样的质量（g）。

煤炭样品中的固定碳是指除水分、挥发分和灰分以外的物质。若煤样先在空气中充分干燥，得到空气干燥基煤样，再依次测定水分、挥发分、灰分，则其中固定碳含量为

$$FC_{ad}=100-(M_{ad}+V_{ad}+A_{ad}) \qquad (3-4)$$

式中 FC_{ad} 为空气干燥基煤样中固定碳含量（%）。

3.1.2 沉淀重量法概述

沉淀重量法是最经典、准确的化学分析方法之一。将待测组分生成难溶化合物沉淀下来，经过过滤、洗涤、干燥（或灼烧）后称量沉淀（或沉淀灼烧后的称量形式）的质量，根据得到的质量计算样品中待测组分的含量。方法流程可用图 3-1 表示。

样品 → 溶解 → 沉淀 → 过滤和洗涤 → 烘干或灼烧 → 称量 → 烘干或灼烧 → 称量(至恒重)

图 3-1 沉淀重量法流程示意图

例如，测定样品中 SO_4^{2-} 含量时，将样品溶解后加入过量 $BaCl_2$ 溶液，使 SO_4^{2-} 全部沉淀为 $BaSO_4$，经过滤、洗涤、灼烧至恒重后称量 $BaSO_4$ 的质量，从而计算样品中 SO_4^{2-} 的含量。

在沉淀重量法中，沉淀是经过干燥或灼烧后称量的。在灼烧的过程中，由于温度较高，沉淀的形态可能发生变化，为了区别这种变化，通常把灼烧后的沉淀称为称量形式。例如，沉淀重量法测定镁时，得到的沉淀是 $MgNH_4PO_4$，灼烧后的产物是 $Mg_2P_2O_7$。当然，很多情况下称量形式和沉淀形式是同一种化合物，如 $BaSO_4$ 沉淀。

一、对沉淀形式的要求

沉淀重量法对沉淀形式有如下要求：

（1）沉淀的溶解度要小，一般要求沉淀的溶解损失小于 0.1 mg。

（2）沉淀要纯净，共存的杂质能在洗涤、灼烧时除去。

（3）沉淀要易于过滤、洗涤。希望得到粗大的晶形沉淀。

（4）沉淀应易于定量转化为称量形式。

二、对称量形式的要求

沉淀重量法对称量形式有如下要求：

（1）组成必须与化学式完全相符，只有这样才能具有严格定量的化学计量关系。

（2）称量形式要稳定，不易吸收空气中的水分和二氧化碳。

（3）称量形式的摩尔质量要尽可能大，从而减小称量误差。

三、沉淀剂的选择

为了获得满足重量分析要求的沉淀，在选择沉淀剂时首先应考虑沉淀剂的选择性，既要求沉淀剂只与待测组分生成沉淀，又不与共存的其他组分生成沉淀；其次，过量的沉淀剂要在洗涤或灼烧环节易于除去，从而保证生成的沉淀的纯净。

3.1.3 沉淀溶解平衡及影响沉淀溶解度的因素

一、沉淀溶解平衡

从化学理论可知，难溶化合物 MA 在溶液中存在如下平衡

$$MA(s) \rightleftharpoons MA(aq) \rightleftharpoons M^+ + A^-$$

根据 MA（s）和 MA（aq）之间的沉淀平衡可得

$$S^0 = \frac{a_{MA(aq)}}{a_{MA(s)}}$$

由于规定纯固体的活度等于 1，故 $S^0 = a_{MA(aq)}$。S^0 称为该物质的固有溶解度，也称分子溶解度。它表示在一定温度下，在有固相存在时，溶液中以分子（或离子对）状态存在的活度为一常数。

根据沉淀 MA（aq）在水溶液中的解离平衡可得

$$K = \frac{a_{M^+} \times a_{A^-}}{a_{MA(aq)}}$$

$$a_{M^+} \times a_{A^-} = KS^0 = K_{ap} \qquad (3-5)$$

式中 K_{ap} 为难溶化合物的活度积。

稀溶液中：

$$a_{M^+} \times a_{A^-} = \gamma_{M^+} \times [M^+] \times \gamma_{A^-} \times [A^-] = K_{ap}$$

$$K_{sp} = [M^+][A^-] = \frac{K_{ap}}{\gamma_{M^+} \times \gamma_{A^-}} \qquad (3-6)$$

式中 K_{sp} 为难溶化合物的溶度积。

物质溶解度是指平衡状态下所溶解的 MA（固）的总浓度，当溶液中不存在其他平衡关系时，溶解度关系式为

$$S=S^0+[M^+]=S^0+[A^-]$$

一般情况下 S^0 较小，不超过总溶解度的1%，而且不易测得，故经常忽略不计，因此，MA 的溶解度为

$$S=[M^+]=[A^-]=\sqrt{K_{sp}} \tag{3-7}$$

对 M_mA_n 型难溶化合物来说，则有

$$K_{sp}=[M^{n+}]^m[A^{m-}]^n=\frac{K_{ap}}{\gamma_{M^{n+}}^m \times \gamma_{A^{m-}}^n} \tag{3-8}$$

由于难溶化合物的溶解度小，在纯水中离子浓度也很小，此时活度系数近似等于1，活度积等于溶度积。一般溶度积表中列出的 K 均为活度积，应用时一般作为溶度积，不加区别。

二、影响沉淀溶解度的因素

影响沉淀溶解度的因素有共同离子效应、酸效应、盐效应和配位效应。此外，温度、介质、颗粒大小、晶体结构等也对溶解度有影响。

1. 共同离子效应

当沉淀反应达到平衡后，向溶液中加入含有某一构晶离子的试剂使沉淀溶解度降低的现象称为共同离子效应。例如，用氯化钡沉淀硫酸根时，在 200 mL 溶液中硫酸钡溶解的质量为

$$\begin{aligned} m &= S\times200\times233.4=\sqrt{K_{sp}}\times200\times233.4 \\ &=\sqrt{1.1\times10^{-10}}\times200\times233.4=0.5\ \text{mg} \end{aligned}$$

若加入过量氯化钡，使 $[Ba^{2+}]$=0.010 mol/L，此时在 200 mL 溶液中硫酸钡的溶解度为

$$S=\frac{K_{sp}}{[Ba^{2+}]}=\frac{1.1\times10^{-10}}{0.010}=1.1\times10^{-8}\ \text{mol/L}$$

此时溶解的硫酸钡的质量为

$$m=S\times200\times233.4=5.1\times10^{-4}\ \text{mg}$$

因此，重量分析中，为了使待测物沉淀完全，通常加入过量沉淀剂。但沉淀剂也不能过量太多，否则会引发盐效应、配位效应等副反应，还可能引发共存离子的干扰，使沉淀剂的选择性下降。一般情况下，在干燥或灼烧时易挥发沉淀剂（如硫酸）可过量50%~100%，如果沉淀剂不易挥发，则以过量 20%~30% 为宜。

2. 酸效应

溶液的酸度对沉淀溶解度的影响称为酸效应。溶液中 $[H^+]$ 对弱酸盐的解离平衡影响很大，对强酸盐的解离平衡基本没有影响。因此，酸效应主要影响弱酸盐的溶解度。增大酸度可增加弱酸盐的溶解度。

【例 3.1】 计算草酸钙在纯水和 pH=2.00 时的溶解度。已知 $K_{sp}(CaC_2O_4)=2.0\times10^{-9}$，$H_2C_2O_4$ 的 $K_{a_1}=5.9\times10^{-2}$，$K_{a_2}=6.4\times10^{-5}$

解：纯水中 CaC_2O_4 的溶解度为

$$S=\sqrt{K_{sp}}=\sqrt{2.0\times10^{-9}}=4.5\times10^{-5}\ \text{mol/L}$$

在 pH=2.00 时，溶液中存在下列平衡

$$CaC_2O_4 \rightleftharpoons Ca^{2+}+C_2O_4^{2-}$$

$$C_2O_4^{2-}+H^+ \rightleftharpoons HC_2O_4^-$$

$$HC_2O_4^-+H^+ \rightleftharpoons H_2C_2O_4$$

$$K_{sp}=SS\delta_{C_2O_4^{2-}}$$

$$\delta_{C_2O_4^{2-}}=\frac{K_{a_1}K_{a_2}}{[H^+]^2+K_{a_1}[H^+]+K_{a_1}K_{a_2}}$$

$$=\frac{5.9\times10^{-2}\times6.4\times10^{-5}}{0.010^2+5.9\times10^{-2}\times0.010+5.9\times10^{-2}\times6.4\times10^{-5}}=5.4\times10^{-3}$$

$$S=\sqrt{\frac{K_{sp}}{\delta_{C_2O_4^{2-}}}}=\sqrt{\frac{2.0\times10^{-9}}{5.4\times10^{-3}}}=6.0\times10^{-4}(\text{mol/L})$$

3. 盐效应

在难溶电解质饱和溶液中加入其他强电解质，会使难溶电解质的溶解度增大，这种现象称为盐效应。产生盐效应的原因是加入强电解质后溶液的总离子强度增大，从而导致各离子的活度系数下降，由式（3-6）可知，当活度积不变时，溶度积增大。构晶离子是高价离子时受盐效应的影响更大。但总体来说，盐效应是四大效应中对溶解度影响因素最小的一个，与其他因素相比，常常可以忽略。

4. 配位效应

若溶液中存在配位剂，能与生成沉淀的金属离子生成配位物，则沉淀的溶解度增大，甚至不产生沉淀，这种现象称为配位效应。

例如，用氯离子沉淀银离子时，若溶液中同时存在氨分子，由于银离子会与氨分子形成可溶性的配合物，则难以生成沉淀。银离子也能与氯离子形成配合物，因此，用氯离子沉淀银离子时，过量的氯离子先以共同离子效应为主，使沉淀的溶解度下降，当氯离子的浓度高于某一临界值后，则以配位效应为主，沉淀的溶解度反而增大。因此，沉淀氯化银时，氯离子必须过量，但不能过量太多。

5. 其他因素对沉淀溶解度的影响

除上述四大因素之外，温度对沉淀溶解度影响最大，通常温度升高沉淀溶解度增大，但不同物质受温度的影响程度不同，溶解时吸热越多，温度对溶解度的影响越大。晶形沉淀颗粒越小，表面能越大，溶解度也越大，因此，通过陈化可使沉淀中的小颗粒重新溶解然后沉淀在大颗粒表面，从而生成粗大的晶形沉淀。

3.1.4 沉淀的生成机理和影响沉淀纯度的因素

为了获得纯净且易于分离和洗涤的沉淀，必须了解沉淀形成的机理并选择适当的沉淀条件。

一、沉淀的生成

从化学热力学可知，当溶液中难溶化合物构晶离子的浓度积大于溶度积时，沉淀的生成就是一个自发过程。但在实际情况下，当溶液中构晶离子的浓度积大于溶度积时，刚开始沉淀并不易生成，首先形成了过饱和溶液。这种过饱和溶液就是一个热力学不稳定、但动力学相对稳定的亚稳状态，理论化学中有一个基本规律叫新相难成。

若难溶化合物的溶解度为 S，构晶离子的浓度为 Q，当 $Q>S$ 时形成过饱和溶液，$Q-S$ 叫过饱和度，$(Q-S)/S$ 叫相对过饱和度。当相对过饱和度大于某一临界点时，沉淀还是会自动生成，这个临界点称为临界相对过饱和度，此时离子通过相互碰撞形成晶核。若溶液中存在异核微粒，可降低临界相对过饱和度。

晶核一旦形成，超过溶解度的构晶离子就会向晶核表面聚集，并沉积在晶核上，晶核长大形成沉淀微粒。

构晶离子在晶核表面聚集的方式有两种，一是构晶离子按照生成沉淀的机制定向排列，其速度称为定向速度。当溶液中构晶离子的相对过饱和度很大时，溶液中的构晶离子来不及排序就快速向晶核聚集，其速度称为聚集速度。定向速度越大，晶形越完整，颗粒越大，通常生成晶形沉淀。聚集速度越大，晶形越不完整，通常生成无定形沉淀。定向速度取决于沉淀的性质，聚集速度取决于沉淀生成的条件，其大小与构晶离子的相对过饱和度成正比。

$$V=K\frac{Q-S}{S}$$

式中 V 为形成沉淀的初始聚集速度；K 为比例常数，与沉淀的性质、温度、溶液中存在的其他物质等因素有关。例如，$BaSO_4$ 在稀溶液中生成时为晶形沉淀，在浓溶液中生成时为胶体沉淀。

二、均相沉淀

当整个溶液中构晶离子均匀地保持在刚好超过临界相对过饱和度时生成沉淀的现象称为均相沉淀。

均相沉淀的沉淀剂一般事先加在溶液中，沉淀产生前不以构晶离子的方式存在，然后通过改变实验条件使构晶离子在整个溶液中均匀地缓慢生成，并维持构晶离子的浓度一直保持在刚好超过临界相对过饱和度的水平，既能保证沉淀自发生成，又能保持最低的聚集速度，最大的定向速度，从而确保生成的沉淀晶形完整、沉淀纯净。

例如，要沉淀 Ca^{2+}，加入 $H_2C_2O_4$，开始不生成沉淀。然后加入尿素，并加热至 90 ℃，这时溶液中发生下列反应：

$$(NH_2)_2CO+H_2O = 2NH_3+CO_2\uparrow$$

$$2NH_3+H_2C_2O_4 = (NH_4)_2C_2O_4$$

$$Ca^{2+}+C_2O_4^{2-} = CaC_2O_4\downarrow$$

反应生成的氨不断消耗溶液中的氢离子，并游离出草酸根离子，沉淀生成时，溶液中生成草酸钙的构晶离子草酸根的浓度刚好保持在刚刚超过临界相对过饱和度的水平，从而确保获得晶形完整的草酸钙晶形沉淀。

三、影响沉淀纯度的因素

在重量分析中，为了获得准确的分析结果，必须获得纯净的沉淀。但在实际工作中，沉淀不可避免地会存在杂质，因此，必须了解影响沉淀纯度的各种因素，以获得符合重量分析要求的沉淀。

1. 共沉淀

当一种难溶物质从溶液中沉淀析出时，溶液中某些可溶性杂质被沉淀带下来而混杂在沉淀中，这种现象称为共沉淀。例如，用沉淀剂 $BaCl_2$ 沉淀 SO_4^{2-} 时，如果溶液中有 Fe^{3+}，则由于共沉淀，在得到的 $BaSO_4$ 沉淀中混有 $Fe_2(SO_4)_3$，灼烧后得到的硫酸钡不呈纯白色而略带铁的棕色。形成共沉淀的原因有表面吸附、形成混晶、吸留和包藏等，其中主要的是表面吸附。

（1）表面吸附。在沉淀过程中，构晶离子按一定规律排列，晶体内部处于电荷平衡状态。但在晶体表面，过量的构晶离子会聚集在晶体表面，例如，用过量 NaCl 沉淀 Ag^+ 时，AgCl 表面会吸附 Cl^- 形成双电层，由于吸附层带负电，可进一步吸附溶液本体中的阳离子。如图 3-2 所示。表面吸附可通过洗涤有效去除。

（2）形成混晶。如果试液中的杂质离子与构晶离子具有相同的电荷和相近的半径，杂质离子将进入晶格中形成混晶从而玷污沉淀。例如，沉淀 $BaSO_4$ 时，Pb^{2+} 可进入晶格形成混晶。溶液中能生成混晶的杂质离子必须事先分离除去。

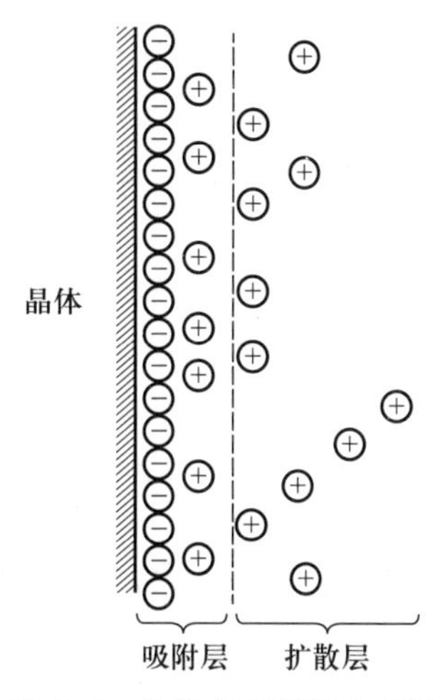

图 3-2 晶体表面吸附示意图

（3）吸留和包藏。吸留是指被吸附的杂质机械地嵌入沉淀中，包藏是指沉淀速度过快母液被机械地包藏在沉淀中，这类共沉淀不能用洗涤的方法除去，但可通过改变沉淀条件、陈化、重结晶等方法来减免。

从带入杂质来看共沉淀对分析检测是不利的，但可利用共沉淀富集溶液中的微量组分，以提高微量组分分析的灵敏度。

2. 后沉淀

在沉淀过程结束后，当沉淀和母液一起放置时，溶液中某些杂质离子可能慢慢沉淀到原沉淀上，放置的时间越长，杂质析出的量越多，这种现象称为后沉淀。例如，用草酸沉淀钙时，若共存有一定量的镁，共存的镁一开始不沉淀，但放置一定时间后，由于 CaC_2O_4 表面吸附过量的草酸根离子，导致沉淀表面的草酸根离子浓度远远大于溶液本体中的草酸根离子的浓度，此时溶液中共存的镁离子可能在沉淀表面沉淀下来。

后沉淀干扰随时间的延长而加重，因此，对易产生后沉淀的体系，应缩短陈化时间或不进行陈化。

3. 获得纯净沉淀的措施

重量分析法中希望获得纯净的沉淀，实际工作中可通过下列方法尽可能获得纯净

的沉淀:

(1)选择适当的沉淀方法。采用均相沉淀法或采用有机沉淀剂可最大限度减小共沉淀。

(2)事先分离干扰离子或掩蔽干扰离子以减小杂质离子的有效浓度。

(3)针对不同类型的沉淀选择合适的沉淀条件。

(4)沉淀过滤后选择适当的洗涤剂进行洗涤。

(5)必要时进行二次沉淀。将得到的沉淀过滤、洗涤后重新溶解,这时干扰离子的浓度大大降低,再次进行沉淀后干扰基本消除。

四、沉淀条件的选择

1. 晶形沉淀的沉淀条件

为了获得易于过滤、洗涤的晶形沉淀,减小杂质的吸留和包藏,必须遵循稀、热、慢、搅、陈的原则:

(1)沉淀尽可能在稀溶液中进行,降低相对过饱和度。

(2)沉淀在热溶液中进行,增大沉淀的溶解度以降低相对过饱和度。

(3)以较慢速度加入沉淀剂。

(4)添加沉淀剂时必须搅拌,以防止局部过浓。

(5)沉淀完成后进行陈化以获得晶形粗大的沉淀。

2. 无定形沉淀的沉淀条件

(1)沉淀在浓溶液中进行,可快速加入沉淀剂。

(2)沉淀必须在热溶液中进行,以防止生成胶体并减少杂质的吸附。

(3)加入适当的电解质作盐析剂以防止胶体的形成。

(4)不必陈化,趁热过滤。

(5)必要时进行再次沉淀。

3.1.5 沉淀的过滤、洗涤、干燥或灼烧

如何使沉淀完全、纯净、易于分离,固然是重量分析的首要问题,但沉淀以后的过滤、洗涤、干燥或灼烧操作完成得好坏,同样影响分析结果的准确度。

一、沉淀的过滤和洗涤

沉淀常用滤纸(漏斗)或玻璃砂芯坩埚(滤器)过滤。滤纸分定性滤纸和定量滤纸,定量滤纸也称无灰滤纸,定量滤纸灼烧后残渣灰尘的质量必须小于万分之一天平的感量。因此,定性滤纸主要用于过滤不需要的干扰组分,定量滤纸用于过滤需要灼烧的沉淀。

滤纸根据孔径的大小又分为快速、中速和慢速,为了提高工作效率,必须在确保不穿滤的前提下选用过滤速率较快的滤纸。

若沉淀干燥后称量则一般选用玻璃砂芯坩埚过滤,它不需要滤纸,但根据孔径不同

也有不同的型号,选用不同型号时应确保不穿滤。使用砂芯坩埚过滤时可进行抽滤以提高过滤效率。

洗涤沉淀是为了洗去沉淀表面吸附的杂质和包藏在沉淀中的母液。洗涤时应尽量避免沉淀的溶解损失和防止形成胶体,因此,必须选择合适的洗液。选择洗液的原则是:溶解度很小又不形成胶体的沉淀用蒸馏水洗涤;溶解度较大的晶形沉淀,可用稀的沉淀剂进行洗涤,但沉淀剂必须能在干燥或灼烧时加热除去;溶解度较小又易分散成胶体的沉淀,应用易挥发的电解质稀溶液进行洗涤。溶解度较小的沉淀可用热的洗涤剂进行洗涤,但沉淀的溶解度随温度升高较快的沉淀不宜使用热的洗涤剂进行洗涤。

洗涤沉淀时,既要保证沉淀洗涤干净,又要防止沉淀溶解损失,因此,通常采用少量多次的洗涤方法,以提高洗涤效率。

在沉淀的过滤和洗涤过程中,在确保准确的前提下,应尽可能提高工作效率。过滤时必须采用倾泻法,即先过滤上清液,最后再转移沉淀。

二、沉淀的干燥和灼烧

干燥是为了除去沉淀中的水分和挥发物质,灼烧沉淀还可将沉淀由沉淀形式转变为称量形式。干燥和灼烧的温度和时间因沉淀的性质不同而异。例如,将镍沉淀为丁二酮肟镍,沉淀只需在 110 ℃烘干 1 h 即可,温度过高可导致沉淀分解,沉淀可由鲜红色转变为暗红色。用喹啉将磷沉淀为磷钼酸喹啉,沉淀须在 130 ℃烘干 45 min,以确保沉淀剂挥发完全。沉淀过滤前砂芯、坩埚必须烘干至恒重,过滤后沉淀与坩埚一起也必须烘干至恒重。

灼烧温度一般控制在 800 ℃以上,常用瓷坩埚盛放沉淀,若用氢氟酸处理沉淀,则须用铂金坩埚。坩埚和沉淀都必须灼烧至恒重以确保测定的准确度。沉淀经干燥或灼烧至恒重后,即可由其质量计算测定结果。

3.1.6 换算因素和分析结果的计算

一、称量形式与待测组分一致时

若最后得到的沉淀称量形式就是被测组分的形式,分析结果可直接用下式计算

$$w_x = \frac{m_x}{m} \times 100\% \tag{3-9}$$

式中 w_x 为样品中待测组分的质量分数;m_x 为待测组分的质量;m 为样品的质量。

例如,重量法测定岩石中的 SiO_2 含量,称取样品 0.200 0 g,经分离后得到 SiO_2 沉淀 0.125 4 g,则岩石中氧化硅的含量为

$$w_{SiO_2} = \frac{0.125\ 4}{0.200\ 0} \times 100\% = 62.70\%$$

二、称量形式与待测组分不一致时

在实际工作中，很多时候沉淀的称量形式与待测组分的形式不一致，这时就必须由称量形式的质量换算成待测组分的质量。

$$m_x=Fm' \tag{3-10}$$

式中 F 称为换算因素；m' 是称量形式沉淀的质量；m_x 是样品中待测组分的质量。例如，在硫酸钡重量法中，称量形式是硫酸钡，但待测组分可能是 S、SO_3^{2-}、SO_4^{2-}、Ba^{2+} 等。计算换算因素时，必须严格按照化学计量关系，换算对象包含的核心原子数目必须相等。例如，将沉淀得到的 Fe_2O_3 换算为 Fe_3O_4 的质量，换算因素：

$$F=\frac{2\times M_{Fe_3O_4}}{3\times M_{Fe_2O_3}}=\frac{2\times 231.5}{3\times 159.8}=0.965\ 8$$

需要进行组分换算时分析结果的计算公式为

$$w_x=\frac{Fm'}{m}\times 100\% \tag{3-11}$$

【例 3.2】 称取含镁样品 0.200 0 g，用 $MgNH_4PO_4$ 重量法测定其中镁的含量，灼烧后得 $Mg_2P_2O_7$ 0.212 4 g，求样品中 MgO 的质量分数。

解：$F=\frac{2M_{MgO}}{M_{Mg_2P_2O_7}}=\frac{2\times 40.304}{222.55}=0.362\ 2$

$$w_{MgO}=\frac{Fm'}{m}\times 100\%=\frac{0.362\ 2\times 0.212\ 4}{0.200\ 0}\times 100\%=38.47\%$$

3.1.7　重量分析法的应用

重量分析法准确度高，沉淀重量法仍然是国家标准中的仲裁分析法。如煤炭、矿石中硫含量的测定，矿石中二氧化硅的测定，磷肥中磷含量的测定，钾肥中钾含量的测定等。

一、煤中全硫的测定

GB/T 214—2007 规定煤中全硫的测定有艾士卡法（重量法）、库仑法和高温燃烧中和法，其中艾士卡法是仲裁方法。

艾士卡法：称取一定质量的煤样与艾士卡试剂混匀，灼烧后将硫全部转变为可溶性的硫酸盐，硫酸盐全部浸出后再用钡离子将硫酸根沉淀为硫酸钡，根据硫酸钡的质量，计算煤样中全硫的含量。

艾士卡试剂为取 2 份质量的轻质氧化镁与 1 份质量的化学纯无水碳酸钠混匀后研磨至最大粒径小于 0.2 mm，密封备用。在 850 ℃的马弗炉中，煤炭中的碳全部燃烧转变为 CO_2，硫将发生如下反应：

$$2S+3O_2+2MgO=\!=\!=2MgSO_4$$

$$2S+3O_2+2Na_2CO_3 \xlongequal{} 2Na_2SO_4+2CO_2\uparrow$$

得到的硫酸镁、硫酸钠用热水浸出，用氯化钡作沉淀剂，生成的硫酸钡经过滤、洗涤灼烧后称量，即可测得样品中全硫的含量。

二、岩石中 SiO_2 的测定

样品经碱熔分解，转变为可溶性的硅酸钠，热水浸取后加盐酸酸化，硅酸根转变为硅酸胶体，在浓盐酸介质中蒸发至湿盐状使硅酸脱水成偏硅酸，加入盐酸和动物胶使硅酸胶体进一步脱水凝聚，经搅拌后保温 10 min，加水溶解可溶性盐类，趁热快速过滤，滤液通常保留以便测定其他组分，沉淀在高温下灼烧至恒重，称量所得二氧化硅的质量。

由于沉淀可能吸附铁、铝、钛等造成结果偏高，为了减小实验误差，将称过的二氧化硅用氢氟酸处理，将硅以 SiF_4 的形式挥发除去，残渣灼烧再称量。加氢氟酸处理后沉淀的减少量即为沉淀中二氧化硅的质量。从而求出样品中二氧化硅的含量。

3.2 滴定分析概述

滴定分析法是将已知准确浓度的标准溶液（又称滴定剂）滴加到待测物的溶液中，直到所加标准溶液与待测物质按化学计量关系定量反应完全为止，根据所消耗的标准溶液的体积和浓度，计算出待测物含量的定量分析方法。由于这种滴定方法是以测量溶液体积为基础，故又称为容量分析法。

进行滴定分析时，一般已知浓度的标准溶液置于滴定管中，待测物溶液置于锥形瓶中。将标准溶液从滴定管加到待测物溶液中的过程，称为滴定。当加入的标准溶液与待测组分定量反应完全时，称反应达到“化学计量点”。为了在最接近化学计量点时停止滴定，常加入一种辅助试剂，称为指示剂，借助指示剂在化学计量点附近发生颜色改变来指示反应的完成，这一颜色转变点称为“滴定终点”。因滴定终点与化学计量点不一致造成的误差称“终点误差”，又称滴定误差。终点误差是滴定分析误差的主要来源之一，其大小取决于化学反应的完全程度和指示剂的选择。另外，也可以采用仪器分析方法来确定滴定终点。

滴定分析法使用的标准溶液与待测物应具有确定的化学计量关系，通常适用于测定常量组分，准确度较高，在一般情况下，滴定的误差不高于 0.1%，且操作简便、快速，所用仪器简单、价格便宜。因此，滴定分析法是化学分析中很重要的一类方法，具有较高的实用价值。

3.2.1 滴定分析方法的分类

滴定分析以化学反应为基础，根据所利用的化学反应的不同，滴定分析法可分为四类。

一、酸碱滴定法

酸碱滴定法是一种以质子转移为基础的滴定分析方法。

一般的酸、碱及能与酸、碱直接或间接发生质子转移的物质，都可以用酸碱滴定法进行测定。例如，

强酸（碱）滴定强碱（酸）： $H_3O^+ + OH^- = 2H_2O$

强碱滴定弱酸： $OH^- + HA = A^- + H_2O$

强酸滴定弱碱： $H_3O^+ + A^- = HA + H_2O$

二、配位滴定法

配位滴定法也称络合滴定法，是一种以配位反应为基础的滴定分析方法。

常用有机配位剂乙二胺四乙酸的二钠盐（简称 EDTA，用 H_2Y^{2-} 表示）作滴定剂，滴定金属离子。例如，

$$Ca^{2+} + H_2Y^{2-} = CaY^{2-} + 2H^+$$

$$Fe^{3+} + H_2Y^{2-} = FeY^- + 2H^+$$

按酸碱质子理论，式中 H^+ 在溶液中实际上是以 H_3O^+ 型体存在，为书写方便，本书中以下仍简写为 H^+。

三、氧化还原滴定法

氧化还原滴定法是一种以氧化还原反应为基础的滴定分析方法，可用氧化剂作滴定剂，如高锰酸钾法、重铬酸法、直接碘量法等；也可用还原剂作滴定剂，如间接碘量法。

四、沉淀滴定法

沉淀滴定法是一种以沉淀生成反应为基础的滴定分析方法。最常用的是利用生成难溶银盐的反应，即“银量法”。

$$Ag^+ + X^- = AgX \text{（X 表示 } Cl^-、Br^-、I^-、SCN^- \text{ 等）}$$

可滴定 Ag^+、Cl^-、Br^-、I^-、SCN^- 等离子。

3.2.2 滴定分析对滴定反应的要求

用于直接滴定分析的化学反应必须具备如下四个条件：

（1）滴定反应必须按一定的化学反应方程式进行，具有确定的化学计量关系，不发生副反应。

（2）反应必须进行完全，通常要求达到 99.9% 以上。

（3）反应速率要快，对于反应速率较慢的反应可通过加热、加入催化剂等加快反应速率。

（4）必须有适当的方法确定滴定终点。

若不能完全满足上述要求的反应，可采用适当的滴定方式创造条件进行滴定。

3.2.3 滴定方式

一、直接滴定法

对于能满足滴定分析要求的反应，可用标准溶液直接滴定被测物质。例如，用 NaOH 标准溶液可直接滴定 HCl、HAc 等；用 $KMnO_4$ 标准溶液可滴定 $C_2O_4^{2-}$；用 EDTA 标准溶液可滴定 Ca^{2+}、Mg^{2+} 等离子；用 $AgNO_3$ 标准溶液可滴定中性或弱碱性溶液中的 Cl^-。直接滴定法是最常用和最基本的滴定方式，该方法简便、快速，引入的误差较少。

二、返滴定法

如果反应速率较慢（如 Al^{3+} 与 EDTA 的配位反应），或反应物不溶于水（如用酸碱滴定法测定石灰石中碳酸钙含量），反应不能立即完成，此时，可先加入一定量过量滴定剂（HCl），使碳酸钙全部反应。待反应完全后，再用另一种标准溶液（NaOH）滴定剩余的滴定剂，这种滴定方式称为返滴定法，又称回滴定法。

有时采用返滴定法是由于没有合适的指示剂。例如，在酸性溶液中用 $AgNO_3$ 滴定氯离子时缺乏合适的指示剂，可先加一定量过量的 $AgNO_3$ 标准溶液，使氯沉淀完全，再以 NH_4SCN 标准溶液回滴定过剩的 $AgNO_3$，以铁铵钒为指示剂，出现 $Fe(SCN)_2^+$ 的淡红色即为终点。

三、置换滴定法

如果滴定剂与待测物的反应不能直接发生或不按一定的化学反应方程式进行，或伴有副反应，或缺乏合适指示剂，则可先用适当试剂与被测物质反应，定量置换出另一种可与滴定剂反应的物质，再用滴定剂进行滴定，这种方法称为置换滴定法。如 $Na_2S_2O_3$ 与 $K_2Cr_2O_7$ 等强氧化剂反应时，$S_2O_3^{2-}$ 将部分被氧化成 SO_4^{2-} 和 $S_4O_6^{2-}$，反应没有严格的化学计量关系，因此，不能用 $Na_2S_2O_3$ 直接滴定 $K_2Cr_2O_7$。但 $Na_2S_2O_3$ 与 I_2 之间的反应符合滴定分析的要求，可在酸性 $K_2Cr_2O_7$ 溶液中加入过量 KI，通过化学反应定量置换出 I_2，再用 $Na_2S_2O_3$ 标准溶液滴定 I_2。

四、间接滴定法

不能与滴定剂直接反应的物质，有时可以通过另外的化学反应间接进行滴定。例如，Ca^{2+} 不能直接用 $KMnO_4$ 标准溶液进行滴定，可加入 $(NH_4)_2C_2O_4$ 将其定量沉淀为 CaC_2O_4，然后用 H_2SO_4 溶解，再用 $KMnO_4$ 标准溶液滴定 $C_2O_4^{2-}$，从而间接测定钙的含量。

3.3 滴定分析的基本理论

3.3.1 溶液中的基本化学平衡

由 3.2.1 可知,滴定分析中利用的化学反应有酸碱反应、配位反应、氧化还原反应和沉淀反应,这些反应的速率很快,在溶液中能达成瞬时平衡。除了上述四大反应平衡以外,溶液中还存在物料平衡、电荷平衡和质子平衡。为了弄清滴定分析的原理,必须掌握溶液中存在的各种平衡及主要成分浓度的计算。

一、物料平衡

物料平衡是指在一个化学平衡体系中,某一给定物质的总浓度(也叫分析浓度)等于各型体平衡浓度之和。其数学表达式称为物料平衡方程(material balance equation),用 MBE 表示,例如,浓度为 c 的磷酸,MBE 方程为

$$c=[H_3PO_4]+[H_2PO_4^-]+[HPO_4^{2-}]+[PO_4^{3-}]$$

又如,浓度为 c 的 Na_2SO_3,根据需要,可列出阳离子和阴离子两个物料平衡。

$$[Na^+]=2c \qquad [SO_3^{2-}]+[HSO_3^-]+[H_2SO_3]=c$$

二、电荷平衡

由于溶液呈电中性,同一溶液中阳离子所带正电荷的电荷量应等于阴离子所带负电荷的电荷量。这种定量关系称为电荷平衡。根据这一平衡,考虑各离子所带电荷和浓度可列出电荷平衡方程式(charge balance equation),用 CBE 表示。例如,浓度为 c 的 NaF 溶液,在溶液中存在下列平衡

$$NaF \longrightarrow Na^+ + F^- \quad F^- + H_2O \longrightarrow HF + OH^- \quad H_2O \longrightarrow H^+ + OH^-$$

CBE 方程为 $[Na^+]+[H^+]=[F^-]+[OH^-]$

对 $CaCl_2$ 有 $[H^+]+2[Ca^{2+}]=[OH^-]+[Cl^-]$

三、质子平衡

按照酸碱质子理论,酸碱反应的实质是质子转移。溶液中酸碱反应的结果是有些物质失去质子,有些物质得到质子,得质子物质得到质子的量与失质子物质失去质子的量应该相等,这就是质子平衡,由此列出的方程式称为质子条件式(proton balance equation),用 PBE 表示。由于溶液中的酸碱组分可能有多种,因此,列质子条件式时,需要知道哪些组分得质子、哪些组分失质子。在判断得失质子时,通常要选择一些酸碱组分作为参考水准。

书写质子条件式的步骤如下:

(1)找出体系中与质子有关的所有型体。

(2)找出参考水平(型体),一般选取溶剂和加入型体作为参考水平。

（3）确定得失质子的型体及得失质子的个数。

（4）得到的质子总和 = 失去的质子总和。

【例 3.3】 写出 Na_2CO_3 溶液的质子条件式

解：存在型体：H^+、H_2CO_3、HCO_3^-、CO_3^{2-}、H_2O、OH^-。参考水平：H_2O，CO_3^{2-}。失质子：OH^-。得质子：H^+、HCO_3^-、H_2CO_3。

$$PBE: [H^+]+[HCO_3^-]+2[H_2CO_3]=[OH^-]$$

【例 3.4】 写出 Na_2HPO_4 的质子条件式

解：存在型体：H^+、OH^-、H_2O、H_3PO_4、$H_2PO_4^-$、HPO_4^{2-}、PO_4^{3-}。

参考水平：H_2O、HPO_4^{2-}。

失质子：OH^-、PO_4^{3-}。

得质子：H^+、$H_2PO_4^-$、H_3PO_4。

$$PBE: [H^+]+[H_2PO_4^-]+2[H_3PO_4]=[OH^-]+[PO_4^{3-}]$$

质子条件式是计算溶液 pH 的依据，因此，必须深刻领会质子条件式的真谛。

3.3.2 溶液中的酸碱平衡

一、酸碱解离平衡

根据酸碱质子理论，凡是能给出质子的都是酸，凡是能结合质子的都是碱。强酸在溶液中完全电离成 H^+ 和酸根离子，一元弱酸在溶液中存在如下平衡：

$$HA \rightleftharpoons H^+ + A^- \quad K_a=\frac{[H^+][A^-]}{[HA]} \tag{3-12}$$

式中 HA 为共轭酸；A^- 为共轭碱；HA 和 A^- 称为共轭酸碱对。

对于二元酸 H_2A，可进行分步解离。

$$H_2A \rightleftharpoons H^+ + HA^- \quad K_{a_1}=\frac{[H^+][HA^-]}{[H_2A]} \tag{3-13a}$$

$$HA^- \rightleftharpoons H^+ + A^{2-} \quad K_{a_2}=\frac{[H^+][A^{2-}]}{[HA^-]} \tag{3-13b}$$

水自身在溶液中会发生质子自递反应，25 ℃时

$$H_2O \rightleftharpoons H^+ + OH^-$$

$$K_w=[H^+][OH^-]=1.0\times10^{-14} \tag{3-14}$$

同理，对于多元酸 H_nA，可依次分步解离，分别给出 K_{a_1}、K_{a_2}、…、K_{a_n}。

根据酸碱质子理论，A^{2-} 是一个二元碱，可以发生如下反应：

$$A^{2-} + H_2O \rightleftharpoons HA^- + OH^- \quad K_{b_1}=\frac{[HA^-][OH^-]}{[A^{2-}]} \tag{3-15}$$

$$K_{b_1}=\frac{[HA^-][OH^-]}{[A^{2-}]}=\frac{[H^+][OH^-]}{[H^+][A^{2-}]/[HA^-]}=\frac{K_w}{K_{a_2}} \tag{3-16a}$$

同理：
$$K_{b_2}=\frac{K_w}{K_{a_1}} \quad 或 \quad K_{b_2}\times K_{a_1}=K_w \tag{3-16b}$$

对于 n 元共轭酸碱对有：
$$K_{b_n}\times K_{a_1}=K_w, K_{b_{n-1}}\times K_{a_2}=K_w, \cdots, K_{b_1}\times K_{a_n}=K_w \tag{3-16c}$$

二、酸碱平衡体系分布系数

由式(3-12)和式(3-14)可知，弱酸在溶液中发生解离，HA 解离后有 HA 和 A^- 两种型体，H_2A 解离后有 H_2A、HA^-、A^{2-} 三种型体，对 H_nA，该体系中共有(n+1)种型体。各型体平衡浓度之和称为总浓度，也称为分析浓度，用 c 表示。二元酸相应的平衡浓度表示为$[H_2A]$、$[HA^-]$、$[A^{2-}]$。各型体在整个体系中所占比例称为分布系数，用 δ 表示。下面以一元酸为例讨论分布系数的计算，为方便起见忽略电荷。

$$c=[HA]+[A] \tag{3-17}$$

$$\delta_A=\frac{[A]}{c}=\frac{[A]}{[A]+[HA]} \tag{3-18a}$$

$$\delta_{HA}=\frac{[HA]}{c}=\frac{[HA]}{[A]+[HA]} \tag{3-18b}$$

式(3-18a)和式(3-18b)中的平衡浓度不便求出，对其进行变换，将右边的分子分母同除以[A]，得

$$\delta_A=\frac{1}{1+[HA]/[A]}=\frac{1}{1+[H][HA]/[A][H]}=\frac{1}{1+\frac{[H]}{K_a}}=\frac{K_a}{K_a+[H]} \tag{3-19}$$

由分布系数的定义可知

$$\delta_A+\delta_{HA}=1 \tag{3-20}$$

$$\delta_{HA}=1-\delta_A=1-\frac{K_a}{K_a+[H]}=\frac{[H]}{K_a+[H]} \tag{3-21}$$

已知醋酸 HA 的 $pK_a=-\lg K_a=4.75$，根据式(3-19)和式(3-21)可计算各种 pH 条件下 HA 和 A 的分布系数，用分布系数对 pH 作图，可得图 3-3 所示的分布曲线。

由图 3-3 可见，δ_A 随 pH 升高而增大，δ_{HA} 随 pH 升高而减小，当 pH=pK_a 时，$\delta_A=\delta_{HA}=0.50$，两种型体各占一半。当 pH<$pK_a$ 时，主要存在型体为 HA，当 pH>pK_a 时，主要存在型体为 A。

对于二元酸 H_2A，根据分布系数的定义并进行公式变换可得

$$\delta_A=\frac{[A]}{[A]+[HA]+[H_2A]}=\frac{K_{a_1}K_{a_2}}{K_{a_1}K_{a_2}+[H]K_{a_1}+[H]^2} \tag{3-22a}$$

$$\delta_{HA}=\frac{[HA]}{[A]+[HA]+[H_2A]}=\frac{[H]K_{a_1}}{K_{a_1}K_{a_2}+[H]K_{a_1}+[H]^2} \tag{3-22b}$$

$$\delta_{H_2A}=\frac{[H_2A]}{[A]+[HA]+[H_2A]}=\frac{[H]^2}{K_{a_1}K_{a_2}+[H]K_{a_1}+[H]^2} \tag{3-22c}$$

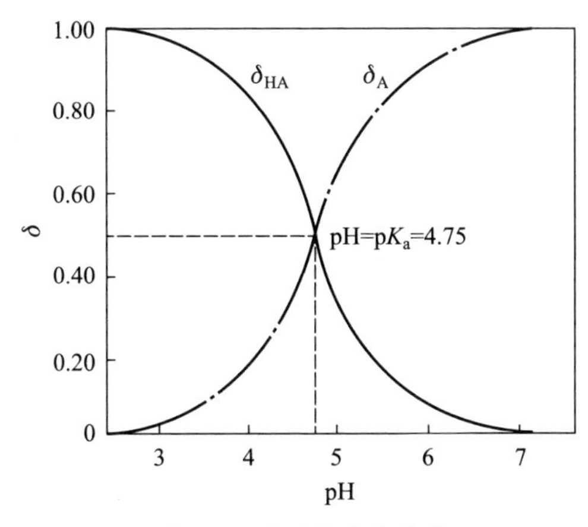

图 3-3 醋酸的分布曲线

同理可求得多元酸碱的分布系数。

由(3-22)各式可计算二元弱酸各形态的分布系数,酒石酸各型体的分布如图 3-4 所示。在酸碱溶液中,分析浓度通常是已知的,因此,可通过分布系数计算出各种型体在不同 pH 下的平衡浓度。

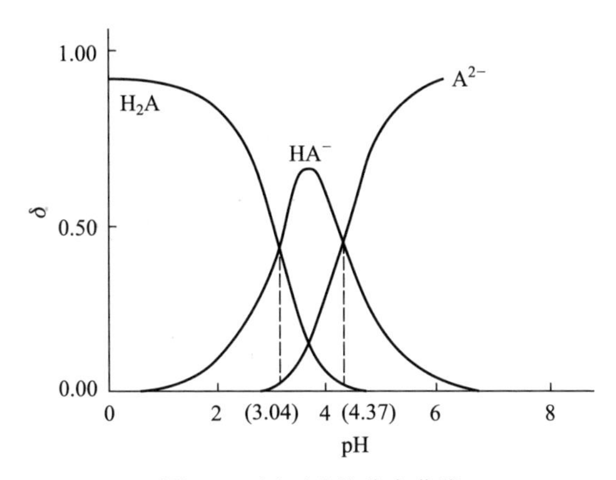

图 3-4 酒石酸的分布曲线

【例 3.5】 计算 pH=4.00 时,0.010 mol/L 草酸中草酸根的浓度。

解: 查表得草酸的 K_{a_1}=5.9×10^{-2}, K_{a_2}=6.4×10^{-5}

$$\delta_{C_2O_4^{2-}}=\frac{[C_2O_4^{2-}]}{c}=\frac{K_{a_1}K_{a_2}}{[H^+]^2+[H^+]K_{a_1}+K_{a_1}K_{a_2}}$$

$$=\frac{5.9\times10^{-2}\times6.4\times10^{-5}}{(10^{-4})^2+5.9\times10^{-2}\times10^{-4}+5.9\times10^{-2}\times6.4\times10^{-5}}$$

$$=0.39$$

$$[C_2O_4^{2-}]=c\delta_{C_2O_4^{2-}}=0.010\times0.39=0.003\,9(\text{mol/L})$$

三、溶液 pH 的计算

根据质子条件和分布系数,可计算出溶液的 pH。

1. 强酸(或强碱)溶液

【例 3.6】 计算 0.010 mol/L 和 1.0×10^{-7} mol/L HCl 溶液的 pH。

解: 质子条件:$[H^+]=[OH^-]+[Cl^-]$

当 [HCl]=0.010 mol/L,水中离解的 OH^- 可忽略,pH=2.00。

当 [HCl]=1.0×10^{-7} mol/L 时,盐酸完全解离,但水的解离不能忽略

$$H_2O \rightleftharpoons H^+ + OH^-$$

$[OH^-]$ 来自水的解离,$[OH^-]=\dfrac{K_w}{[H^+]}$,代入质子条件式

$$[H^+]=[OH^-]+[Cl^-]=1.0\times10^{-7}+\frac{1.0\times10^{-14}}{[H^+]}$$

解一元二次方程得

$$[H^+]=1.6\times10^{-7}\,(\text{mol/L})$$

$$pH=6.79$$

强碱溶液可求得氢氧根的浓度,然后换算成 pH。

2. 弱酸弱碱溶液

由于在水溶液中总是存在 $pH+pOH=pK_w=14$,弱酸溶液中先计算氢离子浓度,然后求 pH,弱碱溶液中先计算氢氧根离子浓度,再求 pOH,最后计算 pH。因此,只要搞清弱酸溶液中 pH 的计算方式,便可弄清弱碱溶液中 pOH 的计算方式。

下面以一元弱酸 HA 为例,设一元弱酸浓度为 c,解离常数为 K_a,以 HA 和 H_2O 为参考水平,质子条件式为

$$[H^+]=[A^-]+[OH^-]$$

由酸的解离平衡和水的解离平衡可得

$$[H^+]=\frac{K_a[HA]}{[H^+]}+\frac{K_w}{[H^+]}$$

$$[H^+]=\sqrt{K_a[HA]+K_w} \tag{3-23}$$

由分布系数可知:

$$[HA]=c\,\delta_{HA}=c\times\frac{[H^+]}{K_a+[H^+]}$$

将上式代入式(3-23)整理后得

$$[H^+]^3+K_a[H^+]^2-(K_ac+K_w)[H^+]-K_aK_w=0 \tag{3-24}$$

这是计算一元弱酸溶液氢离子浓度的精确式,它是一个一元三次方程,直接代数法求解十分麻烦,实际工作中也没有必要。通常根据氢离子浓度计算的允许误差可以近似求解,若能忽略水的解离,可得

$$[H^+]=\sqrt{K_a[HA]}=\sqrt{K_a(c-[H^+])} \tag{3-25}$$

这是弱酸氢离子浓度计算的近似式,是一个一元二次方程,若解离出的氢离子浓度

远小于分析浓度，则可得最简式：

$$[H^+]=\sqrt{K_a c} \tag{3-26a}$$

对于弱碱有：

$$[OH^-]=\sqrt{K_b c} \tag{3-26b}$$

在实际工作中学会使用最简式计算即可。

【例 3.7】 计算 0.10 mol/L 乳酸的 pH，已知乳酸的解离常数为 1.4×10^{-4}。

解：$[H^+]=\sqrt{K_a c}=\sqrt{1.4\times10^{-4}\times0.10}=3.7\times10^{-3}$(mol/L)

$$pH=2.43$$

对于多元酸溶液，通常可简化为一元酸进行计算，因为相比于一级解离，它的二级及二级以上解离出的氢离子的浓度通常都可忽略不计，只需考虑它的一级解离即可。

3. 两性物质溶液

较重要的两性物质有多元酸的酸式盐、弱酸弱碱盐和氨基酸等。两性物质溶液中的酸碱平衡比较复杂，故应根据具体情况进行简化处理。

现以酸式盐为例，设 NaHA 的浓度为 c，在此溶液中，若选用水和 HA^- 为参考水平，则

$$[H^+]=[A^{2-}]+[OH^-]-[H_2A]$$

结合二元弱酸 H_2A 的解离平衡可得

$$[H^+]=\frac{K_{a_2}[HA^-]}{[H^+]}+\frac{K_w}{[H^+]}-\frac{[H^+][HA^-]}{K_{a_1}}$$

整理后得

$$[H^+]=\sqrt{\frac{K_{a_1}(K_{a_2}[HA^-]+K_w)}{K_{a_1}+[HA^-]}} \tag{3-27}$$

一般情况下，HA^- 的解离倾向很小，$[HA^-]\approx c$，则式(3-27)可简化为

$$[H^+]=\sqrt{\frac{K_{a_1}(K_{a_2}c+K_w)}{K_{a_1}+c}} \tag{3-28}$$

若 $c\gg K_{a_1}$，$cK_{a_2}\gg K_w$，则

$$[H^+]=\sqrt{K_{a_1}K_{a_2}} \tag{3-29}$$

【例 3.8】 计算 0.020 mol/L 酒石酸氢钾溶液的 $[H^+]$。已知 $K_{a_1}=9.1\times10^{-4}$，$K_{a_2}=4.3\times10^{-5}$

解：因 $c\gg K_{a_1}$，$cK_{a_2}\gg K_w$

则 $[H^+]=\sqrt{K_{a_1}K_{a_2}}=\sqrt{9.1\times10^{-4}\times4.3\times10^{-5}}=2.0\times10^{-4}$(mol/L)

式(3-28)是酸式盐氢离子浓度计算的实际应用公式，对酸式盐 Na_2HA，则

$$[H^+]=\sqrt{\frac{K_{a_2}(K_{a_3}c+K_w)}{K_{a_2}+c}} \tag{3-30}$$

【例 3.9】 计算 0.010 mol/L Na_2HPO_4 溶液的 pH，已知磷酸的 $K_{a_2}=6.3\times10^{-8}$，$K_{a_3}=4.4\times10^{-13}$。

解：由于 $c\gg K_{a_2}$，但 $cK_{a_3}<10K_w$，因而不能忽略水的解离。

$$[H^+]=\sqrt{\frac{K_{a_2}(K_{a_3}c+K_w)}{K_{a_2}+c}}=\sqrt{\frac{6.3\times10^{-8}(4.4\times10^{-13}\times0.010+1.0\times10^{-14})}{0.010}}=3.0\times10^{-10}\text{(mol/L)}$$

$$pH=9.52$$

从计算结果可知,虽然磷酸氢二钠中带有一个氢,但溶液已呈较强的碱性。

4. 缓冲溶液

缓冲溶液是维持溶液酸度稳定的溶液。当向溶液中加入少量酸、碱或溶液自身产生少量酸碱时,或溶液稀释时,溶液的 pH 不会发生明显变化,俗称抗酸、抗碱、抗稀释。

缓冲溶液可由下列任意体系构成:

(1)较高浓度的弱酸及其共轭碱。

(2)较高浓度的弱碱及其共轭酸。

(3)高浓度强酸。

(4)高浓度强碱。

(5)较高浓度的两性物质。

两性物质的缓冲溶液可按前述两性溶液处理,计算溶液的 pH。

缓冲溶液的缓冲能力是有一定限度的,如果加入的酸或碱的量太多,或是稀释的倍数太大,缓冲溶液的 pH 将会发生明显变化。缓冲溶液缓冲能力的大小用缓冲容量(buffer capacity)来衡量,以 β 表示。其定义为:使 1 L 缓冲溶液的 pH 增加 dpH 单位所需强碱的量 db(mol),或是使 1 L 缓冲溶液的 pH 下降 dpH 单位所需强酸的量 da(mol)。其表达式为

$$\beta=\frac{\mathrm{d}b}{\mathrm{dpH}}=-\frac{\mathrm{d}a}{\mathrm{dpH}}$$

由于酸的增加使 pH 降低,故在 da/dpH 前加负号,以使 β 具有正值。β 越大,表明缓冲溶液的缓冲能力越强。缓冲溶液的浓度越大,缓冲容量越大,缓冲能力越强;对于共轭酸碱对缓冲体系,两组分浓度越接近,缓冲容量越大。

【例 3.10】 计算 0.10 mol/L NH_4Ac 溶液的 pH。已知 NH_4^+ 的 $K_{a_1}=10^{-9.26}$,HAc 的解离常数 $K_{a_2}=10^{-4.74}$。

解:该体系符合最简式的计算条件:

$$[H^+]=\sqrt{K_{a_1}K_{a_2}}=\sqrt{10^{-9.26}\times10^{-4.74}}=1.0\times10^{-7}(\mathrm{mol/L})$$

$$pH=7.00$$

若由弱酸 HB 和共轭碱 NaB 组成的共轭缓冲溶液,其浓度分别为 $c_{酸}$和 $c_{碱}$。

$$\text{MBE}:[Na^+]=c_{碱}\quad [HB]+[B^-]=c_{酸}+c_{碱}$$

$$\text{CBE}:[Na^+]+[H^+]=[B^-]+[OH^-]$$

$$[B^-]=c_{碱}+[H^+]-[OH^-]$$

由 HB 的解离平衡:

$$[H^+]=K_a\frac{[HB]}{[B^-]}=K_a\frac{c_{酸}-[H^+]+[OH^-]}{c_{碱}+[H^+]-[OH^-]} \qquad (3-31)$$

式(3-31)是计算共轭酸碱体系缓冲溶液氢离子浓度的精确式,但求解困难。在实际工作中,缓冲溶液中弱酸及其共轭碱(盐)的浓度都较大,与其相比,解离出来的氢离子和氢氧根离子的浓度都可忽略不计,此时式(3-31)可简化为

$$[H^+]=K_a\frac{c_{酸}}{c_{碱}}\quad 即\quad pH=pK_a+\lg\frac{c_{碱}}{c_{酸}} \qquad (3-32)$$

式(3–32)是计算缓冲溶液 pH 的实用公式,对于弱碱与其共轭酸组成的缓冲体系,同样可用。

【例 3.11】 计算 0.10 mol /L NH_4Cl 和 0.20 mol /L NH_3 混合溶液的 pH。已知 NH_4^+ 的 K_a=5.6 × 10^{-10}。

解: 用最简公式计算 $$pH = pK_a + \lg\frac{c_{碱}}{c_{酸}} = 9.25 + \lg\frac{0.20}{0.10} = 9.55$$

3.3.3 EDTA 在溶液中的反应平衡

配位平衡是溶液中的基本平衡之一,很多阴离子都具有配位能力,如常见的氯离子,它能与许多金属阳离子生成配合物,但一般配位剂不能满足滴定分析的要求,现代配位滴定中能用作标准溶液的配位剂很少,常用的只有一种,它就是乙二胺四乙酸,俗称 EDTA,酸根通常用 Y 表示,常写成 H_4Y。乙二胺四乙酸是一种白色结晶,难溶于水,易溶于氢氧化钠和氨水,其二钠盐可溶于水,因此,市售试剂都是它的二钠盐,并带两个结晶水,$Na_2H_2Y \cdot 2H_2O$ 亦称 EDTA,它在 22 ℃水中的溶解度约为 11.1 g/100 mL,且随温度变化较小,换算为物质的量浓度接近 0.3 mol/L,pH 约为 4.70。由于难以制备高纯的 EDTA,因此,它不是基准物质,不能直接配制标准溶液,滴定中使用的标准溶液必须先配制一个近似浓度的标准溶液,用砂芯漏斗过滤后标定。

一、EDTA 的解离平衡

乙二胺四乙酸是一种弱酸,在强酸性溶液中,可再结合两个质子,形成 H_6Y^{2+},这样,EDTA 就相当于六元酸,在溶液中有六级解离平衡。也可看作 Y^{4-} 与 H^+ 六级配位平衡,由理论化学可知,可用累积质子化常数 β_n 表示各级配合的总稳定常数($\beta_1=1/K_{a_6}$, $\beta_6=1/K_{a_6}K_{a_5}\cdots K_{a_1}$)。为方便起见,酸根用 Y 表示并忽略电荷,前人已经总结、确定了各级解离常数及酸根与质子的结合稳定常数:

$$H_6Y \rightleftharpoons H+H_5Y \qquad K_{a_1}=10^{-0.9}=0.13 \qquad \beta_6=10^{23.59}$$
$$H_5Y \rightleftharpoons H+H_4Y \qquad K_{a_2}=10^{-1.6}=2.5\times10^{-2} \qquad \beta_5=10^{22.69}$$
$$H_4Y \rightleftharpoons H+H_3Y \qquad K_{a_3}=10^{-2.0}=1.0\times10^{-2} \qquad \beta_4=10^{21.09}$$
$$H_3Y \rightleftharpoons H+H_2Y \qquad K_{a_4}=10^{-2.67}=2.1\times10^{-3} \qquad \beta_3=10^{19.09}$$
$$H_2Y \rightleftharpoons H+HY \qquad K_{a_5}=10^{-6.16}=6.9\times10^{-7} \qquad \beta_2=10^{16.42}$$
$$HY \rightleftharpoons H+Y \qquad K_{a_6}=10^{-10.26}=5.5\times10^{-11} \qquad \beta_1=10^{10.26}$$

在水溶液中,EDTA 可以 H_6Y、H_5Y、H_4Y、H_3Y、H_2Y、HY 和 Y 7 种形态存在,它们的分布系数与溶液 pH 有关,可按式(3–17)~ 式(3–22)同理推导,其结果绘于图 3–5。从图中可以看出,无论 EDTA 的原始存在形态是 H_4Y 还是 Na_2H_2Y,在 pH<1 的强酸性溶液中,主要存在型态是 H_6Y,只有当 pH>10 时才主要以 Y 的形态存在,在不同酸度条件下,主要存在形态各不相同。

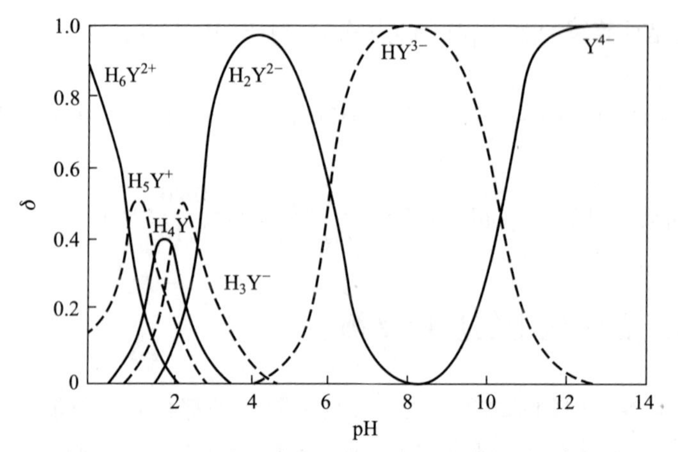

图 3-5 EDTA 各种存在形态随溶液酸度变化分布图

二、EDTA 的配位平衡

在 EDTA 与金属离子形成配合物时，它的氮原子和氧原子与金属离子键合，形成具有多个五元环的螯合物，如图 3-6 所示。各型体与金属离子形成的配位物中，仅 Y^{4-} 与 M^{n+} 形成的配合物最稳定，故 EDTA 与金属离子配合的有效浓度为 $[Y^{4-}]$。

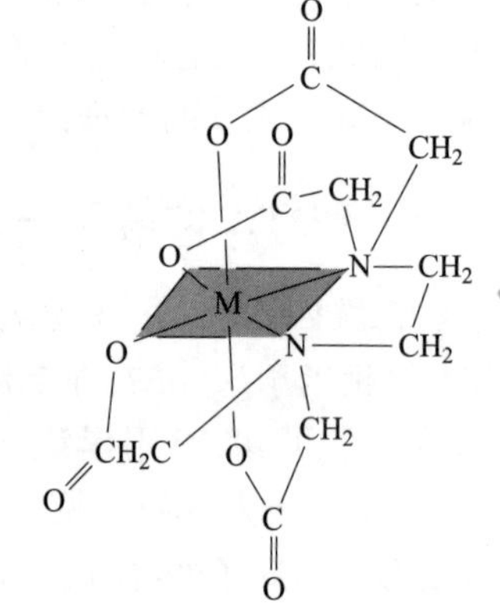

图 3-6 EDTA 各配合物立体结构

EDTA 形成的配合物有如下特点：

（1）EDTA 配位能力很强，几乎能与所有二价及二价以上金属离子形成稳定配合物，因而配位滴定法应用很广，但如何提高配位滴定的选择性成为配位滴定的一个重要问题。

（2）EDTA 与二价、三价金属离子全部生成 1∶1 的配合物，因与金属离子形成多个五元环的螯合物，所以配合物的稳定性高。常见金属离子与 EDTA 配合物的稳定常数通常以对数表示，见表 3-1。

（3）EDTA 配合物易溶于水，配位反应速率快。

（4）大多数 EDTA 配合物无色，有利于终点判断。但过渡金属离子形成的配合物比离子本身在溶液中的颜色更深，在滴定这类离子时要注意金属离子浓度的控制。

表 3-1 常见可用于配位滴定的 EDTA 配合物的 $\lg K_{稳}$

离子	$\lg K_{稳}$	离子	$\lg K_{稳}$	离子	$\lg K_{稳}$	离子	$\lg K_{稳}$
Mg^{2+}	8.70	Al^{3+}	16.30	Pb^{2+}	18.04	Sn^{2+}	22.11
Ca^{2+}	10.69	Co^{2+}	16.31	Ni^{2+}	18.62	Cr^{3+}	23.40
Mn^{2+}	13.87	Cd^{2+}	16.46	Cu^{2+}	18.80	Fe^{3+}	25.10
Fe^{2+}	14.32	Zn^{2+}	16.50	Hg^{2+}	21.70	Bi^{3+}	27.94

三、EDTA 的条件稳定常数

1. 副反应系数

配位反应涉及的平衡比较复杂，为了定量处理各种因素对配位平衡的影响，引入副反应系数的概念。

在 EDTA 滴定金属离子的过程中，除了被滴定的金属离子 M 与 EDTA 的主反应以外，还存在各种副反应：

主反应 M + Y ⇌ MY

副反应：

M 的副反应：OH^-：M(OH) ⇌ $M(OH)_2$ … $M(OH)_n$；L：ML ⇌ ML_2 … ML_n

Y 的副反应：H^+：HY ⇌ H_2Y … H_6Y；N：NY

MY 的副反应：H^+：MHY；OH^-：MOHY

（为简便计，省去电荷，且有：$K_{稳}=\frac{[MY]}{[M][Y]}$）

反应物 M、Y 发生的副反应不利于主反应的进行，而反应产物发生的副反应则有利于主反应的进行，但酸式、碱式配合物一般不太稳定，计算过程中通常不予考虑。

各副反应对主反应的影响程度可用副反应系数 α 表示，下面分别讨论 M 和 Y 的几种重要的副反应和副反应系数。

（1）EDTA 的酸效应。因 H^+ 存在而使 EDTA 参加主反应能力降低的现象称为酸效应。酸效应的大小用酸效应系数 $\alpha_{Y(H)}$ 表示，$\alpha_{Y(H)}$ 越大，则 [Y] 越小，副反应越严重。

$$\alpha_{Y(H)}=\frac{[Y']}{[Y]}=\frac{\text{未参加主反应的 EDTA 总浓度}}{\text{EDTA 游离酸根总浓度}}=\frac{1}{\delta_Y} \qquad (3-33)$$

根据分布系数的计算公式，可推出酸效应系数以累计稳定常数 β_i 表示的计算公式，它的值是 δ_Y 的倒数。

$$\alpha_{Y(H)}=1+\beta_1[H^+]+\beta_2[H^+]^2+\beta_3[H^+]^3+\beta_4[H^+]^4+\beta_5[H^+]^5+\beta_6[H^+]^6 \qquad (3-34)$$

由式（3-34）可见，$\alpha_{Y(H)}$ 随溶液酸度的增大而急剧增大，以至于必须用指数或对数表示才比较方便，只有当溶液 pH>10 时，溶液中的 EDTA 才主要以 Y 的形式存在，酸效应比较小。

【例 3.12】 计算 pH=2.00 时 EDTA 的酸效应系数及其对数值。

解：

$$\begin{aligned}\alpha_{Y(H)}&=1+\beta_1[H^+]+\beta_2[H^+]^2+\beta_3[H^+]^3+\beta_4[H^+]^4+\beta_5[H^+]^5+\beta_6[H^+]^6\\&=1+10^{10.26}\times10^{-2}+10^{16.42}\times10^{-4}+10^{19.09}\times10^{-6}+10^{21.09}\times10^{-8}+10^{22.69}\\&\quad\times10^{-10}+10^{23.59}\times10^{-12}\\&=10^{13.51}\end{aligned}$$

$$\lg\alpha_{Y(H)}=13.51$$

由式（3-34）可计算不同 pH 条件下的 $\lg\alpha_{Y(H)}$，详见表 3-2，将不同 pH 条件下 EDTA 酸效应的对数 $\lg\alpha_{Y(H)}$ 绘成 pH-$\lg\alpha_{Y(H)}$ 关系曲线，称为 EDTA 的酸效应曲线，见图 3-7。

表 3-2 不同酸度条件下的 EDTA 的 $\lg\alpha_{Y(H)}$ 值

pH	$\lg\alpha_{Y(H)}$	pH	$\lg\alpha_{Y(H)}$	pH	$\lg\alpha_{Y(H)}$
0.0	23.64	4.0	8.44	8.0	2.27
0.2	22.47	4.2	8.04	8.2	2.07
0.4	21.32	4.4	7.64	8.4	1.87
0.6	20.18	4.6	7.24	8.6	1.67
0.8	19.08	4.8	6.84	8.8	1.48
1.0	18.01	5.0	6.45	9.0	1.28
1.2	16.98	5.2	6.07	9.2	1.10
1.4	16.02	5.4	5.69	9.4	0.92
1.6	15.11	5.6	5.33	9.6	0.75
1.8	14.27	5.8	4.98	9.8	0.59
2.0	13.51	6.0	4.65	10.0	0.45
2.2	12.82	6.2	4.34	10.2	0.33
2.4	12.19	6.4	4.06	10.4	0.24
2.6	11.62	6.6	3.79	10.6	0.16
2.8	11.09	6.8	3.55	10.8	0.11
3.0	10.60	7.0	3.32	11.0	0.07
3.2	10.14	7.2	3.10	11.4	0.03
3.4	9.70	7.4	2.88	11.8	0.01
3.6	9.27	7.6	2.68	12.0	0.01
3.8	8.85	7.8	2.47	13.0	0.008

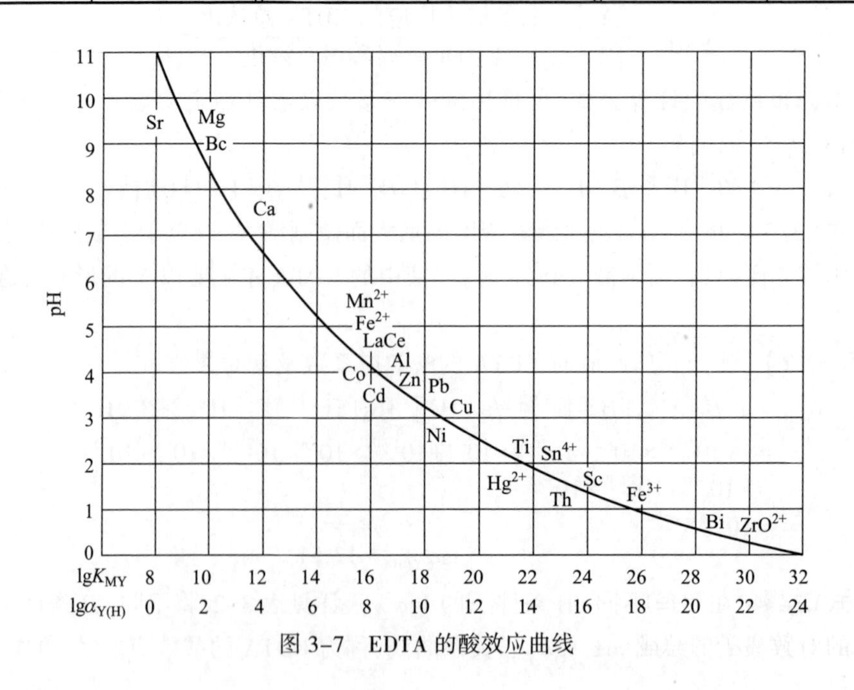

图 3-7 EDTA 的酸效应曲线

（2）EDTA的共存离子效应。因其他共存离子的存在，EDTA参加主反应能力降低的现象称为共存离子效应，共存离子效应也称干扰效应，其影响程度用干扰效应系数$\alpha_{Y(N)}$表示。

$$\alpha_{Y(N)}=\frac{[NY]+[Y]}{[Y]}=1+K_{NY}[N] \tag{3-35}$$

若有多个干扰离子N_1、N_2、…、N_n存在，则

$$\begin{aligned}\alpha_{Y(N)}&=\frac{[N_1Y]+[N_2Y]+\cdots+[N_nY]+[Y]}{[Y]}\\&=1+K_{N_1Y}[N_1]+K_{N_2Y}[N_2]+\cdots+K_{N_nY}[N_n]\\&=1+\alpha_{Y(N_1)}+\alpha_{Y(N_2)}+\cdots+\alpha_{Y(N_n)}\\&=\alpha_{Y(N_1)}+\alpha_{Y(N_2)}+\cdots+\alpha_{Y(N_n)}-(n-1)\end{aligned} \tag{3-36}$$

若体系既有酸效应，又有共存离子效应时，EDTA的总副反应系数为

$$\alpha_Y=\alpha_{Y(H)}+\alpha_{Y(N)}-1 \tag{3-37}$$

【例3.13】 在pH=1.50的溶液中含有浓度为0.010 mol/L的Fe^{3+}、Ca^{2+}，用同浓度的EDTA滴定Fe^{3+}时，计算α_Y。

解：查表得，$\lg K_{CaY}=10.69$，pH=1.50时，$\lg\alpha_{Y(H)}=15.55$

$$\alpha_{Y(Ca)}=1+K_{CaY}[Ca^{2+}]=1+10^{10.69}\times0.010=10^{8.69}$$

$$\alpha_Y=\alpha_{Y(H)}+\alpha_{Y(Ca)}-1=10^{15.55}+10^{8.69}-1=10^{15.55}$$

由此可知，当溶液的酸度较大时酸效应远远大于共存离子效应，此时共存离子效应可忽略。

（3）金属离子的副反应系数。由于其他配位剂的存在，金属离子参加主反应能力降低的现象称为配位效应，配位效应的大小用配位效应系数$\alpha_{M(L)}$来衡量。

$$\alpha_{M(L)}=\frac{\text{未参加主反应的金属离子总浓度}}{\text{游离金属离子总浓度}}=\frac{[M']}{[M]}=\frac{1}{\delta_M} \tag{3-38}$$

$\alpha_{M(L)}$越大，表明金属离子与配位剂L的反应越完全，金属离子的副反应越严重。

L可能是滴定时所加入的缓冲剂或为掩蔽干扰离子而加的掩蔽剂。在pH较高时，OH^-有可能与金属离子生成羟基配合物（水解效应）。不同pH时金属离子的$\lg\alpha_{M(OH)}$详见附录6。

若溶液中有多种配位剂L_1、L_2、…、L_n同时与金属离子发生副反应，其影响可用M的总副反应系数α_M表示：

$$\alpha_M=\alpha_{M(L_1)}+\alpha_{M(L_2)}+\cdots+\alpha_{M(L_n)}-(n-1) \tag{3-39}$$

在实际工作中，决定α_M一般只有一种或几种配位剂的副反应，其他配位剂的副反应可忽略，通常需要考虑的是金属离子的水解效应和掩蔽剂的配位效应。

$$\alpha_M=\alpha_{M(L)}+\alpha_{M(OH)}-1 \tag{3-40}$$

【例3.14】 在pH=10.00的氨性缓冲溶液中，已知$[NH_3]$=0.10 mol/L，计算浓度为0.010 mol/L锌离子的总副反应系数。

解：pH=10.00 时，查附录 6 可得

$\alpha_{Zn(OH)}=10^{2.40}$，$Zn-NH_3$ 的 $\lg\beta_1$~$\lg\beta_4$ 分别为 2.37、4.81、7.31、9.46。

$$\alpha_{Zn(NH_3)}=1+\beta_1[NH_3]+\beta_2[NH_3]^2+\beta_3[NH_3]^3+\beta_4[NH_3]^4$$
$$=1+10^{2.37-1}+10^{4.81-2}+10^{7.31-3}+10^{9.46-4}=10^{5.49}$$

$$\alpha_{Zn}=\alpha_{Zn(NH_3)}+\alpha_{Zn(OH)}-1=10^{5.49}+10^{2.40}-1\approx 10^{5.49}$$

此时锌的水解可忽略。

2. **条件稳定常数**

配合物的绝对稳定常数（K_{MY}）是在不考虑副反应的情况下对配位反应进行程度的一种量度，当存在副反应时，K_{MY} 的大小不能反映主反应进行的程度。因为此时未参加主反应的金属离子不仅有 M，还有 ML_1、ML_2、…，应当用这些型体的总浓度［M′］代替［M］。同样，未参加主反应的滴定剂浓度也应当用［Y′］代替［Y］。而许多情况下 MY 的副反应可忽略。因此，当副反应发生时，主反应进行的程度应当用条件稳定常数 K'_{MY} 来度量。

$$K'_{MY}=\frac{[MY]}{[M'][Y']} \tag{3-41}$$

由于［M′］=α_M［M］，［Y′］=α_Y［Y］，将它们代入式（3-40）得

$$K'_{MY}=\frac{[MY]}{\alpha_M[M]\alpha_Y[Y]}=\frac{K_{MY}}{\alpha_M\alpha_Y}$$

转换成对数：

$$\lg K'_{MY}=\lg K_{MY}-\lg\alpha_M-\lg\alpha_Y \tag{3-42}$$

【**例 3.15**】 计算 pH=9.00，氨的分析浓度为 0.10 mol/L 时 ZnY 的条件稳定常数。

解：已知 pH=9.00 时，$\lg\alpha_{Y(H)}=1.28$，$\lg\alpha_{Zn(OH)}=0.20$，$Zn-NH_3$ 的 $\lg\beta_1$~$\lg\beta_4$ 分别为 2.37、4.81、7.31、9.46。$\lg K_{ZnY}=16.50$，NH_4^+ 的 $pK_a=9.26$

$$[NH_3]=c\delta_{NH_3}=0.10\times\frac{1}{1+10^{9.26}\times10^{-9}}=0.036=10^{-1.44}$$

$$\alpha_{Zn(NH_3)}=1+\beta_1[NH_3]+\beta_2[NH_3]^2+\beta_3[NH_3]^3+\beta_4[NH_3]^4$$
$$=1+10^{2.37-1.44}+10^{4.81-2.88}+10^{7.31-4.32}+10^{9.46-5.76}$$
$$=10^{3.78}$$

$$\alpha_{Zn}=\alpha_{Zn(NH_3)}+\alpha_{Zn(OH)}-1=10^{3.78}+10^{0.20}-1\approx10^{3.78}$$

$$\lg K'_{ZnY}=\lg K_{ZnY}-\lg\alpha_{Zn}-\lg\alpha_Y=16.50-3.78-1.28=11.44$$

3.3.4 溶液中的氧化还原平衡

一、条件电极电位与条件平衡常数

1. **条件电极电位**

对于可逆氧化还原电对：

$$Ox+ne^-\rightleftharpoons Red$$

其电极电位可用能斯特(Nernst)方程表示：

$$\varphi=\varphi^{\ominus}+\frac{0.059}{n}\lg\frac{a_{Ox}}{a_{Red}} \quad (25℃) \tag{3-43}$$

式中 a_{Ox}、a_{Red} 分别是氧化态和还原态的活度；$\varphi^{\ominus}$ 为电对的标准电极电位，表示在 25 ℃下，当 $a_{Ox}=a_{Red}=1$ mol/L 时的电极电位。在实际工作中，人们关心的是氧化剂和还原剂的浓度而不是活度。若用浓度代替活度，必须引入活度系数 γ_{Ox}、γ_{Red}。当氧化态、还原态存在副反应时还应引入副反应系数 α_{Ox}、α_{Red}。

$$a_{Ox}=\gamma_{Ox}[Ox]=\gamma_{Ox}\frac{c_{Ox}}{\alpha_{Ox}} \qquad a_{Red}=\gamma_{Red}[Red]=\gamma_{Red}\frac{c_{Red}}{\alpha_{Red}}$$

代入式(3-43)，得

$$\varphi=\varphi^{\ominus}+\frac{0.059}{n}\lg\frac{\gamma_{Ox}\alpha_{Red}}{\gamma_{Red}\alpha_{Ox}}+\frac{0.059}{n}\lg\frac{c_{Ox}}{c_{Red}}$$

当 $c_{Ox}=c_{Red}=1$ mol/L 时，令

$$\varphi^{\ominus'}=\varphi^{\ominus}+\frac{0.059}{n}\lg\frac{\gamma_{Ox}\alpha_{Red}}{\gamma_{Red}\alpha_{Ox}} \tag{3-44}$$

$\varphi^{\ominus'}$ 为条件电极电位，它表示在一定介质条件下，氧化态与还原态的浓度都是 1 mol/L 时的实际电极电位。条件电极电位反映了离子强度和各种副反应的影响，更符合实际情况。实际工作中应尽量使用条件电极电位代替标准电极电位。只有找不到条件电极电位时才使用标准电极电位进行计算。

各种条件下的条件电极电位均由条件实验测定，现在已经积累了一定的特定条件下的条件电极电位参数，详见附录 3。

2. 条件平衡常数

反应的完成程度用平衡常数 K 来衡量。氧化还原反应的平衡常数可从有关电对的标准电极电位求得，若用条件电极电位，则求得的就是条件平衡常数 K'，这更能反映反应的实际进行程度。

设氧化还原反应为

$$n_2Ox_1+n_1Red_2 \rightleftharpoons n_2Red_1+n_1Ox_2$$

式中 $n_1 \neq n_2$，则

$$K'=\left(\frac{c_{Red_1}}{c_{Ox_1}}\right)^{n_2}\left(\frac{c_{Ox_2}}{c_{Red_2}}\right)^{n_1}$$

两电对的半反应为

$$Ox_1+n_1e^- \rightleftharpoons Red_1 \qquad \varphi_1=\varphi_1^{\ominus'}+\frac{0.059}{n_1}\lg\frac{c_{Ox_1}}{c_{Red_1}}$$

$$Ox_2+n_2e^- \rightleftharpoons Red_2 \qquad \varphi_2=\varphi_2^{\ominus'}+\frac{0.059}{n_2}\lg\frac{c_{Ox_2}}{c_{Red_2}}$$

反应达到平衡时，$\varphi_1=\varphi_2$，即

$$\varphi_1^{\ominus'}+\frac{0.059}{n_1}\lg\frac{c_{Ox_1}}{c_{Red_1}}=\varphi_2^{\ominus'}+\frac{0.059}{n_2}\lg\frac{c_{Ox_2}}{c_{Red_2}}$$

两边同乘以 n_1n_2，整理得

$$\lg K'=\frac{n_1n_2}{0.059}(\varphi_1^{\ominus'}-\varphi_2^{\ominus'}) \tag{3-45a}$$

当 $n_1=n_2=n$ 时，氧化还原反应表示为

$$Ox_1+Red_2 \rightleftharpoons Red_1+Ox_2$$

$$K'=\frac{c_{Red_1}}{c_{Ox_1}}\times\frac{c_{Ox_2}}{c_{Red_2}}$$

$$\varphi_1^{\ominus'}+\frac{0.059}{n}\lg\frac{c_{Ox_1}}{c_{Red_1}}=\varphi_2^{\ominus'}+\frac{0.059}{n}\lg\frac{c_{Ox_2}}{c_{Red_2}}$$

整理得

$$\lg K'=\frac{n}{0.059}(\varphi_1^{\ominus'}-\varphi_2^{\ominus'}) \tag{3-45b}$$

3. 影响条件电位的主要因素

利用条件电极电位可以判断氧化还原反应进行的程度和方向，也可通过改变外部条件，使条件电极电位发生变化，从而改变氧化还原反应进行的程度和方向。

（1）生成沉淀。例如，通过生成沉淀可改变氧化还原反应的方向，在碘量法测铜的方法中可用碘离子将 Cu^{2+} 还原为 Cu^+。

$$2Cu^{2+}+4I^- \rightleftharpoons 2CuI\downarrow+I_2$$

查表可知 $\varphi^{\ominus}_{Cu^{2+}/Cu^+}=0.16\ V$，$\varphi^{\ominus}_{I_2/I^-}=0.54\ V$，从两个电对的电极电位看，反应不会向右进行，实际上向右进行得很完全，这是由于生成碘化亚铜沉淀，设$[Cu^{2+}]=[I^-]=1\ mol/L$，已知 CuI 的 $K_{sp}=10^{-11.96}$，可求得 $\alpha_{Cu^+}=10^{11.96}$

$$\varphi^{\ominus}_{Cu^{2+}/CuI}=0.16+0.059\lg\alpha_{Cu^+}=0.16+0.059\times11.96=0.87(V)$$

（2）形成配合物。在氧化还原体系中，溶液中存在的一些阴离子，常与金属离子的氧化态或还原态形成配合物，从而改变它们的有效浓度，使电极电位发生变化。当氧化态形成的配合物更稳定，会使电极电位降低，反之则会升高。定量分析中常利用氧化还原体系的这一特性掩蔽干扰离子。例如，碘量法测铜时，若共存有 Fe^{3+}，因三价铁离子会氧化 I^- 而干扰测定，这时加入 NH_4F，F^- 与 Fe^{3+} 形成稳定的配合物从而降低 Fe^{3+}/Fe^{2+} 电对的电极电位，使 Fe^{3+} 失去了氧化能力。

（3）改变酸度。很多氧化还原反应有氢离子参加，如高锰酸钾法、重铬酸钾法，故在能斯特方程中也有$[H^+]$项。当溶液酸度改变时，电对的条件电极电位会急剧变化，因此，这些氧化还原体系要严格控制测定的酸度。

二、氧化还原反应进行的程度

根据式（3-45a）和式（3-45b），两个氧化还原电对的条件电位相差越大，反应的平衡常数越大，反应进行得越完全。对于滴定分析，要求反应完全程度在 99.9% 以上。

$$\frac{c_{\mathrm{Red}_1}}{c_{\mathrm{Ox}_1}} \geqslant 10^3 \qquad \frac{c_{\mathrm{Ox}_2}}{c_{\mathrm{Red}_2}} \geqslant 10^3$$

当 $n_1 \neq n_2$ 时

$$K' = \left(\frac{c_{\mathrm{Red}_1}}{c_{\mathrm{Ox}_1}}\right)^{n_2} \left(\frac{c_{\mathrm{Ox}_2}}{c_{\mathrm{Red}_2}}\right)^{n_1} \geqslant 10^{3n_2} \times 10^{3n_1}$$

$$\lg K' \geqslant 3(n_1+n_2)$$

根据式(3-45a)可得

$$(\varphi_1^{\ominus'} - \varphi_2^{\ominus'}) \geqslant 0.059\,\frac{3(n_1+n_2)}{n_1 n_2} \tag{3-46a}$$

当 $n_1=n_2=n$ 时

$$K' = \frac{c_{\mathrm{Red}_1}}{c_{\mathrm{Ox}_1}} \times \frac{c_{\mathrm{Ox}_2}}{c_{\mathrm{Red}_2}} \geqslant 10^6$$

$$(\varphi_1^{\ominus'} - \varphi_2^{\ominus'}) \geqslant 0.059\,\frac{6}{n} \tag{3-46b}$$

三、氧化还原反应的速率

氧化还原反应通常是分步进行的,其反应速率取决于其中最慢的步骤。作为一个滴定反应,反应速率必须足够快,否则不能使用。影响氧化还原反应速率的因素如下:

(1)氧化剂与还原剂的性质。不同氧化剂与还原剂,反应速率有很大不同,这与其电子层结构、条件电极电位之差、反应历程等因素有关,多靠实践判断。

(2)反应物浓度。一般来说,增大反应物浓度,可加快反应速率。对于有氢离子参加的反应,提高酸度有利于加快反应。在滴定的过程中,反应物浓度不断降低,反应速率也不断变慢,因此,应注意控制滴定终点附近的滴定速率。

(3)溶液温度。升高温度能加快反应速率,因此,很多氧化还原滴定要在热溶液中进行。但要注意,温度过高可能有其他副作用,影响滴定的准确度。

(4)催化剂。加入催化剂可能使某些反应加快,如 Mn^{2+} 对高锰酸钾氧化草酸的反应有催化作用。

(5)诱导作用。诱导作用是由于一个氧化还原反应的发生促进了另一个氧化还原反应进行的现象,由于诱导反应要消耗标准溶液,因此,在滴定分析中不予采用。

3.4 滴定曲线

滴定过程是标准溶液与待测物反应的过程,为了表征滴定反应过程的变化规律性,逐渐地把标准溶液滴加入待测溶液中,直至过量,以加入标准溶液的体积(mL)或以反应完成的程度（滴定分数）为横坐标，以反映滴定过程本质的适当参数（如 pH、pM、φ 等）等为纵坐标，作图，就得到滴定曲线。滴定曲线上反应完成 99.9% 至过量 0.1% 时，滴定曲线特征参量的变化范围称为滴定突跃。绘制滴定曲线的终极目标是在滴定突跃的范围内寻找合适的指示剂。

3.4.1 滴定曲线的绘制

一、酸碱滴定曲线

不同类型的滴定反应选择不同的特征参数作滴定曲线的纵坐标。在酸碱滴定中，随着标准溶液的加入，溶液的 H^+ 浓度不断变化，故反映滴定过程本质的参数是溶液的 pH。

1. 强酸强碱相互滴定

以 0.100 0 mol/L NaOH 溶液滴定 20.00 mL 0.100 0 mol/L HCl 溶液为例。滴定开始时，[H+]为 0.100 0 mol/L，pH=1.00。在反应达到理论终点之前，溶液的 pH 取决于反应剩余的 HCl，如加入 NaOH 溶液至 19.98 mL，剩余的 HCl 应为 0.02 mL，溶液的总体积为 39.98 mL，此时溶液的 H+ 浓度为

$$[H^+]=\frac{0.02\ \text{mL}\times0.100\ 0\ \text{mol/L}}{(20.00+19.98)\,\text{mL}}=5.0\times10^{-5}\ \text{mol/L}$$

$$\text{pH}=-\lg(5.0\times10^{-5})=4.30$$

化学计量点时反应进行完全，生成 NaCl 和 H_2O，pH=7.0。化学计量点后，溶液 pH 应按过量的 NaOH 在溶液中的浓度计算，计算结果列于表 3-3。若把计算结果绘成图，便得到滴定曲线，如图 3-8 所示。

表 3-3 用 0.100 0 mol/L NaOH 溶液滴定 20.00 mL 0.100 0 mol/L HCl 溶液

V_{NaOH}/mL	滴定分数	pH	V_{NaOH}/mL	滴定分数	pH
0.00	0.00	1.00	20.02	1.001	9.70*
18.00	0.90	2.28	20.04	1.002	10.00
19.80	0.99	3.30	20.20	1.020	10.70
19.96	0.998	4.00	22.00	1.200	11.70
19.98	0.999	4.30*	40.00	2.000	12.52
20.00	1.00	7.00**			

* 突跃范围，** 化学计量点

不同浓度的强酸强碱相互滴定同理计算，强碱滴定同浓度强酸的滴定曲线见图3-8，滴定曲线的形状只与起始浓度有关，盐酸滴定氢氧化钠的滴定曲线与图3-8中的曲线呈镜面对称。

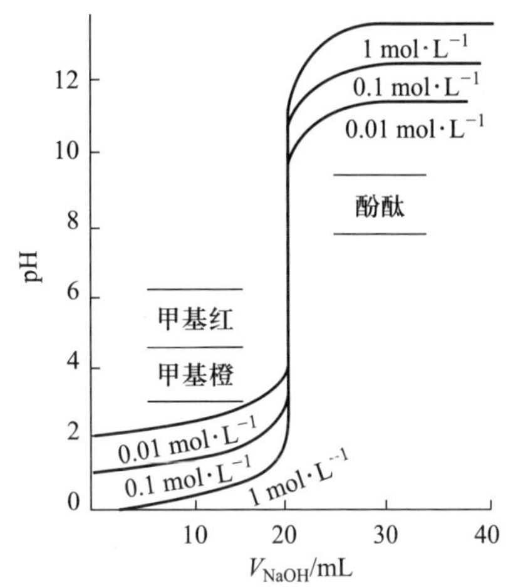

图3-8 同浓度NaOH滴定HCl滴定曲线

2. **强碱（酸）滴定弱酸（碱）**

以强碱NaOH滴定弱酸HOAc为例。

滴定开始前，溶液的pH按弱酸解离处理，H^+离子浓度可用最简式（3-26）计算，即$[H^+]=\sqrt{K_a[HOAc]}$。滴定开始后至理论终点前，溶液属于弱酸体系（缓冲溶液体系），共存体可按缓冲溶液式（3-32）计算pH，即

$$[H^+]=K_a\frac{[HOAc]}{[OAc^-]}$$

则有$pH=pK_a-lg[HOAc]+lg[OAc^-]$，当滴定达到化学计量点（理论终点）时，HOAc全部生成NaOAc，NaOAc也是一种弱碱，可按式（3-26b）计算弱碱NaOAc解离出的$[OH^-]$。

$$[OH^-]=\sqrt{K_b[OAc^-]}=\sqrt{\frac{K_w}{K_a}[OAc^-]}$$

超过理论终点后，溶液pH按过量NaOH计算，结果列于表3-4。

表3-4 用0.100 0 mol/L NaOH溶液滴定20.00 mL 0.100 0 mol/L HOAc溶液

V_{NaOH}/mL	滴定分数	pH	V_{NaOH}/mL	滴定分数	pH
0.00	0.000	2.87	20.00	1.000	8.72**
10.00	0.500	4.76	20.02	1.001	9.70*
18.00	0.900	5.70	20.20	1.020	10.70
19.80	0.99	6.73	22.00	1.200	11.70
19.98	0.999	7.74*	40.00	2.000	12.52

* 突跃范围，** 化学计量点

用0.100 0 mol/L NaOH滴定20.00 mL 0.100 0 mol/L HOAc的滴定曲线如图3-9所示，滴定曲线的形状不仅与起始浓度有关，还与弱酸的解离常数有关。不同解离常数的弱酸的滴定参数可按上述方式计算，滴定曲线如图3-10所示。同理可计算盐酸滴定弱碱的滴定曲线，滴定曲线与图3-10的曲线呈镜面对称。

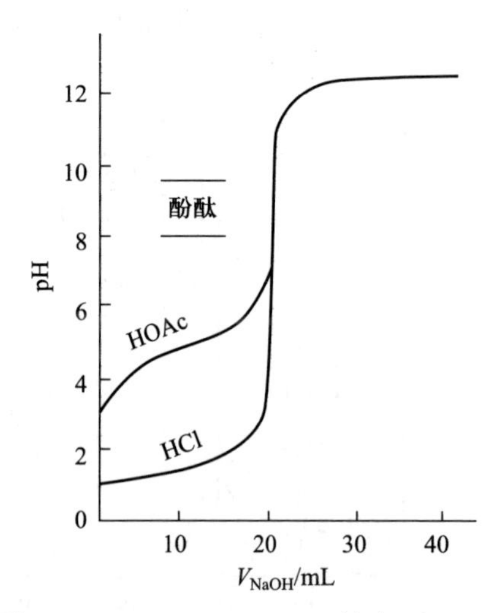

图 3-9 0.100 0 mol/L NaOH 滴定 20.00 mL 0.100 0 mol/L HOAc 的滴定曲线

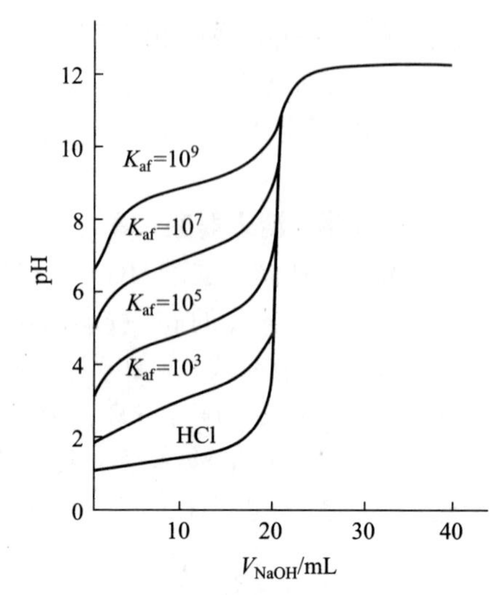

图 3-10 NaOH 滴定不同解离常数弱酸的滴定曲线

二、配位滴定曲线

在配位滴定中,随着配位剂的滴加,配合物生成,使被测金属离子浓度 c_M 减小,其负对数 pM 增大,以此为纵坐标可绘制滴定曲线。

现以 0.010 00 mol/L EDTA 标准溶液滴定 0.010 00 mol/L Ca^{2+} 溶液为例,设体系 pH=12。计算滴定过程 $[Ca^{2+}]$ 的变化。由于 pH=12, $\lg\alpha_{Y(H)}=0.01$,当不考虑 Ca^{2+} 的副反应系数时,则有

$$\lg K'_{CaY}=\lg K_{CaY}-\lg\alpha_{M(L)}-\lg\alpha_{Y(H)}=10.69-0-0.01=10.68$$

CaY 足够稳定,滴定达到化学计量点以前,溶液中 Ca^{2+} 浓度可根据 Ca^{2+} 的剩余量计算,不必考虑 CaY 解离生成的 Ca^{2+}。若被滴定 Ca^{2+} 溶液 20.00 mL,在加入 EDTA 19.98 mL 时,$[Ca^{2+}]$ 为

$$[Ca^{2+}]=\frac{0.010\ 0\times0.02}{20.00+19.98}=5.0\times10^{-6}(\text{mol/L})$$

$$\text{pCa}=5.30$$

化学计量点时

$$[Ca^{2+}]=[Y^{4-}]=\sqrt{\frac{[CaY]}{K'_{CaY}}}$$

一般地,两边取对数,整理后有

$$\text{pM}'_{sp}=\frac{1}{2}(\lg K'_{MY}+\text{p}c_{M,sp}) \tag{3-47}$$

式中 $c_{M,sp}$ 为 MY 在化学计量点时的分析浓度。本例中 Ca^{2+} 全部生成 CaY,但须注意此时溶液体积增加一倍,即 [CaY] 应是 Ca^{2+} 初始浓度的一半,即 [CaY]=1/2×0.010 0 mol/L=

0.005 00 mol/L,理论终点时：

$$[Ca^{2+}]=\sqrt{\frac{0.005\ 00}{10^{10.68}}}=3.2\times10^{-7}(mol/L)$$

$$pCa=6.49$$

理论终点后,由于EDTA过量抑制CaY的解离,Ca^{2+}的浓度取决于过量的EDTA的浓度,过量0.02 mL时,$[CaY]=\frac{0.01\times20.00}{20.00+20.02}=0.005\ mol/L$

$$[Y^{-}]=\frac{0.01\times0.02}{20.00+20.02}=5\times10^{-6}(mol/L)$$

$$[Ca^{2+}]=\frac{[CaY]}{K'_{CaY}[Y^{-}]}=\frac{0.005}{10^{10.68}\times5\times10^{-6}}=10^{-7.69}(mol/L)$$

$$pCa=7.69$$

一般地,在化学计量点(sp)前 -0.1% 时,可按剩余 M′ 浓度计算,$[M']=0.1\%c_{M,sp}$,即

$$pM'=3.0+pc_{M,sp} \tag{3-48}$$

化学计量点后过量0.1%,按过量Y′计算,$[Y']=0.1\%c_{M,sp}$,$[MY']=c_{M,sp}$,由式(3-40)

$$K'_{MY}=\frac{[MY]}{[M'][Y']}$$

可得

$$pM'=\lg K'_{MY}-3.0 \tag{3-49}$$

由上述讨论可知,配位滴定的滴定曲线不仅与金属离子的起始浓度有关,也与被测金属离子在测定条件下的条件稳定常数有关,同理可计算 pH=7.0 时 0.010 00 mol/L EDTA 标准溶液滴定 0.010 00 mol/L Ca^{2+} 时不同滴定分数时的 pM′,有关数据绘于图 3-11。条件稳定常数一定时,起始浓度不同的滴定曲线见图 3-12。0.010 00 mol/L EDTA 标准溶液滴定不同条件稳定常数的 0.010 00 mol/L Ca^{2+} 时的滴定曲线见图 3-13。

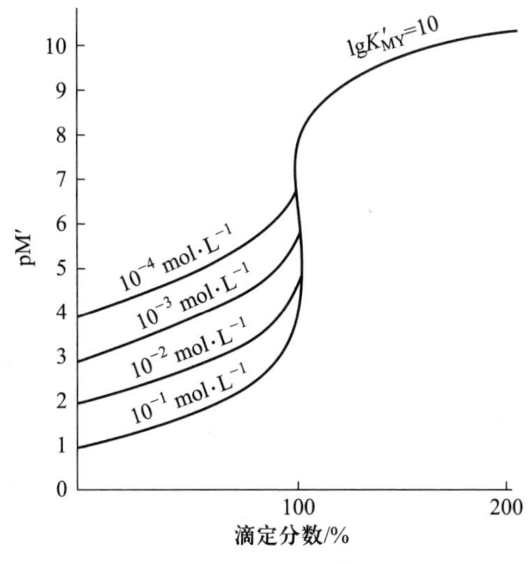

图 3-11 不同酸度滴定 Ca^{2+} 的滴定曲线

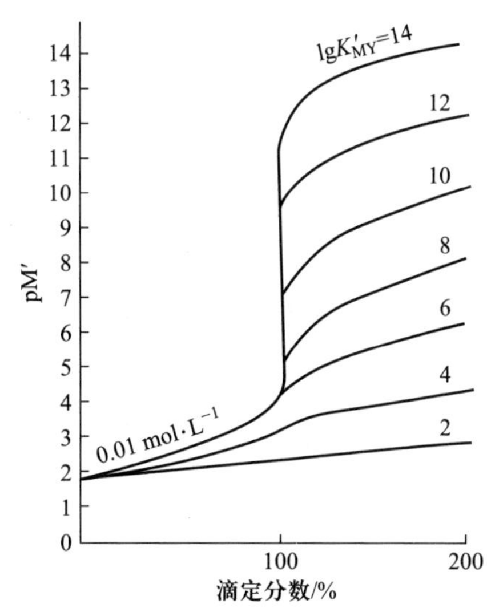

图 3-12 起始浓度不同的滴定曲线

三、氧化还原滴定曲线

在氧化还原滴定中，如以 $Ce(SO_4)_2$ 标准溶液滴定 Fe^{2+}，其反应为

$$Ce^{4+}+Fe^{2+} \xlongequal{} Ce^{3+}+Fe^{3+}$$

此滴定过程 Fe^{2+} 不断减少，Fe^{3+} 不断增加，同时 Ce^{3+} 不断生成。溶液中存在 Ce^{4+}/Ce^{3+} 和 Fe^{3+}/Fe^{2+} 两个电对，溶液体系电位的变化取决于两电对电位 $\varphi_{Fe^{3+}/Fe^{2+}}$、$\varphi_{Ce^{4+}/Ce^{3+}}$的变化，故以体系的电位为纵坐标绘制滴定曲线。

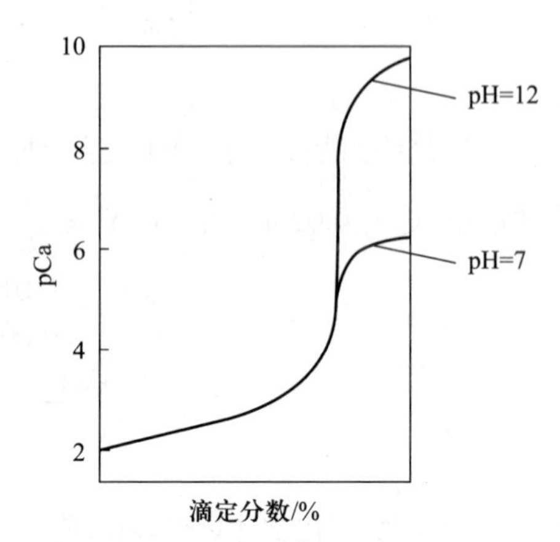

图 3-13　不同条件稳定常数的滴定曲线

例如，在 1 mol/L H_2SO_4 介质中用 0.100 0 mol/L Ce^{4+} 滴定 20.00 mL 同浓度的 Fe^{2+}。查表可得，在该条件下两电对的条件电位分别为 $\varphi^{\ominus'}_{Fe^{3+}/Fe^{2+}}=0.68\ V$，$\varphi^{\ominus'}_{Ce^{4+}/Ce^{3+}}=1.44\ V$。

在滴定前，溶液中大量存在的是还原剂电对中的还原态物质，因氧化态物质很少，且不能准确知道其浓度，故此时溶液的电位无法计算。

化学计量点前，任一点达到平衡时，两电对的电位相等。由于 Ce^{4+} 的浓度不易直接求得，故采用 Fe^{3+}/Fe^{2+} 电对的浓度计算溶液的电极电位。当滴入 Ce^{4+}19.98 mL 时：

$$\varphi_{Fe^{3+}/Fe^{2+}}=0.68+0.059\lg\frac{[Fe^{3+}]}{[Fe^{2+}]}=0.68+0.059\lg\frac{99.9\%}{0.1\%}=0.86(V)$$

在化学计量点时：

$$\varphi_{sp}=\varphi_{Fe^{3+}/Fe^{2+}}=\varphi^{\ominus'}_{Fe^{3+}/Fe^{2+}}+\lg\frac{[Fe^{3+}]}{[Fe^{2+}]}$$

$$\varphi_{sp}=\varphi_{Ce^{4+}/Ce^{3+}}=\varphi^{\ominus'}_{Ce^{4+}/Ce^{3+}}+\lg\frac{[Ce^{4+}]}{[Ce^{3+}]}$$

两式相加得

$$2\varphi_{sp}=\varphi^{\ominus'}_{Fe^{3+}/Fe^{2+}}+\varphi^{\ominus'}_{Ce^{4+}/Ce^{3+}}+\lg\left(\frac{[Fe^{3+}]}{[Fe^{2+}]}\times\frac{[Ce^{4+}]}{[Ce^{3+}]}\right)$$

化学计量点达到平衡时：

$$\frac{[Fe^{3+}]}{[Fe^{2+}]}\times\frac{[Ce^{4+}]}{[Ce^{3+}]}=1$$

可得

$$\varphi_{sp}=\frac{\varphi^{\ominus'}_{Fe^{3+}/Fe^{2+}}+\varphi^{\ominus'}_{Ce^{4+}/Ce^{3+}}}{2}=\frac{0.68+1.44}{2}=1.06(V)$$

化学计量点后 Fe^{2+} 几乎全被氧化为 Fe^{3+}，Fe^{2+} 的浓度不易直接求得。采用 Ce^{4+}/Ce^{3+}

电对求溶液的电极电位更方便。若滴入 Ce^{4+}20.02 mL，过量 0.1% 时：

$$\varphi_{Ce^{4+}/Ce^{2+}} = 1.44 + 0.059\lg\frac{0.1}{100} = 1.26(V)$$

在 1 mol/L H_2SO_4 介质中用 0.100 0 mol/L Ce^{4+} 滴定 20.00 mol/L 同浓度的 Fe^{2+} 溶液，不同滴定分数下的平衡电位见表 3-5。

表 3-5 1 mol/L H_2SO_4 介质中用 0.100 0 mol/L Ce^{4+} 滴定 20.00 mL 同浓度的 Fe^{2+} 溶液

滴加 $V_{Ce^{4+}}$/mL	滴定分数	平衡电位 /V	滴加 $V_{Ce^{4+}}$/mL	滴定分数	平衡电位 /V
1.00	0.050	0.60	20.00	1.000	1.06
10.00	0.500	0.68	20.02	1.001	1.26
18.00	0.900	0.74	20.20	1.010	1.32
19.80	0.990	0.80	22.00	1.100	1.38
19.98	0.999	0.86	40.00	2.000	1.44

将表 3-4 中数据绘图，得图 3-14。

一般地，对可逆反应： $n_2O_1 + n_1R_2 \rightleftharpoons n_2R_1 + n_1O_2$

在化学计量点时： $\varphi_1 = \varphi_2 = \varphi_{sp}$

按上例同理推导可得化学计量点电位通式：

$$\varphi_{sp} = \frac{n_1\varphi_1^{\ominus'} + n_2\varphi_2^{\ominus'}}{n_1 + n_2} \tag{3-50}$$

如果两电对的电子转移数相等，φ_{sp} 正好位于曲线突跃范围的中点，滴定曲线在化学计量点前后基本对称；若两电对的电子转移数不相等，则 φ_{sp} 不在突跃范围的中点，而是偏向电子转移数较多的电对一方。

四、沉淀滴定曲线

以 $AgNO_3$ 滴定 NaCl 为例。滴定过程生成 AgCl 沉淀，溶液中两离子浓度乘积应满足 AgCl 的溶度积，在终点前剩余 Cl^- 和终点后过量 Ag^+ 均应以此条件计算参数 pCl 或 pAg：

$$[Ag^+][Cl^-] = K_{sp} = 10^{-9.76}$$

$$[Cl^-] = \frac{K_{sp}}{[Ag^+]} \text{或} [Ag^+] = \frac{K_{sp}}{[Cl^-]}$$

$$pCl = pK_{sp} - pAg = 9.76 - pAg$$

$$pAg = pK_{sp} - pCl = 9.76 - pCl$$

化学计量点时

$$pAg = pCl = 4.88$$

沉淀滴定曲线见图 3-15。

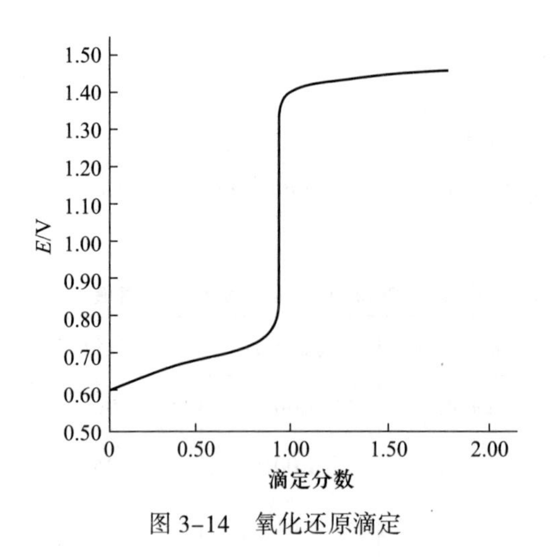

图 3-14　氧化还原滴定

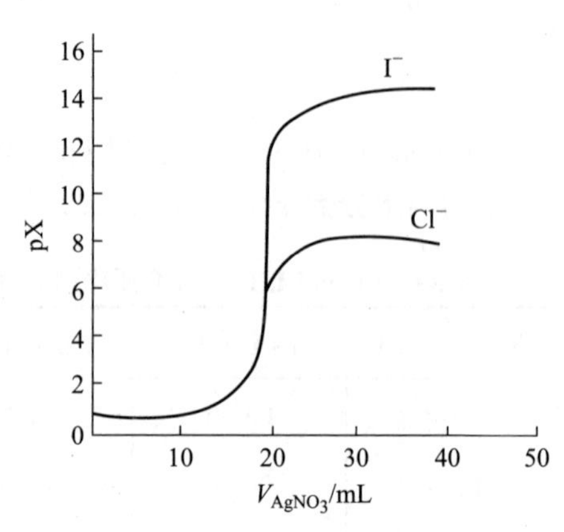

图 3-15　0.10 mol/L 硝酸银滴定同浓度氯离子、碘离子滴定曲线

3.4.2　滴定突跃及其影响因素

对于滴定反应：

$$A+B \longrightarrow C+D$$

设用 0.100 0 mol/L A 滴定 20.00 mL 0.100 0 mol/L B。当加入 99.9% 的 A 后，再加一滴滴定剂（0.04 mL）即过量 0.1%，溶液参数将发生突然的改变，这种参数的突然改变就是滴定突跃，突跃所在的参数范围称为滴定突跃范围，简称滴定突跃。

滴定突跃有重要的实际意义：一方面，它是选择指示剂的依据；另一方面，它反映了滴定反应完成的程度。滴定突跃越大，滴定反应越完全，滴定结果越准确。

影响滴定突跃的主要因素有如下三个方面。

一、反应物的内在特性

反应物的内在特性是指酸碱的强弱、沉淀溶度积的大小、配合物的稳定性、氧化剂和还原剂的强弱等，这是影响滴定突跃的核心因素，根据前面滴定曲线绘制的讨论，归纳如下：

（1）强碱滴定弱酸，滴定突跃为 $pH=(pK_a+3)\sim(10.7-pc_{酸})$，弱酸的解离常数每增加 10 倍，滴定突跃增加 1 个 pH 单位。弱碱亦然。

（2）配位滴定时，滴定突跃为 $pM'=(3.0+pc_{M,sp})\sim(\lg K'_{MY}-3.0)$，条件稳定常数每增加 10 倍，滴定突跃增加 1 个 pM 单位。

（3）氧化还原滴定时，滴定突跃为

$$\left(\varphi_2^{\ominus'}+\frac{0.059\times3}{n_2}\right)\sim\left(\varphi_1^{\ominus'}-\frac{0.059\times3}{n_1}\right)$$

两个电对的电极电位相差越大，滴定突跃越大，且与浓度无关。

（4）沉淀滴定，若以 $AgNO_3$ 滴定卤素离子时，滴定突跃为 $(3.3+pc)\sim(pK_{sp}-3.3-pc)$，

溶度积常数每降低为原来的$\frac{1}{10}$,滴定突跃增加 1 个 pM 单位。

二、反应物的浓度

(1) 强酸强碱滴定时,滴定突跃为(3.3+pc)~(10.7−pc),酸碱浓度每增加 10 倍,滴定突跃上下各增加一个 pH 单位,共增加 2 个 pH 单位。由强碱滴定弱酸的滴定突跃范围可知,浓度每增加 10 倍,滴定突跃增加 1 个 pH 单位。

(2) 由配位滴定突跃范围可知,浓度每增加 10 倍,滴定突跃增加 1 个 pM 单位。

(3) 由沉淀滴定突跃范围可知,浓度每增加 10 倍,滴定突跃增加 2 个 pM 单位。

三、滴定条件

滴定条件影响化学平衡,进而影响滴定曲线的形状和突跃范围。这种影响在配位滴定和氧化还原滴定中尤其显著。因此,在实际工作中必须考虑各种副反应系数,使用条件稳定常数、条件电极电位和条件溶度积常数等。$KMnO_4$ 在不同介质中滴定 Fe^{2+} 的滴定曲线见图 3-16。

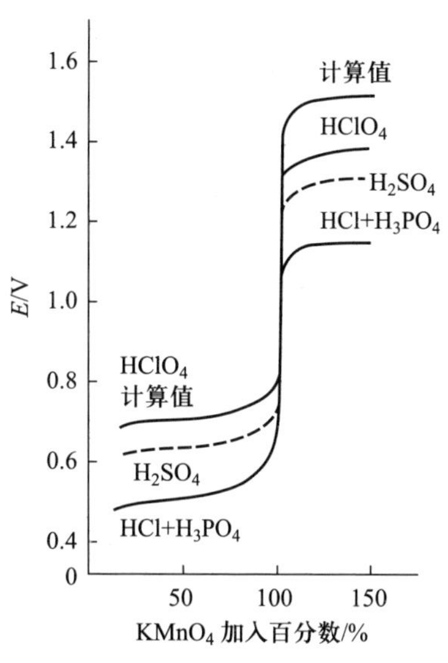

图 3-16 $KMnO_4$ 在不同介质中滴定 Fe^{2+} 的滴定曲线

3.4.3 化学计量点和滴定终点

一、化学计量点

化学计量点是指标准溶液与待测溶液按照化学计量关系完全反应时达到平衡状态的特征参量,也就是理论上的终点,此时特征参量用下标 sp 表示。必须注意的是化学计量点生成物的分析浓度只有反应物起始浓度的一半。

强酸强碱滴定化学计量点为 $pH_{sp}=7.00$。

强碱滴定弱酸化学计量点时,弱酸被滴定为强碱弱酸盐,强碱弱酸盐解离的 $[OH^-]_{sp}=\sqrt{c_{sp}K_b}$。

$$pH_{sp}=pK_w-\frac{1}{2}(pc_{sp}+pK_b) \tag{3-51a}$$

同理可求得强酸滴定弱碱化学计量点的 pH:

$$pH_{sp}=\frac{1}{2}(pc_{sp}+pK_a) \tag{3-51b}$$

式(3-51a)和式(3-51b)中的 K_b、K_a 分别是被滴定酸、碱的共轭酸碱对的解离常数。

配位滴定的化学计量点按式(3-47)计算:

$$pM'_{sp}=\frac{1}{2}(\lg K'_{MY}+pc_{M,sp})$$

氧化还原滴定的化学计量点按式(3-50)计算:

$$\varphi_{sp}=\frac{n_1\varphi_1^{\ominus'}+n_2\varphi_2^{\ominus'}}{n_1+n_2}$$

沉淀滴定的化学计量点时全部生成难溶盐,可由难溶盐的溶解度计算化学计量点:

$$pM_{sp}=\frac{1}{2}\lg K'_{sp} \tag{3-52}$$

二、滴定终点

滴定终点是人们应用化学或仪器的手段确认滴定操作完成,停止滴定的节点。为了保证滴定误差小于0.1%,则滴定终点必须落在滴定突跃的范围内,这是我们花费这么多精力研究滴定曲线的原因。

为了减小方法误差,滴定终点应尽可能接近化学计量点。最好是滴定终点与化学计量点重叠,此时终点误差为零。

滴定终点的特征参量由确定终点的方法决定,用下标 ep 表示,如 pH_{ep}、pM_{ep}、φ_{ep} 等,详见下节。

3.5 确定滴定终点的方法

在滴定分析中,确定终点的方法有指示剂法和电位法。后者属于仪器分析的范围,本章只介绍指示剂法确定滴定终点。根据滴定反应的机理,指示剂分为以下四类。

3.5.1 酸碱指示剂

一、作用原理与变色范围

酸碱指示剂是一类有机弱酸或弱碱,其共轭酸碱对具有不同的结构,因而呈现不同的颜色。当溶液 pH 改变时,指示剂失去或得到质子,成为碱式或酸式结构,同时引起溶液颜色的变化。

若以 HIn 表示指示剂的酸式(其颜色为酸式色),In^- 表示指示剂的碱式(其颜色为碱式色),则弱酸指示剂在溶液中有下列平衡:

$$HIn \rightleftharpoons In^- + H^+$$

$$K_a=\frac{[H^+][In^-]}{[HIn]}$$

上式可改写为

$$\frac{[HIn]}{[In^-]}=\frac{[H^+]}{K_a}$$

对于一定的指示剂来说，在一定温度下，K_a 是常数。因此，溶液中酸式与碱式浓度的比值只与 $[H^+]$ 有关。

在一般情况下，当两种型体的浓度之比在 10 或 10 以上时，看到的是浓度较大的那种型体的颜色，如当 $\frac{[In^-]}{[HIn]}>10$，即 $pH>\lg K_{HIn}+1$ 时，看到的是碱式色；当 $\frac{[In^-]}{[HIn]}<\frac{1}{10}$ 时，即 $pH<pK_{HIn}-1$ 时，看到的是酸式色；当 $\frac{[In^-]}{[HIn]}=1$ 时，表示溶液中有 50% 酸式和 50% 碱式，溶液呈现指示剂的中间过渡色，这一点称为指示剂的理论变色点，此时通常为滴定终点。

$$pH_{ep}=pK_{a(HIn)} \tag{3-53}$$

当溶液的 pH 由 pK_a-1 改变到 pK_a+1 时，能明显看到指示剂由酸式色变到碱式色，故 $pH=pK_a\pm1$ 称为指示剂的变色范围。

由于人眼对不同颜色的敏感程度不同，观察到的变色范围与理论计算值有区别，故指示剂的变色范围常由实验测得。常用酸碱指示剂列于表 3-6。

表 3-6 常用酸碱指示剂

指示剂	变色范围（pH）	酸式色	碱式色	$\lg K_{HIn}$	配制方法	10 mL 溶液用量 / 滴
甲基黄	2.9~4.0	红	黄	3.3	0.1%/90% 乙醇溶液	1
甲基橙	3.1~4.4	红	黄	3.4	0.05%/ 水溶液	1
溴酚蓝	3.1~4.6	黄	紫	4.1	0.1%/20% 乙醇溶液	1
溴甲酚绿	3.8~5.4	黄	蓝	4.9	0.1%/ 乙醇溶液	1
甲基红	4.4~6.2	红	黄	5.2	0.1%/60% 乙醇溶液	1
中性红	6.8~8.0	红	黄橙	7.4	0.1%/60% 乙醇溶液	1
酚红	6.7~8.4	黄	红	8.0	0.1%/60% 乙醇溶液	1
酚酞	8.0~9.6	无	红	9.1	0.1%/90% 乙醇溶液	1~2
百里酚酞	9.4~10.6	无	蓝	10.0	0.1%/90% 乙醇溶液	1~2

二、影响指示剂变色范围的因素

为了使滴定分析更准确，希望指示剂的变色范围越窄越好。在化学计量点时，当 pH 稍有改变时指示剂即可由一种颜色变为另外一种颜色。

影响指示剂变色范围主要因素有：

（1）温度。指示剂的变色范围与 K_a 有关，当温度改变时，K_a 会发生变化，指示剂变色范围也发生变化。滴定通常在室温下进行，有必要加热时，须将溶液冷却到室温后再滴定。

（2）指示剂用量。对于双色指示剂，如甲基红、甲基橙等，指示剂用量多一点或少一点不会影响指示剂的变色范围。但若指示剂用量过多,会使色调的变化不明显。另外,若指示剂本身与滴定剂有作用,会因消耗过多滴定剂而引起误差。

对于单色指示剂(如酚酞),指示剂的用量对其变色范围有影响。因为其酸式 HIn 无色,颜色深度取决于[In^-]:

$$[In^-]=K_a\frac{[HIn]}{[H^+]}$$

设指示剂总浓度为 c,人眼观察到碱式色的红色时,其最低浓度为一定值 a,则

$$\frac{K_a}{[H^+]}=\frac{a}{(c-a)}$$

当 c 增大时,要维持平衡,只有增大[H^+],即呈现红色的 pH 偏低。

(3)离子强度。当溶液中存在盐类时,增加了溶液中的离子强度。对于 HIn 型指示剂,其稳定常数当用活度表示:

$$K_\alpha=\frac{\alpha_{H^+}\times\alpha_{In^-}}{\alpha_{HIn}}$$

将活度系数的近似计算公式代入上式可得理论变色点时:

$$pH=pK_\alpha-0.5z^2\sqrt{I}$$

当离子强度增大时,理论变色点向 pH 减小的方向移动,从而影响变色范围。

三、混色指示剂

在酸碱滴定中,有时需要将滴定终点限制在很窄的 pH 范围,以保证滴定的准确度,这时可采用混合指示剂。单一指示剂都有约 2 个 pH 单位的变色范围,难以达到要求。混合指示剂能缩小指示剂的变色范围,使其颜色变化更敏锐。

混合指示剂有两种配制方法,一种是用两种或两种以上指示剂混合配制而成,因颜色互补使变色范围变窄,颜色变化敏锐。例如,甲酚红(pH=7.2~8.8,黄→紫)和百里酚蓝(pH=8.0~9.6,黄→蓝)按 1∶3 混合后变色范围为 pH 8.2~8.4(黄→紫)。另一种是在某种指示剂中加入一种惰性染料,也是因颜色互补使变色敏锐,但变色范围不变。例如,甲基橙(pH 3.1~4.4,红→黄)与靛蓝二磺酸钠(蓝色)混合后,变色范围仍为 pH 3.1~4.4,颜色由紫→绿。

3.5.2 金属离子指示剂

在配位滴定中,广泛采用金属指示剂指示终点。

一、金属指示剂作用原理

金属指示剂通常是能与某些金属离子形成与其本身颜色显著不同的配合物以指示终点。

滴定前: $M+In$(A 色)$\rightleftharpoons MIn$(B 色)

滴入滴定剂 EDTA 后，它逐渐与 M 发生配位反应，到化学计量点时，加入的 EDTA 夺取 MIn 中的 M，使指示剂游离出来，溶液颜色便从 B 色变到 A 色。

终点：

$$MIn(B色)+Y \rightleftharpoons MY+In(A色)$$

二、配位滴定用的金属指示剂必须具备的条件

1. 指示剂与金属离子形成的配合物颜色应与指示剂本身的颜色有明显区别

因指示剂多为有机弱酸，在不同 pH 时，颜色不同，故需控制合适的 pH 范围。例如，铬黑 T（EBT）在溶液中有如下平衡：

$$\underset{紫红}{H_2In^-} \xrightleftharpoons{pK_{a_2}=6.3} \underset{蓝}{HIn^{2-}} \xrightleftharpoons{pK_{a_3}=11.6} \underset{橙}{In^{3-}}$$

$pH<6.3$ 时呈紫红色，$pH>11.6$ 时则呈橙色，铬黑 T 与二价金属离子形成的配合物颜色为红色或紫红色，所以，只有在 pH=7~11 范围内使用，指示剂才有明显的颜色变化。根据实验，最适宜的酸度是 pH=9~10.5。

2. 指示剂与金属离子配合物稳定性要适当

若 K_{MIn} 太小，会使终点过早出现，且颜色变化不敏锐，一般要求 $K_{MIn} \geqslant 10^4$，但 K_{MIn} 也不能太大，若 MIn 稳定性太高，将使终点拖后或使显色失去可逆性。通常要求 $K_{MY}/K_{MIn} \geqslant 10^2$。

有些指示剂与某些金属离子形成的配合物稳定性很高，但显色反应不可逆，在滴定这些离子时，即使过量很多 EDTA，也不能释放出指示剂，使终点拖长或不变色。这种现象称为指示剂的封闭现象。例如，Fe^{3+}、Co^{2+}、Ni^{2+}、Cu^{2+}、Al^{3+}、Ti^{4+} 对铬黑 T 有封闭作用；Fe^{3+}、Co^{2+}、Ni^{2+}、Cu^{2+}、Al^{3+} 对钙指示剂有封闭作用；Fe^{3+}、Ni^{2+}、Al^{3+}、Ti^{4+} 对二甲酚橙有封闭作用。

如果封闭现象是由共存离子引起的，可加入掩蔽剂消除干扰。例如，加入 F^- 可掩蔽 Al^{3+}，用三乙醇胺可掩蔽 Fe^{3+}、Al^{3+} 等。

如果封闭现象是由被测离子引起的，可采用返滴定法加以避免。例如，Al^{3+} 对二甲酚橙有封闭作用，可采用返滴法解决。

3. 指示剂与金属离子的配合物要易溶于水

有的指示剂与金属离子形成的配合物在水中溶解度很小，终点时与 EDTA 置换缓慢，会使终点拖长，这种现象称为指示剂的僵化。例如，用 PAN［1-（2-吡啶偶氮）-2-萘酚］作指示剂测 Bi^{3+}、Cd^{2+}、Hg^{2+}、Sn^{2+} 等离子时，常需要加入乙醇等有机试剂，并适当加热，才能加快变色过程。

4. 指示剂要稳定，便于储存和使用

常用的几种金属指示剂中，铬黑 T 的水溶液易发生分子聚合而变质，需加入三乙醇胺防止其聚合或与 NaCl 制成固体混合物。钙指示剂的水溶液及乙醇溶液均不稳定，应与 NaCl 制成固体混合物使用。

三、金属指示剂的理论变色点

为了减小滴定误差，需使指示剂变色时的 pM_{ep} 尽量与化学计量点 pM_{sp} 接近。金属

指示剂与酸碱指示剂不同，它的 pM_{ep} 与外界条件有关。

设金属指示剂配合物在溶液中有如下平衡（忽略金属离子的副反应）：

$$\begin{array}{ccc} M + In & \rightleftharpoons & MIn \\ \downarrow H^+ & & \\ HIn & & \\ \downarrow H^+ & & \\ H_2In & & \end{array}$$

条件稳定常数为

$$K'_{MIn}=\frac{[MIn]}{[M][In']}$$

$$\lg K'_{MIn}=pM+\lg\frac{[MIn]}{[In']}$$

到达指示剂变色点时，$[MIn]=[In^-]$，此时 pM 即 pM_{ep}

$$pM_{ep}=\lg K'_{MIn} \tag{3-54a}$$

可见指示剂变色点 pM_{ep} 为有色配合物的 $\lg K'_{MIn}$。

由于存在酸效应，$\lg K'_{MIn}$ 随溶液 pH 的变化而变化，即 pM_{ep} 也随 pH 而变化，故金属指示剂没有一个确定的变色点。选择指示剂时，须考虑体系的酸度，使终点 pM_{ep} 与化学计量点 pM_{sp} 尽量靠近。当 M 也有副反应时，则应使 pM'_{ep} 与 pM'_{sp} 尽量一致，此时

$$pM'_{ep}=pM_{ep}-\lg\alpha_M \tag{3-54b}$$

在计算 pM'_{ep} 时，要涉及有关常数，表 3-7 列出了铬黑 T 和二甲酚橙的酸效应系数。

表 3-7 铬黑 T 和二甲酚橙的 $\lg\alpha_{In(H)}$ 及有关常数

铬黑 T

pH	红	pK_{a_2}=6.3		蓝	pK_{a_3}=11.6		橙
		6.0	7.0	8.0	9.0	10.0	11.0
$\lg\alpha_{In(H)}$		6.0	4.6	3.6	2.6	1.6	0.7
pCa_{ep}（至红）				1.8	2.8	3.8	4.7
pMg_{ep}（至红）		1.0	2.4	3.4	4.4	5.4	6.3
pMn_{ep}（至红）		3.6	5.0	6.2	7.8	9.7	11.5
pZn_{ep}（至红）		6.9	8.3	9.3	10.5	12.2	13.9

对数常数：$\lg K_{CaIn}$=5.4，$\lg K_{MgIn}$=7.0，$\lg K_{MnIn}$=9.6，$\lg K_{ZnIn}$=12.9　$c_{In}=10^{-5}$ mol/L

二甲酚橙

pH	黄			pK_{a_4}=6.3			红		
	0	1.0	2.0	3.0	4.0	4.5	5.0	5.5	6.0
$\lg\alpha_{In(H)}$	35.0	30.0	25.1	20.7	17.3	15.7	14.2	12.8	11.3
pBi_{ep}（至红）		4.0	5.4	6.8					
pCd_{ep}（至红）						4.0	4.5	5.0	5.5

续表

二甲酚橙									
pH	黄			pK_{a_4}=6.3			红		
	0	1.0	2.0	3.0	4.0	4.5	5.0	5.5	6.0
pHg_{ep}（至红）							7.4	8.2	9.0
pLa_{ep}（至红）						4.0	4.5	5.0	5.6
pPb_{ep}（至红）				4.2	4.8	6.2	7.0	7.6	8.2
pTh_{ep}（至红）		3.6	4.9	6.3					
pZn_{ep}（至红）						4.1	4.8	5.7	6.5
pZr_{ep}（至红）	7.5								

3.5.3 氧化还原滴定指示剂

氧化还原滴定中所用的指示剂有以下几类。

一、自身指示剂

有些滴定剂本身有颜色，其滴定产物无色或颜色很浅，这样，滴定时不必另加指示剂，使用标准溶液本身的颜色确定滴定终点。例如，高锰酸钾法中，高锰酸钾本身显紫红色，滴定产物 Mn^{2+} 为无色，这种利用滴定剂本身颜色的变化指示终点的指示剂，称为自身指示剂。只要过量 MnO_4^- 的浓度达到 2×10^{-6} mol/L，就能显示其粉红色，30 s 不褪色为终点。

二、特殊指示剂

这种指示剂本身不具有氧化还原性，但能与滴定剂或被滴定物作用产生颜色，从而指示滴定终点。例如，淀粉遇碘生成蓝色配合物（I_2 的浓度可低至 2×10^{-5}mol/L），借此蓝色的出现或消失确定终点。在直接碘量法中，用 I_2 作滴定剂，加入淀粉指示剂，终点颜色由无色变到蓝色。在间接碘量法中，用 $Na_2S_2O_3$ 滴定反应中析出的 I_2，近终点时加入淀粉指示剂（近终点才加入指示剂是为了防止 I^- 淀粉配合物吸附部分 I_2，致使终点提前），终点时，溶液由蓝色变为无色。

三、氧化还原指示剂

氧化还原指示剂本身是氧化剂或还原剂，其氧化态和还原态具有不同的颜色，若用 In（O）和 In（R）分别表示指示剂的氧化态和还原态，则

$$\mathrm{In(O)}+ne^- \rightleftharpoons \mathrm{In(R)}$$

其能斯特方程式为

$$\varphi_{ep}=\varphi_{In}=\varphi_{In}^{\ominus'}+\frac{0.059}{n}\lg\frac{[\mathrm{In(O)}]}{[\mathrm{In(R)}]} \tag{3-55}$$

滴定体系电位的任何变化，将引起$\frac{[In(O)]}{[In(R)]}$比值的改变，从而引起溶液颜色的变化。变色范围相当于两种型体浓度的比值从1/10变到10时的变化范围，即终点的电位范围为$\varphi_{In}^{\ominus'}+\frac{0.059}{n}$，$\varphi_{In}^{\ominus'}$即指示剂在测量条件下的变色电位。因指示剂的变色范围小，常直接用指示剂的$\varphi_{In}^{\ominus'}$来估量。表3-8列出了常用的氧化还原指示剂。

表3-8 常用的氧化还原指示剂

指示剂	$\varphi_{In}^{\ominus'}$（c_{H^+}=1 mol/L）	还原态色	氧化态色
亚甲基蓝	0.53	无	蓝
二苯胺	0.76	无	紫
二苯胺磺酸钠	0.84	无	紫红
邻苯氨基苯甲酸	0.89	无	紫红
邻二氮菲－亚铁	1.06	红	淡蓝
硝基邻二氮菲－亚铁	1.25	紫红	淡蓝

3.5.4 沉淀滴定指示剂

沉淀滴定中只有生成难溶银盐的反应为基础的银量法才有实际意义。

$$Ag^++X^- = AgX\downarrow \qquad (X^- 为 Cl^-、Br^-、I^-、SCN^-)$$

因指示剂的不同，银量法分为三种。

一、莫尔法

1. 莫尔法原理

莫尔法（Mohr method）是以K_2CrO_4作指示剂的银量法。在含Cl^-的溶液中，加入K_2CrO_4指示剂，以$AgNO_3$标准溶液滴定：

$$Ag^++Cl^- = AgCl\downarrow（白色）$$

$$2Ag^++CrO_4^{2-} = Ag_2CrO_4\downarrow（红色）$$

由于AgCl的溶解度小于Ag_2CrO_4的溶解度，根据分步沉淀的原理，在滴定过程中AgCl首先沉淀出来。随着滴定的进行，溶液中Cl^-浓度越来越小，Ag^+浓度越来越大，当Ag^+与CrO_4^{2-}的浓度乘积超过Ag_2CrO_4的溶度积，就出现红色Ag_2CrO_4沉淀，借此指示滴定终点。

2. 莫尔法的滴定条件

（1）指示剂的用量要适当。若[CrO_4^{2-}]过大，会使滴定终点提前达到。若[CrO_4^{2-}]过小，则会使滴定终点延后。为了获得比较准确的测定结果，必须严格控制CrO_4^{2-}的浓度。在实际测定时，通常25~50 mL待测溶液加入5%的K_2CrO_4溶液1 mL。

（2）滴定应在中性或弱碱性溶液中进行。酸性太强，有

$$2CrO_4^{2-}+2H^+ \rightleftharpoons 2HCrO_4^- \longrightarrow Cr_2O_7^{2-}$$

降低了[CrO_4^{2-}],计量点时不能形成 Ag_2CrO_4 沉淀。若溶液碱性太强,则有

$$2Ag^++OH^- \rightleftharpoons 2AgOH\downarrow \longrightarrow Ag_2O\downarrow$$

使 $AgNO_3$ 标准溶液用量增大,产生误差。

因此,莫尔法只能 pH 在 6.5~10.5 范围进行。当溶液中有铵盐存在时,要求溶液 pH 在 6.5~7.2,因为当溶液 pH 更高时,游离 NH_3 浓度增大,会形成[$Ag(NH_3)_2$]$^+$ 而增大 AgCl 和 Ag_2CrO_4 的溶解度。

(3)莫尔法只能测 Cl^- 和 Br^-。若用来测定 I^- 和 SCN^- 时,因 AgI 和 AgSCN 沉淀有强烈的吸附作用,使终点变色不明显,误差增大。另外,若用莫尔法测 Ag^+,只能采用返滴定法,而不能用 Cl^- 标准溶液滴定 Ag^+。

(4)应除去有干扰的离子。对莫尔法有干扰的离子包括:与 Ag^+ 生成沉淀的阴离子,如 PO_4^{3-}、AsO_4^{3-}、SO_3^{2-}、S^{2-}、CO_3^{2-}、$C_2O_4^{2-}$ 等;与 CrO_4^{2-} 形成沉淀的阳离子,如 Ba^{2+}、Pb^{2+} 等;有色离子,如 Cu^{2+}、Co^{2+}、Ni^{2+} 等;在测定条件下发生水解的离子,如 Al^{3+}、Fe^{3+}、Bi^{3+}、Sn^{4+} 等。

二、福尔哈德法

福尔哈德法(Volhard method)是以铁铵钒[$NH_4Fe(SO_4)_2$]为指示剂的银量法,可用 NH_4SCN 和 KSCN 标准溶液直接滴定 Ag^+。测定原理如下:

终点前: $Ag^++SCN^- \rightleftharpoons AgSCN\downarrow$(白色)

终点: $Fe^{3+}+SCN^- \rightleftharpoons [Fe(SCN)]^{2+}\downarrow$(血红色)

为了防止 Fe^{3+} 水解,滴定时须在强酸性介质中进行。另外,在酸性介质中可避免许多弱酸根离子如 PO_4^{3-}、AsO_4^{3-}、CrO_4^{2-}、CO_3^{2-}、$C_2O_4^{2-}$ 等的干扰,还可破坏胶体,减少 AgSCN 对溶液中 Ag^+ 吸附带来的误差。

三、法扬斯法

法扬斯法(Fajans method)是采用吸附指示剂的银量法。吸附指示剂是一种有机染料,其阴离子在溶液中易被带有正电荷的胶状沉淀所吸附,并使结构变形而引起颜色变化,指示终点。

例如,荧光黄作指示剂,用 $AgNO_3$ 滴定 Cl^-,荧光黄在水溶液中有如下解离:

$$HFL \rightleftharpoons H^++FL^-\text{(黄绿色)}$$

终点前,溶液存在过量 Cl^-,AgCl 沉淀吸附 Cl^- 而带负电荷,FL^- 受到排斥而不被吸附,溶液中存在的是

$$AgCl\cdot Cl^-+FL^-\text{(黄绿色)}$$

化学计量点后,稍过量的 Ag^+ 被 AgCl 沉淀吸附,沉淀表面带正电荷,可强烈吸附 FL^-,而使荧光黄阴离子结构发生变化,溶液由黄绿色变为粉红色,指示终点到达。

$$AgCl\cdot Ag^++FL^-\text{(黄绿色)} \rightleftharpoons AgCl\cdot Ag^+FL^-\text{(粉红色)}$$

采用吸附指示剂法,应注意以下测定条件:

(1)沉淀须保持胶体状态,以增强吸附能力。因颜色变化发生在沉淀的表面,应尽量使沉淀的比表面积大一些,为此,可加入糊精或淀粉作为胶体保护剂,防止 AgCl 沉淀凝聚。

(2)溶液酸度要适当。因指示剂为有机弱酸,起指示剂作用的是它的阴离子,故溶液的 pH 应有利于指示剂阴离子的存在。解离常数小的指示剂,要求溶液 pH 要高一些,如荧光黄的 $pK_a=7.0$,要求溶液 pH 为 7~10。二氯荧光黄解离常数较大,$pK_a=4.0$,可用的酸度范围大一些,适用于 pH 范围是 4~10。

(3)指示剂被沉淀吸附的能力要略小于沉淀对被测离子的吸附能力,以免终点提前。AgX 沉淀对 X^- 和几种吸附指示剂的吸附力大小顺序如下:

$$I^->SCN^->Br^-> \text{曙红} >Cl^-> \text{荧光黄}$$

(4)指示剂的离子与加入滴定剂离子应带有相反的电荷。例如,用 Cl^- 滴定 Ag^+,采用甲基紫 MV^+ 作指示剂。

$$(\text{终点前})AgCl\cdot Cl^-+MV^+(\text{红}) \xlongequal{\triangle} (\text{终点})AgCl\cdot Cl^-MV^+(\text{紫})$$

(5)带有吸附指示剂的 AgX 对光极敏感,遇光易分解析出金属银,故在滴定过程中应避免强光照射。

常用的吸附指示剂见表 3-9。

表 3-9 常用的吸附指示剂

指示剂	使用 pH 范围	待测离子	滴定剂
荧光黄	7~10	Cl^-	Ag^+
二氯荧光黄	4~10	Cl^-	Ag^+
曙红	2~10	Br^-、I^-、SCN^-	Ag^+
甲基紫	1.5~3.5	Ag^+	Cl^-
溴酚蓝	弱酸性	生物碱盐类	Ag^+
二甲基二碘荧光黄	中性	I^-	Ag^+

3.6 终点误差和确保滴定结果准确的必要条件

3.6.1 终点误差

终点误差是滴定终点与化学计量点不一致引起的误差,用 E_t 表示。根据定义有

$$E_t=\frac{\text{标准物质不足或过量的量}}{\text{被滴定物质总量}}\times 100\% \tag{3-56}$$

林邦从上述定义式出发,根据不同滴定方法的原理,推导出不同方法的终点误差公式。

一、酸碱滴定和配位滴定的终点误差

设在酸碱滴定和配位滴定中,溶液中发生变化的参数为 pA(A 为 H 或 M),终点 pA_{ep} 与化学计量点 pA_{sp} 之差为

$$\Delta pA = pA_{ep} - pA_{sp} \tag{3-57}$$

林邦公式为

$$E_t = \frac{10^{\Delta pA} - 10^{-\Delta pA}}{\sqrt{cK_t}} \times 100\% \tag{3-58}$$

式中 K_t 为滴定反应平衡常数;c 为滴定终点时滴定产物的分析浓度。由于滴定终点与化学计量点非常接近,常用化学计量点的产物浓度代替。

当 $\Delta pA>0$,计算结果为正值,表示结果偏高,终点在化学计量点之后。

若 $\Delta pA<0$,计算结果为负值,表示结果偏低,终点在化学计量点之前。

强碱(酸)滴定强酸(碱)时:

$$K_t = \frac{1}{K_w} = 1.0\times10^{14} (25\ ℃)$$

强碱(酸)滴定一元弱酸(碱)时:

$$K_t = \frac{K_a}{K_w}\left(或\ K_t = \frac{K_b}{K_w}\right) \tag{3-59}$$

配位滴定时

$$K_t = K'_{MY} \tag{3-60}$$

二、氧化还原滴定的终点误差

对氧化还原反应:$n_1Ox_1 + n_2Red_2 \Longleftrightarrow n_2Red_1 + n_1Ox_2$

滴定终点时,指示剂的条件电极电位即为终点电位,设

$$\Delta\varphi = \varphi_{ep} - \varphi_{sp} \tag{3-61}$$

则林邦误差公式为

$$E_t = \frac{10^{n_1\Delta\varphi/0.059} - 10^{-n_2\Delta\varphi/0.059}}{10^{n_1n_2\Delta\varphi^{\ominus'}/(n_1+n_2)0.059}} \times 100\% \tag{3-62}$$

【例 3.16】 用 0.100 0 mol/L NaOH 溶液滴定 25.00 mL 0.100 0 mol/L HCl 溶液,若滴定至甲基红终点(pH_{ep}=6.00)或酚酞终点(pH_{ep}=9.00),计算滴定误差。

解: 化学计量点 pH_{ep}=7.00,c_{sp}=0.050 00 mol/L

甲基红终点: $\Delta pH = 6.00-7.00 = -1.00$

$$E_t = \frac{10^{-1.00} - 10^{1.00}}{\sqrt{0.050\times10^{14}}} \times 100\% = -0.000\ 4\%$$

酚酞终点: $\Delta pH = 9.00-7.00 = 2.00$

$$E_t = \frac{10^{2.00} - 10^{-2.00}}{\sqrt{0.050 \times 10^{14}}} \times 100\% = 0.004\%$$

【例 3.17】 用 0.100 0 mol/L NaOH 溶液滴定 20.00 mL 0.100 0 mol/L HOAc 溶液，终点 pH 比化学计量点 pH 高 0.5 单位，计算滴定误差。已知 HOAc 的 $K_a=1.8 \times 10^{-5}$。

解： c_{sp}=0.050 00 mol/L　　ΔpH=0.5

$$E_t = \frac{10^{0.5} - 10^{-0.5}}{\sqrt{0.050 \times 1.8 \times 10^{-5} \times 10^{14}}} \times 100\% = 0.03\%$$

【例 3.18】 在 pH 10.00 的氨性溶液中，以 EBT 为指示剂（$pK_{a_1}=6.3$，$pK_{a_2}=11.6$，$\lg K_{CaEBT}=5.4$），用 0.020 00 mol/L EDTA 溶液滴定 0.020 00 mol/L Ca^{2+} 溶液，计算滴定误差。

解： 查表 3-1 得 $\lg K_{CaY}=10.69$，查表 3-2 得 pH=10.00，$\lg\alpha_{Y(H)}=0.45$。

$$\lg K'_{CaY}=10.69-0.45=10.24$$

$$[Ca^{2+}]_{sp}=(0.010\,00/10^{10.24})^{1/2}=10^{-6.12}$$

查表 3-7，$pCa_{ep}=\lg K'_{MIn}=\lg K_{CaEBT}-\lg\alpha_{EBT(H)}=5.4-1.6=3.8$

$$\Delta pCa=3.8-6.12=-2.32$$

根据式（3-58），

$$E_t = \frac{10^{-2.32} - 10^{2.32}}{\sqrt{0.010\,00 \times 10^{10.24}}} \times 100\% = -1.6\%$$

【例 3.19】 在 pH 10.00 氨性溶液中，以 EBT 为指示剂，用 0.020 00 mol/L EDTA 溶液滴定 0.020 00 mol/L Zn^{2+} 溶液，终点时游离的氨浓度为 0.20 mol/L，计算滴定误差。

解： 查附录 6 得 pH=10.0 时，$\lg\alpha_{Zn(OH)}=2.4$

$$\alpha_{Zn(NH_3)}=1+10^{2.37}\times 0.2+10^{4.81}\times 0.2^2+10^{7.31}\times 0.2^3+10^{9.46}\times 0.2^4=10^{6.68}$$

$$\alpha_{Zn}=\alpha_{Zn(NH_3)}+\alpha_{Zn(OH)}-1=10^{6.68}$$

由表 3-7 查得 pH=10.0 时，$pZn_{ep}=12.2$

$$pZn'_{ep}=pZn_{ep}-\lg\alpha_{Zn}=12.2-6.68=5.52$$

$$\lg K'_{ZnY}=16.5-0.45-6.68=9.37$$

$$[Zn']_{sp}=\sqrt{\frac{0.01}{10^{9.37}}}=10^{-5.69},\ pZn'_{sp}=5.69$$

$$\Delta pZn'=5.52-5.69=-0.17$$

$$E_t = \frac{10^{-0.17} - 10^{0.17}}{\sqrt{0.01 \times 10^{9.37}}} \times 100\% = -0.02\%$$

【例 3.20】 在 1 mol/L HCl 介质中，以 0.100 0 mol/L Fe^{3+} 溶液滴定 0.050 00 mol/L Sn^{2+} 溶液，若以亚甲基蓝为指示剂，计算滴定误差。

解： 已知，$\varphi^{\ominus'}_{Fe^{3+}/Fe^{2+}}=0.68$ V，$\varphi^{\ominus'}_{Sn^{4+}/Sn^{2+}}=0.14$ V，$n_1=1$，$n_2=2$。

亚甲基蓝的条件电极电位 $\varphi^{\ominus'}_{In}=0.53\ V=\varphi_{ep}$

$$\varphi_{sp}=\frac{0.68+2\times 0.14}{1+2}=0.32(V)$$

$$\Delta\varphi=0.53-0.32=0.21(\text{V})$$

$$E_t=\frac{10^{0.21/0.059}-10^{-2\times0.21/0.059}}{10^{1\times2\times0.54/(1+2)\times0.059}}\times100\%=\frac{10^{3.56}-10^{-7.12}}{10^{6.10}}\times100\%=0.29\%$$

3.6.2 确保滴定结果准确的必要条件

在进行滴定分析时，要求滴定误差小于 0.1%，这就要求在滴定反应进行完全时，指示剂能发生明显的颜色变化，即有一定的突跃范围，不同类型的滴定，不同的指示剂，对突跃范围的大小要求不同，下面分别进行讨论。

一、酸碱滴定

酸碱滴定中，因人眼对颜色判断能力的限值，滴定突跃范围须大于 0.4 个 pH 单位才能保证滴定分析的准确度。

1. 强碱滴定弱酸

当浓度一定时，弱酸的解离常数越大，滴定反应越完全，突跃范围也越大。由林邦公式可推导出，若要 $E_t\leqslant0.1\%$，则必需：

$$cK_a\geqslant10^{-8} \qquad (3-63)$$

通常以 $cK_a\geqslant10^{-8}$ 作为判断弱酸能否进行准确滴定的界限。对于不符合 $cK_a\geqslant10^{-8}$ 的弱酸，可采用其他途径，如电位滴定、改变溶剂、弱酸化学强化等手段进行测定。

同理，强酸滴定弱碱的滴定条件是弱碱的 $cK_b\geqslant10^{-8}$。

2. 强碱测定多元酸

多元酸是弱酸，它们在水溶液中分步解离，故在多元酸的测定中涉及两个问题：多元酸能否分步滴定，应选择何种指示剂。以二元弱酸为例，可根据下列条件进行判断。

（1）如果 $cK_a\geqslant10^{-8}$，则这一级解离的 H^+ 可被测定。

（2）相邻的两个 K_a 值之比在 10^4 以上（允许误差 0.3%，若允许误差只有 0.1% 则要求比值在 10^5 以上），则两级滴定反应能分开，形成第一个突跃；是否有第二个突跃则取决于 cK_{a_2} 是否$\geqslant10^{-8}$。

（3）若相邻的 K_a 值之比小于 10^4，滴定时两个突跃将合在一起，形成一个突跃。实际工作中，通常选择在化学计量点附近变色的指示剂指示滴定终点。

例如，用 NaOH 溶液滴定 0.100 0 mol/L H_3PO_4 溶液（$pK_{a_1}=2.16$，$pK_{a_2}=7.21$，$pK_{a_3}=12.32$），各相邻解离常数比值 $>10^4$，故可分步滴定。其滴定曲线如图 3-17。

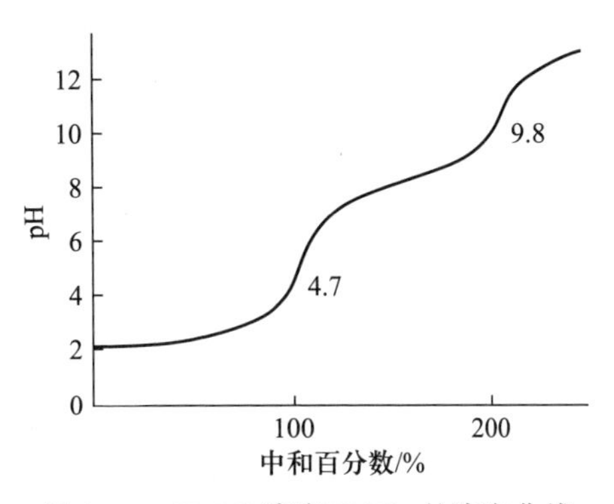

图 3-17 NaOH 滴定 H_3PO_4 的滴定曲线

第一化学计量点：滴定产物是 NaH_2PO_4，为两性物质，其浓度 $c=0.050\ 00$ mol/L，溶液中 $[H^+]$

用式（3-28）计算，忽略 K_w：

$$[H^+]=\sqrt{\frac{cK_{a_1}K_{a_2}}{K_{a_1}+c}}=\sqrt{\frac{0.050\times7.5\times10^{-3}\times6.3\times10^{-8}}{7.5\times10^{-3}+0.050}}$$
$$=2.0\times10^{-5}(\text{mol/L})$$

pH 为 4.70，可选用甲基橙指示剂。

第二化学计量点：产物是 Na_2HPO_4，其浓度 c=0.033 mol/L，用式（3-29）计算 $[H^+]$后，得 pH 为 9.66。若用酚酞（变色点 pH=9）作指示剂，终点会出现过早，可用百里酚酞（变色点 pH≈10）作指示剂，终点颜色由无色变为浅蓝色。

第三化学计量点：因为 $cK_{a_3}<10^{-8}$，无法用 NaOH 滴定，加入 $CaCl_2$，沉淀溶液中 PO_4^{3-}。

$$2PO_4^{3-}+3Ca^{2+} = Ca_3(PO_4)_2\downarrow$$

再用 NaOH 溶液滴定释放出来的 H^+。为了不使 $Ca_3(PO_4)_2$ 溶解，可用酚酞作指示剂。

多元碱的滴定与此类似。

二、配位滴定

1. 配位滴定中单一离子准确滴定判别式

配位滴定突跃范围的大小取决于 $c_MK'_{MY}$，$c_MK'_{MY}$ 越大，滴定反应越完全，滴定突跃越大；反之，滴定突跃越小。

由林邦误差公式：
$$E_t=\frac{10^{\Delta pM'}-10^{-\Delta pM'}}{\sqrt{c_{sp}K'_{MY}}}\times100\%$$

可推导出，当 $E_t\leqslant0.1\%$ 时，$\lg c_{sp}K'_{MY}\geqslant6$ 或 $c_{sp}K'_{MY}\geqslant10^6$　　（3-64）

当 $E_t\leqslant0.3\%$ 时，$\lg c_{sp}K'_{MY}\geqslant5$ 或 $c_{sp}K'_{MY}\geqslant10^5$　　（3-65）

一般将式（3-63）作为单一离子准确滴定的判别式。

2. 单一离子滴定的最高酸度与最低酸度

为了准确进行滴定，须保证一定的 K'_{MY}。若仅考虑 EDTA 的酸效应，则 K'_{MY} 仅取决于 $\alpha_{Y(H)}$，$\alpha_{Y(H)}$的最大值所对应的酸度即滴定的最高酸度。

设无金属离子的副反应，根据式（3-63）：

$$\lg c_{sp}K'_{MY}=\lg c_{sp}+\lg K_{MY}-\lg\alpha_{Y(H)}\geqslant6$$
$$\lg\alpha_{Y(H)}\leqslant\lg c_{sp}+\lg K_{MY}-6 \tag{3-66}$$

【例 3.21】 用 EDTA 标准溶液滴定 0.020 00 mol/L Zn^{2+} 溶液，若无其他配位剂的影响，为获得准确结果（ΔpM=±0.2，$E_t\leqslant0.1\%$），则滴定时所允许的最高酸度是多少？

解：由式（3-57），$\lg\alpha_{Y(H)}<-2+16.5-6=8.5$，查表 3-2 得 pH>3.95。

若将金属离子的 $\lg K_{MY}$ 值或酸效应系数的对数 $\lg\alpha_{Y(H)}$与其对应的 pH 绘成酸效应曲线（图 3-7），滴定前金属离子浓度为 0.020 00 mol/L，E_t=0.1%，金属离子位置所对应的 pH 即为滴定这种离子时的最高酸度。

如果溶液酸度过低,金属离子可能发生水解生成 $M(OH)_n$ 沉淀,这将影响配位反应速率,使终点难以确定,并影响配位反应的化学计量关系。金属离子发生水解时的酸度即为滴定的最低酸度,可由 $M(OH)_n$ 的溶度积常数求得。例如,在例 3.21 中,滴定 Zn^{2+} 时($K_{sp}[Zn(OH)_2]=10^{-16.92}$),为防止滴定开始时形成 $Zn(OH)_2$ 沉淀,OH^- 的最高允许浓度为

$$[OH^-]=\sqrt{\frac{K_{sp}}{c_{Zn}}}=\sqrt{\frac{10^{-16.92}}{0.02}}=10^{-7.61}$$

pH=14−7.61=6.39 即最低酸度为 pH=6.39。

3. 混合离子的选择滴定

(1)控制酸度进行分步滴定。若溶液中有待测金属离子 M 和干扰离子 N 都能与 EDTA 配位,且 $K_{MY}>K_{NY}$,那么,$\lg c_M K'_{MY}$ 和 $\lg c_N K'_{NY}$ 相差多大才能在 N 存在下准确滴定 M?滴定的酸度范围是多少?

混合离子中选择滴定的允许误差较大,设 $\Delta pM=\pm0.2$,$E_t=0.3\%$ 则准确滴定判别式为

$$\lg(c_M K'_{MY})\geqslant 5$$

若不考虑 α_M,且控制酸度使 $\alpha_{Y(H)}\leqslant\alpha_{Y(N)}$,那么

$$\alpha_Y=\alpha_{Y(N)}=1+c_N K_{NY}\approx c_N K_{NY}$$

$$\lg c_M K'_{MY}=\lg c_M+\lg K_{MY}-\lg\alpha_Y=\lg(c_M K_{MY})-\lg(c_N K_{NY})$$

$$\Delta\lg cK\geqslant 5 \quad (3-67)$$

若有辅助配位剂存在,则在配位滴定时分别滴定的判别式为

$$\Delta\lg\frac{c}{\alpha}K\geqslant 5 \quad (3-68)$$

式(3-67)和式(3-68)为配位滴定中的分别滴定判别式,当满足此条件时,若有合适的指示 M 离子终点的方法,则在 M 离子的适宜酸度范围内,可准确滴定 M,而 N 不干扰。此时,滴定 M 离子的误差小于 0.3%。

由于在较低酸度下,金属离子指示剂往往与多种金属离子显色,无法指示 M 离子的终点,故选择滴定 M 离子的酸度控制范围须加以调整,这时,在 N 存在下能准确滴定 M 而 N 不干扰的适宜酸度范围是:M 离子的最高酸度至 $\alpha_{Y(H)}=\frac{1}{10}c_N K_{NY}$ 值所对应的酸度。如果干扰离子 N 不与金属指示剂显色,则滴定 M 的酸度范围同单一离子滴定时一样。

【例 3.22】 设 $\Delta pM=\pm0.2$,允许误差为 0.3%,若采用二甲酚橙作指示剂,求用 0.020 00 mol/L EDTA 溶液滴定浓度均为 0.020 00 mol/L 的 Bi^{3+} 和 Pb^{2+} 混合溶液中 Bi^{3+} 和 Pb^{2+} 的适宜酸度。

解: 共存离子浓度相同,只需比较它们的稳定常数

$$\lg K_{BiY}-\lg K_{PbY}=27.94-18.04=9.9>5$$

故可利用酸效应选择滴定,Pb^{2+} 不干扰。滴定 Bi^{3+} 的酸度范围:

最高酸度：$\lg\alpha_{Y(H)}=\lg K_{BiY}+\lg c_{sp}-5=27.94-2-5=20.94$，查表 3-2，pH 约为 0.5。

最低酸度：由附录 6，$Bi(OH)_3$ 的 $K_{sp}=4\times10^{-3}$，Bi^{3+} 开始水解时：

$$[OH^-]=\sqrt[3]{\frac{K_{sp}}{[Bi^{3+}]}}=\sqrt[3]{\frac{4\times10^{-31}}{0.02}}=2.7\times10^{-10}$$

$$pH=14-pOH=14-9.57=4.43$$

铅开始能被滴定的最高酸度：滴定 Pb^{2+} 至终点时，溶液稀释了 3 倍：

$$c_{Pb}=\frac{0.02}{3}=0.006\ 7(mol/L)$$

$$\lg\alpha_{Y(H)}=\lg K_{PbY}+\lg c_{Pb}-5=18.04-2.2-5=10.84,$$

由表 3-2 查得 pH 为 2.9。因为铅铋的干扰中，铋的水解干扰更大，因此，滴定 Bi^{3+} 的酸度范围为 pH=0.5~2.8。

滴定 Pb^{2+} 的酸度范围：

最低酸度：即 Pb^{2+} 的水解酸度：

$$[OH^-]=\sqrt{\frac{K_{sp}}{0.01}}=\sqrt{\frac{10^{-14.93}}{0.01}}=10^{-6.5}$$

$$pH=14-6.5=7.5$$

故滴定 Pb^{2+} 的酸度范围是 pH2.9~7.5，可在此酸度范围内选择合适的指示剂。

（2）利用掩蔽剂进行选择性滴定。当 $\Delta\lg cK<5$ 时，就不能用控制酸度的方法分步滴定 M，这时可利用某种试剂与干扰离子作用，使[N]降低以达到消除其干扰的目的。这种方法称为掩蔽法。按所利用反应的类型不同，分为以下几种掩蔽法。

① 配位体掩蔽法。当 M、N 离子共存时，加入配位掩蔽剂 L，N 与 L 形成稳定的配合物，降低了溶液中离子 N 离子的浓度，此时

$$\alpha_{Y(N)}=1+K_{NY}[N]\approx K_{NY}\frac{c_N}{\alpha_{N(L)}} \tag{3-69}$$

即 $K_{NY}[N]$ 降到原来的 $\frac{1}{\alpha_{N(L)}}$，确保 $\Delta\lg cK'>5$，从而达到选择性滴定 M 的目的。常用配位剂见表 3-10。

表 3-10 常见金属离子配位掩蔽剂

掩蔽剂	使用条件	被掩蔽离子
KCN	pH>8	Co^{2+}、Ni^{2+}、Cu^{2+}、Hg^{2+}、Cd^{2+}、Ag^+
NH_4F	pH=4~6	Al^{3+}、Ti^{4+}、Sn^{4+}、Zr^{4+}、W^{6+}
	pH=10	Al^{3+}、Mg^{2+}、Ca^{2+}、Sr^{2+}、Ba^{2+}
三乙醇胺	pH=10	Al^{3+}、Sn^{4+}、Ti^{4+}、Fe^{3+}
	pH=11~12	Fe^{3+}、Al^{3+} 及少量 Mn^{2+}

续表

掩蔽剂	使用条件	被掩蔽离子
酒石酸	pH=1.2	Sb^{3+}、Sn^{4+}、Fe^{3+}、5 mg 以下 Cu^{2+}
	pH=2	Fe^{3+}、Sn^{4+}、Mn^{2+}
	pH=5.5	Fe^{3+}、Al^{3+}、Sn^{4+}、Ca^{2+}
	pH=6~7.5	Mg^{2+}、Cu^{2+}、Fe^{3+}、Al^{3+}、Mo^{4+}、Sb^{3+}、W^{6+}
	pH=10	Al^{3+}、Sn^{4+}
草酸	pH=2	Sn^{2+}、Cu^{2+}、稀土离子
	pH=5.5	Zr^{4+}、Ti^{4+}、Fe^{3+}、Fe^{2+}、Al^{3+}
邻二氮菲	pH=1~2	Cu^{2+}、Ni^{2+}
	pH=5~6	Cu^{2+}、Ni^{2+}、Zn^{2+}、Cd^{2+}、Co^{2+}、Hg^{2+}、Mn^{2+}、Fe^{2+}
乙酰丙酮	pH=5~6	Al^{3+}、Fe^{3+}
尿素	弱酸	Hg^{2+}、Cu^{2+}

【例 3.23】 用 0.020 00 mol/L EDTA 溶液滴定 0.020 00 mol/L Zn^{2+} 和 0.020 00 mol/L Cd^{2+} 溶液中的 Zn^{2+}，加入过量 KI 掩蔽 Cd^{2+}，终点时 $[I^-]=1$ mol/L。问能否准确滴定 Zn^{2+}？

解： 已知 $\lg K_{ZnY}=16.50$，$\lg K_{CdY}=16.46$。Cd–I 的 $\lg\beta_1 \sim \lg\beta_4$ 为 2.10、3.43、4.49、5.41。

$$\alpha_{Cd(I)} = 1+10^{2.10}+10^{3.43}+10^{4.49}+10^{5.41} = 10^{5.46}$$

$$\Delta\lg cK = \lg(c_{Zn,sp}K_{ZnY}) - \lg\left(K_{CdY}\frac{c_{Cd,sp}}{\alpha_{Cd(I)}}\right) = 16.50-2-(16.46-2-5.46) = 5.5>5$$

所以可选择性滴定锌。

为了提高配位滴定的选择性，有时也需利用某些选择性的掩蔽剂将已被配位的配位剂或金属离子释放出来。例如，苦杏仁酸可从 SnY、TiY 中夺取金属离子，释放出定量的 EDTA；NH_4F 可使 AlY、TiY、SnY 中的 Y 释放出来；甲醛可使 $Zn(CN)_4^{2-}$、$Cd(CN)_4^{2-}$ 被解蔽而释放出 Zn^{2+}、Cd^{2+}，而 $Cu(CN)_4^{2-}$ 不被解蔽。

必须注意的是，用三乙醇胺作掩蔽剂，应在酸性溶液中加入，然后调节溶液 pH 为 10，否则金属离子易水解，掩蔽效果不好。另外，KCN 必须在碱性条件下使用，否则生成剧毒的 HCN 气体。滴定后的溶液应加入过量的 $FeSO_4$，使之生成稳定的 $Fe(CN)_6^{4-}$，以防止污染环境。事实上，剧毒的氰化物不到万不得已，人们已经不用了。

② 沉淀掩蔽法。沉淀掩蔽法是在溶液中加入某种与干扰离子生成沉淀的试剂，使干扰离子的浓度降低，便可在不分离沉淀的情况下直接进行滴定。例如，在 pH>12 用 EDTA 滴定 Ca^{2+} 时，Mg^{2+} 形成 $Mg(OH)_2$ 沉淀不干扰测定。一些常用的沉淀掩蔽剂见表 3-11。

表 3-11 常用的沉淀掩蔽剂

掩蔽剂	被掩蔽离子	被滴定离子	pH	指示剂
OH^-	Mg^{2+}	Ca^{2+}	12	钙指示剂
I^-	Cu^{2+}	Zn^{2+}	5~6	PAN
F^-	Ba^{2+}、Sr^{2+}、Ca^{2+}、Mg^{2+}	Zn^{2+}、Cd^{2+}、Mn^{2+}	10	铬黑 T
SO_4^{2-}	Ba^{2+}、Sr^{2+}	Ca^{2+}、Mg^{2+}	10	铬黑 T
铜试剂	Bi^{3+}、Cu^{2+}	Mg^{2+}、Ca^{2+}	10	铬黑 T

由于一些沉淀反应不够完全,尤其是过饱和现象使沉淀效率不高;有时发生共沉淀现象,沉淀吸附被测离子或指示剂等,影响测定准确度;一些沉淀有色或体积庞大妨碍终点观察等,故沉淀掩蔽法不是理想的掩蔽方法。

③ 氧化还原掩蔽法。氧化还原掩蔽法是通过加入的氧化剂或还原剂与干扰离子发生氧化还原反应,改变干扰离子的价态以消除干扰。例如,当 Fe^{3+} 与 Bi^{3+}、Zr^{4+}、Sn^{4+}、Hg^{2+} 等离子共存时,Fe^{3+} 会干扰 Bi^{3+} 等离子的测定。若加入盐酸羟胺或抗坏血酸将 Fe^{3+} 还原为 Fe^{2+},因 FeY^{2-} 的稳定性小得多,将不干扰这些离子的测定。

常用的还原剂有抗坏血酸、盐酸羟胺、联胺、硫脲、$Na_2S_2O_3$ 等;常用的氧化剂有 H_2O_2、$(NH_4)_2S_2O_8$ 等。

(3)采用化学分离手段。当采用控制酸度和掩蔽方法都无法避免干扰时,还可用分离的手段把待测组分与其他组分分开。例如,钴、镍混合液中测定 Co^{2+} 或 Ni^{2+} 时,可先进行离子交换分离。EDTA 测铅时,先将铅沉淀为硫酸铅与共存组分分离,再用醋酸溶解,调酸度后用 EDTA 滴定。

三、氧化还原滴定

对于反应

$$n_2Ox_1+n_1Red_2 \xlongequal{} n_1Red_1+n_2Ox_2$$

若要求反应完全程度在 99.9% 以上,由式(3-45a):

$$\Delta\varphi^{\ominus'} \geqslant \frac{0.059\times3(n_1+n_2)}{n_1n_2} \tag{3-70}$$

可得准确进行氧化还原滴定的条件是:

$$n_1=n_2=1\text{ 时},\lg K'\geqslant6\text{ 或 }\Delta\varphi^{\ominus'}\geqslant0.35\text{ V}$$

$$n_1=1,n_2=2\text{ 时},\lg K'\geqslant9\text{ 或 }\Delta\varphi^{\ominus'}\geqslant0.27\text{ V}$$

$$n_1=n_2=2\text{ 时},\lg K'\geqslant6\text{ 或 }\Delta\varphi^{\ominus'}\geqslant0.18\text{ V}$$

其余可依此类推。

四、沉淀滴定

沉淀滴定的必要条件取决于条件溶度积常数。条件溶度积常数越小,滴定越完全,

若要滴定终点误差 $E_t \leqslant 0.1\%$，则要求 $K'_{sp} \leqslant 10^{-10}$。氯化银的 $K_{sp}=10^{-9.76}$，虽没完全达到要求，但终点误差非常接近 0.1%，准确度要求不特别高时可用于实际测定。

3.7 滴定分析的应用

3.7.1 酸碱滴定法的应用

一、酸碱滴定的标准溶液和基准物质

酸碱滴定的标准溶液有盐酸标准溶液和氢氧化钠标准溶液，由于它们都不是基准物质，其标准溶液不能直接配制，而是先配制近似浓度的标准溶液，然后用已知浓度的标准溶液或基准物质进行标定。

标定酸的基准物质有 $Na_2B_4O_7 \cdot 10H_2O$ 和 Na_2CO_3，由于硼砂摩尔质量大，不吸潮，因此，硼砂更常用，常规湿度硼砂可在空气中保存，在特别干燥的地方，该试剂必须保存在恒湿器中。若使用碳酸钠作基准物质，用前要将标准物质放在坩埚中，在 300 ℃干燥 2 h 至恒重，确保其中可能存在的碳酸氢钠分解为碳酸钠和二氧化碳，取出后放在硅胶干燥器中，冷却至室温用差减法进行称量，称量时应尽量防止标准物质吸潮。配制好的氢氧化钠标准溶液不能长期放置，原则上用时现配，若要保存须隔绝空气。稀盐酸标准溶液可保存一定时间，可每月标定一次。

二、湿法冶金测定电解液酸度

在湿法冶金（如电解锌）的电解液中，H_2SO_4 浓度的控制很重要，H_2SO_4 含量太高会使电解出来的锌重新溶解；若 H_2SO_4 含量太低，电解缓慢，如果增大电流加速电解容易造成生产事故，因此，必须进行酸度控制分析。在现场分析中，用酸碱滴定法是很方便的。移取一定量电解液，加适量水稀释，加入指示剂，用 NaOH 标准溶液滴定。

三、矿石中硅的快速测定

在地质勘探和选矿工艺中，经常要测定矿样中 SiO_2 的含量，若采用重量分析法，太费时，可用酸碱滴定法。样品用 KOH 熔融分解后，SiO_2 成为可溶性硅酸盐。在强酸性介质中加入 KF 形成难溶于水的 K_2SiF_6，过滤与基体成分分离，沉淀煮沸使之水解释放出 HF：

$$K_2SiF_6+3H_2O \xlongequal{\triangle} 2KF+H_2SiO_3+4HF$$

用 NaOH 标准溶液滴定生成的 HF，滤液中残留的硅可用分光光度法测定后补正，从而可求出样品中 SiO_2 的含量。

四、双指示剂法测定混合碱的成分

工业产品烧碱中含有 Na_2CO_3，纯碱产品可吸收空气中的二氧化碳生成 $NaHCO_3$，这

两种混合物都称为混合碱，实践中均要进行测定。

对于 $NaOH+Na_2CO_3$ 的测定：把此混合碱样品溶解于水，用 HCl 标准溶液滴定。先用酚酞作指示剂，滴定至溶液由红色变为近无色，达到第一化学计量点，此时 NaOH 全部被中和，而 Na_2CO_3 则与 HCl 作用至生成 $NaHCO_3$，设所消耗 HCl 标准溶液体积为 V_1，然后加入甲基橙，继续用 HCl 标准溶液滴定，使溶液由黄色变为橙色，达到了第二化学计量点。溶液中 $NaHCO_3$ 被完全中和，生成 H_2CO_3 并进一步分解为二氧化碳和水。设第一计量点到第二计量点所消耗的 HCl 标准溶液为 V_2，则 $2V_2$ 为滴定 Na_2CO_3 所需的 HCl 标准溶液的体积；V_1-V_2 为中和 NaOH 所消耗 HCl 标准溶液的体积。

对于 $Na_2CO_3+NaHCO_3$ 的滴定：样品溶于水后，用酚酞作指示剂，用 HCl 标准溶液滴定至溶液由红色变为近无色，消耗 HCl 溶液的体积为 V_1，加入甲基橙后，继续用 HCl 标准溶液滴定至溶液由黄色变为橙色，又消耗了 HCl 标准溶液体积为 V_2，则滴定 Na_2CO_3 所消耗 HCl 标准溶液体积为 $2V_1$，滴定 $NaHCO_3$ 所消耗的 HCl 溶液的体积为 V_2-V_1。

若样品为 NaOH 和 Na_2CO_3，质量分数分别按下列两式计算：

$$w_{NaOH}=\frac{c_{HCl}(V_1-V_2)\times 40.00}{m_{样}\times 1\,000}\times 100\% \tag{3-71}$$

$$w_{Na_2CO_3}=\frac{c_{HCl}\times V_2\times 106.0}{m_{样}\times 1\,000}\times 100\% \tag{3-72}$$

在用 HCl 滴定混合碱时，因 Na_2CO_3 的 K_{b_2} 不够大，故第二计量点时突跃不太明显，且易形成 CO_2 的过饱和溶液，滴定过程中生成的 H_2CO_3 转化成 CO_2 速率较慢，使终点出现过早，故在滴定终点附近需剧烈摇动溶液，或者终点前暂停滴定，加热除去 CO_2 再滴定至终点。

五、硼酸的测定

H_3BO_3 是很弱的酸，不能用 NaOH 标准溶液直接滴定。但是，H_3BO_3 在与多元醇生成配位酸后能增加酸的强度，如 H_3BO_3 与甘油生成的配位酸的 $K_a=3.01\times 10^{-7}$，与甘露醇生成的配位酸的 $K_a=5.6\times 10^{-5}$，故可用酚酞作指示剂，用 NaOH 标准溶液滴定。当有大量多元醇存在时，H_3BO_3 的配位反应为

$$H_3BO_3+2\begin{array}{c}H\\|\\R—C—OH\\|\\R—C—OH\\|\\H\end{array} = \left[\begin{array}{ccccc}H & & & & H\\| & & & & |\\R—C—O & & & & O—C—R\\| & & B & & |\\R—C—O & & & & O—C—R\\| & & & & |\\H & & & & H\end{array}\right]^- H^+ +3H_2O$$

六、甲醛法测定铵盐中氮

NH_4^+ 的 K_a 很小，不能被 NaOH 直接滴定，可在铵盐溶液中加入甲醛，甲醛本身无酸碱性，但它与铵盐作用生成质子化的六次甲基四胺（$K_a=7.1\times 10^{-6}$）和 H^+：

$$4NH_4^+ + 6HCHO = (CH_2)_6N_4H^+ + 3H^+ + 6H_2O$$

可用 NaOH 滴定至酚酞指示剂显红色为终点。

3.7.2 配位滴定法的应用

一、水的总硬度的测定（GB/T 6909—2018）

硬度是水质的重要指标，水的硬度是指溶解于水中钙盐和镁盐的总量。水中钙镁的酸式碳酸盐形成的硬度称为暂时硬度；钙镁的其他盐类（如硫酸盐、氯化物等）形成的硬度称为永久硬度。两种硬度的总和称为总硬度。测定总硬度时，镁硬度按等物质的量换算成钙硬度表示分析结果，硬度的单位有下列几种表示方法：

（1）以 CaO 或 $CaCO_3$ 的质量体积浓度表示硬度，单位为 mg/L。

（2）以度数（°）表示硬度。规定 1 L 水中含 10 mg CaO 为 1°。

（3）以物质的量浓度表示硬度，现行国标单位为 mmol/L。

在 pH=10 的 NH_3-NH_4Cl 缓冲溶液中，以铬黑 T 为指示剂，水体中的总硬度可用 EDTA 标准溶液滴定。水样浑浊时需先用中速定量滤纸过滤，准确移取 100 mL 水样，若水样酸度或碱度较大时需先用氢氧化钠或盐酸中和至近中性再加入缓冲溶液，若水体中存在较大量的 Fe^{3+}、Al^{3+}、Cu^{2+}、Mn^{2+} 等金属离子时会产生干扰，可加入 2 mL（10 g/L）L-半胱胺酸盐酸盐和 2 mL（1+4）三乙醇胺溶液，联合掩蔽上述干扰离子，消除共存金属离子的干扰。用浓度为 0.050 00 mol/L 的 EDTA 标准溶液滴定至溶液由酒红色变为蓝色即为终点。当水体总硬度小于 1 mmol/L 时，须使用微量滴定管或改用浓度为 0.005 000 mol/L 的 EDTA 标准溶液滴定，并在缓冲溶液中加入少量 EDTA 二钠镁盐以提高终点灵敏度。本方法测定范围为 0.01~5 mmol/L。也可用酸性铬蓝 K 作指示剂，用浓度为 0.005 000 mol/L 的 EDTA 标准溶液滴定，测定范围为 1~100 μmol/L。

二、铅精矿中铅的测定（GB/T 8152.1—2006）

在铅精矿中钡的含量小于 1% 时，准确称取预先干燥的铅精矿 0.25~0.50 g，精确至 0.1 mg，样品中铅含量不少于 200 mg，平行测定两份，并带一份未加样品的平行空白。将称好的样品置于 400 mL 锥形瓶中，用 5 mL 水润湿样品，加入 10 mL 至 20 mL 浓硝酸，滴加 2 mL 溴水助溶（将硫氧化为二氧化硫），样品分解完全后稍冷，加入 10 mL（1+1）硫酸，于高温电热板上加热至冒三氧化硫白烟。若样品分解不完全则再加入 10 mL（1+1）浓硝酸和浓硫酸的混合酸至样品分解完全，若样品中砷、锑、锡、硒四种元素中有一种含量大于 0.5% 时，用 HBr 和 HNO_3 两次冒烟除去其干扰。样品分解完全后加水至 100 mL，加热溶解盐类，冷却至室温后加入 10 mL 无水酒精使 $PbSO_4$ 沉淀下来，静置 2 h 或放置过夜，使用倾泻法用慢速滤纸（防止穿滤）过滤，用含 10% 酒精和 1% 硫酸和水洗涤容器和沉淀各 3~4 次，滤液留下用原子吸收法或 ICP 法测定其中残留的铅含量。

沉淀用温热的 30 mL 加有醋酸的 250 g/L 的醋酸铵溶液淋洗，使硫酸铅完全溶解，并用稀释 20 倍的上述醋酸铵溶液洗涤，溶解液和洗涤液用原锥形瓶承接，并稀释至 150 mL 左右。冷却至室温后以二甲酚橙为指示剂，用 0.025 00 mol/L 的 EDTA 标准溶液进行滴定，溶液由红色刚好变为黄色为终点。

铅精矿中铅的含量为

$$w_{Pb}=\frac{T(V_1-V_2)+m_1}{m}\times 100\% \tag{3-73}$$

式中 T 为 EDTA 对铅的滴定度；V_1 为样品消耗的 EDTA 标准溶液的体积；V_2 为空白消耗的 EDTA 标准溶液的体积；m_1 为滤液中残留的铅的质量；m 为样品质量。

三、EDTA 滴定法测定铝土矿中氧化铝含量（YS/T 575.1—2007）

铝土矿中氧化铝含量的测定采用 EDTA 滴定法。样品用碳酸钠 - 硼酸 - 氢氧化钠熔融分解，热水提取，盐酸酸化，用乳酸掩蔽钛，加入过量 EDTA，使其与样品中的各种金属离子形成配合物，用醋酸 - 醋酸钠缓冲溶液调节溶液酸度为 pH=5~6，用二甲酚橙为指示剂，用锌标准溶液滴定过量的 EDTA 至溶液刚好变红，消耗的标准溶液不计数，但要牢记滴定终点颜色，然后加入 2g NaF，加热煮沸溶液，冷却后补加 1 滴指示剂，重新校零，用锌标准溶液滴定至溶液刚好变红（与原终点严格一致），记录消耗的标准溶液的体积，按下式计算样品中氧化铝的含量。

$$w_{Al_2O_3}=\frac{c\times V\times 0.050\ 98}{m}\times 100\% \tag{3-74}$$

式中 c 为锌标准溶液的浓度，单位为 mol/L；V 为第二次滴定消耗的锌标准溶液的体积，单位为 mL；m 为样品的质量，单位为 g；0.050 98 为氧化铝的毫摩尔质量，单位为 g/mmol。

3.7.3 氧化还原滴定法的应用

能用于氧化还原滴定的化学反应较多，应用最广泛的有高锰酸钾法、重铬酸钾法和碘量法。其他还有以硫酸铈为标准溶液的铈量法、以混合还原剂亚砷酸钠 - 亚硝酸钠为标准溶液的亚砷酸钠 - 亚硝酸钠法，及高碘酸钾法和溴酸钾法。后面提到的几种方法应用范围不如前三种方法广泛，本教材只介绍前三种氧化还原滴定方法。

一、$KMnO_4$ 法

1. 概述

$KMnO_4$ 是一种强氧化剂，在酸性介质中被还原为二价锰离子，标准电极电位达 1.51 V。

$$MnO_4^-+8H^++5e^- \Longrightarrow Mn^{2+}+4H_2O \qquad \varphi^\ominus=1.51\ V$$

在 H_2SO_4 酸性溶液中，能直接滴定一些还原性物质，如 Fe^{2+}、AsO_3^{3-}、H_2O_2、$C_2O_4^{2-}$ 等。也可用返滴定法测定一些氧化性物质，如测定软锰矿中二氧化锰含量时可先加入过量的草酸钠，反应完全后用 $KMnO_4$ 标准溶液滴定过量的 $C_2O_4^{2-}$。也可采用间接滴定法测定非氧化还原性物质，如测定 Ca^{2+} 时，先用草酸将 Ca^{2+} 沉淀为 CaC_2O_4，沉淀过滤后用硫酸溶解，调节酸度后用 $KMnO_4$ 标准溶液滴定。

$KMnO_4$ 本身颜色很深，一般采用自身指示剂，过量半滴，溶液呈微红色，30 s 不褪色为终点。当 $KMnO_4$ 标准溶液浓度很低（<0.002 mol/L）时，则应用适当的氧化还原指示剂。高锰酸钾法的主要缺点是它的氧化能力较强，很多还原性物质会对测定产生干扰，需要预先分离，且 $KMnO_4$ 难以生产高纯试剂，因此，它本身不是基准物质不能直接配制标准溶液。

2. $KMnO_4$ 标准溶液的配制和标定

为了配制稳定的 $KMnO_4$ 溶液，常采用下列措施：

称取稍多于理论量的高锰酸钾，溶解在规定体积的纯水中，小火加热至微沸，保温 1 h，放置 2~3 d 后用微孔玻璃漏斗过滤，过滤后的 $KMnO_4$ 溶液储存在棕色试剂瓶中，用前标定。

能标定 $KMnO_4$ 溶液的基准物质很多，常见的有 $Na_2C_2O_4$、$H_2C_2O_4\cdot 2H_2O$、As_2O_3、高纯铁粉等。$Na_2C_2O_4$ 作为标定 $KMnO_4$ 的基准物，因其不含结晶水，性质稳定，最常用。标定反应为

$$2MnO_4^- + 5C_2O_4^{2-} + 16H^+ \xlongequal{75\sim85\ ℃} 2Mn^{2+} + 10CO_2\uparrow + 8H_2O$$

为了使这个反应能够较快地完成，须掌握下述滴定条件：

（1）滴定时溶液的起始温度要保持在 75~85 ℃，温度过低，反应速率太慢；温度过高，会促使 $H_2C_2O_4$ 部分分解。

$$2H^+ + C_2O_4^{2-} \xlongequal{\quad} H_2C_2O_4$$

$$H_2C_2O_4 \xrightarrow{>90\ ℃} CO_2\uparrow + CO\uparrow + H_2O$$

（2）酸度要适当。酸度不够，将产生 $MnO(OH)_2$ 沉淀；酸度太高，也会促使 $H_2C_2O_4$ 分解。一般在开始滴定时溶液控制酸度为 0.5~1 mol/L，滴定结束时控制酸度为 0.2~0.5 mol/L。

（3）开始时，滴定速率要慢，否则加入的 $KMnO_4$ 溶液来不及与 $C_2O_4^{2-}$ 反应即在热的酸性溶液中分解：

$$4MnO_4^- + 12H^+ \xlongequal{\triangle} 4Mn^{2+} + 5O_2 + 6H_2O$$

待反应生成 Mn^{2+} 后，因为它的催化作用可加快反应速率，可适当提高滴定速度。

（4）观察终点的时间不宜过长。由于空气中的还原性物质能与 MnO_4^- 作用，使 MnO_4^- 还原，溶液的粉红色逐渐消失。因此，只要滴定到溶液呈现浅红色并在 30 s 之内不褪色即可。

$KMnO_4$ 浓度的计算公式为

$$c_{KMnO_4} = \frac{m_{Na_2C_2O_4} \times \dfrac{2}{5} \times 1\,000}{M_{Na_2C_2O_4} V_{KMnO_4}} \tag{3-75}$$

3. H_2O_2 的测定

在酸性溶液中，H_2O_2 能还原高锰酸钾并放出氧气：

$$5H_2O_2+2MnO_4^-+6H^+ \xlongequal{} 5O_2\uparrow+2Mn^{2+}+8H_2O$$

2016—2018 年，教育部全国职业院校技能大赛工业分析与检验赛项化学分析操作考试用高锰酸钾法测定过氧化氢试剂中过氧化氢的含量，要求选手用差减法准确称取一定质量的过氧化氢样品三份，置于已经加有 100 mL（1+15）的稀硫酸中，用草酸钠标定过的浓度为 0.1 mol/L $KMnO_4$ 标准溶液滴定至溶液呈浅粉色，30 s 不褪色为终点。平行进行空白检验。竞赛考核为了提高区分度，对分析结果的准确度和精密度要求很高，当相对极差不大于 0.1% 时精密度不扣分，当相对极差大于 0.5% 时，精密度项目计 0 分，准确度以所有参赛选手符合统计规律的结果的平均值为真值，相对误差不大于 0.1% 为满分，大于 0.5% 计 0 分。

4. 水体中高锰酸盐指数的测定（GB/T 11892—1989）

高锰酸盐指数是反映水体中有机、无机可氧化污染物质的常用指标，定义为在一定条件下，用高锰酸钾氧化水样中的某些有机物和无机还原性物质，由消耗的高锰酸钾量计算相当的氧量。需要指出的是，高锰酸盐指数不能作为理论需氧量和总有机物含量的指标，因为在规定的条件下，许多有机物只能部分地被氧化，易挥发有机物也不包括在测定范围内。

准确吸取 100.0 mL 均匀的水样于 250 mL 锥形瓶中，加入 5 mL（1+3）H_2SO_4，用滴定管准确加入 10.00 mL 浓度为 $c_{\frac{1}{5}KMnO_4}$ =0.010 00 mol/L 的高锰酸钾溶液，摇匀，于沸水浴上加热 30 min 后取下，加入浓度为 $c_{\frac{1}{2}Na_2C_2O_4}$ =0.010 00 mol/L 的草酸钠标准溶液 10.00 mL，至溶液变为无色，趁热用上述高锰酸钾标准溶液滴定至溶液刚出现粉色，30 s 不褪色为终点，记录消耗的高锰酸钾标准溶液的体积为 V_1。随同进行平行空白的测定，取 100.0 mL 纯水代替水样，按上述步骤滴定至高锰酸钾粉色终点，空白样品消耗的高锰酸钾标准溶液的体积记为 V_0。向空白试验滴定后的溶液中加入 10.00 mL 草酸钠标准溶液，用高锰酸钾标准溶液滴定至刚出现粉色，此操作为标定高锰酸钾，标定消耗的体积记为 V_2。高锰酸盐指数 I_{Mn} 以每升水中消耗的氧的毫克数表示。

$$I_{Mn}=\frac{\left[(10+V_1)\dfrac{10}{V_2}-10\right]\times c\times 8\times 1\ 000}{100} \tag{3-76}$$

式中 c 为草酸钠标准溶液的浓度。

5. 血浆中 Ca^{2+} 的测定

在酸性溶液中，加入适当过量的$(NH_4)_2C_2O_4$溶液，用稀氨水中和至甲基橙呈黄色，使 Ca^{2+} 完全沉淀为 CaC_2O_4，经过滤、洗涤后，将沉淀溶于热的稀 H_2SO_4 中，然后用 $KMnO_4$ 标准溶液滴定 $C_2O_4^{2-}$，从而间接求得 Ca^{2+} 的含量。

经典的人体血钙测定即用此法。此法还可测 Ba^{2+}、Cd^{2+} 等能与 $C_2O_4^{2-}$ 定量生成沉淀的离子。

二、重铬酸钾法

1. 概述

重铬酸钾易提纯，稳定性好，因为本身是基准物质，可直接配制标准溶液。在酸性溶液中与还原剂作用时，被还原为三价铬离子。

$$Cr_2O_7^{2-}+14H^++6e^- \rightleftharpoons 2Cr^{3+}+7H_2O \qquad \varphi^{\ominus}=1.33\ V$$

由于其氧化性比高锰酸钾弱，因此，干扰比高锰酸钾法少，它不能氧化 Cl^-，可在盐酸介质中滴定。但它的还原产物 Cr^{3+} 呈绿色，不利于终点判断。

2. 铁矿石中全铁的测定

（1）有汞测铁（GB/T 6730.70—2013）。样品用浓盐酸分解，必要时加氢氟酸助溶，样品分解完全后滴加 100 g/L $SnCl_2$ 溶液，一边滴加一边摇动，将 Fe^{3+} 还原为 Fe^{2+}，待溶液至淡黄色，加入 2 mL 二氯化锡将铁全部还原为亚铁。然后加入 10 mL 饱和 $HgCl_2$ 溶液，$HgCl_2$ 与过量 $SnCl_2$ 作用生成白色丝状的 Hg_2Cl_2。若没有沉淀出现，说明原来 $SnCl_2$ 加得不够，高价铁没有全部还原，若出现白色沉淀后沉淀进一步变化，最后沉淀变黑，则说明 $SnCl_2$ 过量太多，进一步将甘汞还原为单质汞，这两种情况出现都说明实验失败（必须重做）。然后用硫磷混酸调节氢离子浓度为 1~2 mol/L，以二苯胺磺酸钠为指示剂，用重铬酸钾标准溶液滴定至稳定的紫色，30 s 不褪色为终点。加入硫磷混酸的作用一是控制酸度，二是磷酸与滴定产物 Fe^{3+} 生成稳定的无色配合物，增加滴定突跃，并使终点敏锐，消除 Fe^{3+} 黄色对终点颜色的干扰。

本法测定步骤现象明显，条件容易控制，结果准确，现为仲裁分析方法，但方法中使用大量的汞，废液不能排入环境，必须全部回收处理后才能排放，因而在例行分析中已经较少使用。

（2）无汞测铁（GB/T 6730.5—2022）。无汞测铁与有汞测铁的区别是：铁矿石分解完全后，先用 $SnCl_2$ 在热的浓 HCl 溶液中将大部分 Fe^{3+} 还原为 Fe^{2+} 至溶液呈淡黄色。再以钨酸钠为指示剂，用 $TiCl_3$ 将剩余的 Fe^{3+} 全部还原，过量的 $TiCl_3$ 将钨酸钠还原为钨蓝，当溶液出现蓝色，说明此时 Fe^{3+} 已经全部被还原为 Fe^{2+}，再滴加比标准滴定溶液稀 10 倍的 $K_2Cr_2O_7$ 至溶液蓝色刚好消失，然后在 H_2SO_4–H_3PO_4 混合酸介质中，用二苯胺磺酸钠为指示剂，用 $K_2Cr_2O_7$ 标准溶液滴定：

$$Cr_2O_7^{2-}+6Fe^{2+}+14H^+ \rightleftharpoons 2Cr^{3+}+6Fe^{3+}+7H_2O$$

铁矿石中铁的含量为

$$w_{Fe}=\frac{c_{K_2Cr_2O_7}V_{K_2Cr_2O_7}\times 6\times 55.85}{m_{样}\times 1\,000}\times 100\% \qquad (3\text{–}77)$$

3. 水体中化学需氧量的测定（HJ 828—2017）

在酸性介质中以重铬酸钾为氧化剂测定水体中的化学需氧量，结果记为 COD_{Cr}。

准确移取水样 100.0 mL，加入 2 mL $HgSO_4$ 溶液，消除氯离子的干扰，加入过量 $K_2Cr_2O_7$ 标准溶液，以 Ag_2SO_4 为催化剂，加热回流 2 h，冷却后以 1，10– 邻二氮菲亚铁为指示剂，用 Fe^{2+} 标准溶液滴定过量的 $K_2Cr_2O_7$。该法适用范围广，可用于各类污水中化学需氧量的测定，缺点是使用了汞，为防止污染环境，所有废液中的汞必须回收，在废液中插入条状金属铁或铝。置换出的金属汞齐，交危险废物处理机构做进一步处理。

三、碘量法

1. 概述

碘量法是利用 I_2 的氧化性或 I^- 的还原性进行滴定分析的方法。碘在水中的溶解度很小，常将碘溶解在 KI 溶液中形成 I_3^-，为方便起见，一般仍简写成 I_2。滴定的基本反应为

$$I_3^- + 2e^- \Longleftrightarrow 3I^- \qquad \varphi^{\ominus} = 0.545\ V$$

I_2 是较弱的氧化剂，能与较强的还原剂作用，而 I^- 是中等强度的还原剂，能与许多氧化剂作用。因此，碘量法分为直接碘量法和间接碘量法两种方法。

直接碘量法的标准溶液是 I_2 溶液。虽然可制备高纯碘，但由于碘易挥发，挥发后对天平有腐蚀，因而不宜在分析天平上称量，而是先称取近似量的碘，置于研钵中加水与过量碘化钾研磨至全部溶解，定量转移至棕色磨口玻璃瓶中，稀释至指定体积于暗处保存，须防止 I_2 标准溶液见光或受热分解。配制好的碘标准溶液可用已经标定好的 $Na_2S_2O_3$ 标准溶液进行标定，也可用 As_2O_3 等基准物质标定。

准确称取一定量 As_2O_3 溶于氢氧化钠溶液，调节至溶液呈中性或弱碱性用碘标准溶液滴定。

$$As_2O_3 + 6NaOH \Longleftrightarrow 2\ Na_3AsO_3 + 3H_2O$$

$$Na_3AsO_3 + I_2 + H_2O \Longleftrightarrow Na_3AsO_4 + 2HI$$

这个反应是可逆的，在 pH>7 的弱碱性溶液中反应向右进行，在 pH<1 的强酸性溶液中，反应向左进行。

间接碘量法的标准溶液是 $Na_2S_2O_3$，$Na_2S_2O_3$ 不是基准物质，配制好的 $Na_2S_2O_3$ 不稳定，容易分解，这是由于水中的微生物、CO_2、O_2 会与 $Na_2S_2O_3$ 反应：

$$Na_2S_2O_3 \xlongequal{\text{微生物}} Na_2SO_3 + S\downarrow$$

$$2Na_2S_2O_3 + O_2 \Longleftrightarrow 2Na_2SO_4 + 2S\downarrow$$

$$Na_2S_2O_3 + CO_2 + H_2O \Longleftrightarrow NaHSO_3 + NaHCO_3 + S\downarrow$$

此外，水中的微量 Cu^{2+}、Fe^{3+} 等也能促进 $Na_2S_2O_3$ 的分解。因此，配制 $Na_2S_2O_3$ 标准溶液时，须用除去 CO_2 并灭菌的纯水溶解 $Na_2S_2O_3$，并加入少量 Na_2CO_3 使溶液呈弱碱性，以抑制细菌生长。即使这样配制的溶液也不宜长期保存，需定期进行标定。如果发现溶液出现浑浊，则必须过滤后标定，或重新配制。

标定 $Na_2S_2O_3$ 的基准物质有 $K_2Cr_2O_7$、KIO_3 等。准确称取一定量的上述基准物质，在酸性溶液中与过量 KI 作用，析出的 I_2 以淀粉为指示剂，用 $Na_2S_2O_3$ 溶液滴定。

$$Cr_2O_7^{2-} + 6I^- + 14H^+ \Longleftrightarrow 2Cr^{3+} + 3I_2 + 7H_2O$$

$$I_2 + 2S_2O_3^{2-} \Longleftrightarrow 2I^- + S_4O_6^{2-}$$

间接碘量法必须注意以下两点：

（1）滴定反应必须在中性或弱酸性溶液中进行。在强酸性溶液中 $Na_2S_2O_3$ 会发生分解：

$$S_2O_3^{2-}+2H^+ \Longrightarrow SO_2+S\downarrow+H_2O$$

在强碱性溶液中，I_2 与 $Na_2S_2O_3$ 会发生副反应，另外，I_2 也会在强碱性溶液中发生歧化。

$$S_2O_3^{2-}+4I_2+10OH^- \Longrightarrow 2SO_4^{2-}+8I^-+5H_2O$$

（2）防止 I_2 的挥发和空气中的 O_2 氧化 I^-。I_2 的挥发和 I^- 的氧化是间接碘量法的主要误差来源。为了防止 I_2 的挥发，溶液温度不宜过高，一般在室温下进行反应，滴定反应最好在碘量瓶中进行。要防止空气氧化 I^-，应避免阳光照射，因在酸性溶液中光能加速空气中 O_2 对 I^- 的氧化。溶液酸度不宜过高，否则酸度会增大 O_2 氧化 I^- 的速率；滴定时快滴慢摇，减少 I^- 与空气的接触等。

2. 燃烧碘量法测定铝土矿中硫的含量（YS/T 575.17—2007）

试料在助熔剂存在下，于（1 300 ± 20）℃的氧气流中加热分解，生成的 SO_2 被水吸收，以淀粉为指示剂，用碘标准溶液滴定测定硫含量。燃烧碘量法的测定装置如图 3-18 所示。

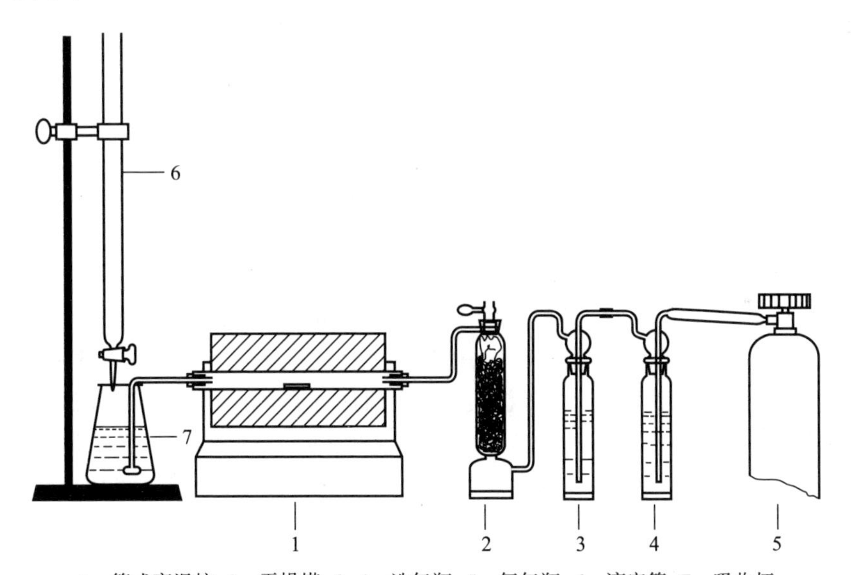

1—管式高温炉；2—干燥塔；3、4—洗气瓶；5—氧气瓶；6—滴定管；7—吸收杯

图 3-18　燃烧碘量法测定装置图

将样品研磨至过 74 μm 筛（200 目），在（110 ± 5）℃烘干 2 h，置于干燥器中冷却备用。根据样品中硫的含量，准确称取 0.1~0.5 g 样品（精确至 0.000 1 g），在确认测定装置不漏气后将管式电炉升温至 1 300 ℃，向吸收杯中加入 130 mL 吸收液（用微量碘调至蓝色的淀粉溶液）。将称好的样品置于瓷舟中，加 0.2 g 混合助溶剂（V_2O_5+B_2O_3 等质量混合）和 1 g 高纯锡粒，用不锈钢丝将瓷舟推至管式电炉高温区，迅速塞紧胶塞，预热 10~20 s，通入氧气，用碘标准溶液滴定至与原吸收液颜色一致为终点。碘标准溶液在相同测定条件下用硫酸铅进行标定。

3. 工业循环冷却水和锅炉用水中溶解氧的测定（GB/T 12157—2022）

本标准可测定水体中 0.2~8 mg/L 的溶解氧。其原理是：在碱性溶液中，二价锰离子被水中的溶解氧氧化成三价或四价锰离子，可将溶解氧固定：

$$Mn^{2+}+2OH^- \xlongequal{} Mn(OH)_2$$

$$2Mn(OH)_2+O_2 \xlongequal{} 2H_2MnO_3$$

$$4Mn(OH)_2+O_2+2H_2O \xlongequal{} 4Mn(OH)_3$$

将溶液酸化后，再加入碘化钾，三价或四价的锰又被还原为二价的锰离子，并释放等物质量的碘单质：

$$H_2MnO_3+4H^++2I^- \xlongequal{} I_2+Mn^{2+}+3H_2O$$

$$2Mn(OH)_3+6H^++2I^- \xlongequal{} I_2+2Mn^{2+}+6H_2O$$

析出的碘用淀粉作指示剂，用硫代硫酸钠标准溶液进行滴定。

4. 间接碘量法测定铜精矿中铜的含量（GB/T 3884.1—2012）

将样品磨至粒径 <82 μm，110 ℃烘干 2 h，干燥器内冷却后备用。铜含量 >25% 的样品称取 0.200 0 g，铜含量 <25% 的样品称取 0.400 0 g。称好的样品置于 500 mL 锥形瓶中，加少量水润湿样品，加入 10 mL 盐酸，置于电热板上低温加热 5 min，取下稍冷，加入 15 mL 硝硫混酸，0.5 mL 溴，摇匀，盖上表面皿，低温加热，待样品完全溶解后，蒸干，冷却。使铜从硫化铜转变为可溶性铜盐，硫转变为二氧化硫，加入溴有利于硫的氧化，不加溴则部分硫氧化为单质硫，导致样品分解困难。

用 90 mL 水吹洗表面皿和杯壁，加入 10 mL（1+1）硫酸，加热煮沸溶解盐类，在搅拌条件下慢慢加入 25 mL 200 g/L $Na_2S_2O_3$ 溶液，保温 5 min，直至沉淀物凝聚，趁热过滤。用热水洗涤沉淀物 3 次以上，铜再以硫化铜的形式与共存组分分离，滤液和洗涤液合并，残留的铜用原子吸收法测定后补正。

将沉淀连同滤纸转移至原锥形瓶中，加入 20 mL 由硝酸、高氯酸和硫酸组成的混酸加热分解沉淀和滤纸，并蒸至近干。用 30 mL 水吹洗表面皿和杯壁，煮沸溶解盐类，取下冷却至室温后滴加氨水至出现沉淀，然后滴加冰醋酸至沉淀消失并过量 4 mL，加 3 mL 氟化氢氨饱和溶液，2~3 g KI，摇动溶液，然后立即用 $Na_2S_2O_3$ 标准溶液滴定至淡黄色，加入 2 mL 淀粉指示剂，继续滴定至浅蓝色，加入 5 mL KSCN 饱和溶液，剧烈摇动至颜色加深，继续滴定至蓝色刚好消失为终点。

本方法的注意事项：

KI 必须过量，它在实验中既是还原剂，又是沉淀剂，还是配位剂：

$$2Cu^{2+}+5I^- \xlongequal{} 2CuI\downarrow+I_3^-$$

必须控制酸度在 pH 为 3.5 左右。淀粉指示剂不能加入太早，否则由于颜色太深容易滴过，且碘浓度高时可被淀粉吸附。由于 CuI 容易吸附碘分子，因而在临近终点时加入 KSCN，使 CuI 转化为溶解度更小的 CuSCN，将吸附的碘释放出来。

$$CuI+SCN^- \xlongequal{} CuSCN+I^-$$

3.7.4 沉淀滴定法的应用

一、莫尔法测定人体血清中 Cl^- 的含量

人体内氯是以 Cl^- 形式存在于细胞外液中，血清中正常值为 3.4~3.8 g/L，Cl^- 常与

Na^+共存，故 NaCl 是细胞外液中的重要电解质。将血清中蛋白沉淀后，即可取无蛋白滤液进行Cl^-测定，通常采用莫尔法。

二、法扬斯法测定盐酸麻黄碱

盐酸麻黄碱（$C_{10}H_{15}ON \cdot HCl$）是用溴酚蓝（HBs）作指示剂进行测定的。滴定反应为

$$\left[C_6H_5\text{—}\underset{\substack{|\\OH}}{CH}\text{—}\underset{\substack{|\\CH_3}}{CH}\text{—}\overset{\substack{H\\|}}{\underset{\substack{|\\H}}{N^+}}\text{—}CH_3\right]Cl^- + AgNO_3 \longrightarrow \left[C_6H_5\text{—}\underset{\substack{|\\OH}}{CH}\text{—}\underset{\substack{|\\CH_3}}{CH}\text{—}\overset{\substack{H\\|}}{\underset{\substack{|\\H}}{N^+}}\text{—}CH_3\right]NO_3^- + AgCl\downarrow$$

终点前：$AgCl \cdot Cl^- + Bs^-$（黄绿）

终点：$AgCl \cdot Ag^+ \cdot Bs^-$（灰绿）

三、福尔哈德法测定卤素及SCN^-

用回滴定法测定Cl^-、Br^-、I^-、SCN^-时，是先在溶液中准确加入过量的$AgNO_3$标准溶液，Ag^+与被测离子形成沉淀，然后用NH_4SCN标准溶液滴定剩余的Ag^+，稍过量的SCN^-与Fe^{3+}生成血红色配合物显示终点。以Cl^-的测定为例：

终点前：Ag^+（过量）$+Cl^- \xlongequal{\quad} AgCl\downarrow$（白）

Ag^+（余）$+SCN^- \xlongequal{\quad} AgSCN\downarrow$（白）

终点：$Fe^{3+}+SCN^- \xlongequal{\quad} Fe(SCN)^{2+}$（血红）

滴定条件：

（1）必须在硝酸酸性溶液中进行滴定。

（2）应事先除去与SCN^-作用的强氧化剂NO_2^-、Cu^{2+}、Hg^{2+}等。

（3）滴定Cl^-时，应防止滴定过程中 AgCl 沉淀在计量点时转化为溶解度更小的 AgSCN，通常是加入已知过量的$AgNO_3$后，加入有机溶剂（如 1，2-二氯乙烷或甘油等），使之覆盖在 AgCl 沉淀表面；也可将溶液煮沸，使 AgCl 凝聚，减少对Ag^+的吸附，滤去 AgCl 沉淀后，再用NH_4SCN标准溶液滴定滤液中过量的Ag^+。

思　考　题

1. 在快速、高效的仪器分析方法普及的今天为什么仍然必须重视化学分析方法？
2. 重量分析法有何特点？细分有哪些重量分析法？
3. 气化法适用于样品中哪些组分的测定？如何进行测定？
4. 介绍沉淀重量法的一般流程。
5. 影响沉淀溶解度的主要因素有哪些？它们是怎样影响的？
6. 沉淀生成时什么条件下获得晶形沉淀？什么条件下获得无定形沉淀？如何实

现均相沉淀？均相沉淀有什么优点？

7. 影响沉淀纯度的因素有哪些？它们是怎么影响的？

8. 如何控制晶形沉淀的沉淀条件和无定形沉淀的沉淀条件？

9. 如何用艾士卡试剂测定煤炭或矿石中的硫？

10. 简述滴定分析的过程和主要术语。

11. 滴定分析按滴定反应分为哪几类？按滴定方式分为哪几类？

12. 溶液中存在哪些基本化学平衡？

13. 如何书写质子条件式？质子条件式在酸碱平衡中有何意义？

14. 酸碱平衡体系分布系数有何特点？

15. 如何用最简式计算弱酸弱碱溶液、两性物质、缓冲体系的 pH？

16. EDTA 在溶液中可能存在哪些形态？ EDTA 与金属离子形成配合物有何特点？

17. 影响 EDTA 与金属离子的条件稳定常数的因素有哪些？它们是如何影响的？

18. 标准电极电位与条件电极电位有何关系，为什么在实际工作中要尽量使用条件电极电位？影响条件电极电位的主要因素有哪些？

19. 氧化还原反应进行完全的程度受哪些因素的影响？它们是如何影响的？

20. 滴定方法中特别关注滴定曲线的原因是什么？如何绘制滴定曲线？

21. 影响滴定突跃的主要因素有哪些？它们是如何影响的？

22. 化学计量点与滴定终点有何区别和联系？

23. 常用的酸碱指示剂有哪些？它们如何指示滴定终点？

24. 常用的金属离子指示剂有哪些？分别在什么条件下使用？如何判断滴定终点？

25. 常用的氧化还原指示剂有哪些？使用时分别应注意些什么问题？

26. 沉淀指示剂有哪些？分别在什么酸度下使用？对应的分析方法能测定哪些参数？

27. 终点误差是如何产生的？怎样计算？

28. 各种滴定分析方法准确滴定的必要条件是什么？什么条件下可实现分步滴定？

29. 酸碱滴定的基准物质和标准溶液有哪些？如何配制和标定标准溶液？

30. 如何用双指示剂法测定混合碱中各组分的含量？如何快速测定矿石中硅的含量？测定铵盐中铵氮的含量？

31. 配位滴定中常用的基准物质和标准溶液有哪些？如何利用配位滴定法测定水的硬度、铅精矿中铅的含量、铝土矿中氧化铝的含量？

32. 氧化还原滴定的基准物质和标准溶液有哪些？标准溶液如何配制和标定？

33. 如何用氧化还原滴定法测定过氧化氢含量、水体中高锰酸盐指数、铁矿石中铁的含量、铜矿石中铜的含量、水中溶解氧的含量？

34. 沉淀滴定的基准物质和标准溶液有哪些？如何配制和标定标准溶液。

35. 沉淀滴定在实际工作中有哪些应用？

习　题

一、选择题

1. 某酸碱指示剂的 $K_{HIn}=1.0\times10^5$，则从理论上推算其变色范围是（　　）。

A. 4~5　　B. 5~6　　C. 4~6　　D. 5~7

2. 0.1 mol/L NH_4Cl 溶液的 pH 为（　　）。（氨水的 $K_b=1.8\times10^{-5}$）

A. 5.13　　B. 6.13　　C. 6.87　　D. 7.0

3. $H_2C_2O_4$ 的 $K_{a_1}=5.9\times10^{-2}$，$K_{a_2}=6.4\times10^{-5}$，则其 0.10 mol/L 溶液的 pH 为（　　）。

A. 2.71　　B. 1.28　　C. 12.89　　D. 11.29

4. pH=5 和 pH=3 的两种盐酸以 1+2 体积比混合，混合溶液的 pH 是（　　）。

A. 3.17　　B. 10.10　　C. 5.30　　D. 8.20

5. 标定 NaOH 溶液常用的基准物是（　　）。

A. 无水 Na_2CO_3　　B. 邻苯二甲酸氢钾

C. $CaCO_3$　　D. 硼砂

6. 酚酞的变色范围是 pH 为（　　）。

A. 8.0~9.6　　B. 4.4~10.0　　C. 9.4~10.6　　D. 7.2~8.8

7. 欲配制 pH=10 的缓冲溶液选用的物质组成是（　　）。

A. NH_3–NH_4Cl　　B. HAc–NaAc　　C. NH_3–NaAc　　D. HAc–NH_3

8. 双指示剂法测混合碱，加入酚酞指示剂时，消耗 HCl 标准滴定溶液体积为 15.20 mL；加入甲基橙作指示剂，继续滴定又消耗了 HCl 标准溶液 25.72 mL，那么溶液中存在（　　）。

A. $NaOH+Na_2CO_3$　　B. $Na_2CO_3+NaHCO_3$

C. $NaHCO_3$　　D. Na_2CO_3

9. 酸碱滴定曲线直接描述的内容是（　　）。

A. 指示剂的变色范围　　B. 滴定过程中 pH 的变化规律

C. 滴定过程中酸碱浓度变化规律　　D. 滴定过程中酸碱体积变化规律

10. 0.10 mol/L HAc 溶液的 pH 是（　　）。（$K_a=1.8\times10^{-5}$）

A. 4.74　　B. 2.87　　C. 5.30　　D. 1.87

11. 多元酸能分步滴定的条件是（　　）。

A. $K_{a_1}/K_{a_2}\geqslant10^6$　　B. $K_{a_1}/K_{a_2}\geqslant10^5$　　C. $K_{a_1}/K_{a_2}\leqslant10^6$　　D. $K_{a_1}/K_{a_2}\leqslant10^5$

12. 按质子理论，Na_2HPO_4 是（　　）。

A. 中性物质　　B. 酸性物质　　C. 碱性物质　　D. 两性物质

13. 甲基橙指示剂的变色范围是 pH 为（　　）。

A. 3.1~4.4　　B. 4.4~6.2　　C. 6.8~8.0　　D. 8.2~10.0

14. 酸碱滴定中指示剂选择的依据是（　　）。

A. 酸碱溶液的浓度　　B. 酸碱滴定 pH 突跃范围

C. 被滴定酸或碱的浓度　　D. 被滴定酸或碱的强度

15. 与缓冲溶液的缓冲容量大小有关的因素是(　　)。

A. 缓冲溶液的 pH　　B. 缓冲溶液的总浓度

C. 外加的酸度　　D. 外加的碱度

16. 物质的量浓度相同的下列物质的水溶液,其 pH 最高的是(　　)。

A. NaAc　　B. NH_4Cl　　C. Na_2SO_4　　D. NH_4Ac

17. 已知 0.10 mol/L 一元弱酸溶液的 pH=3.0,则 0.10 mol/L 共轭碱 NaB 溶液的 pH 是(　　)。

A. 11　　B. 9　　C. 8.5　　D. 9.5

18. 在共轭酸碱中,酸的酸性越强,其共轭碱则(　　)。

A. 碱性越强　　B. 碱性强弱不定　　C. 碱性越弱　　D. 碱性消失

19. 用 0.100 0 mol/L HCl 溶液滴定 30.00 mL 同浓度的某一元弱碱溶液,当加入滴定剂的体积为 15.00 mL 时,pH 为 8.7,则该一元弱碱的 pK_b 是(　　)。

A. 5.3　　B. 8.7　　C. 4.3　　D. 10.7

20. 莫尔法确定终点的指示剂是(　　)。

A. K_2CrO_4　　B. $K_2Cr_2O_7$　　C. $NH_4Fe(SO_4)_2$　　D. 荧光黄

21. 下列弱酸或弱碱(设浓度为 0.1 mol/L)能用酸碱滴定法直接准确滴定的是(　　)。

A. 氨水($K_b=1.8\times10^{-5}$)　　B. 苯酚($K_b=1.1\times10^{-10}$)

C. NH_4^+($K_a=5.8\times10^{-10}$)　　D. H_2CO_3($K_{a_1}=4.2\times10^{-7}$)

22. 以 NaOH 滴定 H_3PO_4($K_{a_1}=7.6\times10^{-3}$, $K_{a_2}=6.3\times10^{-8}$, $K_{a_3}=4.4\times10^{-13}$)至生成 NaH_2PO_4 时溶液的 pH 为(　　)。

A. 2.3　　B. 3.6　　C. 4.7　　D. 9.2

23. 0.10 mol/L $NaHCO_3$ 溶液的 pH 为(　　)。($K_{a_1}=4.2\times10^{-7}$、$K_{a_2}=5.6\times10^{-11}$)

A. 8.31　　B. 6.31　　C. 5.63　　D. 11.63

24. 0.10 mol/L Na_2HPO_4 溶液的 pH 值为(　　)。($K_{a_1}=7.6\times10^{-3}$、$K_{a_2}=6.3\times10^{-8}$、$K_{a_3}=4.4\times10^{-13}$)

A. 4.66　　B. 9.74　　C. 6.68　　D. 4.10

25. 用 NaOH 滴定盐酸和醋酸的混合液时会出现(　　)个突跃。

A. 0　　B. 1　　C. 2　　D. 3

26. 用法扬斯法测定氯含量时,在荧光黄指示剂中加入糊精的目的是(　　)。

A. 加快沉淀凝聚　　B. 减小沉淀比表面

C. 加大沉淀比表面积　　D. 加速沉淀的转换

27. 用 EDTA 标准滴定溶液滴定金属离子 M,若要求相对误差小于 0.1%,则要求(　　)。

A. $c_{sp}K'_{MY}\geqslant10^6$　　B. $c_{sp}K'_{MY}\leqslant10^6$

C. $K'_{MY}\geqslant10^6$　　D. $K'_{MY}\cdot\alpha_{Y(H)}\geqslant10^6$

28. 配位滴定终点呈现的是(　　)的颜色。

A. 金属 - 指示剂配合物 B. 配位剂 - 指示剂混合物

C. 游离金属指示剂 D. 配位剂 - 金属配合物

29. 若用 EDTA 测定 Zn^{2+} 时，Cr^{3+} 干扰，为消除影响，应采用的方法是（　　）。

A. 控制酸度 B. 配位掩蔽 C. 氧化还原掩蔽 D. 沉淀掩蔽

30. 提高配位滴定的选择性可采用的方法是（　　）。

A. 增大滴定剂的浓度 B. 控制溶液温度

C. 控制溶液的酸度 D. 减小滴定剂的浓度

31. 配位滴定时，金属离子 M 和 N 的浓度相近，通过控制溶液酸度实现连续测定 M 和 N 的条件是（　　）。

A. $\lg K'_{NY}-\lg K'_{MY}\geqslant 2$ 且 $\lg c_M K'_{MY}$ 和 $\lg c_N K'_{NY}\geqslant 6$

B. $\lg K'_{NY}-\lg K'_{MY}\geqslant 5$ 且 $\lg c_M K'_{MY}$ 和 $\lg c_N K'_{NY}\geqslant 3$

C. $\lg K'_{NY}-\lg K'_{MY}\geqslant 5$ 且 $\lg c_M K'_{MY}$ 和 $\lg c_N K'_{NY}\geqslant 6$

D. $\lg K'_{NY}-\lg K'_{MY}\geqslant 8$ 且 $\lg c_M K'_{MY}$ 和 $\lg c_N K'_{NY}\geqslant 4$

32. 已知几种金属浓度相近，$\lg K_{NiY}=19.20$，$\lg K_{CeY}=16.00$，$\lg K_{ZnY}=16.50$，$\lg K_{CaY}=10.69$，$\lg K_{AlY}=16.3$，其中调节 pH 就可不干扰 Al^{3+} 测定的是（　　）。

A. Ni^{2+} B. Ce^{2+} C. Zn^{2+} D. Ca^{2+}

33. 在 EDTA 配位滴定中，下列有关酸效应系数的叙述，正确的是（　　）。

A. 酸效应系数越大，配合物的稳定性越大

B. 酸效应系数越小，配合物的稳定性越大

C. pH 越大，酸效应系数越大

D. 酸效应系数越大，配位滴定曲线的 pM 突跃范围越大

34. 在 pH=5 时（$\lg\alpha_{Y(H)}=6.45$）用 0.01 mol/L 的 EDTA 滴定 0.01 mol/L 的金属离子，若要求相对误差小于 0.1%，则可以滴定的金属离子为（　　）。

A. Mg^{2+}（$\lg K_{MgY}=8.7$） B. Ca^{2+}（$\lg K_{CaY}=10.69$）

C. Ba^{2+}（$\lg K_{BaY}=7.86$） D. Zn^{2+}（$\lg K_{ZnY}=16.50$）

35. 用银量法测定 NaCl 和 Na_3PO_4 中 Cl^- 时，应选用（　　）作指示剂。

A. K_2CrO_4 B. 荧光黄 C. 铁铵矾 D. 曙红

36. 氧化还原反应的平衡常数 K 值的大小决定于（　　）的大小。

A. 氧化剂和还原剂两电对的条件电极电位差

B. 反应进行的完全程度

C. 氧化剂和还原剂两电对的标准电极电位差

D. 反应速率

37. 标定 $KMnO_4$ 时，第 1 滴加入没有褪色以前，不能加入第 2 滴，加入几滴后，方可加快滴定速率原因是（　　）。

A. $KMnO_4$ 自身是指示剂，待有足够 $KMnO_4$ 时才能加快滴定速率

B. O_2 为该反应催化剂，待有足够氧时才能加快滴定速率

C. Mn^{2+} 为该反应催化剂，待有足够 Mn^{2+} 才能加快滴定速率

D. MnO_2 为该反应催化剂，待有足够 MnO_2 才能加快滴定速率

38. 用高锰酸钾法测定硅酸盐样品中 Ca^{2+} 的含量。称取样品 0.597 2 g，在一定条件下，将 Ca^{2+} 沉淀为 CaC_2O_4，过滤，洗涤沉淀，将洗涤的 CaC_2O_4 溶于稀硫酸中，用 c_{KMnO_4}=0.050 52 mol/L 的 $KMnO_4$ 标准溶液滴定，消耗 25.62 mL，计算硅酸盐中 CaO 的质量分数（　　）。已知 M（CaO）=56.00 g/moL。

A. 24.19%　　B. 21.72%　　C. 4.85%　　D. 74.60%

39. 用同一浓度的高锰酸钾溶液分别滴定相同体积的 $FeSO_4$ 和 $H_2C_2O_4$ 溶液，消耗的高锰酸钾溶液的体积也相同，则说明两溶液的浓度 c 的关系是（　　）。

A. $c_{FeSO_4}=c_{H_2C_2O_4}$　　B. $c_{FeSO_4}=2c_{H_2C_2O_4}$

C. $2c_{FeSO_4}=c_{H_2C_2O_4}$　　D. $c_{FeSO_4}=4c_{H_2C_2O_4}$

40. 利用莫尔法测定 Cl^- 含量时，要求介质的 pH 在 6.5~10.5，若酸度过高，则（　　）。

A. AgCl 沉淀不完全　　B. AgCl 沉淀吸附 Cl^- 能力增强

C. Ag_2CrO_4 沉淀不易形成　　D. 形成 Ag_2O 沉淀

41. 在酸性介质中，用高锰酸钾溶液滴定草酸盐，正确的滴定方式是（　　）。

A. 像酸碱滴定那样快速进行

B. 开始时快，然后减慢

C. 在开始时缓慢，以后逐步加快，近终点时又减慢滴定速率

D. 始终缓慢进行

42. 重铬酸钾法测铁，用 $SnCl_2$–$TiCl_3$ 将 Fe^{3+} 还原为 Fe^{2+}，稍过量的 $TiCl_3$ 用下列方法指示（　　）。

A. Ti^{3+} 的紫色　　B. Fe^{3+} 的黄色

C. Na_2WO_4 还原为钨蓝　　D. 四价钛的沉淀

43. 碘量法测定 $CuSO_4$ 含量，样品溶液中加入过量的 KI，下列叙述 KI 的作用错误的是（　　）。

A. 还原 Cu^{2+} 为 Cu^+　　B. 防止 I_2 挥发

C. 与 Cu^+ 形成 CuI 沉淀　　D. 把 $CuSO_4$ 还原成单质 Cu

44. 间接碘量法要求在中性或弱酸性介质中进行测定，酸度太高将会（　　）。

A. 反应不定量　　B. I_2 易挥发

C. 终点不明显　　D. I^- 被氧化，$Na_2S_2O_3$ 被分解

45. 间接碘量法中加入淀粉指示剂的适宜时间是（　　）。

A. 滴定开始时

B. 滴定至 I_3^- 的红棕色褪尽，溶液呈无色时

C. 滴定至近终点，溶液呈稻黄色时

D. 在标准溶液滴定了近 50% 时

46. 碘量法测定铜含量时，为消除 Fe^{3+} 的干扰，可加入（　　）。

A. $(NH_4)_2C_2O_4$　　B. NH_2OH　　C. NH_4HF_2　　D. NH_4Cl

47. 用 $KMnO_4$ 法测定 H_2O_2，滴定必须在（　　）。

A. 中性或弱酸性介质中　　B. $c_{H_2SO_4}$=1 mol/L 介质中

C. pH=10 氨性缓冲溶液中　　D. 强碱性介质中

48. 用 $KMnO_4$ 法测定 Fe^{2+},可选用下列哪种指示剂?(　　)

A. 甲基红 – 溴甲酚绿　　B. 二苯胺磺酸钠

C. 铬黑 T　　D. 自身指示剂

49. 间接碘量法测定 Cu^{2+} 含量,介质的 pH 应控制在(　　)。

A. 强酸性　　B. 弱酸性　　C. 弱碱性　　D. 强碱性

50. 用 $Na_2C_2O_4$ 标定高锰酸钾溶液时,溶液的温度一般不超过(　　),以防止 $H_2C_2O_4$ 的分解。

A. 60 ℃　　B. 75 ℃　　C. 40 ℃　　D. 85 ℃

51. 为减小间接碘量法的分析误差,下面哪个方法不适用(　　)。

A. 开始慢摇快滴,终点快摇慢滴　　B. 反应时放置于暗处

C. 加入催化剂　　D. 在碘量瓶中进行反应和滴定

52. 下列几种标准溶液可采用直接法配制的是(　　)。

A. $KMnO_4$ 标准溶液　　B. I_2 标准溶液

C. $K_2Cr_2O_7$ 标准溶液　　D. $Na_2S_2O_3$ 标准溶液

53. 已知一种氧化还原指示剂的 $\varphi_{In}=0.72$ V, $n=1$,那么该指示剂的变色范围是(　　)V。

A. 0.661~0.720　　B. 0.720~0.779

C. 0.661~0.779　　D. 0.620~0.820

54. 配制 I_2 标准溶液时,将 I_2 溶解在(　　)中。

A. 水　　B. KI 溶液　　C. HCl 溶液　　D. KOH 溶液

55. 利用电极电位可判断氧化还原反应的性质,但它不能判别(　　)。

A. 氧化还原反应速率　　B. 氧化还原反应方向

C. 氧化还原能力大小　　D. 氧化还原的完全程度

56. 已知 25 ℃时 $K_{sp}(BaSO_4)=1.8\times10^{-10}$,在 400 mL 的该溶液中由于沉淀的溶解而造成的损失为(　　)g。[$M(BaSO_4)=233.4$ g/mol]

A. 6.5×10^{-4}　　B. 1.2×10^{-3}　　C. 3.2×10^{-4}　　D. 1.8×10^{-7}

57. 在 Cl^-、Br^-、CrO_4^{2-} 溶液中,三种离子的浓度均为 0.10 mol/L,加入 $AgNO_3$ 溶液沉淀的顺序为(　　)。[$K_{sp}(AgCl)=1.8\times10^{-10}$, $K_{sp}(AgBr)=5.0\times10^{-13}$, $K_{sp}(Ag_2CrO_4)=2.0\times10^{-12}$]

A. Cl^-、Br^-、CrO_4^{2-}　　B. Br^-、Cl^-、CrO_4^{2-}

C. CrO_4^{2-}、Cl^-、Br　　D. 三者同时沉淀

58. 向 AgCl 的饱和溶液中加入浓氨水,沉淀的溶解度将(　　)。

A. 不变　　B. 增大　　C. 减小　　D. 无影响

59. 在含有 $PbCl_2$ 白色沉淀的饱和溶液中加入过量 KI 溶液,则最后溶液存在的是(　　)。[$K_{sp}(PbCl_2)>K_{sp}(PbI_2)$]

A. $PbCl_2$ 沉淀　　B. $PbCl_2$、PbI_2 沉淀

C. PbI_2 沉淀　　D. 无沉淀

60. 海水中 $c_{Cl}\approx10^{-5}$ mol/L, $c_1\approx2.2\times10^{-13}$ mol/L,加入 0.1 mol/L $AgNO_3$ 试剂后

(　　)。[K_{sp}(AgCl)=1.8×10^{-10}, K_{sp}(AgI)=8.3×10^{-17}]

A. Cl^- 先沉淀　　B. I^- 先沉淀

C. 同时沉淀　　D. 不发生沉淀

61. 适合滴定分析的化学反应，必须有适当简便的方法确定(　　)。

A. 反应产物　　B. 化学计量点　　C. 反应速率　　D. 滴定终点

62. 0.010 mol/L H_2SO_4 溶液的 pH(　　)。(H_2SO_4 的 $pK_{a_2}=2.0$)

A. 2.00　　B. 1.95　　C. 1.65　　D. 1.85

63. 六次甲基四胺[$(CH_2)_6N_4$]缓冲溶液的缓冲 pH 范围是(　　)。($pK_b=8.85$)

A. 4~6　　B. 6~8　　C. 8~10　　D. 9~11

64. 由 $PbCrO_4$ 重量计算 Pb_3O_4 含量的换算因数为(　　)。

A. $PbCrO_4/Pb_3O_4$　　B. $3PbCrO_4/Pb_3O_4$

C. $Pb_3O_4/3PbCrO_4$　　D. $Pb_3O_4/2PbCrO_4$

65. 测定某样品中的 Fe，沉淀形式为 $Fe(OH)_3\cdot nH_2O$，称量形式为 Fe_2O_3，换算因数为(　　)。

A. $Fe/Fe(OH)_3\cdot nH_2O$　　B. Fe/Fe_2O_3

C. $2Fe/Fe_2O_3$　　D. Fe_2O_3/Fe

66. EDTA 与金属离子多是以(　　)的关系配合。

A. 1∶5　　B. 1∶4　　C. 1∶2　　D. 1∶1

67. 在 EDTA 配位滴定中，下列有关酸效应系数的叙述，正确的是(　　)。

A. 酸效应系数越大配合物的稳定性越大

B. 酸效应系数越小配合物的稳定性越大

C. pH 越大酸效应系数越大

D. 酸效应系数越大，配位滴定曲线的 pM 突跃范围越大

68. 在 EDTA 配位滴定中，如果滴定时溶液的 pH 变小，则金属离子与 EDTA 形成的配合物的条件稳定常数将(　　)。

A. 不存在　　B. 变大　　C. 变小　　D. 无变化

69. 以酚酞为指示剂，能用 HCl 标准溶液直接滴定的碱是(　　)。

A. CO_3^{2-}　　B. HCO_3^-　　C. HPO_4^{2-}　　D. Ac^-

70. 用 0.10 mol/L NaOH 溶液滴定 0.10 mol/L $pK_a=4.0$ 的弱酸，突跃范围是 pH 为 7.0~9.7，则用 0.10 mol/L NaOH 滴定 0.10 mol/L $pK_a=2.0$ 的弱酸时突跃范围是 pH 为(　　)。

A. 6.0~9.7　　B. 6.0~10.7　　C. 7.0~8.7　　D. 5.0~9.7

二、判断题

1. 福尔哈德法测定氯离子的含量时，在溶液中加入硝基苯的作用是为了避免 AgCl 转化为 AgSCN。

2. 用 HCl 标准溶液滴定 $CaCO_3$ 时，在化学计量点时，$n_{CaCO_3}=2n_{HCl}$。

3. 酸碱质子理论中接受质子的是酸。

4. 配制 NaOH 标准溶液时，蒸馏水应除去 CO_2。

5. 弱酸的解离度越大，其酸性越强。

6. 强碱滴定一元弱酸的条件是 $cK_a \geq 10^{-8}$。

7. 在滴定分析过程中，当滴定至指示剂颜色突变时，滴定到达终点。

8. 由于羧基具有酸性，可用氢氧化钠标准溶液直接滴定，测出羧酸的含量。

9. 强酸滴定弱碱达到化学计量点时 pH>7。

10. 用双指示剂法分析混合碱时，如其组成是纯的 Na_2CO_3 则 HCl 溶液消耗量 V_1 和 V_2 的关系是 $V_1>V_2$。

11. 双指示剂法测混合碱的特点是变色范围窄、变色敏锐。

12. 用 NaOH 标准溶液标定 HCl 溶液浓度时，以酚酞作指示剂，若 NaOH 溶液因储存不当吸收了 CO_2，则测定结果偏高。

13. 酸碱物质有几级解离，滴定时就有几个突跃。

14. 无论何种酸或碱，只要其浓度足够大，都可被强碱或强酸溶液定量滴定。

15. 常用的酸碱指示剂，大多是弱酸或弱碱，所以滴加指示剂的多少及时间的早晚不会影响分析结果。

16. 邻苯二甲酸氢钾不能作为标定 NaOH 标准溶液的基准物质。

17. 酸碱滴定曲线是以 pH 变化为特征的，滴定时酸碱的浓度越大，滴定的突跃范围越小。

18. 由某一种弱酸或弱碱的共轭酸碱对组成的溶液是缓冲溶液。

19. 根据酸碱质子理论，只要能给出质子的物质就是酸，只要能接受质子的物质就是碱。

20. 缓冲溶液在任何 pH 条件下都能起缓冲作用。

21. 金属指示剂与金属离子生成的配合物越稳定，测定准确度越高。

22. 在配离子 $[Cu(NH_3)_4]^{2+}$ 解离平衡中，改变体系的酸度，不能使配离子平衡发生移动。

23. 在 EDTA 滴定过程中不断有 H^+ 释放出来，因此，在配位滴定中常须加入一定量的碱以控制溶液的酸度。

24. 金属指示剂的封闭是由于指示剂与金属离子生成的配合物过于稳定造成的。

25. 同一溶液中有两种以上金属离子只有通过控制溶液的酸度方法才能进行配位滴定。

26. 当溶液中 Bi^{3+}、Pb^{2+} 浓度均为 10^{-2} mol/L 时，可以选择滴定 Bi^{3+}。($\lg K_{BiY}=27.94$，$\lg K_{PbY}=18.04$)

27. EDTA 酸效应系数 $\alpha_{Y(H)}$ 随溶液中 pH 变化而变化。pH 低，则 $\alpha_{Y(H)}$ 值高，对配位滴定有利。

28. 配位滴定中 pH≥12 时可不考虑酸效应。

29. 莫尔法使用铁铵矾作指示剂，而福尔哈德法使用铬酸钾作指示剂。

30. 能够根据 EDTA 的酸效应曲线来确定某一金属离子单独被滴定的最高 pH。

31. 有酸或碱参与氧化还原反应，溶液的酸度影响氧化还原电对的电极电位。

32. 在自发进行的氧化还原反应中，总是发生标准电极电位高的氧化态被还原的反应。

33. 在氧化还原反应中,两电对的电极电位的相对大小,决定氧化还原反应速率的大小。

34. 重铬酸钾法的终点,由于 Cr^{3+} 的绿色影响观察,常采取的措施是加较多的水稀释。

35. 在碘量法中使用碘量瓶可以防止碘的挥发。

36. $KMnO_4$ 溶液不稳定的原因是还原性杂质和自身分解的作用。

37. 用于 $K_2Cr_2O_7$ 法中的酸性介质只能是硫酸,而不能用盐酸。

38. 间接碘量法加入 KI 一定要过量,淀粉指示剂要在接近终点时加入。

39. 用间接碘量法测定样品时,最好在碘量瓶中进行,并应避免阳光照射。

40. 碘量法要求在碱性溶液中进行。

41. 氧化还原滴定曲线是溶液的 E 值和离子浓度的关系曲线。

42. $K_2Cr_2O_7$ 标准溶液可以直接配制,而且配制好的 $K_2Cr_2O_7$ 标准溶液可长期保存在密闭容器中。

43. 在氧化还原滴定曲线上电位突跃的大小与两电对电极电位之差有关。

44. 用基准试剂草酸钠标定 $KMnO_4$ 溶液时,需将溶液加热至 75~85 ℃进行滴定。

45. $Na_2S_2O_3$ 标准溶液不可直接配制。因为结晶的 $Na_2S_2O_3 \cdot 5H_2O$ 容易风化,并含有少量杂质,只能采用标定法。

46. 在沉淀滴定银量法中,各种指示终点的指示剂都有其特定的酸度使用范围。

47. 根据同离子效应,沉淀剂加得越多,沉淀越完全。

48. 沉淀的溶度积越大,它的溶解度也越大。

49. 在莫尔法中,指示剂的加入量对测定结果没有影响。

50. 以铁铵矾为指示剂,用 NH_4SCN 标准溶液滴定 Ag^+ 时应在碱性条件下进行。

51. 若 $H_2C_2O_4 \cdot 2H_2O$ 基准物质不密封,长期置于放有干燥剂的干燥器中,用它标定 NaOH 溶液的浓度时,对分析结果有影响。

52. 有效数字是指计算出来所得到结果的数字。

53. 对甲基红指示剂显黄色的溶液,一定是碱性溶液。

54. 电极电位对判断氧化还原反应的方向很有用,但它不能判断氧化还原反应速率。

55. 配位反应中常用条件稳定常数,条件稳定常数能更准确地反映配位化合物的稳定性。

56. 在氧化还原滴定中,滴定突跃范围与反应物质的浓度无关。

57. 在滴定分析中,指示剂变色时停止滴定的那一点称为滴定终点。

58. 0.40 mol/L NaAc 溶液与 0.20 mol/L HCl 溶液等体积混合后成缓冲溶液。

三、计算题

1. 计算下列换算因素:

(1) 根据 $PbCrO_4$ 测定 Cr_2O_3。

(2) 根据 $Mg_2P_2O_7$ 测定 $MgSO_4 \cdot 7H_2O$。

(3) 根据 $(NH_4)_3PO_4 \cdot 13MoO_3$ 测定 P_2O_5。

(4) 根据 $(C_9H_6NO)_3Al$ 测定 Al_2O_3。

2. 称取纯 Fe_2O_3 和 Al_2O_3 混合物 0.562 2 g,在加热状态下通氢气将 Fe_2O_3 还原为 Fe,Al_2O_3 不改变,冷却后称量该混合物的质量为 0.458 2 g,计算样品中 Fe、Al 的质量分数。

3. 称取纯一元弱酸 HB 0.815 0 g，溶于适量水中。以酚酞为指示剂，用 0.110 0 mol/L NaOH 溶液滴定至终点时，消耗 24.60 mL。在滴定过程中，当加入 NaOH 溶液 11.00 mL 时，溶液的 pH=4.80。计算该弱酸 HB 的 pK_a 值。

4. pH=4.00 时，计算 0.010 mol/L 草酸中 HCO_4^- 的浓度。

5. 试计算下列溶液的 pH。

（1）0.10 mol/L H_3BO_3 （2）0.10 mol/L H_2SO_4 （3）0.10 mol/L 三乙醇胺

（4）0.050 mol/L NaAc （5）0.050 mol/L NH_4NO_3 （6）0.10 mol/L Na_2S

6. 要使 100 mL 浓度为 0.10 mol/L 的盐酸溶液的 pH 调整为 4.44，需加入固体醋酸钠多少克？（忽略加入固体后溶液体积变化）。

7. pH=4.00 时，计算 EDTA 的酸效应系数及其对数。

8. 若无其他副反应，计算用 0.020 00 mol/L EDTA 准确滴定 0.020 00 mol/L 铜离子的酸度范围。

9. 用 0.100 0 mol/L NaOH 溶液滴定 0.100 0 mol/L HAc 溶液至 pH=8.00 时，计算终点误差。

10. 在 pH 为 9.26 的氨性缓冲溶液中除氨配位化合物外的缓冲剂总浓度为 0.20 mol/L，游离的浓度为 0.10 mol/L，计算 Cu^{2+} 的 α_{Cu}。已知 Cu^{2+}–$C_2O_4^{2-}$ 配位化合物的 $\lg\beta_1$=4.50，$\lg\beta_2$=8.90，Cu^{2+}–OH^- 的 $\lg\beta_1$=6.00。

11. 测定铅锡合金中的铅锡含量时，称取样品 0.200 0 g，用盐酸溶解后准确加入 50.00 mL 浓度为 0.030 00 mol/L EDTA 溶液及 50 mL 水，加热煮沸 2 min，冷却后用六次甲基四胺调到 pH=5.5，加入少量邻二氮菲，以二甲酚橙为指示剂，用 0.030 00 mol/L 铅标准溶液滴定，消耗 3.00 mL；然后加入足量 NH_4F，加热，再用上述铅标准溶液滴定，消耗 35.00 mL，计算样品中铅、锡的质量分数。

12. 称取某矿石 1.000 g，沉淀分离后得 Fe_2O_3、Al_2O_3 共计 0.500 0 g，将沉淀用酸溶解，然后将铁全部还原为二价，调节酸度后用 0.030 00 mol/L $K_2Cr_2O_7$ 标准溶液滴定，用去 27.00 mL。求样品中 Fe_2O_3、Al_2O_3 的含量。

13. 用 $KMnO_4$ 法测定绿矾的纯度，称取样品 1.105 g，在酸性介质中用浓度为 0.022 10 mol/L 的 $KMnO_4$ 溶液滴定，消耗 35.85 mL 至终点，求此产品中的 $FeSO_4 \cdot 7H_2O$ 含量。[M($FeSO_4 \cdot 7H_2O$)=278.04 g/mol]。

14. 称取含有 NaCl、NaBr 的样品 0.628 0 g，溶解后用 $AgNO_3$ 处理，得到干燥的沉淀 0.506 4 g，另取相同质量的样品一份，用 0.105 0 mol/L 的 $AgNO_3$ 溶液滴定至终点，消耗 28.34 mL，计算样品中 NaCl、NaBr 的质量分数。

15. 准确称取纯 0.504 0 g $NaHCO_3$ 溶于适量水中，然后往此溶液中加入 0.400 0 g 纯固体 NaOH，最后将溶液移入 250 mL 容量瓶中以水定容。移取上述溶液 50.00 mL，以 0.100 0 mol/L HCl 溶液滴定。计算：（1）以酚酞为指示剂滴定至终点时，用去盐酸溶液多少 mL？（2）再加甲基橙指示剂，继续用同一 HCl 标准溶液滴定至终点时，又耗去盐酸溶液多少 mL？（已知 NaOH、Na_2CO_3 和 $NaHCO_3$ 摩尔质量分别为 40.00 g/mol、106.0 g/mol、84.00 g/mol）

参考答案

第四章 光谱分析法导论

4.1 光的性质

在自然界中人们最先发现的光谱是彩虹，最早研究光谱现象的科学家是牛顿。1666年，牛顿让太阳光通过一个小孔透入漆黑的房间，小孔后放置一个棱镜，墙上出现了彩色的光带。将光通过狭缝而形成的影像按波长或频率进行有序排列得到的图谱称为光谱。基于测量物质的光谱而建立起来的分析方法称为光谱分析法。

光是一种电磁波，从牛顿的粒子说到麦克斯韦的波动说，再到爱因斯坦的波粒二象性，人们终于认识到了光的本质。光的干涉、衍射与偏振等显示它的波动性；而光电效应、康普顿效应和黑体辐射等显示它的粒子性。现代原子结构理论和量子理论的建立，确立了光与物质作用的机理与方式。

4.1.1 光的波动性

根据麦克斯韦的观点，光是一种电磁波，可用波参数来描述：

一、周期 T

相邻两个波峰或波谷通过空间某一固定点所需的时间间隔称为周期，用 T 表示，单位为 s。

二、频率 ν

单位时间内通过传播方向上某一点的波峰或波谷的数目，即单位时间内电磁场振动的次数称为频率，它等于周期 T 的倒数，单位为 Hz。

三、波长 λ

波长为相邻两个波峰或波谷间的直线距离。不同的电磁波谱区可采用不同的波长单位，可以是 m、mm、μm 或 nm，其间的换算关系为 $1\ \text{m}=10^3\ \text{mm}=10^6\ \mu\text{m}=10^9\ \text{nm}$。

四、波数 $\tilde{\nu}$

$\tilde{\nu}$ 是波长的倒数，数值上等于每厘米长度内含有波的数目，单位为 cm^{-1}。将波长换

算为波数的关系式为

$$\tilde{\nu}=\frac{1}{\lambda/\text{cm}}=\frac{10^4}{\lambda/\mu\text{m}} \tag{4-1}$$

五、速度

真空中的光速用符号 c 表示,其值已经被准确测定为 $2.997\ 92\times10^8$ m/s。根据波动理论,其值等于频率与波长的乘积,即频率与波长成反比。

4.1.2 光的粒子性

光作为一种电磁波,波动原理能够很好解释光的反射、折射、散射、干涉、衍射等现象,但不能解释光的发射、吸收现象,也不能解释光电效应、黑体辐射等现象。这些现象只有把光当作粒子才能很好解释。普朗克(Planck)认为物质吸收和发射的能量是不连续的,只能按一个基本固定量一份一份地或以此基本固定量的整数倍来进行。这就是说,能量是"量子化"的。这种能量的最小单位即为"光子"。光子是具有能量的,光子的能量与它的频率成正比,或与波长成反比,而与光的强度无关。

$$E=h\nu=hc/\lambda \tag{4-2}$$

式中 E 代表光子的能量;h 是普朗克常数,$h=6.626\times10^{-34}$ J·s;c 为光速;ν 为频率。光子的能量可用 J(焦耳)或 eV(电子伏特)表示。eV 是高能量光子的能量单位,它表示 1 个电子通过电位差为 1 V 的电场时所获得的能量。

1 eV=1.602×10^{-19} J 或 1 J=6.242×10^{18} eV。在化学中用 J/mol 为单位表示 1 mol 物质所发射或吸收的能量。

$$E=h\nu N_A=hc\tilde{\nu}N_A \tag{4-3}$$

将普朗克常数、光速 c 和阿伏伽德罗(Avogadro)常数 N_A 代入式(4-3),得

$$\begin{aligned}E&=6.626\times10^{-34}\times2.998\times10^{10}\times6.022\times10^{23}\tilde{\nu}\\&=11.96\tilde{\nu}\ (\text{J/mol})\end{aligned} \tag{4-4}$$

4.1.3 电磁波谱

我们每天见到的日光是一种复色光,日光经分光系统分光后可得到按波长或频率的大小依次排列的红、橙、黄、绿、青、蓝、紫的图像,称为可见光谱。神奇的极光、雨后的彩虹是自然界美丽的天然可见光谱。将各种电磁辐射按照波长或频率的大小顺序排列起来即为电磁波谱。

表 4-1 列出了用于分析目的的电磁波的有关参数。γ 射线的波长最短,能量最大;之后依次是 X 射线、紫外 - 可见光、红外光;无线电波波长最长,能量最小。

由式(4-4)可以计算出在各电磁波区产生各种类型的跃迁所需的能量,反之亦然。例如,若分子或原子的价电子激发所需的能量为 1~20 eV,由式(4-2)可以算出该能量范围相应的电磁波的波长为 1 240~62 nm。

$$\lambda_1=\frac{hc}{E}=\frac{6.626\times10^{-34}\times2.998\times10^{10}}{1\times1.602\times10^{-19}}\times10^7=1\ 240(\mathrm{nm})$$

$$\lambda_2=\frac{6.626\times10^{-34}\times2.998\times10^{10}}{20\times1.602\times10^{-19}}\times10^7=62(\mathrm{nm})$$

表 4-1 电磁波谱主要参数

光谱区域	λ	跃迁类型	E/eV
γ 射线区	<0.005 nm	核能级	$>4.5\times10^5$
X 射线区	0.05~10 nm	内层电子能级	4.5×10^5~1.4×10^4
真空紫外区	10~400 nm	内层电子能级	1.4×10^4~6.4
近紫外光区	400~400 nm	价电子能级	6.4~3.1
可见光区	400~760 nm	价电子能级	3.1~1.6
近红外光区	0.76~4.5 μm	分子振动能级	1.6~0.50
中红外光区	4.5~50 μm	分子振动能级	0.50~4.5×10^{-4}
远红外光区	50~1 000 μm	分子转动能级	4.5×10^{-4}~1.4×10^{-3}
微波区	1 mm~1 m	分子转动能级	1.4×10^{-3}~1.4×10^{-6}
无线电波区	>1 m	电子、核自旋能级	$<1.4\times10^{-6}$

4.2 光与物质的相互作用与光学分析法的分类

现代量子化学的建立,使人们彻底认清了物质对光吸收、发射、吸收后再发射的本质。光谱分析法是基于测量物质与光作用时发生的粒子能级跃迁而建立起来的分析方法,它是现在最常用的光学分析法。物质与辐射能作用时,测量由物质内部发生量子化的能级之间的跃迁而产生的发射、吸收辐射的波长和强度,可以进行定性、定量和结构分析。根据物质与光作用的机理不同,光谱法可分为发射光谱法和吸收光谱法。根据发生能级跃迁的粒子不同,光谱也分为原子光谱和分子光谱。原子光谱是由原子外层或内层电子能级的变化产生的,它的表现形式为线光谱,如原子发射光谱法、原子吸收光谱法、原子荧光光谱法和 X 射线荧光光谱法等。分子光谱是由分子的电子能级、振动和转动能级的变化产生的,表现形式为带光谱,如紫外 - 可见分光光度法、红外光谱法、分子荧光和磷光光谱法、化学发光分析法等。

光学分析法的另一类是非光谱法,它是基于物质与辐射相互作用时,测量辐射的某些性质，如折射、散射、干涉、衍射和偏振等变化的分析方法。非光谱法不涉及物质内部能级的跃迁，电磁辐射只改变了传播方向、速率或某些物理性质，如折射法、偏振法、光散射法、干涉法、衍射法、旋光法和圆二向色性法等。非光谱法在现代检验检测工作中应用较少，本书中不做进一步讨论。

4.2.1 发射光谱法

物质通过电能、热能或光能等获得能量，变为激发态原子或分子，当从激发态过渡到低能态或基态时释放多余的能量，以光子的形式释放出来，形成发射光谱（emission spectrum）。其主要方法列于表 4-2。

所有发射光谱法可根据发射的特征波长或频率进行定性分析，根据发射的特征波长的强度进行定量分析（详见随后各章）。

表 4-2 发射光谱法

方法名称	激发方式	作用物质	检测信号
X 射线荧光光谱法	X 射线	原子内层电子跃迁	特征 X 射线荧光
原子发射光谱法	火焰、电火花、ICP 等	气态原子外层电子	紫外、可见光
原子荧光光谱法	高强度紫外、可见光	气态原子外层电子跃迁	原子荧光
分子荧光光谱法	紫外、可见光	分子	荧光（紫外、可见光）
磷光光谱法	紫外、可见光	分子	磷光（紫外、可见光）
化学发光法	化学能	分子	可见光

4.2.2 吸收光谱法

当照射在物质的原子核、原子或分子上的电磁辐射满足两个能级间跃迁所需的能量时，将产生吸收光谱（absorption spectrum），其主要方法列于表 4-3。

表 4-3 吸收光谱法

方法名称	辐射能	作用物质	检测信号
穆斯堡尔光谱法	γ 射线	原子核	吸收后的 γ 射线
X 射线吸收光谱法	X 射线	原子的内层电子	吸收后的 X 射线
原子吸收光谱法	紫外、可见光	气态原子外层的电子	吸收后的紫外、可见光
紫外 - 可见分光光度法	紫外、可见光	分子外层的电子	吸收后的紫外、可见光
红外吸收光谱法	红外光	分了振动	吸收后的红外光
核磁共振波谱法	射频	^{1}H、^{13}C 等的原子核	吸收后的射频
激光光声光谱法	激光	分子（溶液）	吸收后的激光

吸收光谱法可根据吸收光谱图中各物质的特征吸收峰的位置和形状进行定性分析，根据特征吸收峰的吸光度（用 A 表示）进行定量分析，吸光度 A 与待测物质浓度 c 及各吸收层厚度 l 之间遵循光吸收定律。

$$A=Klc \tag{4-5}$$

式中 K 为常数。光吸收定律也称 Lambert–Beer 定律，详见第五章。

4.2.3 其他光学分析法

除吸收和发射光谱法以外，常用的光学分析法还有 X 射线衍射法（XRD）、拉曼（Raman）光谱法等。

4.3 光谱法仪器

用来研究、检测物质吸收光的程度、发射光的波长和强度的仪器叫作分光光度计或光谱仪。这一类仪器一般包括 5 个部分：光源、分光系统、样品引入系统、检测系统、结果导出系统，如图 4–1 所示。

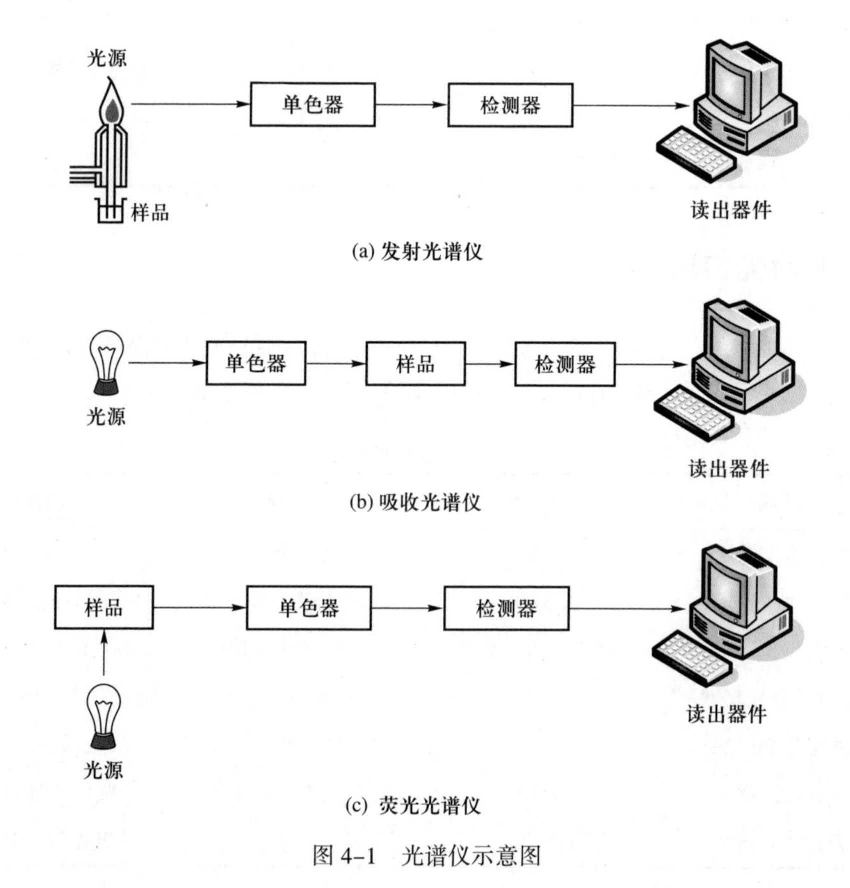

图 4–1 光谱仪示意图

4.3.1 光源

光源的作用是提供足够的能量让样品中的待测组分达到激发态从而发射特征辐射,或提供足够能量辐射供待测组分吸收。光源的基本要求是提供足够的能量、核心要求是发光的稳定性。实际工作中为了确保发光稳定必须使用稳压电源,或者用参比光束的方法来减少光源波动对测定产生的影响。主要有连续光源和线光源。

一、连续光源

连续光源是指在很大波长范围内主要发射强度平稳的具有连续光谱的光源。

（1）紫外光源。紫外光区连续光源主要采用氢灯或氘灯,氘灯发射强度大、寿命长。连续发射波长范围为 160~375 nm,但不同波长的发光强度不一样。

（2）可见光源。可见光区常用的连续光源是卤钨灯,充有溴、碘等卤族元素或卤化物的钨灯称为卤素灯或卤钨灯。它是新一代白炽灯。工作温度 4 870 K,光谱波长范围 340~4 500 nm,寿命是普通白炽灯的四倍。氙灯也可作为紫外光源,当电流通过氙气时,可以产生强辐射,它发射的连续光谱分布在 190~1 100 nm。高能氙灯可作现代多元素连续测定原子吸收分光光度计的光源。

（3）红外光源。常用的红外光源有能斯特灯和硅碳棒,前者发光强度大,但寿命比硅碳棒短。通常将光源加热至 1 500~4 000 K,光强最大区域在 6 000~5 000 cm^{-1},在长波侧 667 cm^{-1} 和短波侧 10 000 cm^{-1},其强度已经降至峰值的 1% 左右。

二、线光源

1. 谱线的宽度

线光源也称锐线光源,其发射的光是具有特征波长的谱线。线光谱也不是严格意义上的几何线,而是有一定波长或频率范围的谱线。谱线轮廓是谱线强度随谱线频率的变化曲线,如图 4–2 所示。

一般发射线用谱线强度、吸收线用吸收系数 K_ν 为纵坐标、频率为横坐标作图,原子吸收线的轮廓以中心频率(波长)和谱线的半宽度表示,半宽度是中心频率强度或吸收系数一半处谱线轮廓上两点之间频率或波长的距离。之所以用频率为横坐标是因为这样描述的谱线形状对称,符合正态分布,而将频率差换算为波长差是因为人们更习惯用波长表示谱线的位置和特征。

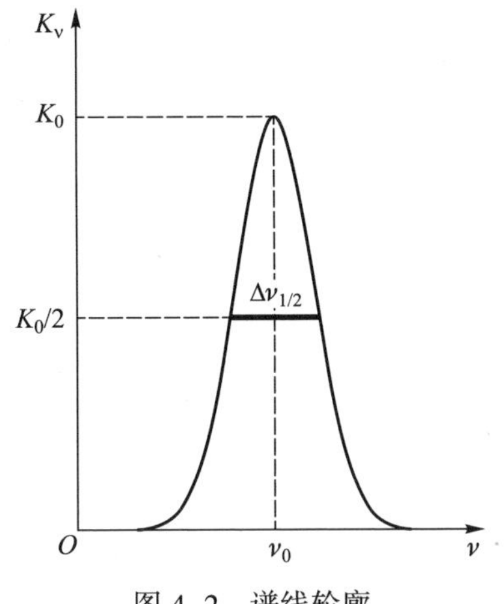

图 4–2 谱线轮廓

谱线半宽度受很多因素影响,下面讨论几种主要变宽因素。

（1）自然宽度。没有外界影响,谱线仍有一定宽度，称为自然宽度。自然宽度小，多数情况下为 10^{-5} nm 数量级，它与激发态原子的平均寿命有关，平均寿命越长，谱线宽度越窄，不同谱线有不同的自然宽度。

（2）多普勒（Doppler）变宽。多普勒变宽也称热变宽，它是由于原子热运动而引起的谱线变宽，用 $\Delta\nu_D$ 表示，经验表明，多普勒变宽与温度的算术平方根成正比，其数值可达 10^{-3} nm。

$$\Delta\nu_D=\frac{4\nu_0}{c}\sqrt{\frac{4(\text{In}4)RT}{A_r}}=7.16\times10^{-7}\nu_0\sqrt{\frac{T}{A_r}} \tag{4-6}$$

式中 ν_0 为谱线的中心频率；c 为光速；R 为摩尔气体常数；T 为热力学温度；A_r 为相对原子质量。

（3）压力变宽。压力变宽是由于原子蒸气相互碰撞引起的谱线变宽。原子之间相互碰撞导致激发态原子寿命缩短，从而引起谱线变宽。根据与其碰撞的原子不同，又分为两种情况：被测原子与其他粒子碰撞引起的变宽称为洛伦兹（Lorentz）变宽，它也是谱线变宽的主要因素，它随原子区内压力增大而增大，数值也可达 10^{-3} nm。同种原子碰撞引起的变宽称为 Holtsmark 变宽，由于待测元素的原子浓度一般较低，相互碰撞的概率较小，因而 Holtsmark 变宽通常可忽略。

（4）其他变宽。由于外界电场、磁场引起的谱线变宽称为场致变宽，场致变宽一般较小，可以忽略。对于发射线而言，若外围存在冷原子蒸气，则会发生自吸现象，严重的自吸会导致自蚀，由此引起谱线的半高度下降，产生的谱线变宽称为自吸变宽。

2. 常见线光源

（1）空心阴极灯。空心阴极灯是原子吸收光谱法和原子荧光光谱法常用的光源，每个空心阴极灯能提供一个元素的特征锐线光源。

（2）激光。激光是一种高强度、高单色性、高方向性的光，在拉曼光谱、荧光光谱、发射光谱、傅立叶变换红外光谱、光声光谱中广泛应用。

（3）电感耦合等离子体（ICP）光源。这是一种通过线圈将氩气转变为等离子体（plasma），并将样品导入等离子体中心使其激发、发光的光源。由于 ICP 光源中待测原子不会产生自吸，因而可以克服传统光源的许多缺点，成为现代原子发射光谱分析的主打光源。

（4）火焰可作为火焰光度法的光源，电弧、火花等经典光源在光电直读光谱分析中仍有应用。

4.3.2 分光系统

光学分析的光学系统主要有棱镜分光系统和光栅分光系统，它的作用是将复合光分解成单色光或有一定宽度的谱带。分光系统由入射狭缝、准直透镜、色散元件、出射狭缝等部件组成，如图 4-3 所示，其中图 4-3（a）色散元件为棱镜，仅用于低端光学分析仪器，如紫外 - 可见分光光度计，图 4-3（b）中分光元件为光栅，是所有中高端光学分析仪器必备的分光系统。

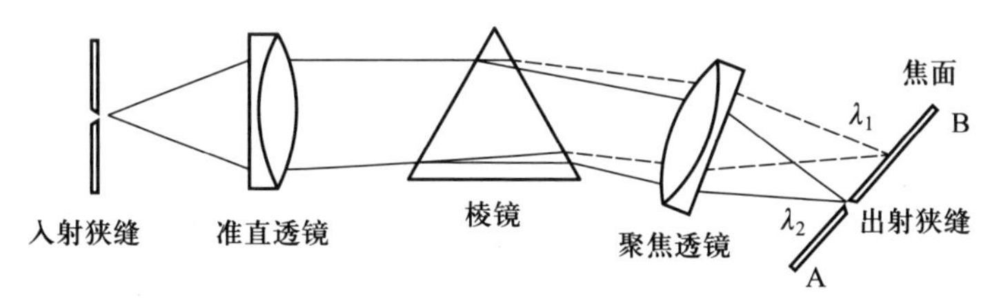

(a) 棱镜分光系统

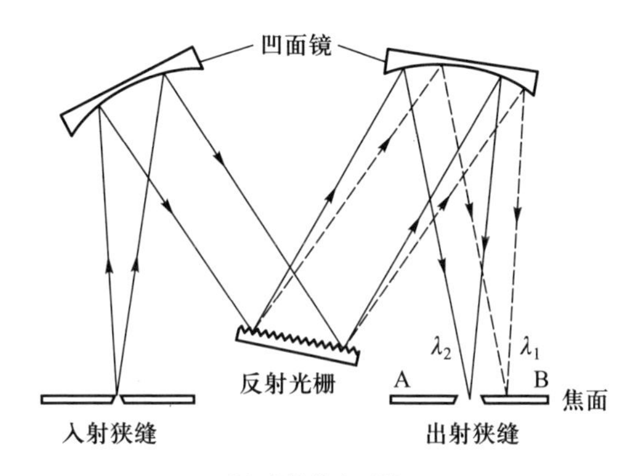

(b) 光栅分光系统

图 4-3　常用分光系统示意图

一、分光能力

分光系统的分光能力可用色散率和分辨率来表征。

1. 色散率

色散率表示相邻的两条谱线分开的能力,常用角色散率、线色散率和倒线色散率来表示。

（1）角色散率。角色散率用 $\frac{d\theta}{d\lambda}$ 表示。表示入射线与折射线的夹角对波长的变化率。角色散率越大,相邻两条谱线分得越开。

（2）线色散率。线色散率用 $\frac{dl}{d\lambda}$ 表示,它表示两条谱线在焦面上被分开的距离对波长的变化率。

（3）倒线色散率。在实际工作中常用线色散率的倒数 $\frac{d\lambda}{dl}$ 表示,叫倒线色散率。倒线色散率其物理意义为光谱成像在焦面上单位长度（mm）所包含的波长范围（nm）。它的数值越小,线色散率越大。

2. 分辨率

分辨率用 R 表示,是指将两条靠得很近的谱线分开的能力。在最小偏向角的条件下 R 可表示为

$$R=\frac{\bar{\lambda}}{\Delta\lambda} \tag{4-7}$$

式中$\bar{\lambda}$为两条谱线的平均波长；$\Delta\lambda$为刚好能分开的两条谱线间的波长差。

二、分光元件

1. 棱镜

棱镜是根据光的折射现象进行分光的。棱镜对不同波长的光具有不同的折射率，因此，平行光经色散后就按波长顺序分解为不同波长的光，经聚焦后在焦面的不同位置上成像，得到按波长展开的光谱。常用的棱镜有考纽（Cornu）棱镜和利特罗（Littrow）棱镜，如图 4-4 所示。

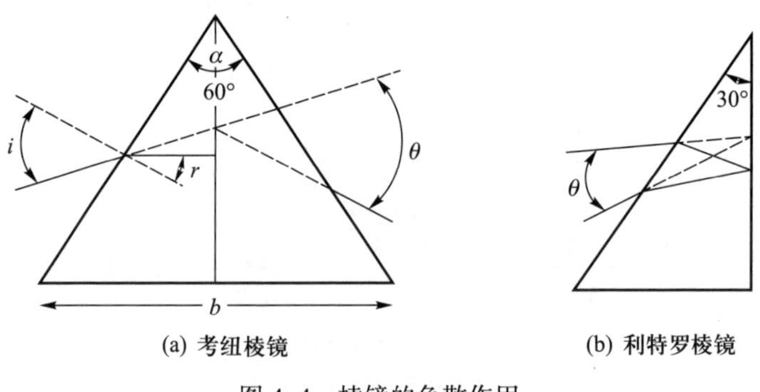

(a) 考纽棱镜　　(b) 利特罗棱镜

图 4-4　棱镜的色散作用

考纽棱镜是一个顶角 α 为 60° 的棱镜。为了防止生成双像，该 60° 棱镜是由两个 30° 棱镜组成，一边为左旋石英，另一边为右旋石英。利特罗棱镜由左旋或右旋石英做成 30° 棱镜，在其纵轴面上镀上铝或银。

棱镜分辨率与棱镜底边的有效长度 b 和棱镜材料的色散率（$\mathrm{d}n/\mathrm{d}\lambda$）成正比：

$$R=\frac{\bar{\lambda}}{\Delta\lambda}=b\frac{\mathrm{d}n}{\mathrm{d}\lambda}\quad 或\quad R=\frac{\bar{\lambda}}{\Delta\lambda}=mb\frac{\mathrm{d}n}{\mathrm{d}\lambda} \tag{4-8}$$

式中 mb 为 m 个棱镜的底边总长度。由该式可知，分辨率随波长而变化，在短波部分分辨率较高。棱镜的顶角较大和棱镜材料的色散率较大时，棱镜的分辨率较高。但是棱镜顶角增大时，反射损失也增大，因此，通常选择棱镜顶角为 60°。由于玻璃会对紫外光产生强烈吸收，因此，紫外光区必须使用石英棱镜，可见光区常用玻璃棱镜。由于介质材料的折射率 n 与入射光的波长有关，因此，棱镜给出的光谱与波长有关，是“非匀排光谱”。

2. 光栅

由大量等宽、等间距的平行狭缝构成的光学器件称为光栅（grating）。一般常用的光栅是在玻璃片上刻出大量平行刻痕制成，刻痕为不透光部分，两刻痕之间的光滑部分可以透光，相当于一狭缝。精制的光栅，在 1 cm 宽度内刻有几千条乃至上万条刻痕。这种利用透射光衍射的光栅称为透射光栅，还有利用两刻痕间的反射光衍射的光栅，如在镀有金属层的表面上刻出许多平行刻痕，两刻痕间的光滑金属面可以反射光，这种光栅称为反射光栅。

现在用得较多的是反射光栅,它又可分为平面反射光栅(或称闪耀光栅)和凹面反射光栅。光栅是在真空中蒸发金属铝将它镀在玻璃平面上,然后在铝层上刻制出许多等间隔、等宽的平行刻纹。现在都用复制光栅,含有300~4 000条/毫米的光栅可用于紫外和可见光区;对中红外光区,用100条/毫米的光栅即可。光栅光谱的产生是多狭缝干涉和单狭缝衍射两者联合作用的结果。多缝干涉决定光谱线出现的位置,单缝衍射决定谱线的强度分布。图4-5是平面反射光栅的一段垂直于刻线的截面。它的色散作用可用光栅公式表示:

$$d(\sin\alpha+\sin\theta)=n\lambda \tag{4-9}$$

式中 α 和 θ 分别为入射角和衍射角;整数 n 为光谱级次;d 为光栅常数。α 角规定为正值;如果 θ 角与 α 角在光栅法线的同侧,则 θ 角取正值,异侧则取负值。

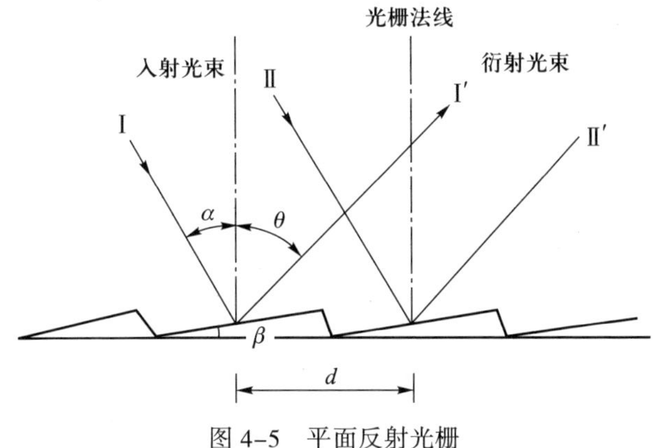

图4-5 平面反射光栅

当一束平行的复合光以一定的入射角照射到光栅平面时,对于给定的光谱级次,衍射角 θ 随波长的增大而增大,即产生光的色散。当 n=0时,$\alpha=-\theta$,即零级光谱无色散作用。

当 $n_1\lambda_1=n_2\lambda_2$ 时,会产生谱线重叠现象,如 λ_1=600 nm的一级光谱线,就会同 λ_2=300 nm的二级谱线以及 λ_3=200 nm的三级谱线重叠。一般来说,色散后一级谱线的强度最大。

光栅的特性可用色散率、分辨能力和闪耀特性来表征。当入射角 α 不变时,光栅的角色散率可用光栅公式微分求得

$$\frac{\mathrm{d}\theta}{\mathrm{d}\lambda}=\frac{n}{d\cos\theta} \tag{4-10}$$

式中 $\frac{\mathrm{d}\theta}{\mathrm{d}\lambda}$ 为衍射角对波长的变化率,也就是光栅的角色散率。当 θ 很小,且变化不大时,可以认为 $\cos\theta=1$。因此,光栅的角色散率只决定于光栅常数 d 和光谱级次 n,可以认为是常数,不随波长而变,这样的光谱称为"匀排光谱"。这是光栅优于棱镜的一个方面。

在实际工作中用线色散率 $\frac{\mathrm{d}l}{\mathrm{d}\lambda}$ 表示。设 f 为会聚透镜的焦距,对于平面光栅,线色散率为

$$\frac{\mathrm{d}l}{\mathrm{d}\lambda}=\frac{\mathrm{d}\theta}{\mathrm{d}\lambda}f=\frac{nf}{d\cos\theta}\approx\frac{nf}{d} \tag{4-11}$$

光栅的分辨率 R 等于光谱级次 n 与光栅总刻线数 N 的乘积，即

$$R=\frac{\overline{\lambda}}{\Delta\lambda}=nN \tag{4-12}$$

【例 4.1】 长度为 50 mm 的光栅，单位刻线数为 1 400 条 / 毫米，求一级光谱的分辨率。

解：$R=nN=50\times1\ 400=7.0\times10^4$

通过计算可知，光栅的分辨率比棱镜的分辨率高得多，这是光栅优于棱镜的主要因素。

闪耀特性：将光栅刻痕刻成一定的形状，如图 4-6 的三角形，使衍射的能量集中到某个衍射角附近，这种现象称为闪耀。辐射能量最大的波长叫作闪耀波长 λ_β。每个小反射面与光栅平面的夹角 β 保持一定，以控制每一个小反射面对光的反射方向，使光能集中在所需要的一级光谱上，这种光栅称为闪耀光栅。

当 $\alpha=\theta=\beta$ 时，在衍射角 θ 的方向上，可得到最大的相对光强，β 角称为闪耀角。此时

$$4d\sin\beta=n\lambda_\beta \tag{4-13}$$

Harrison 于 1949 年提出了中阶梯光栅（echelle grating）的概念，采用一种刻线密度比较小，利用其较小的线密度和较大的闪耀角工作在较高的闪耀级次，因而具有较高的分辨率和色散率。利用中阶梯光栅制作的光谱仪器具有体积小、高色散、高分辨率等特点，代表了先进光谱技术的发展趋势。中阶梯光栅又称反射式阶梯光栅。

目前中阶梯光栅已经广泛应用于商品仪器。它的刻线密度较低（8~80 条 / 毫米），刻槽较深（μm级）。它的分辨率极高，通过增大闪耀角，利用高光谱级次（n=40~140）来提高线色散率。

为了防止不同光谱级次的谱线重叠，在中阶梯光栅的前方或后方放置一个辅助色散元件（大多是棱镜）在垂直方向先将各光谱级次色散开。中阶梯光栅在水平方向再将同一级次的光谱色散开。这种二维光谱可在一个较小的面积上汇集大量的光谱信息，见图 4-6。

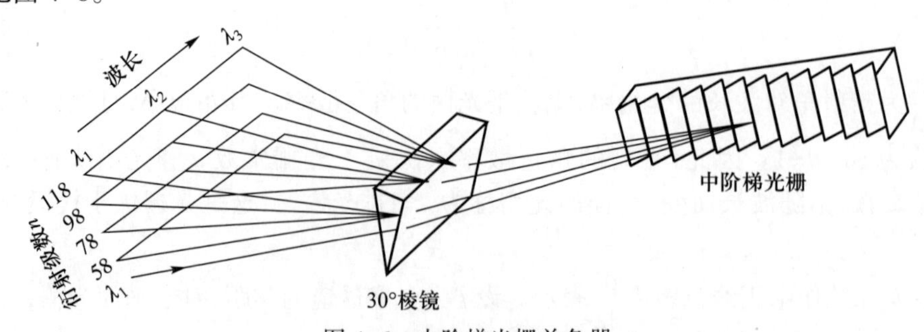

图 4-6　中阶梯光栅单色器

【例 4.2】 若用 $dn/d\lambda=1.3\times10^{-4}\ nm^{-1}$ 的 60° 石英棱镜和刻有 2 000 条/毫米的光栅刚好能分辨清楚 Li 的 460.40 nm 和 460.30 nm 两条谱线，试计算：

（1）分辨率；

（2）棱镜和光栅的大小。

解：（1）棱镜和光栅的分辨率

$$R=\frac{\bar{\lambda}}{\Delta\lambda}=\frac{460.30+460.40}{2(460.40-460.30)}=4.6\times10^3$$

（2）由式（4–8）可求得棱镜的大小，其底边长为

$$b=\frac{\bar{\lambda}}{\Delta\lambda}\frac{1}{dn/d\lambda}=\frac{4.6\times10^3}{1.3\times10^{-4}}\times10^{-7}=3.5\ (cm)$$

由式（4–12）可算出光栅的总刻线数：

$$N=\frac{R}{n}$$

对于一级光谱，$n=1$，$N=R=4.6\times10^3$

光栅的大小，即宽度为

$$W=Nd=\frac{4.6\times10^3}{2\ 000\ mm^{-1}}=2.3\ mm$$

3. **狭缝**

狭缝由两片经过精密加工的具有锐利边缘的金属片组成，其两边必须保持相互平行，并且处于同一平面上，如图 4–7 所示。

单色器的入射狭缝起着光学系统虚光源的作用，光源发出的光照射并通过狭缝，经色散元件分解成不同波长的单色平行光束，经物镜聚焦后、在焦面上形成一系列狭缝的像，即所谓光谱。因此，狭缝的任何缺陷直接影响谱线的轮廓与强度的均匀性，所以对狭缝要仔细保护。

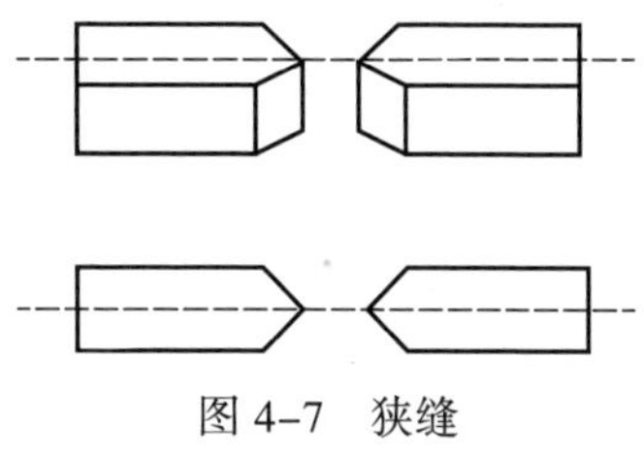

图 4–7 狭缝

狭缝宽度对分析有重要意义。狭缝宽度通常用光谱通带 S 衡量，单色器的分辨能力表示能分开最小波长间隔的能力，波长间隔的大小决定于分辨率、狭缝宽度和光学材料的性质等。

$$S=D\times W\times10^{-3}\ (nm) \tag{4-14}$$

式中 D 为倒线色散率，单位为 nm/mm；W 为狭缝宽度，单位为 μm。当仪器的色散率固定时，S 将随 W 而变化。对于原子发射光谱，在定性分析时一般用较窄的狭缝，这样可以提高分辨率，使邻近的谱线清晰分开。在定量分析时则采用较宽的狭缝，以得到较大的谱线强度。对原子吸收光谱分析，由于吸收线的数目比发射线少得多，谱线重叠的概率小，因此，常采用较宽的狭缝，以得到较大的光强。如果背景发射太强，则要适当减小狭缝宽度。

狭缝的另一个重要指标是集光本领。它是指出射狭缝到达检测器的光谱的总强

度,S 越大,集光本领越强,方法的灵敏度越高。因此,一般原则是在不引起邻近线干扰的情况下,采用尽可能大的狭缝宽度。

4. 干涉仪

迈克耳孙(Michelson)干涉仪是在傅里叶(Fourier)光谱技术的基础上,将光源发出的信号以干涉图的形式输入计算机进行傅里叶变换的数学处理,最后将干涉图还原为光谱图。

5. 声光可调滤光器(AOTF)和液晶可调滤光器(LCTF)

声光可调滤光器是一种微型窄带可调滤光器。通过改变施加在某种晶体(通常是二氧化碲)上的射频频率来改变通过滤光器的光的波长,通过调节 AOTF 光的强度可对射频的功率进行精密、快速地调节。

液晶可调滤光器是利用液晶电控双折射效应在很宽的波段范围内任意调节可透过波长,从而获得各波段的图像。LCTF 无机械运动部件,具有良好的窄波输出光学特性。采用电控部件选择输出波段,具有控制简单、调谐电压小、波段范围连续可调等优点,在多光谱成像系统中得到广泛应用,是解决多重染色标本、自发荧光样本、复杂背景样品的理想工具。

4.3.3 样品池

样品池的作用是盛放待测溶液,样品池由两面透光窗和两面非透光窗(磨砂面)构成,是长方形或正方形容器。要求透光面对测定的光区的光不产生吸收,对光具有良好的透过性。紫外光区工作的吸收池透光窗采用石英材料制成,可见光区工作的吸收池透光窗则用硅酸盐玻璃,红外光区的吸收池透光窗则可根据不同的波长范围选用不同材料的晶体制成,如 NaCl、KBr 等。分子荧光的样品池必须四面透光。样品池的光程现在都是 1 cm,早期仪器配有 0.5 cm、1 cm、4 cm、5 cm 光程的样品池。

4.3.4 检测器

检测器的作用是将光信号转换为电信号,以便放大和输出。

对检测器的要求是:响应快、反应灵敏、响应的波长范围宽、产生的信号易于放大、噪声低,最关键的是产生的响应信号正比于入射光强度。

检测器可分为两类:一类为直接检测光子的检测器,另一类为测定吸收辐射后的热效应的检测器。

一、光检测器

1. 硒光电池

硒光电池是早期常用的光电转换元件,依据的原理是光电效应。如图 4-8 所示,它分为三层。上层是镀金、银等贵金属的透明金属薄膜,中间是半导体硒,底层是铁片或铝片。当光线照射光电池时,光线透过金属薄膜照射到半导体硒上,在其内产生光电子和空穴，光电子从半导体硒表面逸出，根据半导体的性质，逸出后的电子不能原路返回，因而被收集于金属薄膜上，成为光电池的负极。金属基板上的电子受空穴吸引而流向半导体硒，使金属基片带正电。将正极和负极用导线连接起来时，正极和负极之间就会产生电子流动，从而形成光电流。当外电路的电阻不大时，这一电流与照射的光强具有线性关系，其大小为 10~100 μA 数量级，可以直接进行测量，无须外电源及放大装置。但受强光照射或使用时间过长会产生“疲劳”现象。硒光电池光谱响应的波长范围为 300~800 nm，其最灵敏区域为 500~600 nm。

2. **光电管（真空光电二极管）**

光电管是一种真空二极管，管内装有半圆筒形阴极，阴极内侧有一层光敏物质，棒状的金属阳极靠近阴极的内侧，管内抽成真空，后充入少量惰性气体。将阳极通过负载电阻接到电源的正极，而阴极接到电源的负极。当适当频率的光照射到光敏阴极时，光敏阴极材料因光电效应而发射光电子，光电子被加在两极间的电压（90 V）所加速，并为阳极所收集而产生光电流，这一电流在负载电阻两端产生一个电位降，经直流放大器放大，进行测量，如图 4-9 所示。

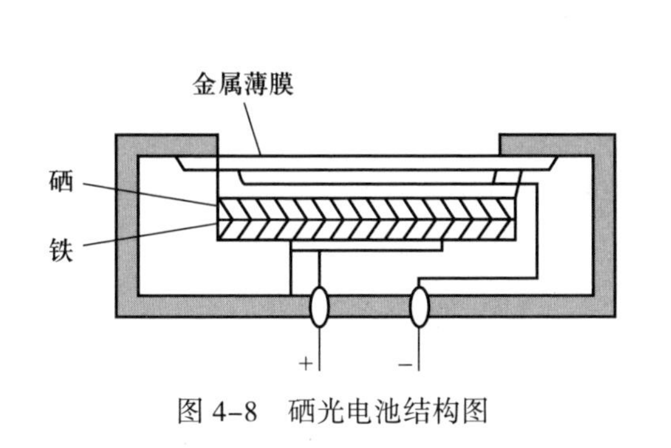

图 4-8 硒光电池结构图

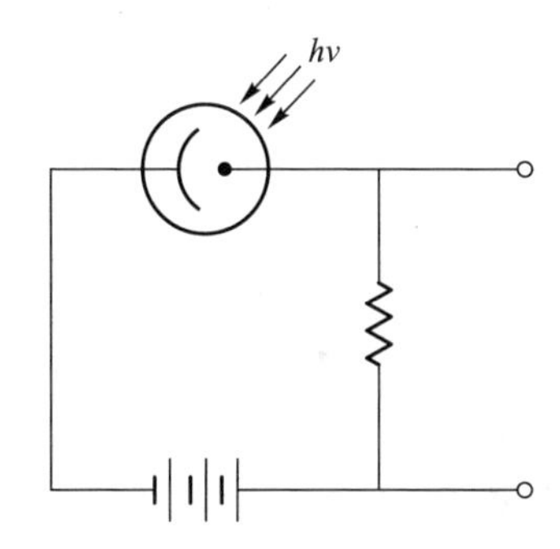

图 4-9 真空光电二极管原理图

光电管的光谱响应特性取决于光敏阴极上的涂层材料。不同阴极材料制成的光电管有着不同的光谱使用范围。即使同一光电管，对不同波长的光，其灵敏度也不同。因此，对不同光谱区的辐射，应选用不同类型的光电管进行检测。例如，氧化铯 - 银对近红外光区敏感，氧化钾 - 银最敏感的范围在紫外 - 可见光区。

3. **光电倍增管**

光电倍增管实际上是一种由多级倍增电极组成的光电管，其结构如图 4-10 所示。它的外壳由玻璃或石英制成，内部抽真空。阴极为涂有能发射电子的光敏物质（Sb-Cs 或 Ag-O-Cs 等）的电极，在阴极 C 和阳极 A 之间装有一系列次级电子发射极，即电子倍增极 D（过去也称为打拿极）。为安全起见阳极接地，在阴极 C 和阳极 A 之间加有约 1 000 V 的直流电压（负高压）。当光子撞击光敏阴极 C 时发射光电子，该光电子被电场加速后落在第一倍增极 D 上，撞击出更多的二次电子，以此类推，阳极最后收集到的电子数将是阴极发出的电子数的 10^5~10^8 倍。

光电倍增管对紫外 - 可见光区有高的灵敏度，响应时间短，但由于热电子发射产生的暗电流，限制了光电倍增管的灵敏度。

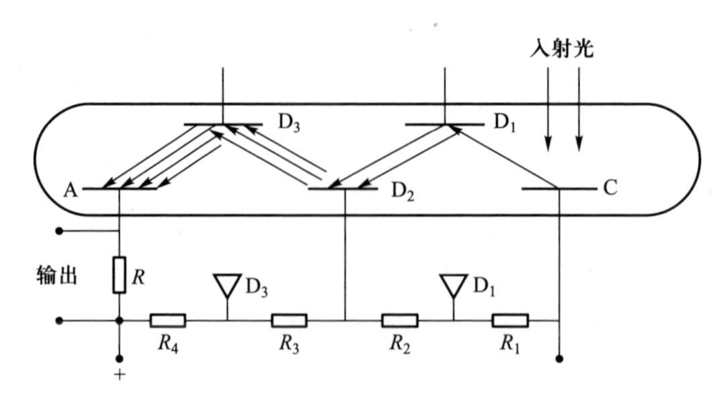

图 4-10　光电倍增管结构

4. 光电二极管阵列检测器

光电二极管阵列检测器是 20 世纪 80 年代发展起来的一种新型紫外光度检测器，简称 PDA（photo-diode array）。其工作原理如下：在晶体硅上紧密排列一系列二极管，每个二极管相当于一个单色器的出射狭缝，光源经一系列光学反射镜进入流动池，从流动池出来的光再经分光系统、狭缝照射到一组光电二极管上，一个二极管接受对应光谱上一个纳米带宽的单色光，使每个纳米波长的光强度转换为相应的电信号强度，数据收集系统实时记录下组分的光谱吸收，得到三维的立体谱图，每个通道的信号就与不同波长的辐射相对应，此即光学多通道分析器，可做多元素同时测定。也可从中获得特定组分的结构信息，有助于未知组分和复杂组分的测定，可用作色谱分析的检测器。

5. 光敏电阻检测器

光敏电阻检测器实际上是一种半导体材料组成的电阻器，没有光照时，其电阻可达 400 kΩ，吸收辐射后，半导体中的电子和空穴增加，导电性增强，电阻减小。因此，可根据检测器电阻的变化检测光强的大小。常用的半导体材料是硫化铅，它在 0.8~4.0 μm 的近红外光区反应灵敏。

6. 感光板

感光板是利用感光材料的特性，根据底片照相的原理记录不同波长的谱线，根据谱线的位置进行定性分析，根据谱线变黑的程度进行定量分析，曾在发射光谱分析中发挥重要作用，现在已经基本被淘汰。

7. 电荷转移检测器

电荷转移检测器是一种光谱分析多道检测器，发明于 20 世纪 70 年代，在 20 世纪 90 年代用于商品仪器，它以电荷量表示光量大小，用耦合方式传输电荷量。主要分为电荷耦合器件（CCD）和电荷注入器件（CID）两类集成电路，前者应用较多。基本工作原理分为四步：信号输入（电荷注入）、电荷存储、电荷转移和电荷输出（电荷检测）。

（1）电荷耦合器件（CCD）。CCD 可测波长范围 200~1 050 nm，能对单个光子计数，噪声低，在可见光区量子效率可达 90% 以上，灵敏度高，检测下限可达 pg 甚至 fg，定量分析线性范围可达 5~6 个数量级。

（2）电荷注入器件（CID）。CID 的稳定性和重现性比 CCD 更好，但灵敏度略低，可测波长范围较窄。将 CCD 或 CID 与中阶梯光栅的交叉波长选择系统联用，可实现多道同时采样,获得波长、强度、时间三维谱图。可同时获得不同波长的光谱信息,对原子光谱进行定性定量分析、机理研究、干扰校正等工作。

二、热检测器

热检测器是吸收辐射并根据吸收引起的热效应来测量入射辐射的强度。

1. 真空热电偶

真空热电偶目前是红外光谱中最常用的一种检测器。它利用不同导体构成回路时的热电效应,将温差转变为电动势。

2. 热释电检测器

热释电检测器是利用某些晶体(如硫酸三甘氨酸酯、钽酸锂等)具有温敏偶极矩的性质,把这些晶体放在两块金属板之间,当红外辐射照射到晶体上时,晶体表面电荷分布发生变化,由此测量红外辐射的强度。它响应快,可进行高速扫描,适用于傅里叶变换红外光谱仪。

4.3.5 读出装置

由检测器将光信号转变为电信号后,可用检流计、微安表、记录仪、阴极射线显示器显示和记录,但现在普遍采用数字显示器进行显示和记录。

思 考 题

1. 简述光的特性及其特征参数。
2. 简述光与物质的作用方式及其对应的分析方法。
3. 简述光谱仪器由哪些部件组成?各部件有何要求?起何作用?
4. 引起线光谱谱线变宽的因素有哪些?它们是如何影响谱线变宽的?
5. 常用的光源有哪些?有何要求?
6. 常用的分光元件有哪些?各种分光元件有何特性?
7. 常用检测器有哪些?分别在什么仪器上使用?

习 题

一、选择题

1. 某谱线的波长为 500 nm,对应的波数为(　　)cm^{-1}。

A. 1 000　　B. 2 000　　C. 5 000　　D. 20 000

2. 光子能量 E 与波长 λ、频率 ν、速度 c 及 h(普朗克常数)之间的关系为(　　)。

A. $E=h/\nu$　　B. $E=h/\nu=h\lambda/c$

C. $E=h=hc/\lambda$　　D. $E=c\lambda/h$

3. 可见分光光度法中，使用的光源是(　　)。

A. 钨丝灯　B. 氢灯　C. 氘灯　D. 汞灯

4. 制作红外样品池透光窗的材料是(　　)。

A. 钠玻璃　B. 硼玻璃　C. 石英玻璃　D. 溴化钾

5. 刻有 2 000 条/毫米的光栅刚好能分辨清楚 Li 的 460.40 nm 和 460.30 nm 两条谱线，光栅的分辨率至少要多少(　　)?

A. 4 500　B. 4 600　C. 4 700　D. 4 800

6. 不是利用光电效应原理进行检测的检测器是(　　)。

A. 光电池　　B. 光电管

C. 光电倍增管　　D. 光敏电阻

7. 紫外分光光度法中，吸收池是用(　　)制作的。

A. 普通玻璃　B. 光学玻璃　C. 石英玻璃　D. 透明塑料

8. 下列方法中都是吸收光谱法的是(　　)。

A. UV、AES　B. IR、AAS　C. IR、OES　D. AAS、AFS

二、判断题

1. 波长、频率、光电效应显示光的波动性。

2. 基于测定物质光谱而建立起来的分析方法特为光谱分析法。

3. 波数是波长的倒数，单位为 cm^{-1}，该单位也是能量的单位。

参考答案

4. 原子光谱是带光谱，分子光谱是连续光谱。

5. 光源的核心要求是发光稳定。

6. CID 检测器是现代光学检测器中应用最广的全谱检测器。

第五章　紫外－可见吸收光谱分析法

紫外－可见吸收光谱分析法（ultraviolet-visible absorption spectrometry，UV-Vis）是利用某些物质的分子吸收 200~800 nm 光谱区的辐射来进行分析测定的方法，广泛用于无机和有机物质的定性和定量分析。

根据分光原理，白光可分解成 7 种不同颜色的光，其中两种不同颜色的光按一定比例混合可得到白光，这两种颜色的光互为互补色。对固体来说，它对光的作用是吸收与反射的关系，我们看到的光是它的反射光，与其吸收了的某种颜色的光具有互补关系。黑色为全吸收，白色为全反射。对溶液来说，物质对光的作用是吸收与透过的关系，我们看到的颜色是吸收掉的光的互补色。

5.1　紫外－可见吸收光谱

5.1.1　分子吸收光谱的形成

分子中的电子总是处在某一种运动状态中，每一种状态都具有一定的能量，属于一定的能级。电子若受到光、电、热等能量的激发，会从一个较低能级跃迁转移到一个较高能级。当外来辐射照射分子时，部分分子会吸收外来辐射的能量，从一个能量较低的能级跃迁到另一个能量较高的能级，记录分子对外来辐射的吸收，便得到分子吸收光谱。由于分子内部运动所牵涉的能级变化比较复杂，分子吸收光谱也相对复杂。分子除了内部的电子运动状态外，还有化学键的振动和分子绕着重心的转动，对应有振动能级和转动能级，按量子学原理，各能级是不连续的，具有量子化的性质。所以，一个分子吸收了外来辐射之后，它的能级变化 ΔE 为其电子运动能量变化 ΔE_v、振动能变化 ΔE_r、转动能变化 ΔE_e 的总和。

$$\Delta E=\Delta E_v+\Delta E_r+\Delta E_e \tag{5-1}$$

当分子的较高能级与较低能级能量差恰好等于电磁波的能量时，分子将从较低能级跃迁到较高能级。即

$$\Delta E=h\nu=h\frac{c}{\lambda} \tag{5-2}$$

式（5-1）中 ΔE_v 最大，一般在 1~20 eV。分子电子能级间隔大约是分子的振动能级间隔 ΔE_r 的 10 倍，振动能级间隔一般在 0.05~1 eV。分子的转动能级间隔 ΔE_e 只有振动

能级间隔的1%~10%，小于0.05 eV。因此，由分子内部电子能级的跃迁而产生的光谱位于紫外－可见光区内，由于叠加振动光谱和转动光谱，因而呈现连续光谱的特性。

图5-1是双原子分子的能级示意图，图中 S_0 和 S_1 表示不同能量的电子能级，在每个电子能级中因振动能量不同而分为若干个（v=0, 1, 2, 3⋯）振动能级，在同一电子能级和同一振动能级中，还因转动能量不同而分为若干个（r=0, 1, 2, 3⋯）的转动能级。

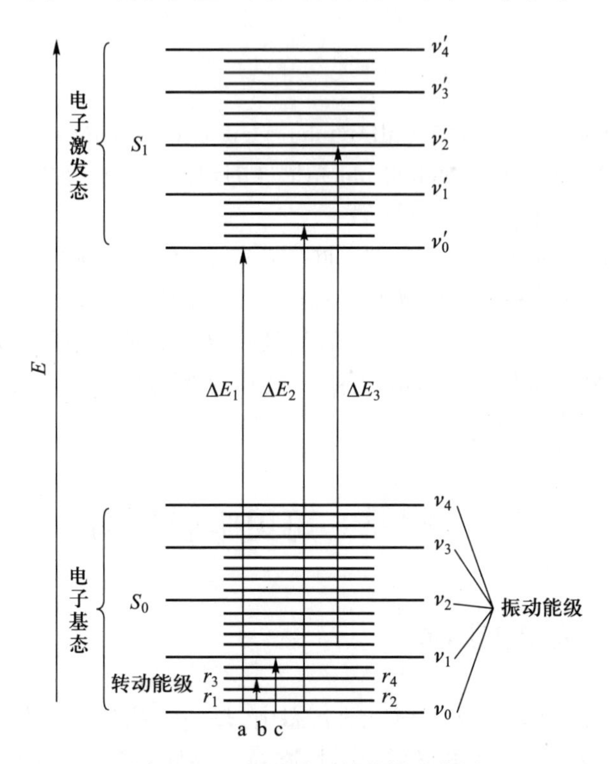

图5-1　双原子分子的能级示意图

有机化合物分子中含有能产生 $\pi \rightarrow \pi^*$ 或 $n \rightarrow \pi^*$ 跃迁的，能在紫外－可见光范围内产生吸收的基团称为生色团（chromophore），如 C═C、—C═O、—C═S、—NO_2、—N═N—等。含有非键电子对的杂原子饱和基团，当它们与生色团或饱和烃相连时，能使生色团或饱和烃的吸收峰向长波方向移动，并使吸收强度增加的基团称为助色团（auxochrome），如—OH、—NH_2、—SH、—X（卤素）、—OR等。若化合物的结构发生改变，如引入助色团、发生共振作用或改变溶剂等，使吸收峰向长波方向的移动称为红移（red shift）。当化合物的结构改变或受溶剂影响，使吸收峰向短波方向的移动称为蓝移（blue shift）。

由于化合物结构改变或受其他因素的影响，使吸收强度增强，称为增色效应（hyperchromic effect），若使吸收强度减弱，称为减色效应（hypochromic effect）。

具有共轭双键的化合物，π 键与 π 键相互作用，生成大 π 键。由于大 π 键使键能平均化，大 π 键电子更容易被激发，因此，吸收峰向长波移动，吸收强度大大增加，这种现象称为共轭效应。

因空间位阻、构象、跨环共轭等因素导致吸收光谱的红移或蓝移称为立体化学效应(stereochemical effect),该效应常伴随有增色或减色效应。

由于不同物质分子内部结构的不同,分子的能级千差万别,各种能级之间的间隔也互不相同,这就决定了它们对不同波长光线会产生选择性吸收。通过改变某一物质的入射光的波长,并记录该物质在每一波长处的吸光度 A,然后以波长为横坐标、吸光度为纵坐标作图,得到的谱图称为该物质的吸收光谱或吸收曲线。物质的吸收光谱反映了它在不同的光谱区域内吸收能力的分布情况,可以通过波形、波峰的强度、位置及其数目反映出来,为研究物质的内部结构提供重要的信息。分子的紫外－可见吸收光谱除了与物质结构有关以外,还与溶剂、溶液酸度等因素有关。

5.1.2 有机化合物的紫外－可见吸收光谱

有机化合物的紫外－可见吸收光谱取决于分子的结构及分子轨道上电子的性质。有机化合物分子对紫外光或可见光的特征吸收,可以用最大吸收处的波长,即吸收峰波长 λ_{max} 来表示。

根据分子轨道理论,分子中的价电子主要有三种,即形成单键的 σ 电子、形成双键的 π 电子及未参与成键的 n 电子(孤对电子),分子中这三种电子的能级高低次序是:

$$\sigma<\pi<n<\pi^*<\sigma^*$$

σ、π 表示成键分子轨道;n 表示非键分子轨道;π^*、σ^* 表示反键分子轨道。σ 轨道和 σ^* 轨道是由原来属于原子的 s 电子和 p_x 电子所构成,π 轨道和 π^* 轨道是由原来属于原子的 p_y 和 p_x 电子所构成,n 轨道是由原子中未参与成键的 p 电子所构成。当受到外来辐射的激发时,处在较低能级的电子就跃迁到较高的能级。由于各个分子轨道之间的能量差不同,要实现各种不同的跃迁所需要吸收的外来辐射的能量也不同。有机化合物分子常见的 4 种跃迁类型是:$\sigma\rightarrow\sigma^*$、$\pi\rightarrow\pi^*$、$n\rightarrow\sigma^*$、$n\rightarrow\pi^*$。电子跃迁时吸收能量的大小顺序为:$\sigma\rightarrow\sigma^*>n\rightarrow\sigma^*>\pi\rightarrow\pi^*>n\rightarrow\pi^*$。

图 5-2 定性地表示了几种分子轨道能量的相对大小及不同类型的电子跃迁所需要吸收能量的大小。

一、饱和有机化合物

饱和烃分子中只有 C—C 键和 C—H 键,只能发生 $\sigma\rightarrow\sigma^*$ 跃迁,其跃迁所需吸收的能量最大,因而所吸收的辐射波长最短,处于小于 200 nm 的真空紫外区。如甲烷的 λ_{max} 为 125 nm,乙烷的 λ_{max} 为 155 nm。

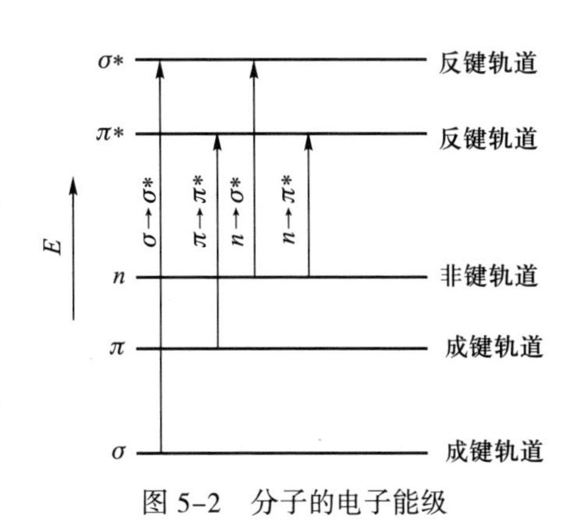

图 5-2 分子的电子能级

当饱和烃的氢原子被氧、氮、卤素等原子或基团取代时,这些原子中 n 电子可以发生 $n\rightarrow\sigma^*$ 跃迁,其吸收峰一般不大于 200 nm,仍然处于真空紫外区域,$n\rightarrow\sigma^*$ 跃迁的摩尔吸光系数

ε 一般在 100~5 000 L · mol^{-1} · cm^{-1}。

二、不饱和脂肪族化合物

1. $\pi \rightarrow \pi^*$ 跃迁

含有 C═C、C≡C、C≡N 键的分子能发生这一类电子跃迁，其特征是 ε 较大，一般大于 1×10^4 L · mol^{-1} · cm^{-1}，单独的 $\pi \rightarrow \pi^*$ 跃迁一般发生在 200 nm 左右，但具有共轭双键的化合物，随着共轭体系的延长，$\pi \rightarrow \pi^*$ 跃迁的吸收带将明显向长波方向移动，吸收强度也随之增强（见表 5-1）。

表 5-1 多烯化合物的吸收带

化合物	双键数	λ_{max}/nm（ε）	颜色
乙烯	1	185（10 000）	无色
丁二烯	2	217（21 000）	无色
1, 3, 5- 己三烯	3	258（35 000）	无色
癸五烯	5	335（118 000）	淡黄
二氢 -β- 胡萝卜素	8	415（210 000）	橙黄
番茄红素	11	470（185 000）	红

2. $n \rightarrow \pi^*$ 跃迁

如含—OH、—NH$_2$、—X、—S 等基团的不饱和有机化合物，除了进行 $\pi \rightarrow \pi^*$ 跃迁外，其杂原子中的孤对电子还可以发生 $n \rightarrow \pi^*$ 跃迁，一般发生在近紫外区，吸收强度弱，ε 为 10~100 L · mol^{-1} · cm^{-1}。

三、芳香族化合物

芳香族化合物一般都有共轭双键，可形成大 π 键，波长发生红移，ε 增大。

5.1.3 无机化合物的紫外－可见吸收光谱

一、电荷转移光谱

某些分子同时具有电子给予体部分和电子接受体部分，它们在外来辐射激发下会强烈吸收紫外光或可见光，使电子从给予体外层轨道向接受体跃迁，这样产生的光谱称为电荷转移光谱（charge-transfer spectrum）。许多无机配合物能产生这种光谱。如以 M 和 L 分别表示配合物的中心离子和配体，当一个电子由配体的轨道跃迁到与中心离子相关的轨道上时，可用下式表示：

$$M^{n+}—L^{b-} \longrightarrow M^{(n-1)+}—L^{(b-1)-}$$

例如，

$$\underset{（接受体）}{Fe^{3+}} — \underset{（给予体）}{SCN^-} \longrightarrow Fe^{2+}—SCN$$

一般来说，在配合物的电荷转移过程中，金属离子是电子接受体，配体是电子给予体。此外，一些具有 d^{10} 电子结构的过渡元素形成的卤化物及硫化物，如 AgBr、PbI、HgS 等，也是由于这类电荷转移而产生颜色。

有些有机化合物也可以产生电荷转移光谱。例如，在 $C_6H_5-\overset{O}{\overset{\|}{C}}-R$ 分子中，苯环可以作为电子给予体，氧可以作为电子接受体，在光子的作用下产生电荷转移：

$$C_6H_5-\overset{O}{\overset{\|}{C}}-R \xrightarrow{h\nu} [C_6H_5]^{+}=\overset{O^-}{\overset{|}{C}}-R$$

又如，在乙醇介质中，将醌与氢醌混合，产生暗绿色的分子配合物，它的吸收峰在可见光区。

电荷转移光谱谱带的摩尔吸光系数大，一般 $\varepsilon_{max}>10^4\ L\cdot mol^{-1}\cdot cm^{-1}$。因此，可用这类谱带进行定量分析，具有较高的灵敏度。

二、配位场吸收光谱

配位场吸收光谱（ligand field absorption spectrum）是指过渡金属离子与配体（通常是有机化合物）所形成的配合物在外来辐射作用下，吸收紫外或可见光而产生的吸收光谱。元素周期表中第 4 周期、第 5 周期的过渡元素分别含有 4d 和 5d 轨道，镧系和锕系元素分别含有 4f 和 5f 轨道。这些轨道的能量通常是相等的（简并的），而当配体按一定的几何方向配位在金属离子的周围时，使得原来简并的 5 个 d 轨道或 7 个 f 轨道分别分裂成几组能量不等的 d 轨道和 f 轨道。如果轨道中的电子是未充满的，当吸收光能后，低能态的 d 电子或 f 电子可以分别跃迁到高能态的 d 轨道或 f 轨道上去。这两类跃迁分别称为 d–d 跃迁和 f–f 跃迁。这两类跃迁必须在配体的配位场作用下才有可能产生，因此，又称为配位场跃迁。

图 5–3 为在八面体场中 d 轨道的能量分裂示意图。由于它们的基态与激发态之间的能量差别不大，这类光谱一般位于可见光区。又由于选择规则的限制，配位场跃迁吸收谱带的摩尔吸光系数较小，一般 $\varepsilon_{max}<10^2\ L\cdot mol^{-1}\cdot cm^{-1}$。相对来说，配位场吸收光谱较少用于定量分析中，但它可用于研究配合物的结构及无机配合物键合理论等方面。

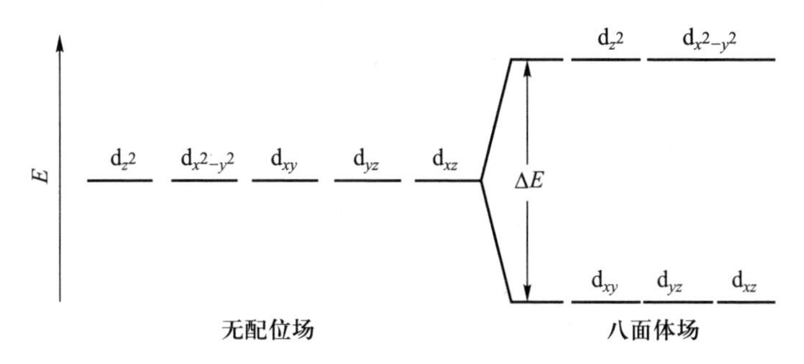

图 5–3 d 轨道在八面体场中的分裂

5.2 朗伯－比尔定律

5.2.1 透光率和吸光度

当一束平行光通过均匀的液体介质时，光的一部分被吸收，一部分透过溶液，还有一部分被器皿表面反射。设入射光强度为 I_0，吸收光强度为 I_t，透射光强度为 I_a，反射光强度为 I_r，则

$$I_0=I_a+I_t+I_r \tag{5-3}$$

在吸收光谱分析中，被测溶液和参比溶液一般是分别放在同样材料和厚度的吸收池中，让强度为 I_0 的单色光分别通过两个吸收池，再测量透射光的强度。所以反射光的影响可相互抵消，式（5-3）可简化为

$$I_0=I_a+I_t \tag{5-4}$$

透射光的强度（I_t）与入射光强度（I_0）之比称为透光率，用 T 表示，则

$$T=\frac{I_t}{I_0}\times100\% \tag{5-5}$$

溶液的透光率越大，表示它对光的吸收越小。反之，透光率越小，表示它对光的吸收越大。常用吸光度来表示物质对光的吸收程度，其定义为

$$A=\lg\frac{1}{T}=\lg\frac{I_0}{I_t} \tag{5-6}$$

A 值越大，表明物质对光的吸收越大。透光率和吸光度都是表示物质对光的吸收程度的一种量度，透光率常以百分率表示，有时也称为透射比。

5.2.2 朗伯－比尔定律

朗伯－比尔（Lambert–Beer）定律是光吸收的基本定律，也是分光光度分析法的依据和基础。当入射光波长一定时，溶液的吸光度 A 是待测物质浓度和液层厚度的函数。朗伯和比尔分别于 1760 年和 1852 年研究了溶液的吸光度与溶液层厚度和溶液浓度之间的定量关系。当用适当波长的单色光照射一固定浓度的溶液时，其吸光度与光透过的液层厚度成正比，即朗伯定律，其数学表达式为

$$A=Kl \tag{5-7}$$

式中 K 为比例系数；l 为液层厚度（即样品的吸收光程长度）。朗伯定律适用于任何非散射的均匀介质。

比尔定律描述了溶液浓度与吸光度之间的定量关系。当一适当波长的单色光照射一定厚度的均匀溶液时，吸光度与溶液浓度成正比，即

$$A=Kc \tag{5-8}$$

式中 c 为溶液浓度；K 为比例系数。

当溶液的浓度 c 和液层的厚度 l 均可变时，它们都会影响吸光度的数值。合并式（5–7）和式（5–8）两式，得到朗伯 - 比尔定律，其数学表达式为

$$A=Kcl \tag{5-9}$$

式中 K 为比例系数，它与溶液的性质、温度及入射光波长等因素有关。

5.2.3 吸收系数

在式（5–9）中的比例系数 K 的值及单位与 c 和 l 的单位有关。l 的单位通常以 cm 表示，因此，K 的单位主要取决于浓度 c 的单位。c 以 g/L 为单位时，K 称为吸光系数（absorptivity），用 a 表示，单位为 $L \cdot g^{-1} \cdot cm^{-1}$。当 c 以 mol/L 为单位时，K 称为摩尔吸光系数（molar absorptivity），用符号 ε 表示，单位为 $L \cdot mol^{-1} \cdot cm^{-1}$，当吸收介质内只有一种吸光物质时，式（5–9）表示为

$$A=\varepsilon cl \tag{5-10}$$

ε 比 a 更常用，吸收光谱的纵坐标也用 ε 或 $\lg\varepsilon$ 表示，并以最大摩尔吸光系数（ε_{max}）表示吸光强度。摩尔吸收系数在特定波长和溶剂的情况下是吸光质点的一个特征参数，它是在稀溶液中测定并按式（5–10）计算得到的结果，表面上等于吸光物质的浓度为 1 mol/L、液层厚度为 1 cm 时溶液的吸光度。但事实上浓度为 1 mol/L 时的摩尔吸光系数与稀溶液的吸光系数是不一样的。而且，灵敏度较高的有色物质浓度为 1 mol/L 时其吸光度是现阶段仪器无法测量的。

ε 越大，方法的灵敏度越高。ε 为 10^5 数量级时，测定的浓度范围可以达到 10^{-6}~10^{-5} mol/L；当 ε 在 10^4 数量级时，其测定范围在 10^{-5}~10^{-4} mol/L。

ε 一般是由较稀浓度溶液的吸光度计算求得，由于 ε 与入射光波长有关，因此，在表示某物质溶液的 ε 时，常用下标注明入射光的波长。

如果溶液中同时存在两种或两种以上吸光物质时，只要共存物质的性质不互相影响，溶液的吸光度将是各组分吸光度的总和，吸光度的这种性质称为吸光度的加和性。

$$A=A_1+A_2+\cdots+A_n=\sum_{i=1}^{n}\varepsilon_i c_i l \tag{5-11}$$

5.2.4 偏离朗伯 - 比尔定律的因素

在均匀体系中，当物质浓度固定时，吸光度 A 与样品的吸收光程之间的线性关系（朗伯定律）是普遍成立的，无一例外。但在光程恒定时，吸光度 A 与浓度 c 之间的正比关系有时却会失效，即偏离朗伯 - 比尔定律。一般以负偏离的情况居多，偏离朗伯 - 比尔定律会影响测定的准确度。引起偏离朗伯 - 比尔定律的因素很多，通常可归纳为两类，一类与样品有关，另一类与仪器有关。

一、与测定样品溶液有关的因素

通常只有在浓度小于 0.01 mol/L 的稀溶液中朗伯 - 比尔定律才能成立。在高浓度时，由于吸光质点间的平均距离缩小，邻近质点彼此的电荷分布会产生相互影响，以致

改变它们对特定辐射的吸收能力，吸收系数会发生改变，导致对比尔定律的偏离。

朗伯 - 比尔定律隐含着吸光质点相互不发生作用的假设，但随着溶液浓度的增加，各组分之间的相互作用是不可避免的。例如，可能发生缔合、反应、配合物配位数的变化等作用，会使被测组分的吸收曲线发生明显改变，吸收峰的位置、高度及光谱精细结构等都会不同。从而破坏了原来的吸光度与浓度的函数关系，偏离了比尔定律。

溶剂对吸收光谱的影响也很重要。在分光光度法中广泛使用各种溶剂，它会对生色团的吸收峰高度、波长位置产生影响。溶剂还会影响待测物质的物理性质和组成，从而影响其光谱特性，包括谱带的电子跃迁类型等。

当样品为胶体、乳状液或有悬浮物质存在时，入射光通过溶液后，有一部分光会因散射而损失，使吸光度增大，对比尔定律产生正偏差。质点的散射强度是与入射光波长的 4 次方成反比的，所以散射对紫外区的测定影响更大。

二、与仪器有关的因素

严格讲朗伯 - 比尔定律只适用于单色光。在紫外 - 可见分光光度法中，从光源发出的光经单色器进行分光，获得近似的单色光，由出射狭缝投射到被测溶液的光，并不是理论上的单色光。这种非单色光是所有偏离比尔定律的因素中较为重要的因素之一。因为实际用于测量的是一小段波长范围的复合光，由于吸光物质对不同波长的光的吸收能力不同，导致了对比尔定律的负偏离。在所使用的波长范围内，吸光物质的吸收系数变化越大，这种偏离就越显著。例如，按图 5-4 所示的吸收光谱，谱带Ⅰ的吸收系数变化不大，用谱带Ⅰ进行分析，造成的偏离就比较小。而谱带Ⅱ的吸收系数变化较大，用谱带Ⅱ进行分析就会造成较大的负偏离。所以通常选择吸光物质的最大吸收波长作为分析波长。这样不仅能保证测定有较高的灵敏度，而且此处曲线较为平坦，吸收系数变化不大，对比尔定律的偏离程度就比较小。因此，在保证一定光强的前提下，应尽可能使用窄的有效带宽宽度，同时应尽量避免采用尖锐的吸收峰进行定量分析。

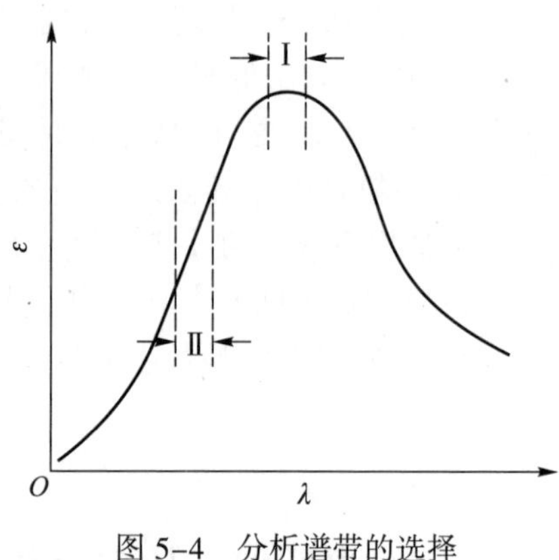

图 5-4　分析谱带的选择

5.3　紫外 - 可见分光光度计

5.3.1　主要组成部件

各种型号的紫外 - 可见分光光度计（UV-Vis spectrophotometer），其结构基本都由五部分组成（见图 5-5），即光源（light source）、单色器（monochromator）、吸收池（absorption cell）、检测器（detector）和信号指示系统（signal indicating system）。

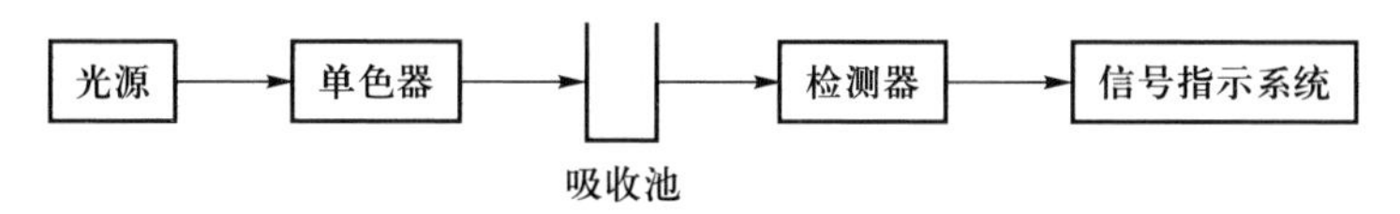

图 5-5 紫外－可见分光光度计基本结构示意图

5.3.2 紫外－可见分光光度计的类型

紫外－可见分光光度计可归纳为 5 种类型，即单光束分光光度计、双光束分光光度计、双波长分光光度计、多通道分光光度计和探头式分光光度计。前 3 种类型较为普遍。

一、单光束分光光度计

单光束分光光度计（single beam spectrophotometer）经单色器分光后的一束平行光，轮流通过参比溶液和样品溶液，以进行吸光度的测定。这种简易型分光光度计结构简单，操作方便，维修容易，适用于常规分析。

二、双光束分光光度计

双光束分光光度计（double beam spectrophotometer）的光路示意于图 5-6。经单色器分光后经反射镜（M_1）分解为强度相等的两束光，一束通过参比池，另一束通过样品池。

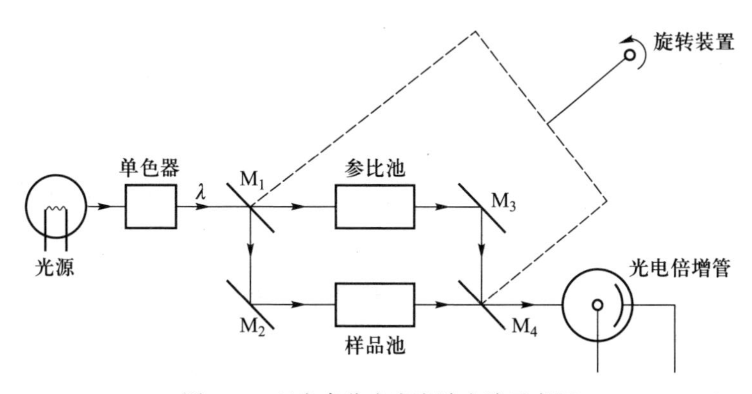

图 5-6 双光束分光光度计光路示意图

光度计能自动比较两束光的强度，此比值即为样品的透射比，经对数变换将它转换成吸光度，并作为波长的函数记录下来。两束光同时分别通过参比池和样品池，能自动消除光源强度变化所引起的误差。

三、双波长分光光度计

双波长分光光度计（double wavelength spectrophotometer）的光路示意于图 5-7

所示。由同一光源发出的光被分成两束，分别经过两个单色器，得到两束不同波长（λ_1和λ_2）的单色光。利用切光器使两束光以一定的频率交替照射同一吸收池，然后经过光电倍增管和电子控制系统，最后由显示器显示出两个波长处的吸光度差值 $\Delta A(\Delta A = A_{\lambda_1} - A_{\lambda_2})$。

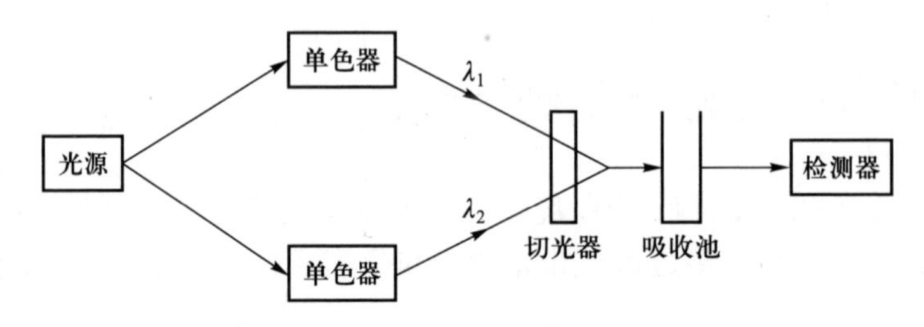

图 5-7　双波长分光光度计光路示意图

对于多组分混合物、混浊样品（如生物组织液）的分析，以及存在背景干扰或共存组分吸收干扰的情况下，利用双波长分光光度法往往能提高方法的灵敏度和选择性。利用双波长分光光度计能获得导数光谱。通过光学系统转换，双波长分光光度计能很方便地转化为单波长工作方式。如果能在λ_1和λ_2处分别记录吸光度随时间变化的曲线，还能进行化学动力学研究。

5.3.3　分光光度计的校正

在实验工作中，验收新仪器或仪器使用过一段时间后都要进行波长校正和吸光度校正。建议采用下述较为简便和实用的方法来进行校正。

镨钕玻璃或钬玻璃都有若干特征的吸收峰，可作为校正分光光度计的波长标尺。前者用于可见光区，后者则对紫外和可见光区都适用。

可用 K_2CrO_4 标准溶液来校正吸光度标度。将 0.040 0 g K_2CrO_4 溶解于 1 L 0.05 mol/L KOH 溶液中，用 1 cm 光程的吸收池，在 25 ℃时测得不同波长的吸光度值与表 5-2 的数值进行比较。

表 5-2　铬酸钾标准溶液的吸光度

λ/nm	吸光度 A	λ/nm	吸光度 A	λ/nm	吸光度 A	λ/nm	吸光度 A
220	0.455 9	300	0.151 8	380	0.958 1	460	0.017 35
230	0.167 5	310	0.045 8	390	0.684 1	470	0.008 3
240	0.293 3	320	0.062 0	400	0.387 2	480	0.003 5
250	0.496 2	330	0.145 7	410	0.197 2	490	0.000 9
260	0.634 5	340	0.314 3	420	0.126 1	500	0.000 0
270	0.744 7	350	0.552 8	430	0.084 1		
280	0.723 5	360	0.829 7	440	0.053 5		
290	0.429 5	370	0.991 4	450	0.032 5		

5.4 分析条件的选择

为使分析方法具有较高的灵敏度和准确度，选择最佳的测定条件是很重要的。这些条件包括仪器测量条件、样品反应条件及参比溶液的选择等。

5.4.1 仪器测量条件

任何光度计都有一定的测量误差，这是由于光源不稳定、实验条件的偶然变动、读数不准确等因素造成的。这些因素对于样品的测定结果影响较大，特别是当样品浓度较大或较小时，因此，要选择适宜的吸光度范围，以使测量结果的误差尽量减小。根据朗伯－比尔定律

$$A=-\lg T=\varepsilon lc$$

微分后，得 $\mathrm{d}\lg T=0.434\ 3\dfrac{\mathrm{d}T}{T}=-\varepsilon l\mathrm{d}c$

$$0.434\ 3\frac{\Delta T}{T}=-\varepsilon l\Delta c \tag{5-12}$$

将式（5-12）代入朗伯－比尔定律，则测定结果的相对误差为

$$\frac{\Delta c}{c}=\frac{0.434\ 3\Delta T}{T\lg T} \tag{5-13}$$

要使测定结果的相对误差最小，对上式求导

$$\frac{\mathrm{d}}{\mathrm{d}T}\left(\frac{0.434\ 3\Delta T}{T\lg T}\right)=\frac{0.434\ 3\Delta T(\lg T+0.434\ 3)}{(T\lg T)^2}=0 \tag{5-14}$$

解得：$\lg T=-0.434$ 或 $T=36.8\%$。

即当吸光度 A=0.434 时，或透光率为 36.8% 时，吸光度测量误差最小。

根据上述公式，吸光度读数太小或太大都会引起较大的测量误差，在实际工作中，待测溶液的吸光度控制在 0.200~0.800 较理想，1.000 以下可用。实际工作中，可通过调节待测溶液的浓度，选用适当厚度的吸收池等方式使吸光度落在此区间内。现在高档的分光光度计采用性能优越的检测器可通过数字显示实现人机对话，吸光度最大可测量范围达 3.000。

5.4.2 反应条件的选择

在无机分析中，虽然一些金属离子本身具有颜色，但很少利用金属离子本身的颜色进行光度分析，因为它们的摩尔吸光系数都比较小。实际工作中通常选用适当的试剂，

与待测离子反应生成对紫外或可见光有较大吸收的物质再行测定。这种反应称为显色反应，所用的试剂称为显色剂。配位反应、氧化还原反应及增加生色基团的衍生化反应等都是常见的显色反应，其中以配位反应应用最广。许多有机显色剂与金属离子形成稳定性好、具有特征颜色的螯合物，其灵敏度和选择性都较高。显色反应一般应满足下述要求：

（1）反应的生成物必须在紫外光区、可见光区有较强的吸光能力，即摩尔吸光系数较大，反应有较高的选择性。

（2）反应生成物应当组成恒定、稳定性好，显色条件易于控制等，这样才能保证测量结果有良好的重现性。

（3）对照性要好，显色剂与有色配合物的最大吸收波长差别要在 60 nm 以上。

实际上能同时满足上述条件的显色反应不多，因此，在初步选定好显色剂以后，认真细致地研究显色反应的条件十分重要。下面介绍影响显色反应的主要因素。

一、显色剂用量

生成配位化合物的显色反应可用下式表示：

$$M+nR \rightleftharpoons MR_n$$

$$\beta_n=\frac{[MR_n]}{[M][R]^n} \quad 或 \quad \frac{[MR_n]}{[M]}=\beta_n[R]^n \tag{5-15}$$

式中 M 代表金属离子；R 为显色剂；β_n为配合物的累积稳定常数。由式（5-15）可见，当[R]固定时，从 M 转化成 MR_n 的转化率将不发生变化。对稳定性好（即β_n大）的配合物，只要显色剂过量，显色反应就能定量进行。而对不稳定的配合物或可形成逐级配合物时，显色剂用量要过量很多或必须严格控制。例如，以 SCN^- 作显色剂测定钼时，对生成红色的 $Mo(SCN)_5$ 配合物进行测定。但当 SCN^- 浓度过高时，会由于生成浅红色的 $Mo(SCN)_6^-$ 配合物而使吸光度降低。又如，用铁的硫氰酸配合物测定 Fe^{3+} 时，随 SCN^- 浓度增大，逐步形成颜色更深的不同配位数的化合物，导致吸光度增加。因此，在这两种离子的测定中必须严格控制显色剂用量，才能得到准确的结果。显色剂的用量可通过实验确定，做吸光度随显色剂浓度变化曲线，选恒定吸光度值时的显色剂用量。

二、溶液酸度的影响

多数显色剂都是有机弱酸或弱碱，介质的酸度会直接影响显色剂的解离程度，从而影响显色反应的完全程度。溶液酸度的影响表现在许多方面。

（1）由于 pH 不同，可形成具有不同配位数，不同颜色的配合物。金属离子与弱酸阴离子在酸性溶液中大多生成低配位数的配合物，可能并没有达到阳离子的最大配位数。当 pH 增大时，游离的阴离子浓度相应增大，使得可能生成高配位数的化合物。例如，Fe^{3+} 可与水杨酸在不同 pH 生成组成配比不同的配合物，详见表 5-3。

在用这类反应进行测定时，控制溶液的 pH 至关重要。

表 5-3 酸度对 Fe^{3+} 与水杨酸配位数的影响

pH 范围	配合物组成	颜色
<4	$Fe(C_7H_4O_5)^+$	紫红色(1∶1)
4~7	$Fe(C_7H_4O_5)_2^-$	棕橙色(1∶2)
8~10	$Fe(C_7H_4O_5)_3^{3-}$	黄色(1∶3)

(2) pH 增大会引起某些金属离子水解而形成各种形体的羟基化合物,甚至可能析出沉淀,或者由于生成金属的氢氧化物而破坏了有色配合物,使溶液的颜色完全退去,例如,

$$Fe(SCN)^{2+}+OH^- = Fe(OH)^{2+}+SCN^-$$

实际工作中是通过实验来确定显色反应的最宜酸度的。具体做法是固定溶液中待测组分与显色剂的浓度,改变溶液的 pH,测定溶液的吸光度 A 与 pH 的关系曲线,从中找出适宜(灵敏度较高且吸光度随 pH 变化较小)的 pH 范围。

三、其他因素的影响

显色反应的时间、温度、放置时间对配合物的稳定性都有影响,这些影响都需要通过条件试验来确定。

5.4.3 参比溶液的选择

测量样品溶液的吸光度时,先要用参比溶液调节透射比为 100%,以消除溶液中其他成分以及吸收池和溶剂对光的反射和吸收所带来的误差。根据样品溶液的性质,选择合适的参比溶液是很重要的。

一、溶剂参比

当样品溶液的组成较为简单,共存的其他组分很少,且对测定波长的光几乎没有吸收时,可采用溶剂作为参比溶液,这样可消除溶剂、吸收池等因素的影响。

二、试剂参比

如果显色剂或其他试剂在测定波长有吸收,按显色反应相同的条件,只是不加入样品,同样加入试剂和溶剂作为参比溶液。这种参比溶液可消除试剂和溶剂的吸收对待测组分产生的干扰,有时也称平行参比或平行空白。

三、样品参比

如果样品基体在测定波长有吸收,而与显色剂不起显色反应时,可按与显色反应相同的条件处理样品,只是不加显色剂。这种参比溶液适用于样品中基体组分本身颜色干扰较大,基体组分不与加入的显色剂作用,以及显色剂在测定波长无吸收的情况。

5.4.4 干扰及消除方法

在光度分析中，体系内存在的干扰物质的影响有以下几种情况：

（1）干扰物质本身有颜色或与显色剂形成有色化合物，在测定条件下也有吸收。

（2）在显色条件下，干扰物质水解，析出沉淀使溶液混浊致使吸光度的测定无法进行。

（3）与待测离子或显色剂形成更稳定的配合物，使显色反应不能进行完全。

可以采用以下几种方法来消除这些干扰作用：

（1）控制酸度。根据配合物的稳定性不同，可以利用控制酸度的方法提高反应的选择性，以保证主反应进行完全。例如，二硫腙能与 Hg^{2+}、Pb^{2+}、Cu^{2+}、Ni^{2+}、Cd^{2+} 等十多种金属离子形成有色配合物，其中与 Hg^{2+} 生成的配合物最稳定，在 0.5 mol/L H_2SO_4 介质中仍能稳定进行，而上述其他离子在此条件下不发生反应。

（2）选择适当的掩蔽剂。使用掩蔽剂消除干扰是常用的方法。选取的条件是掩蔽剂不与待测离子作用，掩蔽剂及它与干扰物质形成的配合物的颜色应不干扰待测离子的测定。

（3）利用生成惰性配合物。例如，钢铁中微量钴的测定，常用钴试剂为显色剂。但钴试剂不仅与 Co^{2+} 有灵敏的反应，而且与 Ni^{2+}、Zn^{2+}、Mn^{2+}、Fe^{2+} 等都有反应。但它与 Co^{2+} 在弱酸性介质中一旦完成反应后，即使再用强酸酸化溶液，该配合物也不会分解。而 Ni^{2+}、Zn^{2+}、Mn^{2+}、Fe^{2+} 等与钴试剂形成的配合物在强酸介质中很快分解，从而消除了上述离子的干扰，提高了反应的选择性。

（4）选择适当的测量波长。如在 $K_2Cr_2O_7$ 存在下测定 $KMnO_4$ 时，测定波长不选 $KMnO_4$ 的最大吸收波长 525 nm，而是选 545 nm。在这个波长下测定 $KMnO_4$ 溶液的吸光度，$K_2Cr_2O_7$ 就不干扰测定了。

（5）分离。若上述方法都不能解决问题，也可以采用预先分离的方法，如沉淀、萃取、离子交换、蒸发及色谱分离法（包括柱色谱、纸色谱、薄层色谱等）。

此外，还可以利用化学计量学方法实现多组分同时测定，以及利用导数光谱法，双波长光谱法等新技术来消除干扰。

5.5 紫外－可见分光光度法的应用

紫外－可见分光光度法是对物质进行定性分析、结构分析和定量分析的一种手段，而且还能测定某些化合物的物理化学参数，如摩尔质量、配合物的配位比和稳定常数，以及酸、碱解离常数等。

5.5.1 定性分析

紫外－可见分光光度法较少用于无机元素的定性分析，无机元素的定性分析可用原子发射光谱法快速完成。在有机化合物的定性鉴定和结构分析中，由于紫外－可见光谱法较简单，特征性不强，因此，该法的应用也有一定的局限性，它现在的定位只是红外光谱法（IR）、核磁共振波谱法（NMR）、质谱法（MS）等结构鉴定的旁证和补充。其主要应用是不饱和有机化合物，尤其是共轭体系的鉴定，以此推断未知物的骨架结构。此外，可配合红外光谱法、核磁共振波谱法和质谱法进行定性和结构分析，因此，它仍不失为一种有用的辅助方法，

一般有两种定性分析方法，即比较吸收光谱曲线和用经验规则计算最大吸收波长，然后与实测值进行比较。

在相同的测量条件（溶剂、pH 等）下，测定未知物的吸收光谱与所推断化合物的标准物的吸收光谱直接比较，或将其与已知物的吸收光谱数据进行比较来做定性分析。如果吸收光谱的形状，包括吸收光谱的 λ_{max}、λ_{min}、吸收峰的数目、位置、拐点及 ε_{max} 等完全一致，则可以初步认为是同一化合物。

目前，已有多种以实验结果为基础的各种有机化合物的紫外－可见光谱标准谱图，有的则汇编了有关电子光谱的数据表。应该指出，分子或离子对紫外－可见光的吸收只是它们含有的生色基团和助色基团的特征，而不是整个分子或离子的特征。因此，仅靠紫外－可见光谱来确定一个未知物的结构是不现实的，还要参照伍德沃德－费歇尔（Woodward–Fieser）规则和斯科特（Scott）规则。伍德沃德－费歇尔规则是用于计算共轭二烯、多烯烃及其共轭烯酮类化合物 $\pi \rightarrow \pi^*$ 跃迁最大吸收波长的经验规则。斯科特规则用于计算芳香族羰基的衍生物，如苯甲醛、苯甲酸、苯甲酸酯在乙醇中的 λ_{max}。计算时，首先从母体得到一个最大吸收波长的基数，然后对连接在母体 π 电子体系上的不同取代基及其他结构因素加以修正。当用其他的物理和化学方法判断某化合物的几种可能结构时，可用它们来计算最大吸收波长 λ_{max}，并与实验值进行比较，以确认物质的结构。

5.5.2 定量分析

紫外－可见分光光度法定量分析的依据是光吸收定律，即在一定波长处被测定物质的吸光度与它的浓度呈线性关系，通过测定溶液对一定波长入射光的吸光度，即可求出该物质在溶液中的浓度或含量。下面介绍几种常用的测定方法。

1. 单组分定量方法

（1）工作曲线法。这是实际工作中用得最多的一种方法。具体做法是：配制一系列不同含量的标准溶液，以不含被测组分的空白溶液为参比，在相同条件下测定标准溶液的吸光度，绘制吸光度－浓度曲线。这种曲线即称为标准曲线。在相同条件下测定未知样品的吸光度，从工作曲线上就可以找到与之对应的未知样品的浓度（参见

图 1–1)。在建立一个方法时,首先要确定符合朗伯－比尔定律的浓度范围,即线性范围,定量测定一般在线性范围内进行。

(2) 标准比对法。在相同条件下测定样品溶液和某一浓度的标准溶液的吸光度 A_x 和 A_s,由标准溶液的浓度 c_s,可计算出样品中被测物的浓度 c_x:

$$A_s=Kc_s \quad A_x=Kc_x$$

$$c_x=\frac{c_sA_x}{A_s} \tag{5-16}$$

这种方法比较简便,但只有在测定的浓度范围内溶液完全遵守朗伯－比尔定律,并且 c_s 和 c_x 很接近时,才能得到较为准确的结果。

2. 多组分定量方法

根据吸光度具有加和性的特点,在同一样品中可以测定两个以上的组分。假设样品中含有 x、y 两种组分,在一定条件下将它们转化为有色化合物,分别绘制其吸收光谱,可能出现 3 种情况,如图 5–8 所示。图 5–8(a)中两组分互不干扰,可分别在 λ_1 和 λ_2 处测量溶液中 x 组分和 y 组分的吸光度。图 5–8(b)中组分 x 对组分 y 的光度测定有干扰,但组分 y 对 x 无干扰。这时可以先在 λ_1 处测量溶液的吸光度 A_{λ_1},并求得 x 组分的浓度,然后再在 λ_2 处测量溶液的吸光度 $A_{\lambda_2}^{x+y}$ 和纯组分 x 及 y 的 $\varepsilon_{\lambda_2}^{x}$ 和 $\varepsilon_{\lambda_2}^{y}$ 值,根据吸光度的加和性原则,可列出下式:

$$A_{\lambda_2}^{x+y}=\varepsilon_{\lambda_2}^{x}lc_x+\varepsilon_{\lambda_2}^{y}lc_y \tag{5-17}$$

由式(5–17)即能求得组分 y 的浓度 c_y。

图 5–8(c)表明两组分彼此互相干扰,这时首先在 λ_1 测定混合物吸光度 $A_{\lambda_1}^{x+y}$ 和纯组分 x 及 y 的和 $\varepsilon_{\lambda_1}^{x}$ 和 $\varepsilon_{\lambda_1}^{y}$。然后在 λ_2 处测定混合物吸光度 $A_{\lambda_2}^{x+y}$ 和纯组分的 $\varepsilon_{\lambda_2}^{x}$ 和 $\varepsilon_{\lambda_2}^{y}$。根据吸光度的加和性原则,可列出方程式:

$$A_{\lambda_1}^{x+y}=\varepsilon_{\lambda_1}^{x}lc_x+\varepsilon_{\lambda_1}^{y}lc_y$$

$$A_{\lambda_2}^{x+y}=\varepsilon_{\lambda_2}^{x}lc_x+\varepsilon_{\lambda_2}^{y}lc_y$$

式中 $\varepsilon_{\lambda_1}^{x}$、$\varepsilon_{\lambda_1}^{y}$、$\varepsilon_{\lambda_2}^{x}$、$\varepsilon_{\lambda_2}^{y}$ 均由已知浓度 x 及 y 的纯溶液测得。试液的 $A_{\lambda_2}^{x+y}$ 和 $A_{\lambda_1}^{x+y}$ 由实验测得,c_x 和 c_y 便可通过解联立方程式求得。对于更复杂的多组分体系,可用计算机处理测定的数据。

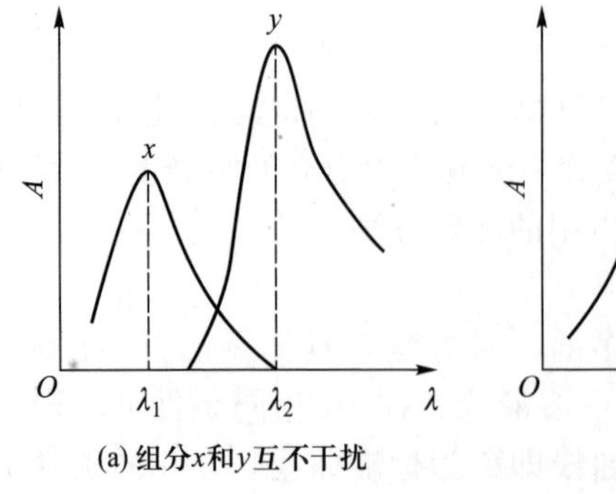

(a) 组分 x 和 y 互不干扰

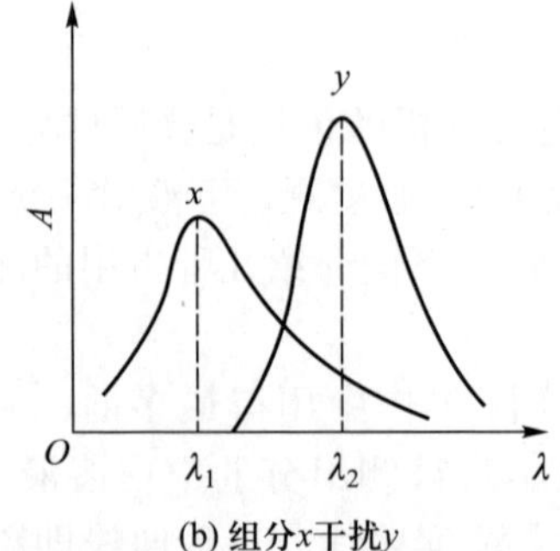

(b) 组分 x 干扰 y

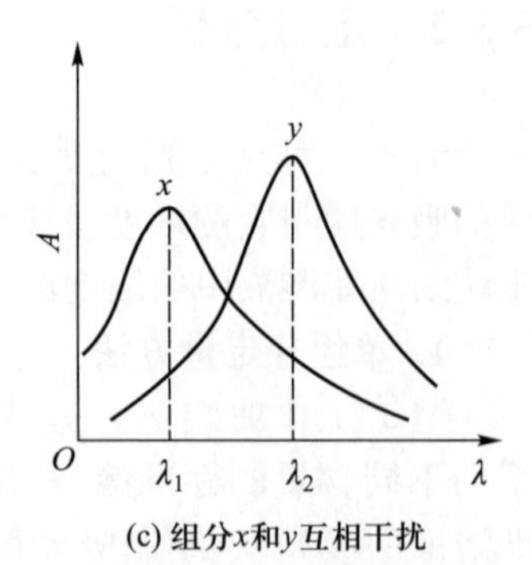

(c) 组分 x 和 y 互相干扰

图 5–8 多组分的吸收光谱

3. 导数分光光度法

导数分光光度法（derivative spectrophotometry）是解决干扰物质与被测物质的吸收光谱重叠，消除胶体和悬浮物散射影响和背景吸收，提高光谱分辨率的一种技术。将朗伯 – 比尔定律 $A_\lambda=\varepsilon_\lambda lc$ 对波长 λ 进行 n 次求导，得到

$$\frac{d^nA_\lambda}{d\lambda^n}=\frac{d^n\varepsilon_\lambda}{d\lambda^n}lc \tag{5-18}$$

由式（5–18）可知，吸光度的导数值仍与吸光物质的浓度呈线性关系，借此可以进行定量分析。

图 5–9 为物质的吸收光谱（0 阶导数光谱）及其 1~4 阶导数光谱图。由图可见，随着导数的阶次增加，谱带变得更加尖锐，分辨率提高。

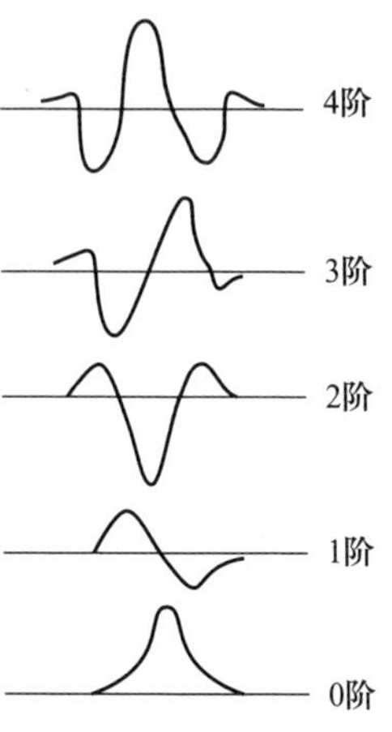

图 5–9 物质的吸收光谱及其 1~4 阶导数光谱

5.5.3 配合物组成及其稳定常数的测定

应用光度法测定配合物组成的方法有多种，这里介绍两种常用的方法。

1. 摩尔比法（mole ratio method）（又称饱和法）

它是根据金属离子 M 在与配位体 R 反应过程中被饱和的原则来测定配合物组成的。设配位反应为

$$M+nR=\!=\!=MR_n$$

若 M 与 R 均不干扰 MR_n 的吸收，且其分析浓度分别是 c_M、c_R，那么固定金属离子 M 的浓度，改变配体 R 的浓度，可得到一系列 c_R/c_M 不同的溶液。在适宜波长下测定各溶液的吸光度，然后以吸光度 A 对 c_R/c_M 作图，如图 5–10 所示。

当加入的配体 R 还没有使 M 定量转化为 MR_n 时，曲线处于直线上升阶段；当加入的配体 R 已使 M 定量转化为 MR_n 时，曲线便出现转折；加入的 R 继续过量，曲线便成水平直线。若配合物足够稳定，两条直线的交点即为转折点，若配合不是足够稳定，则如图 5–10，在两条直线不是通过折线相交，而是通过圆滑的曲线相连，此时可通过做两条直线的延长线求出对应的交点，此交点即为理论上的转折点。转折点所对应的摩尔比（$c_R/c_M=n$）便是配合物的组成比。若配合物较稳定，则转折点明显；反之，则不明显，这时可用外推法求得两直线的交点。交点对应的数值便是配合物的组成比。此法简便，适合于测定解离度小、组成比高的配合物的测定。

2. 等摩尔系列法（equimolar series method）（又称 Job 法）

设配位反应为

$$M+nR=\!=\!=MR_n$$

设 c_R 和 c_M 分别为溶液中 M 与 R 物质的量浓度，配制一系列溶液，保持 $c_R+c_M=c$（c 恒定）。改变 c_R 和 c_M 的相对比值，在 MR 的最大吸收波长下测定各溶液的吸光度 A。当 A 达到最大时，即 MR 浓度最大，该溶液中 c_M/c_R 值即为配合物的组成比。如以吸光度 A 为纵坐标、c_M/c 值为横坐标作图，即绘出等摩尔系列法曲线，如图 5–11 所示。

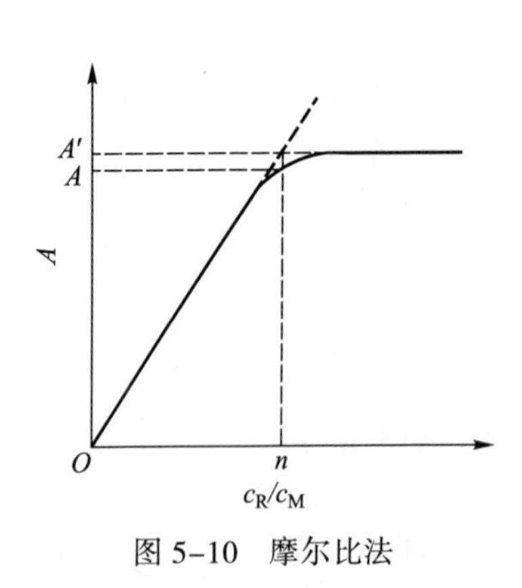

图 5-10 摩尔比法

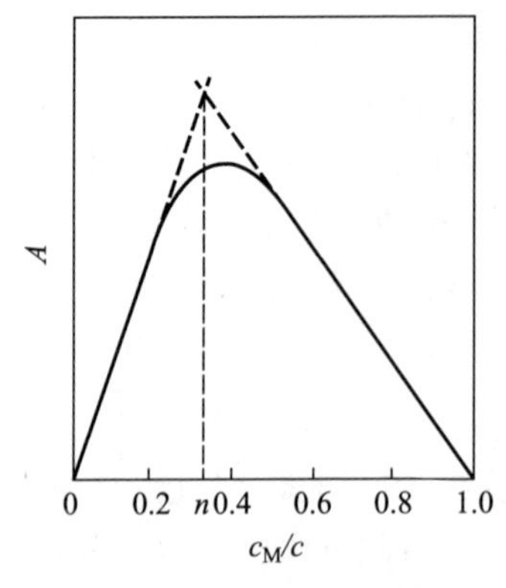

图 5-11 等摩尔系列法

图中，两直线外推的交点所对应的 c_M/c 即是配合物的组成 M 与 R 的摩尔比（n 值）。该法适用于溶液中只形成一种解离度小的、配合比低的配合物组成的测定。

5.5.4 酸碱解离常数的测定

光度法是测定分析化学中常用的指示剂或显色剂解离常数的常用方法，因为它们大多是有机弱酸或弱碱，只要它们的酸色和碱色的吸收曲线不重叠。该法特别适用于解离度较小的弱酸或弱碱。

现以一元弱酸 HL 为例，在溶液中有如下平衡关系：

$$HL \rightleftharpoons H^+ + L^-$$

其解离常数为

$$K_a = \frac{[H^+][L^-]}{[HL]}$$

或

$$pK_a = pH + \lg\frac{[HL]}{[L^-]} \tag{5-19}$$

从式（5-19）可知，只要在某一确定的 pH 下，知道 [HL] 与 [L^-] 的比值，就可以计算 pK_a。HL 与 L^- 互为共轭酸碱，它们的平衡浓度之和等于弱酸 HL 的分析浓度 c。只要两者都遵从比尔定律，就可以通过测定溶液的吸光度求得 [HL] 和 [L^-] 的比值。具体做法是：配制 n 个浓度 c 相等而 pH 不同的 HL 溶液，在某一确定的波长下，用 1.0 cm 的吸收池测量各溶液的吸光度 A，并用酸度计测量各溶液的 pH。各溶液的吸光度为

$$A = \varepsilon_{HL}[HL] + \varepsilon_L[L^-] = \varepsilon_{HL}\frac{[H^+]c}{K_a + [H^+]} + \varepsilon_L\frac{K_a c}{K_a + [H^+]}$$

$$c = [HL] + [L^-]$$

在高酸度介质中，可以认为溶液中该酸只以 HL 型体存在，仍在以上确定的波长下测定吸光度。则

$$A_{HL} = \varepsilon_{HL}[HL] \approx \varepsilon_{HL}c$$

$$\varepsilon_{\mathrm{HL}}=\frac{A_{\mathrm{HL}}}{c}$$

而在碱性介质中，可以认为该酸主要以 L^- 型体存在，这时依然在以上波长下测量吸光度，则

$$A_{\mathrm{L}}=\varepsilon_{\mathrm{L}}[\mathrm{L}^-]\approx\varepsilon_{\mathrm{L}}c$$

$$\varepsilon_L=\frac{A_{\mathrm{L}}}{c}$$

整理后，得

$$K_{\mathrm{a}}=\frac{[\mathrm{H}^+][\mathrm{L}^-]}{[\mathrm{H}^+]}=\frac{A_{\mathrm{HL}}-A}{A-A_{\mathrm{L}}}[\mathrm{H}^+] \quad 或 \quad \mathrm{p}K_{\mathrm{a}}=\mathrm{pH}+\lg\frac{A-A_{\mathrm{L}}}{A_{\mathrm{HL}}-A} \tag{5-20}$$

式（5-20）是用光度法测定一元弱酸解离常数的基本关系式。式中 A_{HL}、A_{L} 分别为弱酸定量地以 HL、L^- 型体存在时溶液的吸光度，该两值是不变的，A 为某一确定 pH 时溶液的吸光度。上述各值均可由实验测得，将测定的数据代入式（5-20）就可算出 $\mathrm{p}K_{\mathrm{a}}$。对于一系列（n 个）c 相同而 pH 不同的 HL 溶液，就可测得 n 个 $\mathrm{p}K_{\mathrm{a}}$，然后取其平均值；也可以将实验数据采用线性拟合法或作图法求出 $\mathrm{p}K_{\mathrm{a}}$。

5.5.5 水中六价铬的测定（参考标准：GB/T 7467—1987 和 HJ 609—2019）

1. 原理

废水中铬的测定常用分光光度法，其原理基于：在酸性溶液中，六价铬离子与二苯碳酰二肼反应，生成紫红色化合物，其最大吸收波长为 540 nm，吸光度与浓度的关系符合比尔定律。如果测定总铬，需先用高锰酸钾将水样中的三价铬氧化为六价铬，再用本方法测定。

2. 测定步骤

（1）水样预处理。复杂水样需过滤后测定，对不含悬浮物、低色度的清洁地面水，可直接进行测定。

（2）标准曲线的绘制。取 9 支 50 mL 比色管，依次加入 0 mL、0.20 mL、0.50 mL、1.00 mL、2.00 mL、4.00 mL、6.00 mL、8.00 mL 和 10.00 mL 浓度为 1.00 μg/mL 六价铬标准使用液，加入（1+1）硫酸 0.5 mL 和（1+1）磷酸 0.5 mL，摇匀。加入 2 mL 显色剂溶液，用水稀释至标线，摇匀。5~10 min 后，于 540 nm 波长处，用 1 cm 或 5 cm 比色皿，以水为参比，测定吸光度并做空白校正。以吸光度为纵坐标，相应六价铬含量为横坐标绘出标准曲线。

（3）水样的测量。取适量（含 Cr^{6+} 少于 50 μg）无色透明或经预处理的水样于 50 mL 比色管中，以下步骤同标准溶液测定。进行空白校正后根据所测吸光度从标准曲线上查得 Cr^{6+} 含量。

3. 计算

$$[\mathrm{Cr}^{6+}](\mathrm{mg/L})=m/V \tag{5-21}$$

式中 m 为从标准曲线上查得的 Cr^{6+} 量,单位为 μg;V 为水样的体积,单位为 mL。

5.5.6 现行国家标准常用的紫外 - 可见分光光度法

由于现在金属离子有非常简便、快速且高灵敏度的 ICP、ICP-MS 等分析方法,因此,分光光度法用于金属离子测定的地位急剧下降,虽然现行矿石、合金材料中微量金属离子的测定的国家标准方法还保留有许多分光光度法,但大中型企业已经基本不用了,分光光度法现在主要用于非金属离子的测定,如硫化物、硅、砷、磷、硝酸根、亚硝酸根的测定、大气中甲醛的测定等,在这些领域仍然发挥着重要的作用。如:GB/T 7493—1987《水质 亚硝酸盐氮的测定 分光光度法》;GB/T 16128—1995《居住区大气中二氧化硫卫生检验标准方法 甲醛溶液吸收 - 盐酸副玫瑰苯胺分光光度法》;HJ 833—2017《土壤和沉积物 硫化物的测定 亚甲基蓝分光光度法》;GB/T 14352.10—2010《钨矿石、钼矿石化学分析方法 第 10 部分:砷量测定》;GB/T 223.5—2008《钢铁酸溶硅和全硅含量的测定 还原型硅钼酸盐分光光度法》;GB/T 223.59—2008《钢铁及合金 磷含量的测定 铋磷钼蓝分光光度法和锑磷钼蓝分光光度法》。

思 考 题

1. 试说明有机化合物紫外光谱产生的原因。有机化合物紫外光谱的电子跃迁有哪几种类型?吸收带有哪几种类型?

2. 无机化合物紫外光谱是如何产生的?

3. 朗伯 - 比尔定律在吸收光谱分析中有何意义,引起偏离的主要因素有哪些?如何克服这些因素对测量的影响?

4. 在分光光度法测定中,为什么尽可能选择最大吸收波长为测量波长?

5. 紫外 - 可见分光光度计由哪几个主要部件组成?单光束、双光束、双波长分光光度计在光路设计上有何不同?

6. 分光光度法如何选择最佳的显色条件和测量条件?

7. 如何消除分光光度分析中的干扰?

8. 紫外 - 可见分光光度法在定性分析、定量分析及其他领域有何应用?

习 题

一、选择题

1. 下列分子中能产生紫外吸收的是(　　)。

A. Na_2O　　B. C_2H_2　　C. CH_4　　D. K_2O

2. 紫外 - 可见分光光度计测定的光谱是(　　)光谱。

A. 原子吸收　B. 分子吸收　C. 分子发射　D. 质子吸收

3. 紫外-可见分光光度法的适合检测波长范围是(　　)。

A. 400~760 nm　B. 200~400 nm

C. 200~760 nm　D. 200~1 000 nm

4. 下列化合物中,吸收波长最长的化合物是(　　)。

A. $C_2H_5(CH_2)_6C_2H_5$

B. $(CH_2)_2C=CHCH_2CH_2CH=C(C_2H_5)_2$

C. $CH_2=CHCH=CHC_2H_5$

D. $CH_2=CHCH=CHCH=CHC_2H_5$

5. 在分光光度法中对有色溶液进行测量,测量的是(　　)。

A. 入射光的强度　B. 透过溶液光的强度

C. 有色溶液的吸光度　D. 反射光的强度

6. 在分光光度法中,宜选用的吸光度读数范围(　　)。

A. 0~0.2　B. 0.1~∞　C. 1~2　D. 0.2~0.8

7. 如果显色剂或其他试剂在测定波长有吸收,此时的参比溶液应采用(　　)。

A. 溶剂参比　B. 试剂参比　C. 试液参比　D. 褪色参比

8. (　　)属于显色条件的选择。

A. 选择合适的测定波长　B. 控制适当的读数范围

C. 选择适当的参比液　D. 选择适当的缓冲液

9. 在分光光度分析中,绘制标准曲线和进行样品测定时,应使(　　)保持一致。

A. 浓度　B. 测量条件　C. 标样量　D. 吸光度

10. 分光光度法测量有色溶液的浓度相对标准偏差最小的吸光度是(　　)。

A. 0.434　B. 0.200　C. 0.455　D. 0.545

11. 透明有色溶液被稀释时,其最大吸收波长位置(　　)。

A. 向长波长方向移动　B. 向短波长方向移动

C. 不移动,但吸收峰高度降低　D. 不移动,但吸收峰高度增高

12. 分光光度分析中,如果显色剂无色,试液中含有其他有色离子时,宜选择(　　)作参比。

A. 蒸馏水　B. 加入显色剂的溶液的被测试液

C. 掩蔽掉被测离子并加入显色剂的溶液　D. 不加显色剂的待测液

13. 在分光光度法中,运用朗伯-比尔定律进行定量分析采用的入射光为(　　)。

A. 白光　B. 单色光　C. 可见光　D. 紫外光

14. 在分光光度法中,(　　)是导致偏离朗伯-比尔定律的因素之一。

A. 吸光物质浓度 >0.01 mol/L　B. 单色光波长

C. 液层厚度　D. 大气压力

15. 分光光度法中,工作曲线弯曲的原因可能是(　　)。

A. 溶液浓度太大　B. 溶液浓度太稀

C. 参比溶液有问题　D. 仪器有故障

二、判断题

1. 在分光光度法中，参比溶液总是采用不含被测物质和显色剂的空白溶液。

2. 溶液颜色是基于物质对光的选择性吸收的结果。

3. 分光光度计的检测器的作用是将光信号转变为电信号。

4. 不同浓度的高锰酸钾溶液，它们的最大吸收波长也不同。

5. 当透射比是10%时，则吸光度$A=-1$。

6. 单色器是一种能从复合光中分出一种所需波长的单色光的光学装置。

7. 在进行紫外吸收光谱分析时，用来溶解待测物质的溶剂对待测物质的吸收峰的波长、强度及形状等不会产生影响。

8. 在分光光度法中，溶液的吸光度与溶液浓度成正比。

9. 溶液的最大吸收波长随着溶液浓度的增加而增大。

10. 用分光光度计进行测定时，必须选择最大的吸收波长进行测定。

11. 摩尔吸光系数越大，表示该物质的吸收能力越强，测定的灵敏度就越高。

12. 两种适当颜色的光，按一定的强度比例混合后得到白光，这两种颜色的光称为互补光。

13. 把复色光分解为单色光的现象叫色散。

14. 吸光系数与入射光的强度、溶液厚度和浓度有关。

15. 显色剂用量对显色反应有影响，显色剂过量太多会发生副反应。改变有色配合物的配位比等。因此，必须通过实验合理选择显色剂的用量。

三、计算题

1. 将下列吸光度与透光率进行换算。

（1）$A=0.010$　　（2）$A=0.050$　　（3）$A=0.500$

（4）$T=5.00\%$　　（5）$T=10.0\%$　　（6）$T=75.0\%$

2. 已知$KMnO_4$的$\varepsilon_{545}=2.2\times10^3\ L\cdot mol^{-1}\cdot cm^{-1}$，计算：此波长下质量分数为0.002 0%的$KMnO_4$溶液在1.0 cm吸收池中的透光率，若溶液稀释1倍后，其透光率是多少？

3. 以丁二酮肟光度法测定镍，若配合物$NiDx_2$的浓度为1.7×10^{-5} mol/L，用2.0 cm吸收池在470 nm波长下测得的透光率为50.0%。计算配合物在该波长的摩尔吸光系数。

参考答案

4. 以邻二氮菲光度法测定Fe，称取样品0.500 g，经处理后加入显色剂，最后定容为50.0 mL。用1.0 cm吸收池，在510 nm波长下测得吸光度$A=0.450$。计算：（1）样品中铁的质量分数；（2）当溶液稀释1倍后，其透光率是多少？（$\varepsilon_{510}=1.1\times10^4\ L\cdot mol^{-1}\cdot cm^{-1}$）

第六章　红外光谱法

6.1　概　　述

红外光谱(infrared spectrometry,IR)又称为分子振动转动光谱,也是一种分子吸收光谱。若样品受到频率连续变化的红外光照射,分子会吸收某些频率的辐射,当振动引起偶极矩的净变化时,便会产生红外吸收。记录红外光的透光率与波数或波长关系的曲线,就得到红外光谱图。

6.1.1　红外光区的划分

红外光谱在可见光区和微波光区之间,其波长范围为0.78~1 000 μm。根据实验技术和应用的不同,通常将红外光划分成三个波区(见表6-1):近红外光区(0.78~2.5 μm)、中红外光区(2.5~25 μm)和远红外光区(25~1 000 μm)。

表 6-1　红外光谱的三个波区

区域	λ/μm	$\tilde{\nu}$/cm^{-1}	能级跃迁类型
近红外区(泛频区)	0.78~2.5	12 800~4 000	O—H、N—H及C—H键的倍频吸收
中红外区(基本振动区)	2.5~25	4 000~400	分子振动,伴随转动
远红外区(转动区)	25~1 000	400~10	分子转动,晶格振动

近红外光区的吸收带主要由低能电子跃迁,含氢原子团(如O—H、N—H、C—H)伸缩振动的倍频及组合频吸收产生。如O—H伸缩振动的第一倍频吸收带位于7 100 cm^{-1}(1.4 μm),借此可以测定样品中微量的水分及酚、醇和有机酸等。有机金属化合物的键振动、一些无机分子和离子的键振动及晶体的晶格振动吸收出现在小于200 cm^{-1}的远红外区,因此,该区域特别适合研究无机化合物。而中红外光区是研究和应用最多的区域,绝大多数有机物、无机化合物的基频吸收带都出现在该区域,目前已积累了该区域大量的数据资料,该区域最适于进行有机物定性和结构分析,无机物定性和定量分析有特征性更好的分析方法。

红外吸收光谱用T-$\tilde{\nu}$曲线来表示。如图6-1所示,纵坐标为透光率T%,因而吸收峰向下,向上则为谷;横坐标是波数$\tilde{\nu}$,单位为cm^{-1}。λ与$\tilde{\nu}$之间的关系为1$\tilde{\nu}$/cm^{-1}=

$10^4/\lambda$（μm）。因此，中红外光区的波数范围是 4 000~400 cm^{-1}。用波数描述吸收谱带较为简单，且便于与拉曼（Raman）光谱进行比较。文献上的红外光谱一般用波数等间隔分度，称为线性波数表示法。

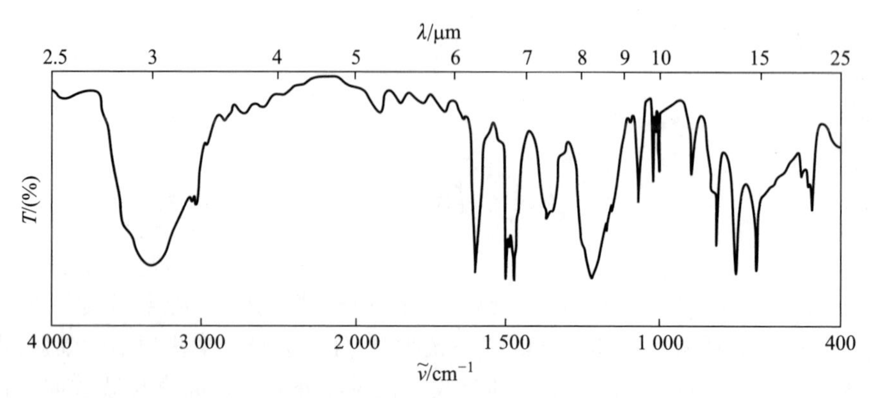

图 6-1 苯酚的红外吸收光谱

6.1.2 红外光谱法的特点

红外光谱分析对气体、液体、固体样品都可测定，具有用量少、分析速度快、不破坏样品等特点。

红外光谱具有特征性，谱带的波数位置、波峰的数目及其强度，都反映了分子结构上的特点，由于每一种不同的分子都有不同的红外吸收光谱，因此，红外吸收光谱也被称为分子指纹。可以用来鉴定未知物的分子结构、确定其中的化学基团。红外光谱法是现代分析化学和结构化学的不可缺少的工具，但对于复杂化合物的结构测定，还需配合质谱和核磁共振波谱等其他方法，才能得到满意的结果。

红外吸收同样遵守光吸收定律，可以进行定量分析和纯度鉴定。例如，红外碳硫分析仪可准确分析各种样品中高、中、低含量的碳、硫成分，检测下限可达百万分之一。

6.2 基 本 原 理

6.2.1 红外吸收的选律

（1）辐射光子具有的能量与发生振动跃迁所需的跃迁能量相等。

（2）振动过程中有偶极矩的变化。只有发生偶极矩变化（$\Delta\mu\neq0$）的振动才能引起可观测的红外吸收光谱，能产生红外吸收的振动称为红外活性振动。$\Delta\mu=0$ 的分子振动不能产生红外吸收，称为非红外活性振动。非红外活性的振动会产生拉曼吸收光谱。

6.2.2 双原子分子的振动

分子中的原子以平衡点为中心，以非常小的振幅（与原子核之间的距离相比）做周期性的振动，可近似地看作简谐振动。这种分子振动的模型，用经典力学的方法解析，把两个质量为 m_1 和 m_2 的原子看作刚体小球，连接两原子的化学键设想成无质量的弹簧，弹簧的长度就是分子化学键的长度，如图 6–2 所示。由经典力学，可计算该体系的基本振动频率。

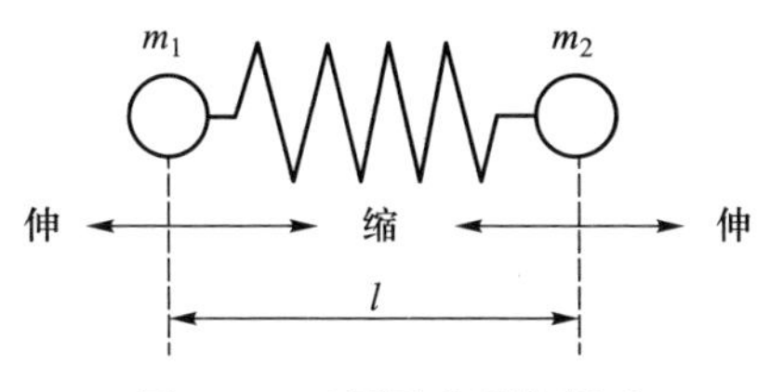

图 6–2　双原子分子的振动

$$\nu=\frac{1}{2\pi}\sqrt{\frac{k}{\mu}} \tag{6-1}$$

$$\tilde{\nu}=\frac{1}{2\pi c}\sqrt{\frac{k}{\mu}} \tag{6-2}$$

式中 k 为化学键的力常数，单位为 $N\cdot cm^{-1}$，其定义为将两原子由平衡位置伸长单位长度时的恢复力；c 为光速，其值为 $2.998\times10^{10}\ cm\cdot s^{-1}$，$\mu$ 为折合质量，单位为 g，且

$$\mu=\frac{m_1m_2}{m_1+m_2} \tag{6-3}$$

根据小球的质量和相对原子质量之间的关系，式（6–2）可改写为

$$\tilde{\nu}=\frac{N_A^{1/2}}{2\pi c}\sqrt{\frac{k}{A_r}}=1\ 303\sqrt{\frac{k}{A_r}} \tag{6-4}$$

式中 N_A 是阿伏伽德罗常数（$6.022\times10^{23}\ mol^{-1}$）；$A_r$ 是折合相对原子质量，如两原子的相对原子质量分别为 $A_{r(1)}$ 和 $A_{r(2)}$ 则

$$A_r=\frac{A_{r(1)}A_{r(2)}}{A_{r(1)}+A_{r(2)}} \tag{6-5}$$

式（6–2）或式（6–4）为分子振动方程式。对于双原子分子或多原子分子中其他因素影响较小的化学键，用式（6–4）计算所得的波数 $\tilde{\nu}$；与实验值是比较接近的。表 6–2 列举了一些化学键的力常数。

表 6–2　化学键的力常数

化学键	C—C	C═C	C≡C	C—H	O—H	N—H	C═O
键长 /pm	154	134	120	109	96	100	122
$k/(N\cdot cm^{-1})$	6.5	9.6	15.6	5.1	7.7	6.4	12.1

【例 6.1】 计算 C═O 键伸缩振动所产生的基频吸收峰的波数和频率。

解：已知 $k_{(C=O)}=12.1\ N\cdot cm^{-1}$　　$A_r=\frac{12\times16}{12+16}=6.86$

$$\tilde{\nu}=1\ 303\sqrt{\frac{k}{A_r}}=1\ 303\sqrt{\frac{12.1}{6.86}}=1\ 731(\mathrm{cm}^{-1})$$

$$\nu=\tilde{\nu}c=1\ 731\ \mathrm{cm}^{-1}\times 2.998\times 10^{10}\ \mathrm{cm}\cdot\mathrm{s}^{-1}=5.19\times 10^{13}\ \mathrm{Hz}$$

从式(6-4)可见,影响基本振动频率的直接因素是相对原子质量和化学键的力常数。化学键的力常数 k 越大,折合相对原子质量 A_r 越小,则化学键的振动频率越高,吸收峰出现在高波数区,反之则出现在低波数区。例如,C≡C、C=C、C—C 三种碳碳键的原子质量相同,键的力常数的顺序是三键 > 双键 > 单键。因此,在红外光谱中 C≡C 键的吸收峰出现在约 2 222 cm^{-1},而 C=C约在 1 667 cm^{-1}, C—C 约在 1 430 cm^{-1}。对于相同化学键的基团,$\tilde{\nu}$与折合相对原子质量平方根成反比。例如,C—C、C—O、C—N 键的力常数相近,但折合相对原子质量不同,其大小顺序为 C—C<C—N<C—O,这三种键的基频振动峰分别出现在 1 430 cm^{-1}, 1 330 cm^{-1} 和 1 280 cm^{-1} 附近。

需要指出的是,上述用经典方法来处理分子的振动是宏观处理方法,它只是近似处理方法。一个真实分子的振动能量变化是量子化的,且分子中基团与基团之间,基团中的化学键之间都相互有影响,除了化学键两端的相对原子质量、化学键的力常数影响基本振动频率外,还与内部因素(结构)和外部因素(化学环境)有关。

6.2.3 多原子分子的振动

多原子分子由于组成原子数目增多,组成分子的键或基团和空间结构不同,其振动光谱比双原子分子要复杂得多。但是可以把它们的振动分解成许多简单的基本振动,称简正振动。

一、简正振动

简正振动(normal vibration)的振动状态是,分子质心保持不变,整体不转动,每个原子都在其平衡位置附近做简谐振动,其振动频率和相位都相同,即每个原子都在同一瞬间通过其平衡位置,而且同时达到其最大位移值。分子中任何一个复杂振动都可以看成这些简正振动的线性组合。

二、简正振动的基本形式

一般将振动形式分成两类——伸缩振动(stretching vibration)和变形振动(distorting vibration)。

1. 伸缩振动

原子沿键轴方向伸缩,键长发生变化而键角不变的振动称为伸缩振动,用符号 v 表示。它又可以分为对称伸缩振动(符号 v_s)和不对称伸缩振动(符号 v_{as})。对同一基团来说,不对称伸缩振动的频率要稍高于对称伸缩振动。

2. 变形振动(又称弯曲振动或变角振动)

基团键角发生周期变化而键长不变的振动称为变形振动,用符号 δ 表示。变形振动又分为面内变形振动和面外变形振动:面内变形振动又分为剪式振动(以 δ 表示)和平面摇摆振动(ρ),面外变形振动又分为非平面摇摆振动(ω)和扭曲振动(τ)。

亚甲基的各种振动形式如图 6-3 所示。变形振动的力常数比伸缩振动的小,因此,同一基团的变形振动都在其伸缩振动的低频端出现。

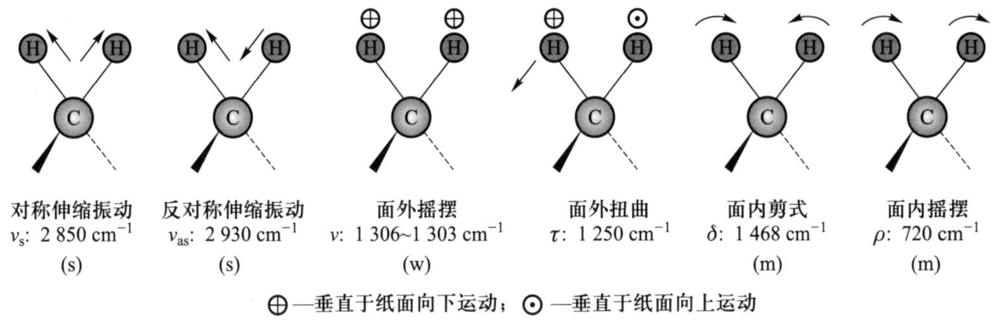

图 6-3 亚甲基的各种振动形式

三、基本振动的理论数

简正振动的数目称为振动自由度,每个振动自由度相应于红外光谱图上一个基频吸收带。设分子由 n 个原子组成,每个原子在空间都有 3 个自由度,原子在空间的位置可以用直角坐标系中的 3 个坐标 x、y、z 表示,因此,n 个原子组成的分子总共应有 $3n$ 个自由度,有 $3n$ 种运动状态。但在这 $3n$ 种运动状态中,包括 3 个整个分子的质心沿 x、y、z 方向平移运动和 3 个整个分子绕 x、y、z 轴的转动运动。这 6 种运动都不是分子的振动,因此,振动形式应有($3n-6$)种。但对于直线形分子,若贯穿所有原子的轴是在 x 方向,则整个分子只能绕 y、z 轴转动,因此,直线形分子的振动形式为($3n-5$)种。例如,水分子是非线形分子,其振动自由度 $=3\times3-6=3$,简正振动形式如图 6-4 所示。

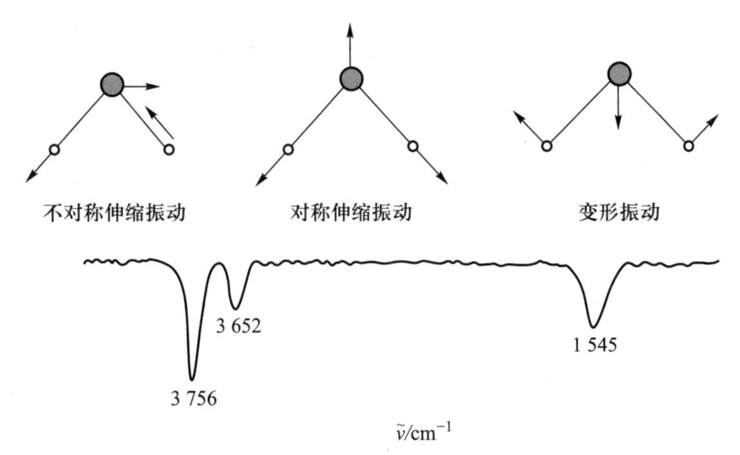

图 6-4 水分子的 3 种简正振动形式和它的红外光谱

CO_2 分子是线形分子,振动自由度 $=3\times3-5=4$,其简正振动形式如图 6-5 所示。

每种简正振动都有其特定的振动频率,对应有相应的红外吸收谱带。有机化合物一般由多原子组成，因此，红外吸收光谱的谱峰一般较多。但实际上，红外光谱中吸收谱带的数目并不与公式计算的结果相同。基频谱带的数目常小于振动自由度。其原因有：

（1）分子的振动能否在红外光谱中出现及其强度取决于偶极矩的变化，通常对称性强的分子振动不出现红外光谱，即产生所谓非红外活性振动。如 CO_2 分子的对称伸缩振动，ν 为 1 388 cm^{-1}，该振动 $\Delta\mu=0$，没有偶极矩变化，所以没有红外吸收，CO_2 的红外光谱中没有波数为 1 388 cm^{-1} 的吸收谱带。

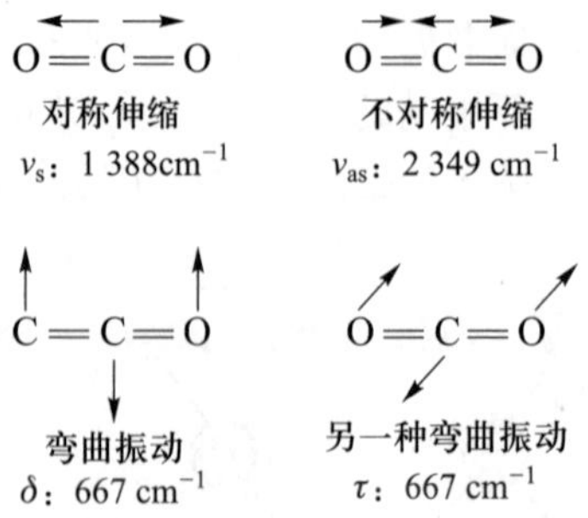

O＝C＝O 对称伸缩 ν_s：1 388 cm^{-1}

O＝C＝O 不对称伸缩 ν_{as}：2 349 cm^{-1}

O＝C＝O 弯曲振动 δ：667 cm^{-1}

O＝C＝O 另一种弯曲振动 τ：667 cm^{-1}

图 6-5 CO_2 分子的 4 种简正振动形式

（2）简并。有的振动形式虽不同，但它们的振动频率相等，如 CO_2 分子的面内与面外弯曲振动。

（3）仪器分辨率不高或灵敏度不够，一些频率很接近的吸收峰分不开，一些弱峰不能检出。

在中红外吸收光谱中，除了基团由基态向第一振动激发态跃迁所产生的基频峰外，还有由基态跃迁到第二激发态、第三激发态等所产生的吸收峰，称为倍频峰（又称为泛频峰）；若吸收红外光后同时激发两种（或多种）频率的跃迁，则吸收的能量是两个（或多个）不同频率之和，如 $\nu_1+\nu_2$、$2\nu_1+\nu_2$，这种吸收峰称为合频吸收峰；同理可能存在差频峰，其吸收峰频率是两个频率之差，如 $\nu_1-\nu_2$。合频和差频统称为组合频。倍频和组合频谱带一般较弱，且多出现在近红外区。但它们的存在增加了红外光谱鉴别分子结构的特征性。

6.2.4 吸收谱带的强度

红外吸收谱带的强度取决于分子振动时偶极矩的变化，而偶极矩与分子结构的对称性有关。振动的对称性越高，振动中分子偶极矩变化越小，谱带强度也就越弱。因而一般说来，极性较强的基团（如 C＝O、C—X 等）振动，吸收强度较大；极性较弱的基团（如 C＝C、C—C、N＝N 等）振动吸收较弱。红外光谱的吸收强度一般定性用很强（vs）、强（s）、中（m）、弱（w）和很弱（vw）来表示。

6.2.5 基团频率

一、官能团具有特征吸收频率

红外光谱的最大特点是具有特征性，这种特征性与各种类型化学键振动的特征相联系。因为不管分子结构怎么复杂，都是由许多原子、基团组成，这些原子、基团在分子受激发后都会产生特征的振动。大多数有机化合物都是由 C、H、O、N、S、P、卤素等元素构成，而其中最主要的是 C、H、O、N 四种元素。因此，可以说大部分有机化合物的红外光谱基本上是由这四种元素所形成的化学键的振动贡献的。利用分子振动方程式（6-2）或式（6-4），只能近似地计算简单分子中化学键的基本振动频率。对于大多数化合物的红外光谱与其结构的关系，实际上还是通过大量标准样品的测试，从实践中总结出了一定的官能团总对应一定的特征吸收。在研究了大量化合物的红外光谱后发现，不同分子中同一类型的基团的振动频率是非常相近的，都在较窄的频率区间内出现吸收谱带，这种吸收谱带的频率称为基团频率（group frequency）。例如，—CH_3 基团的特征频率在 3 000~2 800 cm^{-1} 附近，—CN 的吸收峰在 2 250 cm^{-1} 附近，—OH 伸缩振动的强吸收谱带在 3 700~3 200 cm^{-1} 等。由于在分子中原子间的主要作用力是连接原子的价键力，虽然在红外光谱中影响谱带位移的因素很多，但在大多数情况下这些因素的影响相对是很小的，化学键力常数从一个分子到另一个分子的改变不会很大。因此，在不同分子内，一个特定的基团有关的振动频率基本上是相同的。

二、特征区和指纹区

1. 特征区

中红外光谱区可分成 4 000~1 300 cm^{-1} 和 1 300~400 cm^{-1} 两个区域。最有分析价值的基团频率在 4 000~1 300 cm^{-1}，这一区域称为特征区或官能团区。区内的峰是由伸缩振动产生的吸收带，比较稀疏，易于辨认，常用于鉴定官能团。

特征区又可以分为 3 个区域：

（1）4 000~2 500 cm^{-1} 为 X—H 伸缩振动区，X 可以是 O、N、C 或 S 原子。O—H 基的伸缩振动出现在 3 650~3 200 cm^{-1} 范围内，它可以作为判断有无醇类、酚类和有机酸类的重要依据。当醇和酚溶于非极性溶剂（如 CCl_4），浓度小于 0.01 mol/L 时，在 3 650~3 580 cm^{-1} 处出现游离 O—H 基的伸缩振动吸收，峰形尖锐，且没有其他吸收峰干扰，易于识别。当样品浓度增加时，羟基化合物产生缔合现象，O—H 基伸缩振动吸收峰向低波数方向位移，在 3 400~3 200 cm^{-1} 出现一个宽而强的吸收峰。有机酸中的羟基形成氢键的能力更强，常形成两缔合体。

胺和酰胺的 N—H 伸缩振动也出现在 3 500~3 100 cm^{-1}，因此，可能会对 O—H 伸缩振动有干扰。

C—H 的伸缩振动可分为饱和的和不饱和的两种。

饱和的 C—H 伸缩振动出现在 3 000 cm^{-1} 以下，在 3 000~2 800 cm^{-1}，取代基对它们的影响也很小。如—CH_2 基的伸缩吸收出现在 2 960 cm^{-1}（ν_{as}）和 2 870 cm^{-1} 附近；—CH_3 的吸收在 2 930 cm^{-1}（ν_s）和 2 850 cm^{-1} 附近；—CH 基的吸收出现在 2 890 cm^{-1} 附近，但强度较弱。

不饱和的 C—H 伸缩振动出现在 3 000 cm^{-1} 以上，以此来判别化合物中是否含有不饱和的 C—H 键。苯环的 C—H 伸缩振动出现在 3 030 cm^{-1} 附近，它的特征是强度比饱和的 C—H 键稍弱，但谱带比较尖锐。不饱和的双键 =C—H 的吸收出现在 3 040~3 010 cm^{-1} 范围内，末端 =CH_2 的吸收出现在 3 085 cm^{-1} 附近，而三键上的 C—H 伸缩振动出现在更高的波数（3 300 cm^{-1} 附近）。

醛类中与羰基的碳原子直接相连的氢原子在 2 740 cm^{-1} 和 2 855 cm^{-1} 出现 ν（C—H）

双重峰，虽然强度不太大，但特征明显，很有鉴定价值。

（2）2 500~1 900 cm^{-1} 为三键和累积双键区。主要包括 —C≡C—、—C≡N 等三键的伸缩振动，以及—C=C=C—、—C=C=O 等累积双键的不对称伸缩振动。对于此类化合物，可以分成 R—C≡CH 和 R′—C≡C—R 两种类型，前者的伸缩振动出现在 2 140~2 100 cm^{-1} 附近，后者出现在 2 260~2 190 cm^{-1} 附近。如果 R′=R，因为分子是对称的，则是非红外活性的。—C≡N 基的伸缩振动在非共轭的情况下出现在 2 260~2 240 cm^{-1} 附近。当与不饱和键或芳香核共轭时，该峰位移到 2 230~2 220 cm^{-1} 附近。若分子中含有 C、H、N 原子，—C≡N 基吸收比较强而尖锐。若分子中含有 O 原子，且 O 原子离 —C≡N 基越近，—C≡N 基的吸收越弱，甚至观察不到。

（3）1 900~1 200 cm^{-1} 为双键伸缩振动区，该区域主要包括三种伸缩振动：

C=O 伸缩振动出现在 1 900~1 650 cm^{-1}，是红外光谱中很特征的且往往是最强的吸收，以此很容易判断酮类、醛类、酸类、酯类及酸酐等有机化合物。酸酐的羰基吸收谱带由于振动耦合而呈现双峰。

C=C 伸缩振动。烯烃的 ν（C=C）在 1 680~1 620 cm^{-1}，一般较弱。单核芳烃的 C=C 伸缩振动出现在 1 600 cm^{-1} 和 1 500 cm^{-1} 附近，有 2~4 个峰，这是芳环的骨架振动，用于确认有无芳核的存在。

苯的衍生物的泛频谱带，出现在 2 000~1 650 cm^{-1}，是 C—H 面外和 C=C 面内变形振动的泛频吸收，虽然强度很弱，但它们的吸收面貌在表征芳核取代类型上是很有用的（见表 6-3）。

表 6-3 苯的衍生物的特征吸收

相邻氢的数目	苯环上取代基配置情况	ν（C—H）倍频图形	ν（C—H）/cm^{-1} 吸收峰
5	一取代	$\tilde{\nu}/cm^{-1}$ 2 000 1 600	≈ 900；770~730；710~690
4	邻位二取代		770~735
（1+3）	间位二取代		900~860；865~810* 810~750；725~680
3	1，2，3- 三取代		800~770；720~685；780~760*
（1+2）	不对称三取代		900~860；860~800；730~690；

续表

相邻氢的数目	苯环上取代基配置情况	ν(C—H)倍频图形	ν(C—H)/cm^{-1} 吸收峰
2	对位二取代 1,2,3,4- 四取代		860~780
1	1,3,5- 三取代 1,2,3,5- 四取代 1,2,4,5- 四取代 五取代		900~840 1,3,5- 三取代苯,还会有 850~800 和 730~675*
0	六取代苯		

* 此峰有时不出现

2. **指纹区**

在 1 400~400 cm^{-1} 区域中,除单键的伸缩振动外,还有因变形振动产生的谱带。这些振动与整个分子的结构有关。当分子结构稍有不同时,该区的吸收就有细微的差异,并显示出分子的特征。这种情况就像每个人有不同的指纹一样,因此,称为指纹区(fingerprint region)。指纹区对于区别结构类似的化合物很有帮助。

指纹区又可以分为两个区域:

(1) 1 400~900 cm^{-1} 区域是 C—O、C—N、C—F、C—P、C—S、P—O、Si—O 等单键的伸缩振动和 C═S、S═O、P═O 等双键的伸缩振动吸收。其中 1 375 cm^{-1} 附近的谱带为甲基的 δ(C—H)对称弯曲振动,对判断甲基十分有用。C—O 的伸缩振动在 1 300~1 000 cm^{-1},是该区域最强的峰,也较易识别。

(2) 900~400 cm^{-1} 区域内的某些吸收峰可用来确认化合物的顺反构型。利用芳烃的(^{1}H)面外弯曲振动吸收峰来确认苯环的取代类型(表 6-3)。例如,烯烃的═C—H 面外变形振动出现的位置,很大程度上取决于双键取代情况。在反式构型中,出现在 990~970 cm^{-1},在顺式构型中,则出现在 690 cm^{-1} 附近。

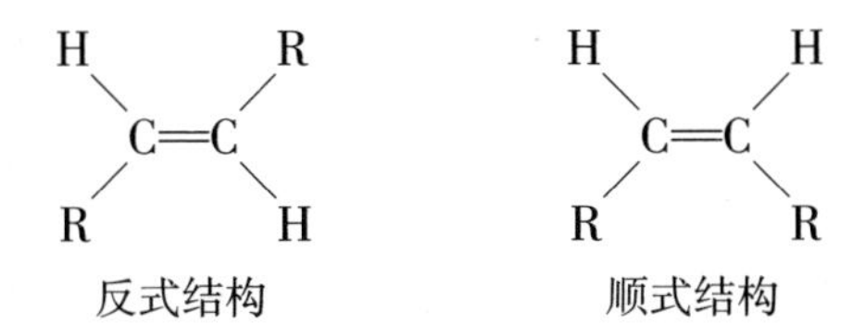

反式结构　　顺式结构

由上述可见,可以应用官能团区和指纹区的不同功能来解析红外光谱图。从官能团区可以找出该化合物存在的官能团,再通过标准谱图(或已知物谱图)在指纹区进行比较,得出未知物与已知物结构相似度的结论。

用红外光谱来确定化合物中某种基团是否存在时,需熟悉基团频率。先在基团频率区观察它的特征峰是否存在,同时也应找到它们的相关峰作为旁证。

三、影响基团频率的因素

基团频率主要是由基团中原子的原子相对质量及原子间的化学键力常数决定。然而分子的内部结构和外部环境的改变对它也有影响,因而同样的基团在不同的分子和不同的外界环境中,基团频率并不出现在同一位置,而是出现在一段区间内。因此,了解影响基团频率的因素,对解析红外光谱和推断分子结构是十分有用的。

影响基团频率位移的因素大致可分为内部因素和外部因素。

1. 内部因素

(1)电子效应。包括诱导效应和共轭效应,它们均是由于化学键的电子分布不均匀引起的。

诱导效应(inductive effect)也叫I效应,是由于取代基具有不同的电负性,通过静电诱导作用,引起分子中电子分布的变化,从而改变了化学键的力常数,使基团的特征频率发生位移。当一个电负性大的基团(或原子)与羰基上的碳原子相连时,由于诱导效应就会发生电子云由氧原子转向双键的中间,增加了 C=O 键的力常数。使 C=O的振动频率升高,吸收峰向高波数移动。随着取代原子电负性的增大或取代数目的增加,诱导效应增强,吸收峰向高波数移动的程度增大。

化合物	R—C(=O)—H	R—C(=O)—Cl	R—C(=O)—F	F—C(=O)—F	Cl—C(=O)—Cl	R—C(=O)—R′
ν(C=O)/cm^{-1}	1 731	1 800	1 920	1 928	1 828	1 715

严格地说,上述化合物 C=O 的振动频率同时还会受到共轭效应的影响。

共轭效应(conjugation effects)也叫C效应,是由分子中形成 $\pi—\pi$ 共轭或 $p—\pi$ 共轭而引起的某些键的振动频率和强度改变的现象。共轭效应使共轭体系中的电子云密度平均化,结果使原来的双键略有伸长(电子云密度降低),化学键力常数略有减小,吸收频率向低波数方向移动。当含有孤对电子的杂原子与 π 键上的原子相连时,由于 $p—\pi$ 共轭效应和亲电诱导效应的共同作用,使 π 键伸缩振动的频率可能减小、也可能增大。例如,下例化合物的 C=O 伸缩振动的变化:

化合物	R—C(=O)—R	R—C(=O)—NH_2	R—C(=O)—Cl	R—C(=O)—O—R
ν(C=O)/cm^{-1}	1 710~1 725	1 650~1 690	约 1 800	约 1 735

(2)氢键的影响。氢键的形成使电子云密度平均化,从而使伸缩振动频率降低。最明显的例子是羧酸的情况,羰基和羟基之间容易形成氢键,使羰基的频率降低。游离羧酸的 C=O 频率出现在 1 760 cm^{-1} 左右;而在液态或固态时,C=O 频率都在 1 700 cm^{-1},因为此时羧酸形成二聚体形式。

$$\text{RCOOH 的 } \tilde{\nu}(C=O) = 1\ 760\ cm^{-1}$$

```
       O······H—O
      //          \
R—C                C—R
      \           //
       O—H······O
```
的 $\tilde{\nu}(C=O)=1\ 700\ cm^{-1}$

分子内氢键不受浓度影响，分子间氢键则受浓度影响较大。例如，在 CCl_4 中测定乙醇的红外光谱，当乙醇浓度小于 0.01 mol/L 时，分子间不形成氢键，而只显示游离的—OH 的吸收（$3\ 640\ cm^{-1}$）；但随着溶液中乙醇浓度的增加，游离羟基的吸收减弱，而二聚体（$3\ 515\ cm^{-1}$）和多聚体（$3\ 350\ cm^{-1}$）的吸收相继出现，并显著增加。当乙醇浓度为 1.0 mol/L 时，主要是以缔合形式存在，如图 6-6 所示。

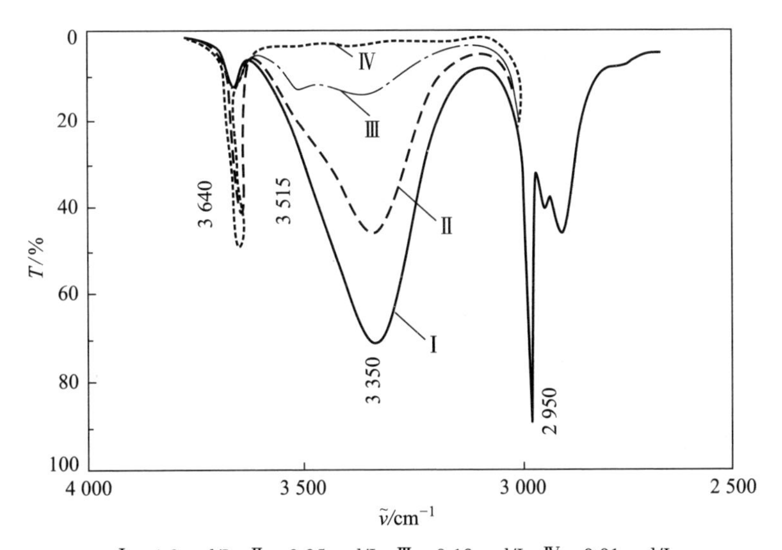

Ⅰ—1.0 mol/L; Ⅱ—0.25 mol/L; Ⅲ—0.10 mol/L; Ⅳ—0.01 mol/L

图 6-6　不同浓度的乙醇溶解在 CCl_4 中的红外光谱片段

（3）振动耦合。当两个振动频率相同或相近的基团相邻并共有一个公共原子时，由于一个键的振动通过公共原子使另一个键的长度发生改变，产生一个"微扰"，从而形成了强烈的振动相互作用。其结果是使振动频率发生变化，一个向高频移动，一个向低频移动，使谱带分裂。

振动耦合常出现在一些二羰基化合物中。例如，

```
        O
       //
R₁—C
       \
        O
        O
       /
R₂—C
       \\
        O
```

分子中 2 个羰基的振动耦合，使 $\nu(C=O)$ 吸收峰分裂成 2 个峰，波数分别为 $\approx 1\ 820\ cm^{-1}$（反对称耦合）和 $\approx 1\ 760\ cm^{-1}$（对称耦合）。

（4）Fermi 共振。当一振动的倍频与另一振动的基频接近时，由于发生相互作

用而产生很强的吸收峰或发生裂分，这种现象叫 Fermi 共振。例如，⟨苯环⟩—COCl 中⟨苯环⟩—CO 的 C—C 变形振动（880~860 cm^{-1}）的倍频与羰基的 ν（C＝O）（1 774 cm^{-1}）发生 Fermi 共振，结果在 1 773 cm^{-1} 和 1 736 cm^{-1} 出现 2 个 C＝O 吸收峰。

又如醛中的 ν（C—H）位于 2 855 cm^{-1} 和 2 740 cm^{-1} 的二重峰，其强度相近，是由 δ（C—H）（位于 1 400 cm^{-1} 附近）的倍频和 ν（C—H）（位于 2 800 cm^{-1} 附近）之间发生 Fermi 共振的结果。

（5）空间效应。空间效应可以通过影响共面性而削弱共轭效应起作用，也可以通过改变键长、键角，产生某种“张力”起作用。例如，环己酮的 ν（C＝O）为 1 714 cm^{-1}，环戊酮的是 1 746 cm^{-1}，而环丁酮的是 1 783 cm^{-1}，这是由于键角变化所引起环的张力改变的结果。

（6）分子的对称性。分子的对称性将直接影响红外吸收峰的强度，它还将使某些能级简并，从而减少吸收峰的数目。例如，苯分子有较高的对称性，含有 12 个原子，应当有 30 种（$3\times12-6$）简正振动形式，即理论上苯可以有 30 个基频吸收。但在苯的红外光谱中只有 4 种基频吸收，分子的对称性使其中的多种简正振动彼此具有相同的振动频率，最终只有 4 个红外吸收峰。

2. 外部因素

影响基团频率的外部因素有外氢键作用、浓度效应、温度效应、样品的状态、制样方法及溶剂极性等。外氢键作用已在本节中讨论过。同一种物质由于状态不同，分子间相互作用力不同，测得的光谱也不同。一般在气态下测得的谱带波数最高，并能观察到伴随振动光谱的转动精细结构，在液态或固态下测定的谱带波数相对较低。例如，丙酮在气态时的 ν（C＝O）为 1 742 cm^{-1}，而在液态时为 1 718 cm^{-1}。通常在极性溶剂中，溶质分子的极性基团的伸缩振动频率随溶剂极性的增加而向低波数方向移动，并且强度增大。因此，在红外光谱测定中，应尽量采用非极性溶剂。在查阅标准谱图时应注意样品的状态和制样方法。

6.3 红外光谱仪

早期的红外光谱仪是色散型红外光谱仪，现代的红外光谱仪是傅里叶变换红外光谱仪。

6.3.1 红外光谱仪的发展

色散型红外光谱仪的组成部件与紫外－可见分光光度计相似，由光源、吸收池、单色器、检测器和记录系统组成。

色散型红外光谱仪以光栅作为色散元件，由于采用了狭缝，光能受到限制，尤其在远红外区能量很弱；它的扫描速率太慢，使得一些动态的研究及和其他仪器（如色谱）的联用产生困难；对一些吸收红外辐射很强的或者信号很弱的样品的测定及痕量组分的分析等，也受到一定的限制。随着光学、电子学，尤其是计算机技术的迅速发展，20 世纪 70 年代出现了新一代的红外光谱测量技术和仪器，就是基于干涉调频分光的傅里叶变换红外光谱仪（Fourier transform infrared spectrometer，FTIR）。这种仪器不用狭缝，因而消除了狭缝对于通过它的光能的限制，可以同时获得光谱所有频率的全部信息。它具有许多优点：扫描速率快，测量时间短，可在 1 s 内获得红外光谱，适于对快速反应过程的追踪，也便于和色谱法联用；灵敏度高，检出限可达 10^{-12}~10^{-9} g；分辨本领高，波数精度可达 0.01 cm^{-1}；光谱范围广，可研究整个红外光区（10 000~10 cm^{-1}）的光谱，测定精度高，重复性可达 0.1%，而杂散光小于 0.01%。

6.3.2 傅里叶变换红外光谱仪（FTIR）

傅里叶变换红外光谱仪没有色散元件，主要由光源（硅碳棒、能斯特灯）、Michelson 干涉仪、样品池、检测器、计算机和记录仪等组成，如图 6-7 所示。

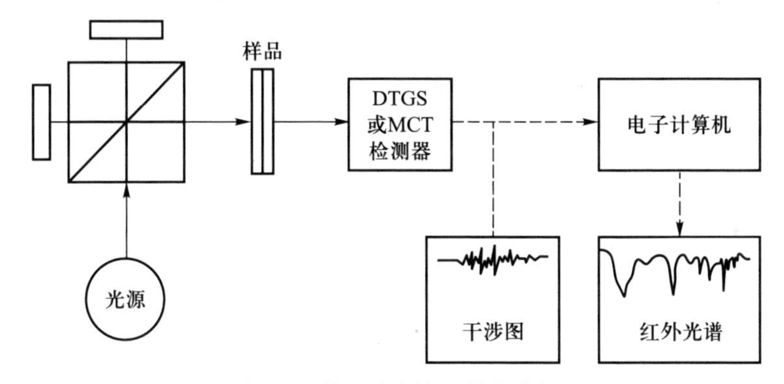

图 6-7 傅里叶变换红外光谱仪

一、光源

红外光谱仪中所用的光源通常是一种惰性固体，用电加热使之发射高强度的连续红外辐射。常用的是能斯特（Nernst）灯或硅碳棒。能斯特灯是用氧化锆、氧化钇和氧化钍烧结而成的中空棒或实心棒。工作温度约 1 700 ℃，在此高温下导电并发射红外线。由于在室温下是非导体，因此，在工作之前要预热。它的优点是发光强度高，尤其在 >1 000 cm^{-1} 的高波数区，使用寿命长，稳定性好。缺点是价格比硅碳棒贵，机械强度差，操作不如硅碳棒方便。硅碳棒是由碳化硅烧结而成，工作温度在 1 200~1 500 ℃。由于它在低波数区域发光较强，因此，使用波数范围宽，可以低至 200 cm^{-1}。此外，它还具有坚固，发光面积大，寿命长等优点。

二、Michelson 干涉仪

Michelson 干涉仪将光源过来的信号以干涉图的形式送往计算机进行傅里叶变换，最后将干涉图还原成光谱图。图 6-8 是干涉仪的示意图，图中 M_1 和 M_2 为两块互相垂直的平面镜，M_1 固定不动，M_2 则可沿图示方向做微小的移动，称为动镜。在 M_1 和 M_2 之间放置一个呈 45° 角的光束分裂器 BS，它能将光源 S 出来的光分为相等的两部分，光束Ⅰ和光束Ⅱ。光束Ⅰ穿过 BS，被动镜 M_2 反射，沿原路回到 BS 并被反射到达检测器 D；光束Ⅱ则反射到固定镜 M_1，再由 M_1 沿原路反射回来通过 BS 到达检测器。这样在检测器 D 上所得到的是光束Ⅰ和光束Ⅱ的相干光（图 6-8 中光束Ⅰ和光束Ⅱ应是合在一起的，为了说明和理解方便，才分开绘成Ⅰ和Ⅱ两束光）。如果进入干涉仪的是波长为 λ_1 的单色光。开始时，因 M_1 和 M_2 离 BS 距离相等（此时称 M_2 于零位），Ⅰ光束和Ⅱ光束到达检测器时相位相同，发生相长干涉，亮度最大。当动镜 M_2 移动入射光的 $\lambda/4$ 距离时，则Ⅰ光束的光程变化为 $\lambda/2$。Ⅰ光束和Ⅱ光束到达检测器时相位差为 180°。则发生相消干涉，亮度最小。动镜 M_2 移动 $\lambda/4$ 的奇数倍，则Ⅰ光和Ⅱ光的光程差为 $\pm\lambda/2, \pm 3\lambda/2, \pm 5\lambda/2, \cdots$ 时，都会发生这种相消干涉。同样 M_2 位移 $\lambda/4$ 的偶数倍时，即两光的光程差为 λ 的整数倍时，则都将发生相长干涉。而部分相消干涉则发生在上述两种位移之间。因此，匀速移动 M_2，即连续改变两束光的光程差时，在检测器上记录的信号将呈余弦变化。每移 $\lambda/4$ 的距离，信号则从明到暗周期性地改变一次，如图 6-9（a）所

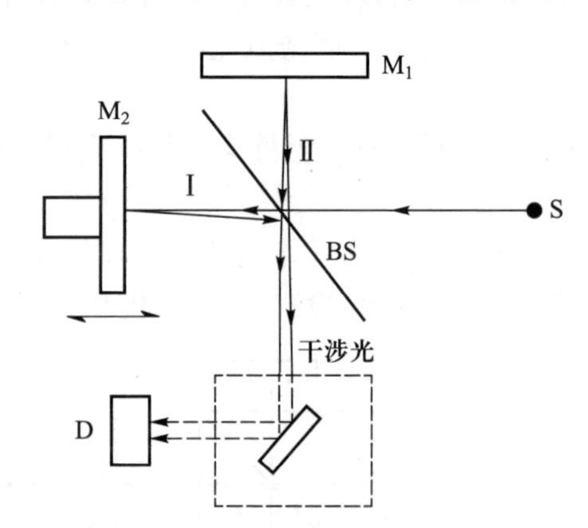

M_1—固定镜；M_2—动镜；S—光源；D—检测器；BS—光束分裂器

图 6-8 Michelson 干涉仪光学示意及工作原理图

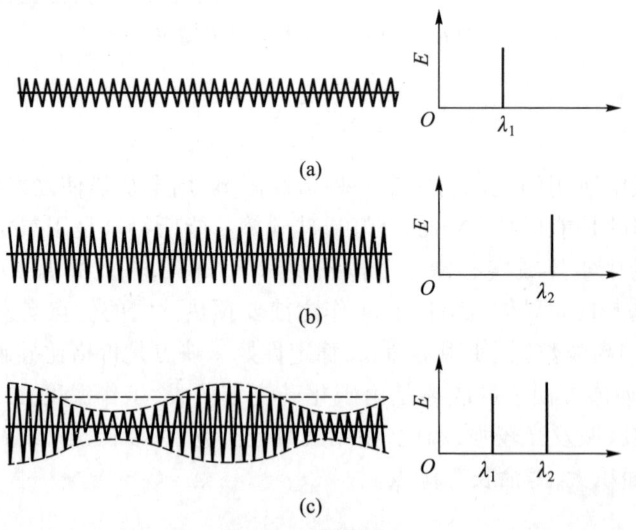

图 6-9 波的干涉

示。图 6-9(b)是另一入射光波长为 λ_2 的单色光所得干涉图。如果是两种波长的光一起进入干涉仪,则得到两种单色光干涉图的加和图,如图 6-9(c)所示。当入射光为连续波长的多色光时,得到的是中心极大并向两侧迅速衰减的对称干涉图,如图 6-10 所示。这种多色光的干涉图等于所有各单色光干涉图的加和。当多色光通过样品时,由于样品对不同波长光的选择吸收,干涉图曲线发生变化,如图 6-11(a)所示。但这种极其复杂的干涉图是难以解释的,需要经计算机进行快速傅里叶变换,就可得到我们所熟悉的透射比随波数变化的普通红外光谱图,如图 6-11(b)所示。

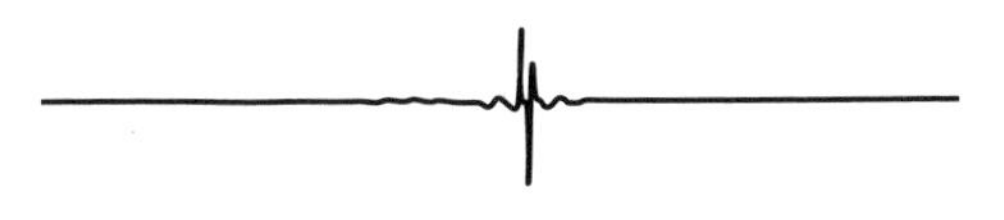

图 6-10 Fourier 变换红外干涉图

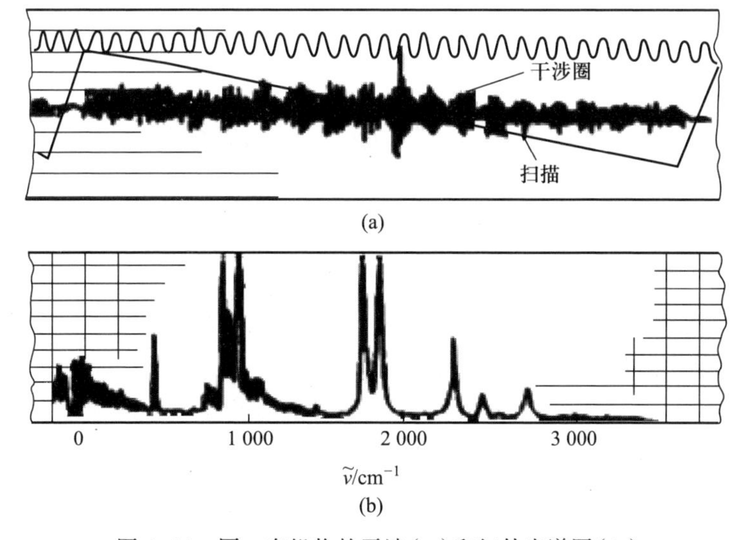

图 6-11 同一有机物的干涉(a)和红外光谱图(b)

三、样品池

因玻璃、石英等材料不能透过红外光,红外吸收池要用可透过红外光的 NaCl、KBr、CsI 等材料制成窗片。用 NaCl、KBr、CsI 等材料制成的窗片需注意防潮。固体样品常与纯 KBr(俗称稀释剂)混匀压片,然后直接进行测定。

四、检测器

紫外 - 可见分光光度计中所用的光电管或光电池不适用于红外区,因为红外光谱区的光子能量较弱,不足以引发光电子发射。现今常用的红外检测器是热释电检测器和碲镉汞检测器。

热释电检测器是用硫酸三甘肽 $(NH_2CH_2COOH)_3H_2SO_4$(简称 TGS)的单晶薄片作为检测元件。TGS 是铁电体,在一定温度(其居里点 49 ℃)以下能产生很大的极化效应,其极化强度与温度有关,温度升高,极化强度降低。将TGS薄片正面真空镀铬(半透明),背面镀金,形成两电极,当红外辐射照到薄片上时,引起温度升高,TGS极化度改变,表面电荷减少,相当于“释放”了部分电荷,经过放大,转变成电压或电流的方式进行测量。这种检测器的特点是响应速度快,噪声影响小,能实现高速扫描,故被用于傅里叶变换红外光谱仪中。目前使用最广的晶体材料是氘化了的TGS(DTGS),居里点温度62 ℃,热电系数小于TGS。

碲镉汞检测器(MCT检测器)是由宽频带的半导体碲化镉和半金属化合物碲化汞混合而成,其组成为$Hg_{1-x}Cd_xTe$,$x \approx 0.2$,改变x值能改变混合物组成,获得测量波段不同灵敏度各异的各种MCT检测器。它的灵敏度高,响应速度快,适于快速扫描测量和GC-FTIR联机检测,MCT检测器分成两类,光电导型是利用入射光子与检测器材料中的电子能态起作用,产生载流子进行检测。光伏型是利用不均匀半导体受光照时,产生电位差的光伏效应进行检测。MCT检测器都需在液氮温度下工作,其灵敏度高于TGS约10倍。

6.4 样品的处理和制备

能否获得一张满意的红外光谱图,除了仪器性能的因素外,样品的处理和制备也十分重要。

6.4.1 红外光谱法对样品的要求

红外光谱的样品可以是气体、液体或固体,一般应符合以下要求:

(1)样品应该是单一组分的纯物质,纯度应>98%或符合商业规格,这样才便于与纯化合物的标准光谱进行对照。多组分样品应在测定前尽量预先用分馏、萃取、重结晶或色谱法进行分离提纯,否则各组分光谱相互重叠,难以解析(GC-FTIR法例外)。

(2)样品中不应含有游离水。水本身有红外吸收,会严重干扰样品的光谱,而且会侵蚀吸收池的盐窗。

(3)样品的浓度和测试厚度应选择适当,以使光谱图中的大多数吸收峰的透射比处于10%~80%范围内。

6.4.2 制样方法

一、气态样品

气态样品可在玻璃气槽内进行测定,它的两端黏有红外透光的NaCl或KBr窗片。先将气槽抽真空,再将样品注入。

二、液态样品

（1）液体池法。沸点较低，挥发性较大的样品，可注入封闭液体池中，液层厚度一般为 0.01~1 mm。

（2）液膜法。沸点较高的样品，直接滴在两块盐片之间，形成液膜。

对于一些吸收很强的液体，当用调整厚度的方法仍然得不到满意的谱图时，可用适当的溶剂配成稀溶液来测定。一些固体也可以溶液的形式来进行测定。常用的红外光谱溶剂应在所测光谱区内本身没有强烈吸收，不侵蚀盐窗，对样品没有强烈的溶剂化效应等。例如，CS_2 是 1 350~600 cm^{-1} 区域常用的溶剂，CCl_4 用于 4 000~1 350 cm^{-1} 区。

三、固体样品

（1）压片法。将 1~2 mg 样品与 200 mg 纯 KBr 研细混匀，置于模具中，用（5~10）× 10^7 Pa 压力在压片机上压成透明薄片，即可用于测定。样品和 KBr 都应经干燥处理，研磨到粒度小于 2 μm，以免散射光影响。KBr 在 4 000~400 cm^{-1} 光区不产生吸收，因此，可测绘全波段光谱图。

（2）石蜡糊法。将干燥处理后的样品研细，与液体石蜡或全氟代烃混合，调成糊状，夹在盐片中测定。液状石蜡油自身的吸收带简单，但此法不能用来研究饱和烷烃的吸收情况。

（3）薄膜法。将样品直接加热熔融后涂制或压制成膜。也可将样品溶解在低沸点的易挥发溶剂中，涂在盐片上，待溶剂挥发后成膜来测定，主要用于高分子化合物的测定。

当样品量特别少或样品面积特别小时，必须采用光束聚光器，并配有微量液体池、微量固体池和微量气体池，采用全反射系统或用带有卤化碱透镜的反射系统进行测量。

6.5 红外光谱法的应用

红外光谱法广泛用于有机化合物的定性鉴定和结构分析。

6.5.1 定性分析

一、已知物的鉴定

将样品的谱图与标样的谱图进行对照，或者与文献上的标准谱图进行对照。如果两张谱图各吸收峰的位置和形状完全相同，峰的相对强度一样，就可以认为样品是该种标准物。如果两张谱图不一样，或峰位不对，则说明两者不为同一物，或样品中有杂质。如采用计算机进行谱图检索，则使用相似度来进行判别。使用文献上的谱图，应当注意样品的物态、结晶状态、溶剂、测定条件及所用仪器类型均应与标准谱图相同。

二、未知物结构的测定

测定未知物的结构，是红外光谱法定性分析的一个重要用途。如果未知物不是新化合物，可以通过两种方式利用标准谱图来进行查对：一种是查阅标准谱图的谱带索引，寻找与样品光谱吸收带相同的标准谱图；另一种是进行光谱解析，判断样品的可能结构，然后再由化学分类索引查找标准谱图对照核实。

在对光谱图进行解析之前，应收集样品的有关资料和数据。如了解样品的来源，估计可能是哪类化合物；测定样品的物理参数，如熔点、沸点、溶解度、折射率、旋光率等，作为定性分析的旁证。根据元素分析及摩尔质量的测定，求出化学式并计算化合物的不饱和度。

$$\Omega=1+n_4+\frac{n_3-n_1}{2} \tag{6-6}$$

式中 n_1、n_3 和 n_4 分别为分子中所含的一价、三价和四价元素原子的数目。当计算得 Ω=0 时，表示分子是饱和的，应为链状烃及其不含双键的衍生物；Ω=1 时，可能有一个双键或一个环；Ω=2 时，可能有两个双键或环，也可能有一个三键；Ω=4，可能有一个苯环等。但是，二价原子（如 S、O 等）不需参加计算。

图谱解析一般先从基团频率区的最强谱带入手，推测未知物可能含有的基团，判断不可能含有的基团，再从指纹区的谱带来进一步验证，找出可能含有基团的相关峰，用一组相关峰来确认一个基团的存在。对于简单化合物，确认几个基团之后，便可初步确定分子结构，然后查找标准谱图进一步核实。对于较复杂的化合物，则需结合紫外光谱、质谱、核磁共振波谱等数据才能得出较可靠的结论。

下面举几个简单的例子。

【例 6.2】 某化合物为挥发性液体，化学式为 C_8H_{14}，其红外光谱如图 6-12 所示，试推导其结构。

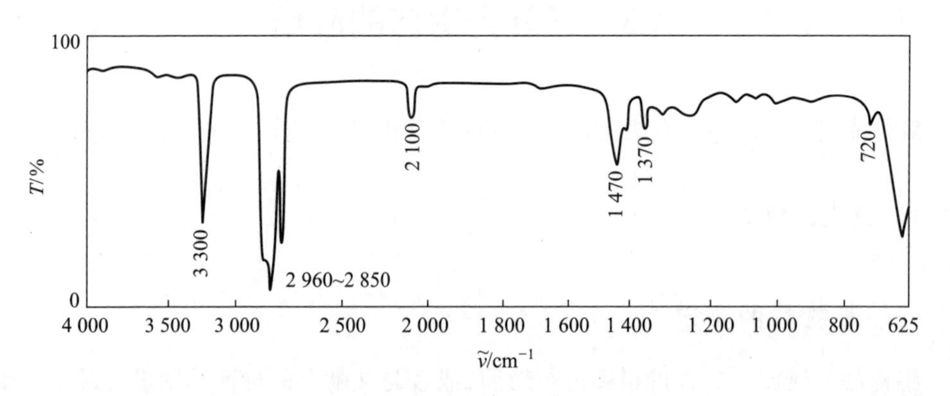

图 6-12 某化合物的红外光谱图

解：（1）计算不饱和度 $\Omega=1+8+\frac{0-14}{2}=2$

（2）各峰的归属如表 6-4 所示。

表 6-4 例 6.2 化合物各峰特征表

ν/cm^{-1}	归属	结构单元	不饱和度	化学式单元
3 300	ν（C≡C—H）			
2 100	ν（C≡C）	—C≡C—H	2	C_2H
625	τ（C≡C—H）			
2 960~2 850	ν（C—H）			
1 470	δ（C—H）	$-(CH_2)_n-$		
720	$\rho(CH_2)$	（$n\geqslant5$）		C_5H_{10}
1 370	δ_2（C—H）	$-CH_3$		CH_3

（3）说明。分子的不饱和度是 2,就必须寻找一个基团来满足这个条件。因为在 1 650 cm^{-1} 没有任何强吸收峰,这就排除了分子中存在双键（烯）的可能性。在 3 300 cm^{-1} 处存在一个强而尖的吸收峰,表明分子中存在 C≡C 键,它的不饱和度正好等于 2。由于所有 ν（C—H）的吸收峰都在低于 3 000 cm^{-1} 区域,它们是饱和烃的 C—H 伸缩振动产生的。1 370 cm^{-1} 处存在的吸收峰是—CH_3 的对称弯曲振动吸收峰,而在 1 470 cm^{-1} 处存在的吸收峰是亚甲基的弯曲振动产生的。在 720 cm^{-1} 处的峰表明,分子中还存在着一系列亚甲基,通常在链中至少有 5 个亚甲基,才会出现这个由亚甲基面内摇摆振动引起的特征峰。到此,分子中只剩下一个碳原子没有得到解释了。显然,它就是分子中唯一的一个甲基。综上所述,该化合物为辛炔。

$$CH_3CH_2CH_2CH_2CH_2CH_2C\equiv CH$$

【例 6.3】 有一种液态化合物,相对分子质量为 58。它只含有 C、H 和 O 三种元素,其红外光谱如图 6-13 所示,其中在 3 800~2 600 cm^{-1} 的插入图是该样品稀释 50 倍后的红外光谱图,试推测其结构。

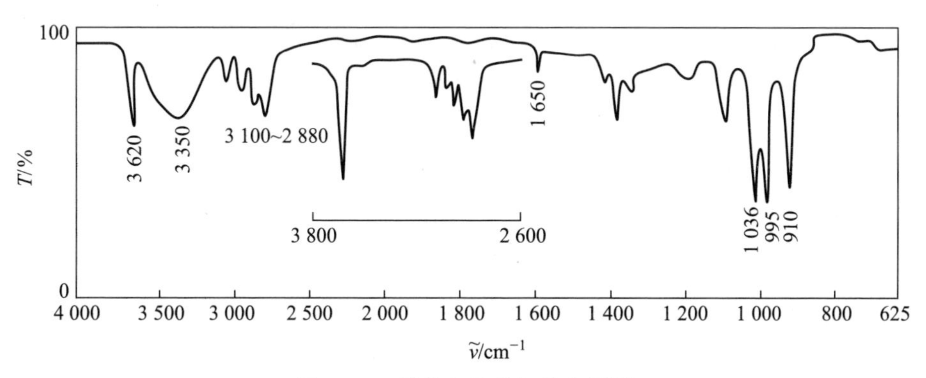

图 6-13 某化合物的红外光谱图

解:（1）各峰的归属如表 6-5 所示。

表 6-5　例 6.3 化合物各峰特征表

ν/cm^{-}	归属	结构单元	相对分子质量
3 620	ν（O—H）游离		
3 350	ν（O—H）缔合	—C—O—H	29
1 036	ν（O—H）醇		
3 100~3 000	ν（C—H）不饱和的		
1 650	ν（C—C）		
995	ν（C—H）乙烯型	H(H)C=C(H)R	27
910			
3 000~2 800	ν（C—H）饱和的		

（2）说明。首先观察中心位于 3 350 cm^{-1} 处的宽带，在稀释 50 倍后就消失了，这说明当浓度较大时存在着分子间的缔合作用；在 3 620 cm^{-1} 处的尖峰是羟基的伸缩振动吸收产生的；在 3 000 cm^{-1} 前后有吸收峰，这说明该化合物中存在着饱和的和不饱和的 C—H 伸缩振动；在 1 650 cm^{-1} 处的吸收峰是 ν（C＝C）产生的，因其键的极性较弱，故是一个弱峰；995 cm^{-1} 和 910 cm^{-1} 处出现吸收峰是 $C=CH_2$ 中的 C—H 面外弯曲振动产生的，因此，进一步证明有乙烯基。故该化合物可能是丙烯醇。

【**例 6.4**】 化学式为 C_9H_{12} 的无色易挥发性液体，红外光谱如图 6-14 所示，推测其结构。

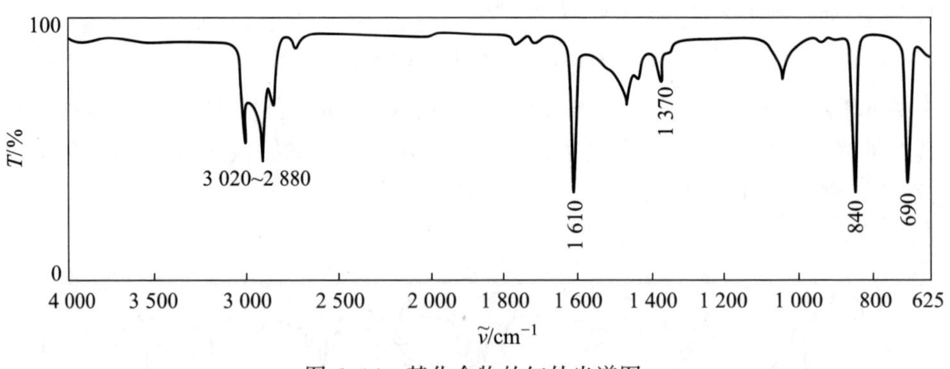

图 6-14　某化合物的红外光谱图

解:（1）计算不饱和度：$\Omega=1+9+\dfrac{0-12}{2}=4$

（2）各峰归属如表 6-6 所示。

（3）说明。不饱和度是 4，可能存在苯环。在 3 020 cm^{-1}、1 610 cm^{-1} 存在的吸收峰，结合 840 cm^{-1} 和 690 cm^{-1} 处的苯核的 C—H 面外弯曲振动，可进一步确定苯核的存在；谱图中的后两个峰还说明是 1，3，5- 三取代衍生物。一般来说，当不饱和度大于 4 时，就可考虑化合物中是否含有苯环。1 370 cm^{-1} 处出现的吸收峰是甲基的对称弯曲振动产生的。

表 6-6 例 6.4 化合物各峰特征表

ν/cm^{-1}	归属	结构单元	不饱和度	化学式单元
3 020~3 000	ν(C—H)不饱和	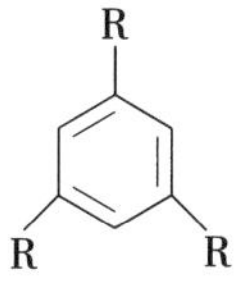 R R R	4	C_6H_3
1 610	ν(C—C)芳环			
840	τ(C=C)1,3,5-三取代			
690				
3 000~2 880	ν(C—H)饱和			
1 370	δ_S(C—H)甲基	$(-CH_3)_n$		C_3H_9

化学式 C_9H_{12} 中去掉一个三取代的苯核(C_6H_3)后,还剩下 C_3H_9,而且谱图上只有一个 1 370 cm^{-1} 处的峰比较特征,所以 C_3H_9 是 3 个甲基组成的。综上所述,化合物的结构为

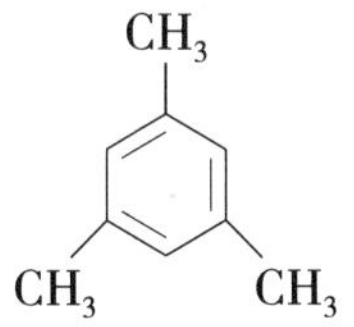

CH_3

CH_3 CH_3

三、几种标准图谱集

最常见的标准图谱集有 3 种:

1. Sadtler 标准红外光谱集

这是一套连续出版的大型综合性活页图谱集,由美国 Sadtler Research Laboratories 收集、整理并编辑出版。从 1980 年开始可以获得 Sadtler 图谱集的软件资料。到 20 世纪末收集的图谱已超过 13 万张。另外,它备有多种索引,便于查找。

2. Aldrich 红外图谱库

Pouchert C J 编, Aldrich Chemical Co. 出版(3ed., 1981)。它汇集了 12 000 余张各类有机化合物的红外光谱图,全卷最后附有化学式索引。

3. Sigma Fourier 红外光谱图库

Keller R J 编, Sigma Chemical Co. 出版(2 卷, 1986)。它汇集了 10 400 张各类有机化合物的傅里叶变换红外光谱图,并附索引。

6.5.2 定量分析

红外光谱定量分析是依据物质组分的吸收峰强度来进行的,它的理论基础是朗伯-比尔定律。用红外光谱做定量分析的优点是有许多谱带可供选择,有利于排除干扰。对于物理和化学性质相近,而用气相色谱法进行定量分析又存在困难的样品(如沸点高,或气化时易分解的样品)往往可采用红外光谱法定量;而且气体、液体和固态物质均可用红外光谱法测定。

红外光谱定量分析时吸光度的测定常用基线法,如图 6-15 所示。假定背景吸收在

样品吸收峰两侧不变，T_0 为 3 050 cm^{-1} 处吸收峰基线的透射比，T 为峰顶的透射比，则吸光度：

$$A = \lg \frac{T_0}{T} = \lg \frac{93}{15} = 0.79$$

一般用校准曲线法或标准样品比较法来进行定量测定。测量时由于样品池的窗片对辐射的反射和吸收，以及样品的散射会引起辐射损失，因此，必须对这种损失进行补偿或校正。此外，样品的处理方法和制备的均匀性都必须严格控制，使其一致。

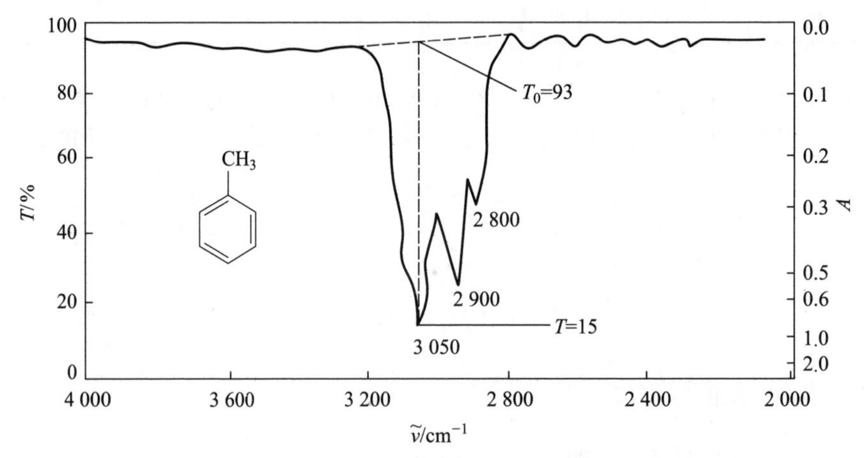

图 6-15　甲苯的芳香氢吸收峰（3 050 cm^{-1}）强度

6.6　红外光谱技术的进展

6.6.1　显微红外

傅里叶变换红外光谱加一个显微镜就可进行显微红外光谱分析。傅里叶变换显微红外光谱分析是一种重要的现代分析手段和方法，已广泛应用于司法鉴定中各类物证材料（包括有机、无机物证材料）样品的定性和定量分析，是司法鉴定机构从事微量物证检测的必备仪器。该仪器不仅能准确确定物证材料的各种化学成分，还可以采用对比分析的方法，快速有效地得到直接的取证结果。在司法鉴定实践中，应用显微红外光谱技术，结合扫描电镜等其他仪器分析方法及经典的化学分析法，可为公安、司法送检的有关毒品、炸药爆炸残留物、假币、书画防伪、保全鉴定等样品进行分析鉴定，提供准确数据和分析结论。

显微红外的光谱仪光谱范围 7 800~350 cm^{-1}，信噪比优于 50 000 : 1，波数精度优于 0.01 cm^{-1}，分辨率优于 0.09 cm^{-1}，吸光度测量下限 $<9.65 \times 10^{-5}$。

显微红外的特点为：

（1）灵敏度高。检测限可低至 1 ng，几纳克的样品就能获得很好的红外光谱图。

（2）能进行微区分析。其显微镜测量孔径可低至 8 μm。在显微镜观察下，可方便地根据需要选择样品不同部分进行分析。对非匀相样品可在显微镜下直接测量样品各个相的红外光谱图。对于固体不均匀混合物，可直接测定各个固体微米区域组分的红外光谱图。

（3）样品制备简单。对不透光样品可直接测定反射光谱。

（4）显微镜光路调节简单。显微观察与红外光谱分析是同一光路，容易实现显微镜对样品待分析部位的定位。

（5）分析过程中可保持样品原有形态和晶形，样品不被破坏。显微红外光谱分析也是矿物岩石物相分析的有力工具。

6.6.2 红外碳硫分析仪

一、工作原理

红外碳硫分析仪利用 CO_2 和 SO_2 分别在 4.26 μm 和 7.4 μm 处具有特征吸收并遵循光吸收定律这一特性，通过高频感应炉将样品中的碳转化为二氧化碳、硫转化为二氧化硫，经净化后测量它们对特征波长的吸收，从而测定被测样品中碳、硫元素的百分含量。

二、仪器

红外碳硫分析仪根据燃烧方式的不同分为高频炉红外碳硫分析仪、管式炉红外碳硫分析仪及电弧炉红外碳硫分析仪，目前市场主流为高频炉红外碳硫分析仪。

高频炉红外碳硫分析仪使用高频感应炉（简称高频炉）加热，高频炉的加热方式是通过电子管振荡电路产生高频电磁场，然后加到样品之上，对样品进行感应，产生涡电流（涡流），从而使样品迅速升温熔化，所以称为高频感应炉。高频感应是一种先进的加热方式，因为只有在样品燃烧时才有高频功率输出，燃烧完成后，高频感应即停止。高频炉在启动后，不需要升温预热时间，可随时对样品进行分析。

高频炉有着十分优异的燃烧性能，碳、硫转化率均高于管式炉，其中碳可达 100%，硫可达 99% 以上。

高频炉的突出优点是对样品的适应性强，尤其是对管式炉、电弧炉难于燃烧的特种材料，例如，不锈钢、高铬、高锰钢、电热合金、中间合金、纯金属（Ni、Co、Cu 等），铁合金中的硅铁、铬铁、矿石、炉渣、烧结矿、油页岩、石墨、碳化钨、稀土材料及各种非金属原材料等，均有较好的燃烧效果。

高频炉燃烧性能稳定，操作方便，自动化程度高，与红外分析仪相配套。可取得准确可靠的碳硫分析结果。1989 年，高频燃烧 - 红外吸收法，已列为 ISO 标准（ISO 9556—1989、ISO 4935—1989），得到了国际分析检测领域的公认。

红外碳硫分析仪的核心部件是检测器。碳、硫检测分别采用独立的检测通道，使用两个独立的检测器。仪器选用高效、长寿命的贵金属微型红外光源及金属反射镜；调制系统采用单片机控制的高精度步进电机，达到了调制频率的长期稳定，采用红外热释电固体光锥型传感器、窄带滤光片、高精度 A/D 采样卡，使仪器有极高的检测灵敏度，可有效检测 10^{-6} 级的碳硫含量。现代仪器在气路设计中采用高压排灰、自动清扫、高精度流量控制及压力补偿等一系列有效的措施，结合全量程定标技术、重量线性补偿技术，使仪器拥有宽广的检测范围。

影响碳硫分析结果的主要因素包括：

（1）分析气流量。流量的稳定性对红外碳硫仪是至关重要的，特别是对于碳分析结果的影响。一般碳结果高低与流量呈以下规律：流量值变低，碳数据就偏高，释放曲线偏低偏胖；流量值变高，碳数据就偏低，释放曲线偏高偏瘦。影响流量值变化的主要因素有：氧气压力的稳定性、气路通畅性（灰尘多少）、是否漏气及流量计是否损坏等。

（2）粉尘吸附。做样越多，产生的粉尘就越多。粉尘是有害物质，不仅会对碳硫有吸附作用，过多的粉尘还会堵塞气路，造成气路不通畅。

（3）添加剂的选择。不同的材料选择不同的添加剂，高频炉红外碳硫分析仪一般性的金属材料使用钨粒即可，但一些特殊材料需还原性更强，热值更高的添加剂（如纯铁、纯铜、锡等）；电弧炉红外碳硫分析仪的常规添加剂为锡、纯铁、硅钼粉，可用于分析合金材料。

（4）氧气纯度及流量。纯氧可以助燃，纯度 99% 以上即可。氧气的输出压力控制在：电弧炉红外碳硫仪 0.05 MPa，高频炉红外碳硫分析仪 0.08 MPa 即可；流量控制在 1.5 L/min 即可。

（5）称样量的选择。一般的样品称样量在 0.1~0.5 g，如果是超低碳硫，可能需要加大称样量。

（6）其他。与添加剂的纯度、瓷坩埚空白值等有关，分析超低碳硫时影响很大。

根据 JJG 395—2016 要求，红外碳硫分析仪必须满足表 6-7 中所列各项指标的要求。

表 6-7 红外碳硫分析仪计量性能要求

项目名称	含碳量	最大允许误差	含硫量	最大允许误差
示值误差 /%（质量分数）	0.005~0.010	± 0.002	0.003~0.010	± 0.001
	>0.010~0.100	± 0.005	>0.010~0.100	± 0.005
	>0.100~1.000	± 0.010	>0.100~0.200	± 0.010
	>1.00~4.00	± 0.030		
重复性 /%	碳：≤0.8，硫：≤3.0			
分析时间	<1 min			

此方法具有结果准确（碳分析精度 RSD≤0.4%，硫分析精度 RSD≤1.2%）、灵敏度高（碳检出限≤0.4×10^{-6}、硫检出限≤0.5×10^{-6}）、分析快速（单样测定时间不超过 1 min）、测量范围宽（检测上限可达 100%）、抗干扰能力强等特点，高低碳硫含量均可使

用,是现代工业分析测定碳硫的必备仪器。

三、应用

红外碳硫分析仪主要用于冶金、机械、商检、科研、化工等行业中的黑色金属、有色金属、稀土金属无机物、矿石、陶瓷等物质中的碳、硫元素含量分析。测定时样品中的碳、硫在富氧条件下并利用助熔剂的作用在高温下加热,其中碳氧化为二氧化碳、硫氧化为二氧化硫气体。该气体经净化后进入相应的吸收池,它们会对特征的红外辐射进行吸收,由探测器接收后转化为电信号,经计算机处理输出结果。

【例 6.5】 高频红外碳硫分析仪测定钢铁中总碳、总硫(GB/T 20123—2006)。

本方法适用于钢铁中碳含量在 0.005%~4.3%,硫含量在 0.000 5%~0.33% 的样品的测定,本标准等同于国际标准 ISO15350—2000,本方法既能用于生产过程控制分析,也可用于产品质量检测。

仪器测量前,要按照厂家说明书进行安装,检查燃烧单元和测量单元的气密性,在仪器正式测量前,先至少用含有碳硫的样品按测定方案运行 5 次,以确保管路对碳硫的吸附达到饱和。试料粒度应大小一致,不能小于 0.4 mm,不能有油、油脂及其他污染物,尤其是使试料增碳、增硫的污染物。分析试料和标准样品的粒度应一致。污染或含碳量 <0.02% 的样品,测定前必须用丙酮等易挥发有机溶剂清洗,然后在 70~100 ℃干燥,实验室应确保不被增碳增硫物质污染。

仪器校正包括四个环节,分别是确定校准范围、调节测量系统响应、测量空白值和建立校正曲线。

并非每个实验室的测量任务都包含全部的测量范围,在实际工作中,碳的测定范围划分三个区间,分别为 0.005%~0.12%、0.10%~1.25%、1.0%~4.3%,硫的测定范围划分两个区间 0.000 5%~0.050%、0.03%~0.33%。各实验室可根据样品测定的实际需要选择校准的浓度范围。必须选用有证参考物质进行校准,校准时必须包括校准范围的最高浓度和最低浓度及至少两个四分位点,另选一个含碳量很低的有证参考物质来测量空白值。预烧坩埚可使空白值降低及变化量最小,因此,新买的坩埚通常在测定温度下预烧一定时间后使用。

选定一个含碳量已知的有证参考物质,如 0.05%,精确称量至 1 mg,称取选定质量的助熔剂。将其置于已经空烧过的坩埚中。按照仪器使用说明书,输入参考物质质量和空白值,重复分析参考物质直到读数稳定为止,再按厂家说明书调节信号至有证参考物质含碳量 0.003% 以内。这一过程称为调节测量池的响应。对每一台仪器若有多个测量池,必须依次调节。

仪器的每一个通道的测量条件必须相同,如坩埚空烧的温度和时间、助熔剂的种类和质量、样品的粒度和质量等。

对每一个仪器的测量范围都应进行空白值的测量,称取一种有证参考物质,加入一定质量的助熔剂,将有证参考物质的质量输入仪器质量补偿器,开始分析,重复三次以上,取平均值,再减去参考物质的含碳量即为空白值,若空白值 >0.002% 或标准偏差

>0.000 5%，则需找出原因并重新测定，直至空白值不大于 0.002% 且标准偏差不大于 0.000 5%。

根据仪器的测定范围，选取系列标准样品在仪器规定的条件下绘制工作曲线，仪器将自动生成工作曲线并报告线性相关系数。

同理，校正硫的测量池、测量硫的空白值、绘制硫的工作曲线。

样品测定时必须同时带控制样品，控制样品必须是有证参考物质，含量通常选择在校正曲线中间，当控制样品的结果符合准确度要求时（见表 6-8）进行样品测定，仪器会自动报告分析结果。平行测定的结果不超出重复性限（见表 6-9）的要求时取平均值报告样品的最终结果。

表 6-8 最大允许差

浓度 /%	允许差 /%	浓度 /%	允许差 /%	浓度 /%	允许差 /%
0.000 5	0.000 1	0.10	0.002	0.80	0.009
0.005 0	0.000 2	0.17	0.003	0.90	0.010
0.008 0	0.000 3	0.25	0.004	2.0	0.020
0.010 5	0.000 4	0.30	0.005	3.0	0.030
0.012 0	0.000 8	0.40	0.007	4.0	0.010
0.030	0.001	0.600	0.008	5.0	0.045

表 6-9 测定碳的重复性限

碳的质量分数 /%	重复性限	碳的质量分数 /%	重复性限	碳的质量分数 /%	重复性限
0.002	0.000 27	0.05	0.001 79	1.0	0.010 36
0.005	0.000 46	0.10	0.002 68	2.0	0.015 56
0.01	0.000 7	0.20	0.004 03	4.3	0.024 38
0.02	0.001 04	0.50	0.006 90		

思 考 题

1. 简述振动光谱的特点及它们在分析化学中的重要性。

2. 试述分子产生红外吸收的条件。为什么红外吸收峰少于基本振动的数目？

3. 根据经典力学振动模型，影响基团振动频率的主要因素是什么？它们是如何影响的？

4. 何谓基频、倍频及组合频？影响基团频率位移的因素有哪些？

5. 试述傅里叶变换红外光谱仪与色散型红外光谱仪的主要区别，前者具有哪些优点？

6. 在相同实验条件下，在酸、醛、酯、酰卤和酰胺类化合物中，排出 C=O 伸缩振动频率的大小顺序。

7. 红外光谱法对样品有何要求？如何对样品进行制备？

8. 红外光谱在定性分析和物质结构推测方面有哪些应用？如何推测物质结构？

9. 红外光谱如何进行定量分析？定量分析有何优点？

10. 简述红外碳硫分析仪的工作原理及其主要应用领域？

习　题

一、选择题

1. 并不是所有的分子振动形式其相应的红外谱带都能被观察到，这是因为(　　)。

A. 分子运动既有振动又有转动，太复杂

B. 分子中有些振动能量是简并的

C. 分子中有 C、H、O 以外的原子存在

D. 分子某些振动 $\Delta\mu=0$

2. Cl_2 分子在红外光谱图上基频吸收峰的数目为(　　)。

A. 0　　B. 1　　C. 2　　D. 3

3. 苯分子的振动自由度为(　　)。

A. 18　　B. 12　　C. 30　　D. 31

4. 水分子有几个红外谱带，波数最高的谱带对应于何种振动？(　　)

A. 2 个，不对称伸缩　　B. 4 个，弯曲

C. 3 个，不对称伸缩　　D. 2 个，对称伸缩

5. 不考虑费米共振与生成氢键，下列基团的伸缩振动频率最小的是(　　)。

A. C—H　　B. N—H　　C. O—H　　D. F—H

6. 在含羰基的分子中，增加羰基的极性会使分子中该键的红外吸收带(　　)。

A. 向高波数方向移动　　B. 向低波数方向移动

C. 不移动　　D. 稍有振动

7. 下列化合物 C—O 伸缩振动频率最高的是(　　)。

A. R—CO—R′　　B. R—CO—Cl　　C. R—CO—F　　D. F—CO—F

8. 下面四种气体中不吸收红外光谱的有(　　)。

A. H_2O　　B. CO_2　　C. CH_4　　D. N_2

9. 苯分子在红外光谱图上有(　　)个吸收峰。

A. 2　　B. 4　　C. 8　　D. 16

10. 红外定量分析所选吸收峰的透光率一般控制在(　　)。

A. 0~10%　　B. 10%~80%　　C. 20%~80%　　D. 30%~70%

二、判断题

1. 四氯乙烯分子在红外光谱上没有 ν(C═C)吸收带。

2. 分子振动频率对应近红外区。

3. 在红外光谱分析中，对不同的分析样品（气体、液体和固体）应选用相应的吸收池。

4. 波数是一个能量单位。

5. 由于简并等原因，分子的红外吸收峰的数目总是少于基本振动数目。

6. CO_2 分子中的 O=C=O 反对称伸缩振动不产生红外吸收带。

7. 分子中 $\Delta\mu=0$ 的振动会产生拉曼光谱

8. 傅里叶变换红外光谱仪常用的红外光源是硅碳棒和高压汞灯。

9. 傅里叶变换红外光谱仪可在 1 s 内获得一个样品的红外光谱图，色散型红外光谱仪获得一个样品的红外光谱图需要数小时。

10. 氯化钠、溴化钾可制成红外透光窗片，其中氯化钠是分析的基准物质，常用作红外稀释剂。

11. 二硫化碳和四氯化碳是红外分析两个常用的溶剂，因为它们在中红外光区不吸收红外光。

12. 选用 KBr 作红外光谱测定稀释剂是因为它在中红外光区不产生吸收，可绘制全波段红外光谱图。

13. 钢铁中碳硫分析国家标准要求标准系列配制 9 个点。

14. 为了防止红外碳硫分析仪管路对碳硫气态化合物的吸收，样品测定前应先用含碳硫的样品按测定方法运行 2 次。

15. 现代红外碳硫分析仪的检测下限碳可达 0.000 04%、硫可达 0.000 05%，上限可达 100%。

三、图谱解析及计算

1. 某化合物的化学式为 $C_{11}H_{16}O$，试从其红外谱图（图 6-16）推测其结构。

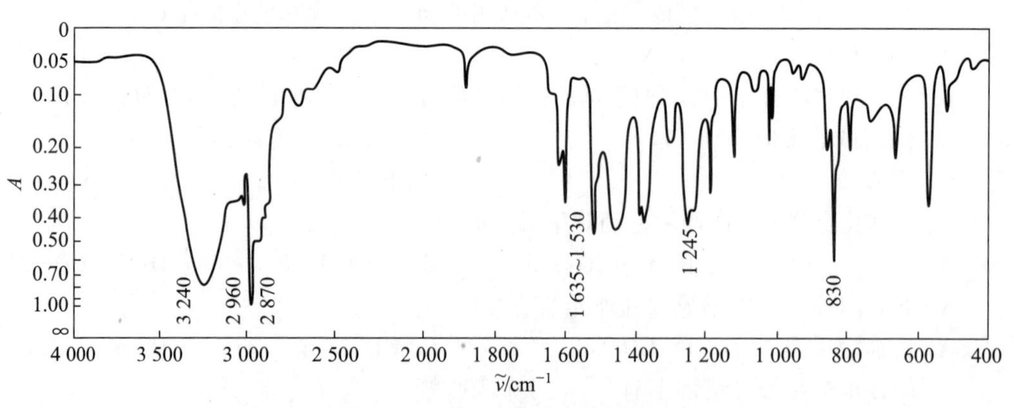

图 6-16　某化合物的红外光谱图

参考答案

2. HF 中化学键的力常数约为 9.0 N/cm，试计算：

（1）HF 的振动吸收峰波数。

（2）DF 的振动吸收峰波数。（$D={}^{2}H$）

第七章　原子吸收光谱法

7.1　概　　述

原子吸收光谱分析是基于气态被测元素原子或原子团对其特征辐射的吸收进行定量分析的方法。原子吸收现象最早在1802年就被人们发现,当时科学家在研究太阳的连续光谱时发现许多暗线,进一步研究得知这是太阳外围低温基态氢原子对太阳发射的连续光谱产生吸收导致的,这是对原子吸收现象最早的观察和研究。但是,原子吸收光谱分析作为一种实用的检测技术是在1955年以后。这一年澳大利亚的物理学家瓦尔西(Walsh A)发表了著名论文《原子吸收光谱在分析化学中的应用》。论文提出可以利用锐线光源,以测定峰值吸收代替积分吸收解决原子吸收的实际测量问题,从而奠定了原子吸收光谱分析的理论基础。1959年,苏联科学家里沃夫(L'vov)发明了非火焰原子吸收光谱法,扩展了原子吸收光谱法的应用范围,提高了分析的灵敏度。1965年,威尔茨(Willis J B)发明了氧化亚氮-乙炔火焰,将火焰温度提高到2 800 ℃,解决了大约35个亲氧元素在空气-乙炔火焰中难以解离的问题,将火焰原子吸收法可测量的元素增加了一倍。到20世纪60年代中期,原子吸收光谱法得到迅速发展,已被广泛应用。20世纪70年代以后塞曼效应(Zeeman effect)校正背景法的出现,解决了高背景低含量元素的测定问题。计算机技术在原子吸收光谱分析中的应用,使仪器的自动化程度大大提高,极大提高了工作效率。2004年,高能氙灯连续光谱的出现,使原子吸收光谱法不再受限于一次测定一个元素。另外,中阶梯光栅的应用、波长调制技术都使原子吸收光谱仪器更趋完美。原子捕集法、脉冲进样技术的应用使火焰原子吸收光谱法的灵敏度和检出限得到了进一步改善。基体改进剂、石墨炉加压原子化、石墨管涂层技术、微波在线消解技术、流动注射在线分离富集技术、悬浮物进样技术等的应用,使这门分析技术日益完善。

原子吸收光谱分析也有一些不足之处。锐线光源一个样品一次只能测定一个元素,常规空气-乙炔火焰不能测定亲氧的难解离金属元素,一些共振线处于真空紫外区的元素也不能直接测定。非火焰原子化法虽然灵敏度很高,但准确度和精密度相对较差。2004年虽有多元素同时测定仪器面世,但与ICP相比,多元素同时测定还是存在较大差距。

7.2 基本原理

7.2.1 原子吸收光谱的产生

基态原子吸收其共振辐射，外层电子由基态跃迁至激发态而产生原子吸收光谱。原子吸收光谱位于光谱的紫外区和可见区。

根据热力学原理，在一定温度下达到热平衡时，气态原子基态与激发态原子数的比例遵循玻尔兹曼分布定律：

$$\frac{N_i}{N_0}=\frac{g_i}{g_0}\exp\left(-\frac{E_i}{KT}\right) \tag{7-1}$$

式中 N_0 为基态原子数；N_i 为 i 激发态原子数；g_i、g_0 为两能级的统计权重；E_i 为两能级的能量差，一定条件下它们的值是已知的，式（7-1）可计算一定温度下的 N_i/N_0。

由表 7-1 可以看出，温度越高，N_i/N_0 越大。在原子吸收光谱法中，原子化温度一般小于 3 000 K，N_i/N_0 值绝大部分在 10^{-3} 以下，激发态和基态原子数之比小于千分之一。因此，可以认为基态原子数 N_0 近似地等于总原子数 N。从这里也可看出原子吸收光谱法灵敏度高的原因所在。

表 7-1 某些元素共振线的 N_i/N_0

元素	λ/nm	E_i/eV	g_i/g_0	N_i/N_0			
				2 000 K	3 000 K	4 000 K	10 000 K
Na	589.0	2.10	2	9.9×10^{-6}	5.8×10^{-4}	4.4×10^{-3}	2.6×10^{-1}
Ca	422.7	2.93	3	1.2×10^{-7}	3.7×10^{-5}	6.0×10^{-4}	1.0×10^{-1}
Zn	213.9	5.80	3	7.5×10^{-15}	5.5×10^{-10}	1.5×10^{-7}	3.6×10^{-3}

原子吸收光谱线并不是严格意义上的几何线（几何线无宽度），而是有一定的频率或波长范围，即有一定的宽度。谱线轮廓（line profile）是谱线强度随频率（或波长）的变化曲线。习惯上用吸收系数 K_ν 随频率的变化来描述，详见图 4-2。

7.2.2 原子吸收光谱的测量

一、积分吸收

图 7-1 为吸收线轮廓，吸收线轮廓与 I_0 的连线内包含的面积称为积分吸收，它表示吸收的全部能量。从理论上可以得出，积分吸收与原子蒸气中吸收辐射的原子数成正比，数学表达式为

$$\int k_\nu \mathrm{d}\nu = \frac{\pi e^2}{mc} N_0 f \tag{7-2}$$

式中 e 为电子电荷；m 为电子质量；c 为光速；N_0 为单位体积内基态原子数；f 为振子强度，振子强度是指被入射辐射激发的原子数与总原子数之比，表示吸收跃迁的概率。式（7-2）是原子吸收光谱法的重要理论依据。若能测定积分吸收，则可求出原子浓度。但是，测定谱线宽度仅为 10^{-3} nm 的积分吸收，需要分辨率很高的光谱仪器，这在当时是难以做到的。若光源发射的是强度一定的连续光谱，被样品吸收的光只占光源发射的光的很小部分，导致测定灵敏度很低，这也是 200 多年前就已发现了原子吸收现象，却一直到 20 世纪 50 年代 Walsh A 提出用锐线光源才真正解决原子吸收的实际测量问题。21 世纪初，随着科学技术的进步，发明了高强度连续光源，已经可以用连续光源同时测定一个样品中的多个元素。

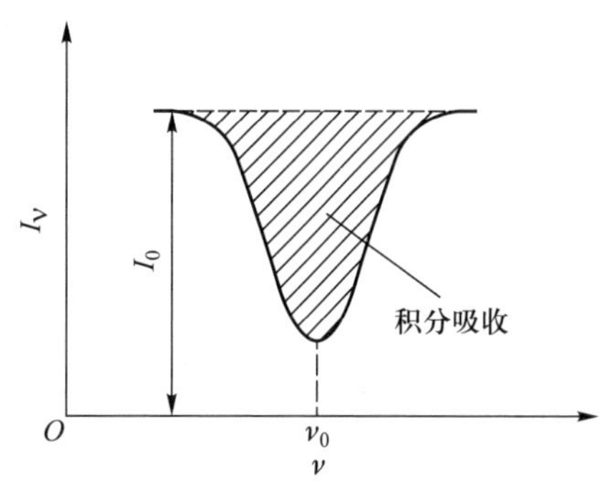

图 7-1 积分吸收示意图

二、峰值吸收

1955 年 Walsh A 提出，在温度不太高的稳定火焰条件下，峰值吸收系数与火焰中被测元素的原子浓度成正比。吸收线中心波长处的吸收系数 K_0 为峰值吸收系数，简称峰值吸收（peak absorption）。前面指出，在通常原子吸收测定条件下，原子吸收线轮廓取决于多普勒宽度，峰值吸收系数为

$$K_0 = \frac{2}{\Delta\nu_D}\sqrt{\frac{\ln 2}{\pi}} \frac{\pi e^2}{mc} N_0 f \tag{7-3}$$

可以看出，峰值吸收系数与原子浓度成正比，只要能测出 K_0，就可得到 N_0。

三、锐线光源

由上所述，峰值吸收的测定是至关重要的，Walsh A 还提出用锐线光源（sharp line source）测量峰值吸收，从而解决了原子吸收的实际测量问题。

锐线光源是发射线半宽度远小于吸收线半宽度的光源，如空心阴极灯。发射线与吸收线的中心频率一致，在发射线中心频率 ν_0 的很窄的频率范围内，K_ν 随频率的变化很小，可以近似地视为常数，并且等于中心频率处的吸收系数 K_0，如图 7-2 所示。

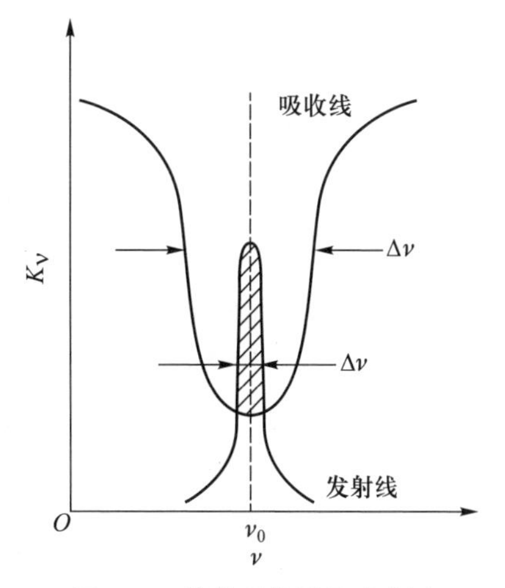

图 7-2 峰值吸收测量示意图

四、原子吸收光谱分析的基本关系式

在实际分析工作中，既不直接测量峰值吸收 K_0，也不测量原子数，而是测量吸光度来求出样品中被测元素的含量。强度为 I_0 的某一波长的辐射通过均匀的原子蒸气时，根据光吸收定律：

$$I = I_0\exp(-K_0 l) \tag{7-4}$$

式中 I_0 与 I 分别为入射光与透射光的强度；K_0 为峰值吸收系数；l 为原子蒸气吸收层厚度。根据吸光度的定义，有

$$A = \lg\frac{I_0}{I} = 0.434\ 3K_0 l \tag{7-5}$$

将式(7-3)代入式(7-5)，得

$$A = 0.434\ 3\frac{2}{\Delta\nu_D}\sqrt{\frac{\ln 2}{\pi}}\frac{\pi e^2}{mc}flN_0 \tag{7-6}$$

在原子吸收测定条件下，如前所述原子蒸气中基态原子数 N_0 近似地等于原子总数 N。在实际测量中，要测定的是样品中某元素的含量，而不是蒸气中的原子总数。但是，实验条件一定，被测元素的浓度 c 与原子蒸气中原子总数保持一定的比例关系，即

$$N_0 = ac \tag{7-7}$$

式中 a 为比例常数。代入式(7-6)中，则

$$A = 0.434\ 3\frac{2}{\Delta\nu_D}\sqrt{\frac{\ln 2}{\pi}}\frac{\pi e^2}{mc}flac \tag{7-8}$$

实验条件一定，各有关的参数都是常数，吸光度为

$$A = Kc \tag{7-9}$$

式中 K 为比例常数。式(7-9)表明，吸光度与样品中被测元素的含量成正比。这是原子吸收光谱法定量分析的理论基础。

7.3 原子吸收分光光度计

原子吸收光谱仪习惯上被称为原子吸收分光光度计，依次由光源、原子化器、单色器、检测器、信号处理与显示记录等部件组成。原子吸收光谱仪有单光束和双光束两种类型。图7-3(a)为单光束型，这种仪器结构简单，但它会因光源不稳定而引起基线漂移。前置稳压电源能有效提高光源的稳定性，因此，它仍然是目前市场销售的主要商品仪器。

由于原子化器中被测原子对辐射的吸收与发射同时存在，同时火焰组分也会发射带状光谱。这些来自原子化器的连续辐射干扰检测，必须消除。干扰辐射都是直流信号。为了消除直流辐射的发射干扰，必须对光源进行调制。可用机械调制，即在光源后

加一扇形板（切光器），将光源发出的辐射调制成具有一定频率的辐射，检测器接收到交流信号后，采用交流放大器将发射的直流信号分离掉。也可对空心阴极灯光源采用脉冲供电，不仅可以消除发射的干扰，还可提高光源发光的强度与稳定性，降低噪声，现在光源多使用这种供电方式。

图 7–3（b）为双光束型仪器，光源发出的光被切光器分成两束，一束用作测量光束，一束作为参比光束（不经过原子化器）。两束光交替地进入单色器，然后进行检测。由于两束光来自同一光源，可以通过参比光束的作用，克服光源不稳定造成的漂移的影响，能够做到即开即用，提高分析效率，但仪器价格略贵。

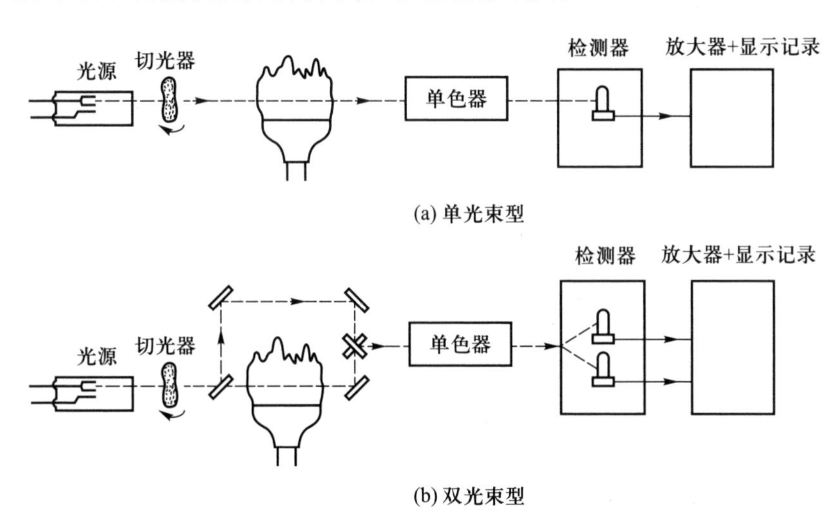

图 7–3 原子吸收分光光度计示意图

7.3.1 光源

光源的作用是发射被测元素的共振辐射。对光源的要求是：发光稳定，辐射强度大，背景小、波长范围窄（锐线光源）。目前应用最广泛的是空心阴极灯。

一、空心阴极灯

空心阴极灯（hollow cathode lamp，HCL）是一种辐射强度较大、稳定性好的锐线光源。它是一种特殊的辉光放电管，如图 7–4 所示。灯管外壳由硬质玻璃制成，前端用石英做成光学窗口。两根钨棒封入管内，一根连有由钛、锆等有吸气性能金属制成的阳极；另一根上是镶有一个圆筒形的空心阴极，在空心圆筒内衬上或熔入被测元素的纯金属、合金，它们能发射出被测元素的特征光谱，因此，有时也被称为元素灯。元素灯一次只能测定一个元素，若阴极材料为合金则为多元素灯，有可能分别测定 2~3 个合金构成元素。管内先抽真空，再充入几百帕低压的惰性气体氖或氩，称为载气。在空心阴极灯两极间施加几百伏电压，阴极首先产生热电子发射，发射的电子在电场作用下加速奔向阳极，并与载气碰撞使其电离，电离产生的 Ar^+ 在电场作用下加速奔向阴极，使阴极表面的金属原子溅射出来，产生“阴极溅射”效应。溅射出来的原子聚集在空心阴极内，再与离子、电子等碰撞而被激发发光，发射被测元素的特征光谱。

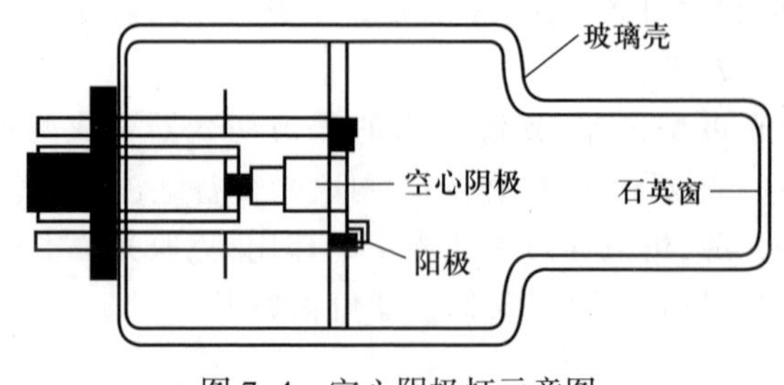

图 7-4 空心阴极灯示意图

由于灯的工作电流一般在几毫安至几十毫安，与原子化火焰相比阴极温度不高，所以多普勒变宽效应较小。灯内的气体压力很低，洛伦兹变宽也可忽略，且自吸现象小。因此，在正常工作条件下，空心阴极灯发射出半宽度很窄的特征锐线光谱。

二、高强度空心阴极灯

普通空心阴极灯的原子溅射效率高，光谱激发效率并不高，只有一部分原子被激发发光。高强度空心阴极灯（high-intensity hollow cathode lamp，HI-HCL）是在普通空心阴极灯内增加一对涂有电子敏化材料的辅助电极，以分别控制原子溅射和光谱激发过程。它可以使溅射出来的原子二次被激发，从而提高光谱的激发效率，提高谱线强度。

三、无极放电灯

大多数元素的空心阴极灯具有较好的性能，是当前最常用的光源。但对于砷、硒、碲、铅、铋、锗、锡等易挥发、低熔点的元素，它们易溅射，但难激发。这些元素的无极放电灯（electrodeless discharge lamp，EDL）的特征谱线强度比空心阴极灯强，谱线宽度窄，光谱纯度好，但一般情况下稳定性和寿命不如空心阴极灯。

图 7-5 是无极放电灯的结构示意图。将数毫克被测元素卤化物封在一个长 30~100 mm、内径为 3~15 mm 的真空石英管内，管内充几百帕压力的氩气。石英管被牢固地放在一个高频发生器线圈内。灯内没有电极，用高频电场激发出被测元素的特征光谱。它是低压放电，称为无极放电灯。

已有商品无极放电灯的元素是：锑、砷、铋、镉、铯、铅、汞、锗、铷、硒、锡、碲、铊、锌和磷等。特别是磷无极放电灯，它是目前用原子吸收法测定磷的唯一实用的光源。

四、高能氙灯

采用特制的高聚焦短弧氙灯（hot-spot Xe lamp）作为连续光源。该灯是一个气体放电光源，灯内充有高压氙气，在高频高电压激发下形成高聚焦弧光放电，辐射出从紫外线到近红外的强连续光谱。能量比一般氙灯大 10~100 倍，电极距离 <1 mm，发光点只有 200 μm，发光点温度 10 000 K。图 7-6 是高能氙灯示意图。可作现代多元素连续测定原子吸收分光光度计的光源。

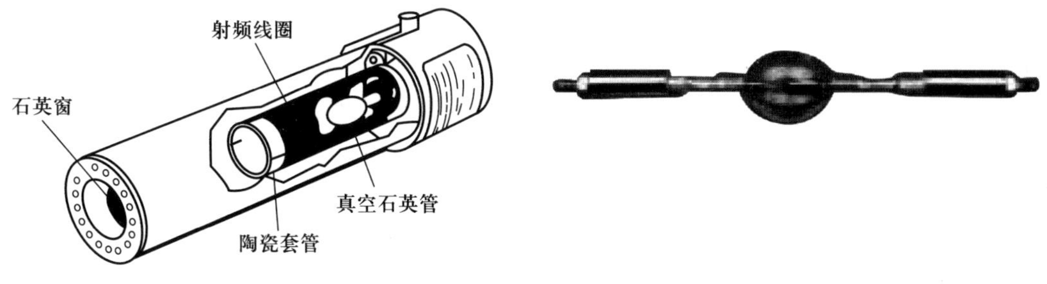

图 7-5　无极放电灯结构示意图

图 7-6　高能氙灯示意图

五、氘灯

氘灯是用于背景校正的连续光源,可发射 190~430 nm 的连续光谱。

7.3.2　原子化器

原子化器的功能是提供能量,使样品干燥、蒸发并原子化。原子化器通常分为火焰原子化器和非火焰原子化器(也称石墨炉原子化器)两大类。

一、火焰原子化器

火焰原子化器(flame atomizer)是由化学火焰的燃烧热提供能量,使被测元素原子化。火焰原子化器应用最早,而且至今仍在广泛应用。

1. 预混合型火焰原子化器的结构

预混合型火焰原子化器的结构如图 7-7 所示,它分为三部分:雾化器、预混合室和缝式燃烧器。

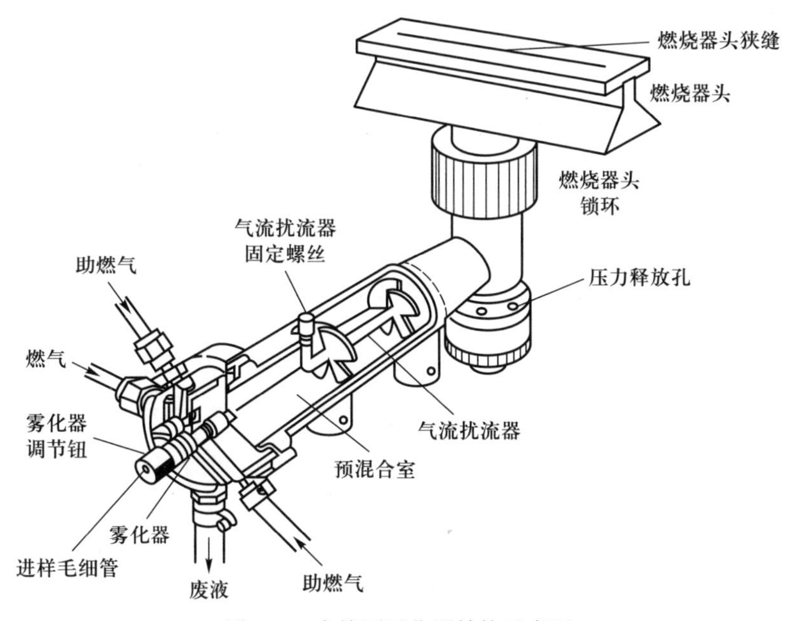

图 7-7　火焰原子化器结构示意图

（1）雾化器。它的作用是将样品的溶液雾化，供给细小的雾滴。试液进入火焰中细小雾滴的量除以雾化器提升的试液的量称为雾化效率。雾化效率越高则测定的灵敏度越高。雾化效率除了与雾化器的性能有关，还与试液的物理性质（如黏度、密度）有关。目前多采用同心型气动喷雾器，如图 7-7 所示，在雾化器出口制作一个喷嘴，在喷嘴前装有撞击球，进样毛细管位于喷嘴中心并与喷嘴共用同一个圆心。利用高速气流形成的负压将试液提升，并在喷嘴将液滴撕裂，再高速撞击前方撞击球使试液进一步雾化，喷出微米级直径雾粒的气溶胶。撞击球后方是预混合室，其间装有扰流器，它对较大的雾滴有阻挡作用，使其凝聚并沿室壁流入废液管排出；扰流器还有类似搅拌的作用，使气溶胶混合均匀，火焰稳定，从而降低仪器噪声。目前这种气动雾化器的雾化效率在 10%~15%。它是影响火焰原子化法灵敏度提高的重要原因之一。

（2）燃烧器。其作用是产生火焰，使进入火焰的样品气溶胶溶剂蒸发、样品脱溶剂、灰化和原子化。其关键指标是样品中待测元素的原子化效率。原子化效率是指火焰中待测元素基态原子的量占进入火焰中待测元素总量的百分比。原子化效率与火焰的种类、配比、样品本身的组成密切相关，火焰中不同部位原子化效率也不同。燃烧器多用不锈钢制成，采用单缝沟面构型。燃烧器应能旋转一定的角度，以便可根据浓度选择吸收光程长度；高度也能上下调节，以便选择原子化效率最高的火焰部位进行测量。

预混合型原子化器的优点是：重现性好，能提供稳定和可重复性燃烧条件，燃烧器吸收光程长，有足够的灵敏度，干扰少等。缺点是雾化效率比较低。火焰中原子化效率也较低，化学计量的空气 – 乙炔火焰的原子化效率在 1% 左右。

2. 火焰的基本特性

（1）燃烧速度。燃烧速度是指火焰由着火点向可燃混合气体传播的速度，它影响火焰的安全操作和燃烧的稳定性。要使火焰稳定，可燃混合气体供气速度应等于或稍大于燃烧速度。若供气速度过大，会使火焰离开燃烧器，变得不稳定，甚至吹灭火焰；供气速度过小，则会引起回火。

（2）火焰温度。不同类型的火焰，其温度是不同的，见表 7-2。

表 7-2　几种常用火焰的燃烧特性

燃气	助燃气	最高燃烧速度 /（$cm \cdot s^{-1}$）	最高火焰温度 /℃
乙炔	空气	158	2 250
乙炔	氧化亚氮	160	2 700
氢气	空气	310	2 050
丙烷	空气	82	1 920

（3）火焰的燃气与助燃气比例。按两者比例的不同，可将火焰分为三类：化学计量火焰、富燃火焰、贫燃火焰。

化学计量火焰。燃气与助燃气之比按化学反应计量关系配给，火焰中燃气与助燃气刚好反应完全，火焰呈中性，又称为中性火焰。这类火焰稳定、干扰小、温度最高、背景低，适合于许多元素的测定。

富燃火焰。指燃气比例大于化学计量的火焰。其特点是燃烧不完全,干扰较多,背景高。温度略低于化学计量火焰,具有还原性,适合于易生成难解离氧化物的元素测定。

贫燃火焰。指助燃气比例大于化学计量的火焰。它的温度低于化学计量火焰,有较强的氧化性,有利于测定易解离、易电离的元素,如碱金属。

(4)火焰的分层。火焰的最下层在燃烧器缝口为预热区,主要是样品雾滴溶剂的蒸发。往上是第一反应区,燃气和助燃气在该区域开始燃烧反应,温度不断升高,样品在此区域熔融、蒸发。再往上称为中间层,燃气和助燃气在此区域刚好反应完全,火焰温度最高,样品解离为基态原子,这一区域基态原子密度最大,是原子吸收测量的观测区。最上层的火焰称为第二反应区,不断有冷空气进入,火焰温度下降,已经解离的物质开始复合,不适合作为测量的观测区。每一种火焰都有其自身的温度分布。同时每一种元素在一种火焰中,不同的观测高度其吸光度值也会不同。因此,在火焰原子化法测定时要选择合适的观测高度。

(5)火焰的光谱特性。火焰的光谱特性是指没有样品进入时,火焰本身对光源辐射的吸收,火焰的光谱特性决定于火焰的成分,并限制了火焰应用的波长范围。

(6)现在常用的火焰。最常用的是空气 - 乙炔火焰,它的火焰温度较高,燃烧稳定,噪声小,重现性好。分析线波长大于 230 nm,可用于碱金属、碱土金属、贵金属等 30 多种元素的测定。另一种是氧化亚氮 - 乙炔火焰,它的温度高,是目前唯一能广泛应用的高温火焰。它干扰少,具有很强的还原性,可以使许多难解离的氧化物分解并原子化,如铝、硼、钛、钒、锆、稀土等。它可测定 70 多种元素,温度高,易使被测原子电离,同时燃烧产物 CN 易造成分子吸收背景。

火焰原子化器操作简单,火焰稳定,重现性好,精密度高,应用范围广。但它原子化效率低,只能液体进样。

二、非火焰原子化器

非火焰原子化器也称炉原子化器(furnace atomizer),大致分为两类:电加热石墨炉(管)原子化器和电加热石英管原子化器。

1. 电加热石墨炉原子化器

电加热石墨炉原子化器简称石墨炉原子化器,其工作原理是大电流通过石墨管产生高温使样品原子化。这种方法又称为电热原子化法。石墨管管长约 28 mm,管内径不超过 8 mm,管中间的小孔为进样孔,直径小于 2 mm。图 7-8 为石墨炉原子化器结构示意图,由图可见,石墨管装在炉体中。石墨炉由电源、保护气系统、石墨管炉等三部分组成。电源电压 10~25 V,电流 250~500 A,一般最大功率不超过 5 000 W,石墨管温度最高可达 3 300 K。

光源发出的光从石墨管中穿过,管内外都有保护性气体通过,通常采用惰性气体氩气,有时也用氮气。管外的气体保护石墨管不被氧化、烧蚀。管内氩气由两端流向管中心,由中心小孔流出,它可除去测定过程中产生的基体蒸气,同时保护已经原子化了的原子不再被氧化。在炉体的夹层中还通有冷却水,使达到高温的石墨炉在完成一个样品的分析后,能迅速回到室温。

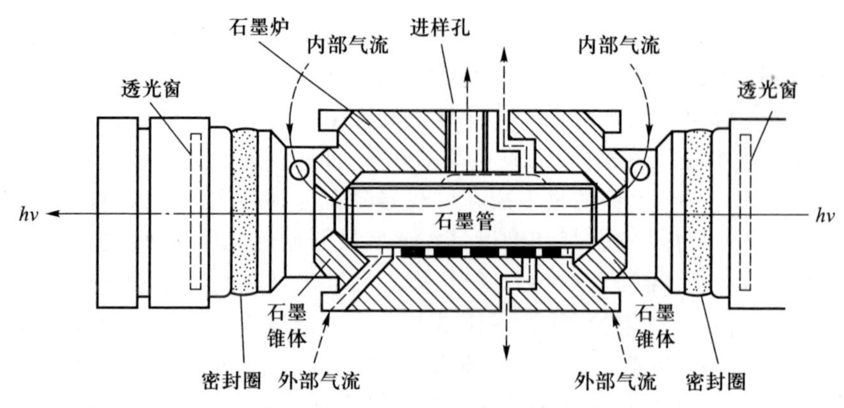

图 7-8　石墨炉原子化器结构示意图

石墨炉电热原子化法，其过程分为 4 个阶段，即干燥、灰化、原子化和净化，可在不同温度下、不同时间内分步进行。同时其温度可控，时间可控。由图 7-9 可见，石墨炉升温的程序，温度随时间的变化可沿实线或虚线进行。干燥温度一般稍高于溶剂沸点，其目的主要是去除溶剂，以免溶剂存在导致灰化和原子化过程飞溅。灰化是为了尽可能除掉易挥发的基体和有机物，保留被测元素。原子化过程应通过实验选择出最佳温度与时间。温度可达 2 500~3 000 ℃。在原子化过程中，应停止氩气通过，以延长原子在石墨炉中的停留时间。净化为一个样品测定结束后，用比原子化阶段稍高的温度加热，以除去样品残渣，净化石墨炉。石墨炉的升温程序是计算机控制完成的，进样后原子化过程按程序自动进行。

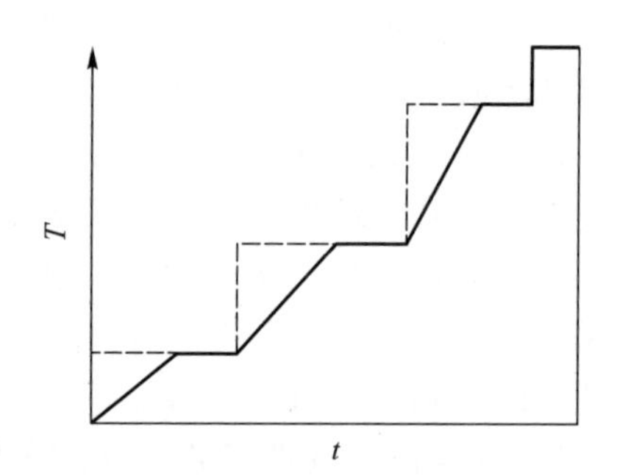

图 7-9　石墨炉程序升温示意图

石墨炉原子化器的优点是：

（1）检出限低，可达 10^{-14}~10^{-12} g。比火焰原子化法低 3~4 个数量级。

（2）原子化是在强还原性介质与惰性气体中进行的，有利于破坏难熔氧化物和保护已原子化的自由原子不被重新氧化，自由原子在石墨管内平均停留时间长，可达 1 s 甚至更长。

（3）可直接以溶液、固体进样，进样量少，通常溶液为 5~50 μL，固体样品为 0.1~10 mg。

（4）可在真空紫外区进行原子吸收光谱测定。

（5）可分析元素范围广。

石墨炉原子化器的缺点是：基体效应、化学干扰较多；有较强的背景，测量的重现性较差。

2. 电加热石英管原子化器

石英管原子化器是将气态分析物引入石英管内，在较低温度下实现原子化，该方法又称为低温原子化法。它主要是与蒸气发生法配合使用。蒸气发生法是将被测元素通过化学反应转化为挥发态，包括氢化物发生法、汞蒸气法等。氢化物发生法是应用最多的方法。

图 7-10 是石英管原子化器装置。在石英管外缠绕电炉丝，光路穿过石英管。气体被载气带入石英管中。受石英材料熔点的限制，管体温度不能超过 1 500 K。

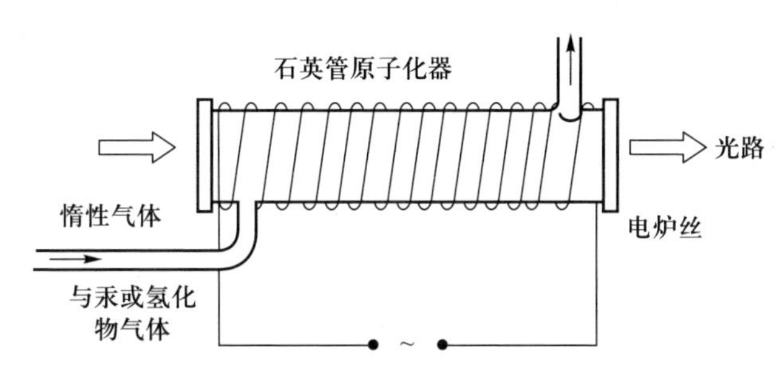

图 7-10 电热石英管原子化器示意图

汞蒸气与氢化物的产生，通过在样品溶液中加入硼氢化钠或硼氢化钾作还原剂，在一定酸度下产生汞蒸气或氢化物，反应速率很快。测汞时反应过程中产生的氢气本身又可作为载气，将汞蒸气带入石英管中进行测定。生成易挥发性氢化物的元素有镓、锗、锡、铅、砷、锑、铋、硒和碲，生成的氢化物如 AsH_3、SnH_4、BiH_3 等。这些氢化物经载气送入石英管中，经加热分解成相应的基态原子。氢化物发生法可将被测元素从样品中分离出来并得到富集，一般不受样品中共存的基体干扰，选择性好，进样效率高，检出限低，优于石墨炉法。氢化物发生法的技术还可以应用到石墨炉原子化器、原子荧光光谱分析、ICP 原子发射光谱及气相色谱分析中。

7.3.3 单色器

单色器由入射和出射狭缝、反射镜和色散元件组成。色散元件使用平面闪耀光栅，单色器可将被测元素的共振吸收线与邻近谱线分开。单色器置于原子化器后边，防止原子化器发射的干扰辐射进入检测器，也可避免光电倍增管疲劳。

7.3.4 检测系统

检测系统由检测器、信号处理器和指示记录器组成。

通过检测器将微弱光信号转换为可测的电信号，通常用的光电转换器为光电倍增管（PMT），其原理在第 4 章已做介绍。通过信号处理器分离出所需要测量的电信号，并通过显示器实现人机对话，读取吸光度或元素浓度表示的测定值。

目前所见到的多元素同时测定光谱仪的商品仪器，检测器是电荷转移器件，电荷注入检测器（CID）和电荷耦合检测器（CCD）。

检测系统应具有较高的灵敏度和较好的稳定性，并能及时跟踪吸收信号的急剧变化。

7.3.5 背景校正装置

背景校正装置是用户选购的配件,能有效消除火焰中连续背景对测定的影响,常见的有氘灯校正背景技术和塞曼效应(Zeeman effect)校正背景技术。

一、利用氘灯连续光源校正背景吸收

目前生产的原子吸收光谱仪都配有连续光源自动校正背景装置。

图 7-11 为氘灯背景校正器光路示意图,切光器可使锐线光源与氘灯连续光源交替进入原子化器。锐线光源测定的吸光度值为原子吸收与背景吸收的总吸光度。连续光源所测吸光度为背景吸收,因为在使用连续光源时,被测元素的共振吸收相对于总入射光强度是可以忽略不计的,因此,连续光源的吸光度值即为背景吸收。将锐线光源吸光度值减去连续光源吸光度值,即为校正背景后的被测元素的吸光度值。

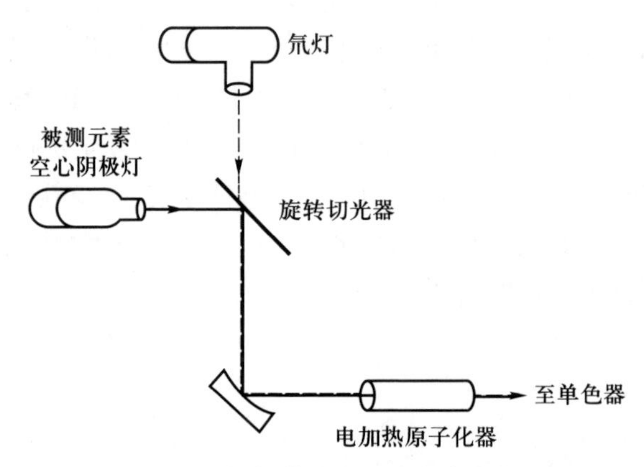

图 7-11 氘灯背景校正器光路示意图

二、塞曼效应校正背景法

塞曼(Zeeman)效应是指在磁场作用下简并的谱线发生分裂的现象。塞曼效应背景校正法是磁场将吸收线分裂为具有不同偏振方向的组分,利用这些分裂的偏振成分来区别被测元素和背景的吸收。塞曼效应校正背景法分为两类:光源调制法与吸收线调制法。光源调制法是将强磁场加在光源上,吸收线调制法是将磁场加在原子化器上,后者应用较广。调制吸收线有两种方式,即恒定磁场调制方式和可变磁场调制方式。

恒定磁场调制方式。如图 7-12 所示,在原子化器上施加一个恒定磁场,磁场垂直于光束方向。在磁场作用下,由于塞曼效应,原子吸收线分裂为 π 和 $\sigma\pm$ 组分:π 组分平行于磁场方向,波长不变;$\sigma\pm$ 组分垂直于磁场方向,波长分别向长波与短波方向移动。这两个分量之间的主要差别是:π 分量只能吸收与磁场平行的偏振光;而 $\sigma\pm$ 分量只能吸收与磁场垂直的偏振光,而且很弱。引起背景吸收的分子完全等同地吸收平行与垂直的偏振光。光源发射的共振线通过偏振器后变为偏振光,随着偏振器的旋转,某

一时刻平行磁场方向的偏振光通过原子化器吸收线 π 组分和背景都产生吸收。测得原子吸收和背景吸收的总吸光度。另一时刻垂直于磁场的偏振光通过原子化器,不产生原子吸收,此时只有背景吸收。两次测定吸光度值之差,就是校正了背景吸收后的被测元素的净吸光度值,如图 7-13 所示。

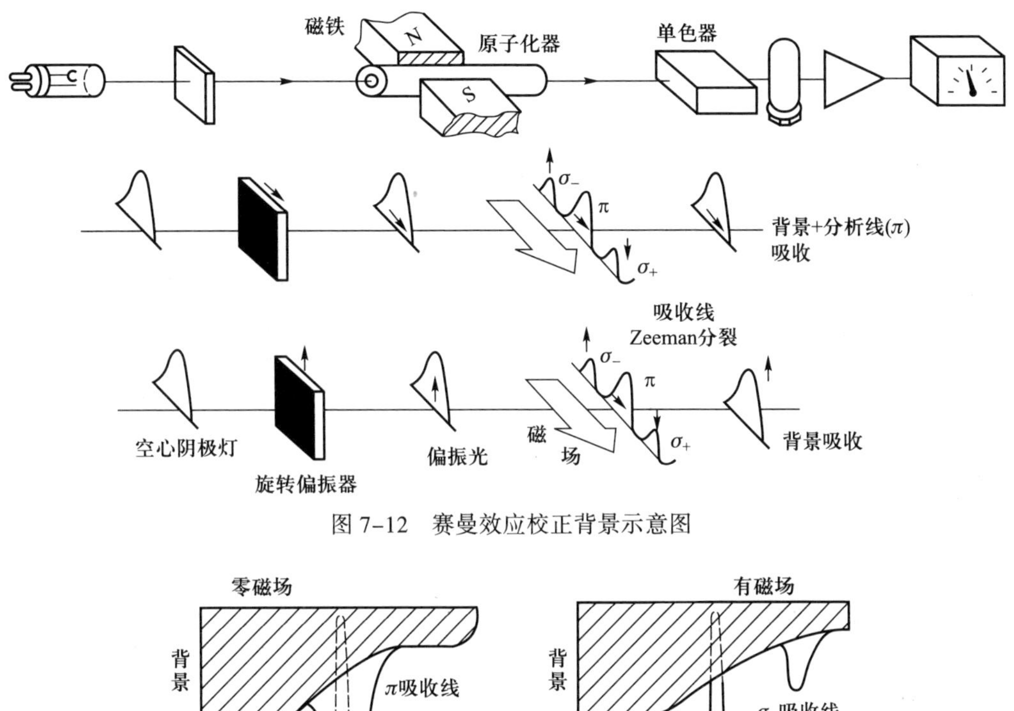

图 7-12　赛曼效应校正背景示意图

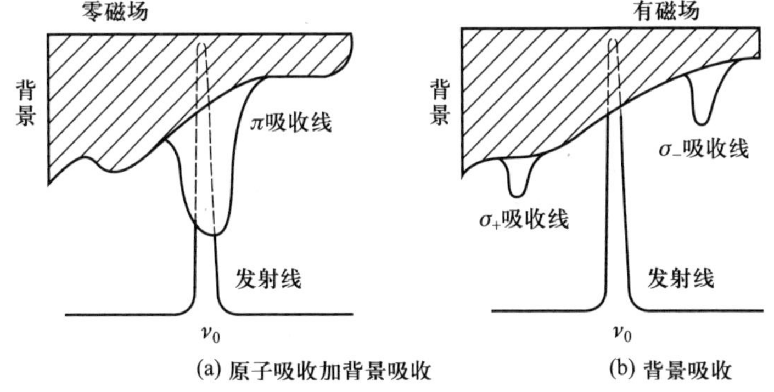

图 7-13　光源发射线与磁场中吸收线的 Zeeman 分裂

7.3.6　附属设备

根据需要原子吸收分光光度计还必须配置稳压电源、空气压缩机、乙炔钢瓶、乙炔报警装置,必要时可配置自动进样装置等。

7.3.7　仪器主要性能指标

根据国家标准《原子吸收光谱分析法通则》(GB/T 15337—2008)的要求,原子吸收光谱仪的技术指标不能低于下列标准。高端国产仪器的性能指标已经完全达到了进口仪器的水平。

一、波长示值误差

波长示值误差不超过 ±0.5 nm，即各元素灵敏分析线的波长示值与该分析线标准波长之差不超过 ±0.5 nm。现有国产仪器波长示值误差为（±0.2~±0.25）nm。

二、波长重复性

在不考虑系统误差的前提下，仪器对某一波长测量值能给出相一致读数的能力，应不大于 0.3 nm。现有国产仪器技术水平为（±0.1~±0.15）nm。

三、分辨率

指仪器对元素灵敏吸收线与邻近谱线分开的能力。当仪器光谱通带宽度为 0.2 nm 时，它应能分辨 279.5 nm 和 279.8 nm 的双线，现有国产仪器已经能够分开相差 0.2 nm 的谱线。

四、基线稳定性

指在一段时间内，仪器保持其零吸光度值稳定性的能力，在 30 min 内，它的静态基线稳定性最大零漂移不大于 0.006 A，国产仪器现有技术水平为 0.001 5~0.004 A。最大瞬时噪声不大于 0.006 A；现有技术水平可达（±0.002~±0.004）A。点火后基线稳定性最大零漂移不大于 ±0.008 A，最大瞬时噪声不大于 0.008 A。现有技术水平可达（±0.003~±0.006）A。

五、边缘能量

反映仪器测定边缘波长处对光源辐射的集光本领。在仪器边缘波长处，对砷 193.7 nm，铯 852.1 nm 谱线进行测定，其背景与峰值信号的比值不大于 ±2%，且 5 min 内瞬时噪声不大于 0.03 A。现有国产技术可达≤±1%，且 5 min 内瞬时噪声不大于 0.002 A。

六、检出限

检出限的概念见第一章有关论述。当仪器用火焰原子吸收光谱法测定铜时，应不大于 0.02 μg/mL，现有国产仪器已可达≤0.002 μg/mL。用石墨炉原子吸收光谱法测定镉时，应不大于 4 pg。现有国产仪器已可达≤0.2 pg。

七、特征浓度（或特征量）

特征浓度（或特征量）是反映仪器灵敏度的一个指标。与仪器、待测元素、分析方法、测定条件等有关。

在原子吸收光谱法中习惯于用 1% 吸收灵敏度，它也叫特征灵敏度。其定义是：能产生 1% 吸收（即吸光度为 0.004 4 A）信号时所对应的被测元素的浓度或质量，火焰法也称特征浓度（characteristic concentration），用 c_0 表示。

$$c_0 = \frac{0.004\ 4c_x}{A} \quad (7-10)$$

式中 c_x 为某待测元素浓度；A 为多次测量吸光度的平均值。

用火焰原子吸收光谱法测铜时，应不大于0.04 μg/mL，现有国产仪器可达≤0.015 μg/mL。

在非火焰原子吸收方法中，特征灵敏度以特征质量（characteristic mass）m_0 表示。

$$m_0 = \frac{0.004\ 4m_x}{A} \quad (7-11)$$

式中 m_x 为被测元素质量。

特征质量与灵敏度的关系见式（7-12）

$$c_0 = \frac{0.004\ 4}{S} \quad 或 \quad m_0 = \frac{0.004\ 4}{S} \quad (7-12)$$

八、仪器的精密度

指仪器在给定的试验条件下，用同一样品经多次重复测定结果之间一致的程度，用多次测定结果的相对标准偏差 RSD 表示。其大小也与仪器、测定元素及分析方法有关。当用火焰原子吸收光谱法测定铜时，RSD 应不大于 1.5%，现有技术 RSD≤0.2%。当用石墨炉原子吸收光谱法测定镉时，RSD 应不大于 7%，现有技术 RSD≤0.9%。

7.4 样品测定

7.4.1 样品的处理

样品必须经处理符合仪器的进样要求，火焰原子吸收光谱法通常用盐酸或硝酸分解后制成溶液，必要时可加氢氟酸助溶，高含量样品可进行稀释，低含量样品可预先富集后再测定，分离基体时待测元素应不损失、不引入。分离后，基体的残留量不应对待测元素的测定造成干扰，制成的样品也不能对仪器有腐蚀。

制备样品时还应制备空白溶液和校准（标准）溶液以便给样品中待测元素定值。

制备样品溶液时，所用试剂纯度不低于分析纯，所用水应符合 GB/T 6682 中二级水的规格、进行痕量分析时用水应达到一级水标准。

实验中所用气体如乙炔等也应符合有关标准的规定。

7.4.2 测定方法的选择

根据样品本身的性质、待测元素的含量、待测元素的特性，可选用下述分析方法：

（1）火焰原子吸收光谱法。

（2）电热原子吸收光谱法。

（3）氢化物发生原子吸收光谱法。

（4）冷蒸气发生测汞原子吸收光谱法（测汞仪）。

7.4.3 火焰原子化法测量条件的选择

原子吸收光谱法中，测量条件的选择对测定的准确度、灵敏度等都会有较大影响。因此，必须选择合适的测量条件，才能得到满意的分析结果。根据《原子吸收光谱分析法通则》（GB/T 15337—2008）选择测量条件。

一、分析线

应选用不受干扰且吸光度适当的谱线。通常选择元素的最灵敏谱线作分析线，在分析浓度较高的样品时，可选用灵敏度较低的次灵敏谱线作分析线。表 7-3 列出了原子吸收光谱分析中常用的分析线。

表 7-3 原子吸收光谱分析中常用的分析线

元素	λ/nm	元素	λ/nm	元素	λ/nm
Ag	328.07、339.29	Hg	253.65	Ru	349.89、372.80
Al	309.27、308.22	Ho	410.38、405.39	Sb	217.58、206.83
As	193.64、197.20	In	303.94、325.61	Sc	391.18、402.04
Au	242.80、267.60	Ir	209.26、208.88	Se	196.09、703.99
B	249.68、249.77	K	766.49、769.90	Si	251.61、250.69
Ba	553.55、455.40	La	550.13、418.73	Sm	429.67、520.06
Be	234.86	Li	670.78、323.26	Sn	224.61、286.33
Bi	223.06、222.83	Lu	335.96、328.17	Sr	460.73、407.77
Ca	422.67、239.86	Mg	285.21、279.55	Ta	271.47、277.59
Cd	228.80、326.11	Mn	279.48、403.68	Tb	432.65、431.89
Ce	520.00、369.70	Mo	313.26、317.04	Te	214.28、225.90
Co	240.71、242.49	Na	589.00、330.30	Th	371.90、380.30
Cr	357.87、359.35	Nb	334.37、358.03	Ti	364.27、337.15
Cs	852.11、455.54	Nd	463.42、471.90	Tl	273.79、377.58
Cu	324.75、327.40	Ni	323.00、341.48	Tm	409.40
Dy	421.17、404.60	Os	290.91、305.87	U	351.46、358.49
Er	400.80、415.11	Pb	216.70、283.31	V	318.40、385.58
Eu	459.40、462.72	Pd	497.64、244.79	W	255.14、294.74
Fe	248.33、352.29	Pr	495.14、513.34	Y	410.24、412.83
Ga	287.42、294.42	Pt	265.95、306.47	Yb	398.80、346.44
Gd	368.41、407.87	Rb	780.02、794.76	Zn	213.86、307.59
Ge	265.16、275.46	Re	346.05、346.47	Zr	360.12、301.18
Hf	307.29、286.64	Rh	343.49、339.69		

二、狭缝宽度

原子吸收光谱法中常用光谱通带代表狭缝宽度。光谱通带定义为出射狭缝包含的波长范围,常用 W 表示。

$$W = D \times S \tag{7-13}$$

式中 D 为分光元件的倒线色散率;S 为狭缝宽度。狭缝宽度也影响检测器接收辐射的能量,检测器接收辐射的总能量也称仪器的集光本领。原子吸收光谱分析中,谱线重叠的概率较小,因此,可以使用较宽的狭缝,通过增加光强降低仪器检出限。光谱通带可通过条件实验进行选择,调节不同的狭缝宽度,测定吸光度随狭缝宽度的变化。不引起吸光度减小的最大狭缝宽度为应选择的合适的狭缝宽度。

三、灯电流

空心阴极灯的唯一工作参数为灯电流,灯电流大小与其工作寿命成反比。灯电流过小,发光不稳定,发光强度小。灯电流过大,发射谱线变宽,导致灵敏度下降,灯寿命缩短。选择灯电流时,应在保证发光稳定并有合适的光强输出的情况下,尽量选用较低的工作电流。一般空心阴极灯都标有允许使用的最大电流与可使用的电流范围,新灯一般用最小灯电流,随着使用时间的延长适当增大灯电流。实际工作中,最合适的工作电流也应通过条件实验确定,具体方法为:在不同灯电流下测量某标准溶液的吸光度,绘制灯电流和吸光度的关系曲线,选择吸光度值大,相关系数接近 1 的灯电流。空心阴极灯一般需要预热 10~30 min 使其发光稳定后再进行测定。

四、吸光度读数范围

为了减少光度测量的误差,吸光度读数一般选在 0.1~0.6。必要时可调整溶液的浓度或改变吸收光程长度扩展量程。

五、火焰种类和燃助比的选择

火焰的选择与调节是影响原子化效率的主要因素。首先要根据样品的性质选择火焰的类型,然后通过条件实验确定合适的燃助比。火焰原子吸收光谱法最常用的火焰是空气 - 乙炔火焰,易电离元素可用空气 - 煤气火焰、难解离元素可用氧化亚氮 - 乙炔火焰。通过条件实验确定最佳燃助比,具体方法为:在固定助燃气(或燃气)的条件下,改变燃气(或助燃气)的流量,测定标准溶液在不同流量时的吸光度,绘制吸光度与不同燃助比的关系曲线,选择吸光度值大,且火焰比较稳定的燃助比。

六、燃烧器高度和角度的选择

调节燃烧器的高度可以使光源发出的光通过火焰中原子化程度最高的观测区,以得到较高的测定灵敏度。具体方法为:固定燃助比,测量标准溶液在不同燃烧器高度下的吸光度,绘制燃烧器高度和吸光度关系曲线,选择吸光度值最大的燃烧器高度。

燃烧器的角度决定吸收光程的长度,根据待测元素含量的高低选择合适的吸收光程长度。

7.4.4 石墨炉原子化法测量条件的选择

石墨炉原子吸收光谱法要合理选择的干燥、灰化、原子化及净化等阶段的温度与时间。要通过条件实验选择最合适的条件。

一、干燥温度和时间

干燥的主要作用是脱溶剂。选择的干燥温度和时间应以充分除去样品的溶剂又能防止样品的液滴飞溅。

二、灰化温度和时间

灰化的主要作用是使有机物分解或使基体中易挥发盐类挥发,以减轻或消除原子化时背景吸收或元素间的相互干扰。选择灰化温度和时间应充分考虑除去样品的基体,并防止被测元素的挥发损失。选择方法是绘制吸光度随灰化温度或时间的关系曲线,选择吸光度值最大的灰化温度和时间。

三、原子化温度和时间

原子化的作用是使待测元素原子化,原子化的温度由待测元素的性质决定。选择原子化的温度和时间,应使被测元素充分原子化的前提下,原子化的温度应尽可能低,以延长石墨炉的使用寿命。

四、净化温度和时间

净化的作用是除去前一个样品对后一个样品测定的影响,以消除仪器的记忆效应。高温净化的温度要高于原子化温度,但不能太高,时间也不能太长,以尽可能保护石墨管。选择的原则是使前一个样品净化完全时尽可能低的温度和时间。

五、保护气的种类和流量

选用原则是不使发热体被氧化,石墨管常用氩气保护。流量的选择应根据分析样品的性质和被测元素的灵敏度和稳定性等来确定。

7.4.5 测定中的干扰及其消除或减少的方法

原子吸收光谱法的干扰是比较少的,该方法刚发明时认为其干扰可以忽略,但随着研究的深入,人们发现原子吸收光谱分析的干扰有时还是很严重的,决不能忽视。根据干扰产生的原因来分类,主要有物理干扰、化学干扰、电离干扰、光谱干扰及背景干扰。

一、物理干扰

物理干扰是指在样品转移、气溶胶形成、样品热解、灰化和被测元素原子化等过程中,由于样品的任何物理特性的变化而引起原子吸收信号变化的效应。物理干扰是非选择性的,对样品中各元素的影响是基本相似的。

试液黏度的改变会引起火焰原子化法雾化效率的变化;石墨炉原子化法会影响进样的精度。表面张力会影响火焰原子化法气溶胶的粒径分布,进而影响雾化效率和原子化效率;石墨炉原子化法影响石墨表面的润湿性和分布。还有温度和蒸发性质,它们的改变会影响原子化过程中的各阶段。火焰原子化法试液物理性质的改变引起分析物传输的改变。氢化物发生法中,从反应溶液到原子化器之间输送过程的干扰称为传输干扰。这些干扰因素主要由样品基体引起,也称基体干扰效应。

消除的方法为:进行基体匹配,配制与被测样品组成相近的标准溶液或采用标准加入法。若样品溶液浓度高,还可采用稀释法。

二、化学干扰

化学干扰是由于被测元素原子与共存组分发生化学反应生成稳定的化合物,影响被测元素原子化。消除化学干扰的方法有以下几种:

(1)提高原子化温度,化学干扰会减小。使用高温火焰或提高石墨炉原子化温度,可使难解离的化合物分解。如在高温火焰中磷酸根不干扰钙的测定。

(2)加入释放剂。释放剂的作用是释放剂与干扰组分生成的化合物比被测元素与干扰组分生成的化合物更稳定,从而使被测元素释放出来。例如,磷酸根干扰钙的测定,可在试液中加入镧盐、锶盐,镧、锶与磷酸根首先生成比钙更稳定的磷酸盐,就相当于把钙释放出来了。释放剂的应用比较广泛。

(3)加入保护剂。保护剂的作用是它可与被测元素生成易分解的或更稳定的配合物,防止被测元素与干扰组分生成难解离的化合物。保护剂一般是有机配位剂,用得最多的是 EDTA 与 8-羟基喹啉。例如,铝干扰镁的测定,8-羟基喹啉可作保护剂。

(4)加入基体改进剂。石墨炉原子化法,在样品中加入基体改进剂,使其在干燥或灰化阶段与样品发生化学变化,其结果可能增加基体的挥发性或改变被测元素的挥发性,以消除干扰。例如,测定海水中的 Cd 时,为了使 Cd 在背景信号出现前原子化,可加入 EDTA 来降低原子化温度,消除干扰。

(5)添加过量的干扰元素,使干扰达到饱和以消除或抑制干扰元素的影响。用牺牲灵敏度换取测量的准确度。

(6)当以上方法都不能消除化学干扰时,也可以采用化学分离的方法,如溶剂萃取、离子交换、沉淀、吸附等。近年来流动注射技术引入到原子吸收光谱分析中,取得了重大的成功。

三、电离干扰

在高温条件下,原子会电离,使基态原子数减少,吸光度值下降,这种干扰称为电离干扰。

消除电离干扰最有效的方法是加入过量的消电离剂。消电离剂是比被测元素电离能低的元素，相同条件下消电离剂首先电离，产生大量的电子，抑制被测元素电离。例如，测钙时有电离干扰，可加入过量的 KCl 溶液来消除干扰。钙的电离能为 6.1 eV，钾的电离能为 4.3 eV。由于 K 电离产生大量电子，使 Ca^+ 得到电子而生成原子：

$$K \longrightarrow K^+ + e^-,\ Ca^+ + e^- \longrightarrow Ca$$

四、光谱干扰

光谱干扰有以下几种：

（1）吸收线重叠。共存元素吸收线与被测元素分析线波长很接近时，两谱线重叠或部分重叠，会使分析结果偏高。幸运的是这种谱线重叠不是太多，另选分析线即可克服。

（2）光谱通带内存在的非吸收线。这些非吸收线可能是被测元素的其他共振线与非共振线，也可能是光源中杂质的谱线。这时可减小狭缝宽度，或另选谱线。

（3）原子化器内直流发射。这类干扰可通过调制光源加以消除。

五、背景干扰

背景干扰也是一种光谱干扰。分子吸收与光散射是形成光谱背景的主要因素。

1. 分子吸收与光散射

分子吸收是指在原子化过程中生成的分子对辐射的吸收。分子吸收是带状光谱，会在一定波长范围内形成干扰。在原子化过程中未解离的或生成的气体分子，常见的有卤化物、氢氧化物、氰化物等，以及热稳定性的气态分子对辐射的吸收。它们在较宽的波长范围内形成分子带状光谱。例如，碱金属卤化物在 200~400 nm 范围内有分子吸收谱带。$Ca(OH)_2$ 在 530.0 nm 附近，SrO 在 640~690 nm 都有吸收带。

光散射是指原子化过程中产生的微小的固体颗粒使光产生散射，造成透射光减弱，吸光度增加。

背景吸收和原子吸收信号的出现有时有明显的时间差异，利用这种时间上的差异就可以避免背景干扰。如测定 $Fe(NO_3)_3$ 中的 Cd，Cd 先于 $Fe(NO_3)_3$ 挥发，原子吸收信号就能完全与背景干扰分开。

通常背景干扰都是使吸光度增加，产生正误差。石墨炉原子化法背景吸收的干扰比火焰原子化法更严重。不管哪种方法，有时不校正背景就不能进行测定。

2. 背景校正方法

由 7.3.4 可知，一些原子吸收光谱分析仪器配有氘灯自动校正背景或 Zeeman 效应自动校正背景，这些装置能有效校正背景吸收，如 Zeeman 效应校正背景波长范围很宽，可在 190~900 nm 范围内进行，背景校正准确度较高，可校正吸光度高达 1.5~2.0 的背景，或 70 倍样品信号的背景。若仪器没有配置氘灯校正背景系统，也没有配置 Zeeman 效应校正背景系统，还可利用非吸收线进行背景校正。

利用吸收线测得待测元素的原子吸收和背景吸收的吸光度值，用非吸收线测得背景吸收的吸光度值，两次测定吸光度值相减，得到待测元素吸光度值，从而达到校正背景的目的。该法选用的非吸收线的波长应尽可能靠近吸收线，一般两者相差在 10 nm 以内。光源辐射的非吸收线还应有足够的强度，以保证有较好的信噪比，且该谱线确定不能被待测元素吸收。

7.4.6 定量分析方法

为了得到准确的分析结果，原子吸收光谱分析必须与样品溶液同时制备空白溶液和标准溶液，并且在相同的实验条件下不间断地依次进行测定，标准溶液的测定按从低到高顺序进行，以便减小仪器的记忆效应。

常用的定量方法有下列三种。

一、标准曲线法

当基体不干扰或基体干扰可忽略时，可采用标准曲线法进行测定。尽管如此，还是应该尽可能使标准溶液和样品溶液进行基体匹配，减小样品组分对测定的影响。

配制五个或五个以上的标准溶液，用溶剂调吸光度为零，依次测定空白溶液和标准溶液的吸光度，绘制校正曲线。同时配制适当浓度的样品溶液，其吸光度必须在校正曲线的线性范围内，绝对不能大于最大浓度标准溶液的吸光度，在相同实验条件下立即测定样品溶液的吸光度。在校正曲线上查出样品溶液中待测元素的浓度。现代仪器能自动生成校正曲线并自动给出样品浓度。详见第一章标准曲线法。

二、标准加入法

当样品本身存在基体干扰时，标准加入法能有效消除基体的干扰。

将样品溶液分取等量的溶液四份或更多，一份不加标准溶液，其他几份按比例分别加入不同浓度的标准溶液，然后定容至相同体积。在规定的仪器测量条件下，以溶剂调零，先测定空白溶液的吸光度，以做空白校正。在相同条件下，依次测定这些溶液的吸光度值，用加入的标准溶液的浓度为横坐标，相应的吸光度为纵坐标作图，曲线反向延长线与横轴的交点即为样品中待测元素的浓度，现代仪器能自动给出分析结果。此法只适用于浓度和吸光度成线性的区域。

三、高精密度比例法

当样品中待测元素浓度较高，且仪器性能满足要求时，可采用高精密度比例法。配制两份分别比样品溶液浓度高 5% 和低 5% 的标准溶液，按测量条件，先吸喷较低浓度校准溶液，调节读数系统使其吸光度为零或较小吸光度值；再吸喷浓度较大的校准溶液，使吸光度值扩展至仪器读数最大。重新吸喷低浓度校准溶液，并重新调节至低读数，再依次测定高浓度校准溶液，各自反复测定三次取平均值，按式（7-14）计算样品溶液的浓度。

$$c_x = \frac{(A_x - A_l)(c_h - c_l)}{A_h - A_l} + c_l \qquad (7\text{–}14)$$

式中 c_x、c_h、c_l 分别为样品溶液、高浓度校准溶液和低浓度校准溶液的浓度；A_x、A_h、A_l 分别为样品溶液、高浓度校准溶液、低浓度校准溶液的吸光度的平均值。

7.5 原子吸收光谱仪实验室的条件和安全

7.5.1 实验室必须满足的基本条件

实验室的条件应符合下列要求：室内无强烈的电磁场干扰，无腐蚀性气体、灰尘或烟雾；室温应在 10~35 ℃；相对湿度不高于 85%；仪器不能受阳光直射；仪器工作台须防震；220 V 供电电压波动小于 10%，供电频率变化不超过（50 ± 1）Hz

7.5.2 实验室安全注意事项

（1）燃烧器上方应安装排气装置，以消除实验产生的废气对工作人员的影响。

（2）仪器须接地，地线不能与其他仪器共用，并注意电源线的安全。

（3）气源离仪器应有安全距离，乙炔为易燃易爆气体，应保存在阴凉干燥的环境中，固定在钢瓶架上并安装泄漏报警装置。

（4）点火时应先导入助燃气体，再导入燃气。关闭时先关燃气，再关助燃气体。突然停电等紧急情况应立即关闭乙炔。

7.6 原子吸收光谱法的特点和应用

7.6.1 原子吸收光谱法的优点

（1）检出限低，灵敏度高。火焰原子吸收法检出限可达 10^{-1} ng/mL 级，石墨炉原子吸收法可达到 10^{-5} ng/mL。

（2）选择性好。每种元素原子结构不同，吸收各自不同的特征光谱，共存元素几乎不干扰测定。

（3）精密度高。火焰原子吸收法的 RSD<0.2%，而石墨炉原子吸收法 RSD<1%。

（4）分析速度快。每个样品测定时间只需几秒。

（5）应用范围广。可直接测定元素周期表上大多数的金属和非金属元素共 70 余个。另有不少非金属元素和有机物可用间接原子吸收法进行分析。

（6）仪器比较简单，价格较低廉，一般实验室都可配备。

7.6.2　原子吸收光谱法的应用

原子吸收光谱法由于具备上述优点，可定量测定元素周期表中 70 多种元素，原子吸收光谱法分为直接法和间接法两类。

一、直接原子吸收法

直接原子吸收法是样品经适当处理后，待测元素直接在原子吸收光谱仪上进行测定。直接原子吸收法是现在广泛应用的原子吸收法，许多测定方法已经成为国家标准分析方法或行业标准分析方法。如地质矿山领域中岩石矿物的元素分析，金属冶炼领域中原料、中间产品、成品的分析，环境领域中水体中金属离子的测定和土壤中金属元素的分析，农业领域中粮食中重金属元素的分析，医学领域血液中金属离子的测定等。一些常见的原子吸收光谱分析国家标准分析方法和行业标准分析方法见表 7-4。

表 7-4　原子吸收光谱法应用示例

领域	标准号	名称	测定范围
矿物	GB/T 8152.7—2006	《铅精矿化学分析方法 铜量的测定 火焰原子吸收光谱法》	0.50%~3.50%
冶金	GB/T 223.76—1994	《钢铁及合金化学分析方法 火焰原子吸收光谱法测定钒量》	0.005%~1%
材料	GB/T 20975.11—2018	《铝及铝合金化学分析方法　第 11 部分：铅含量的测定》	0.005%~12%
环境	HJ 491—2009	《土壤 总铬的测定 火焰原子吸收分光光度法》	20~1 000 mg/kg
农业	GB 5009.15—2023	《食品中镉的测定》	0.1~5 μg/kg
医学	GBZ/T 316.1—2018	《血中铅的测定　第 1 部分：石墨炉原子吸收光谱法》	20~1 000 μg/L

二、间接原子吸收法

间接原子吸收法是指不直接或不能直接测定的元素，通过测定与它发生定量化学反应的反应物或生成物计算出被测元素含量的原子吸收法。间接法扩大了原子吸收法的测定范围，也提高了原子吸收法的灵敏度。它特别适合于共振线在远紫外区的元素，如卤素、硫、磷、氮等，以及不能用直接法测定的有机物、阴离子等。

间接法按其所利用的原理可分为五大类：利用干扰效应的间接原子吸收法；利用沉淀反应的间接原子吸收法；利用杂多酸“化学放大”效应的间接原子吸收法；利用配合反应的间接原子吸收法；利用氧化还原反应的间接原子吸收法。

思 考 题

1. 简述原子吸收光谱分析的发展历程和最新进展。

2. 简述原子吸收光谱法的原理,经典原子吸收法为什么必须使用锐线光源?

3. 简述空心阴极灯的工作原理?它为什么发射的是锐线光?

4. 简述火焰原子化器的构成,各部分的作用及工作原理,主要的特性参数及其对分析结果的影响。

5. 石墨炉原子化法的工作原理是什么?有什么特点?为什么它比火焰原子化法有更高的绝对灵敏度?

6. 请说明化学火焰的特性和影响因素。

7. 原子吸收光谱法的背景干扰是怎么产生的?有几种校正背景的方法?其工作原理是什么?

8. 原子吸收光谱法有几种干扰?怎么消除干扰?

9. 仪器的主要性能指标有哪些?现在达到了什么水平?

10. 如何选择测定方法?如何对样品进行预处理?

11. 火焰原子化法如何选择测量条件?石墨炉原子化法如何选择测量条件?

12. 物理干扰是如何产生的?如何消除?化学干扰是如何产生的?如何消除?电离干扰是如何产生的?如何消除?光谱干扰是如何产生的?如何消除?

13. 原子吸收法有几种定量分析方法?各种方法分别适用于什么情况?如何进行定量分析?

14. 原子吸收法有何特点?实验室安全应注意哪些事项?

15. 原子吸收法在实际工作中能解决什么问题?

习 题

一、选择题

1. 原子吸收分光光度法测定钙时,PO_4^{3-} 有干扰,消除的方法是加入(　　)。

A. $LaCl_3$　　B. NaCl　　C. CH_3COCH_3　　D. $CHCl_3$

2. 在雾化燃烧系统上的废液嘴上接一塑料管,并形成(　　),隔绝燃烧室和大气。

A. 密封　　B. 双水封　　C. 水封　　D. 油封

3. 在火焰原子吸收光谱法中,测定(　　)元素须用 $N_2O-C_2H_4$ 火焰。

A. 钾　　B. 钙　　C. 镁　　D. 硅

4. 下列关于空心阴极灯使用描述不正确的是(　　)。

A. 空心阴极灯发光强度与工作电流有关　　B. 增大工作电流可增加发光强度

C. 工作电流越大越好　　D. 工作电流过小,会导致稳定性下降

5. 空心阴极灯在使用前应(　　)。

A. 放掉气体　　B. 加油　　C. 洗涤　　D. 预热

6. 现代能进行多元素同时测定的光源是(　　)。

A. 空心阴极灯　　B. 高强度空心阴极灯

C. 氙灯　　D. 高能氙灯

7. 原子吸收光谱法是基于从光源辐射出待测元素的特征谱线,通过样品蒸气时,被蒸气中待测元素的(　　)所吸收,从而求出样品中待测元素含量。

A. 分子　　B. 离子　　C. 激发态原子　　D. 基态原子

8. 在原子吸收分析中,下列中火焰组成的温度最高(　　)。

A. 空气-煤气　　B. 空气-乙炔

C. 氧气-氢气　　D. 笑气-乙炔

9. 调节燃烧器高度目的是为了使测定的(　　)。

A. 吸光度最大　　B. 透光度最大

C. 入射光强最大　　D. 火焰温度最高

10. 原子吸收分光光度计中双光束与单光束相比,优点是(　　)。

A. 可以抵消因光源的变化而产生的误差　　B. 便于采用最大的狭缝宽度

C. 可以扩大波长的应用范围　　D. 允许采用较小的光谱通带

11. 在火焰原子吸收光谱法中,测定(　　)元素可用空气-乙炔火焰。

A. 铷　　B. 钨　　C. 锆　　D. 铪

12. 原子吸收分析对光源进行调制,主要是为了消除(　　)。

A. 光源透射光的干扰　　B. 原子化器火焰的干扰

C. 背景干扰　　D. 物理干扰

13. 在原子吸收光度法中,当吸收1%时,其吸光度应为(　　)。

A. 2　　B. 0.01　　C. 0.044　　D. 0.004 4

14. As元素最合适的原子化方法是(　　)。

A. 火焰原子化法　　B. 氢化物原子化法

C. 石墨炉原子化法　　D. 等离子原子化法

15. 下列几种物质对原子吸光光度法的光谱干扰最大的是(　　)。

A. 盐酸　　B. 硝酸　　C. 高氯酸　　D. 硫酸

16. 原子吸收光度法的背景干扰,主要表现为(　　)形式。

A. 火焰中被测元素发射的谱线　　B. 火焰中干扰元素发射的谱线

C. 光源产生的非共振线　　D. 火焰中产生的分子吸收

17. 使用原子吸收光谱仪的房间不应(　　)。

A. 密封　　B. 有良好的通风设备

C. 有空气净化器　　D. 有稳压器

18. 空心阴极灯的主要操作参数是(　　)。

A. 灯电流　　B. 灯电压

C. 阴极温度　　D. 内充气体压力

19. 当用峰值吸收代替积分吸收测定时,应采用的光源是(　　)。

A. 待测元素的空心阴极灯　　B. 氢灯

C. 氘灯　　D. 卤钨灯

20. 用原子吸收光谱法测定有害元素汞时,采用的原子化方法是(　　)。

A. 火焰原子化法　　B. 石墨炉原子化法

C. 氢化物原子化法　　D. 低温原子化法

21. 原子吸收光谱仪由(　　)组成。

A. 光源、原子化系统、检测系统

B. 光源、原子化系统、分光系统

C. 原子化系统、分光系统、检测系统

D. 光源、原子化系统、分光系统、检测系统

22. 用原子吸收光谱法对样品中硒含量进行分析时,常采用的原子化方法是(　　)。

A. 火焰原子化法　　B. 石墨炉原子化法

C. 氢化物原子化法　　D. 低温原子化法

23. 在原子吸收光谱法中的电离效应可采用下述(　　)消除。

A. 降低光源强度　　B. 稀释法　　C. 加入消电离剂　　D. 校正背景

24. 在原子吸收光谱法中的基体效应不能用下述(　　)消除。

A. 标准加入法　　B. 稀释法

C. 配制与待测样品组成相似的标准溶液　　D. 校正背景

25. 原子吸收光谱分析中,光源的作用是(　　)。

A. 在广泛的区域内发射连续光谱

B. 提供样品蒸发和激发所需要的能量

C. 发射待测元素基态原子所吸收的共振辐射

D. 产生足够强度的散射光

二、判断题

1. 原子吸收光谱法测定样品时加入镧盐是为了消除化学干扰,加入铯盐是为了消除电离干扰。

2. 原子吸收分光光度计中常用的检测器是光电池。

3. 在原子吸收分光光度法中,一定要选择共振线作分析线。

4. 在原子吸收光谱法中,石墨炉原子化法一般比火焰原子化法的精密度高。

5. 每种元素的基态原子都有若干条吸收线,最灵敏线和次灵敏线是常用的分析线。

6. 原子吸收光谱法是依据溶液中待测离子对特征光产生的选择性吸收实现定量测定的。

7. 干扰消除的方法分为两类,一类是不分离的情况下消除干扰,另一类是分离杂质消除干扰。应尽可能采用第一类方法。

8. 原子吸收分光光度计、紫外分光光度计、高效液相色谱等仪器应安装排风罩。

9. 空气－乙炔火焰原子吸收检测中测定 Ca 元素时，加入 $LaCl_3$ 可以消除 PO_4^{3-} 的干扰。

10. 原子吸收光谱法测定钾时，常加入 1% 的 CsCl，以抑制待测元素电离干扰的影响。

11. 单色器的狭缝宽度决定了光谱通带的大小，而增加光谱通带就可以增加光的强度，提高分析的灵敏度，因而狭缝宽度越大越好。

12. 原子吸收光谱分析中，测量的方式是峰值吸收，而以吸光度值反映其大小。

13. 原子吸收检测中当燃气和助燃气的流量发生变化，原来的工作曲线仍然适用。

14. 原子吸收分光光度法的定量依据是比尔定律。

15. 原子吸收光谱仪应安装在防震实验台上。

16. 在原子吸收分光光度法中，对谱线复杂的元素常用较小的狭缝进行测定。

17. 贫燃性火焰是指燃烧气流量大于化学计量时形成的火焰。

18. 空心阴极灯常采用脉冲供电方式。

19. 石墨炉原子化法中，选择灰化温度的原则是，在保证被测元素不损失的前提下，尽量选择较高的灰化温度以减少灰化时间。

20. 标准加入法的定量关系曲线一定是一条不经过原点的曲线。

三、计算题

用标准加入法测定铝合金中镁的含量，称取样品 0.200 0 g，用盐酸和过氧化氢溶解，定容至 100 mL，分取 25.00 mL 试液两份于 50 mL 比色管中，第一份试液中加入 5% 的氯化锶溶液 1 mL，第二份试液中加入浓度为 5.00 μg/mL 的镁标准溶液 2.00 mL，定容、摇匀，用与样品同浓度的高纯铝基体作平行参比，测得两份溶液的吸光度分别为 0.120、0.220，求样品中镁的质量分数，两份溶液的透光率分别为多少？

参考答案

第八章　发射光谱分析法

8.1　概　　述

组成物质的各种元素，在一定温度条件下都可解离为原子或离子，并被激发至激发态，激发态返回基态时会辐射出各种元素的特征谱线，经过光谱仪分光记录后，便得到一系列代表各元素的特征谱线的谱图。原子发射光谱法是测量元素的原子或离子的特征谱线的波长进行定性分析，测量特征谱线的强度进行定量分析。

早在1859年，德国学者Kirchhoff G R和Bunsen R W合作，制造了第一台用于光谱分析的分光镜，从而使光谱检测法得以实现。通过对各元素纯净物的光谱研究，建立了各元素谱线库，逐渐确立了光谱定性分析方法。19世纪60年代，在元素周期表中仍然有一些元素尚未发现，由于已知元素的谱线都已经进行了测量，若在某种物质中发现了一条新的谱线，则表明该物质中可能存在一个新的未知元素。因此，原子发射光谱法在新元素的发现过程中发挥了重要作用。例如，碱金属中的铷、铯；稀有元素中的镓、铟、铊；惰性气体中的氦、氖、氩、氪、氙及一部分稀土元素都是通过原子发射光谱分析发现的。在建立原子结构理论的过程中，发射光谱也提供了大量的、最直接的实验数据。至19世纪末，科学家对已知元素的特征谱线的研究已经比较透彻，并通过观察和分析物质的发射光谱，逐渐认识了组成物质的原子结构。原子发射光谱仪成为当时最先进的分析检测仪器。

虽然发射光谱分析在定性分析中的优势无与伦比，但由于影响谱线强度的因素很多，科学家迟迟没有建立起定量分析方法，直到20世纪20年代，赛伯－罗马金（Schiebe-Lomakin）在大量实验的基础上建立了谱线强度与样品浓度的半经验公式。

$$I=ac^{b} \tag{8-1}$$

式中I为谱线强度；c为样品中待测元素浓度；a是与样品组成、性质及仪器激发条件相关的常数；b称为自吸系数，在一定条件下也是一个常数。1925年，Gerlach在赛伯－罗马金公式的基础上，建立了内标法，有效消除了仪器工作条件对谱线强度的影响，并通过测定三个或三个以上的标准样品，每个样品平行测定三次，建立了光谱分析三标准样品法，开创了光谱定量分析的新纪元。到20世纪30年代，光谱定量分析得到了分析界的普遍认可，成为当时最先进的分析方法。

20世纪50年代原子吸收光谱法建立以后，原子发射光谱法受到了严重挑战，随着科学技术的发展，20世纪60年代ICP技术日益成熟，光谱学者在原子吸收进样技术的基础上，将ICP技术作为发射光谱分析的光源，重新获得了无机元素分析的主导地位，将无机元素分析在火焰原子吸收分光光度法的基础上灵敏度提高了 2 个数量级，将工作曲线的线性范围由 2 个数量级扩展到 4~6 个数量级，将一次测定样品中的 1 个元素扩展到理论上可同时定量测定样品中的多个元素。光电直读光谱仪的发明，实现了固体样品中多元素的同时定量测定，随着现代计算机技术的发展，实现了分析仪器的智能化，使原子发射光谱分析成为现代仪器分析中最重要的方法，在无机金属元素分析中具有无可替代的地位。

历史上曾经出现过的看谱镜法早已消失，20 世纪 30 年代建立的摄谱法经历 80 年的风光后也已经成为历史，现代市面上正在使用的发射光谱法根据光源的不同有如下四类分析仪器：使用火焰激发的火焰光度计、使用高压火花激发的光电直读光谱仪、使用 ICP 激发的原子发射光谱仪、使用锐线光源激发的原子荧光光谱仪。

8.2 基本原理

8.2.1 原子发射光谱的产生

通常情况下，原子处于基态，在激发光源作用下，原子获得足够的能量，外层电子由基态跃迁到较高的能量状态即激发态。处于激发态的原子是不稳定的，其寿命小于 10^{-8} s，外层电子就从高能级向较低能级或基态跃迁。多余的能量以光子的形式发射就得到了一条光谱线，原子发射光谱是线状光谱。谱线波长与能量的关系为

$$\lambda = \frac{hc}{E_2 - E_1} \tag{8-2}$$

式中 E_2、E_1 分别为高能级与低能级的能量；λ 为波长；h 为 Planck 常数；c 为光速。

原子中某一外层电子由基态激发到高能级所需要的能量称为激发能，以电子伏特（eV）表示。原子光谱中每一条谱线的产生各有其相应的激发能，这些激发能在元素谱线表中可以查到。由激发态向基态直接跃迁所发射的谱线称为共振线，其中第一激发态向基态跃迁所发射的谱线称为第一共振线。第一共振线具有最小的激发能，因此，最容易被激发，它是该元素最强的谱线。如图 8-1 中的钠线 NaⅠ 589.59 nm 与 NaⅠ 589.00 nm 是两条并列的第一共振线（双线）。

在激发光源作用下，原子获得足够的能量就发生电离，电离所必需的能量称为电离能。原子失去一个电子称为一次电离，一次电离的原子再失去一个电子称为二次电离，依此类推。

离子也可能被激发，其外层电子跃迁也发射光谱。由于离子和原子具有不同的能级，所以离子发射的光谱与原子发射的光谱是不一样的。每一条离子线也都有其激发能，这些离子线激发能的大小与电离能高低无关。

在原子谱线表中，罗马数字Ⅰ表示中性原子发射的谱线，Ⅱ表示一次电离离子发射的谱线，Ⅲ表示二次电离离子发射的谱线，依此类推。例如，MgⅠ 285.21 nm 为原子线，MgⅡ 280.27 nm 为一次电离离子线。

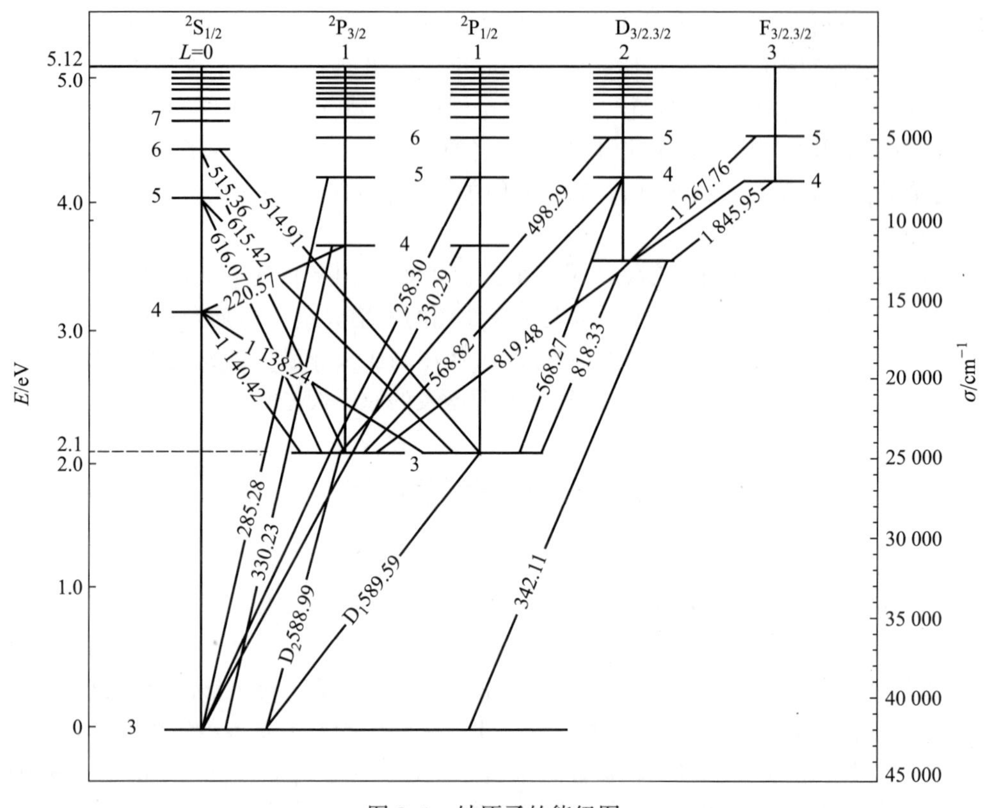

图 8-1　钠原子的能级图

8.2.2　原子能级与能级图

原子光谱是由于原子的外层电子（或称价电子）在两个能级之间跃迁而产生的。原子的能级通常用光谱项符号来表示：$n^{2S+1}L_J$。

根据泡利（Pauli）不相容原理、能量最低原理和洪德（Hund）规则，可进行核外电子排布。如钠原子核外电子排布见表 8-1。

表 8-1　钠原子核外电子分布

核外电子构型	价电子构型	价电子运动状态的量子数表示
$(1s)^2(2s)^2(2p)^6(3s)^1$	$(3s)^1$	$n=3$ $l=0$ $m=0$ $m_s=+\frac{1}{2}$（或 $-\frac{1}{2}$）

普通化学中，曾讨论过每个核外电子在原子中的运动状态，可以用 4 个量子数 n、l、m、m_s 来描述。有多个价电子的原子，它的每一个价电子都可能跃迁而产生光谱。同时，各个价电子间还存在着相互作用，光谱项就用 n、L、S、J 四个量子数来描述：n 为主

量子数；L 为总角量子数，其数值为外层价电子角量子数 l 的矢量和；S 为总自旋量子数，自旋与自旋之间的作用也是较强的，多个价电子总自旋量子数是单个价电子自旋量子数 m_s 的矢量和；J 为内量子数，是由于轨道运动与自旋运动的相互作用（即轨道磁矩与自旋磁矩的相互影响）而得出的，它是原子中各个价电子组合得到的总角量子数 L 与总自旋量子数 S 的矢量和。

光谱项符号左上角的（$2S+1$）称为光谱项的多重性，它表示原子的一个能级能分裂成多个能量差别很小的能级，从这些能级跃迁到其他能级时会产生多重光谱线。例如，Zn 由激发态 4^3D 向 4^3P_2 跃迁时会发射光谱。4^3D 又有 4^3D_3、4^3D_2、4^3D_1 这三个光谱项，由于它们的能量差别极小，因而由它们所产生的各光谱线波长极为相近，分别为 334.50 nm、334.56 nm 和 334.59 nm 三重线。

把原子中所有可能存在状态的光谱项、能级及能级跃迁用图解的形式表示出来，称为能级图。通常用纵坐标表示能量 E，基态原子的能量 $E=0$，以横坐标表示实际存在的光谱项。理论上，原子能级的数目是无限多的，但实际产生的谱线是有限的。发射的谱线为斜线相连。

图 8-1 为钠原子的能级图。钠原子基态的光谱项为 $3^2S_{1/2}$，第一激发态的光谱项为 $3^2P_{1/2}$ 和 $3^2P_{3/2}$，因此钠原子最强的钠 D 线为双重线，用光谱项表示为：

$$\text{Na } 588.996 \text{ nm } 3^2S_{1/2}-3^2P_{3/2} \quad D_2 \text{ 线}$$

$$\text{Na } 589.593 \text{ nm } 3^2S_{1/2}-3^2P_{3/2} \quad D_1 \text{ 线}$$

这两条谱线为共振线，一般将低能级光谱项符号写在前，高能级写在后。

必须指出，不是在任何两个能级之间都能产生跃迁，跃迁是遵循一定的选择规则的。只有符合下列规则，才能跃迁。

（1）$\Delta n=0$ 或任意正整数。

（2）$\Delta L=\pm 1$，跃迁只允许在 S 项与 P 项、P 项与 S 项或 D 项之间、D 项与 P 项或 F 项之间等。

（3）$\Delta S=0$，即单重项只能跃迁到单重项，三重项只能跃迁到三重项。

（4）$\Delta J=0$，± 1。但当 $J=0$ 时，$\Delta J=0$ 的跃迁是禁戒的。

（5）也有个别例外的情况，这种不符合光谱选律的谱线称为禁戒跃迁线。例如，Zn 307.59 nm，是由光谱项 4^3P_1 向 4^1S_0 跃迁的谱线，因为 $\Delta S \neq 0$，所以是禁戒跃迁线。这种谱线一般产生的机会很少，谱线的强度也很弱。

8.2.3 谱线强度

原子由某一激发态向基态或较低能级跃迁发射谱线的强度，与激发态原子数成正比。在激发光源高温条件下，温度一定，处于热力学平衡状态时，单位体积基态原子数 N_0 与激发态原子数 N_i 之间遵守玻尔兹曼分布定律。

$$N_i = N_0 \frac{g_i}{g_0} e^{-\frac{E_i}{kT}} \tag{8-3}$$

式中 g_i、g_0 分别为激发态与基态的统计权重；E_i 为激发能；k 为玻尔兹曼常数；T 为激发温度。

原子的外层电子在 i、j 两个能极之间跃迁，其发射谱线强度 I_{ij} 为

$$I_{ij}=N_iA_{ij}h\nu_{ij} \tag{8-4}$$

式中 A_{ij} 为两个能级间的跃迁概率；h 为 Planck 常数；ν_{ij} 为发射谱线的频率。

将式（8-3）代入式（8-4），得

$$I_{ij}=\frac{g_i}{g_0}A_{ij}h\nu_{ij}N_0\mathrm{e}^{-\frac{E_i}{kT}} \tag{8-5}$$

由式（8-5）可见，影响谱线强度的因素为：

（1）统计权重 g_i/g_0。谱线强度与激发态和基态的统计权重之比 g_i/g_0 成正比。

（2）跃迁概率 A_{ij}。谱线强度与跃迁概率成正比，跃迁概率是单位时间内原子在两个能级间跃迁的概率，可通过实验数据计算出。

（3）激发能 E_i。谱线强度与激发能成负指数关系。在温度一定时，激发能越高，处于该能量状态的原子数越少，谱线强度就越小。激发能最低的共振线通常是强度最大的谱线。

（4）激发温度 T。从式（8-5）可看出，温度升高，谱线强度增大。但温度升高，电离的原子数目也会增多，而相应的原子数会减少，致使原子谱线强度减弱，离子的谱线强度增大。图 8-2 为一些谱线强度与温度的关系图。由图可见，不同谱线各有其最合适的激发温度，在此温度下谱线强度最大。

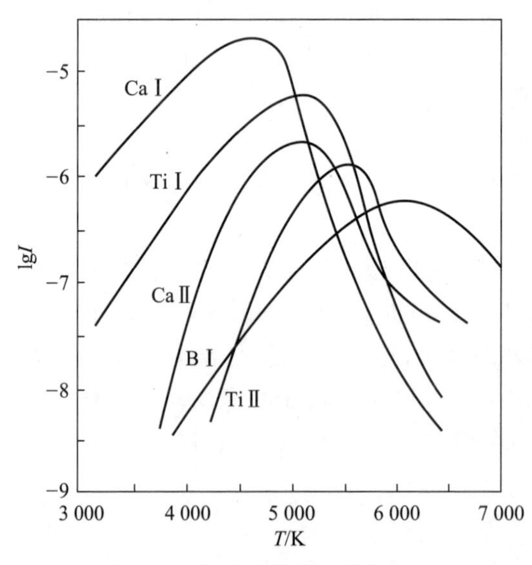

图 8-2 温度对谱线强度的影响

（5）基态原子数 N_0。谱线强度与基态原子数成正比。在一定条件下，基态原子数与样品中该元素浓度成正比。因此，在一定的实验条件下，谱线强度与被测元素浓度成正比，这是光谱定量分析的依据。

对某一谱线来说，g_i/g_0、跃迁概率、激发能是恒定值。因此，当温度一定时，该谱线

强度 I 与被测元素浓度 c 成正比,即

$$I=ac \tag{8-6}$$

式中 a 为比例常数,当考虑到谱线自吸,上式可表达为

$$I=ac^b$$

此式即为式(8-1),式中 b 为自吸系数,b 值随被测元素浓度增加而减小,当元素浓度很小时无自吸,则 b=1。

8.2.4 谱线的自吸与自蚀

在经典光源激发条件下,样品以气体状态存在,中间部位温度高,边缘部位温度低。其中心区域激发态原子多,边缘处基态与较低能级的原子较多。某元素的原子从中心发射某一波长的电磁辐射,必然要通过边缘到达检测器,这样所发射的电磁辐射就可能被处在边缘的同一元素基态或较低能级的原子吸收,接收到的谱线强度就减弱了。这种原子在高温发射某一波长的辐射,被处在边缘低温状态的同种原子所吸收的现象称为自吸(self-absorption)。

自吸影响谱线中心处强度。当元素的含量很小时,不发生自吸。当含量增大时,自吸现象增加,当达到一定含量时,由于自吸严重,谱线中心强度都被吸收了,完全消失,一条谱线好像变成两条谱线,这种现象称为自蚀(self-reversal),见图 8-3。元素的所有特征谱线中第一共振线的自吸最为严重,并常常产生自蚀。不同类型光源,自吸情况不同。由于自吸影响谱线强度,因此,在光谱定量分析中必须考虑它的影响。

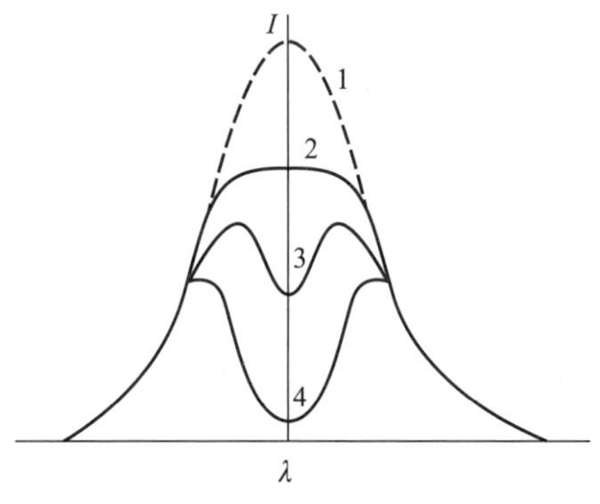

1—无自吸;2—有自吸;3—自蚀;4—严重自蚀

图 8-3 谱线轮廓

8.2.5 原子发射光谱法分类

现代原子发射光谱仪由光源、进样系统、分光系统、检测系统和数据处理系统组成。根据光源的不同,仪器的型号和用途各不相同,现代市面上使用的原子发射光谱仪器主要有火焰光度计、光电直读光谱仪、ICP 光谱仪和原子荧光光谱仪,下面分别进行介绍。

8.3 火焰光度法

8.3.1 仪器构造

火焰光度计利用火焰提供的能量使样品中的原子激发至激发态。火焰光源温度较

低,主要用于易激发元素的测定,实际用于样品中钾、钠两元素的测定。仪器结构框图如图 8-4 所示。

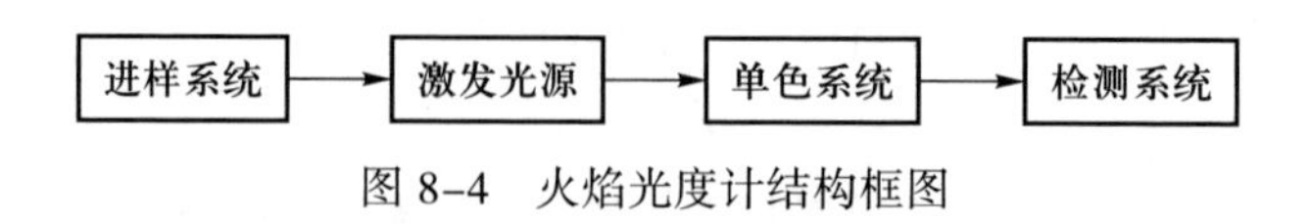

图 8-4 火焰光度计结构框图

进样系统通常是利用雾化器将样品转化为气溶胶引入火焰。激发光源通常利用空气 - 煤气火焰将样品中的钾钠原子激发至激发态,激发态的钾钠原子发射出特征谱线。单色系统是分别只让钾或钠特征谱线通过的干涉滤光片,该滤光片只让待测元素的特征谱线通过,挡住火焰的背景发射及火焰中其他元素的特征谱线。检测器可用光电池、光电管或光电倍增管,再配以放大器和数据处理系统,根据特征谱线的强度在低浓度时与样品浓度成正比的关系,利用工作曲线法进行测定,通过测量标准样品和样品特征谱线的强度可计算出样品中待测元素的含量。测量方式可分为浓度直读和标准曲线两类,显示方式为 LED 液晶屏,现代仪器通常为双通道,钾、钠元素浓度直读,菜单式键盘操作,相关系数自动计算,自动报出分析结果。可配打印机、连接电脑,火焰特性可预先选定。

8.3.2 仪器性能要求

根据火焰光度计检定规程 JJG 630—2007,火焰光度计的性能必须优于下列要求,报出的结果才具有社会公信力。

重复性:≤3%;稳定性:15 s 内≤3%,6 min 内≤15%;样品吸喷量:<6 mL/min;响应时间:<8 s;检测限:K:≤0.004 mmol/L,Na:≤0.008 mmol/L;线性误差:K:≤0.005 mmol/L,Na:≤0.03 mmol/L;测试范围:K:0.2~100 μg/mL;Na:0.2~160 μg/mL;滤光片透光特性:钾:峰值波长误差的绝对值≤7 nm,钠:峰值波长误差的绝对值≤5 nm,钾:半宽度≤15 nm,钠:半宽度≤15 nm;钾:背景透射比≤0.5%;钠:背景透射比≤0.5%。

8.3.3 应用

火焰光度计由于价格便宜、操作简单、运行成本低,在各类样品中的钾钠测定仍然具有重要地位。广泛应用于陶瓷、水泥、玻璃、土壤、肥料、医疗临床、耐火材料等行业的生产控制分析和成品检测,也是与上述领域相关的第三方检测机构必需的检测仪器。

火焰光度法测定饲料中的钾(GB/T 18633—2018)

GB/T 18633—2018 可用于饲料原料、半成品、成品中钾含量的测定。检出限为 2.00 mg/kg,定量限为 200 mg/kg。

抽取有代表性的饲料样品,用四分法缩分取样,按 GB/T 20195—2006 制备样品,粉碎至全部过 0.45 mm 孔筛,混匀、备用。

称取 1~2 g(精确至 0.000 1 g)样品置于 50 mL 瓷坩埚中,在调温电炉上小火炭化,500 ℃灰化 2 h,若仍有少量炭粒,用硝酸润湿样品,继续在 500 ℃灰化至无炭粒,取出冷却,加少量水润湿,加入(1+1)盐酸 10 mL,并加水至 15 mL,煮沸 2~3 min,冷却,转移至适量容量瓶中稀释至刻度,摇匀,过滤,得样品溶液,备用。同时制备样品空白溶液。

取有证钾标准溶液,分别配制浓度为 0.00 μg/mL、0.50 μg/mL、1.00 μg/mL、1.50 μg/mL、2.00 μg/mL、2.50 μg/mL 的标准系列溶液,用稀盐酸稀释至刻度,制作校正曲线。取适量待测溶液导入火焰光度计,在 766.5 nm 波长处测定待测样品和空白样品中钾的发射强度,按式(8-7)计算样品中钾的浓度。若样品中发射信号强度超出最大标准样品的发射强度,则应将样品适当稀释后再次测定。每个样品平行测定两次,若相对偏差不大于 20%,则取平均值报告分析结果。

$$X=\frac{(c_2-c_1)\times V\times N}{m} \tag{8-7}$$

式中 X 为样品中钾的含量,单位为 mg/kg;c_2 为样品发射强度从工作曲线上查得的浓度,单位为 μg/mL;c_1 为空白样品发射强度从工作曲线上查得的浓度,单位为 μg/mL;V 为试液体积,单位为 mL;N 为稀释倍数;m 为样品的质量,单位为 g。

8.4 电感耦合等离子体原子发射光谱法(ICP-AES)

电感耦合等离子体原子发射光谱仪由 ICP 光源、进样系统、分光系统、检测系统、数据处理和操作系统等部件组成,是现代元素分析效率最高、分析元素最多、分析浓度范围最广的分析仪器。它最大的优势是可进行多元素同时测定,定量分析的线性范围可达 4~6 个数量级,因此,它是现代检验检测实验室从事元素分析必备的分析仪器。该方法简称 ICP-AES,由于在 ICP 光源中,我们常常使用元素的离子线进行测定,因此,也称为 ICP-OES。ICP-AES 可测元素及其检出限见表 8-2。

表 8-2 ICP-AES 检测元素及其检出限

ICP-AES检出限/(μg·L^{-1})

Li 0.3	Be 0.1											B 1	C 40	N na			
Na 3	Mg 0.1											Al 3	Si 4	P 30	S 30	Cl na	
K 20	Ca 0.02	Sc 0.3	V 0.5	Ti 0.5	Cr 2	Mn 0.4	Fe 2	Co 1	Ni 5	Cu 0.4	Zn 1	Ga 4	Ge 20	As 20	Se 50	Br na	
Rb 30	Sr 0.06	Y 0.3	Nb 5	Zr 0.8	Mo 3		Ru 6	Th 5	Pd 3	Ag 1	Cd 1	In 9	Sn 30	Sb 10	Te 10	I na	
Cs 10	Ba 0.1	La 1	Hf 4	Ta 15	W 8	Re 5	Os 0.4	Ir 5	Pt 10	Au 4	Hg 1	Tl 30	Pb 10	Bi 20			

Ce 5	Pr 1	Nd 1		Sm 2	Eu 0.1	Gd 1	Tb 2	Dy 2	Ho 0.4	Er 1	Tm 0.6	Yb 0.3	Lu 0.2
Th 70		U 15											

8.4.1　高频电感耦合等离子体

高频电感耦合等离子体（inductively coupled plasma，ICP）光源是 20 世纪 60 年代研制的新型光源，由于它的性能优异，20 世纪 70 年代迅速发展并获广泛的应用。

ICP 光源是高频感应电流产生的类似火焰的激发光源。仪器主要由高频发生器、等离子炬管、雾化器三部分组成，如图 8–5 所示。高频发生器的作用是产生高频磁场供给等离子体能量。频率多为 27~50 MHz，最大输出功率通常是 2~4 kW。

ICP 的主体部件是放在高频线圈内的等离子炬管。在此断面图中，等离子炬管（图中 G）是一个三层同心的石英管，感应线圈 S 为 2~5 匝空心铜管。等离子炬管分为三层，各层通氩气。最外层氩气作为冷却气，沿切线方向引入，可保护石英管不被烧毁；中层管通入氩气作为辅助气体，用以点燃等离子体；中心层氩气起载气作用，把经过雾化器的样品溶液以气溶胶形式引入等离子体中。

当高频发生器接通电源后，高频电流 I 通过线圈，在炬管内产生交变磁场 B，炬管内若是导体就产生感应电流。这种电流呈闭合的涡旋状，即涡电流，如图中虚线 P。它的电阻很小，电流很大（可达几百安培），释放出大量的热能（温度达 10 000 K）。电源接通时，石英炬管内为氩气，它不导电，用高压火花点燃炬管，使气体电离。由于电磁感应和高频磁场 B，电场在石英管中随之产生。电子和离子被电场加速，同时和气体分子、原子等碰撞，使更多的气体电离，电子和离子在炬管内沿闭合回路流动，形成涡流，在管口形成火炬状的稳定的等离子焰炬。

等离子焰炬外观像火焰，但它不是化学燃烧火焰而是气体放电。等离子焰炬分为三个区域，见图 8–5 和图 8–6。

（1）焰心区。感应线圈区域内，白色不透明的焰心，高频电流形成的涡流区，温度最高，达 10 000 K，电子密度也很高。它发射很强的连续光谱，光谱分析应避开这个区域。样品气溶胶在此区域被预热、蒸发，又称预热区。

（2）内焰区。在感应线圈上 10~20 mm，淡蓝色半透明的焰炬，温度为 6 000~8 000 K。样品在此原子化、激发，然后发射很强的原子线和离子线。这是光谱分析所利用的区域，称为测光区。测光时，在感应线圈上的高度称为观测高度。

（3）尾焰区。在内焰区上方，无色透明，温度低于 6 000 K，只能发射激发能较低的谱线。

高频电流具有“趋肤效应”，ICP 中高频感应电流绝大部分流经导体外围，越接近导体表面，电流密度越大。涡流主要集中在等离子体的表面层内，形成“环状结构”，造成一个环形加热区。环形的中心是一个进样的中心通道，气溶胶能顺利地进入到等离子体内，使得等离子体焰炬有很高的稳定性。样品气溶胶可在高温焰心区经历较长时间加热，在测光区平均停留时间可达 2~3 ms，比经典光源停留时间（10^{-3}~10^{-2} ms）长得多。高温、平均停留时间长能使样品充分原子化，并有效地消除了化学干扰。周围是加热区，用热传导与辐射方式间接加热，使组分的改变对 ICP 影响较小，加之溶液进样量又少，因此基体效应小，再就是周围加热使得中间温度较低，样品在此不会形成自吸的冷蒸气层，因此自吸效应可忽略。环状结构是 ICP 具有优良性能的根本原因。

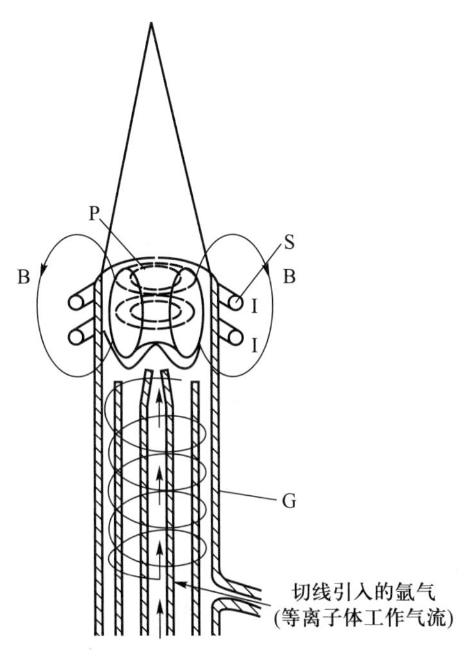

B—交变磁场;I—高频电流;P—涡电流;
S—高频感应线圈;G—等离子炬管

图 8-5 电感耦合等离子体(ICP)光源

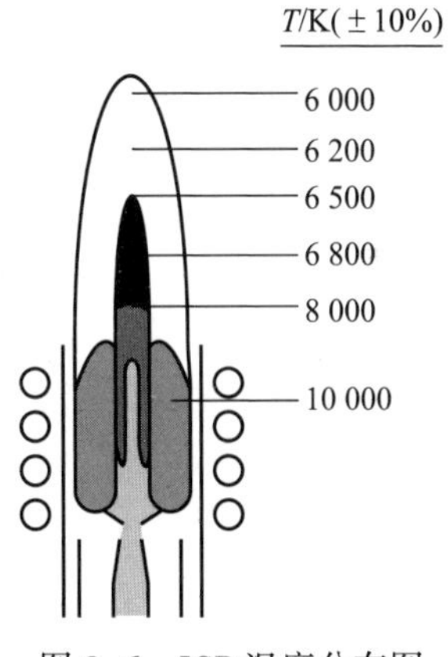

图 8-6 ICP 温度分布图

综上所述,ICP 光源具有以下特点:

(1) 检出限低。激发温度高,可达 7 000~8 000 K,加上样品气溶胶在等离子体中心通道停留时间长,因此,各种元素的检出限一般在 10^{-5}~10^{-1} μg/mL。可测 70 多种元素。

(2) 基体效应小。

(3) ICP 稳定性好,精密度高。在实用的分析浓度范围内,相对标准偏差不超过 1%。

(4) 准确度高。相对误差约为 1%,干扰少。

(5) 选择合适的观测高度,光谱背景小。

(6) 自吸效应小,分析校准曲线动态范围宽,可达 4~6 个数量级。

8.4.2 进样系统

ICP 光源直接用雾化器将样品溶液引入等离子体内,如图 8-7 所示。

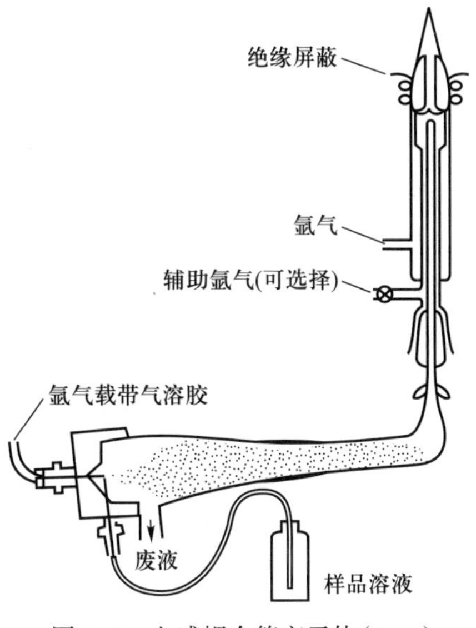

图 8-7 电感耦合等离子体(ICP)光源的雾化器及流体进样系统

8.4.3 分光系统

分光系统的作用就是将光源发射的待测元素的特征谱线经色散后，得到按波长顺序排列的光谱。ICP 的光学系统，如图 8-8 所示。

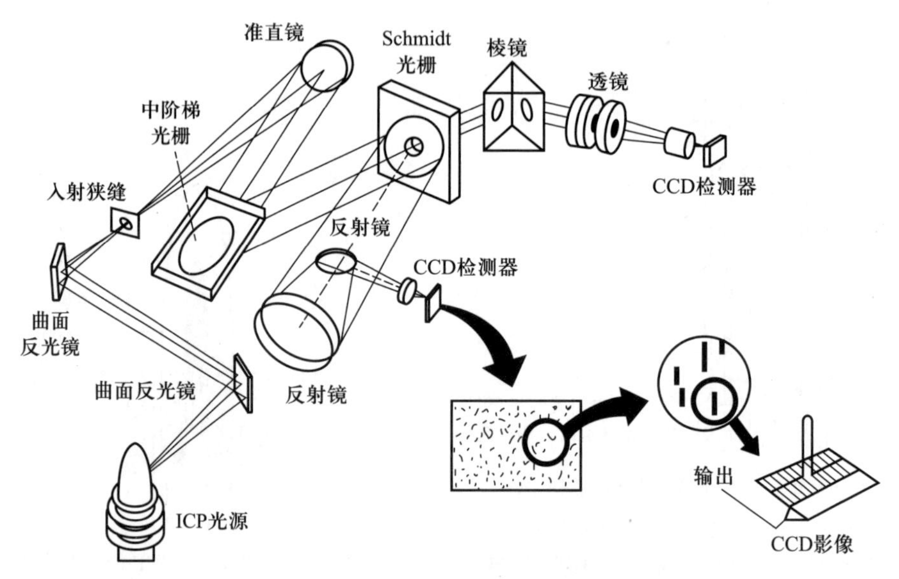

图 8-8 ICP 原子发射光谱仪光路图

从光源（ICP）发出的光，经两个曲面反射镜（toroidal mirror）进行有效聚焦，照射入射狭缝（entrance slit），从入射狭缝出来的光经准直镜（collimator）聚焦并反射至中阶梯光栅（echelle grating）色散为单色光，再经施密特光栅（Schmidt cross disperser）或棱镜进行二维色散，施密特光栅出来的光经反射后分别到达检测器（detector）可获得二维光谱。

普通的闪耀光栅闪耀角 β 比较小，在紫外及可见光区只能使用一级至三级的低级光谱。中阶梯光栅采用大的闪耀角，刻线密度不大，可以使用很高的谱级，因而可以得到大色散率、高分辨率和高的集光本领。由于使用高次谱级，会出现不同谱级间的光谱重叠，自由光谱区较窄等问题，因此，采用交叉色散法，见图 8-9（a）。在中阶梯光栅的前边（或后边）加一个垂直方向的棱镜，进行谱级色散，得到的是互相垂直的两个方向上排布的二维光谱图，见图 8-9（b），可以在较小的面积上汇集大量的光谱信息，包括从紫外到可见光区的整个光谱，可利用的光谱区范围广，光谱检出限低，并可进行多元素同时测定。

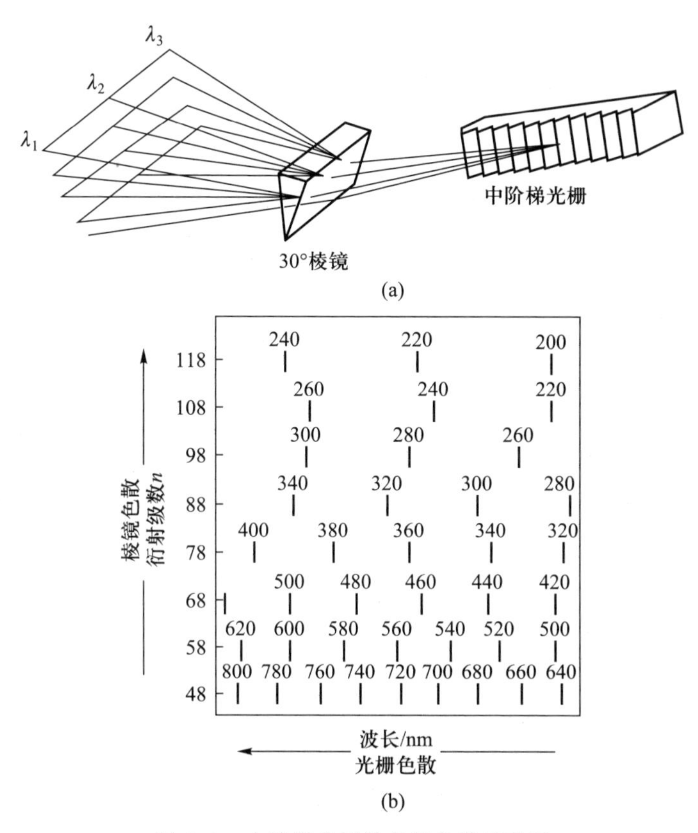

图 8-9 中阶梯光栅单色器色散示意图

8.4.4 检测系统

检测器采用电荷转移器件(CTD),它又分为电荷耦合器件(CCD)和电荷注入器件(CID)两类。电荷耦合器件在原子发射光谱分析中的应用比较广泛。它是在大规模硅集成电路工艺基础上研制而成的模拟集成电路芯片,是把光信号以电荷的形式存储和转移,而不是以电流和电压的形式。光辐射照到光敏元件表面产生光生电荷,在电荷从收集区到测量区转移的同时,完成对累积电荷的测量。光敏检测元件是二维排列的,可同时从中阶梯光栅光谱仪上记录二维全谱。它既能快速显示多道测量结果(或称光电读出),又能像光谱感光板一样,同时记录多道光信号,可在末端显示器上同步显示出人眼可见的图谱。

8.4.5 数据处理系统

现代仪器数据处理软件功能强大,进口仪器大多为英文界面,国产仪器具有中英文自动切换功能,可进行定性、定量分析。软件配有数据处理功能,能自动计算元素含量,自动生成测试结果。软件还具有数据筛选功能,剔除不想要的数据。数据库管理完善,可以自由保存与删除。

测试完毕后可以自动生成检测结果，检测结果内容可以根据用户需求选择，包括方法名称、仪器型号、测定元素、测定波长、信号强度、元素含量、相对标准偏差、检测员、备注、仪器校正人等。分析结果可以保存为 PDF、Word、Excel 等文件，方便用户使用。

8.4.6 仪器基本性能要求及最新技术进展

根据发射光谱仪检定规程 JJG 768—2005，A 级 ICP 光谱仪的性能必须优于下列要求：波长示值误差绝对值不大于 0.03 nm，重复性测定误差不大于 0.005 nm，Mn 257.610 nm 谱线半高宽不大于 0.015 nm，常见元素的检出限（mg/L）：Zn 213.856 nm≤0.003、Ni 231.604 nm≤0.01、Mn 257.610 nm≤0.002、Cr 267.716 nm≤0.007、Cu 324.754 nm≤0.007、Ba 455.403 nm≤0.001。上述元素浓度在 0.50~2.00 mg/L 重复性测定的偏差≤1.5%，稳定性≤2.0%。

检定标准虽然规定了 B 级要求，由于现在市面上国产的 ICP 光谱仪都已优于 A 级标准，因此 B 级标准就不介绍了。现在国内领先的 ICP 光谱仪的性能已经非常接近进口仪器的水平，价格比进口仪器便宜 30%~50%，运行和维护成本更低，因而非常具有竞争力。

ICP 光谱仪的自选配件主要有氢化物发生器，配备后对于易生成气态氢化物的元素的测定检出限可再下降 2 个数量级，进一步提高了分析的灵敏度。也可配备自动进样装置，样品经处理成溶液后置于自动进样器中，无须人工操作，仪器会自动进行检测并报出分析结果，可极大提高分析效率。

最新技术进展包括：可进行轴向观测和径向观测的切换，使用轴向观测又可使分析的灵敏度提高 5 倍左右。已有国外仪器厂商使用 ORCA 光学系统，可同时测定 130~770 nm 波长范围内光谱的所有元素，灵敏度比 Echelle 系统高出 5 倍，是现在测定紫外区 / 真空紫外区光谱的最佳设计。功率高达 2 000 W 的 ICP 发生器，足以轻松处理挥发性有机物和高浓度溶解固体。最新的读出系统，能够在不到 100 ms 的时间内收集、传输光谱及数据，从而加快分析速度，缩短了样品切换的时间，使单位时间内的样品分析数量大大增加。仪器的预热时间从以前的超过 1 h，到现在约 10 min 后可以测定样品。仪器的软件功能不断改进，操作更简便、功能更强大。内置大量数据，各种不同样品都有现成分析方法可用，并能自动处理数据和报告结果，仪器的分辨率在全光谱范围内可达 0.008 nm 以下，仪器的检出限普遍比 A 级检定标准低 5 倍左右。

市面上另一种最新 ICP 光谱仪检测器具有防溢出功能，检测单元 >4 000 000，读取速度≥2 MHz，像素分辨率≤0.002 nm，采用高效三级半导体制冷，3 min 内可达工作温度，工作温度低于 −45 ℃，可最大限度降低暗电流。光学系统采用恒温驱气型中阶梯分光系统，利用中阶梯光栅和棱镜二维色散，为保证仪器测试的稳定性，光路系统各部件位置固定不动，可一次曝光全波长范围内测定的所有元素谱线。光室带精密恒温系统，可使用氮气或氩气进行光室吹扫，以便测定真空紫外区的谱线，驱气量 <3 L/min，测定波长范围 167~820 nm，全谱直读。等离子体采用固态发生器，直接耦合、自动调谐、变

频，无须匹配箱设计。等离子体线圈具有聚四氟乙烯保护，可防腐蚀、免维护。可同时进行双向观测，在一次分析中同时给出水平和垂直观测结果。配置等离子体可视系统，可远距离通过计算机显示器监控等离子体和中心管的状态，可实现远距离操作。进样系统辅助气路采用卡口式设计，以方便日常维护，不需手动连接等离子气。采用高效同心型雾化器，旋流雾化室，废液安全自动在线监控，以保障数据准确和操作安全。分析软件操作方便、直观，具有定性、半定量、定量分析功能，能同时记录所有元素的谱线，具有 3 种以上干扰校正技术，具有自我诊断、网络通信、数据再处理功能，能兼容多种其他仪器。软件具有自动进样和自动稀释的功能，具有自动调谐能力，可自动优化等离子气流量、雾化气流量、观测高度、功率等分析参数，支持 Excel、XML、CSV 数据导出，可直接与 LIMS 系统对接。每分钟可测定 70 个元素（或谱线），需要样品量不大于 2 mL，可对分析元素的任意一条谱线进行定性、半定量、定量分析，测定谱线的线性动态范围≥6 个数量级，相关系数优于 0.999 6，多元素混合标准溶液重复测定 10 次的 RSD≤0.5%，连续测定 4 h，RSD≤1.0%。

8.4.7 应用

一、定性分析

ICP 光谱仪一次进样可记录样品中所有元素发射的谱线，仪器软件能自动确认每一条谱线的归属，可自动进行定性分析。

二、定量分析

由于 ICP 光源的自吸效应可忽略，因此，定量关系遵守式（8-6）的规律，谱线强度与样品中待测元素浓度成正比，谱线强度又与谱线的峰面积成正比，因此，实际工作中通过测定各元素特征谱线的积分面积来测定样品中各元素的浓度。具体分析方法有工作曲线法、标准加入法、内标法等，可对表 8-2 所示中约 70 种元素进行定量分析。

三、ICP-AES 测定铜及铜合金中 25 种元素（GB/T 5121.27—2008）

本方法规定了铜及铜合金中磷、银、铋、锑、砷、铁、镍、铅、锡、硫、锌、锰、镉、硒、碲、铝、硅、钴、钛、镁、铍、锆、铬、硼、汞 25 种元素的电感耦合等离子发射光谱测定方法。

样品用硝酸或硝酸盐酸混合酸分解，在酸性介质中用电感耦合等离子发射光谱仪，于各元素对应波长处测定其质量浓度。硒、碲质量分数不大于 0.001% 时，以砷作载体共沉淀微量硒、碲与基体铜分离；铁、镍、锌、镉质量分数不大于 0.001% 时，电解除铜分离基体进行富集；磷、铋、砷、锑、锡、锰质量分数不大于 0.001%、铅的质量分数不大于 0.002% 时，用铁作载体，氢氧化铁共沉淀磷、铋、砷、锑、锡、锰、铅与基体铜分离、富集；镍的质量分数大于 14% 时用镧作内标。

每样平行测定两次，两次测定结果偏差不超过重复性限时取平均值报告分析结果，超过重复性限时必须重新测定，测定时必须配制平行空白，配制工作曲线时必须用超纯铜进行基体匹配，工作曲线的浓度范围根据样品中待测元素的范围选择，一般要求选择

4个点，确保待测样品的测量结果落在工作曲线的范围之内，线性相关系数 R>0.999 可报告分析结果。

重复性限是指同一实验室两次测定允许的绝对偏差，再现性限是指不同实验室对同一样品测定允许的绝对偏差，实际测定数据的重复性限和再现性限使用线性内插法求得。

25 种元素的测定范围和推荐的分析线见表 8-3。

表 8-3 铜及铜合金中 25 种元素的测定范围及推荐的分析线

元素	质量分数 /%	分析线 /nm	元素	质量分数 /%	分析线 /nm	元素	质量分数 /%	分析线 /nm
P	0.000 1~1.00	187.28	Sn	0.001 0~10.00	189.98	Si	0.001 0~5.00	288.15
Ag	0.001 0~1.50	328.06	S	0.001 0~0.10	182.03	Co	0.010~3.00	228.61
Bi	0.000 05~3.00	190.24	Zn	0.000 05~7.00	206.20	Ti	0.010~1.00	334.94
Sb	0.000 1~0.10	206.83	Mn	0.000 05~14.00	257.61	Mg	0.010~1.00	285.21
As	0.000 1~0.20	189.04	Cd	0.000 05~3.00	226.50	Be	0.010~3.00	313.10
Fe	0.000 1~7.00	259.94	Se	0.000 1~0.002 0	196.09	Zr	0.010~1.00	339.19
Ni	0.000 1~35	231.60	Te	0.000 1~1.00	214.28	Cr	0.010~2.00	267.71
Pb	0.000 1~7.00	220.35	Al	0.001 0~14.00	396.15	B	0.000 5~1.00	249.77
Hg	0.000 5~0.10	194.22						

不同含量样品称样量及稀释体积见表 8-4。

表 8-4 不同含量样品称样量及稀释体积

质量分数 /%	0.000 05~0.000 5	>0.000 5~0.001	>0.001~0.1	>0.1~7.0	>7.0~35.0
称样量 /g	5.000	5.000	1.000	0.100 0	0.100 0
稀释体积 /mL	25	50	100	100	200

不同质量分数的重复性限和再现性限见表 8-5。

表 8-5 不同质量分数的重复性限和再现性限

质量分数 /%	重复性限（r）/%	再现性限（R）/%	质量分数 /%	重复性限（r）/%	再现性限（R）/%
0.000 05	0.000 04	0.000 05	0.100	0.015	0.020
0.000 1	0.000 1	0.000 1	1.00	0.07	0.08
0.001 0	0.000 3	0.000 5	5.00	0.15	0.20
0.005 0	0.000 5	0.000 8	15.00	0.30	0.35
0.050	0.004	0.006	35.00	0.48	0.60

8.5 光电直读光谱法

光电直读光谱仪是一种常见的原子发射光谱仪,它与其他发射光谱仪器一样都是由光源系统、分光系统、检测系统和数据处理系统组成。辅助系统有氩气系统和真空系统。氩气系统与光源系统配套,真空系统与分光系统配套,仪器基本结构如图 8-10 所示。

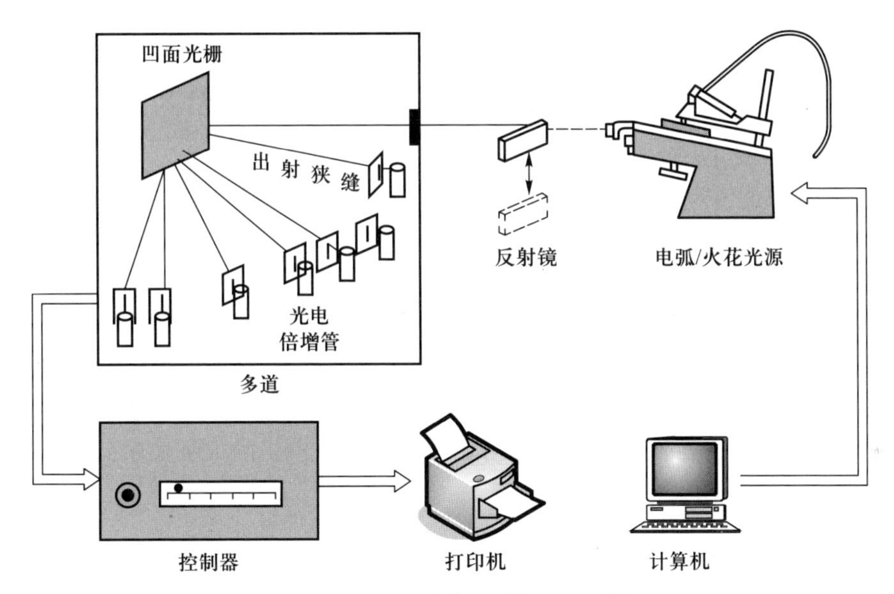

图 8-10 光电直读光谱仪基本结构

仪器工作时,火花源直接对金属固体样品放电,火花源的高温使金属固体直接气化形成气态原子或离子,气态原子或离子再被激发而发射出各元素的特征谱线,特征谱线进入光谱仪分光室,经光栅分光后成为按波长顺序排列的光谱。各个元素的特征谱线经出射狭缝进入检测系统,检测系统将各元素的特征谱线的光信号转变为电信号,再由计算机处理可直接获得各元素的含量。

8.5.1 光源系统

光源系统也称激发系统,其基本功能是为样品中被测元素原子化和原子激发发光提供能量,也就是为样品蒸发、解离、原子化、激发等提供能量。光电直读光谱仪的光源系统,是通过电火花激发放电使金属固态样品蒸发和解离并充分原子化。为了确保分析方法灵敏、分析结果准确可靠,要求光源灵敏度高、检出限低、稳定性好、信噪比大、分析速度快、自吸效应小、校准曲线的线性范围宽。

直读光谱仪使用的是电光源，有上、下两电极，上电极是待测金属，先经抛光处理以便放电稳定。下电极一般为圆锥形，固定在暗室中，充氩气保护，样品激发示意图如图 8–11 所示。

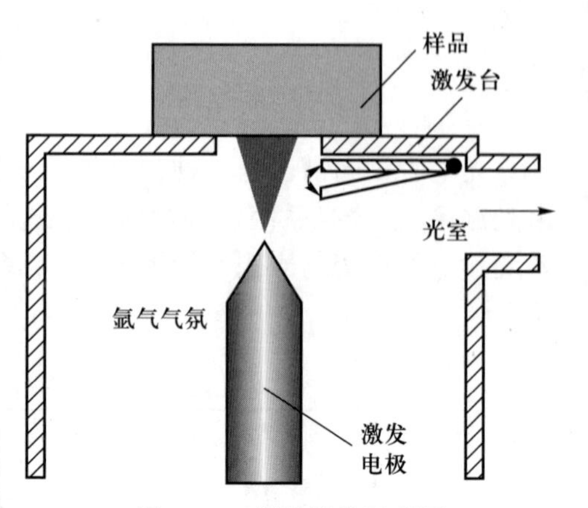

图 8–11 样品激发示意图

高压火花是现代光电直读光谱仪最常用的光源，它是在正常气压下，两电极间施加高电压，一开始两电极因空气隔开而不导电，当外加电压超过电极间的击穿电压时，在两电极尖端瞬间放电，其电路如图 8–12 所示。

交流电经电阻 R 调节，经过升压变压器 T 后产生 10~25 kV 的高压，然后通过扼流线圈 D 向电容器 C 充电，当电容器两极间电压超过分析间隙 G 的击穿电压时，电容 C 就向 G 放电，G 被击穿产生振荡性火花放电。M 为同步电机，带动的断续器 G_1、G_2 为断续控制间隙，转动断续器 M，每转动 180° 断续器对接一次，转动频率为 50 r/s，每秒接通 100 次，保证每半周电流最大值放电 1 次。高压火花放电过程具有火花性和电弧性，放电电流具有强脉冲性，火花放电的激发温度可达 10 000 K 以上，其特点是放电瞬间能量很大，产生的温度高，激发能力强，某些难激发元素可被激发，且多为离子线。另外，放电间隙时间长、电极温度低，适于低熔点金属和合金的分析，分析结果稳定性好、重现性好，适用于定量分析。但是还是存在灵敏度低、噪声大等缺点。

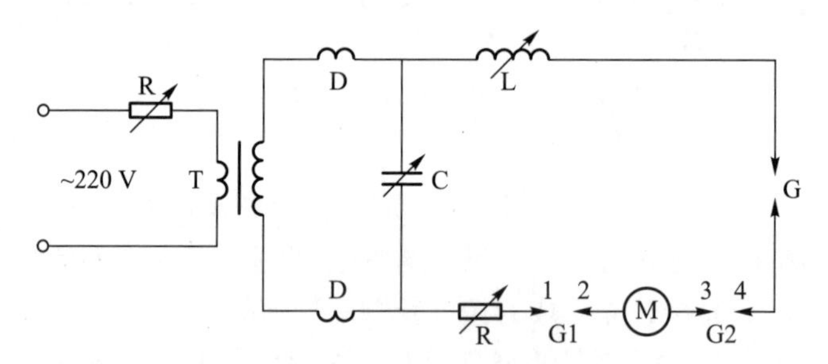

图 8–12 高压火花发生器线路原理

8.5.2 分光系统

光电直读光谱仪有两种基本类型：一种是多道固定狭缝式，另一种是单道扫描式。由于金属及合金产品的质量指标固定，需要测定的杂质元素的种类也是固定的，因此，现代直读光谱仪基本采用多道固定狭缝式。

在光电直读光谱仪中，出射狭缝后用光电倍增管将光信号转变为电信号，每个狭缝构成一个通道（光的通道），可接收一条谱线。多道仪器根据检测需求可安装多个固定的出射狭缝和光电倍增管，可同时接受多种元素的谱线。但每增加一个通道仪器价格将上升过万元，因此，定制仪器时通道数量须遵循够用为度的原则。单道扫描型只有一个通道，通过转动光栅使不同波长谱线依次进入出射狭缝到达检测器，在不同时间检测不同波长的谱线。

从图 8-10 可知，从光源发出的光经透镜聚焦后，在入射狭缝上成像并进入狭缝。进入狭缝的光投射到凹面光栅上，凹面光栅将光色散、聚焦在焦面上，在焦面上安装了一个个出射狭缝，每一狭缝可使一条固定波长的光线通过，然后投射到狭缝后的光电倍增管上进行检测，最后经过计算机处理后显示并打印出数据。全部过程除进样外都是计算机程序控制自动进行。一个样品分析时间不到 1 min，就可得到几种甚至几十种待测元素的含量。

色散系统由色散元件（凹面光栅）和一个入射狭缝及多个出射狭缝组成。罗兰（Rowland）发现在曲率半径为 R 的凹面反射光栅上存在一个直径为 R 的圆（注意这里 R 为直径），见图 8-13，光栅 G 的中心点与圆相切，入射狭缝 S 在圆上，则不同波长的光都成像在这个圆上，即光谱在这个圆上，这个圆叫作罗兰圆。这样，凹面光栅既起色散作用，又起聚焦作用。聚焦作用是由于凹面反射镜的作用，能将色散后的光聚焦。综上所述，光电直读光谱仪多采用凹面光栅，因为多道光电直读光谱仪要求有一个较长的焦面，能包括较宽的波段，以便安装更多的通道，只有凹面光栅能满足这些要求。将出射狭缝 P 都装在罗兰圆上，在出射狭缝后安装光电倍增管进行检测。

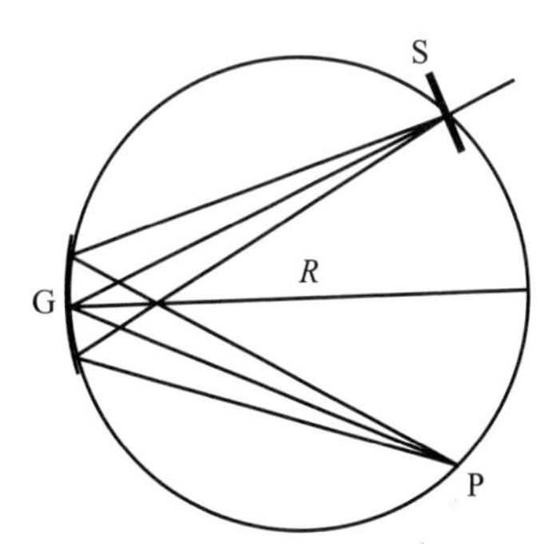

G—光栅；S—入射狭缝；P—出射狭缝

图 8-13 罗兰圆

8.5.3 检测系统

检测系统的作用就是将谱线的光信号转化为电信号，从而测量各元素的特征谱线的强度。它是光谱仪的大脑，控制整个仪器正常运作。目前光电直读光谱仪的检测器有：光电倍增管（PMT）和固体检测器（CCD/CID）。

光电倍增管是一种具有极高灵敏度和超快响应的光电转换器件，其光电转换的机理是光电效应，光电倍增管将光敏阴极、电子倍增器（也称打拿极）和阳极封装在一个真空玻璃管内，在光敏阴极上施加一个负高压，阳极接地，如图 8-14 所示。入射光从窗口照射光敏阴极，光敏阴极就会激发出光电子，光电子在电场的作用下飞向第一个电子倍增器并产生成倍的二次电子，最终到达阳极的光电子将倍增至初级光电子的 10^4~10^8 倍，从而能检测微弱的光信号。

进入 21 世纪 20 年代，已有全谱直读的固体检测器仪器上市，由于固体检测器体积小，可使仪器变得更小巧、并可使仪器根据需要开发新的用途。固定狭缝仪器都是为特定用户量身定做的，一个狭缝对应一条谱线，更换分析元素必须另买仪器。

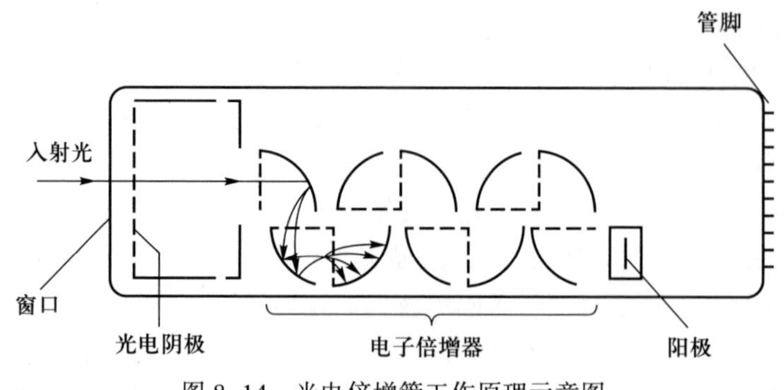

图 8-14　光电倍增管工作原理示意图

8.5.4　定量分析方法

光电直读光谱法只用于指定金属或合金中杂质元素或低含量合金元素的定量分析,定量分析的依据是罗马金公式。

$$I=ac^b$$

由于公式中的常数 a、b 受样品基体和激发条件的影响很大,因此,直读光谱法需要一套与样品基体匹配的标准样品,并采用内标法制作工作曲线。

为了消除或减小光源波动对分析结果的影响,1925 年 Gerlach 提出内标法,才使得原子发射光谱分析的定量分析得以实现。由于样品基体的浓度基本是固定的,可认为是一个常数,因此,选取基体元素为内标元素,在基体中选择一条谱线为内标线,再在待测元素中选择一条谱线为分析线,组成分析线对,内标法是测定相对强度。

选择内标元素和分析线对的原则是:内标元素与被测元素在光源作用下应有相近的蒸发性质、相近的激发能与电离能;内标元素若是外加的,必须是样品不含有或含量极少,可以忽略的;分析线对两条谱线应同为原子线或同为离子线。

若设分析线强度为 I,内标线强度 I_0,被测元素浓度与内标元素浓度分别为 c 与 c_0,分析线与内标线的自吸系数分别为 b 与 b_0。根据式(8-1),分别有

$$I=ac^b$$

$$I_0=a_0c_0^{b_0}$$

分析线与内标线强度比为 R,称为相对强度:

$$R=\frac{I}{I_0}=\frac{ac^b}{a_0c_0^{b_0}} \tag{8-8}$$

式中内标元素浓度 c_0 为常数,实验条件一定时,令 $A=a/a_0c_0^{b_0}$,也为常数,则

$$R=\frac{I}{I_0}=Ac^b \tag{8-9}$$

两边取对数,得

$$\lg R = b\lg c + \lg A \tag{8-10}$$

式(8-10)表明,分析线对相对强度的对数与样品中待测元素含量的对数成正比,以分析线对相对强度的对数为纵坐标,以标准样品中待测元素的浓度为横坐标作图可得一条直线,即为光电直读光谱法的校正曲线。

由于内标法有效消除了仪器测量条件波动对分析结果的影响,因此,光电直读光谱法的校正曲线能使用较长时间,一般仪器出厂时就内置了校正曲线,只要仪器工作条件不进行大的改变(如进行大的维修),内置校正曲线一直可以使用。但为了防止仪器测量条件的波动对分析结果的影响,每次测定前应使用标准样品进行校正。校正方法有:

(1)两点校正法。两点校正法也称高低标准法,它是通过对内置标准曲线中高低两个点用标准样品对工作曲线的截距和斜率进行调整修正的一种方法。

(2)控制样品法。控制样品法也称一点校正法,它是用一块基体、被测元素、第三元素、被测成分含量、生产工艺、磨制条件、激发过程等与被测样品相似,并且有较好均匀性的标准物质来校准。得到校准系数后,然后对样品测定数值进行校准。

8.5.5 仪器基本性能要求及最新技术进展

根据发射光谱仪检定规程 JJG 768—2005,A 级光电直读光谱仪的性能必须优于下列要求:

各元素谱线出射狭缝的不一致性不大于 ±10 μm,示值误差不大于 ±0.05 nm、重复性不大于 0.02 nm。检出限:碳、硅、镍不大于 0.005%,锰、铬不大于 0.003%,钒不大于 0.001%。重复性、稳定性:要求测定上述元素含量在 0.1%~2.0% 的相对偏差不大于 2.0%。

光源的最新技术进展有双电流控制离子体火花放电,该方法高效、灵活、可复现。火花放电时间精确到 1 μs,峰电流可达 200 A,单火花时间可达 1 200 μs,可满足不同基体、不同样品及不同分析元素的激发要求。高效激发的同时,可减少火花台的发热效应,改善精度和长期稳定性。

使用全谱检测器时,用氩气喷射电极,可有效消除激发过程中等离子体的漂移,确保 CCD 检测器能够观测高温区域光信号,提高精度和稳定性。

使用全谱检测器时改用平场光栅成像,可使光谱为一个整体,不同波长之间没有间隙,更容易对仪器进行调试、校准。

最新的仪器可带有超低 C、N、O 分析选项,可测定钢铁中超低含量的 C、N、O。

8.5.6 应用

光电直读光谱仪主要用于测定钢铁及有色金属产品中的杂质元素及合金元素含量。金属或合金直接做成电极,表面抛光后即可上机测定。制样速度快,分析效率高,也可用于金属产品生产过程中的炉前快速检测。

铝及铝合金光电直读发射光谱法测定铝中杂质元素含量(GB/T 7999—2015)。

本标准规定了铝及铝合金元素及杂质的光电直读发射光谱分析方法,适用于铝及铝合金中锑、砷、钡、铍、铋、硼、镉、钙、铈、铬、铜、镓、铁、铅、锂、镁、锰、镍、磷、钪、硅、钠、锶、锡、钛、钒、锌、锆 28 种元素的同时测定，各元素的含量测定范围见表 8–6。

表 8–6 光电直读光谱法测定铝及铝合金中元素及其含量测定范围一览表

元素	测定范围 /%	元素	测定范围 /%	元素	测定范围 /%	元素	测定范围 /%
Sb	0.004 0~0.50	As	0.006 0~0.050	Ba	0.000 1~0.005 0	Be	0.000 1~0.20
Bi	0.001 0~0.80	B	0.000 1~0.003 0	Cd	0.000 1~0.030	Ca	0.000 1~0.005 0
Ce	0.050~0.60	Cr	0.000 1~0.50	Cu	0.000 1~11.00	Ga	0.000 1~0.050
Fe	0.000 1~5.00	Pb	0.000 1~0.80	Li	0.000 5~0.010	Mg	0.000 1~11.00
Mn	0.000 1~2.00	Ni	0.000 1~3.00	P	0.000 5~0.005 0	Sc	0.050~0.80
Si	0.000 1~15.00	Na	0.000 1~0.005 0	Sr	0.001 0~0.50	Sn	0.001 0~0.50
Ti	0.000 1~0.50	V	0.000 1~0.20	Zn	0.000 1~13.00	Zr	0.000 1~0.50

在氩气气氛中，将加工好的样品置于激发台上作为一个电极，用火花光源将样品中各元素蒸发、原子化并激发发射出各待测元素的特征光谱线，经色散系统分光后，对选定的内标线和分析线的强度进行测量，根据分析线对的相对强度，由数据处理系统在工作曲线上直接报告分析结果，实现对样品中各元素的定量分析。

光电直读光谱仪应放置在防电磁干扰、防震及无腐蚀性气体的实验室，仪器应带有使用安全互锁的电源限制，仪器应带有过滤排气装置，以及时处理从激发室中排出的可能有毒的烟尘，并将废氩气排到室外，过滤系统应根据仪器说明书定期进行清洁或更换，环境温度湿度应符合光电直读光谱仪的要求，氩气纯度 >99.995%。

用于制作标准曲线的标准样品应为国家级或公认的权威机构研制，并能涵盖分析元素的测量范围，同时有适当的浓度梯度，3 个及以上标准样品作为一个系列。标准样品用于校正工作曲线，一般每一至两周进行一次，可以选用上述标准样品，但由于标准样品昂贵，因此，也允许自制标准化样品，要求非常均匀，含量准确且浓度适当。

控制样品用于例行测定的质量控制，要求具有准确含量，其化学成分、冶金加工过程、组织状态最好与待测样品基本一致，控制样品通常自制，但必须保证样品均匀、稳定、再现性好、定值准确。

例行分析一般每 5~10 个样品带一个控制样品，将样品用车床车至规定的形状，置于激发台上，每个样品至少平行测定两次，若控制样品测定的结果不超过允许误差，则当两次测定结果不超过重复性限允许偏差时，取平均值报告分析结果，否则必须重做。

各元素的分析线在购置仪器时基本选定，但现代仪器可能有 2~3 条推荐的分析线备选，企业可根据产品的特点进行选择，一经选定原则上不能更改。

光电直读光谱法分析铝及铝合金实验室内与实验室之间的允许差（相对值）见表 8-7。

表 8-7 光电直读光谱法分析铝及铝合金实验室内与实验室之间的允许差（相对值）

测定元素含量 /%	实验室内 /%	实验室之间 /%	测定元素含量 /%	实验室内 /%	实验室之间 /%
≤0.000 5	25	50	>0.10~0.50	5	14
>0.005~0.001	14	40	>0.50~1.0	2.5	7
>0.001~0.01	9	25	>1.0~8.0	2	6
>0.01~0.10	6	17	>8.0	1.5	5

8.6 原子荧光光谱法

8.6.1 概述

原子荧光光谱法（AFS）是在 1964 年以后发展起来的分析方法。原子荧光光谱法是以原子在辐射能激发下发射的荧光强度进行定量分析的发射光谱分析法。它的优点是：

（1）谱线简单。光谱干扰少，原子荧光光谱仪器可以不要分光器。

（2）检出限低。如 Cd 可达 0.001 ng/mL，Zn 为 0.04 ng/mL。

（3）原子荧光是同时向各个方向辐射的，便于制造多通道仪器，可同时进行多元素分析。

（4）校准曲线的线性范围宽，可多达 4~7 个数量级。

原子荧光光谱法目前多用于砷、铋、镉、汞、铅、锑、硒、碲、锡和锌等元素的分析。由于存在荧光猝灭效应及散射光的干扰等问题，该法实际可分析的元素有限。

8.6.2 基本原理

一、原子荧光光谱的产生

气态自由原子吸收光源的特征辐射后，原子的外层电子跃迁到较高能级，然后又跃迁返回基态或较低能级，同时发射出与原激发辐射波长相同或不同的辐射，即为原子荧光。原子荧光是光致发光，也是二次发光。当激发光源停止照射之后，再发射过程立即停止。

二、原子荧光的类型

原子荧光可分为共振荧光与非共振荧光。图 8-15 为原子荧光产生的过程。

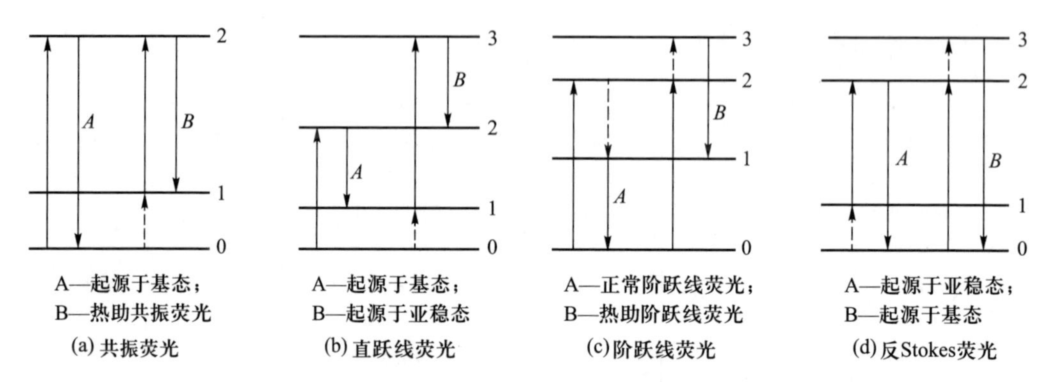

图 8-15　原子荧光产生的过程

1. 共振荧光

气态原子吸收共振线被激发后，再发射与原吸收线波长相同的荧光即是共振荧光。它的特点是激发线与荧光线的高低能级相同，其产生过程示于图 8-15（a）。如锌原子吸收 213.86 nm 的光，它发射荧光的波长也为 213.86 nm。若原子受热激发处于亚稳态，再吸收辐射进一步激发，然后再发射相同波长的共振荧光，此种原子荧光称为热助共振荧光，示于图 8-15（a）中之 *B*。

当荧光与激发光的波长不相同时，产生非共振荧光。非共振荧光又分为直跃线荧光、阶跃线荧光和反 Stokes 荧光。

2. 直跃线荧光

激发态原子跃迁回至高于基态的亚稳态时所发射的荧光称为直跃线荧光，见图 8-15（b）。由于荧光的能级间隔小于激发线的能级间隔，所以荧光的波长大于激发线的波长。如铅原子吸收 283.31 nm 的光，而发射 405.78 nm 的荧光。它是激发线和荧光线具有相同的高能级，而低能级不同。

3. 阶跃线荧光

阶跃线荧光又分为正常阶跃线荧光和热助阶跃线荧光。正常阶跃线荧光为被光照激发的原子，以非辐射形式去激发落到较低能级，再以辐射形式返回基态而发射的荧光。很显然，荧光波长大于激发线波长。例如，钠原子吸收 330.30 nm 的光，发射出 588.90 nm 的荧光。非辐射形式为原子在原子化器中与其他粒子碰撞去激发过程。热助阶跃线荧光为被光照激发的原子，跃迁至中间能级，又发生热激发至高能级，然后返回至低能级发射的荧光。例如，铬原子被 359.35 nm 的光激发后，会产生很强的 357.87 nm 荧光。阶跃线荧光的产生见图 8-15（c）。

4. 反 Stokes 荧光

当自由原子跃迁至某一能级，获得的能量一部分是由光源激发能供给，另一部分是热能供给，然后返回低能级所发射的荧光为反 Stokes 荧光。其荧光能大于激发能，荧光波长小于激发线波长。例如，铟吸收热能后处于较低的亚稳能级，再吸收 451.13 nm 的光后，发射 410.18 nm 的荧光，见图 8–15（d）。

在以上各种类型的原子荧光中，共振荧光强度最大，最为常用。但有的元素非共振荧光谱线的灵敏度更高。

三、荧光强度

原子荧光光谱强度由原子吸收与原子发射过程共同决定。对指定频率的共振原子荧光，受激原子发射的荧光强度为

$$I_f=\phi A I_0 \varepsilon l N_0 \qquad (8-11)$$

式中 ϕ 为荧光量子效率，它表示发射荧光光量子数与吸收入射（激发）光量子数之比；A 为受光源照射在检测系统中观察到的有效面积；I_0 为原子化器内单位面积上接受的光源强度；ε 为对入射辐射吸收的峰值吸收系数；l 为吸收光程长度；N_0 为单位体积内的基态原子数。

由式（8–11）可见，当仪器与操作条件一定时，除 N_0 外皆为常数，N_0 与样品中被测元素浓度 c 成正比。因此，原子荧光强度与被测元素浓度成正比：

$$I_f = Kc \qquad (8-12)$$

式（8–12）中 K 为一常数，它是原子荧光光谱法定量分析的基础。

四、量子效率与荧光猝灭

受光激发的原子，可能发射共振荧光，也可能发射非共振荧光，还可能无辐射跃迁至低能级，所以量子效率一般小于 1。

受激发的原子和其他粒子碰撞，把一部分能量变成热运动或其他形式的能量，因而发生无辐射的去激发过程，这种现象称为荧光猝灭。荧光的猝灭会使荧光的量子效率降低，荧光强度减弱。许多元素在烃类火焰（如燃气为乙炔的火焰）中要比在用氩稀释的氢 – 氧火焰中荧光猝灭大得多，因此，原子荧光光谱法尽量不用烃类火焰而用氩稀释的氢 – 氧火焰代替。使用烃类火焰时，应使用较强的光源，以弥补荧光猝灭的损失。

8.6.3 仪器

原子荧光光谱仪分为非色散型和色散型。这两类仪器的结构基本相似，只是单色器不同。两类仪器的光路图见图 8–16。由图可看出，原子荧光光谱仪与原子吸收光谱仪基本相同。

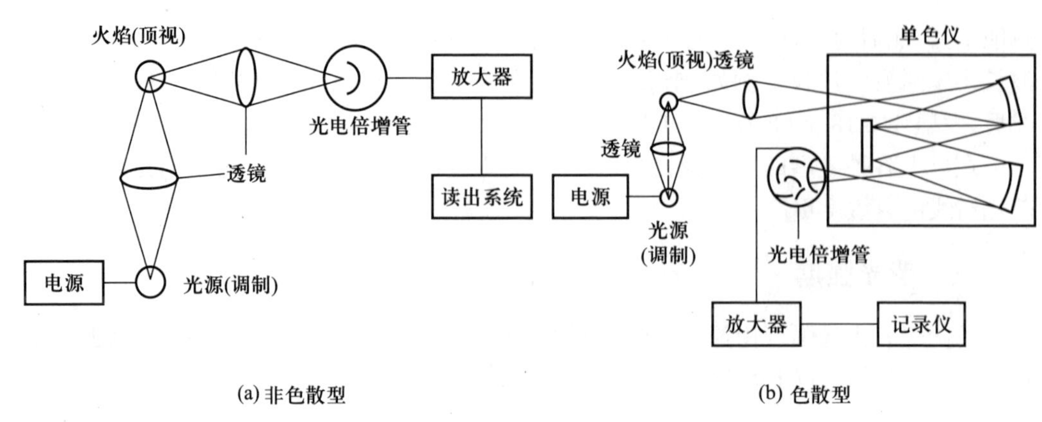

(a) 非色散型　　(b) 色散型

图 8-16　原子荧光光谱仪结构示意图

原子荧光光谱仪中,激发光源与检测器呈直角设置,这是为了避免激发光源发射的辐射对原子荧光检测信号产生影响。

一、激发光源

激发光源最常采用的是高强度空心阴极灯(HI-HCL)和无极放电灯(EDL)。也可使用连续光源如氙弧灯,它不必采用高色散的单色器。连续光源稳定、调谐简单、寿命长,可用于多元素同时分析。原子荧光光谱仪中光源也要进行调制。

二、原子化器

原子化器与原子吸收法基本相同,还可用 ICP 焰炬等。

三、色散系统

色散型色散元件是光栅。

非色散型用滤光器来分离分析线和邻近谱线,可降低背景。

四、检测系统

色散型原子荧光光谱仪采用光电倍增管。非色散型的多用日盲光电倍增管,它的光阴极由 Cs-Te 材料制成,对 160~280 nm 波长的辐射有很高的灵敏度,但对大于 320 nm 波长的辐射不灵敏。

在多元素原子荧光分析仪中,由于原子荧光可由原子化器周围任何方向的激发光源激发而产生,因此,设计了多道、多元素同时分析仪器,它也分为非色散型与色散型。非色散型六道原子荧光光谱仪装置见图 8-17。

每种元素都有各自的激发光源在原子化器的周围,各自一个滤光器,每种元素都有一个单独的电子通道,共同使用一个火焰原子化器、一个检测器。实验时逐个元素顺序测量。

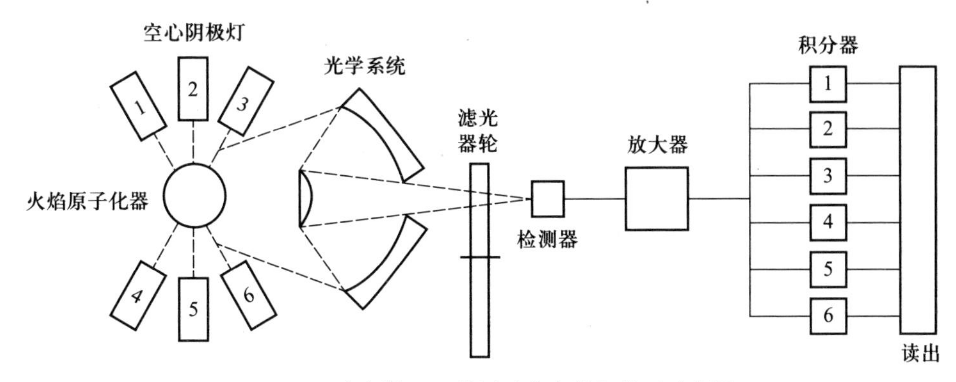

图 8-17 非色散型六道原子荧光谱仪装置示意图

8.6.4 仪器基本性能要求及最新技术进展

原子荧光光度计检定依据为 JJG 939—2009，仪器的稳定性要求 30 min 内漂移不大于 5%，噪声不大于 3%，砷锑混合标准溶液检出限 <0.1 ng，重复性偏差 ≤ 3%，线性相关系数 $R \geqslant 0.997$，通道间干扰不大于 ±5%。现代仪器可配备三个通道，即可单元素测定，也可两元素、三元素同时测定，重复性偏差 RSD<0.7%，道间干扰不大于 0.5%，线性相关系数 $R>0.999$，镉、汞检出限 <0.001 μg/L，其他元素检出限 <0.01 μg/L，线性范围大于 3 个数量级。

8.6.5 原子荧光光谱法的应用

原子荧光光谱仪是我国独有的分析仪器，通常与氢化物发生法配套使用，用于测定样品中砷、汞、硒、锡、铅、铋、锑、碲、锗、镉、锌 11 种元素，灵敏度非常高，对环境、食品、药品中上述 11 种金属元素的测定有独特优势。

原子荧光光谱法测定水体中汞、砷、硒、铋、锑（HJ 694—2014）。

HJ 694—2014 适用于地表水、地下水、生活污水和工业废水中汞、砷、硒、铋、锑的溶解态和总量的测定。汞的检出限为 0.04 μg/L，测定下限 0.16 μg/L；砷的检出限 0.3 μg/L，测定下限 1.2 μg/L；硒的检出限 0.4 μg/L，测定下限 1.6 μg/L；铋、锑的检出限 0.2 μg/L，测定下限 0.8 μg/L。

溶解态是指未经酸化的样品经 45 μm 孔径滤膜过滤后所测得的结果，总量是指未经过滤的样品经消解后测得的汞、砷、硒、铋、锑含量。

经预处理的样品进入原子荧光光谱仪，在酸性条件下用硼氢化钾还原，汞被还原为单质汞、其余元素被还原为气态氢化物从而与基体分离。气态氢化物在氩氢火焰中形成基态原子，基态原子（包括汞原子）吸收同种元素高强度空心阴极灯发射的特征谱线而被激发至激发态，当激发态原子跃迁回基态时发射该元素的特征谱线，也就是原子荧光，通过测定这些特征谱线的强度进行定量分析。

高于一定浓度的铜等过渡金属元素对测定存在干扰，大多可用硫脲、抗坏血酸掩蔽，可消除绝大部分干扰。常见阴离子不干扰测定，物理干扰可通过选用双层结构石英管原子化器，内外两层均通氩气，外面形成保护层隔绝空气，使待测元素的基态原子不与空气中的氧、氮等接触，降低荧光淬灭对测定的影响。

样品采集参照 HJ/T 91 或 HJ/T 164 相关规定执行，溶解态样品和总量样品分别采集。样品保存参照 HJ 493 相关规定执行，测定可溶态样品时，采集后尽快用 0.45 μm 滤膜过滤，并按规定加稳定剂（酸）以延长保质期至半个月。测定总量样品采集后直接加稳定剂。

测汞时取 5.00 mL 样品，加入 1 mL 优级纯试剂配制的混合酸［（盐酸 + 硝酸 + 水）=（3+1+4）］于 10 mL 比色管中，混匀，于沸水浴上加热消解 1 h，期间摇动 2 次，开塞放气。消解完全后冷却至室温，用水定容，待测。测定其他元素的样品取 50.00 mL 于 150 mL 锥形瓶中加入 5 mL 硝酸和高氯酸的混合酸（1+1）于电热板上加热至冒高氯酸的白烟，冷却，再加入 5 mL（1+1）盐酸，加热至烟冒尽，冷却定量转移至 50 mL 容量瓶中，定容、摇匀、待测。以纯水代替样品，做平行空白。

原子荧光光谱仪性能指标必须满足 GB/T 21191 的规定并经鉴定合格，按照仪器使用说明书将仪器调节至最佳状态，参考测量条件见表 8–8。

表 8–8 原子荧光光谱仪测定不同元素的参考测量条件

元素	负高压/V	灯电流/mA	原子化器预热温度/℃	载气流量/(mL/min)	屏蔽气流量/(mL/min)	积分方式
Hg	240 ~ 280	15 ~ 30	200	400	900 ~ 1 000	峰面积
As	260 ~ 300	40 ~ 60	200	400	900 ~ 1 000	峰面积
Sc	260 ~ 300	80 ~ 100	200	400	900 ~ 1 000	峰面积
Bi	260 ~ 300	60 ~ 80	200	400	900 ~ 1 000	峰面积
Sb	260 ~ 300	60 ~ 80	200	400	900 ~ 1 000	峰面积

按表 8–9 配制系列标准溶液。

表 8–9 标准系列质量浓度

元素	标准系列质量浓度 /（$\mu g \cdot L^{-1}$）					
Hg	0	0.10	0.20	0.50	0.70	1.00
As	0	1.0	2.0	4.0	6.0	10.0
Sc	0	0.4	0.8	1.2	1.6	2.0
Bi	0	1.0	2.0	4.0	6.0	10.0
Sb	0	1.0	2.0	4.0	6.0	10.0

参考测量条件表 8–8 或自选最佳的测量条件，以（1+19）盐酸为载流，硼氢化钾为还原剂，浓度依次由低至高测定各元素标准系列的荧光强度，绘制校正曲线，然后测定

样品，仪器将自动绘制校正曲线并报告分析结果。若样品中待测元素的荧光强度超出最大标准样品的荧光强度，则必须稀释后再次测定，稀释后的荧光强度必须落在校正曲线最高和最低点之间。

每测定 20 个样品加空白实验 1 个，每批至少要测定两个平行空白，且空白样品的测定结果必须低于方法的检出限。每次测定样品必须绘制校正曲线，校正曲线的线性相关系数必须 >0.995。每测 20 个样品必须用标准系列中最中间的标准样品进行基线漂移核查，相对相差 <20% 方可继续进行测定。每批样品至少 10% 测定平行样，且平行样的相对偏差不能大于 20%，每批样品至少 10% 进行加标回收试验，不足 10 个样品时选择其中一个样品进行加标回收试验，加标回收率必须在 70%~130%。

思考题

1. 原子发射光谱法在化学发展史上有何贡献？
2. 简述原子发射光谱产生的机理，其定性、定量分析的依据是什么？
3. 能级跃迁必须遵循什么规则？
4. 影响原子发射谱线强度的因素有哪些？它们是如何影响的？
5. 火焰光度计由哪些部件组成？简述仪器的工作原理和应用领域，仪器性能必须满足哪些要求？
6. 简述 ICP 光源的工作原理和主要优点。
7. 什么是光谱项？什么是能级图？
8. 简述 ICP 光谱仪的分光系统和检测系统的工作原理。
9. ICP 光谱仪的性能必须满足哪些要求？最新技术进展有哪些？
10. 光电直读光谱仪由哪些部件组成？各部件是如何工作的？该仪器主要应用在哪些领域？
11. 三标准样品法如何准确进行定量分析？
12. 光电直读光谱仪必须满足哪些技术要求？最新有哪些技术进展？
13. 原子荧光是如何产生的？如何利用原子荧光进行定量分析？
14. 什么是荧光的量子效率与荧光猝灭？
15. 原子荧光光谱仪必须满足哪些技术要求？最新有哪些技术进展？主要测定哪些元素？

习题

一、选择题

1. 发射 MgⅡ 280.27 nm 谱线的是（　　）。

A. Mg 原子　　B. Mg^{+}　　C. Mg^{2+}　　D. Mg^{3+}

2. ICP 光源发明于 20 世纪(　　)年代。

A. 50　　B. 60　　C. 70　　D. 80

3. 不需要雾化器,可直接测定固体样品的仪器是(　　)。

A. 火焰光度计　　B. ICP 光谱仪

C. 光电直读光谱仪　　D. 原子荧光光谱仪

4. 下列仪器中能进行全元素定性分析的是(　　)。

A. 火焰光度计　　B. ICP 光谱仪

C. 光电直读光谱仪　　D. 原子荧光光谱仪

5. 下列仪器中只需使用滤光片作分光元件的仪器是(　　)。

A. 火焰光度计　　B. ICP 光谱仪

C. 光电直读光谱仪　　D. 原子荧光光谱仪

6. 能用火焰光度计测定的是(　　)。

A. Na、K　　B. K、Fe　　C. Na、Cu　　D. Cu、Fe

7. ICP 光谱仪定量分析的线性范围可达(　　)个数量级。

A. 1~2　　B. 2~3　　C. 3~5　　D. 4~6

8. 火焰光度计通常使用(　　)火焰。

A. 空气 – 乙炔　　B. 空气 – 煤气

C. 空气 – 氢气　　D. 氧气 – 氢气

9. 原子荧光通常使用(　　)火焰。

A. 空气 – 乙炔　　B. 空气 – 煤气

C. 空气 – 氢气　　D. 氧气 – 氢气

10. ICP 原子发射光谱仪工作时大量消耗的是(　　)。

A. 氩气　　B. 氧气　　C. 氢气　　D. 乙炔

11. 下面几种常用的激发光源中,定量分析线性范围最大的是(　　)。

A. 直流电弧　　B. 交流电弧

C. 电火花　　D. 高频电感耦合等离子体

12. ICP 焰炬观测区的温度为(　　)。

A. 5 000~7 000 K　　B. 6 000~8 000 K

C. 7 000~9 000 K　　D. 8 000~10 000 K

13. GB/T 5121.27—2008 该方法规定了铜及铜合金中(　　)种元素的定量分析方法。

A. 15　　B. 20　　C. 25　　D. 30

14. 测定水体中溶解性物质须事先用滤膜对水体过滤,滤膜孔径为(　　)。

A. 30 μm　　B. 35 μm　　C. 40 μm　　D. 45 μm

15. 氢化物发生器能提高易生成气态氢化物的元素的灵敏度,但下列哪种仪器无须配置氢化物发生器(　　)。

A. 火焰光度计　　B. 原子荧光光谱仪

C. 原子吸收光谱仪　　D. ICP 原子发射光谱仪

16. 都能用原子荧光测定的元素是(　　)。

A. K、Se、Te　　B. Mg、Sn、Ge　　C. Pb、Bi、Sb　　D. Cu、Pb、Zn

17. ICP 理论上可同时测定样品中共存的(　　)种元素。

A. 50　　B. 60　　C. 70　　D. 80

18. 某企业决定新增一条电解铝生产线,为了控制产品质量,最好购买(　　)。

A. 光电直读光谱仪　　B. ICP 光谱仪

C. 原子吸收光谱仪　　D. 原子荧光光谱仪

19. ICP 原子发射光谱仪要求波长重复测量误差不大于(　　)nm。

A. 0.001　　B. 0.002　　C. 0.005　　D. 0.010

20. 原子荧光光谱仪的性能要求工作曲线线性相关系数 R 大于(　　)。

A. 0.99　　B. 0.995　　C. 0.997　　D. 0.999

二、判断题

1. 原子核外的电子总是处在一定能级,当外界提供能量时,电子可在任意能级之间跃迁。

2. 原子发射光谱只能测定原子发射的谱线。

3. 世界上第一台用于光谱分析的分光镜制造于 1859 年,随后在发现新元素的过程中大显身手。

4. 原子核外电子的能级通常用光谱项表示:$n^{2S+1}L_J$。

5. 原子发射的谱线强度与跃迁概率、激发能、温度、统计权重、样品浓度有关,浓度越大,谱线越强。

6. 谱线发生自蚀时不能进行定量分析。

7. 火焰光度法理论上可测定多个元素,但实际上是钾、钠的专用测定仪器。

8. JJG 为仪器检定规程的代号,只有达到或超过 JJG 规定的各项指标要求的分析仪器出具的检测结论才具有社会公信力。

9. 所有国家标准都必须强制执行。

10. 在 ICP 光源中,谱线不自吸,自吸系数为 0。

11. 为了观测谱线最强的区域,ICP 只能垂直观测。

12. 为了防止谱线重叠,ICP 仪器中的分光系统必须进行二维色散。

13. 全谱直读仪器可用 CCD 或 CID 检测器,现代仪器更多的使用 CID。

14. 使用氢化物发生器的 ICP 光谱仪可使检测灵敏度再下降 2 个数量级。

15. ICP 光谱仪定量分析一般要求工作曲线的相关系数 $R>0.999$。

16. 定量分析中平行分析结果相对偏差超过重复性限则必须重做。

17. 光电直读光谱仪上电极是待测金属样品,制成圆锥形。

18. 光电直读光谱仪使用经典火花光源。

19. 原子荧光的波长大于吸收线波长。

参考答案

20. 很多元素不能使用原子荧光进行测定是因为那些元素的原子荧光量子效率太低。

第九章　色谱法导论

9.1　概　　述

9.1.1　色谱法的发展

色谱法作为一种分离技术和分析方法已有100多年的历史。1906年,俄国植物学家Tswett Mikhail S首次用石油醚分离植物色素,创建了经典色谱。此法后来不仅用来分离有色物质,也用来分离无色物质,带动了色谱技术的发展,20世纪30年代,出现了柱色谱(column chromatography,CC)和纸色谱(paper chromatography,PC),到20世纪50年代出现了薄层色谱(thin-layer chromatography,TLC)和气相色谱(gas chromatography,GC)。1952年,英国科学家Martin Archer J P和Synge Richard L M提出了可分离分析复杂多组分混合物的气相色谱方法,使色谱完成了从分离技术到分析方法的华丽转身。1979年,毛细管色谱柱的发明,使色谱分析灵敏度得到极大提高,成为现代气相色谱分析技术的主流。20世纪60年代,在经典液相色谱的基础上又发展出高效液相色谱法(high performance liquid chromatography,HPLC)。和GC相比,HPLC对热稳定性差、无挥发或挥发性差的强极性物质能够进行分离和分析,从而使色谱技术能够广泛应用于生物化学、生物医学、药物分析、食品分析、环境监测、石油化工等众多领域。随着计算机在色谱技术中的应用,色谱分离分析技术得到了进一步快速发展,20世纪70年代出现了超临界流体色谱(supercritical fluid chromatography,SFC)、20世纪80年代出现了毛细管电泳技术(capillary electrophoresis,CE),是继HPLC之后分离科学的重大飞跃。与此同时,毛细管电泳与高效液相色谱技术的融合,又产生了毛细管电泳色谱(capillary electrochromatography,CEC)。由于色谱法具有能同时进行分离和分析的特点,与其他方法相比,色谱法对复杂样品,多组分混合物的分离优势更加明显。

现代联用技术的发展,使各种色谱技术产生了新的飞跃。气相色谱－质谱联用技术(GC-MS)、气相色谱－傅里叶红外光谱联用技术(GC-FTIR)、液相色谱－质谱联用(LC-MS)、高效液相色谱－质谱联用(HPLC-MS)、液相色谱－核磁共振波谱联用(LC-NMR)等,使色谱技术在分离分析中如虎添翼。

目前,色谱技术无论在科学研究上,还是在国民经济及广大人民群众的生活中,都发挥着极其重要的作用。

9.1.2 色谱法的分类

一、按两相状态分类

气体为流动相的色谱称为气相色谱。根据固定相是固体吸附剂还是固定液(附着在惰性载体上的一薄层有机化合物液体),又可分为气固色谱(gas solid chromatography,GSC)和气液色谱(gas liquid chromatography,GLC)。液体为流动相的色谱称为液相色谱(LC)。同理,液相色谱亦可分为液固色谱(liquid solid chromatography,LSC)和液液色谱(liquid liquid chromatography,LLC),以超临界流体为流动相的色谱称为超临界流体色谱。随着色谱技术的发展,通过化学反应将固定液键合到载体表面,这种化学键合固定相的色谱又称化学键合相色谱(chemically bonded phase chromatography,CBPC)。

二、按分离机理分类

利用组分在吸附剂(固定相)上的吸附能力强弱不同而得以分离的方法,称为吸附色谱法。利用组分在固定液(固定相)中溶解度不同而达到分离的方法称为分配色谱法。利用组分在离子交换剂(固定相)上的亲和力大小不同而达到分离的方法,称为离子交换色谱法。利用大小不同的分子在多孔固定相中的选择渗透而达到分离的方法,称为凝胶色谱法或尺寸排阻色谱法。此外,又有一种新分离技术——亲和色谱法,它是一种利用不同组分与固定相(固定化分子)的高专属性亲和力进行分离的技术,常用于蛋白质的分离。

三、按固定相的外形分类

固定相装于柱内的色谱法称为柱色谱。固定相呈平板状的色谱法称为平面色谱,它又可分为薄层色谱和纸色谱。色谱法分类详见图 9-1。

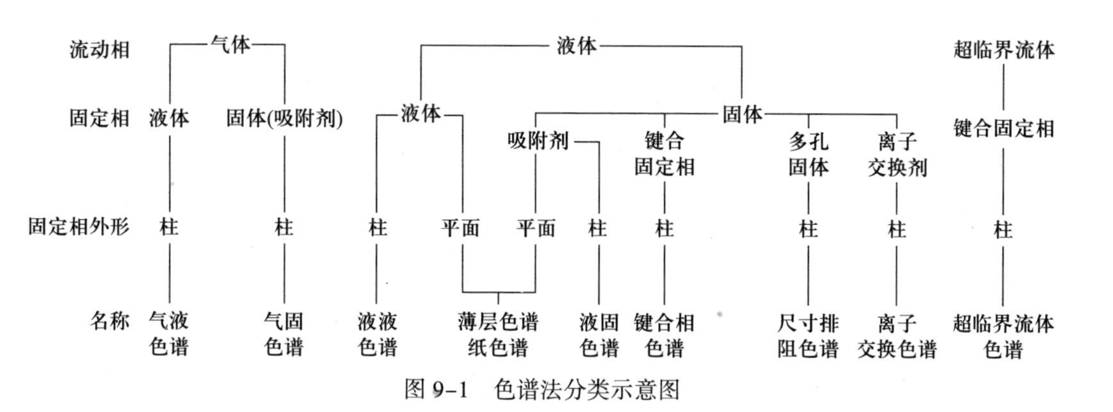

图 9-1 色谱法分类示意图

9.1.3　色谱法的特点

（1）选择性好。通过选择高选择性的固定相，使各组分的分配系数有较大差异，从而对性质极为相似的组分有很强的分离能力。

（2）分离效能高。色谱分析法能将性质十分接近的组分和复杂的多组分混合物进行有效分离。

（3）灵敏度高。在色谱仪中采用高灵敏检测器可检测微量组分，特别适合痕量杂质检测，已经在高纯试剂农药残留、环境保护、生物医药等方面得到广泛应用。

（4）分析速度快、自动化程度高。色谱分析已经全程由计算机控制，并可带自动进样系统，能自动报告分析结果。

9.2　色谱流出曲线及有关术语

9.2.1　色谱流出曲线和色谱峰

以检测器输出的信号对时间作图，所得曲线称为色谱流出曲线，如图 9–2 所示。曲线上突起部分就是色谱峰。如果进样量很小，浓度很低，在吸附等温线（气固吸附色谱）或分配等温线（气液分配色谱）的线性范围内，则色谱峰是对称的，可以用正态分布函数表示。

$$c=\frac{c_0}{\sigma\sqrt{2\pi}}\exp\left[-\frac{1}{2}\left(\frac{t-t_R}{\sigma}\right)^2\right] \tag{9-1}$$

式中 c 为 t 时某物质在柱出口处的浓度；c_0 为进样浓度；t_R 为对应于浓度峰值的保留时间；σ 为标准差。

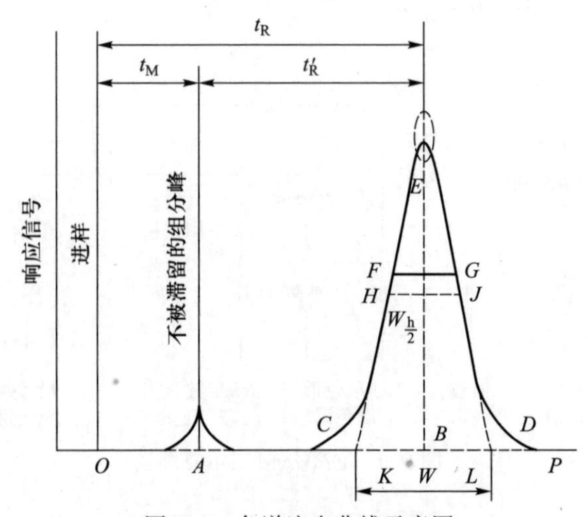

图 9–2　色谱流出曲线示意图

9.2.2　基线

在实验操作条件下,色谱柱后仅有纯流动相进入检测器时的流出曲线称为基线,稳定的基线是一条水平直线。

9.2.3　峰高 h

色谱峰顶点与基线之间的垂直距离,以 h 表示,如图 9-2 中 BE 段。

9.2.4　峰面积 A

色谱峰与基线所包围的面积,如图 9-2 中 C、H、F、E、G、J、D、C 所围成的面积。

9.2.5　保留值

1. 死时间 t_M

不被固定相吸附或溶解的物质,从进样到出现峰极大值所需的时间称为死时间,它正比于色谱柱的空隙体积,如图 9-2 中 OA 段,用 t_M 表示。

2. 保留时间 t_R

样品中某组分从进样至出现峰极大值所需的时间称为保留时间,用 t_R 表示。

3. 调整保留时间 t'_R

某组分的保留时间扣除死时间后的保留时间称为该组分的调整保留时间,用 t'_R 表示。

$$t'_R = t_R - t_M \tag{9-2}$$

由于组分在色谱柱中的保留时间 t_R 包含了组分随流动相通过柱子所需的时间和组分在固定相中滞留所需的时间,所以 t_R 实际上是组分在固定相中停留的总时间。

保留时间是色谱法定性分析的基本依据,但同一组分的保留时间常受到流动相流速的影响,因此,色谱工作者有时用保留体积来表示保留值。

4. 死体积 V_M

V_M 是指色谱柱在填充后,柱管内固定相颗粒间所剩留的空间、色谱仪中管路和连接头间的空间及检测器的空间的总和。死体积可由死时间与色谱柱出口的载气流速 q 计算。

$$V_M = t_M q \tag{9-3}$$

5. 保留体积 V_R

V_R 是指从进样开始到被测组分在柱后出现浓度极大点时所通过的流动相的体积。保留时间与保留体积的关系为

$$V_R = t_R q \tag{9-4}$$

6. **调整保留体积** V'_R

某组分的保留体积扣除死体积后，为该组分的调整保留体积。

$$V'_R = V_R - V_M = t'_R q \tag{9-5}$$

7. **相对保留值** $r_{i,s}$

相同的操作条件下，某组分 i 的调整保留值与参比组分 s 的调整保留值之比称为相对保留值。

$$r_{i,s} = \frac{t'_R(i)}{t'_R(s)} = \frac{V'_R(i)}{V'_R(s)} \tag{9-6}$$

由于相对保留值只与柱温及固定相性质有关，而与柱径、柱长、填充情况及流动相流速无关。因此，它在色谱法中，特别是在气相色谱法中，广泛用作定性的依据。

在定性分析中，通常固定一个色谱峰作为标准（s），然后再求其他峰（i）对这个峰的相对保留值，此时也可用符号 α 表示，即

$$\alpha = r_{i,s} = \frac{t'_R(i)}{t'_R(s)} \tag{9-7}$$

式中 $t'_R(i)$ 为后出峰的调整保留时间，所以 α 总是大于 1 的。相对保留值往往可作为衡量固定相选择性的指标，又称选择因子。

9.2.6　区域宽度

色谱峰的区域宽度是色谱流出曲线的重要参数之一，是用于衡量柱效率及反映色谱操作条件的动力学因素。表示色谱峰区域宽度通常有三种方法。

1. **标准差** σ

峰高 0.607 倍处色谱峰宽度的一半，如图 9-2 中 FG 距离的一半。

2. **半峰宽度** $W_{h/2}$

即峰高一半处对应的峰宽。如图 9-2 中 HJ 间的距离，它与标准差 σ 的关系为

$$W_{h/2} = 2.354\sigma \tag{9-8}$$

3. **峰底宽度** W

在峰两侧拐点处所作切线与基线相交两点间的距离，如图 9-2 中 KL 段，它与标准差 σ 的关系是

$$W = 4\sigma \tag{9-9}$$

9.2.7　色谱流出曲线的作用

从色谱流出曲线中，可得许多重要信息：

（1）根据色谱峰的个数，可以判断样品中所含组分的最少个数。

（2）根据色谱峰的保留值，可以进行定性分析。

（3）根据色谱峰的面积或峰高，可以进行定量分析。

（4）色谱峰的保留值及其区域宽度，是评价色谱柱分离效能的依据。

（5）色谱峰两峰间的距离，是评价固定相（或流动相）选择是否合适的依据。

9.3 基 本 原 理

色谱法是一种分离分析方法，首先必须将样品中各组分彼此分离，然后依次进行检测。它的分离原理是：使混合物各组分在两相间进行分配，其中一相是不动的，称为固定相；另一相是携带混合物流过固定相的流体，称为流动相。当流动相中所含的混合物经过固定相时，就会与固定相发生作用。由于各组分在性质和结构上的差异，与固定相发生作用的大小、强弱也有差异，因此，在同一推动力作用下，不同组分在固定相中的滞留时间有长有短，从而按先后不同的秩序从固定相中流出。

组分要达到完全分离，两峰间的距离必须足够远，两峰间的距离是由组分在两相间的分配系数决定的，即与色谱过程的热力学性质有关。但是两峰间虽有一定距离，如果每个峰都很宽，以致彼此重叠，还是不能分开。这些峰的宽或窄是由组分在色谱柱中传质和扩散行为决定的，即与色谱过程中的动力学性质有关。因此，要从热力学和动力学两方面来研究色谱行为。

9.3.1 分配系数 *K* 和分配比 *k*

一、分配系数 *K*

如上所述，分配色谱的分离是基于样品组分在固定相和流动相之间反复多次的分配过程，而吸附色谱的分离是基于反复多次地吸附 - 脱附过程。这种分离过程经常用样品分子在两相间的分配来描述，而描述这种分配的参数称为分配系数 K。它是指在一定温度和压力条件下，组分在固定相和流动相之间分配达平衡时的浓度之比值，即

$$K=\frac{\text{溶质在固定相中的浓度}}{\text{溶质在流动相中的浓度}}=\frac{c_s}{c_m} \tag{9-10}$$

分配系数是由组分和两相的热力学性质决定的。在一定温度下，分配系数 K 小的组分，在流动相中浓度大，先流出色谱柱。反之，则后流出色谱柱。当分配次数足够多时，就能将不同组分分离开来。由此可见，在分配色谱中，不同物质在两相间具有不同分配系数是物质得以分离的基础。柱温是影响分配系数的一个重要参数，在其他条件一定时，分配系数与柱温的关系为

$$\ln K=-\Delta G_m/RT_c \tag{9-11}$$

式中 ΔG_m 为标准状态下组分的自由能变；R 为摩尔气体常数；T_c 为柱温。由于组分在固定相中的 ΔG_m 通常是负值，所以分配系数与温度成反比，升高温度，分配系数变小。

即提高分离温度，组分在固定相的浓度减小，可缩短出峰时间。在气相色谱中，温度的选择对分离影响很大；在液相色谱中，相对地要小得多。

二、分配比 *k*

分配比又称容量因子，它是指在一定温度和压力下，组分在两相间分配达平衡时，分配在固定相和流动相中的质量比，即

$$k=\frac{组分在固定相中的质量}{组分在流动相中的质量}=\frac{m_s}{m_m} \tag{9-12}$$

k 越大，说明组分在固定相中的量越多，相当于柱的容量大，因此，又被称为分配容量比或容量因子。它是衡量色谱柱对被分离组分保留能力的重要参数。k 也决定于组分及固定相的热力学性质，它不仅随柱温、柱压变化而变化，而且还与流动相及固定相的体积有关。

$$k=\frac{m_s}{m_m}=\frac{c_sV_s}{c_mV_m} \tag{9-13}$$

式中 c_s，c_m 分别为组分在固定相和流动相中的浓度；V_m 为柱中流动相的体积，近似等于死体积；V_s 为柱中固定相的体积，在各种不同的类型的色谱中有不同的含义。例如，在分配色谱中，V_s 表示固定液的体积；在尺寸排阻色谱中，则表示固定相的孔体积。

三、分配系数 *K* 与分配比 *k* 的关系

$$K=\frac{c_s}{c_m}=\frac{m_s/V_s}{m_m/V_m}=k\frac{V_m}{V_s}=k\beta \tag{9-14}$$

式中 β 称为相比率，它是反映各种色谱柱柱型特点的又一个参数。例如，对填充柱，其 β 值一般为 6~35；对毛细管柱，其 β 值为 60~600。

四、分配系数 *K* 及分配比 *k* 与选择因子 α 的关系

根据式（9–7），式（9–13）和式（9–14），对 A、B 两组分的选择因子，用下式表示：

$$\alpha=\frac{t'_R(B)}{t'_R(A)}=\frac{k(B)}{k(A)}=\frac{K(B)}{K(A)} \tag{9-15}$$

式（9–15）表明：通过选择因子 α 可把实验测量值 k 与热力学性质的分配系数 K 直接联系起来，对固定相的选择具有实际意义。如果两组分的 K 或 k 相等，则 $\alpha=1$，两个组分的色谱峰必将重合，说明分不开。两组分的 K 或 k 相差越大，则分离得越好。因此，两组分具有不同的分配系数是色谱分离的先决条件。

9.3.2 塔板理论

塔板理论最早由马丁（Martin）等人提出，他把色谱柱比作一个精馏塔，沿用精馏塔中塔板的概念来描述组分在两相间的分配行为，同时引入理论塔板数作为衡量柱效率

的指标。该理论假定：

（1）在柱内一小段长度内，组分可以在两相间迅速达到平衡。这一小段柱长称为理论塔板高度 H。

（2）以气相色谱为例，载气进入色谱柱不是连续进行的，而是脉动式，每次进气为一个塔板体积 ΔV_m。

（3）所有组分开始时存在于第 1 号塔板上，而且样品沿轴（纵）向扩散可忽略。

（4）分配系数在所有塔板上是常数，与组分在某一塔板上的量无关。

按照这种假设，对于一根长度为 L 的色谱柱，溶质平衡的次数为

$$n=\frac{L}{H} \tag{9-16}$$

式中 n 又称为理论塔板数。

根据塔板理论，理论塔板数与色谱参数之间的关系为

$$n=5.54\left(\frac{t_R}{W_{h/2}}\right)^2=16\left(\frac{t_R}{W}\right)^2 \tag{9-17}$$

当组分在柱上的 t_R、W、$W_{h/2}$ 测定后，即可计算该柱的理论塔板数。由于同一柱上不同组分的 t_R、W、$W_{h/2}$ 各不相同，因此，计算柱子的理论塔板数时应该说明是以什么物质进行测量的。

$$H=\frac{L}{n} \tag{9-18}$$

式中 L 为色谱柱的长度。

由式（9-17）及式（9-18）可见，色谱峰越窄，理论塔板数 n 越多，理论塔板高度 H 就越小，柱效能就越高，因而 n 或 H 可作为描述柱效能的指标。通常填充色谱柱的 $n>1\ 000$。H 约为 1 mm，毛细管色谱柱 $n>10^4$，H 在 0.1~0.5 mm。由于死时间 t_M 包括在 t_R 中，而实际死时间不参与柱内的分配，所以计算出来 n 值尽管很大，H 很小，但与实际柱效相差甚远。因而提出把死时间扣除的有效塔板数，它和有效塔板高度 H_{eff} 也能作为柱效能指标。

$$n_{eff}=5.54\left(\frac{t'_R}{W_{h/2}}\right)^2=16\left(\frac{t'_R}{W}\right)^2 \tag{9-19}$$

$$H_{eff}=L/n_{eff} \tag{9-20}$$

塔板理论用热力学观点形象地描述了溶质在色谱柱中的分配平衡和分离过程，导出流出曲线的数学模型，并成功地解释了流出曲线的形状及浓度极大值的位置，还提出了计算和评价柱效的参数。但由于它的某些基本假设并不完全符合柱内实际发生的分离过程，例如，纵向扩散是不能忽略的。它也没有考虑各种动力学因素对色谱柱内传质过程的影响，因此，它不能解释造成谱带扩张的原因和影响塔板高度的各种因素，也不能说明为什么不同流速下可以测得不同的理论塔板数，这就限制了它的应用。

9.3.3　速率理论

塔板理论是从热力学角度处理色谱过程的，而在色谱分离过程中，热力学平衡是瞬时的，其全过程是一个动力学过程。1956 年荷兰学者范第姆特（van Deemter）等在研究气液色谱时，提出了色谱过程动力学理论——速率理论。认为色谱过程受涡流扩散、分子扩散、两相间传质阻力等影响，其扩散过程如图 9-3 所示，根据三个扩散过程对塔板高度的影响，导出了速率方程。方程充分考虑了组分在两相间的扩散和传质过程，从而在动力学基础上较好地解释了影响塔板高度的各种因素。该理论模型对气相、液相色谱都适用。范第姆特方程的数学简化式为

$$H=A+\frac{B}{u}+Cu \tag{9-21}$$

式中 u 为流动相的线速度；A、B、C 均为常数，分别代表涡流扩散项系数、分子扩散项系数和传质阻力项系数。现分别叙述各项系数的物理意义。

一、涡流扩散项 A

在填充色谱柱中，当组分随流动相向柱出口迁移时，流动相由于受到固定相颗粒阻碍，不断改变流动方向，使组分分子在前进中形成紊乱的类似“涡流”的流动，故称涡流扩散，使同一组分流出色谱柱的时间有差异，从而引起谱峰展宽。如图 9-3 所示。

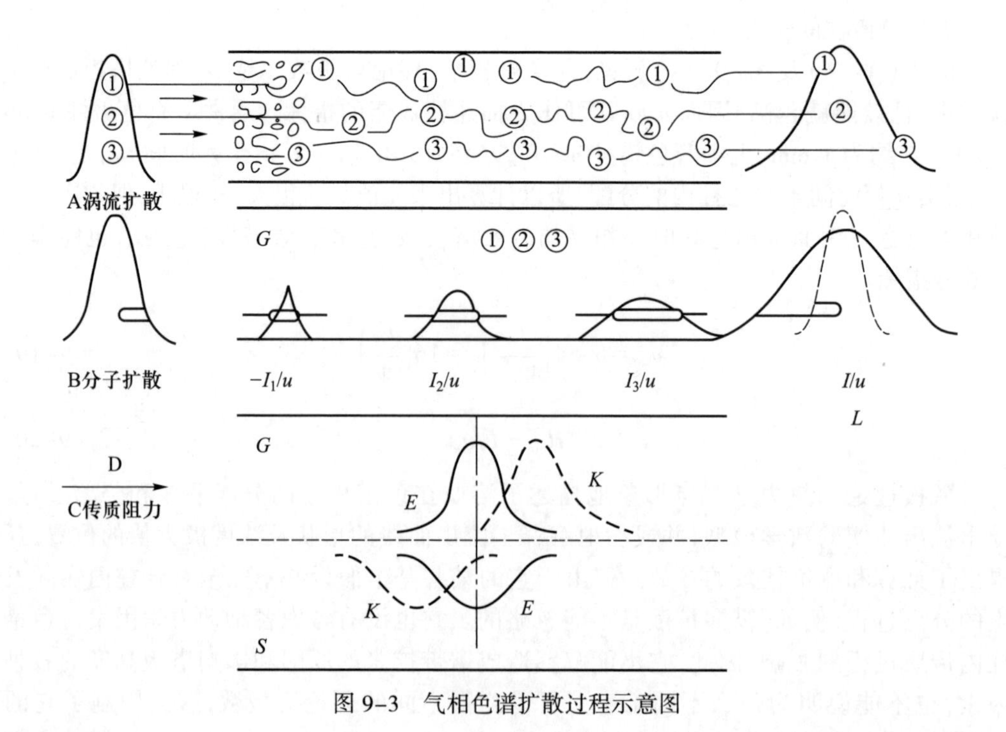

图 9-3　气相色谱扩散过程示意图

由于填充物颗粒大小的不同及填充物的不均匀性，使组分在色谱柱中路径长短不一，因而同时进色谱柱的相同组分到达柱出口的时间并不一致，引起了色谱峰的变宽。色谱峰变宽的程度由下式决定：

$$A=2\lambda d_p \quad (9\text{-}22)$$

上式表明，A 与填充物的平均直径 d_p 的大小和填充不规则因子 λ 有关，与流动相的性质、线速度和组分性质无关。为了减少涡流扩散，提高柱效，使用细而均匀的颗粒，并且填充均匀是十分必要的。对于空心毛细管柱，不存在涡流扩散，因此 $A=0$。

二、分子扩散项 *B/u*（纵向扩散项）

纵向分子扩散是由浓度梯度造成的。组分从柱入口加入，其浓度分布的构型呈“塞子”状，如图 9-3 中 B 所示。它随着流动相向前推进，由于存在浓度梯度，“塞子”必然自发地向前和向后扩散，造成谱带变宽。分子扩散项系数为

$$B=2\gamma D_g \quad (9\text{-}23)$$

式中 γ 是填充柱内流动相扩散路径弯曲的因素，也称弯曲因子，它反映了固定相颗粒的几何形状对自由分子扩散的阻碍情况；D_g 为组分在流动相的扩散系数，单位为 cm^2/s。

分子扩散项与组分在流动相中扩散系数 D_g 成正比，而 D_g 与流动相及组分性质有关。相对分子质量大的组分 D_g 小，D_g 反比于流动相相对分子质量的平方根，所以采用相对分子质量较大的流动相，可使 B 项降低。D_g 随柱温增高而增加，但反比于柱压。另外，纵向扩散与组分在色谱柱内停留时间有关，流动相流速小，组分停留时间长，纵向扩散就大。因此，为降低纵向扩散影响，要加大流动相流速。对于液相色谱，组分在流动相中的纵向扩散可以忽略。

三、传质阻力项 *Cu*

由于气相色谱以气体为流动相，液相色谱以液体为流动相，它们的传质过程不完全相同，现分别讨论之。

1. 气相色谱

对于气液色谱，传质阻力系数 C 包括气相传质阻力系数 C_g 和液相传质阻力系数 C_l 两项。

$$C=C_g+C_l \quad (9\text{-}24)$$

气相传质过程是指样品组分从气相移动到固定相表面的过程。这一过程中样品组分将在两相间进行物质交换，进行浓度分配，有的分子还来不及进入两相界面，就被气相带走；有的则进入两相界面又来不及返回气相。这样使得样品在两相界面上不能瞬间达到分配平衡，引起滞后现象，从而使色谱峰变宽。对于填充柱，气相传质阻力系数 C_g 为

$$C_g=\frac{0.01k^2}{(1+k)^2}\frac{d_p^2}{D_g} \quad (9\text{-}25)$$

式中 k 为容量因子。由上式看出，气相传质阻力与填充物粒度 d_p 的平方成正比，与组

分在载气流中的扩散系数 D_g 成反比。因此，采用粒度小的填充物和相对分子质量小的气体（如氢气）作载气，可使 C_g 减小，提高柱效。

液相传质过程是指样品组分从固定相的气液界面移动到液相内部，并发生质量交换，达到分配平衡，然后又返回气液界面的传质过程。这个过程也需要一定的时间，此时，气相中组分的其他分子仍随载气不断向柱出口运动，于是造成峰形扩张。液相传质阻力系数 C_l 为

$$C_l=\frac{2}{3}\frac{k}{(1+k)^2}\frac{d_f^2}{D_l} \tag{9-26}$$

由上式看出，固定相的液膜厚度 d_f 薄，组分在液相的扩散系数 D_l 大，则液相传质阻力就小。降低固定液的含量，可以降低液膜厚度，但 k 值随之变小，又会使 C_l 增大。当固定液含量一定时，液膜厚度随载体的比表面积增加而降低，因此，一般采用比表面积较大的载体来降低液膜厚度。但比表面太大，由于吸附造成拖尾峰，也不利分离。虽然提高柱温可增大 D_l，但 k 值减小。为了保持适当的 C_l 值，应控制适宜的柱温。

将式（9–22）、式（9–23）、式（9–24）、式（9–25）和式（9–26）分别代入式（9–21）中，即可得范第姆特的气液色谱板高方程：

$$H=2\lambda d_p+\frac{2\gamma D_g}{u}+\left[\frac{0.01k^2}{(1+k)^2}\frac{d_p^2}{D_g}+\frac{2kd_f^2}{3(1+k)^2D_l}\right]u \tag{9-27}$$

这一方程对选择色谱分离条件具有实际指导意义，它指出了色谱柱填充的均匀程度、填料颗粒度的大小、流动相的种类及流速、固定相的液膜厚度等对柱效的影响。

2. 液相色谱

对于液液分配色谱，传质阻力系数 C 包含流动相传质阻力系数 C_m 和固定相传质阻力系数 C_s，即

$$C=C_m+C_s \tag{9-28}$$

其中 C_m 又包含流动的流动相中的传质阻力和滞留的流动相中的传质阻力，即

$$C_m=\frac{\omega_m d_p^2}{D_m}+\frac{\omega_{sm} d_p^2}{D_m} \tag{9-29}$$

式中右边第一项为流动的流动相中的传质阻力。当流动相流过色谱柱内的填充物时，靠近填充物颗粒的流动相流速比流路中间的稍慢一些，故柱内流动相的流速是不均匀的，如图 9–4 所示。这种传质阻力对板高的影响是与固定相粒度 d_p 的平方成正比，与样品分子在流动相中的扩散系数 D_m 成反比。ω_m 是由填充物的性质决定的因子。

式（9–29）中右边第二项为滞留的流动相中的传质阻力。这是由于固定相的多孔性，会造成某部分流动相滞留在一个局部，滞留在固定相微孔内的流动相一般是停滞不动的。流动相中的样品分子要与固定相进行物质交换，必须首先扩散到滞留区，如果固定相的微孔既小又深，传质速率就慢，对峰的扩展影响就大，如图 9–5 所示。式（9–29）中的 ω_{sm} 是一系数，它与颗粒微孔中被流动相所占据的部分的分数及容量因子有关。显然，固定相的粒度越小，微孔孔径越大，传质速率越快，柱效越高，对高效液相色谱

固定相的设计就是基于这一考虑。液液色谱中固定相的传质阻力系数 C_s 可用下式表示：

$$C_s = \frac{\omega_s d_f^2}{D_s} \tag{9-30}$$

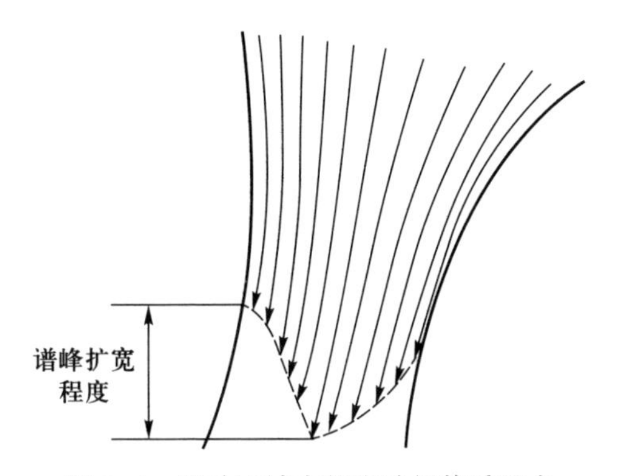

图 9-4 流动区域中的流动相传质阻力

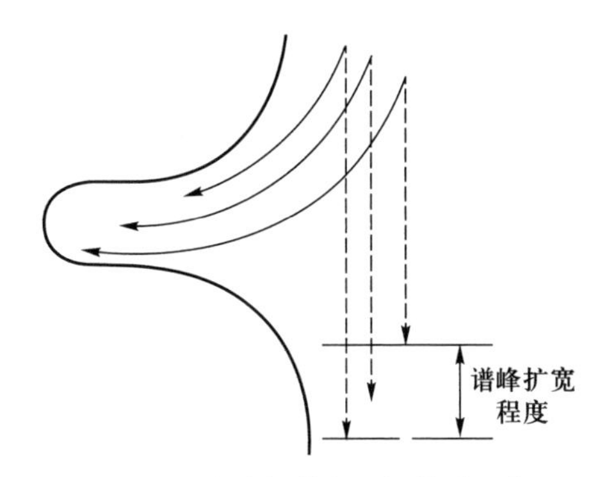

图 9-5 流动相滞留区的传质阻力

式(9-30)说明，样品分子从流动相进入固定液内进行质量交换的传质过程与液膜厚度 d_f 的平方成正比，与样品分子在固定液的扩散系数 D_s 成反比。式中 ω_s 是与容量因子 k 有关的系数。综上所述，对液液色谱的范第姆特方程可表达为

$$H = 2\lambda d_p + \frac{2\gamma D_m}{u} + \left(\frac{\omega_m d_p^2}{D_m} + \frac{\omega_{sm} d_p^2}{D_m} + \frac{\omega_s d_f^2}{D_s}\right)u \tag{9-31}$$

式(9-31)与气液色谱板高方程式(9-27)的形式基本一致，主要区别在液液色谱中纵向扩散项可忽略不计，影响柱效的主要因素是传质阻力项。

四、流动相线速度对板高的影响

1. LC 和 GC 的 H-u 图

对于一定长度的柱子，理论塔板数越大，塔板高度越小，则柱效越高。但究竟控制怎样的线速度，才能达到最小塔板高度呢？根据范第姆特方程分别作 LC 和 GC 的 H-u 图，见图 9-6(a)和图 9-6(b)。由图不难看出：LC 和 GC 的 H-u 图十分相似，对应某一流速都有一个塔板高度的极小值，这个极小值是柱效最高点；LC 塔板高度极小值比 GC 的极小值小一个数量级以上，这说明液相色谱的柱效比气相色谱高很多；LC 板高最低点对应流速比起 GC 流速亦小一个数量级，说明对于 LC 来说，为了取得良好的柱效，流速不一定要很高。

2. 分子扩散项和传质阻力项对塔板高度的贡献

分子扩散项和传质阻力项对塔板高度的贡献见图 9-7，由图 9-7 可见，在较低线速率时，分子扩散项起主要作用；较高线速率时，传质阻力项起主要作用；其中流动相传质阻力项对塔板高度的贡献几乎是一个定值。在高线速率时，固定相传质阻力项为影响塔板高度的主要因素。随着线速率增高，塔板高度越来越大，柱效急剧下降。

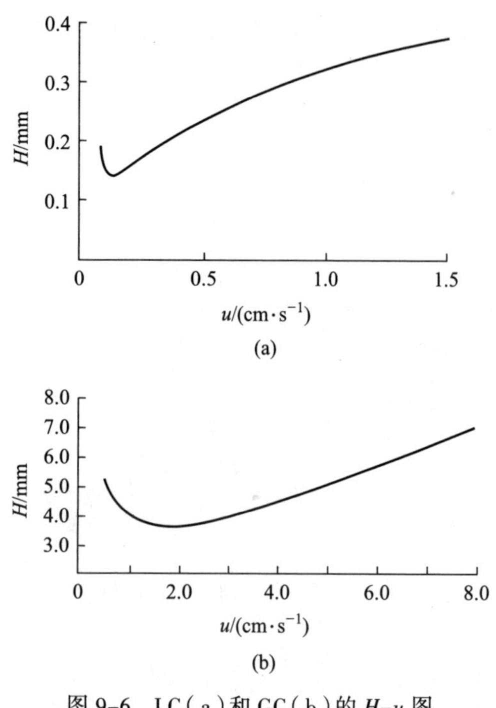

图 9-6 LC（a）和 GC（b）的 H–u 图

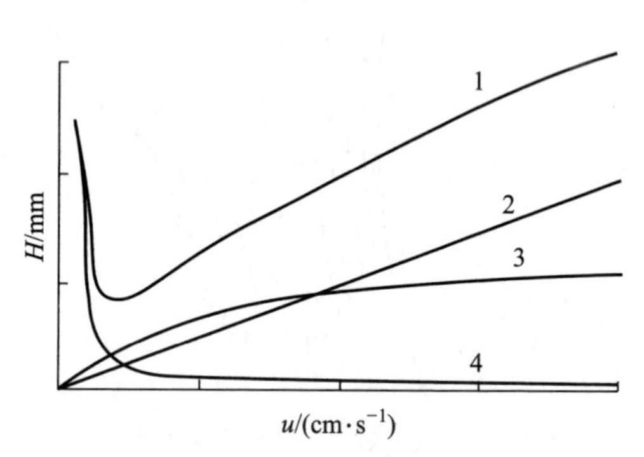

1—H–u 关系曲线；2—固定相传质阻力项；3—流动相传质阻力项；4—分子扩散项

图 9-7 分子扩散项和传质阻力项对塔板高度的贡献

3. 固定相粒度大小对塔板高度的影响

固定相粒度对塔板高度的影响是至关重要的。实验表明，不同粒度的 H–u 曲线也不同；粒度越细，塔板高度越小，并且受线速率影响亦小。这就是为什么在 HPLC 中采用细颗粒作固定相的根据。当然，固定相的颗粒越细，柱流速越慢，只有采取高压技术，流动相流速才能符合实验要求。

9.4 分 离 度

图 9-8 说明了柱效和选择性对分离的影响。图 9-8（a）中两色谱峰距离近并且峰形宽，两峰严重重叠，这表示选择性和柱效都很差。图 9-8（b）中虽然两峰距离拉开了，但峰形仍很宽，说明选择性好，但柱效低。图 9-8（c）中分离最理想，说明选择性好，柱效也高。

由此可见，单独用柱效或选择性不能真实反映组分在色谱柱中的分离情况，故需引入一个综合性指标——分离度 R。分离度是既能反应柱效率又能反映选择性的指标，称总分离效能指标。分离度又叫分辨率，它定义为相邻两组分色谱峰保留值之差与两组分色谱峰底宽度平均值的比值，即

$$R=\frac{t_{R2}-t_{R1}}{(W_1+W_2)/2}=\frac{2(t_{R2}-t_{R1})}{W_1+W_2} \tag{9-32}$$

R 越大,表明相邻两组分分离越好。一般说,当 $R<1$ 时,两峰有部分重叠;当 $R=1.0$ 时,分离程度可达 98%;当 $R=1.5$ 时,分离程度可达 99.7%。通常用 $R=1.5$ 作为相邻两组分已完全分离的标志。图 9-9 表示了不同分离度时色谱峰分离的情况。

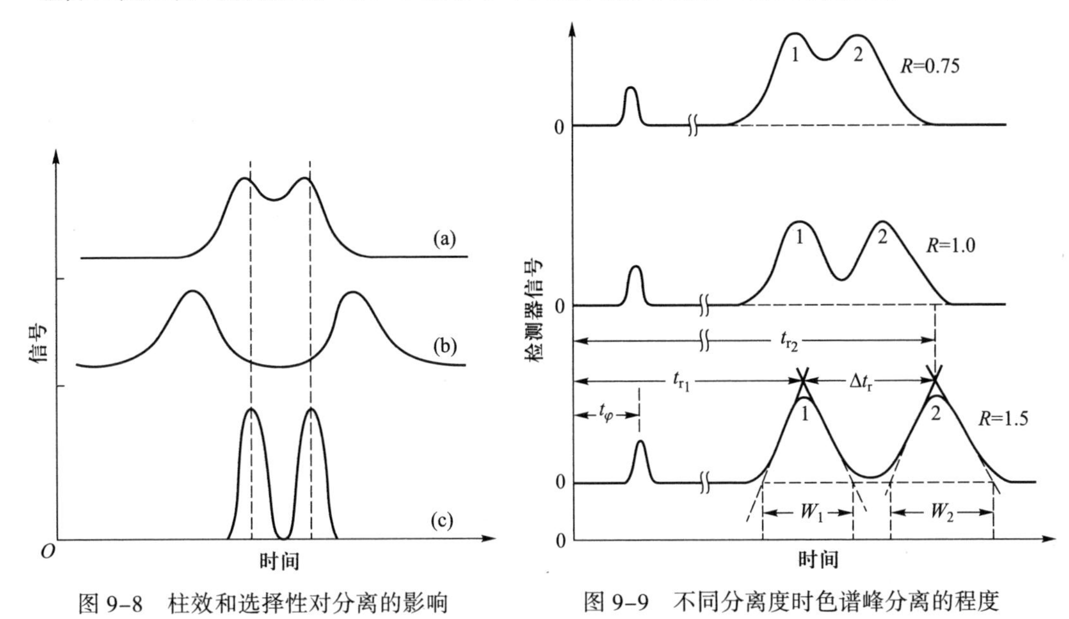

图 9-8 柱效和选择性对分离的影响

图 9-9 不同分离度时色谱峰分离的程度

9.5 色谱分离基本方程式

分离度 R 的定义并没有反映影响分离度的诸因素。实际上,分离度受柱效 n、选择因子 α 和容量因子 k 三个参数的控制。对于难分离物质对,由于它们的分配系数差别很小,可合理地假设 $k_1 \approx k_2=k$,$W_1 \approx W_2=W$。由式(9-17),得

$$\frac{1}{W}=\frac{\sqrt{n}}{4}\frac{1}{t_R} \tag{9-33}$$

将式(9-13)、式(9-15)及式(9-17)代入式(9-32),整理后得

$$R=\frac{\sqrt{n}}{4}\left(\frac{\alpha-1}{\alpha}\right)\left(\frac{k}{1+k}\right) \tag{9-34}$$

式(9-34)即为色谱分离基本方程式。

在实际应用中,往往用 n_{eff} 代替 n。将式(9-17)除以式(9-19),并用式(9-13)代入,可得

$$n=\left(\frac{1+k}{k}\right)^2 n_{eff} \tag{9-35}$$

将式(9-35)代入式(9-34),则可得色谱分离基本方程式的又一表达式,即

$$R=\frac{\sqrt{n_{eff}}}{4}\left(\frac{\alpha-1}{\alpha}\right) \tag{9-36}$$

一、分离度与柱效的关系

由式(9-36),具有一定相对保留值 α 的物质对,分离度直接和有效塔板数有关,说明有效塔板数能正确地代表柱效能。而式(9-34)说明分离度与理论塔板数的关系还受热力学性质的影响。当固定相确定,被分离物质的 α 确定后,分离度将取决于 n。这时,对于一定理论塔板高度的柱子,分离度的平方与柱长成正比,即

$$\left(\frac{R_1}{R_2}\right)^2=\frac{n_1}{n_2}=\frac{L_1}{L_2} \tag{9-37}$$

式(9-37)说明,用较长的柱可以提高分离度,但延长了分析时间。因此,提高分离度的好方法是制备出一根性能优良的柱子,通过降低板高,提高分离度。

二、分离度与选择因子的关系

由色谱分离基本方程式判断,当 α=1.0 时,R=0。这时,无论怎样提高柱效也无法使两组分分离。显然,α 大,选择性好,分离效果好。研究证明,α 的微小变化就能引起分离度的显著改变。一般通过改变固定相和流动相的性质和组成或降低柱温,可有效增大 α 值。

三、分离度与容量因子的关系

如果设 $Q=(\sqrt{n}/4)(\alpha-1)/\alpha$,则式(9-34)可写成

$$R=Q\frac{k}{1+k} \tag{9-38}$$

由式(9-38)可见,当 k>10 以后,容量因子 k 增大对分离度的增长贡献是较小的,因此,k 值一般以 2~10 为宜。对于 GC,通过提高温度,可选择合适的 k 值,以改进分离度。当 k 在 2~5 时,可在较短的分析时间,取得良好的分离度。而对于 LC,只要改变流动相的组成,就能有效地控制 k 值,它对 LC 的分离能起到立竿见影的效果。

四、分离度与分析时间的关系

由色谱分离基本方程式可推导出分析时间与分离度及其他因素的关系。

$$t_{\mathrm{R}}=\frac{16R^2H}{u}\left(\frac{\alpha}{\alpha-1}\right)^2\frac{(1+k)^3}{k^2} \tag{9-39}$$

设

$$Q'=\frac{16R^2H}{u}\left(\frac{\alpha}{\alpha-1}\right)^2$$

$$t_{\mathrm{R}}=Q'\frac{(1+k)^3}{k^2} \tag{9-40}$$

五、色谱分离基本分离方程式的应用

在实际工作中,色谱分离基本方程式是很有用的公式,它将柱效、选择因子、分离度三者的关系联系起来了,知道其中两个指标,就可计算出第三个指标。

【例 9.1】 有一根 1 m 长的柱子,分离组分 1 和组分 2,得到如图 9–10 的色谱图。若欲得到 R=1.2 的分离度,有效塔板数应为多少?色谱柱要加到多长?

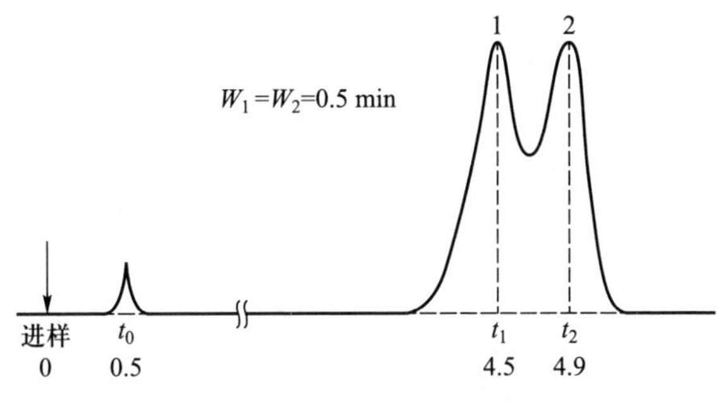

图 9–10 组分 1,2 的色谱图

解: 先求出组分 2 对组分 1 的相对保留值 $r_{2,1}$(即 α 值)

$$r_{2,1}=\frac{t'_{R2}}{t'_{R1}}=\frac{4.9\ \text{min}-0.5\ \text{min}}{4.5\ \text{min}-0.5\ \text{min}}=1.1$$

由式(9–32)求分离度 R

$$R=\frac{4.9\ \text{min}-4.5\ \text{min}}{0.5\ \text{min}}=0.8$$

由式(9–19)求有效塔板数 n_{eff}

$$n_{\text{eff}}=16\left(\frac{t'_{R2}}{W}\right)^2=16\times\left(\frac{4.9\ \text{min}-0.5\ \text{min}}{0.5\ \text{min}}\right)^2=1\ 239$$

若使 R=1.2,所需塔板数可由式(9–36)计算,即

$$\begin{aligned}n_{\text{eff}}&=16\times R^2\times\left(\frac{\alpha}{\alpha-1}\right)^2\\&=16\times(1.2)^2\times\left(\frac{1.1}{0.1}\right)^2\\&=2\ 788\end{aligned}$$

因此,欲使分离度达到 1.2,需有效塔板数为 2 788 块,则所需柱长为

$$L=2\ 788/1\ 239\times1\ \text{m}=2.25\ \text{m}$$

思 考 题

1. 简述色谱分析的发展历程和应用领域。
2. 色谱法如何进行分类?
3. 色谱流出曲线包含哪些参数?有何作用?

4. 分配系数和分配比有何区别和联系?
5. 塔板理论和速率理论在色谱分析中有何地位和作用?
6. 分离度在色谱分析中有何意义?
7. 色谱分离基本方程式对色谱分析有何意义?
8. 衡量色谱柱柱效能的指标是什么? 衡量色谱柱选择性的指标是什么?
9. 色谱分析有何特点?
10. 色谱分析的发展趋势是什么?

习　题

一、选择题

1. 色谱流出曲线标准偏差 σ 其值为峰高(　　)倍处宽度的一半。

A. 0.500　　B. 0.600　　C. 0.607　　D. 0.706

2. 峰底宽度是标准偏差的(　　)倍。

A. 2　　B. 3　　C. 4　　D. 5

3. 样品中某组分的保留时间 t_R 与色谱柱柱温 T 的关系是(　　)。

A. T 升高 t_R 减小　　B. T 升高 t_R 增大

C. T 升高 t_R 不变　　D. T 升高 t_R 不确定

4. 根据气液色谱柱上分配系数判断哪一个组分最先流出色谱柱? (　　)

A. 480　　B. 360　　C. 490　　D. 473

5. 两种组分完全不能分离时选择性因子 α 是(　　)。

A. 0　　B. 0.5　　C. 1　　D. 1.5

6. 色谱速率理论公式 $H=A+\dfrac{B}{u}+Cu$ 中使用空心毛细管柱 A 值为(　　)。

A. $2\lambda d_p$　　B. $2\gamma D_g$　　C. λd_p　　D. 0

7. 两组分完全分离的 R 值不小于(　　)。

A. 1.5　　B. 1.2　　C. 1.0　　D. 0.8

8. 色谱分离基本方程式表明,容量因子 k 增大到一定程度后继续增大对改善分离度作用不大,k 值一般取(　　)为宜。

A. 2~3　　B. 2~5　　C. 2~8　　D. 2~10

9. 在气相色谱中,衡量相邻两组分峰是否能分离的指标是(　　)。

A. 选择性　　B. 分离度　　C. 保留值　　D. 柱效能

10. 在气固色谱中各组分在吸附剂上分离的原理是(　　)。

A. 各组分的溶解度不一样　　B. 各组分电负性不一样

C. 各组分颗粒大小不一样　　D. 各组分的吸附能力不一样

二、判断题

1. 色谱分析是一种分离分析方法,应用广泛。

2. 通过吸附机理进行分离只能是气相色谱。

3. 色谱流出曲线的基线应该是一条平行于横坐标的直线，若不平行，说明仪器出现故障。

4. 色谱流出曲线的区域宽度可用标准偏差、半峰宽度、峰底宽度参数表示，正常情况下它们之间有着严格定量的关系。

5. 相比 β 越大分离效率越高。

6. 色谱柱越长，保留时间越大、峰底宽度越大，则理论塔板数越多。

7. 速率理论的实质是为了找到最佳的流动相的流速，以便获得最佳的分离效果。

8. 当 R=1 时两组分能完全分离。

9. 研究表明，选择性因子的微小变化会导致分离度的显著变化。

10. 分离度与柱长的关系是正比关系。

参考答案

第十章　气相色谱法

1952年英国生物化学家Martin A J P等人在研究液液分配色谱的基础上发明了气相色谱法(gas chromatography,GC)。这是一种极为有效的分离方法,可分析和分离复杂的多组分混合物。目前由于使用了高效能的色谱柱,高灵敏度的检测器并全程由计算机进行控制,使得气相色谱法成为一种分析速度快、灵敏度高、应用范围广、自动化程度高、可与任何数据处理终端连通的分析方法。已经广泛应用于石油工业、冶金、高分子材料、食品工业、生物、医药、卫生、农业、商品检验、环境保护和航天等各个领域,是上述领域任何第三方检验检测机构必备的检测仪器。此外,气相色谱法与其他现代分析仪器联用,已逐渐成为结构分析的有力工具,如气相色谱与质谱联用(GC-MS)、气相色谱与傅里叶红外光谱联用(GC-FTIR)、气相色谱与原子发射光谱联用(GC-AES)等。

气相色谱法是以气体作为流动相的一种色谱法。根据所用的固定相状态不同,又可分为气固色谱(GSC)和气液色谱(GLC)。气固色谱是用多孔性固体为固定相,分离的对象主要是一些永久性的气体和低沸点的化合物;气液色谱的固定相是用高沸点的有机物涂渍在惰性载体上、直接涂渍或交联到毛细管的内壁上。由于可供选择的固定液种类多,故选择性较好,应用广泛。

10.1　气相色谱仪

10.1.1　气相色谱仪组成

虽然目前国内外气相色谱仪型号和种类繁多,但它们均由以下五大系统组成:气路系统、进样系统、分离系统、控温系统以及检测和数据采集处理系统。基本组成见图10-1。

气相色谱的载气由高压气瓶供给,经减压阀降压后,由气体调节阀调节到所需流速,经净化干燥后得到稳定流量的载气;载气流经气化室,将气化的样品带入色谱柱进行分离;分离后的各组分依次流入检测器;检测器按物质的浓度或质量的变化转变为一定的响应信号,经放大后在记录仪上记录下来,得到色谱流出曲线,如图9-2所示。可根据每个峰出现的时间,进行定性分析,根据峰面积进行定量分析。

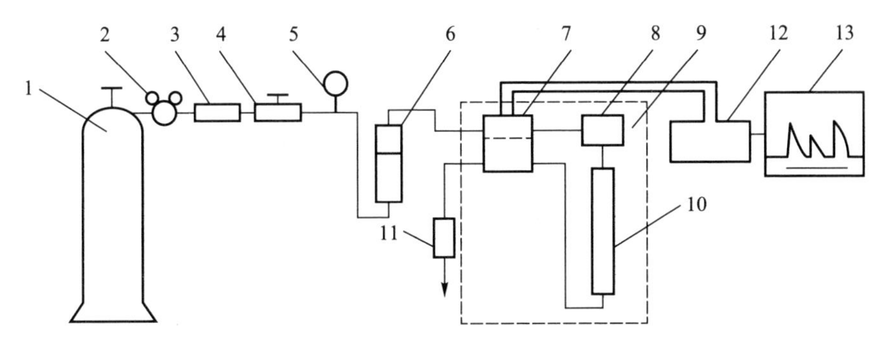

1—高压气瓶（载气源）；2—减压阀；3—净化器；4—稳压阀；5—压力表；6—转子流量计；7—检测器；
8—气化室；9—色谱恒温室；10—色谱柱；11—皂膜流量计；12—检测器桥路；13—记录仪

图 10-1 气相色谱仪示意图

10.1.2 气相色谱仪的气路系统

气路系统由载气及其流经的部件组成，主要部件有减压阀、净化器、压力或流量控制器，见图 10-1。气路系统的基本要求是气密性好、稳定性好、控制准确。

气路系统是一个载气连续运行的密闭管路系统，通过该系统，可获得纯净的、流速稳定的载气。这是进行气相色谱分析的必备条件。常用的载气有氮气和氢气，载气纯度应不低于 99.8%，使用前还需硅胶脱水，并用分子筛、活性炭等进行进一步净化，以除去载气中的水、氧气等杂质。载气流速的大小和稳定性对色谱峰有很大影响，流速一般为 30~100 mL/min，变化程度 <1%。流速的调节和稳定是通过减压阀、稳压阀和针形阀串联使用来达到的。柱前的载气流速常用转子流量计指示，柱后流速常用皂膜流量计测量。由此测得的柱出口流速要对水蒸气影响和温度变化进行校正。

10.1.3 气相色谱仪的进样系统

进样系统把气体或液体样品快速定量地加到色谱柱上，然后进行色谱分离。进样量大小、进样时间长短、样品气化速度等都会影响色谱分离效率和定量分析结果的准确度和精密度。

进样系统包括进样器和气化室两部分。常用的进样器有注射器和六通阀。

注射器一般用于液体样品，根据进样量不同，选用不同规格的微量注射器。

六通阀分为推拉式和旋转式两种，常用旋转式，其结构如图 10-2 所示。改变阀瓣可改变阀体气孔通道，达到气体定量进样的目的。六通阀进样比注射器进样重复性好，且可自动操作。

气化室亦称进样口，在分析液体样品时，可以将样品瞬间气化为蒸气，再由载气带入色谱柱。对气化室的要求是：密封性好、热容量大、死体积小。玻璃衬管插入气化室内防止样品分解。

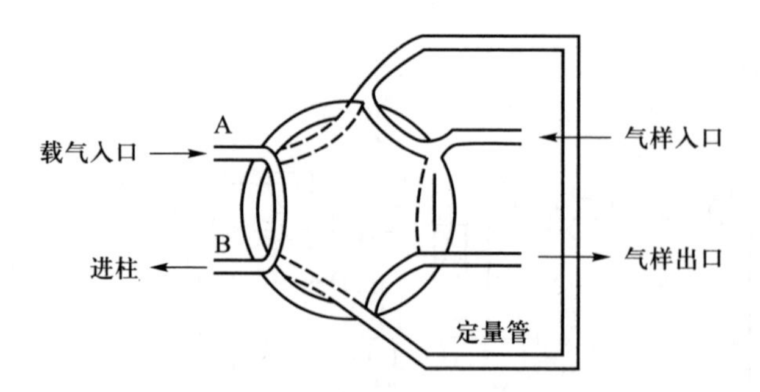

图 10-2　旋转式六通阀结构

实线表示取样位置，虚线表示分析位置

10.1.4　气相色谱仪的分离系统

分离系统由色谱柱和柱箱组成，色谱柱是色谱仪的心脏，其作用是分离样品。色谱柱主要有两类：填充柱和毛细管柱。

一、填充柱

填充柱由不锈钢或玻璃材料制成，内装固定相，一般内径为 2~4 mm，长 1~3 m。填充柱的形状有 U 形和螺旋形两种。

二、毛细管柱

毛细管柱又叫空心柱，分为涂壁、多孔层和涂载体空心柱。涂壁空心柱是将固定液均匀地涂在内径 0.1~0.5 mm 的毛细管内壁而成，毛细管材料可以是不锈钢、玻璃或石英。毛细管色谱柱渗透性好，传质阻力小，而柱子可以做到几十米长。与填充柱相比，其分离效率高（理论塔板数可达 10^6）、分析速度快、样品用量小，但柱容量低，要求检测器的灵敏度高，并且制备较难。

10.1.5　气相色谱仪的控温系统

在气相色谱测定中，温度是重要的指标，它直接影响色谱柱的分离效果、检测器的灵敏度和稳定性。控制温度主要对色谱柱箱、气化室和检测器三处的温度进行控制。色谱柱的温度控制方式有恒温和程序升温两种。前者用于指定组分的定量分析，后者可用于多组分、宽沸程样品的定性分析。程序升温指在一个分析周期内柱温随时间由低温向高温做线性或非线性变化，以达到用最短时间获得最佳分离的目的。

10.1.6　气相色谱仪的检测和数据采集处理系统

检测器的作用是将柱后流出物质的浓度或质量转换为电信号的装置。信号经放大，就可得到色谱流出曲线，从而提供定性、定量的依据。

数据采集处理系统在仪器操作软件的控制下完成色谱数据采集、进行数据处理，报出分析结果，并可存档永久保存。

10.2 气相色谱固定相

混合物在色谱柱内分离，主要取决于各组分在固定相和流动相的分配系数的差异，气相色谱的流动相为惰性气体，因而，固定相在色谱分离中起决定性作用。气相色谱固定相种类繁多，通常分为固体固定相和液体固定相两大类，由此构成气固吸附色谱和气液分配色谱。固体固定相包括固体吸附剂、有机聚合物固定相等。液体固定相为高沸点有机液体，称为固定液。气液分配色谱固定相由载体（担体）和固定液构成，载体为固定液提供一个大的惰性表面，以承担固定液，使它能在表面展开形成薄而均匀的液膜。

10.2.1 气固色谱固定相

气相色谱常用的固体吸附剂有活性炭、硅胶、氧化铝、分子筛、高分子多孔小球（GDX）等。其主要性能和用途见表 10-1。

表 10-1 常见固体吸附剂的主要性能和用途

吸附剂	主要化学成分	最高使用温度 /℃	性质	活化方法	分离对象	备注
活性炭	C	<300	非极性	粉碎过滤，用苯浸泡几次，除去硫黄、焦油等杂质，然后在 350 ℃下通入水蒸气，吹至乳白色物质消失为止，最后在 180 ℃烘干备用	分离永久性气体及低沸点烃类，不适于分离极性化合物	商品色谱用活性炭，可不用水蒸气处理
石墨化炭黑	C	>500	非极性	同上	分离气体及烃类，对高沸点有机化合物也能获得较对称峰形	
硅胶	$SiO_2 \cdot xH_2O$	<400	氢键型	粉碎过筛后，用 6 mol/L HCl 浸泡 1~2 h，然后用纯水洗到没有 Cl^-；180 ℃烘箱中烘 6~8 h 装柱，用前在 200 ℃下通载气活化 2 h	分离永久性气体及低级烃	商品色谱用硅胶，只需在 200 ℃下活化处理

续表

吸附剂	主要化学成分	最高使用温度/℃	性质	活化方法	分离对象	备注
氧化铝	Al_2O_3	<400	弱极性	200~1 000 ℃下烘烤活化	分离烃类及有机异构物，在低温下可分离氢的同位素	
分子筛	$xMO\cdot yAl_2O_3\cdot zSiO_2\cdot nH_2O$	<400	极性	粉碎过筛，用前在350~550 ℃下活化3~4 h或在350 ℃下真空活化2 h	特别适用于永久性气体和惰性气体的分离	
GDX	多孔共聚物	<200	极性随聚合原料而定	170~180 ℃下烘去微量水分后，在 H_2 或 N_2 气中活化处理10~20 h	分离气体和液体中水、CO、CO_2、CH_4、低级醇以及 H_2S、SO_2、NH_3 和 NO_2 等	

10.2.2　气液色谱固定相

气液色谱的固定相由载体（也称担体）和固定液组成。

一、载体（担体）

1. 对载体的要求

载体应具有足够大的表面积和良好的孔穴结构，一般比表面积不小于1 m^2/g，使固定液与样品的接触面较大，能均匀地分布成一薄膜。但载体表面积不宜太大，否则犹如吸附剂，易造成峰拖尾。载体表面必须是化学和物理惰性的，与固定液和样品不能起化学反应，没有吸附性或吸附可忽略，热稳定性好，形状规则，粒度均匀，具有一定的机械强度，不易发生粉碎和结块。

2. 载体类型

载体大致可分为硅藻土和非硅藻土两类。硅藻土载体是目前气相色谱中常用的一种载体，它是由称为硅藻的单细胞海藻骨架组成，主要成分是二氧化硅和少量无机盐。根据制造方法不同，又分为红色载体和白色载体。

红色载体是将硅藻土与黏合剂在 900 ℃煅烧后，破碎过筛而得，因含氧化铁呈红色，故称红色载体。其特点是表面孔穴密集、孔径较小、比表面积较大。因对强极性化合物吸附性和催化性较强，如烃类、醇、胺、酸等极性化合物会因吸附而产生严重拖尾。因此，它适用于分析非极性或弱极性物质。

白色载体是将硅藻土与 20% 的碳酸钠（助熔剂）混合煅烧而成，它呈白色，比表面积较小，吸附性和催化性弱，适用于分析各种极性化合物。

非硅藻土载体分为有机玻璃微球载体、氟载体、高分子多孔小球等。这类载体常用于特殊分析，如氟载体用于极性样品和强腐蚀性物质 HF、Cl_2 等分析，但由于表面非浸润性，其柱效低。

二、固定液

固定液一般为高沸点有机物，均匀地涂在载体表面，呈液膜状态。

1. 对固定液的要求

首先是选择性好。固定液的选择性可用相对调整保留值 $r_{2,1}$ 为来衡量。对于填充柱，一般要求 $r_{2,1}>1.15$；对于毛细管柱，$r_{2,1}>1.08$。

另外，还要求固定液有良好的热稳定性和化学稳定性；对样品各组分有适当的溶解能力；在操作温度下有较低蒸气压，以免流失太快。

2. 组分分子与固定液间的作用力

在气相色谱中，流动相载气是惰性的，且组分在气相中浓度很低，组分分子间作用力很小，可忽略。在固定相中，由于组分浓度低，组分间的作用力也可忽略。固定相里主要存在的作用力是组分与固定液分子间的作用力，这种作用力反映了组分在固定液中的热力学性质。作用力大的组分，溶解度大，分配系数大。

这种分子间作用力是一种较弱的分子间的吸引力，它不像分子内的化学键那么强。它包括有定向力、诱导力、色散力和氢键 4 种作用力。前三种统称范德华力，都是由电场作用而引起的。而氢键则与它们有所不同，是一种特殊的范德华力。此外，固定液与被分离组分间还可能存在形成化合物或配合物等的键合力。

（1）定向力。由极性分子的永久偶极间存在静电作用而引起。在极性固定液上分离极性样品时，分子间的作用力主要就是定向力。被分离组分的极性越大，与固定液间的相互作用力就越强，该组分的保留时间就越长。

（2）诱导力。极性分子和非极性分子共存时，由于在极性分子永久偶极电场作用下，非极性分子极化而产生诱导偶极，它们之间的作用力就叫诱导力。在分离具有非极性分子和可极化分子的混合物时，可用极性固定液的诱导效应来分离它们。如苯和环己烷的沸点很接近（80.10 ℃和 80.81 ℃），非极性固定液很难将它们分离开，但苯比环己烷易极化，所以用极性固定液，能使苯产生诱导偶极，这样苯比环己烷有较大的保留值，从而得以分离。

（3）色散力。非极性分子间虽没有定向力和诱导力，但其分子却具有瞬间偶极矩，由于电子运动，原子核在零点间的振动而形成的这种瞬间偶极矩带有一个同步电场，能使周围分子极化，被极化的分子又反过来加剧瞬间偶极矩变化的幅度，产生色散力。用非极性固定液分离非极性组分时，分子间的作用力就是这种力。

（4）氢键。当分子中一个氢原子和一个电负性很大的原子X（如F、O、N等）构成共价键时，它同时又能与另一个电负性很大的原子Y形成强的静电吸引力叫氢键，用X—H···Y表示。X，Y的电负性越大，则氢键作用力越强，氢键类型和键强的次序为

$$F—H\cdots F>O—H\cdots F>O—H\cdots N>N—H\cdots N>N\equiv C—H\cdots N$$

3. 固定液的特性

固定液的特性亦称为极性或选择性，常用相对极性来表示。

相对极性 1959年由Rohrschneider提出，用相对极性 P 来表示固定液的分离特征。此法规定非极性固定液角鲨烷的极性为0，强极性固定液 β,β'-氧二丙腈的极性为100，然后测定物质对在上述两种和待测固定液上的相对保留值，各固定液的相对极性测量值落在0~100之间，国内将相对极性分为5级，每20为一级。相对极性在0级~+1级之间的叫非极性固定液，+2级为弱极性固定液，+3级为中等极性，+4~+5为强极性。非极性亦可用"-"表示。

固定液特性还可用特征常数表示（罗氏常数和麦氏常数），对非化学专业的学生就不做进一步介绍了。有兴趣的同学可参看有关专著。

4. 固定液的分类

气液色谱可选择的固定液有几百种，它们具有不同的组成、性质和用途。如何将这么多类型不同的固定液做一个科学的分类，对于使用和选择固定液是十分重要的。现在大都按固定液的极性和化学类型分类。按固定液极性分类就是如前所述，可用固定液的极性和特征常数表示。此外，还可用化学类型分类。这种分类方法是将有相同官能团的固定液排列在一起，然后按官能团的类型分类，这样就便于按组分与固定液结构相似原则选择固定液。

5. 固定液的选择

对固定液的选择并没有规律性可循。一般可按"相似相溶"原则来选择。在应用时，应按实际情况而定。

（1）分离非极性物质一般选用非极性固定液，这时样品中各组分按沸点次序流出，沸点低的先流出，沸点高的后流出。

（2）分离极性物质选用极性固定液，样品中各组分按极性次序分离，极性小的先流出，极性大的后流出。

（3）分离非极性和极性混合物一般选用极性固定液，这时非极性组分先流出，极性组分后流出。

（4）分离能形成氢键的样品一般选用极性或氢键型固定液。样品中各组分按与固定液分子间形成氢键能力大小先后流出，不易形成氢键的先流出，最易形成氢键的最后流出。

（5）分离复杂的难分离物质可选用两种或两种以上的混合固定液。

对于样品极性情况未知的，一般用常用的几种固定液做试验。表10-2列出了几种常用的固定液。

表 10-2 几种常用固定液

序号	固定相名称	型号	麦氏常数	最高使用温度 /℃
1	角鲨烷	SQ	0	150
2	二甲基聚硅氧烷	OV-bSE-30	227	350
3	苯基（10%）甲基聚硅氧烷	OV-3	423	350
4	苯基（20%）甲基聚硅氧烷	OV-7	592	350
5	苯基（50%）甲基聚硅氧烷	DC-710	827~884	375
6	聚乙二醇 -20000	Carbowax-20 M	2 308	225
7	丁二酸二乙二醇聚酯	DEGS	3 504	200

10.3 气相色谱检测器

10.3.1 检测器的分类

气相色谱检测器是将由色谱柱分离的各组分的浓度或质量转换成响应信号的装置。目前检测器的种类多达数十种。

根据检测原理的不同，可将其分为浓度型检测器和质量型检测器两类：

（1）浓度型检测器测量的是载气中某组分浓度瞬间的变化，即检测器的响应值和组分的浓度成正比。如热导检测器和电子捕获检测器。

（2）质量型检测器测量的是载气中某组分进入检测器的速率变化，即检测器的响应值和单位时间内进入检测器某组分的质量成正比。如火焰离子化检测器和火焰光度检测器等。

10.3.2 检测器的性能指标

一个优良的检测器应具以下几个性能指标：灵敏度高、稳定性好，便于进行微量和痕量分析；检出限低，死体积小，响应快，便于进行快速分析。线性范围宽，便于进行定量分析，对操作条件不敏感，便于应用程序技术。通用型检测器要求适用范围广，选择性检测器要求选择性好，且结构简单、使用安全。常用下列几个指标评价检测器的性能。

一、灵敏度 S

由第一章可知，灵敏度是校正曲线的斜率。它是衡量检测器性能的重要指标，需要说明的是，同一检测器，其灵敏度随操作条件和检测物质的不同而不同。

二、噪声 R_N

噪声是指无样品通过检测器时，由于仪器本身和操作条件所造成的基线波动信号，检测器的噪声有三种形式：短周期噪声、长周期噪声、基线漂移。噪声影响检测器的稳定性、直接影响检测器的检出限。

当检测器输出信号放大时，电子线路中固有的噪声同时也被放大，使基线起伏波动，取基线起伏的平均值为噪声的平均值，用符号 R_N 表示。由于噪声会影响样品色谱峰的辨认，所以在评价检测器的质量时提出了检出限这一指标。

三、检出限（敏感度）

检出限（敏感度）定义为：检测器恰能产生 3 倍于噪声信号时的单位时间（单位：s）引入检测器的样品质量（单位：g）或单位体积（单位：mL）载气中需含的样品质量。对于浓度型检测器，检出限表示为

$$D_c=\frac{3R_N}{S_c} \tag{10-1}$$

D_c 的物理意义是指每毫升载气中含有恰好能产生 3 倍于噪声信号的溶质毫克数。质量型检测器的检出限为

$$D_m=\frac{3R_N}{S_m} \tag{10-2}$$

D_m 的物理意义是指每秒通过的溶质克数，恰好产生 3 倍于噪声的信号。

热导检测器的检出限一般约为 10^{-5} mg/mL，即每毫升载气中约有 10^{-5} mg 溶质所产生的响应信号相当于噪声的 3 倍。火焰离子化检测器的检出限一般为 10^{-12} g/s。无论哪种检测器，检出限都与灵敏度成反比，与噪声成正比。检出限不仅决定于灵敏度，而且受限于噪声，所以它是衡量检测器性能好坏的综合指标。

检出限的测定可用一个接近检出限浓度的样品进行分析，根据所得色谱峰高来计算。设浓度为 c、相应峰面积为 A（信号强度）、基线噪声为 R_N，则检出限按下式计算：

$$\frac{c}{A}=\frac{D_L}{3R_N} \quad 即 \quad D_L=\frac{3R_Nc}{A} \tag{10-3}$$

四、最小定量限

在实际工作中，检测器不可能单独使用，它总是与柱、气化室、记录器及连接管道等组成一个色谱体系。最小定量限是指产生 10 倍噪声峰高时所对应的样品浓度。

五、线性范围

检测器的线性范围定义为：在检测器成线性响应时最大和最小进样量之比，或最大允许进样量（浓度）与最小定量限（浓度）之比。图 10-3 为某检测器对两种组分的 R–c 图，R 为检测器响应值，

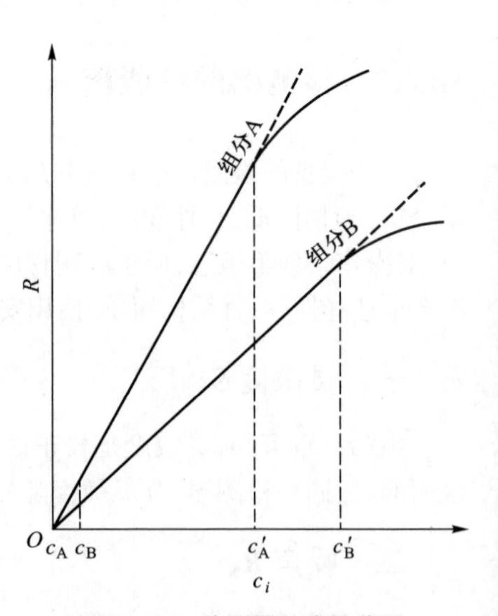

图 10-3 检测器的线性范围

c_i 为进样浓度。对于组分 A,进样浓度在 c_A 至 c'_A 之间为线性,线性范围为 c'_A/c_A;对于组分 B,则在 c_B 至 c'_B 之间为线性,线性范围为 c'_B/c_B。不同组分的线性范围不同。不同类型的检测器的线性范围差别也很大。如氢火焰检测器,其线性范围可达 10^7;热导检测器在 10^5 左右。由于线性范围很宽,在实际检测时一般采用双对数坐标纸。

六、响应时间

响应时间是指进入检测器的某组分的输出信号达到其真值的 63% 所需的时间。检测器的死体积小,电路系统的滞后现象小,响应速度快。一般都小于 1 s。

10.3.3 常用检测器

一、热导检测器

热导检测器(thermal conductivity detector, TCD)是根据不同的物质具有不同的热传导系数的原理制成的。热导检测器由于结构简单,性能稳定,几乎对所有物质都有响应,通用性好,而且线性范围宽,价格便宜,因此,是应用最广、最成熟的一种检测器。其主要缺点是灵敏度较低。

1. 热导池的结构和工作原理

热导检测器是基于样品中各组分热传导系数与载气的热传导系数不同制成的。一些常见气体的热传导系数见表 10-3。仪器采用 4 根金属钨丝组成的四臂热导池。

表 10-3　一些常见气体的热传导系数

气体或蒸气	λ / 10^{-4} J·(cm·s·℃)$^{-1}$		气体或蒸气	λ / 10^{-4} J·(cm·s·℃)$^{-1}$	
	0 ℃	100 ℃		0 ℃	100 ℃
空气	2.17	3.14	正己烷	1.26	2.09
氢	17.14	22.4	环己烷	—	1.80
氦	14.57	17.41	乙烯	1.76	3.10
氧	2.47	3.18	乙炔	1.88	2.85
氮	2.43	3.14	苯	0.92	1.84
二氧化碳	1.47	2.22	甲醇	1.42	2.30
氨	2.18	3.26	乙醇	—	2.22
甲烷	3.01	4.56	丙酮	1.01	1.76
乙烷	1.80	3.06	乙醚	1.30	—
丙烷	1.51	2.64	乙酸乙酯	0.67	1.72
正丁烷	1.34	2.34	四氯化碳	—	0.92
异丁烷	1.38	2.43	氯仿	0.67	1.05

其中两臂为参比臂，另两臂为测量臂，将参比臂和测量臂接入惠斯通（Wheatstone）电桥，由恒定的电流加热，组成热导池测量线路，如图10-4所示。图中R_2、R_3为参比臂，R_1、R_4为测量臂，其中$R_1=R_2$，$R_3=R_4$。由电源给电桥提供恒定电压（一般为9~24 V）加热钨丝，当载气以恒定的速率通入时，池内产生的热量与被载气带走的热量建立热的动态平衡后，钨丝的温度恒定，电阻值不变。调节电路电阻值可使电桥处于平衡状态。根据电桥原理，此时A、B两点间电位差为零，无信号输出。进样后，载气和样品的混合气体进入测量臂，由于混合气体的热传导系数与载气的不同，改变了测量管中的热传导条件，使测量臂的温度发生变化，测量臂的电阻值随之变化，于是参比臂与测量臂的电阻值不相等，电桥不平衡，则输出一定信号。混合气体的热传导系数与纯载气的热传导系数相差越大，输出信号就越大。

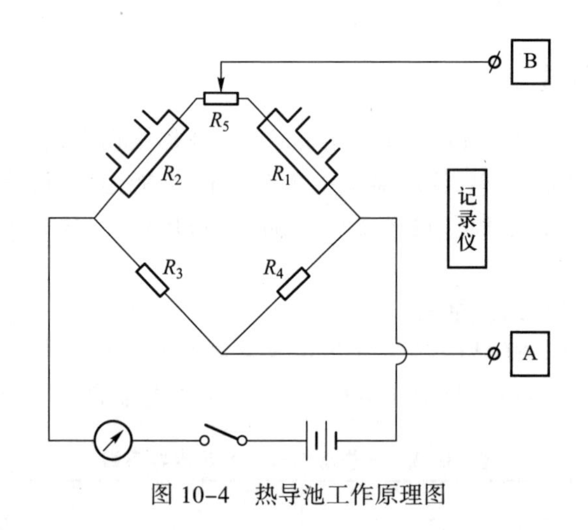

图10-4 热导池工作原理图

2. **影响热导检测器灵敏度的因素**

（1）桥电流。桥电流增加，钨丝温度升高，钨丝和热导池池体的温差加大，灵敏度提高。响应值与工作电流的三次方成正比。所以，增大电流有利于提高灵敏度，但电流太大会影响钨丝寿命。一般桥电流控制在100~200 mA（N_2作载气时为100~150 mA，H_2作载气时150~200 mA为宜）。

（2）池体温度。池体温度降低，可使池体和钨丝温差加大，有利于提高灵敏度。但池体温度过低，被测样品可能冷凝在检测器中，池体温度一般不应低于柱温。

（3）载气种类。载气与样品的热传导系数相差越大，则灵敏度越高。故选择热传导系数大的氢气或氦气作载气有利于灵敏度提高。如用氮气作载气时，有些样品（如甲烷）的热传导系数比它大就会出现倒峰。

（4）热敏元件的阻值。阻值高、电阻温度系数大的热敏元件灵敏度高。钨丝是目前广泛应用的热敏元件，其电阻值随温度升高而增大，电阻温度系数为6.5×10^{-3} cm·Ω^{-1}·℃$^{-1}$。

二、氢火焰离子化检测器

氢火焰离子化检测器（flame ionization detector，FID）是一种质量型检测器。它的特点是：灵敏度很高，比热导检测器的灵敏度高约 10^3 倍。检出限低，可达 10^{-12} g/s，能检测大多数含碳有机化合物。死体积小，响应速度快，线性范围宽，可达 10^6 以上。而且结构简单，操作方便，是目前应用最广泛的色谱检测器之一。其主要缺点是不能检测惰性气体和火焰中不解离的物质（如水、一氧化碳、二氧化碳等物质）。

1. 氢火焰离子化检测器的结构

氢火焰离子化检测器结构示意图见图 10-5。它的主体是离子室，内有石英喷嘴、极化极（又称发射极）和收集极等部件。喷嘴用于点燃氢气火焰，在极化极和收集极间加直流电压，形成一个电场。溶质随载气进入火焰，发生离子化反应，燃烧生成的电子、正离子，在电场作用下向收集电极和发射电极做定向移动，从而形成电流，此电流经放大，由记录仪记录得色谱图。

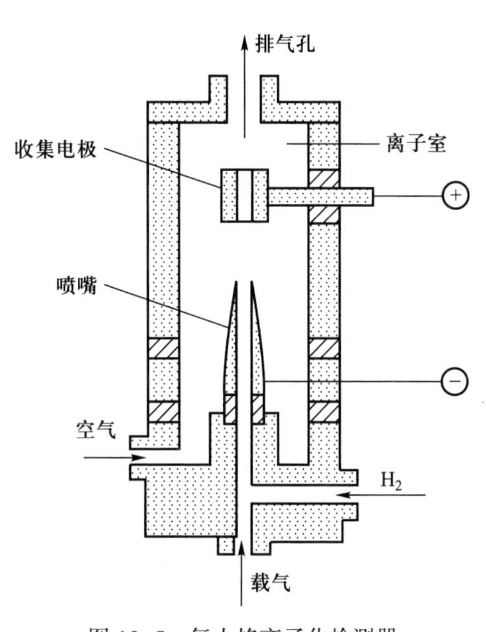

图 10-5 氢火焰离子化检测器

2. 氢火焰离子化机理

氢火焰离子化的机理至今还不十分清楚，普遍认为这是一个化学离子化过程。有机物在火焰中先形成自由基，然后与氧产生正离子，再同水反应生成 H_3O^+ 离子。以苯为例，在氢火焰中的化学离子化反应如下：

$$C_6H_6 \xrightarrow{\text{裂解}} 6\cdot CH$$

$$3O_2+6\cdot CH = 6CHO^++6e^-$$

$$6CHO^++6H_2O = 6CO+6H_3O^+$$

化学离子化产生的正离子（CHO^+ 和 H_3O^+）及电子在电场作用下形成微电流，经放大后记录下色谱峰。

3. 影响操作条件的因素

离子室的结构对氢火焰离子化检测器的灵敏度有直接影响，操作条件的变化，包括氢气、载气、空气流速和检测室的温度等都对检测器灵敏度有影响。

氢气流量小，火焰温度低，产生电离粒子少，灵敏度低，且易熄火；氢气流量大，噪声大；因此，测定过程中氢气流量必须恒定。氢气流量也与载气流量有关，在分离效果最好的载气流量下，氢气与载气流量比一般为（1：1）~（1：1.5）。

空气是助燃气，为燃烧提供氧气，以保证燃烧完全为度，太小、太大都对测定有不利影响，一般氢气与空气流量比为 1：10。检测室的温度以水蒸气不冷凝为度。

三、电子捕获检测器

电子捕获检测器（electron capture detector，ECD）具有灵敏度高、选择性好、对电负性物质特别敏感等特点。它是一种选择性很强的检测器，主要测定含卤素、硫、磷、氰等的物质，由于高灵敏度（检出限约 10^{-14} g/mL），它是目前分析痕量电负性有机物最有效的检测器，已广泛应用于农药残留量、大气及水质污染分析，以及生物化学、医学、药物学和环境监测等领域。其缺点是线性范围窄，只有 10^3 左右，且易受操作条件的影响，重现性较差。

1. 电子捕获检测器的结构

电子捕获检测器是一种放射性离子化检测器，与氢火焰离子化检测器相似，也需要一个能源和一个电场。能源多数用 ^{63}Ni 或 ^{3}H 放射源，其结构如图 10-6 所示。

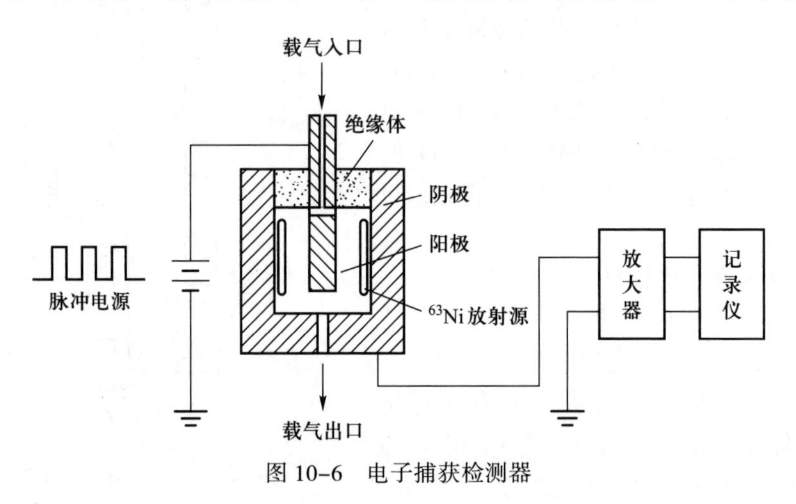

图 10-6 电子捕获检测器

2. 电子捕获检测器的工作原理

检测器内腔有两个电极和筒状的 β 放射源。β 放射源贴在阴极壁上，以不锈钢棒作阳极，在两极施加直流或脉冲电压，放射源产生的 β 射线将载气（N_2 或 Ar）电离，产生次级电子和正离子，在电场作用下，电子向阳极定向移动，形成恒定的电流即基流。当载气带有电负性溶质进入检测器时，电负性溶质就能捕获这些低能量的自由电子，形成稳定的负离子，负离子再与载气正离子复合成中性化合物，使基流降低而产生负信号——倒峰。

捕获机理可用以下反应式表示：

$$AB+e^- \xlongequal{} AB^-$$

$$AB^-+N_2^+ \xlongequal{} N_2+AB$$

$$N_2 \xlongequal{\beta} N_2^++e^-$$

被测组分浓度越大，捕获电子概率越大，结果使基流下降越快，倒峰越大。

四、火焰光度检测器

火焰光度检测器（flame photometric detector，FPD）又称硫、磷检测器，是一种对含磷、硫有机化合物具有高选择性和高灵敏度的质量型检测器，检出限达 10^{-12} g/s（对 P）或 10^{-11} g/s（对 S）。这种检测器可用于大气中痕量硫化物及农副产品、水中的纳克级有机磷和有机硫农药残留量的测定。

1. 火焰光度检测器的结构

检测器包括燃烧系统和光学系统两部分，如图 10-7 所示。燃烧系统与氢火焰离子化检测器一样，若在上方加一个收集极就成了氢火焰离子化检测器。光学系统包括石英窗、滤光片和光电倍增管。石英窗的作用是保护滤光片不受水气和燃烧产物的侵蚀。

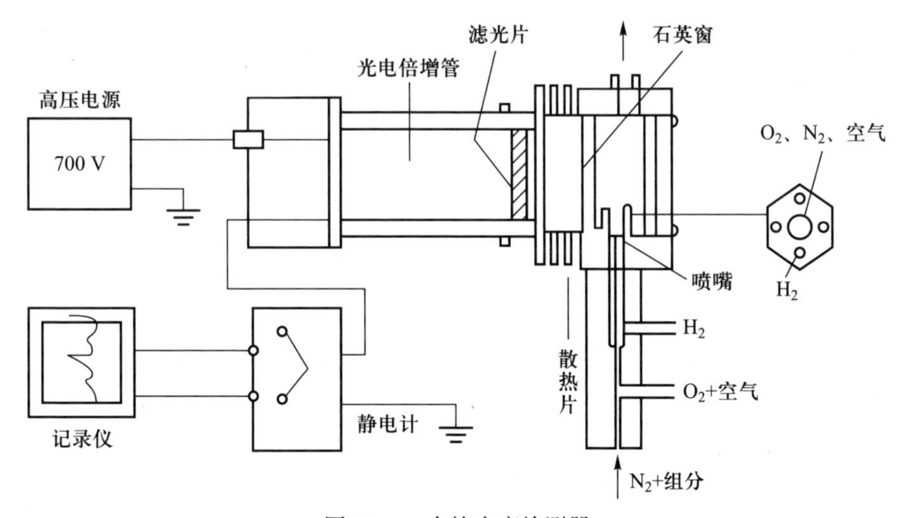

图 10-7 火焰光度检测器

2. 火焰光度检测器的工作原理

根据硫和磷化合物在富氢火焰中燃烧时生成化学发光物质，并能发射出特征波长的光，记录这些特征光谱，就能检测硫和磷。以硫为例，反应以下：

$$RS+2O_2 = RO_2+SO_2$$

$$2SO_2+4H_2 = 4H_2O+2S$$

$$S+S \xlongequal{390\ ℃} S_2^*（化学发光物质）$$

$$S_2^* = S_2+h\nu$$

当激发态 S_2^* 分子返回基态时，发射出 λ_{max} 为 394 nm 的特征光谱。对含磷化合物燃烧时生成磷的氧化物，然后在富氢火焰中被氢还原，形成化学发光的 HPO 碎片，并发射出 λ_{max} 为 526 nm 的特征光谱。这些光由光电倍增管转换成电信号，经放大后由记录仪记录。

五、常用检测器性能指标

常用检测器的性能指标见表 10-4。

表 10-4 常用检测器的性能指标

	热导	氢火焰离子化	电子捕获	火焰光度
类型	浓度	质量	浓度	质量
通用型或选择性	通用	通用	选择	选择
灵敏度	10^4 mV · mL/mg	10^{-2} mV · s/g	800 A · mL/g	400 mV · s/g
检出限	2×10^{-6} mg/mL	10^{-12} g/s	10^{-14} g/mL	P: 10^{-12} g/s, S: 10^{-11} g/s
最小定量限	0.1 μg/g	1 ng/g	0.1 ng/g	10 ng/g
线性范围	10^4	10^7	10^2~10^4	P: 10^3~10^4, S: 10^2
适用范围	有机物和无机物	含碳有机物	卤素及亲电子物质	含硫、磷化合物,农残

六、联用仪器检测器

可将气相色谱仪色谱柱的出口接入 ICP 或 MS 仪器的进样入口,实现大型仪器的联用。

10.4 气相色谱分析方法的建立

对于已知样品的定量分析,通常已有国家或行业标准分析方法,我们只需按照操作规程进行方法确认,必要时根据本节的知识确定仪器的最佳工作条件。若没有现成的标准分析方法,则必须综合考虑样品的来源、分析的目的,从两方面入手,理论预测和实验相结合。分离条件的选择要根据分析要求而定,首先考虑最难分离物质对选择色谱条件。要选择合适的固定液,使其与被测组分的作用力有足够差别,同时要考虑合适的色谱操作条件,提高柱效。对一些不适合直接进行气相色谱分析的样品要进行样品的制备和处理。

10.4.1 明确分析目的

为了合理选择色谱分析方法和操作条件,应尽可能获得样品来源、大致组成等基本信息,明确分析目的。接到样品后应确定下列信息:

(1) 查明样品是天然产物还是合成产物,或是生产过程中的中间产物。

(2) 了解样品中化合物的类型及物理化学性质,如相对分子质量、沸点、溶解性等。这是选择色谱方法和分离条件的依据。

(3) 了解样品中待测组分大致的最高、最低含量。这是选择检测器的依据。

(4) 明确分析目的,是检查纯度,还是定性、定量分析。

10.4.2　样品前处理

有些样品不能直接进行色谱测定，必须进行前处理，前处理包括：

（1）除去样品中的腐蚀性物质，如无机强酸、溴、氯等。

（2）除去某些高相对分子质量的物质和难气化的无机物。

（3）进行分离富集，提高样品中痕量组分的浓度、达到仪器能检测的浓度范围。

（4）采用衍生技术，制备成满足色谱分离条件的衍生物。一般来说，相对分子质量小于 500 或沸点小于 500 ℃的物质，可以采用气相色谱进行分析。有些物质，由于极性很强、挥发性很低，不适合直接进行气相色谱分析。这类化合物可通过化学反应定量转化为挥发性衍生物以降低极性和沸点。衍生物的制备进一步扩大了气相色谱的应用范围。

10.4.3　色谱柱的选择

色谱柱是色谱仪的心脏，因此，对每一个不同的分析任务，选择合适的色谱柱至关重要。随着社会分工越来越细，现在的色谱柱都由仪器生产厂家制备，基本不需操作人员加工制备，但色谱柱有一定的寿命，是用户必备的耗材。

色谱柱种类型号繁多，各种型号的色谱柱都有其适用范围，使用前必须根据不同的分析任务选择不同的色谱柱，相关资料网上可查，也可与仪器供应商联系。

10.4.4　色谱操作条件的选择

一、载气及其流速的选择

根据范第姆特方程式，用塔板高度 H 对载气线速率 u 作图（图 10-8）。曲线的最低点，塔板高度 H 最小，柱效最高，其相应的流速就是最佳流速 u_{opt}。u_{opt} 及 H_{min} 可由式 $H=A+B/u+Cu$ 微分得到，即

$$\frac{dH}{du}=-\frac{B}{u^2}+C=0$$

$$u_{opt}=\sqrt{\frac{B}{C}} \tag{10-4}$$

将式（10-4）代入式（9-21），得

$$H_{min}=A+2\sqrt{BC} \tag{10-5}$$

从图 10-8 可知：当 u 较小时，分子扩散项 B/u 是影响板高的主要因素，宜选择相对分子质量较大的载气（如 N_2、Ar），以使组分在载气中有较小的扩散系数；当 u 较大时，传质阻力项 Cu 起主导作用，宜选择相对分子质量小的载气（如 H_2、He），使组分有

较大的扩散系数,减小传质阻力,提高柱效。当然,载气的选择还要考虑与检测器相匹配。

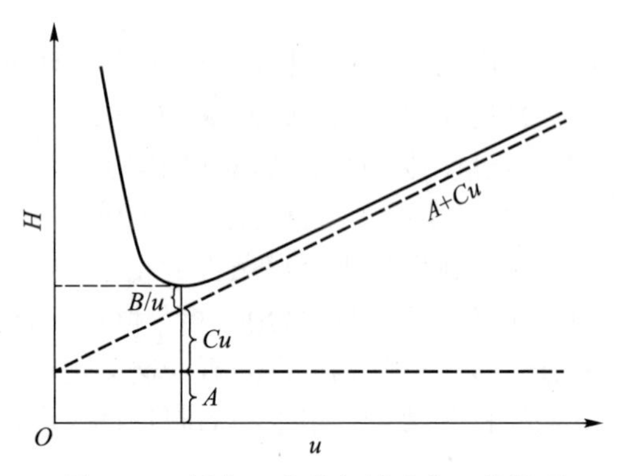

图 10-8 板高 H 和载气线速率 u 的关系

二、柱温的选择

柱温是一个重要的操作参数,直接影响分离效能和分析速度。提高柱温可使气相、液相传质速率加快,有利于降低塔板高度,改善柱效。但增加柱温同时又加剧纵向扩散,导致柱效下降。为了改善分离效果,提高选择性,往往希望柱温较低,这又增长了分析时间,因此,选择柱温要兼顾几方面的因素。一般原则是:在使最难分离的组分有尽可能好的分离效果的前提下,采取适当低的柱温,但以保留时间适宜,峰形不拖尾为度。具体操作条件的选择应根据实际情况而定。

另外,柱温的选择还应考虑固定液的使用温度,柱温不能高于固定液的最高使用温度,否则固定液挥发流失,使柱寿命缩短。对于宽沸程的多组分混合物,可采用程序升温法,即在分析过程中按一定速度提高柱温。在程序升温开始时,柱温较低,低沸点的组分得到分离,中等沸点的组分移动很慢,高沸点的组分还停留于柱口附近;随着温度上升,组分由低沸点到高沸点依次分离出来。

采用程序升温不仅能改善分离效果,而且可以缩短分析时间,得到的峰形也很理想。

三、进样量的选择

在实际分析中,最大允许进样量应控制在使半峰宽基本不变,而峰高与进样量呈线性关系。如果超过最大允许进样量,就会偏离线性关系。一般来说,色谱柱越粗、越长,固定液含量越高,允许进样量越大。

四、色谱柱的老化

新色谱柱装好后,应先试压、再试漏,然后断开检测器,在略低于色谱柱最高使用温度的条件下,用载气吹洗色谱柱数小时,这一过程称为色谱柱的老化。老化的目的是把固定相残存的溶剂、低沸点的杂质、低相对分子质量的固定液等物质赶走。在老化温度下,固定液在担体表面有一个再分布的过程,从而涂得更加均匀、牢固。色谱柱经老化后基线更加平直,仪器的性能更加稳定。长期使用的色谱柱在使用一段时间后也应定期进行老化处理,以改善色谱柱的灵敏度和稳定性。

10.5 定 性 分 析

气相色谱定性分析是根据色谱峰的保留值来实现的。根据保留值定性是一个相对的方法,经典色谱检测器给出的响应信号并不是分子结构的特征信息,因此,色谱法只能定性鉴定人们已知的化合物,并不能鉴定尚未被人们发现的新化合物。

近年来,气相色谱与质谱、光谱等联用,既充分利用色谱的高效分离能力,又利用了质谱、光谱的高鉴别能力,加上运用计算机对数据的快速处理和检索,为未知物的定性分析开辟了一个广阔的前景。

一、用已知纯物质对照定性

这是气相色谱定性分析中最方便、最可靠的方法。图 10-9 是用已知纯物质与未知样品对照进行定性分析的示意图。这种方法基于在一定操作条件下,各组分的保留时间是一定值的原理。如果未知样品较复杂,可采用在未知混合物中加入已知物,通过未知物中哪个峰增大,来确定未知物中的成分。

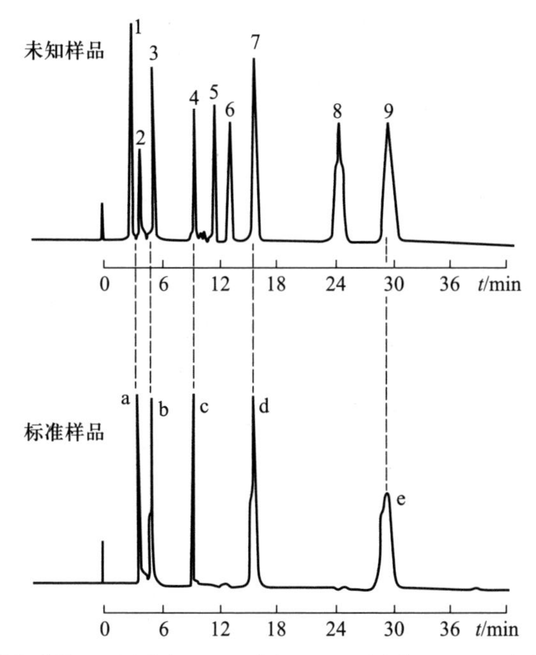

1~9—未知物的色谱峰;a—甲醇峰;b—乙醇峰;c—正丙醇峰;d—正丁醇峰;e—正戊醇峰

图 10-9 用已知纯物质与未知样品对照进行定性分析

二、用经验规律和文献值进行定性分析

当没有待测组分的纯标准样品时，可用文献值定性，或用气相色谱中的经验规律定性。

（1）碳数规律。大量实验证明，在一定温度下，同系物的调整保留时间的对数与分子中碳原子数呈线性关系，即

$$\lg t'_R = A_1 n + C_1 \tag{10-6}$$

式中 A_1 和 C_1 是常数；n 为分子中的碳原子数（$n \geqslant 3$）。该式说明，如果知道某一同系物中两个或更多组分的调整保留值，则可根据上式推知同系物中其他组分的调整保留值。

（2）沸点规律。同族具有相同碳数碳链的异构体化合物，其调整保留时间的对数和它们的沸点呈线性关系，即

$$\lg t'_R = A_2 T_b + C_2 \tag{10-7}$$

式中 A_2 和 C_2 均为常数；T_b 为组分的沸点，单位为 K。由此可见，根据同族同数碳链异构体中已知组分的调整保留时间的对数值，可求得同族中具有相同碳数的其他异构体的调整保留时间。

三、根据相对保留值定性

利用相对保留值定性比用保留值定性更为方便、可靠。在用保留值定性时，必须使两次分析的条件完全一致，但实际很难做到。而用相对保留值定性时，只要保持柱温不变即可。这种方法要求找一个基准物质，一般用苯、正丁烷、环己烷等作为基准物。基准物的保留值应尽量接近待测样品组分的保留值。

四、根据保留指数定性

保留指数又称 Kovats 指数，是一种重现性较其他保留数据都好的定性参数，可根据所用固定相和柱温直接与文献值对照，而不需标准样品。

人为规定正构烷烃的保留指数为其碳数乘 100，如正己烷和正辛烷的保留指数分别为 600 和 800。至于其他物质的保留指数，则可采用两个相邻正构烷烃保留指数进行标定。测定时，将碳数为 n 和 $n+1$ 的正构烷烃加于样品（x）中进行分析，若测得它们的调整保留时间分别为 $t'_R(C_n)$，$t'_R(C_{n+1})$ 和 $t'_R(x)$ 且 $t'_R(C_n) < t'_R(x) < t'_R(C_{n+1})$ 时，则组分 x 的保留指数可按下式计算：

$$I_x = 100 \times \left[n + \frac{\lg t'_R(x) - \lg t'_R(C_n)}{\lg t'_R(C_{n+1}) - \lg t'_R(C_n)} \right] \tag{10-8}$$

一般来说，除正构烷烃外，其他物质保留指数的 1/100 并不等于该化合物的含碳数。利用式（10-8）求出未知物的保留指数，然后与文献值对照，即可实现未知物的定性。

【例 10.1】 图 10-10 为乙酸正丁酯在阿皮松 L 柱上的流出曲线（柱温 100 ℃）。由

图中测得调整保留距离为：乙酸正丁酯 310.0 mm，正庚烷 174.0 mm，正辛烷 373.4 mm。求乙酸正丁酯的保留指数。

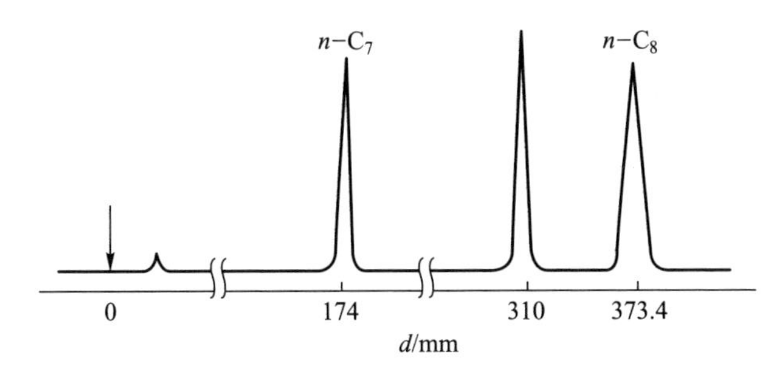

图 10–10 乙酸正丁酯保留指数测定示意图

解：已知 n=7

$$I = 100\times\left(7+\frac{\lg 310.0-\lg 174.0}{\lg 373.4-\lg 174.0}\right)=775.6$$

即乙酸正丁酯的保留指数为 775.6。在与文献值对照时，一定要重现文献值的实验条件，如固定液、柱温等，而且要用几个已知组分进行验证。

五、双柱、多柱定性

对于复杂样品的分析，利用双柱或多柱法更有效、可靠，使原来一根柱子上可能出现相同保留值的两种组分，在另一柱上就有可能出现不同的保留值。

六、与其他方法结合

气相色谱与质谱、傅里叶变换红外光谱、原子发射光谱等仪器联用，是目前解决复杂样品定性分析最有效工具之一。

10.6 定量分析

在一定的操作条件下。被分析物质的质量（m_i）或浓度（c_i）与检测器上产生的响应信号（色谱图上表现为峰面积 A_i 或峰高 h_i）成正比：

$$m_i=f_i\times A_i \quad 或 \quad c_i=f_i\times A_i \tag{10-9}$$

由于使用峰面积比使用峰高更准确，而且现代自动积分技术非常成熟，因此，实际工作中已经不再使用峰高法进行定量分析。

10.6.1 峰面积测量方法

峰面积是色谱图提供的基本定量数据，峰面积测量的准确与否直接影响定量结果。

现代色谱仪器都自带积分软件，可自动积分求得，操作者有时需调整色谱流出曲线峰面积积分的起点和终点。

10.6.2 定量校正因子

色谱定量分析是基于峰面积与组分的量成正比关系。但由于同一检测器对不同物质具有不同的响应值，即对不同物质，检测器的灵敏度不同，所以两个相等量的物质不一定得到相等的峰面积。或者说，相同的峰面积并不意味着相等物质的量。为了使检测器产生的信号能真实反映物质的含量，就要对响应值进行校正，在定量计算时引入校正因子。

$$w_i=f'_iA_i \tag{10-10}$$

式中 w_i 为组分 i 的量，它可以是质量，也可以是物质的量或体积（对气体）；A_i 为峰面积，f'_i 为换算系数，称为定量校正因子。定量校正因子定义为单位峰面积的组分的量，它可表示为

$$f'_i=\frac{w_i}{A_i} \tag{10-11}$$

检测器灵敏度 S_i 与定量校正因子有以下关系式

$$f'_i=\frac{1}{S_i} \tag{10-12}$$

由于物质量 w_i 不易准确测量，要准确测定定量校正因子 f'_i 不易实现。在实际工作中，以相对定量校正因子 f_i 代替定量校正因子 f'_i。

相对定量校正因子 f_i 定义为样品中组分的定量校正因子与标准物的定量校正因子之比，用下式表示：

$$f_i(m)=\frac{f'_i(m)}{f'_s(m)}=\frac{A_sm_i}{A_im_s} \tag{10-13}$$

式中 m 和 A 分别代表质量和面积；下标 i 和 s 分别代表待测组分和标准物。一般来说，热导检测器标准物用苯，火焰离子化检测器用正庚烷。$f_i(m)$ 表示相对质量校正因子，由于进入检测器的物质的量也可以用摩[尔]或体积表示，因此，也可用相对摩尔校正因子 $f_i(M)$ 和相对体积校正因子 $f_i(V)$ 表示。

$$f_i(M)=\frac{f'_i(M)}{f'_s(M)}=\frac{m_i/M_iA_i}{m_s/M_sA_s}=\frac{m_iM_sA_s}{m_sM_iA_i}=f_i(m)\frac{M_s}{M_i} \tag{10-14}$$

$$f_i(V)=\frac{f'_i(V)}{f'_s(V)}=\frac{22.4\ m_i/M_iA_i}{22.4\ m_s/M_sA_s}=\frac{m_iM_sA_s}{m_sM_iA_i}=f_i(M) \tag{10-15}$$

式中 M_i 和 M_s 分别为待测组分和标准物的摩尔质量。

凡文献查得的校正因子都是指相对校正因子，可用 $f(M)$、$f(m)$ 分别表示摩尔校正因子和质量校正因子（通常把相对二字略去）。由于现代积累了相当多的原始数据，仪器生产厂商已经完全掌握常见物质的相对校正因子，因此，仪器生产厂商通过仪器的

软件已经自动校正,使用时无须再查表校正。

10.6.3　几种常用的定量计算方法

一、归一化法

归一化法是色谱中常用的一种定量方法。应用这种方法的前提条件是样品中各组分必须全部流出色谱柱,并在色谱图上都出现色谱峰。当测量参数为峰面积时,归一化的计算公式为

$$x_i = \frac{A_i f_i}{A_1 f_1 + A_2 f_2 + \cdots + A_n f_n} \times 100\% \tag{10-16}$$

式中 A_i 为组分 i 的峰面积;f_i 为组分 i 的定量校正因子,f_i 可为摩尔校正因子、体积校正因子、质量校正因子;x_i 则相应为摩尔分数、体积分数和质量分数。

归一化法的优点是简便准确,当操作条件如进样量、载气流速等变化时对结果的影响较小。适合于对多组分样品中各组分含量的分析。

二、外标法

外标法是所有定量分析中最通用的一种方法,即所谓校准曲线法。外标法简便,不需要校正因子,但进样量要求十分准确,操作条件也需严格控制。它适用于常规分析和大量同类样品的分析。

三、内标法

为了克服外标法的缺点,可采用内标校准曲线法。这种方法的特点是:选择一种内标物质,以固定的浓度分别加入标准溶液和样品溶液中,以抵消实验条件和进样量变化带来的误差。测定组分 i 和内标物的峰面积 A_i 和 A_s,内标法的校准曲线是用 A_i/A_s 对待测物浓度作图,通过原点的直线可表示为

$$x = K_i \frac{A_i}{A_s} \times 100\% \tag{10-17}$$

式中 K_i 为相应于组分 i 的比例常数,它与校正因子的关系是

$$K_i = \frac{f_i' m_s}{f_s' m_i} = f_i \frac{m_s}{m_i} \tag{10-18}$$

对内标物的要求是:样品中不含有内标物质;内标物峰的位置在各待测组分之间或与之相近;稳定、易得纯品;与样品能互溶但无化学反应;内标物浓度恰当,使其峰面积与待测组分相差不太大。

10.7　气相色谱法应用实例

血液中酒精含量的检测（中华人民共和国公共安全行业标准 GA/T 842—2019）。饮酒驾驶对公共安全构成重大危害，虽然交警经常使用呼气式乙醇测试仪执法，但 GA/T 842—2019 规定，气相色谱法为仲裁法。

气相色谱法利用乙醇的挥发性，以叔丁醇为内标，检测器选用氢火焰离子化检测器进行检测，经与平行操作的乙醇标准品比较，以保留时间或相对保留时间进行定性分析，用内标法以乙醇峰面积对内标物峰面积的比值为纵坐标，乙醇标准物质浓度为横坐标制作工作曲线，用工作曲线法进行定量分析。现在市面上有气相色谱法测定血液中乙醇含量的专用仪器，具有自动进样功能。

配制不少于 6 个乙醇阶梯标准浓度，每个取 0.100 mL，加入 0.500 mL 浓度为 40 mg/L 的叔丁醇，盖上硅橡胶垫，用密封钳加封铝帽，混匀，待测。要求待测样品中的乙醇浓度在工作曲线的线性范围之内。若工作曲线的线性相关系数 $R>0.999$，可开始进行定量分析。由于采用内标法，在保证工作条件不变的情况下，工作曲线可使用一段时间，不需每天制作工作曲线，只需每次测定带一个标准样品对工作曲线的稳定性进行确认，若所带标准的测定结果与标样结果在方法的允许误差范围内，则工作曲线继续有效，可对样品进行分析。

每批样品测定时，取 80 mg/100 mL 的标准样品一份，与样品同时平行测定，如图 10–11 所示。每个样品平行做两份，标样和所有样品配制完成后编号送入自动进样器，仪器自动进行测定并报告测定结果。若血液中没有酒精，则色谱图上只有叔丁醇的色谱峰，若血液中含有酒精，则色谱图上既有叔丁醇的色谱峰，也有酒精的色谱峰，仪器会自动标注。由于尸体腐坏过程中会生成乙醇，但腐坏过程中会同步生成正丙醇，因此，若色谱图上出现正丙醇的色谱峰，则可能是从尸体中抽取的血液，其体内的原有酒精浓度应该按照正丙醇和乙醇生成关系进行扣除。对正常血液样品，若平行测定结果的相对偏差 <10%，则取平均值报告结果，否则需要重新测定，对于血液中有凝块的样品，相对偏差可放宽至 15%。相对偏差按下式计算：

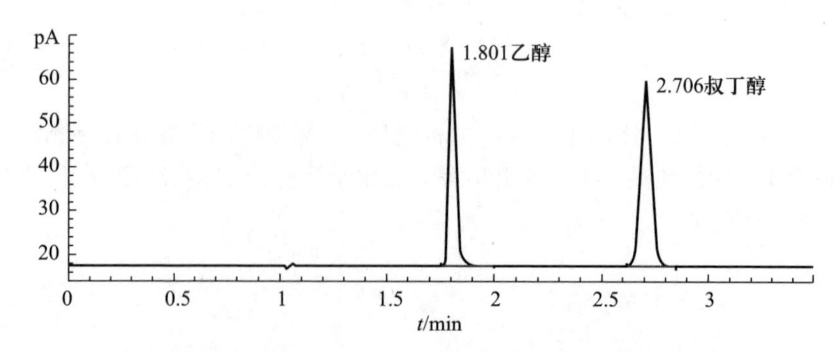

图 10–11　血液中酒精测定 80 mg/100 mL 标准品色谱图

$$RD=\frac{|x_1-x_2|}{\bar{x}}\times 100\% \qquad (10-19)$$

式中 x_1、x_2 分别为平行测定的乙醇含量；$\bar{x}$ 为两次测定结果的平均值。

本方法的检出限为 1 mg/100 mL，定量限为 5 mg/100 mL。仪器生成色谱图时，还会自动记录测定时的条件参数，自动标记各峰的归属，且自动对峰面积进行积分，自动报告检出结果。

思 考 题

1. 气相色谱法有何特点？可应用在哪些领域？

2. 结合方框图说明气相色谱仪的工作流程。

3. 气相色谱仪各部件的要求是什么？

4. 哪些气体可做气相色谱流动相？

5. 气固色谱的固定相有哪些？各有何特点？应用于什么样品？

6. 气液色谱的载体要求？常用的载体是什么物质？有何特性？如何选用？

7. 固定液有何要求？与待测组分发生何种作用？如何对固定液进行分类？如何选择合适的固定液？

8. 检测器如何分类？检测器的性能指标有哪些？

9. 热导检测器、氢火焰离子化检测器、电子捕获检测器、火焰光度检测器各有何特点，分别适用于什么样品？简述其工作原理。

10. 如何选用或建立气相色谱分析方法？如何对样品进行前处理？如何选择色谱仪工作条件？

11. 如何作色谱仪进行定性、定量分析？

12. 结合 GA/T 842—2019 说明气相色谱定性、定量分析的流程。

习 题

一、选择题

1. 在气液色谱中，色谱柱的使用上限温度取决于（　　）。

A. 样品中沸点最高组分的沸点　　B. 样品中各组分沸点的平均值

C. 固定液的沸点　　D. 固定液的最高使用温度

2. 固定其他条件，色谱柱的理论塔板高度，将随载气的线速增加而（　　）。

A. 增加　　B. 减小　　C. 不变　　D. 不能确定

3. 气相色谱分析的仪器中，色谱分离系统是装填了固定相的色谱柱，色谱柱的作用是（　　）。

A. 是分离混合物组分　　B. 感应混合物各组分的浓度或质量

C. 与样品发生化学反应　　D. 将其混合物的量信号转变成电信号

4. 气液色谱法中，氢火焰离子化检测器（　　）优于热导检测器。

A. 装置简单化　　B. 灵敏度　　C. 适用范围　　D. 分离效果

5. 气相色谱分析影响组分之间分离程度的最大因素是（　　）。

A. 进样量　　B. 柱温　　C. 载体粒度　　D. 气化室温度

6. 在气相色谱中，若两组分峰完全重叠，则其分离度值为（　　）。

A. 0　　B. 0.5　　C. 1.0　　D. 1.5

7. 气相色谱仪一般都有载气系统，它包含（　　）。

A. 气源、气体净化

B. 气源、气体净化、气体流速控制

C. 气源

D. 气源、气体净化、气体流速控制和测量

8. 火焰光度检测器（FPD），是一种高灵敏度，仅对（　　）产生检测信号的高选择检测器。

A. 含硫磷的有机物　　B. 含硫的有机物

C. 含磷的有机物　　D. 有机物

9. 色谱图中，扣除死体积之后的保留体积称为（　　）。

A. 保留时间　　B. 调整保留体积

C. 相对保留体积　　D. 校正保留体积

10. 使用氢火焰离子化检测器时，最适宜的载气是（　　）。

A. H_2　　B. He　　C. Ar　　D. N_2

11. 气相色谱仪对气源纯度要求很高，一般都需要（　　）处理。

A. 净化　　B. 过滤　　C. 脱色　　D. 再生

12. 在色谱法中，按分离原理分类，气固色谱法属于（　　）。

A. 排阻色谱法　　B. 吸附色谱法

C. 分配色谱法　　D. 离子交换色谱法

13. 在气相色谱分析中，样品的出峰顺序由（　　）决定。

A. 记录仪　　B. 检测系统　　C. 进样系统　　D. 分离系统

14. 分析宽沸程多组分混合物，可采用（　　）。

A. 气液色谱　　B. 程序升温气相色谱

C. 气固色谱　　D. 裂解气相色谱

15. 在气相色谱定量分析中，在已知量的样品中加入已知量的能与样品组分完全分离且能在待测物附近出峰的某纯物质来进行定量分析的方法，属于（　　）。

A. 归一化方法　　B. 内标法

C. 外标法（比较法）　　D. 外标法（标准曲线法）

16. 在气相色谱定量分析中，只有样品中所有组分都能出峰才能使用的方法是（　　）。

A. 归一化方法　　B. 内标法

C. 外标法（比较法）　　D. 外标法（标准曲线法）

17. 在下列气相色谱的检测器中，属于浓度型，且对所有物质都有响应的是（　　）。

A. 热导检测器　　B. 电子捕获检测器

C. 氢火焰离子化检测器　　D. 火焰光度检测器

18. 用气相色谱法测定含氯农药时常采用的检测器是（　　）。

A. 热导检测器　　B. 氢火焰离子化检测器

C. 电子捕获检测器　　D. 火焰光度检测器

19. GA/T 842—2019 中检出限为（　　）mg/100 mL，定量限为（　　）mg/100 mL。

A. 0.1、1.0　　B. 0.5、2.0　　C. 1.0、5.0　　D. 2.0、10.0

20. GA/T 842—2019 测定血液中酒精含量选用的内标物为（　　）。

A. 甲醇　　B. 正丙醇　　C. 叔丁醇　　D. 正丁醇

二、判断题

1. 气相色谱仪主要由气路系统、单色器、分离系统、检测系统、数据处理系统和温度控制系统六大部分组成。

2. 检测器池体温度不能低于样品的沸点，以免样品在检测器内冷凝。

3. 氢火焰离子化检测器是典型的非破坏型质量型检测器。

4. 某样品的色谱图上出现三个峰，该样品最多有三个组分。

5. 在气相色谱分析中，用于定性分析的参数是峰面积。

6. 气相色谱常用担体的要求是担体化学性质稳定且无吸附性。

7. 气相色谱气路安装完毕后，应对气路密封性进行检查。在检查时，为避免管道受损，常用肥皂水进行探漏。

8. 色谱柱塔板理论数 n 与保留时间 t_R 的平方成正比，组分的保留时间越长，色谱柱理论塔板数 n 值越大，分离效率越高。

9. 利用保留值的色谱定性分析，是所有定性方法中最便捷最准确的方法。

10. 高分子多孔小球耐腐蚀，热稳定性好，无流失，适合于分析水、醇类及其他含氧化合物。

11. 毛细管色谱柱比填充柱更适合于结构、性能相似的组分的分离。

12. 气相色谱分析中，调整保留时间是组分从进样到出现峰最大值所需的时间。

13. 只要是样品中不存在的物质，均可选作内标法中的内标物。

14. 在热导检测器中，载气与被测组分的热导率差值越小，灵敏度越高。

15. 无终凝血时血液中酒精平行测定的相对相差不得大于 10%，有终凝血时不得大于 15%。

参考答案

第十一章　高效液相色谱法、离子色谱法

11.1　高效液相色谱法概述

高效液相色谱法（high performance liquid chromatography，HPLC）是20世纪60年代末以经典液相色谱法为基础，引入了气相色谱的理论和实验方法而发展起来的。在现代计算机数据处理技术的支持下，采用了高压泵、高效固定相和高灵敏度检测器，具有分离高效、分析快速、灵敏度高、适应范围广、工作容量大、流动相改变灵活、操作自动化等特点，又称高压液相色谱法、高速液相色谱法，目前已经成为应用极为广泛的分离、分析技术。

11.1.1　高效液相色谱法与经典液相色谱法

比起经典液相色谱法，高效液相色谱法的最大优点在于高速、高效、高灵敏度、高自动化。高速是指在分析速度上比经典液相色谱法快数百倍。高效液相色谱配备了高压输液设备，流速最高可达10 mL/min。例如，分离苯的羟基化合物，7个组分只需1 min就可完成。氨基酸分离，用经典色谱法需用20多小时才能分离出20种氨基酸；而用高效液相色谱法在1 h之内即可完成。又如，用25 cm×0.46 cm的Lichrosorb-ODS（5 μm）柱，采用梯度洗脱，可在不到0.5 h内分离出尿液中104个组分。高效是由于高效液相色谱应用了颗粒极细（几微米至几十微米直径）、规则均匀的固定相，传质阻力小，分离效率很高。因此，在经典色谱法中难分离的物质，一般在高效液相色谱法中能得到满意的分离结果。高灵敏度是由于现代高效液相色谱仪普遍配有高灵敏检测器，使其分析灵敏度比经典色谱法有较大提高。例如，紫外光度检测器的最小检出限可达10^{-9} g，而荧光检测器则可达10^{-11} g。

11.1.2　高效液相色谱法与气相色谱法

高效液相色谱法与气相色谱法相比，具有以下三方面的优点：

（1）气相色谱法分析对象只限于分析气体和沸点较低的化合物，它们仅占有机物总量的20%。对于占有机物总数近80%的那些高沸点、热稳定性差、摩尔质量大的物质，则只能采用高效液相色谱法进行分离和分析。

（2）气相色谱采用的流动相（惰性气体）对样品组分没有亲和力，不产生相互作用，仅起运载作用。而在高效液相色谱法中，流动相可选用不同极性的液体，选择余地大，它对组分可产生一定亲和力，并参与固定相对组分作用的选择竞争。因此，流动相对分离的作用很大，相当于增加了控制和改进分离条件的参数，这为选择最佳分离条件提供了极大方便。

（3）气相色谱一般都在较高温度下进行的，而高效液相色谱法则通常可在室温条件下工作。

总之，高效液相色谱法是吸取了气相色谱和经典液相色谱的优点，并用现代化手段加以改进，因此，得到迅猛的发展。目前，高效液相色谱法已被广泛用于生物学和医药中蛋白质、核酸、氨基酸、多糖类、植物色素、高聚物、染料及药物等的分离分析。

11.2 高效液相色谱仪

高效液相色谱仪的结构示意如图 11-1 所示，一般可分为 4 个主要部分：高压输液系统、进样系统、分离系统和检测系统。此外还配有辅助装置，如梯度淋洗、自动进样及数据处理等。其工作过程如下：储液器中的流动相溶剂在高压泵的带动下流经进样器后进入色谱柱，从控制器的出口流出。当注入欲分离的样品时，流入进样器的流动相再将样品同时带入色谱柱进行分离，然后各组分依次进入检测器，记录仪将检测器送出的信号记录下来，由此得到液相色谱图。

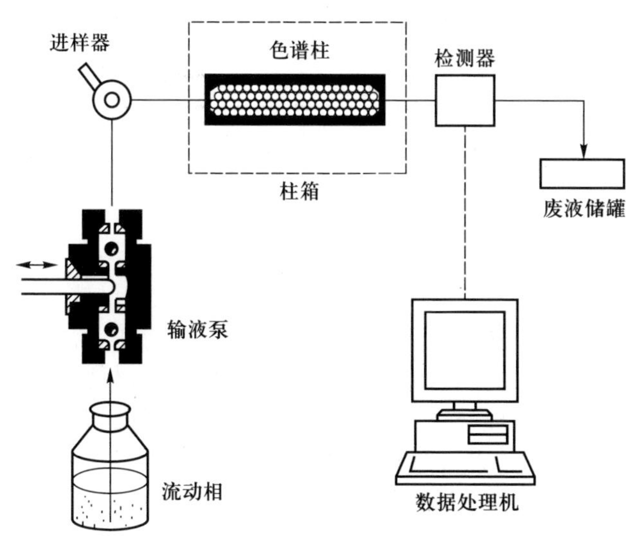

图 11-1 高效液相色谱仪的结构示意图

11.2.1 高压输液系统

由于高效液相色谱法所用的固定相颗粒极细，因此，对流动相阻力很大，为使流动相更快流动，必须配备高压输液系统。它一般由洗脱剂储液器、脱气器、高压输液泵、过滤器、压力脉动阻力器及梯度洗脱单元等组成。高压输液系统是高效液相色谱仪最重要的部件，其中高压输液泵是仪器的核心部件。高压输液泵要求密封性好、输出流量恒定、压力平稳、可调范围宽、便于迅速更换溶剂和耐腐蚀等。

常用的输液泵分为恒流泵和恒压泵两种。恒流泵特点是在一定操作条件下，输出流量保持恒定，而与色谱柱阻力变化无关。恒压泵保持输出压力恒定，但其流量则随色谱系统阻力变化而变化，故保留时间的重现性差。目前恒流泵逐渐取代恒压泵。恒流泵又称机械泵，它又分机械注射泵和机械往复泵两种，应用最多的是机械往复泵。

梯度洗脱单元由控制器和混合器组成，控制器可以连续改变混合流动相的组成，而混合器则将混合溶液混合均匀，获得的混合比范围要宽、浓度要精确。

11.2.2 进样系统

进样器的材料和构造应确保所进的样品没有吸附保留、进样重复性好。如果应用自动进样器进行多个样品的进样，那么它应具有以下功能：重复性好、定量进样准确性好、保留小、可控制极小进样量。进样装置一般有两类。

（1）隔膜注射进样器。这种进样方式与气相色谱类似。它是在色谱柱顶端装入耐压弹性隔膜，进样时用微量注射器刺穿隔膜将样品注入色谱柱。其优点是装置简单、价廉、死体积小，缺点是允许进样量小、重复性差。

（2）高压进样阀。目前多采用六通阀进样，其结构和工作原理与气相色谱中所用六通阀完全相同（见图 10–2）。由于进样可由定量管的体积严格控制，因此，进样准确、重复性好，适于做定量分析。更换不同体积的定量管，可调整进样量。

11.2.3 分离系统（色谱柱）

色谱柱是高效液相色谱仪的心脏部件，它由柱管、固定相、密封衬套、柱子堵头和滤片等部分组成，并放置在色谱柱箱内。每根商品色谱柱都有相应标记，注明柱长、内径、填充物及柱管材料。用作色谱柱柱管的材料应有足够的强度、有光滑的内表面、对洗脱剂和分析物惰性。常用的柱管材料有玻璃、不锈钢、铝、铜及内衬光滑的其他金属的聚合材料。玻璃耐管压有限，故金属管用得较多。

根据分离对象的特点和分离的要求，色谱柱有不同的尺寸。按内径可分：内径大于 50 mm 的制备柱、内径 12~50 mm 的半制备柱、内径 3~12 mm 的通用柱、内径 1~3 mm 的半微柱和内径 <1 mm 的微量柱。一般色谱柱长 20~50 cm。

柱填料通常是相对均匀的颗粒，粒径范围 1~20 μm，填料在工作条件下具有物理、化学稳定性。一般采用匀浆填充法装柱，先将填料调成匀浆，然后在高压泵作用下，快速将其压入装有洗脱液的色谱柱内，经冲洗后即可备用。

色谱柱的性能可用寿命、分离能力、选择性、最大样品负荷等参数进行评价，色谱柱工作条件可用峰形、理论塔板数、对称因子等参数进行评价。

使用色谱柱温箱可提高分离分析的稳定性从而确保分析精度。色谱柱温箱应具有温度控制功能，控制温度可优化色谱柱性能，增强分离选择性，防止柱温受环境温度变化的影响。

11.2.4 检测系统

高效液相色谱仪中的检测器是检测色谱柱后流出组分和浓度变化的装置。与气相色谱检测器的要求基本相同，但要求对流动相温度和流速不敏感。衡量检测器性能的指标如灵敏度、检出限、定量限、线性范围等，仍可沿用气相色谱的表示方法。

在液相色谱中，有两种基本类型的检测器：一类是溶质型检测器，它仅对被分离组分的物理或化学特性有响应，属于这类检测器的有紫外、荧光、电化学检测器等；另一类是总体检测器，它对样品和洗脱液总的物理或化学性质有响应，属于这类检测器的有示差折光及电导检测器等。现将常用的检测器介绍如下。

一、紫外光度检测器和光电二极管阵列检测器

紫外光度检测器（ultraviolet-visible detector，UVD）检测样品组分在紫外－可见光区的吸光度，是高效液相色谱仪中应用最广泛的一种检测器。它适用于对紫外光（或可见光）有吸收的样品的检测，对温度和流速波动不敏感，适合于梯度洗脱，对许多物质具有很高的灵敏度。据统计，在高效液相色谱分析中，约有 80% 的样品可以使用这种检测器。它分为固定波长型和可调波长型两类：固定波长型紫外光度检测器常采用汞灯的 254 nm 或 280 nm 谱线，许多有机官能团可吸收这些波长；可调波长型紫外光度检测器实际是以紫外－可见分光光度计作检测器。紫外光度检测器灵敏度较高，通用性也较好，它要求样品必须有紫外吸收，且溶剂必须能透过所选波长的光。

紫外光度检测器主要由光源、光栅、狭缝、吸收池和光电转换器件组成。光栅主要将混合光源分解为不同波长的单色光，经聚焦透过吸收池，然后被光敏元件测量出吸光度的变化。

近年来，已发展了一种应用光电二极管阵列的紫外光度检测器，由于采用计算机快速扫描采集数据，可得三维的色谱－光谱图像。光电二极管阵列检测器（photodiode array detector，PAD）的工作原理如图 11-2 所示。

PAD 检测器的检测原理与 UV-Vis 的相同，只是 PAD 可同时检测到所有波长的吸收值，相当于全扫描光谱图。它采用 2 048 个或更多的光电二极管组成阵列，混合光首先经过吸收池，被样品吸收，然后通过一个全息光栅色散分光，得到吸收后的全光谱，并投射到光电二极管阵列器上，每个光电二极管输出相应的光强信号，组成吸收光谱。其特点是不再需要机械扫描就可瞬间获得全波长光谱。

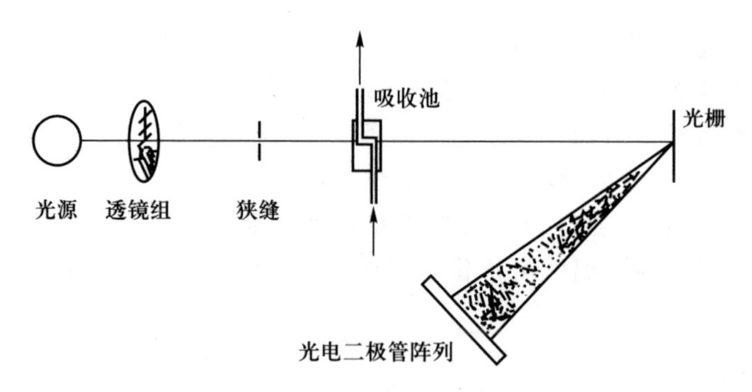

图 11-2 PAD 检测器的结构原理图

PAD 的优点是可获得样品组分的全部光谱信息，可很快地定性判别或鉴定不同类型的化合物，同时对未分离组分可判断其纯度。尽管 PAD 已具有较高的灵敏度，但其灵敏度和线性范围均不如单波长吸收检测器，主要是单波长吸收检测器可采用效率极高的光敏元件和光电倍增管。

二、荧光检测器

荧光检测器（fluorescence detector，FLD）通过检测样品中某个组分受到激发光激发后发出特定波长的荧光谱线。它是目前各种检测器中灵敏度最高的检测器之一。许多有机化合物具有天然荧光活性，其中带有芳香基团的化合物荧光活性更强。在一定条件下，荧光强度与物质浓度成正比。荧光检测器是一种选择性很强的检测器，它适用于稠环芳烃、甾族化合物、酶、维生素、色素、蛋白质等荧光物质的测定，其灵敏度高，检出限可达 10^{-13}~10^{-12} g/mL，比紫外光度检测器高出 2~3 个数量级，也可用于梯度淋洗。缺点是适用范围有一定局限性。另外，尽管 FLD 的灵敏度很高，但其线性范围却较窄，通常在 10^3~10^4。

三、折光检测器

折光检测器（refractive index detector，RID）又称示差折光检测器。按工作原理，可分偏转式和反射式两种。现以偏转式为例进行说明。它是基于折射率随介质中的成分变化而变化实现检测的，如入射角不变，则光束的偏转角是流动相（介质）中成分变化的函数。因此，测量折射角偏转值的大小，便可得到样品的浓度。

由于不同物质的折射率不同，因此，折光检测器是一种通用型检测器，灵敏度为 10^{-7} g/mL。主要缺点是对温度变化敏感，不能用于梯度淋洗。

四、电化学检测器

电化学检测器（electrochemical detector，ECD）是两电极之间施加一恒定电位，通过检测样品组分电极上进行氧化还原反应产生的电流而实现。电化学检测器的使用非常普遍，灵敏度很高（10^{-10}~10^{-9} g/mL），其工作原理是在特定的外界电位下，测定电极之间的电流随样品浓度的变化量。电化学检测器所测定的化合物必须能进行氧化还原反应。

五、电导检测器

电导检测器(conductometric detector, CD)的作用原理是基于物质在某些介质中电离后所产生的电导变化来测定电离物质含量,它主要用于离子型化合物浓度的测定,缺点是灵敏度不高、对温度敏感。

六、质谱检测器

质谱检测器(mass spectrometric detector, MSD)将从色谱柱流出的样品组分送入质谱仪,进行离子化,然后按质荷比检测这些离子。质谱检测器的灵敏度高,专属性强,能提供分子结构信息,是非常理想的检测器。

七、高效液相色谱仪检测器的性能比较

高效液相色谱仪使用的检测器各有特点,其主要性能列于表 11-1 中。

表 11-1 高效液相色谱仪使用的检测器的性能

检测器	最小检测限 $g \cdot mL^{-1}$	选择性	温度的影响	流速的影响	梯度洗脱
吸光度检测器(UVD/PAD)	10^{-10}	有(吸光物质)	小	无	可用
荧光检测器(FLD)	10^{-12}	有(荧光物质)	有	无	可用
折光检测器(RID)	10^{-7}	无	有	无	不可用
电化学检测器(ECD)	10^{-12}	有(氧化还原物质)	有	有	可用
电导检测器(CD)	10^{-10}	有(离子)	有	有	可用
质谱检测器(MS)	10^{-12}	无	有	有	可用

11.2.5 附属系统

附属系统包括脱气、梯度淋洗、恒温、自动进样、储分收集及数据处理等装置。其中梯度淋洗装置和数据处理系统在高效液相色谱仪中尤为重要。

一、梯度淋洗装置

梯度淋洗是指在分离过程中流动相的组成随时间改变而改变,通过连续改变色谱柱中流动相的极性、离子强度或 pH 等参数,使被测组分的相对保留值得以改变,提高分离效率。梯度淋洗对于一些组分复杂及容量因子范围很宽的样品分离尤为必要。在高效液相色谱中,梯度淋洗的作用十分类似于气相色谱中的程序升温,两者目的都是为了使样品的组分在容量因子范围最佳时流出柱子,使保留时间短、峰形重叠的组分或保留

时间长、峰形扁平、宽大的组分都能获得良好的分离。气相色谱法是通过改变柱温来达到改变组分容量因子的目的，而高效液相色谱法则是通过改变流动相的组成，现以下例说明之。图 11-3 表示了梯度淋洗与分段淋洗的区别。图 11-3(a)说明，以某一固定组成 A 作流动相，洗脱样品时，各组分的容量因子数据相差较大，并且 k 大的组分，其峰宽而矮，所需分析时间长。图 11-3(b)以溶解力较强的固定组成 B 作流动相，洗脱时，样品各组分很快被洗脱下来，但 k 小的组分得不到分离。若将 A、B 两种溶剂以适当比例混合，组成的流动相的浓度可随时间而改变，找出合适的梯度淋洗条件，就可使样品各组分在适宜的 k 下全部流出，既获得好的峰形又缩短分析时间，如图 11-3(c)所示。

梯度淋洗的优点是显而易见的，它可改进复杂样品的分离、改善峰形、减少拖尾并缩短分析时间。另外，由于滞留组分全部流出柱子，可保持柱性能长期良好。当用完梯度淋洗后，在更换流动相时，要注意流动相的极性与平衡时间，由于不同溶剂的紫外吸收程度有差异，可能引起基线漂移。

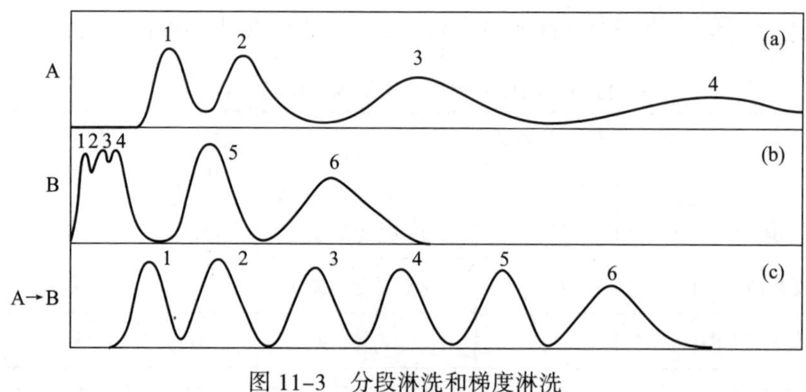

图 11-3　分段淋洗和梯度淋洗

二、数据处理系统

数据处理系统包括数据处理软件和计算机硬件，数据处理软件是衡量仪器性能的非常重要的指标。数据处理软件必须能显示色谱图、自动对峰面积进行积分、自动绘制校准曲线、自动计算分析结果，有些仪器还可自动标出色谱峰的归属，进行定性分析等。

11.3　高效液相色谱的固定相和流动相

11.3.1　固定相

高效液相色谱的固定相以能承受高压的能力来分类，可分为刚性固体和硬胶两大类。刚性固体以二氧化硅为基质，能承受 1.0×10^8~1.0×10^9 Pa 的高压，可制成直径、形状、孔隙度不同的颗粒。在其表面键合各种功能官能团，称为化学键合固定相，是目前最广泛使用的一种固定相。硬胶主要用于离子交换和尺寸排阻色谱中，它由聚苯乙烯与二乙烯苯基交联而成,其承受压力上限为 3.5×10^8 Pa。

固定相按孔隙深度分类,可分为表面多孔型固定相和全多孔型固定相两类。

一、表面多孔型固定相

表面多孔型固定相的基体是实心玻璃珠。在玻璃珠外面覆盖一层数微米厚的多孔活性材料,如硅胶、氧化铝、离子交换剂、分子筛、聚酰胺等,也可以制成化学键合固定相,直径 25~70 μm,结构如图 11-4(a)所示。这类固定相的多孔层厚度小、孔浅、相对死体积小、出峰快速、柱效高、颗粒较大、渗透性好、装柱容易。梯度淋洗时能迅速达到平衡,较适合做常规分析。由于多孔层厚度薄,最大允许量受到限制。

二、全多孔型固定相

全多孔型固定相由直径为 10 nm 的硅胶微粒凝聚而成,也可由氧化铝微粒凝聚成全多孔型固定相,这类固定相由于颗粒很细(5~10 μm)、孔仍然较浅、传质速率快、易实现高效高速,特别适合复杂混合物的分离及痕量分析。其结构如图 11-4(b)和图 11-4(c)所示。

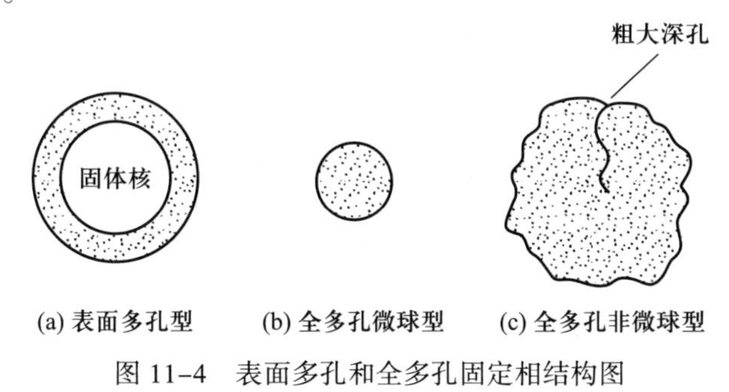

图 11-4　表面多孔和全多孔固定相结构图

11.3.2　流动相

液相色谱中的流动相也称溶剂,由洗脱剂和调节剂两部分组成。前者的作用是将样品溶解和分离,后者则用以调节洗脱剂的极性和强度,以改变组分在柱中的移动速率和分离状态。

由于高效液相色谱中流动相是不同极性的液体,它对组分有亲和力,并参与固定相对组分的竞争。因此,正确选择流动相将直接影响组分的分离度。

一、对流动相溶剂的要求

(1)选择性好。能合适地分离分析物,溶剂对待测样品有合适的极性和良好的选择性,对待测样品有足够的溶解能力。

(2)与所用检测器匹配。如使用紫外光度检测器时,不能用对紫外有吸收的溶剂。

(3)高纯度。由于高效液相色谱法的灵敏度高,对流动相溶剂的纯度也要求高,不纯的溶剂会引起基线不稳,或产生“伪峰”。痕量杂质的存在,影响流分的纯度。

（4）稳定性好。不与样品组分发生化学反应，柱效性能长期保持不变。

（5）毒性小，安全性好。

二、流动相的选择

色谱分析中，流动相的选择虽然有极性、结构“相似相溶”的规则可循，但多数仍以经验为主。一般情况下，要使样品分离得好、容易洗脱，样品和流动相就应具有化学上的相似性。极性大的样品选用极性大的流动相，极性小的样品选用极性小的流动相。对于那些在正相色谱分析法中分离时间较长或难以分离的样品，可改用强极性的流动相和弱极性的固定相的反相色谱法进行分析。有时，为了获得溶剂极性强度适当的流动相，往往需要反复进行试验，或采用两种以上的混合溶剂做流动相。在实际工作中流动相的选择可按分离模式和检测模式进行选择，流动相选择经验规则见表 11-2。

大数据时代，对各种样品的测定条件积累了大量的经验数据，针对任何具体样品都能从各种渠道中查到合适的流动相，用户在购买仪器时供应商会根据用户的需求推荐合适的流动相。

表 11-2 流动相选择经验规则

检测器	流动相的选择
吸光度检测器	所有溶剂必须是没有紫外吸收的高纯试剂、水和溶剂
荧光检测器	使用没有荧光杂质的高纯溶剂、水、和试剂
折光检测器	流动相的折光指数应与分析物的折光指数有差别
电化学检测器	使用电化学惰性的高纯溶剂，水和试剂
质谱	使用挥发性的高纯溶剂，水和试剂

11.4 高效液相色谱法的主要类型

高效液相色谱法根据分离机制不同，可分为以下几种类型：液固吸附色谱法、液液分配色谱法、化学键合色谱法、离子交换色谱法、尺寸排阻色谱法与亲和色谱法等。

11.4.1 液固吸附色谱法

液固吸附色谱法（liquid solid adsorption chromatography，LSAC）以固体吸附剂作为固定相，吸附剂通常是些多孔的固体颗粒物质，在它们的表面存在吸附中心。液固吸附色谱实质是根据物质在固定相上的吸附作用不同而进行分离的。

一、分离原理

当流动相通过固定相（吸附剂）时，吸附剂表面的活性中心就要吸附流动相分子。

同时,当样品分子(X)被流动相带入柱内时,只要它们在固定相有一定程度的保留,就会取代数目相当的已被吸附的流动相溶剂分子。于是,在固定相表面发生竞争吸附,样品中各组分据此得以分离。

二、固定相

吸附色谱所用固定相大多是一些吸附活性强弱不等的吸附剂,如硅胶、氧化铝、聚酰胺等。由于硅胶的优点较多,如线性容量较高、机械性能好、不产生溶胀、与大多数样品不发生化学反应等,因此,以硅胶用得最多。

在高效液相色谱法中,表面多孔型和全多孔型都可作吸附色谱中的固定相,它们具有填料均匀、粒度小、孔穴浅的优点,能极大地提高柱效。但表面多孔型由于样品容量较小,目前最广泛使用的还是全多孔型微粒填料。

三、流动相

一般把吸附色谱中流动相称作洗脱剂。在吸附色谱中,对极性大的样品,往往采用极性强的洗脱剂,对极性弱的样品宜用极性弱的洗脱剂。

11.4.2 化学键合相色谱法

在液液分配色谱法的基础上,采用化学键合作用使固定液固定在担体上,这种液相色谱称为化学键合相色谱法(chemically bonded phase chromatography, CBPC),简称键合相色谱法。由于键合固定相非常稳定,在使用中不易流失,适用于梯度淋洗,特别适用于分离容量因子 k 值范围宽的样品。由于键合到载体表面的官能团可以是各种极性的,因此,它适用于种类繁多样品的分离。

一、键合固定相类型

用来制备键合固定相的载体,几乎都用硅胶。利用硅胶表面的硅醇基(Si—OH)与有机分子之间可成键,即可得到各种性能的固定相。一般可分三类:

(1)疏水基团。如不同链长的烷烃(C_8 和 C_{18})和苯基等。

(2)极性基团。如氨丙基、氰乙基、醚和醇等。

(3)离子交换基团。如作为阴离子交换基团的氨基、季铵盐,作为阳离子交换基团的磺酸等。

二、键合固定相的制备

1. 硅酸酯(≡Si—OR)键合固定相

它是最先用于液相色谱的键合固定相,用醇与硅醇基发生酯化反应:

$$\equiv Si—OH + ROH \longrightarrow \equiv Si—OR + H_2O$$

由于这类键合固定相的有机表面是一些单体,具有良好的传质性能。但这些酯化过的硅胶填料易水解且受热不稳定,因此,仅适用于不含水或醇的流动相。

2. ≡Si—C 或≡Si—N 共价键键合固定相

制备反应如下：

$$\equiv Si—OH + SOCl_2 \longrightarrow \equiv Si—Cl \xrightarrow{C_6H_5HgBr} —Si—C_6H_5$$

$$\equiv Si—Cl \xrightarrow{H_2NCH_2CH_2NH_2} —Si—NH—CH_2CH_2NH_2$$

此类共价键键合固定相不易水解，并且热稳定性较硅酸酯好。缺点是格氏反应不方便，使用水溶液时，必须限制在 pH=4~8 的范围内。

3. 硅烷化（≡Si—O—Si—C）键合固定相

制备反应如下：

$$\equiv Si—OH + ClSiR_3 \longrightarrow —Si—O—SiR_3 + HCl$$

（或 $ROSiR_3$）

这类键合固定相具有热稳定性好，不易吸水，耐有机溶剂的优点。能在 70 ℃以下、pH=2~8 范围内正常工作，应用广泛。

三、反相键合相色谱法

此法的固定相是采用极性较小的键合固定相，如硅胶—$C_{18}H_{37}$、硅胶－苯基等。流动相是采用极性较强的溶剂，如甲醇－水、乙腈－水、水和无机盐的缓冲溶液等。它多用于分离多环芳烃等低极性化合物。若采用含一定比例的甲醇或乙腈的水溶液为流动相，也可用于分离极性化合物。若采用水和无机盐的缓冲液为流动相，则可分离一些易解离的样品，如有机酸、有机碱、酚类等。反相键合相色谱法具有柱效高、能获得无拖尾色谱峰等优点。

四、正相键合相色谱法

此法是以极性的有机基团，如 CN、NH_2、双羟基等键合在硅胶表面作为固定相，而以非极性或极性小的溶剂（如烃类）中加入适量的极性溶剂（如氯仿、醇、乙腈等）为流动相，分离极性化合物。此时，组分的分配比 k 随其极性的增加而增大，但随流动相极性的增加而降低，这种色谱方法主要用于分离异构体、极性不同的化合物，特别适用于分离不同类型的化合物。

五、离子型键合相色谱法

当以薄壳型或全多孔微粒型硅胶为基质，化学键合各种交换基团，如—SO_3H、—CH_2NH_2、—COOH、—$CH_2N(CH_3)_3Cl$ 时，就形成了离子型键合相色谱法的固定相。流动相一般采用缓冲溶液，其分离原理与离子交换色谱类似。

以上讨论了各种类型的化学键合相色谱法。归纳起来，键合相色谱的最大优点是通过改变流动相的组成和种类，可有效地分离各种类型化合物（非极性、极性和离子型)。此外,由于键合载体上的基团不易流失,特别适用于梯度淋洗。此法的主要缺点是不能用于酸、碱度过大或存在氧化剂的缓冲溶液作流动相的体系。化学键合的固定相的制备由仪器制造商完成,如何选用化学键合的固定相可咨询仪器供应商或查阅相关资料。

11.4.3 离子交换色谱法

离子交换色谱法(ion exchange chromatography, IEC)是利用离子交换原理和液相色谱技术的结合来测定溶液中阳离子和阴离子的一种分离分析方法。详见离子色谱法一节。

11.4.4 离子对色谱法

离子对色谱法(ion pair chromatography, IPC)是分离分析强极性有机酸和有机碱的极好方法。它是离子对萃取技术与色谱法相结合的产物。在 20 世纪 70 年代中期,Schill 等人首先提出离子对色谱法,随后发展迅速。

11.4.5 尺寸排阻色谱法

尺寸排阻色谱法(size exclusion chromatography, SEC)又称凝胶色谱法(gel chromatography, GC)。与其他液相色谱方法原理不同,它不具有吸附、分配和离子交换作用机理,而是基于样品分子的尺寸和形状不同来实现分离的。

尺寸排阻色谱法被广泛应用于大分子的分离,用来分析大分子物质相对分子质量的分布。

11.4.6 亲和色谱法

亲和色谱法(affinity chromatography, AC)是利用生物大分子和固定相表面存在某种特异性亲和力,进行选择性分离的一种方法。它通常是在载体(无机或有机填料)的表面先键合一种具有一般反应性能的所谓间隔臂(如环氧、联氨等),随后连接上配基(如酶、抗原或激素等)。这种固载化的配基只能和具有亲和力特性吸附的生物大分子相互作用而被保留,没有这种作用的分子不被保留。许多生物大分子化合物具有这种亲和特性。例如,酶与底物、抗原与抗体、激素与受体、RNA 与和它互补的 DNA 等。当含有亲和物的复杂混合样品随流动相经过固定相时,亲和物与配基先结合,而与其他组分分离。此时,其他组分先流出色谱柱,然后通过改变流动相的 pH 和组成,以降低亲和物与配基的结合力,将保留在柱上的大分子以纯品形态洗脱下亲和色谱。这一过程也可以认为是一种选择性过滤,它选择性强、纯化效率高,往往可以一步获得纯品,是当前解决生物大分子分离分析的重要手段。

11.5 高效液相色谱法样品的准备及测定

11.5.1 样品的制备

对样品进行制备可改善分析物定性、定量结果的精度，稳定分析物不发生变化，保护色谱柱和分析仪器。样品制备包括：样品溶液的稀释或浓缩、样品溶液中干扰物的脱除、样品溶液中加入标准溶液、分析物的柱前衍生化等。

（1）样品溶液的浓缩或稀释。为了使分析物保持在合适的浓度范围内，应对样品溶液预先进行浓缩或稀释，在样品溶液制备好后应尽快进行分析，样品溶液应溶于流动相。

（2）样品溶液中干扰组分的脱除。如果样品中含有固体组分应使用孔径 0.45 μm 或更小过滤膜过滤。如果存在干扰组分，可采用固相萃取、溶剂萃取等方法制备，脱除干扰组分。

（3）样品溶液中加入标准溶液。当使用内标法时，样品溶液中要加入内标物，当使用标准加入法时样品溶液中要加入标准溶液。因此，样品溶液需要进行制备。

（4）柱前衍生化。如果不能直接检测分析物，或者需要高灵敏、或高选择性检测或者需要优化分离，可在样品进色谱柱前使样品中的目标成分衍生化。

样品制备既要改善分析精度，也要考虑提高制备效率。可使用自动进样器、使用高压切换阀的柱切换等方法来自动进行样品制备。如果样品制备的条件有专项标准规定，则须按标准执行。

11.5.2 检测器的选择

仪器配有不止一个检测器，应根据样品中待测物质的特性选择合适的检测器。

11.5.3 柱后衍生化

若分离后的组分在检测器上灵敏度低或不能检测时，可以通过柱后衍生化使检测成为可能并提高检测灵敏度。具体方法为：分析物通过色谱柱分离后，与衍生试剂、缓冲溶液等混合，将其加热、光照或通过一个反应器，使其通过衍生反应后再检测。

11.5.4 高效液相色谱法测定流程

一、分析条件的设定

开机后，在样品正式测定前，应根据样品的特性和分析的目的设定仪器的最佳工作条件，一般的标准方法都对测定条件有严格的规定。这些测定条件包括：

（1）流动相的种类和流速（当使用梯度洗脱时还应明确流动相的起始组成、组成变化比和最终组成）。

（2）色谱柱的种类。

（3）色谱柱的温度。

（4）检测器的工作参数。

（5）数据处理部分的条件（数据处理器、记录仪等）。

二、基线稳定性的确认

选定仪器的最佳条件后开机，先将仪器预热、走基线，理论上基线应是一条平行于横坐标的直线，待基线平稳，确认对测定没有影响后正式测定。

三、进样

使用微量注射器将一定体积的样品注入进样阀。也可使用移液枪准确配制试液，放置在自动进样器上，事先设置好进样顺序自动进样。

四、色谱图的记录

色谱图是色谱分析的最原始记录，色谱图上一般应记录如下信息：

（1）样品名称。

（2）操作人员。

（3）方法名称。

（4）检测日期。

（5）仪器的最佳工作条件。

（6）测定结果（结论）。

（7）其他必需的项目。

11.5.5 正相高效液相色谱法测定食品中维生素 E 的含量

食品安全关系到全体国民的生命健康，与其他分析方法的推荐性标准不同，食品安全的标准是强制性标准，这里选取食品安全国家标准 GB 5009.82—2016 中第二种方法，介绍食品中维生素 E 的测定方法。

样品中的维生素经有机溶剂提取、浓缩后，用高效液相色谱酰胺基柱或硅胶柱分离，经荧光检测器检测，外标法定量。所有试剂均为分析纯，水为一级水。标准品为 α、β、γ、δ 四种生育酚，纯度 >95%，必须是有证标准物质，准确称取四类标准物质，最后配制成含四种生育酚 0.20 μg/mL、0.50 μg/mL、1.0 μg/mL、2.0 μg/mL、4.0 μg/mL、6.0 μg/mL 的标准系列，在与待测样品相同实验条件下绘制工作曲线。

将样品按要求进行缩分、粉碎、混匀后，储存于样品瓶中，藏于暗处，尽快测定。由于维生素 E 见光分解，且易被氧化，因此，样品处理时所有器皿不得含有氧化性物质，分液漏斗活塞表面不得涂油处理，操作过程应避光。

植物油脂称取 0.5~2 g 样品（准确至 0.01 g）于 25 mL 棕色容量瓶中，加入 0.1 g 2，6- 二叔丁基对甲酚，加入 10 mL 流动相超声或涡旋振荡溶解后，用流动相定容至刻度，摇匀，用孔径为 0.22 μm 的有机系滤头过滤于棕色进样瓶中，待测。

奶油、黄油称取 2~5 g 样品（准确至 0.01 g）于 50 mL 离心管中，加入 0.1 g 2，6- 二叔丁基对甲酚，水浴融化，加入 5 g 无水硫酸钠，涡旋 1 min，混匀，加入 25 mL 流动相，超声或涡旋振荡提取，离心，将上清液转移至浓缩瓶中再用 20 mL 流动相重复提取 1 次，合并上清液，在旋转蒸发器上或气体浓缩仪上于 45 ℃水浴中减压蒸馏或气流浓缩，至 2 mL 时取下蒸发瓶，用氮气吹干，用流动相将残留物溶解并转移至 10 mL 容量瓶中，定容，摇匀，用孔径为 0.22 μm 的有机系滤头过滤于棕色进样瓶中，待测。

坚果、豆类等干基植物样品称取 2~5 g 样品（准确至 0.01 g），用索氏提取仪提取其中的植物油脂，将含油脂的提取溶剂转移至 250 mL 蒸发瓶中，于 40 ℃水浴中减压蒸馏或气流浓缩至干，取下蒸发瓶，用 10 mL 流动相将油脂转移至 25 mL 容量瓶中，加入 0.1 g 2，6- 二叔丁基对甲酚，超声或涡旋振荡溶解后，用流动相定容至刻度，摇匀，用孔径为 0.22 μm 的有机系滤头过滤于棕色进样瓶中，待测。

色谱仪参考工作条件：选用柱长 150 mm、内径 3.0 mm、粒径 1.7 μm 的酰胺基色谱柱；柱温 30 ℃；流动相选用正己烷 +［叔丁基甲基醚 + 四氢呋喃 + 甲醇（20+1+0.1）］（90+10）；流速 0.8 mL/min；荧光检测器激发波长为 294 nm，发射波长为 328 nm；进样量 10 μL。

在上述工作条件下，从低至高依次将维生素 E 标准工作液注入高效液相色谱仪，测定相应的峰面积，以峰面积为纵坐标、标准溶液浓度为横坐标绘制标准曲线。样品经高效液相色谱仪分析，测得峰面积采用外标法通过上述工作曲线计算其浓度，每测 10 个样品用标准溶液或标准物质检查仪器的稳定性。每样平行测定两次，两次测定结果的相对相差不大于 10%，则结果有效，取平均值报告结果。

当称样 2 g，定容 25 mL 时，各生育酚的检出限为 50 μg/100 g，定量限为 150 μg/100 g。

11.6 离子色谱法

离子色谱法（ion chromatography，IC）是从离子交换色谱法（ion exchange chromatography，IEC）派生出来以无机混合物为主要分析对象的色谱分析方法。离子交换色谱法是利用离子交换原理和液相色谱技术的结合来测定溶液中阳离子和阴离子的一种分离分析方法，凡在溶液中能够电离的物质，通常都可用离子交换色谱法进行分离。它不仅适用无机离子混合物的分离，亦可用于有机物的分离，例如，氨基酸、核酸、蛋白质等生物大分子。但一些离子不能采用紫外光度检测器检测，如果采用电导检测器，被测离子的电导信号也会被强电解质流动相的高背景电导信号淹没而无法检测。为了解决这一问题，1975 年 Small 等人提出一种能同时测定多种无机和有机离子的新技术。他们在离子交换分离柱后加一根抑制柱，抑制柱中装填与分离柱电荷相反的离子交换树脂。通过分离柱后的样品再经过抑制柱，使具有高背景电导的流动相转变成低背景电导的流动相，从而用电导检测器可直接检测各种离子的含量。这种色谱技术称为离子色谱法。离子色谱技术在 20 世纪 70 年代提出，20 世纪 80 年代迅速发展，并成为色谱法中的独立分支。

11.6.1 分离机理

离子色谱仪的工作机理如图 11-5 所示。

离子色谱法也是利用离子交换原理，利用不同待测离子对固定相亲和力的差别来实现分离的。色谱柱固定相采用离子交换树脂，树脂上分布有固定的带电荷基团和可游离的带电荷基团，当被分析物质电离后，产生的离子可与树脂上平衡离子进行可逆交换，其交换反应通式如下：

阳离子交换： $R—SO_3^-H^+ + M^+ \rightleftharpoons R—SO_3^-M^+ + H^+$

阴离子交换： $R—NR_3^+Cl^- + X^- \rightleftharpoons R—NR_3^+X^- + Cl^-$

一般形式： $R—A + B \rightleftharpoons R—B + A$

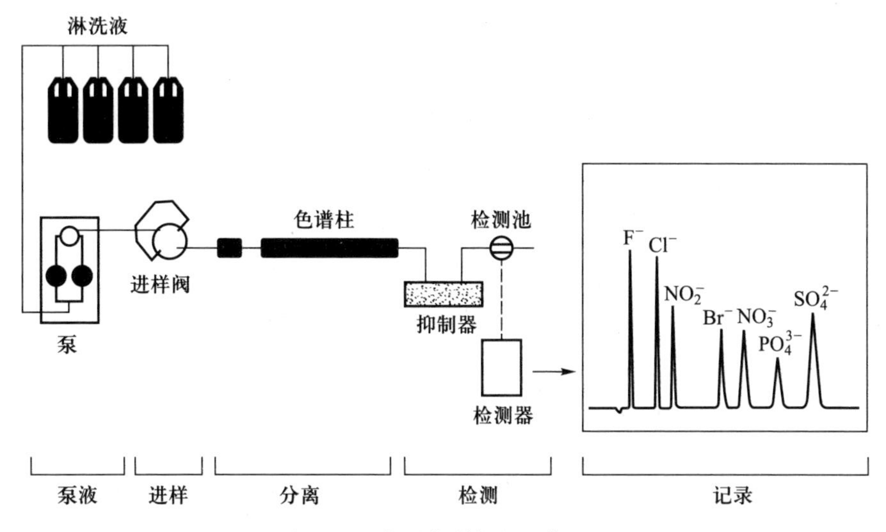

图 11-5 离子色谱仪的工作机理

从图 11-5 可见，经过抑制柱后，待测离子 A^- 从盐的形式转变为酸，此转换对强电解质是等量的。待测离子 A^- 通过抑制柱的反应电导没有改变，而淋洗液 $NaHCO_3$ 或 NaOH 经过抑制柱后转变为 H_2CO_3 或 H_2O，而 H_2CO_3 或 H_2O 的电导都很低。由此可见，通过抑制柱的反应，扣除了淋洗液的高背景电导，这是离子色谱的关键。

近年来离子色谱仪有的加上前置柱（或称预富集柱），用来浓缩待测组分，可提高检出限 30~50 倍。也有离子色谱仪增加了俘获柱，用以俘获可能来自泵体的金属离子以避免分离柱被毒化。

由于抑制柱积累了来自淋洗液中的离子，因此，对抑制柱要定期用强酸或强碱进行再生，使其恢复原来的强酸型或强碱型。

11.6.2 淋洗液的选择

选择淋洗液总的原则是必须能洗脱待测离子使其彼此分离和可被抑制，即淋洗液不应破坏抑制柱，而且要在柱中迅速反应，转变成低导电物质。离子色谱经常使用缓冲溶液淋洗，如 Na_2CO_3 和 $NaHCO_3$ 的混合物等。

阴离子分离的淋洗液一般用 Na_2CO_3 和 $NaHCO_3$。分离一价阳离子时常用的是盐酸、硝酸的稀溶液，分离二价阳离子时常用二苯二胺。

11.6.3 离子色谱的仪器设备

由于离子色谱使用的流动相都是强酸强碱，因此，柱子不能使用不锈钢，一般采用塑料柱，并使用塑料管线和接头，离子色谱的系统压力一般在（30~60）$\times 10^5$ Pa。

11.6.4 离子色谱技术的应用

离子色谱分析法与传统化学分析方法相比：分析速度快，只要数分钟可完成一个样品的分析；选择性好，在不同色谱柱上和适宜分离条件下，常见的各种阴离子混合物能完全分离；灵敏度高，检测下限可达 10^{-6} mol/L。

锂离子电池是现代新能源家族的重要成员，其石墨类负极材料中阴离子的测定采用离子色谱法（GB/T 24533—2019 附录 I ）

依次取色谱纯 F^-、Cl^-、SO_4^{2-}、NO_2^-、NO_3^-、Br^-、PO_4^{3-} 标准储备液分别配制成浓度为 20 mg/L F^-、30 mg/L Cl^-、100 mg/L NO_2^-、20 mg/L Br^-、20 mg/L NO_3^-、100 mg/L SO_4^{2-}、100 mg/L PO_4^{3-}。取 6 个 100 mL 容量瓶，每个容量瓶中依次加入上述各种阴离子标准溶液 0.00 mL、0.25 mL、0.50 mL、1.00 mL、2.00 mL、4.00 mL，用纯水稀释至刻度，摇匀。此混合阴离子标准溶液进样量为 50 μL，检测器量程为 25 μs。

称取样品 1.000 0 g 于 250 mL 烧杯中，加入 40 mL 纯水，经超声处理 3 min，过滤，转入 100 mL 容量瓶中定容，30 min 内测定。设置淋洗液浓度为 4.5 mmol/L Na_2CO_3+1.4 mmol/L $NaHCO_3$，淋洗液流速为 1.2 mL/min，柱温 30 ℃，检测池温度 35 ℃，抑制器电流 50 mA，仪器开机预热，待基线稳定后，用微量注射器进样，分别测定标准溶液和样品溶液的色谱，仪器将得到如图 11-6 的标准物质色谱图，并自动绘制工作曲线，计算线性相关系数，若 R>0.998，表明仪器可正常报告结果。样品测定后仪器能自动计算样品中各待测离

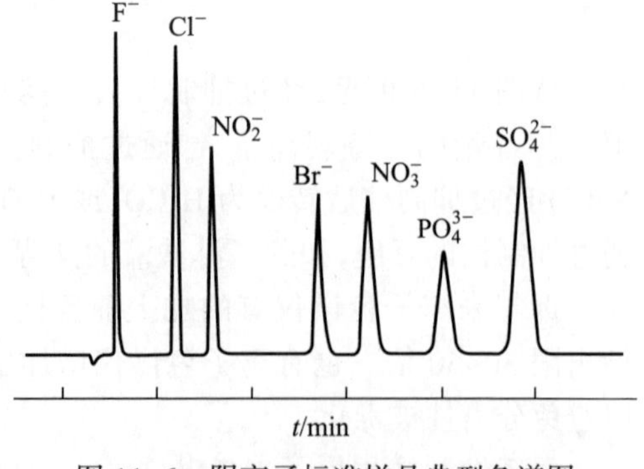

图 11-6 阴离子标准样品典型色谱图

子的浓度，每样平行测定两次，若相对偏差不超过10%，取平均值报告分析结果。

产品称取1 g定容至100 mL，各阴离子允许限量对应的浓度在0.10~0.30 μg/mL，F^-、Cl^-、NO_2^-、NO_3^-、Br^-、SO_4^{2-}的检出限分别为0.050 μg/mL，PO_4^{3-}的检出限为0.075 μg/mL，完全能满足石墨材料中阴离子含量的检测要求。根据产品的实际情况，在2019年修订的版本中亚硝酸根和磷酸根已经不做要求了。

虽然理论上离子色谱对各种金属阳离子也有很好的分离作用，但由于使用光学分析法分析阳离子更灵敏、更便捷，因此，离子色谱法主要用来分析溶液中的阴离子。

虽然离子色谱法分析常见阴离子应用广泛，但也存在一些不足，比如$pK_a>7$的弱酸阴离子检测灵敏度低，两性物质如氨基酸也难以用离子色谱分析，在抑制柱中发生副反应的离子，如重金属和过渡金属离子易于在生成氢氧化物沉淀遗留在抑制柱上因而分离困难。

思 考 题

1. 高效液相色谱法与经典液相色谱法和气相色谱法比较有何优点？
2. 高效液相色谱仪主要部件和主要配件有哪些？简介其工作原理。
3. 高压输液系统有何要求？如何达成工作目标？
4. HPLC的色谱柱与GC的色谱柱有何区别和联系？
5. HPLC常用的检测器有哪些？它们各有何特点？如何工作？
6. HPLC的固定相和流动相分别有何要求？如何选择合适的固定相和流动相？
7. HPLC根据分离机理不同有哪些类型，它们是如何实现分离的？
8. HPLC如何对样品进行制备？如何确定测定条件？
9. 如何用HPLC测定食品中维生素的含量？
10. 如何用离子色谱测定石墨中阴离子的含量？

习 题

一、选择题

1. 用高效液相色谱法分析锅炉排放水中阴离子时，应选择（　　）作为分离柱。

A. 阴离子交换色谱柱　　B. 阳离子交换色谱柱

C. 凝胶色谱柱　　D. 硅胶柱

2. 液相色谱流动相过滤必须使用（　　）粒径的过滤膜。

A. 0.5 μm　　B. 0.45 μm

C. 0.6 μm　　D. 0.55 μm

3. 液固吸附色谱是基于各组分（　　）的差异进行混合物分离的。

A. 溶解度　　B. 热导率

C. 吸附能力　　D. 分配能力

4. 在高效液相色谱法中,色谱柱的长度一般在(　　)范围内。

A. 10~30 cm　　B. 20~50 m

C. 1~2 m　　D. 2~5 m

5. 在液相色谱中,某组分的保留值大小实际反映了哪些部分的分子间作用力?(　　)

A. 组分与流动相　　B. 组分与固定相

C. 组分与流动相和固定相　　D. 组分与组分

6. 高效液相色谱仪主要由(　　)组成。(1)高压气体钢瓶、(2)高压输液泵、(3)六通阀进样器、(4)色谱柱、(5)热导检测器、(6)紫外光度检测器、(7)程序升温控制、(8)梯度洗脱。

A. 1、3、4、5、7　　B. 1、3、4、6、7

C. 2、3、4、6、8　　D. 2、3、5、6、7

7. 在液相色谱中,为了改变柱子的选择性,可以进行(　　)的操作。

A. 改变柱长　　B. 改变填料粒度

C. 改变流动相或固定相种类　　D. 改变流动相的流速

8. 在环保分析中,常常要监测水中多环芳烃,如用高效液相色谱分析,应选用(　　)。

A. 荧光检测器　　B. 示差折光检测器

C. 电导检测器　　D. 紫外吸收检测器

9. 反相键合相色谱是指(　　)。

A. 固定相为极性,流动相为非极性

B. 固定相的极性远小于流动相的极性

C. 被键合的载体为极性,键合的官能团的极性小于载体极性

D. 被键合的载体为非极性,键合的官能团的极性大于载体极性

10. 离子色谱法测定石墨中阴离子,称取 1 g 定容至 100 mL 各阴离子允许限量为(　　)。

A. 1.0~10.0 μg/mL　　B. 0.10~1.0 μg/mL

C. 0.10~0.05 μg/mL　　D. 0.10~0.30 μg/mL

二、判断题

1. 在液相色谱分析中选择流动相比选择柱温更重要。

2. 高效液相色谱专用检测器包括紫外光度检测器、折射检测器、电导检测器、荧光检测器。

3. 色谱柱是高效液相色谱最重要的部件,要求耐高温耐腐蚀,所以一般用塑料制作。

4. 根据分离原理的不同,液相色谱可分为液固吸附色谱、液液色谱法、离子交换色谱法和凝胶色谱法四种类型。

5. 键合固定相具有使用过程不流失、化学稳定性好、适于梯度洗脱。

6. 高效液相色谱分析的应用范围比气相色谱分析的应用范围大。

7. 若分离后的组分在检测器上灵敏度低或不能检测时,可以通过柱后衍生化使检测成为可能并提高检测灵敏度。

8. HPLC 分析中,使用示差折光检测器时,可以进行梯度洗脱。

9. 选定仪器的最佳条件后开机,先将仪器预热,走基线,理论上基线应是一条平行于横坐标的直线,待基线平稳,确认对测定没有影响后正式测定。

参考答案

10. 离子色谱仪是测定常见离子的最有效手段。

第十二章　电化学分析法

12.1　概　　述

电化学分析法（electrochemical analysis）是仪器分析的一个重要分支，它是以测量某一化学体系或样品的电响应为基础建立起来的一类分析方法。将待测试液与适当的电极构成一个化学电池（原电池或电解池），通过测量该电池的电学量，如电导、电位、电流、电荷量等，求得待测物质含量或测定它的某些电化学性质。

12.1.1　方法分类

根据测量的电化学参数的不同，电化学分析法可分为如下几类。

一、电位分析法

电位分析法又分为直接电位法（direct potentiometry）和电位滴定法（potentiometric titration）。直接电位法是将指示电极和参比电极浸入试液中组成化学电池，在零电流条件下，通过测量电池电极电位以求得样品中待测组分含量。电位滴定法是向试液中滴加能与被测物质发生化学反应的已知浓度的试剂，观察滴定过程中指示电极电位的变化，以确定滴定的终点。根据滴定试剂的用量，计算出被测物的含量。

二、库仑分析法

根据库仑（Coulomb）定律，通过电解过程中消耗的电荷量建立起来的分析方法称为库仑分析法。

三、伏安分析法

根据试液组成的电解池在电解过程中电流与电压的关系曲线建立的分析试液中待测物质含量的方法称为伏安分析法。常见的有极谱法和阳极溶出伏安法。

四、电导分析法

通过测量试液的电导建立起来的分析方法称为电导分析法。电导法现在主要用在测定实验室纯水的质量，水的纯度越高，电导率越低。根据水的电导率，实验室纯水分为三级（见表 1-1）。另外，离子色谱用电导率仪作为检测器。由于原理简单，本书不做进一步论述。

五、电重量分析法

根据电解过程中电极上析出的物质质量进行分析的方法称为电重量分析法。该法原理简单,在铜及铜合金国家标准分析方法中主成分铜的分析中尚有应用,本教材不作进一步讨论。

12.1.2　方法特点

电化学分析法具有如下特点:

（1）灵敏度高。可进行痕量和超痕量组分的测定,如溶出伏安法,极谱催化波法测定下限可达 10^{-10} mol/L。

（2）选择性好。电化学分析法一般选择性较好,有的电化学分析方法可同时测定样品中的多个组分。

（3）分析速度快。电化学分析一般预处理简单且反应速率快,因而分析速度快。

（4）所需样品量少,适合做微量分析。

（5）便于现场检测和活体分析。微电极研制成功为生物体内实时监测提供了工具和手段,可用于研究单个细胞的组成及生命过程,我们体检做的心电图就是活体电化学检测的实例。

（6）易于自动化。其他仪器分析方法的检测器的核心作用是将进入检测器中的组分信息转变为电信号,电化学分析法直接测量的就是电信号,因此,便于放大和数据处理,便于实现自动化,这也是电化学分析法的最大优势。

12.1.3　化学电池

简单的化学电池由两组金属－溶液体系组成,这种金属－溶液体系称为电极(electrode)或半电池(half cell)。两电极的金属部分与外电路连接,它们的溶液相互连通。如果两个电极浸在同一个电解质溶液中,这样构成的电池称为无流体接界电池,见图 12-1(a);如果两个电极分别浸在两个不同的电解质溶液中,溶液用盐桥连接,这样构成的电池称为有液体接界电池,见图 12-1(b)。若用导线将铜片与锌片连接或外加

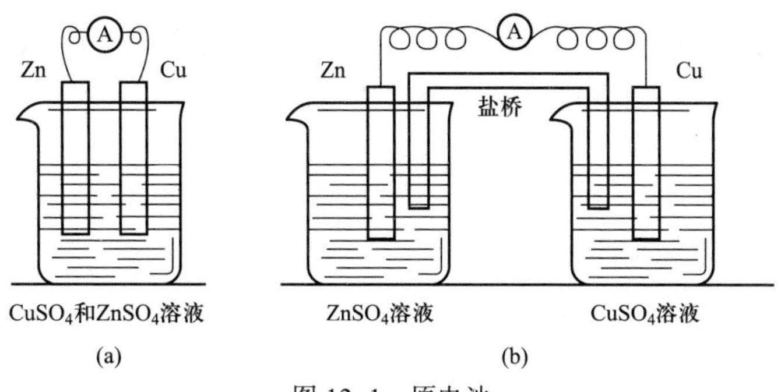

图 12-1　原电池

电源，便会发生导线中电子定向移动产生电流，同时在溶液中有离子的定向移动产生电流。在铜片和锌片表面发生氧化还原反应：

$$Cu^{2+}+2e^- \longequal Cu, Zn \longequal Zn^{2+}+2e^-$$

这些反应又称为半反应。

化学电池是化学能与电能相互转换的装置。其中能自发地将化学能转换成电能的装置称为原电池（图 12-1），如果需要由外电源提供能量使电流通过电极，在电极上发生反应的装置称为电解池（图 12-2）。

电池工作时，电流必须在电池内部和外部流过，构成回路。无论是原电池还是电解池，通常将发生氧化反应的电极称为阳极，发生还原反应的电极称为阴极。

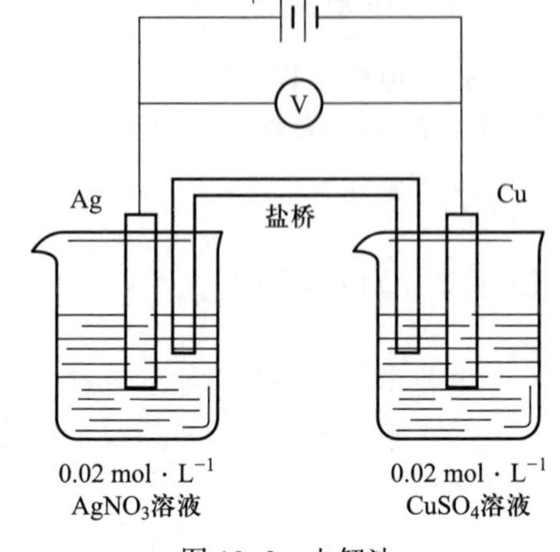

图 12-2　电解池

12.1.4　电池的图解表达式

根据国际纯粹与应用化学联合会（IUPAC）的规定，半反应写成还原过程，即

$$\mathrm{Ox}+ne^- \longequal \mathrm{Red}$$

电极电位符号相当于该电极与标准氢电极组成电池时该电极所带的静电荷的符号。前面提到的铜锌电池的图解表达式为

$$Zn|ZnSO_4(1.0\ mol/L)\ \vdots\vdots\ CuSO_4(1.0\ mol/L)|Cu$$

电池图解表达式规定如下：

（1）左边电极进行氧化反应，右边电极进行还原反应。

（2）两相界面，包括不混溶的溶液界面，用单竖线“|”表示。

（3）溶液用盐桥连接，且消除了液接电位，用双竖虚线“⁞⁞”表示。

（4）电解质位于电极之间。

（5）气体或均相的电极反应，反应物本身不能作为电极的，要用惰性材料（如铂、金、碳等）作为电极。

（6）电池中溶液要标明浓（活）度，气体要标明温度和压力，若不特别注明，表示是标准压力。例如，

$$Zn|Zn^{2+}(0.1\ mol/L)\ \vdots\vdots\ H^+(1\ mol/L)|H_2(101\ 325\ Pa), Pt$$

其中电池电动势为右边电极的电位减去左边电极的电位：

$$E_{电池}=\varphi_{右}-\varphi_{左} \tag{12-1}$$

12.1.5　电极电位与测量

由式（12-1）可知，电池的电动势可以根据两个半反应的电极电位计算得到。但是，电极电位的绝对值不能单独测定或从理论上进行计算。现在通用的标准电极电位

是相对氢标准电极而言的，规定标准氢电极（SHE）在标准状态下的电极电位为零。若以标准氢电极作为负极与待测电极相连构成原电池，在零电流条件下测量该电池的电动势，即为该待测电极的电极电位。比标准氢电极电位高的为正，比标准氢电极电位低的为负。

标准氢电极是指将一片涂有铂黑的铂片插入氢离子活度为 1 mol/L 的溶液中，并同时通入压力为 101 325 Pa 的氢气，使铂电极表面不断有氢气通过。电极反应为

$$2H^{+}+2e^{-} \rightleftharpoons H_2(g)$$

人为规定在任何温度条件下标准氢电极的电极电位为零。

各种电极的标准电极电位理论上均可采用上述方法测定，但许多电极的标准电极电位实际上不方便使用上述方法进行测定，主要原因是标准氢电极使用极不方便。根据热力学原理，只要我们准确测定其中一个电极的标准电极电位，我们就可以以此为标准测得其他电极的标准电极电位。附录 2 中列出了一些常用电极反应的标准电极电位。

电极电位与反应物质的活度之间的关系可用能斯特（Nernst）方程表示：

$$\varphi=\varphi^{\ominus}+\frac{RT}{nF}\ln\frac{\alpha_{\mathrm{Ox}}}{\alpha_{\mathrm{Red}}} \tag{12-2}$$

若氧化态与还原态的活度都是 1，此时的电极电位为标准电极电位电位 $\varphi^{\ominus}$。25 ℃时式（12-2）可写成：

$$\varphi=\varphi^{\ominus}+\frac{0.059}{n}\lg\frac{\alpha_{\mathrm{Ox}}}{\alpha_{\mathrm{Red}}} \tag{12-3}$$

由于活度是浓度与活度系数的乘积，将活度系数代入式（12-3）可得

$$\varphi=\varphi^{\ominus}+\frac{RT}{nF}\ln\frac{\gamma_{\mathrm{Ox}}}{\gamma_{\mathrm{Red}}}+\frac{RT}{nF}\ln\frac{c_{\mathrm{Ox}}}{c_{\mathrm{Red}}}=\varphi^{\ominus'}+\frac{RT}{nF}\ln\frac{c_{\mathrm{Ox}}}{c_{\mathrm{Red}}} \tag{12-4}$$

式中 $\varphi^{\ominus'}$ 为氧化态和还原态的浓度都为 1 mol/L 时的电极电位，也称条件电极电位。条件电极电位受溶液中离子强度、配位效应、水解效应、pH 等因素的影响，也与溶液中各电解质成分有关，因此，条件电极电位常比标准电极电位更具实用价值。附录 3 中列出了一些常用电对的条件电极电位。

12.1.6 电极的分类

一、按测定过程中的作用分类

在电化学分析中常采用指示电极和参比电极的两电极系统或工作电极、参比电极、辅助电极的三电极系统进行测量。

（1）指示电极。指示电极是一种处于平衡体系中或在测量其间主要溶液浓度不发生任何可觉察变化的电极体系，它能快速而灵敏地对溶液中参与电极反应的离子活度产生能斯特响应，亦称电位型电化学传感器。

（2）参比电极。在电化学测量过程中电极电位固定，基本不发生变化的电极。常用的有饱和甘汞电极、银－氯化银电极，标准的参比电极是标准氢电极，但由于制备困难，所以实际工作中应用较少。

（3）工作电极。在电化学测量中，电极表面有净电流通过的电极称为工作电极，如极谱分析中的滴汞电极。

（4）辅助电极。它们与工作电极配对，组成回路，形成电流回路，在电极上发生的反应不是实验中所需要测定或研究的，它只提供传导电子的场所。当通过的电流很大时参比电极难于承受，此时必须采用辅助电极构成三电极系统来控制工作电极上的电位。

二、按电极作用的机理分类

1. 第一类电极（活性金属电极）

它是由金属与该金属离子溶液组成（$M|M^{a+}$），如将洁净光亮的银丝插入 $AgNO_3$ 的溶液中，其电极反应为

$$Ag^{+}+e^{-} = Ag$$

电极电位在 25 ℃时为

$$\varphi^{\ominus}=\varphi^{\ominus}_{Ag^{+}/Ag}+0.059\lg \alpha_{Ag^{+}} \tag{12-5}$$

形成这类电极要求金属的标准电极电位为正，在溶液中金属离子以一种形式存在。Cu、Ag、Hg 能满足以上要求，形成这类电极。有些金属的标准电极电位虽较负，但由于动力学因素，氢在其上有较大的超电位，也可用作此类电极，如 Zn、Cd、In、Tl、Sn、Pb 等。

2. 第二类电极（金属｜难溶盐电极）

它是由金属、该金属的难溶盐和该难溶盐的阴离子溶液组成。如银－氯化银电极（$Ag|AgCl, Cl^{-}$），其电极反应为

$$AgCl+e^{-} = Ag+Cl^{-}$$

电极的电位在 25 ℃时如式（12-3）所示。当存在 AgCl 时，$\alpha_{Ag^{+}}$ 将由溶液中氯离子的活度 $\alpha_{Cl^{-}}$ 和氯化银的溶度积 K_{sp}（AgCl）来决定，即

$$\alpha_{Ag^{+}}=K_{sp}(AgCl)/\alpha_{Cl^{-}} \tag{12-6}$$

代入式（12-5），可得

$$\begin{aligned}\varphi&=\varphi^{\ominus}_{Ag^{+}/Ag}+0.059\lg K_{sp}(AgCl)-0.059\lg \alpha_{Cl^{-}}\\ \varphi&=\varphi^{\ominus}_{AgCl/Ag}-0.059\lg \alpha_{Cl^{-}}\end{aligned} \tag{12-7}$$

当 $\alpha_{Cl^{-}}$ 一定时，其电极电位是稳定的，电极反应是可逆的。在测量电极的相对电位时，常用它来代替标准氢电极（SHE）作参比电极用。它克服了氢电极使用氢气的不便，又比较容易制备。电分析化学中将它作为二级标准电极。

类似的电极还有甘汞电极（$Hg|Hg_2Cl_2, Cl^{-}$）和硫酸亚汞电极（$Hg|Hg_2SO_4, SO_4^{2-}$）。

3. 第三类电极

这类电极是由金属与两种具有相同阴离子的难溶盐（或难解离的配合物），再与含

有第二种难溶盐（或难解离的配合物）的阳离子组成的电极体系。例如，草酸根离子能与银和钙离子生成草酸银和草酸钙难溶盐，在以草酸银和草酸钙饱和的，含有钙离子的溶液中，用银电极可以指示钙离子的活度：

$$Ag|Ag_2C_2O_4, CaC_2O_4, Ca^{2+}$$

银电极电位在 25 ℃时为式（12-5）所示。由难溶盐的溶度积，可得

$$\alpha_{Ag^+}=\sqrt{\frac{K_{sp}(Ag_2C_2O_4)}{\alpha_{C_2O_4^{2-}}}} \tag{12-8}$$

$$\alpha_{C_2O_4^{2-}}=\frac{K_{sp}(Ag_2C_2O_4)}{\alpha_{Ca^{2+}}} \tag{12-9}$$

$$\begin{aligned}\varphi&=\varphi^{\ominus}_{Ag^+/Ag}+\frac{0.059}{2}\lg\frac{K_{sp}(Ag_2C_2O_4)}{K_{sp}(CaC_2O_4)}+\frac{0.059}{2}\lg\alpha_{Ca^{2+}}\\ \varphi&=\varphi^{\ominus}_{Ag_2C_2O_4,CaC_2O_4/Ag}+\frac{0.059}{2}\lg\alpha_{Ca^{2+}}\end{aligned} \tag{12-10}$$

$$\varphi^{\ominus}_{Ag_2C_2O_4,CaC_2O_4/Ag}=\varphi^{\ominus}_{Ag^+/Ag}+\frac{0.059}{2}\lg\frac{K_{sp}(Ag_2C_2O_4)}{K_{sp}(CaC_2O_4)} \tag{12-11}$$

对于生成难解离的配合物来说，汞与 EDTA（表示为 H_4Y）形成的配合物组成的电极是一个很好的例子。电极体系为

$$Hg|HgY^{2-}, CaY^{2-}, Ca^{2+}$$

$$\varphi=\varphi^{\ominus}_{Hg^{2+}/Hg}+\frac{0.059}{2}\lg\frac{K_f(CaY^{2-})}{K_f(HgY^{2-})}+\frac{0.059}{2}\lg\frac{\alpha_{HgY^{2-}}}{\alpha_{CaY^{2-}}}+\frac{0.059}{2}\lg\alpha_{Ca^{2+}} \tag{12-12}$$

式中 K_f 是配合物的生成常数。这种电极可在电位滴定中用作 pM 的指示电极。在滴定终点附近，由于 M 离子绝大部分形成 MY^{2-}，故 $[HgY^{2-}]/[MY^{2-}]$ 比值可视为基本不变，所以

$$\varphi=\varphi^{\ominus}_{HgY^{2-},CaY^{2-}/Hg}+\frac{0.059}{2}\lg\alpha_{Ca^{2+}} \tag{12-13}$$

4. 零类电极

它由一种惰性金属（铂或金）与含有可溶性的氧化态和还原态物质的溶液组成。如

$$Pt|Fe^{3+}, Fe^{2+}$$

惰性金属不参与电极反应，仅仅提供交换电子的场所。

5. 膜电极

具有敏感膜且能产生膜电位的电极，用于指示溶液中某种离子的活度。如玻璃膜电极、晶体膜电极等。

12.2　直接电位法

电极电位的测量需要构成一个化学电池。选用适当的指示电极浸入被测试液，测量其相对于一个参比电极的电位。根据测出的电位，直接求出被测物质的浓度。

12.2.1　直接电位法的基本原理

电位分析法是一种在零电流条件下测量电极电位的方法。它将指示电极和参比电极浸入试液中组成化学电池。电池的电动势与电极活性物质的活度之间的关系可以用能斯特方程来表示

$$E=\varphi_{指}-\varphi_{参}+\varphi_{接} \tag{12-14}$$

式中 $\varphi_{指}$、$\varphi_{参}$、$\varphi_{接}$分别为指示电极的电极电位、参比电极的电极电位和液接电位。在某特定的化学体系中参比电极电位和液接电位为常数，两项合并用 K 表示，则

$$E=K+\varphi_{指} \tag{12-15}$$

指示电极的电极电位值与电活性物质的关系服从能斯特方程，在 25 ℃时，将式（12–3）代入式（12–15）有

$$E=K+\varphi^{\ominus}+\frac{0.059}{n}\lg\frac{\alpha_{Ox}}{\alpha_{Red}} \tag{12-16}$$

式（12–16）表明电池的电动势是电活性物质活度的函数，电动势的值反映了试液中电活性物质活度的大小。但在实际工作中，我们真正关心的是物质的浓度，因此，在一定的测定条件下保持标准溶液和待测溶液的活度系数为常数，将式（12–4）代入式（12–15）并将有关常数合并为 K' 可得

$$E=K'+\frac{0.059}{n}\lg\frac{[O]}{[R]} \tag{12-17}$$

式（12–17）是电位分析法最常用的定量公式。利用此关系通过测量电极电位来测定某物质的含量。

12.2.2　电位型电化学传感器与膜电位

电位型电化学传感器又称离子选择电极（ion selective electrode），敏感膜是其主要组成部分。敏感膜是一个能分开两种电解质溶液，并对某类物质有选择性响应的薄膜，它能形成膜电位。

一、膜电位

膜电位（membrane potential）是膜内扩散电位和膜与电解质溶液形成的内外界面

的唐南（Donnan）电位的代数和。

1. 扩散电位

扩散电位也称液接电位。在两种不同离子或离子相同而活度不同的液液界面上，由于离子扩散速率的不同而产生的电位。离子通过界面时，它没有强制性和选择性。扩散电位不仅存在于液液界面，也存在于固体膜内。在离子选择电极的膜中可产生扩散电位。

2. Donnan 电位

渗透膜能阻止一种或多种离子从一种液相向另一种液相扩散，当用这种膜将两种溶液隔开时，就会造成两相界面上电荷分布不均匀形成双电层结构，产生电位差，这种电位称为 Donnan 电位。在离子选择电极中，膜与溶液两相界面上的电位具有 Donnan 电位的性质。

二、玻璃膜电极

最早也是最广泛被应用的膜电极就是 pH 玻璃电极（glass electrode），它是电位法测定溶液 pH 的指示电极。除 pH 玻璃电极以外，还有能对锂、钠、钾、银等一价阳离子响应的具有选择性的玻璃电极，这类电极的制造方法类似，由于其他一价阳离子现在有其他非常简便、快速的测定方法，因此很少用离子选择性电极进行测定，因此，本教材只介绍 pH 玻璃。

1. pH 玻璃电极的构造

pH 玻璃电极的构造如图 12-3 所示，下端部是由特殊成分的玻璃吹制而成的球状薄膜。膜的厚度为 0.1 mm。玻璃球内盛装内参比溶液，浓度为 0.1 mol/L 的盐酸。插入 Ag-AgCl 电极作为内参比电极。

敏感的玻璃膜是电极对 H^+、Na^+、K^+ 等产生电位响应的关键。它的化学组成对电极的性质有很大的影响。玻璃膜的结构如图 12-4 所示。

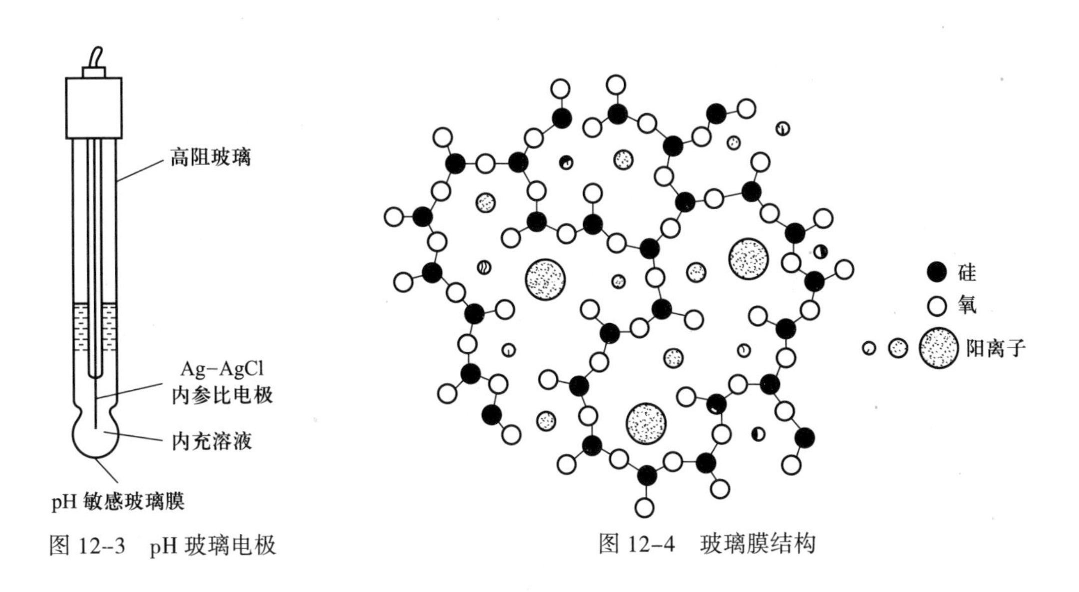

图 12-3　pH 玻璃电极　　图 12-4　玻璃膜结构

2. pH 玻璃电极的响应机理

制造 pH 玻璃电极的玻璃是康宁(Corning)015 玻璃,其组成为 21.4% 氧化钠、6.4% 氧化钙、72.2% 氧化硅(摩尔分数)。它的载体是二氧化硅构成的骨架,在骨架的网络上有体积较小而活动能力较强的钠离子,在玻璃体内钠离子起导电的作用。当玻璃与溶液接触时,溶液中的氢离子能进入网络,取代钠离子。溶液中的阴离子受带负电荷的硅氧体排斥,不能进入网络,而高价的阳离子也因体积或电荷与网络点位不匹配也不能进入网络。

当玻璃电极浸泡在水中时,氢离子与硅氧结构的亲和力远大于钠离子与硅氧结构的亲和力(约为 10^{14} 倍),因此,溶液中的氢与玻璃表面的钠离子发生交换反应:

$$G^-Na^+ + H^+ \rightleftharpoons G^-H^+ + Na^+$$

反应的平衡常数很大,有利于反应向右进行形成水化层,如图 12-5 所示。由图 12-5 可知,水中浸泡的玻璃膜由三部分组成:两个水化层,一个干玻璃层。

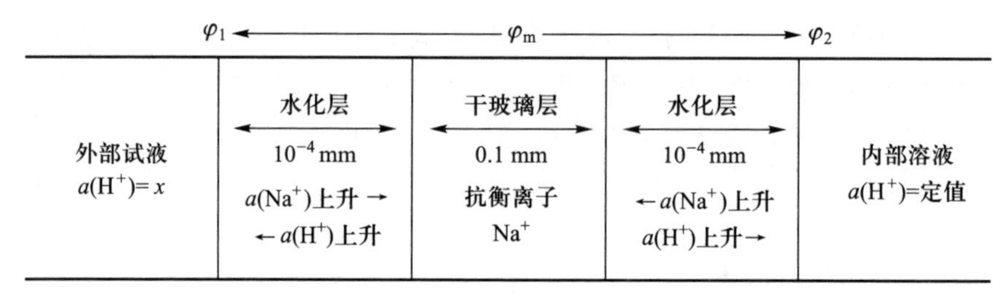

图 12-5 玻璃膜分层模型

在水化层中,由于硅氧结构与 H^+ 的键合强度远远大于它与钠离子的强度,在弱酸性和中性溶液中,水化层表面钠离子点位基本上全被氢离子所占有。H_2O 的存在,使 H^+ 大都以 H_3O^+ 的形式存在,在水化层中 H^+ 的扩散速率较快,电阻较小。由水化层到干玻璃层,氢离子的数目渐次减少,钠离子数目相应地增加。在水化层和干玻璃层之间为过渡层,其中 H^+ 在未水化的玻璃中扩散系数很小,其电阻率较高,甚至高于以 Na^+ 为主的干玻璃层 1 000 倍。这里的 Na^+ 被 H^+ 代替后,玻璃的阻抗是增加的。

pH 玻璃电极的膜电位是由玻璃电极体系中氢离子的交换和扩散产生的,在水化层表面$\equiv SiO^-H^+$ 存在如下解离平衡:

$$\equiv SiO^-H^+ + H_2O \rightleftharpoons \equiv SiO^- + H_3O^+$$

水化层中的 H^+ 与溶液中 H^+ 的能够进行交换。在交换过程中,水化层得到或失去 H^+ 都会影响水化层和溶液界面的电位。这种 H^+ 的交换,在玻璃膜的内外相界面上形成了双电层结构,产生两个相界电位 φ_1 和 φ_2。在内外两个水化层与干玻璃层之间又形成两个扩散电位。若玻璃膜两侧的水化层性质完全相同,则其内部形成的两个扩散电位大小相等,但符号相反,结果互相抵消。因此,玻璃膜的电位主要决定于内外两个水化层与溶液的相界电位。

$$\varphi_m = \varphi_1 - \varphi_2 \tag{12-18}$$

内充液组成一定时,φ_2 的值是固定的,φ_1 的值由$\equiv SiO^-H^+$ 的解离平衡所决定,它受

溶液中 α_{H^+} 影响。总的 φ_m 在 25 ℃时可表示为

$$\varphi_m = \text{常数} + 0.059\lg \alpha_{H^+} = \text{常数} - 0.059\text{pH} \quad (12-19)$$

如果内充液和膜外面的溶液相同时，则 φ_m 应为零。但实际上仍有一个很小的电位存在，称为不对称电位（asymmetry potential）。对于一个给定玻璃电极，其不对称电位会随着时间而缓慢地变化。不对称电位的来源尚待进一步研究，影响它的因素有：制造时玻璃膜内外表面产生的张力不同，外表面经常被机械磨损和化学浸蚀等。它对 pH 测定的影响只能用标准缓冲溶液来进行校正，即对电极电位进行定位的办法来加以消除。

玻璃膜除了对 H^+ 离子活度有响应，也对某些碱金属离子活度有响应。它们也能发生下列交换平衡

$$\equiv SiO^-H^+ + M^+ + \rightleftharpoons SiO^-M^+ + H^+$$

它们对电极电位的贡献，常用选择性系数 $K_{H,M}^{pot}$ 来表示。这时 φ_m 可写成：

$$\varphi_m = \text{常数} + 0.059\lg[\alpha_{H^+} + K_{H,M}^{pot}\alpha_{M^+}] \quad (12-20)$$

碱金属引起 pH 测量的干扰，在 pH>10 时比较明显，称为碱差（alkaline error）。改变玻璃膜的化学成分和结构，如加入 Al_2O_3 形成 $Na_2O—Al_2O_3—SiO_2$ 三种组分的结构及相对含量，会使玻璃膜的选择性表现出很大的差异。现已有测定 Li^+、Na^+、K^+、Ag^+ 的玻璃电极，见表 12-1。

表 12-1 阳离子玻璃电极

主要响应离子	玻璃膜组成[摩尔分数/(%)]			选择性系数
	Na_2O	Al_2O_3	SiO_2	
Na^+	10	18	71	K^+ 3.3×10^{-3}(pH=7)，3.6×10^{-4}(pH=11)；Ag^+500
K^+	27	5	68	Na^+ 5×10^{-2}
Ag^+	10	18	71	Na^+ 1×10^{-3}
	28.8	19.1	52.1	H^+ 1×10^{-5}
Li^+	(Li_2O)15	25	60	Na^+ 0.3，K^+<1×10^{-3}

用康宁 015 玻璃制成的 pH 玻璃电极仅适用于 pH=1~10 的溶液，若试液的 pH>10，测得的结果比实际值低，它是由钠离子扩散所引起的，因此，也称为钠差。若将钠玻璃改成锂玻璃，则可有效消除钠差的影响，可准确测定的上限可扩展至 13.5。在 pH<1 时，如强酸性溶液中，或盐浓度较大时，或某些非水溶液中，pH 测量读数往往偏高。这可能是由于传送 H^+ 是靠 H_2O，水分子活度变小，$\alpha_{H_3O^+}$ 也就变小了。这种现象被称为酸差（acid error）。

三、晶体膜电极

晶体膜电极（crystalline-membrane electrode）是由导电性的难溶盐晶体所组成。其中最典型的是氟离子选择电极，如图 12-6。选择电极的敏感膜由 LaF_3，单晶片制成。为改善导电性能，晶体中还掺杂了 0.1%~0.5% 的 EuF_2 和 1%~5% 的 CaF_2。膜导电由离子半径较

小、带电荷较少的晶格离子 F^- 来担任。Eu^{2+}、Ca^{2+} 代替了晶格点阵中的 La^{3+}，形成了较多空的 F^- 点阵，降低了晶体膜的电阻。

将膜电极插入待测离子的溶液中，待测离子可以吸附在膜表面与膜上相同离子交换，并通过扩散进入膜相。膜相中存在的晶格缺陷，产生的离子也可扩散进入溶液相。这样，在晶体膜与溶液界面上建立了电双层结构，产生相界电位：

$$\varphi = 常数 - \frac{RT}{F}\ln \alpha_{F^-} \tag{12-21}$$

这种电极对有良好的选择性，一般阴离子除 OH^- 外均不干扰电极对 F^- 的响应。OH^- 的干扰可以解释为 OH^- 存在时，将发生下列反应：

$$LaF_3+3OH^- \rightleftharpoons La(OH)_3+3F^-$$

释放出来的 F^- 将使电极响应的表观 F^- 浓度增大。也可认为 OH^- 与 F^- 有近乎相等的离子半径，因此，OH^- 可以占据晶格中 F^- 所处位置，与 F^- 一样参与导电过程。在酸性溶液中因 F^- 能与 H^+ 生成 HF 或 HF_2^-，降低了 F^- 的活度。溶液 pH 的影响见图 12-7。一般水中 F^- 的浓度为 10^{-5} mol/L 时适宜的 pH 范围为 pH=5~7。

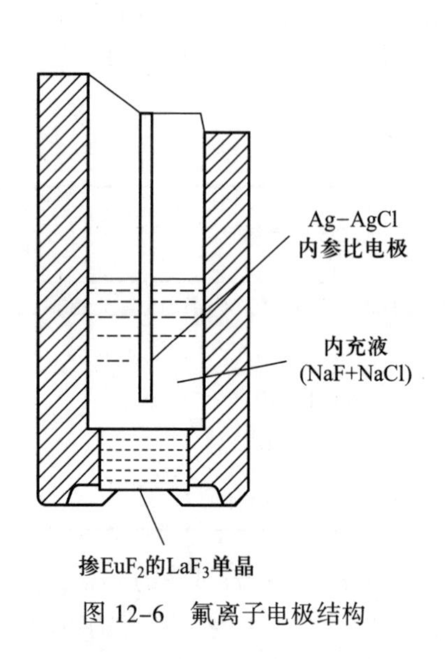

图 12-6 氟离子电极结构

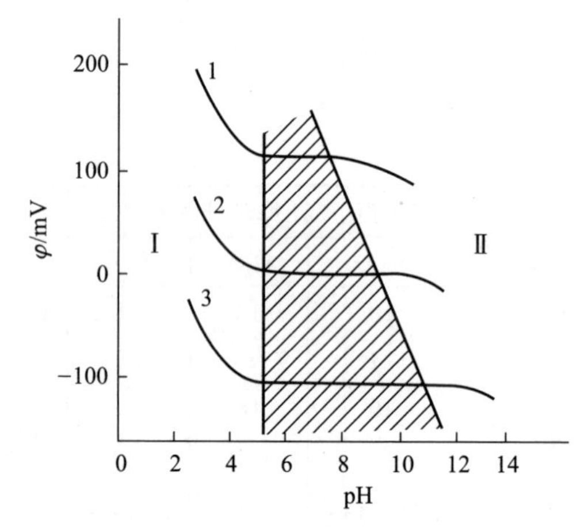

Ⅰ：$H^++F^- = HF$；Ⅱ：$LaF_3+3OH^- = La(OH)_3+3F^-$

$[F^-]/(mol \cdot L^{-1})$ 1：10^{-5}，2：10^{-3}，3：10^{-1}

图 12-7 pH 对氟离子电极响应的影响

某些阳离子，如 Be^{2+}、Al^{3+}、Fe^{3+}、Th^{4+}、Zr^{4+} 能与溶液中 F^- 生成稳定的配合物，从而降低了游离 F^- 的浓度，使测定结果偏低。可用加入柠檬酸钠、EDTA、钛铁试剂、磺基水杨酸等，使它们与阳离子配合而将 F^- 释放出来。在测定中为了将活度与浓度联系起来，必须控制离子强度。为此，加入惰性电解质，如 KNO_3。一般将含有惰性电解质的溶液称为总离子强度调节液（total ionic strength adjustment buffer，TISAB）对氟电极来说，它由 KNO_3、HAc-NaAc 缓冲液、柠檬酸钾组成，控制 pH 为 5.5。一般氟电极的测试范围为 10^{-6}~10^{-1} mol/L。

难溶盐 Ag_2S 和 AgX（X^- 为 Cl^-、Br^-、I^-）及 Ag_2S 和 MS（M^{2+} 为 Cu^{2+}、Pb^{2+}、Cd^{2+}）也可制成电极。表 12-2 总结了常见电极的晶体膜电极的品种和性能。

表 12-2 晶体膜电极的品种和性能

电极	膜材料	线性响应浓度范围 $c/(\text{mol}\cdot\text{L}^{-1})$	适用 pH 范围	主要干扰离子
F^-	LaF_3+Eu^{2+}	$5\times10^{-7}\sim1\times10^{-1}$	5~6.5	OH^-
Cl^-	$AgCl+Ag_2S$	$5\times10^{-5}\sim1\times10^{-1}$	2~12	Br^-、$S_2O_3^{2-}$、I^-、CN^-、S^{2-}
Br^-	$AgBr+Ag_2S$	$5\times10^{-6}\sim1\times10^{-1}$	2~12	$S_2O_3^{2-}$、I^-、CN^-、S^{2-}
I^-	$AgI+Ag_2S$	$1\times10^{-7}\sim1\times10^{-1}$	2~11	S^{2-}
CN^-	AgI	$1\times10^{-6}\sim1\times10^{-1}$	>10	I^-
Ag^+, S^{2-}	Ag_2S	$1\times10^{-7}\sim1\times10^{-1}$	2~12	Hg^{2+}
Cu^{2+}	$CuS+Ag_2S$	$5\times10^{-7}\sim1\times10^{-1}$	2~10	Ag^+、Hg^{2+}、Fe^{3+}、Cl^-
Pb^{2+}	$PbS+Ag_2S$	$5\times10^{-7}\sim1\times10^{-1}$	3~6	Cd^{3+}、Ag^+、Hg^{2+}、Cu^{2+}、Fe^{3+}、Cl^-
Cd^{2+}	$CdS+Ag_2S$	$5\times10^{-7}\sim1\times10^{-1}$	3~10	Pb^{2+}、Ag^+、Hg^{2+}、Cu^{2+}、Fe^{3+}

四、离子选择电极的分类

根据离子选择电极敏感膜的组成和结构，经 1976 年 IUPAC 推荐，离子选择电极分为原电极和敏化离子选择电极两大类。原电极是指敏感膜直接与试液接触的离子选择电极。敏化离子选择电极是以原电极为基础装配成的离子选择电极。已有离子选择电极分类见图 12-8。

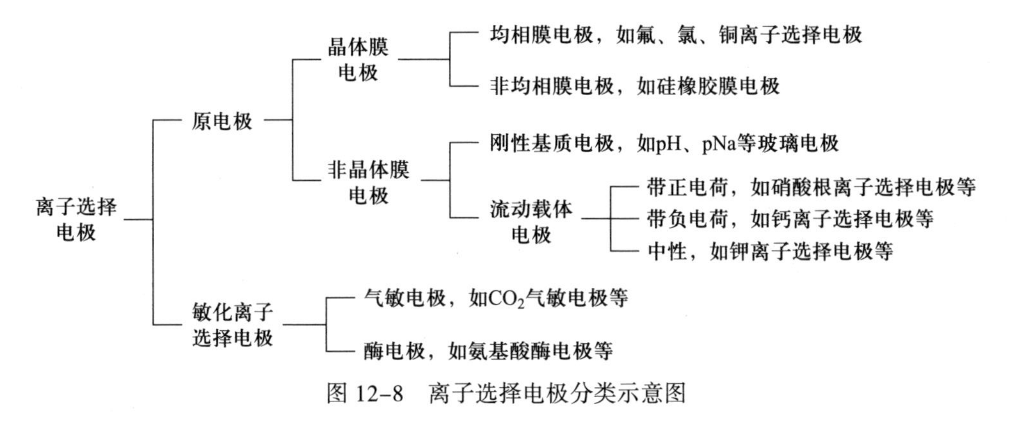

图 12-8 离子选择电极分类示意图

从上图可以看出，现在离子选择电极种类繁多，它们在不同领域虽有应用，但通用的商品仪器主要是 pH 玻璃电极和氟离子选择电极，对其他离子选择电极就不做详细介绍了。

12.2.3 电位型电化学传感器的性能参数

按照 IUPAC 的规定，电位型电化学传感器的性能由响应时间、选择性系数、检测下限、线性范围和能斯特响应等参数来表征。

一、能斯特响应、线性范围、检测下限

以电位型传感器的电位 φ 对响应离子活度的负对数作图(见图 12-9),所得曲线称为校准曲线。若 φ 与 $p\alpha_i$ 的关系服从能斯特方程,则称它为能斯特响应。此校准曲线的直线部分所对应的离子活度范围称为离子选择电极响应的线性范围,该直线的斜率称为级差。在曲线的下端,活性物质的活度较低,曲线发生弯曲,CD 和 FG 延长线的交点 A 所对应的活度 α_i,称为检测下限。

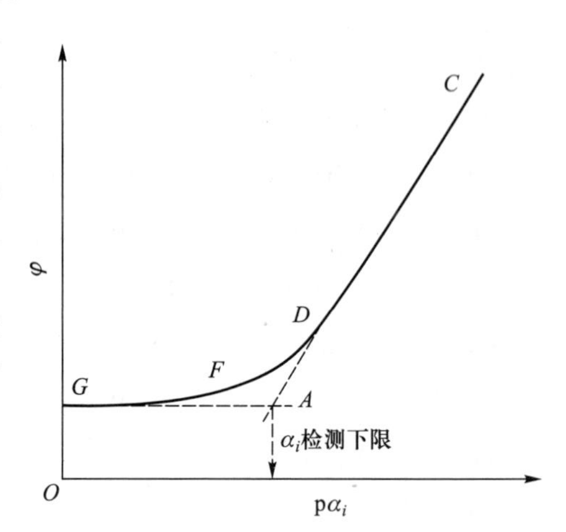

图 12-9 电极校准曲线

二、选择性系数

电位型传感器除对某特定离子有响应外,溶液中其他离子也可能在电极上有响应。当共存离子 j 存在时,膜电位与响应离子 i 的活度服从 Nicolsky 方程式:

$$\varphi = 常数 \pm \frac{2.303RT}{z_i F} \lg(\alpha_i + \sum K_{ij} \alpha_j^{z_i/z_j}) \tag{12-22}$$

式中 i 为特定离子;j 为共存离子;z_i 为特定离子的电荷数。第二项阳离子取 +,阴离子取 -。K_{ij} 称为选择性系数(selectivity coefficient),该值越小,表示 i 离子抗 j 离子的干扰能力越大。K_{ij} 其数值也可以从某些手册中查到,并与离子的某些特性有关,但无严格的定量关系。

三、响应时间

按照 IUPAC 推荐,响应时间是指离子选择电极和参比电极一起从接触试液开始到电极电位变化稳定(波动在 1 mV/min 以内)所经过的时间。该值与膜电位建立的快慢、参比电极的稳定性、溶液的搅拌速率有关。常常通过搅拌溶液来缩短响应时间。

四、内阻

离子选择电极的内阻($R_{内}$),主要是膜内阻,也包括内充液和内参比电极的内阻。各种类型的电极,其数值不同。晶体膜的内阻较低,玻璃膜则较高。该值的大小直接影响测量仪器输入阻抗的要求。

12.2.4 直接电位法的应用

由于液接电位和不对称电位的存在,以及活度系数难以计算,一般不能从电池电动势的数据通过能斯特方程来计算被测离子的浓度。被测离子的含量还需通过以下几

种方法来测定。

一、校准曲线法

配制一系列含有不同浓度的被测离子的标准溶液,其离子强度用惰性电解质进行调节,如测定 F^- 时,采用的 TISAB 溶液。用选定的指示电极和参比电极插入以上溶液,测得电动势 E。作 E-lg$c$ 或 E-pM 图。在一定范围内它是一条直线。待测溶液进行离子强度调节后,用同一对电极测量它的电动势。从 E-lg$c$ 图上找出与 E_x 相对应的浓度 c_x。由于待测溶液和标准溶液均加入离子强度调节液,调节到总离子强度基本相同,它们的活度系数基本相同,所以测定时可以用浓度代替活度。由于待测溶液和标准溶液的组成基本相同,又使用同一套电极,液接电位和不对称电位的影响可通过校准曲线校准。

二、标准加入法测定废水中氟的浓度

废水溶液成分复杂,难以使它与标准溶液相一致,因此,通常采用标准加入法进行测定。

取待测溶液两份,其中一份只加入总离子强度缓冲剂 TISAB,另一份加入相同 TISAB 后再加入一定体积的已知浓度的待测组分的标准溶液,都稀释至原体积 2 倍,定容、摇匀。设稀释后待测物质的浓度为 c_x,加入标准溶液后第二份溶液的浓度为 $c_x+\Delta c$,其中 Δc 为加入标准溶液后待测组分浓度增加值。先测量第一份待测组分溶液的电动势:

$$
\begin{aligned}
E &= \varphi_m - \varphi_i + \varphi_j \\
&= \left[\varphi^\ominus + \frac{RT}{zF}\ln(\gamma_x c_x)\right] - \varphi_i + \varphi_j \\
&= (\varphi^\ominus - \varphi_i + \varphi_j) + \frac{RT}{zF}\ln(\gamma_x c_x) \\
&= \text{常数} + \frac{RT}{zF}\ln(\gamma_x c_x)
\end{aligned}
\tag{12-23}
$$

式中 φ_m 为指示电极电位;φ_i 为参比电极电位;φ_j 为液接电位。然后用同一对电极在相同条件下再测加入标准溶液后的那份溶液的电动势:

$$E' = \text{常数} + \frac{RT}{zF}\ln[\gamma_x(c_x+\Delta c)] \tag{12-24}$$

标准溶液加入后离子强度基本不变,组成也无太大变化,所以活度系数也保持不变,常数相等。

令

$$S = 2.303\frac{RT}{F} \tag{12-25}$$

则

$$\Delta E = E' - E = \frac{RT}{zF}\ln\frac{c_x+\Delta c}{c_x} = \frac{S}{z}\lg\frac{c_x+\Delta c}{c_x} \tag{12-26}$$

$$\lg\left(1+\frac{\Delta c}{c_x}\right)=\frac{\Delta E}{S/z}$$

$$1+\frac{\Delta c}{c_x}=10^{\frac{\Delta E}{S/z}} \qquad (12-27)$$

$$c_x=\Delta c\left(10^{\frac{\Delta E}{S/z}}-1\right)^{-1}$$

ΔE, Δc 由实验数据可得,由式(12-27)可求得 c_x。则原样品中待测组分的浓度为 $2c_x$。

三、直接电位法的准确度

在直接电位法中,浓度相对误差主要由电池电动势测量误差决定,它们之间是对数关系。

$$E=常数+\frac{RT}{zF}\ln\gamma+\frac{RT}{zF}\ln c \qquad (12-28)$$

$$dE=\frac{RT}{zF}\frac{dc}{c}$$

$$或\ \Delta E=\frac{RT}{zF}\frac{\Delta c}{c}$$

$$\frac{\Delta c}{c}=\frac{z}{RT/F}\Delta E\approx 3\,900z\Delta E\%(25\ ℃) \qquad (12-29)$$

一般离子计的读数误差为 ±1 mV,对于一价离子,浓度的相对误差可达 4%,对于二价离子浓度的相对误差可达 8%,三价离子可达 12%。

四、用 pH 计测定溶液的 pH

使用 pH 计测定溶液的 pH 时,是用玻璃电极作指示电极,饱和甘汞电极为参比电极组成测量电池。

pH 玻璃电极 | 被测试液或标准缓冲液 || 饱和甘汞电极

电池电动势为

$$E=常数+SpH \qquad (12-30)$$

实际操作时,为了消去常数项的影响,常采用已知 pH 的标准缓冲溶液进行比较,其电动势为

$$E_x=常数+SpH_x \qquad (12-31)$$

pH 标准缓冲溶液的电动势为

$$E_S=常数+SpH_s \qquad (12-32)$$

$$pH=pH_s+\frac{E-E_s}{S} \qquad (12-33)$$

该式称为 pH 的实用定义(operational definition of pH)。

pH 计是一台高阻抗输入的毫伏计。两次测量得到的是 E 和 E_s,测定方法是校准曲线法的改进。定位的过程就是用标准缓冲溶液校准校准曲线的截距。温度校准是

调整校准曲线的斜率。经过以上操作后，pH 计的刻度就符合校准曲线的要求，可以对未知溶液进行测定。测定的准确度首先决定于标准缓冲溶液 pH 的准确与否，其次是标准溶液和待测溶液组成接近的程度。后者直接影响到包含液接电位的常数项是否相同。美国国家标准与技术研究所（NIST）用下列电池测定的标准缓冲溶液的 pH，见表 12–3。

表 12–3 标准缓冲溶液的 pH

温度/℃	草酸氢钾（0.05 mol /L）	酒石酸氢钾（25 ℃，饱和）	邻苯二甲酸氢钾（0.05 mol/L）	$KH_2PO_4+Na_2HPO_4$（各 0.025 mol/L）	硼砂（0.01 mol/L）	氢氧化钙（25 ℃，饱和）
5	1.666	—	4.003	6.984	9.464	13.423
10	1.670	—	3.998	6.923	9.332	13.003
20	1.675	—	4.002	6.881	9.225	12.627
25	1.679	3.557	4.005	6.865	9.180	12.454
30	1.683	3.552	4.015	6.853	9.139	12.289
35	1.688	3.549	4.024	6.844	9.102	12.133
40	1.694	3.547	4.035	6.838	9.068	11.984

水质中 pH 的测定最新标准已由生态环境部于 2020 年 11 月 26 日发布（HJ 1147—2020《水质 pH 的测定 电极法》）于 2021 年 6 月 1 日取代原国家标准（GB 6920—86）正式执行，本标准不是推荐标准，而是强制标准，在实际工作中必须严格执行。本标准适用于地表水、地下水、生活污水和工业废水中 pH 的测定。测定范围为 pH=0~14。

水的颜色、浊度、胶体物质、氧化剂、还原剂均不干扰测定，在 pH<1 的强酸性溶液中会产生酸差，在 pH>10 的碱性溶液中会产生钠（碱）差，可采用耐酸碱 pH 电极测定，也可以选择与被测溶液 pH 相近的标准缓冲溶液对仪器加以校正以抵消干扰。测定低电解质样品时应选用适合于低离子强度的 pH 电极，测定盐度 >5% 的样品时应选用适合于高离子强度的 pH 电极。测定高浓度氟的酸性样品时，应采用耐氢氟酸的 pH 电极。

由于水中溶解二氧化碳影响 pH 的测定，因此，测定用纯水必须先煮沸 10 min，加盖冷却临时现制，除硼砂外，其他 pH 标准物质必须在 110~120 ℃干燥 2 h，置于干燥器中备用。

酸度计精度为 0.01 pH 单位，具有温度补偿功能，电极使用分体式或复合式 pH 电极，采样瓶使用聚乙烯瓶。样品按照 HJ91.1、HJ/T91 或 HJ/T164 的相关规定采集，现场测定，或样品充满容器，2 h 内测定。

测定前必须对电极进行活化和维护，确认仪器工作正常方可进行，现场应了解测定环境是否符合测定要求，初步判断样品的性质，可能存在的干扰。

测量前选用广泛 pH 试纸粗测样品的 pH，根据粗测结果选择合适的校准用 pH 标准缓冲溶液，两种 pH 标准缓冲溶液的 pH 相差约 3 个 pH 单位，同时要求样品 pH 尽可能在两个标准之间。若超出范围，样品 pH 至少与其中一个相差不超过 2 个 pH 单位。老式仪器需手动温度补偿，测定前必须将标准溶液的温度调整与待测溶液温度一致，用温度计测量并记录温度，将酸度计的温度补偿旋钮调到该温度上，现代仪器具有自动温度补偿装置，不需调整标准溶液与样品溶液温度一致。

仪器校准采用两点模式，按仪器说明进行。测定时用蒸馏水冲洗电极，用滤纸吸去电极表面的水，立即将电极浸入样品中，缓慢水平搅拌，读数稳定后记录 pH。每个样品测定后用蒸馏水冲洗电极。测定结果保留小数点后 1 位，并记录测定时的温度，若测定结果超出测量范围（pH=0~14）时，以“强酸，超出测量范围”或“强碱，超出测量范围”报出。每连续测定 20 个样品或每批次（≤20 个样品 / 批）应分析一个有证标准物质，测定结果应在保证值范围内，否则应重新校准仪器，重新测定样品。测定 pH>10 的碱性样品时应使用聚乙烯烧杯。

五、酸度计的检定（JJG 919—2023）

酸度计（电位计）是实验室最常用的仪器，每年必须进行检定，检定标准为 JJG 919—2023。酸度计性能指标应满足表 12–4 的要求，否则不能使用。

表 12–4 酸度计性能指标

仪器级别	计量性能				
	零点漂移 /mV	电位示值误差 /%（FS）	pH 示值误差	温度补偿器误差（pH）	pH 示值稳定性
0.003	不超过 ±0.10	不超过 ±0.03	不超过 ±0.003	不超过 ±0.003	不超过 0.001
0.000 6	不超过 ±0.03	不超过 ±0.01	不超过 ±0.000 6	不超过 ±0.000 6	不超过 0.000 2

12.3 电位滴定法

12.3.1 电位滴定法的原理

电位滴定法的基本原理与普通滴定法相同，其区别在于确定终点的方法不同。

在滴定分析中若遇到有色或混浊溶液时，终点的指示就比较困难，有些滴定反应可能因找不到合适的指示剂而在化学分析中无法应用。另外，化学分析判断滴定终点时因个体差异在终点判断、体积读数时可能存在主观误差，因此，存在改进空间。随着现代分析仪器技术的发展，通过电位变化确定滴定终点的技术日渐成为滴定分析的主流。电位滴定就是在滴定溶液中插入指示电极和参比电极，由滴定过程中电极电位的突跃来指示终点的到达。电位滴定可用于酸碱滴定、沉淀滴定、氧化还原滴定和非水滴定。特别适用于浑浊、有色溶液的滴定和缺乏合适指示剂的滴定。

在滴定过程中，被测离子与滴定剂发生化学反应，离子活度的改变又引起电位的改变。在滴定到达终点前后，溶液中离子的浓度往往连续变化几个数量级，电位将发生突跃。被测组分的含量仍通过消耗滴定剂的量来计算。电位滴定的装置见图 12-10。

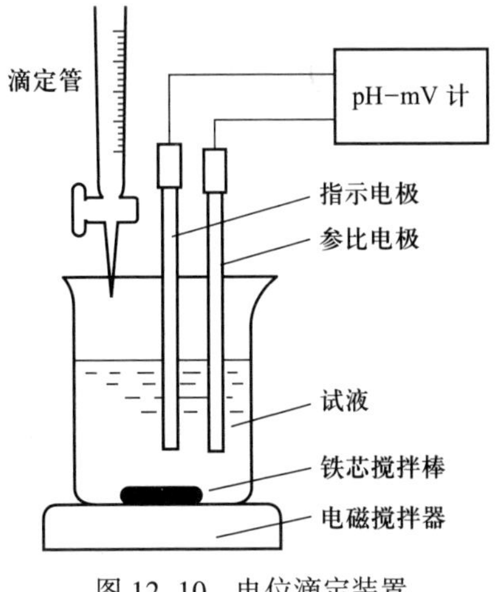

图 12-10　电位滴定装置

如酸碱滴定，可以用 pH 玻璃电极作指示电极与一个参比电极组成电池：

玻璃电极｜测定试液｜饱和甘汞电极

12.3.2　电位滴定法确定终点的方法

电位滴定确定终点的方法有预设终点法和滴定曲线法。

预设终点法将滴定终点事先设定为滴定反应的化学计量点，到达预设终点时仪器自动停止滴定。优点是自动化程度高，不浪费试剂。缺点是对测量条件的变化不敏感。

滴定曲线法是先自动滴定至过量，仪器自动记录滴定曲线，根据滴定曲线的特点自动确定滴定终点，根据滴定曲线的形式不同，又分为：

（1）电动势法。在滴定过程中记录 pH（或 mV）数据与滴定剂的体积（mL），得到滴定曲线，见图 12-11（a）。曲线的斜率变化最大处（拐点）即为滴定终点。

（2）一级微商法。为了提高精度，可以用 $\Delta\varphi/\Delta V$（一级微商）对加入滴定剂体积作图，曲线的极大值即为滴定终点，见图 12-11（b）。

（3）二级微商法。有时还以 $\Delta^2\varphi/\Delta V^2$（二级微商）对加入滴定剂体积作图，$\Delta^2\varphi/\Delta V^2=0$ 为终点，见图 12-11（c）。

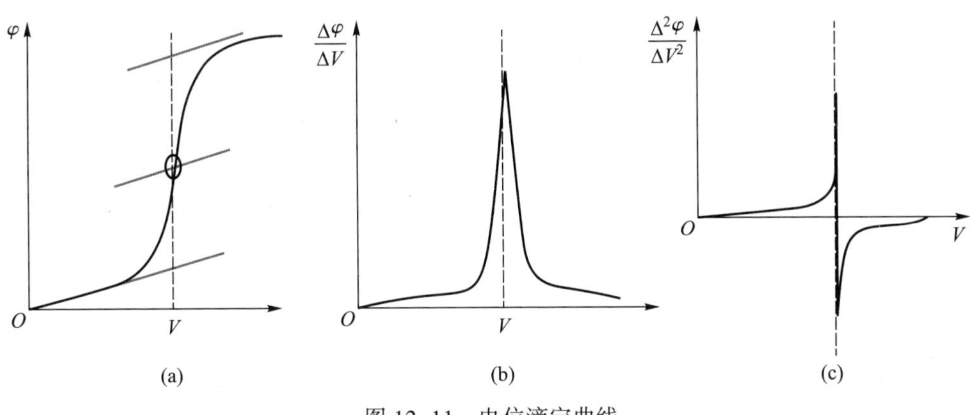

图 12-11　电位滴定曲线

12.3.3 电位滴定仪的计量要求（JJG 814—2015）

根据 JJG 814—2015 要求，电位滴定仪计量性能要求见表 12-5。

表 12-5　电位滴定仪计量性能要求

仪器级别	计量性能				
	电计示值最大允许误差 /%FS	电计示值重复性 /%	电计输入电流 /A	仪器示值最大允许误差 /%	仪器示值重复性 /%
0.05	± 0.05	≤0.025	$\leqslant 1\times10^{-12}$	± 1.5	≤0.2
0.1	± 0.1	≤0.05	$\leqslant 2\times10^{-12}$	± 2.0	≤0.2

12.3.4 电位滴定法测定纳米磷酸铁锂中铁的含量

纳米磷酸铁锂是锂离子电池的正极材料，其品质按 GB/T 33822—2017 的规定有严格的要求，其中铁的含量是一项核心指标，规定要求在 34% ± 2% 的范围以内，标准规定，铁的测定采用电位滴定法。

样品经 110 ℃烘干 3 h，在干燥器内冷却至室温，称取 1.250 0 g 样品于 250 mL 烧杯中，加入 5 mL 水，30 mL 浓盐酸，盖上表面皿，放置 30 min，随后将烧杯置于低温电热板上加热微沸 30 min，冷却后抽滤，洗涤 4~6 次，滤液定量转移至 250 mL 容量瓶中，用水定容至刻度，摇匀，备用。

从 250 mL 容量瓶中取 10.00 mL 溶液于 100 mL 烧杯中，加入 20 mL（1+1）盐酸，滴加 100 g/L 的二氯化锡至黄色消失并过量 2 滴，加入 6 mL 硫磷混酸，用重铬酸钾标准溶液用电位滴定仪自动滴定。本方法铁的测定范围为 25%~70%，相对标准偏差 <5%。

12.4 电解和库仑分析法

电解分析（electrolytic analysis）是以称量沉积于电极表面的沉积物的质量为基础的一种电分析方法。它是一种较古老的方法，又称电重量法（electrogravimetry），它有时也作为一种分离的手段，能方便地除去某些杂质。

库仑分析（coulometry）是以测量电解过程中被测物质直接或间接在电极上发生电化学反应所消耗的电荷量为基础的分析方法。它和电解分析不同，其被测物不一定在电极上沉积，但要求电流效率必须为 100%。

12.4.1 电解分析的基本原理

电解是借外电源的作用，使电化学反应向着非自发的方向进行。电解过程是在电解池的两个电极上加上直流电压，改变电极电位，使电解质在电极上发生氧化还原反应，同时电解池中有电流通过。

如在 0.1 mol/L 的 H_2SO_4 介质中，电解 0.1 mol/L $CuSO_4$ 溶液，装置如图 12–12 所示。电极用铂制成，溶液进行搅拌，阴极采用网状结构，优点是表面积较大。电解池的内阻约为 0.5 Ω。

将两个铂电极浸入溶液中，当接上外电源，外加电压远离分解电压时，只有微小的残余电流通过电解池。当外加电压增加到接近分解电压时，只有极少量的 Cu 和 O_2 分别在阴极（电位用 φ_c 表示）和阳极（电位用 φ_a 表示）上析出，但这时已构成 Cu 电极和 O_2 电极组成的自发电池。该电池产生的电动势将阻止电解过程的进行，称为反电动势。只有外加电压达到克服反电动势时，电解才能继续进行，电流才能显著上升。通常将两电极上产生迅速的、连续不断的电极反应所需的最小外加电压 U_d 称为分解电压。理论上分解电压的值就是反电动势的值（图 12–13）。

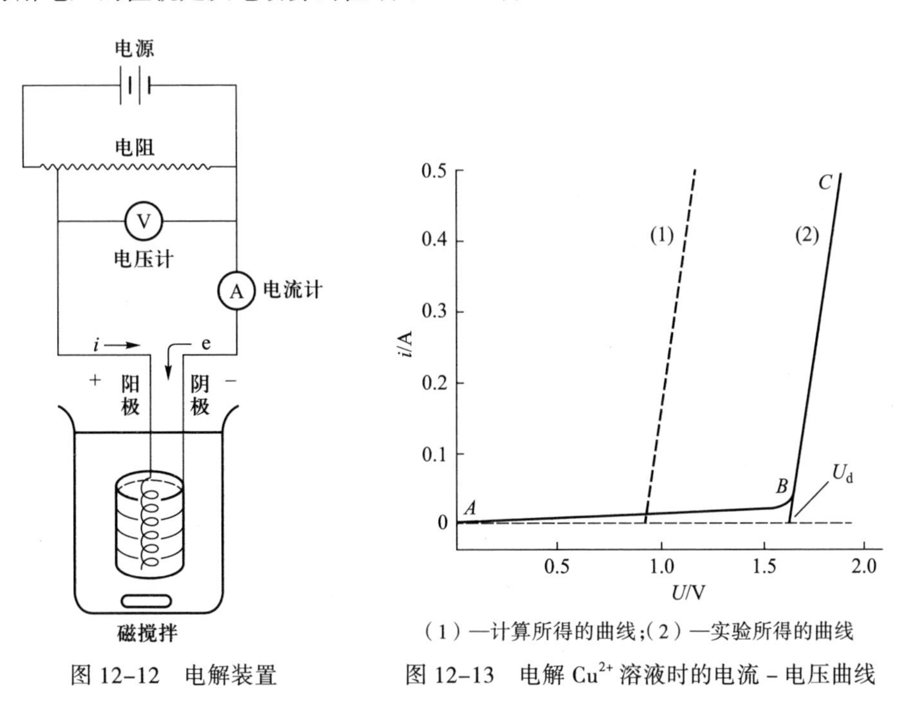

图 12–12 电解装置

（1）—计算所得的曲线；（2）—实验所得的曲线

图 12–13 电解 Cu^{2+} 溶液时的电流 – 电压曲线

Cu 和 O_2 电极的平衡电位分别为

$$\text{Cu 电极}\quad Cu^{2+}+2e^- \rightleftharpoons Cu$$

$$\varphi^\ominus=0.337\ \text{V}$$

$$\varphi_{Cu^{2+}/Cu}=\varphi^\ominus+\frac{0.059}{2}\lg[Cu^{2+}]$$

$$=0.337+\frac{0.059}{2}\lg 0.1$$

$$=0.308(\text{V})$$

$$O_2\text{ 电极}\quad 1/2O_2+2H^+ \rightleftharpoons H_2O$$

$$\varphi^{\Theta}=1.23\ \mathrm{V}$$

$$\varphi=\varphi^{\Theta}+\frac{0.059}{2}\lg\{[p(O_2)]^{1/2}[H^+]^2\}$$

$$=1.23+\frac{0.059}{2}\lg(1^{1/2}0.2^2)$$

$$=1.189(\mathrm{V})$$

当 Cu 和 O_2 构成电池时

$$\mathrm{Pt}|O_2(101\ 325\ \mathrm{Pa}),H^+(0.2\ \mathrm{mol/L}),Cu^{2+}(0.1\ \mathrm{mol/L})|\mathrm{Cu}$$

Cu 为阴极，O_2 为阳极，电池的电动势为

$$E=\varphi_{Cu^{2+}/Cu}-\varphi_{1/2O_2+2H^+/H_2O}=(0.308-1.189)\mathrm{V}=-0.881\ \mathrm{V}$$

电解时，理论分解电压的值是它的反电动势 0.881 V。

从图 12-13 可知，实际所需的分解电压比理论分解电压大，超出的部分是由于电极极化作用引起的。极化结果将使阴极电位更负，阳极电位更正。电解池回路的电压降也应是电解所加的电压的一部分，这时电解池的实际分解电压为

$$U_d=(\varphi_a+\eta_a)-(\varphi_c+\eta_c)+iR \tag{12-34}$$

式中 η_a、η_c 分别为阳极和阴极的超电位。电解时若铂电极面积为 100 cm^2，电流为 0.10 A，则电流密度是 0.001 $\mathrm{A\cdot cm^2}$。O_2 在铂电极上的超电位是 +0.72 V，Cu 的超电位在加强搅拌的情况下可以忽略。

$$iR=(0.10\times0.50)\mathrm{V}=0.050\ \mathrm{V}$$

$$U_d=(0.88+0.72+0.05)\mathrm{V}=1.65\ \mathrm{V}$$

12.4.2　控制电位电解分析

当样品中存在两种或两种以上的金属离子时，随着外加电压的增大，第二种离子可能被还原。为了分别测定或分离，就需要采用控制阴极电位的电解方法。

以铂为电极，电解液为 0.1 mol/L 的硫酸溶液，含 0.01 mol/L Ag^+ 和 1.0 mol/L Cu^{2+}。Cu 开始析出的电位为

$$\varphi=\varphi^{\Theta}_{Cu^{2+}/Cu}+\frac{0.059}{2}\lg[Cu^{2+}]$$

$$=0.337+\frac{0.059}{2}\lg1.0$$

$$=0.337(\mathrm{V})$$

Ag 开始析出的电位为

$$\varphi=\varphi^{\Theta}_{Ag^+/Ag}+0.059\lg[Ag^+]$$

$$=0.799+0.059\lg0.01$$

$$=0.681(\mathrm{V})$$

由于 Ag 的析出电位较 Cu 的析出电位正，所以 Ag^+ 先在阴极上析出。当其浓度降至

10^{-6} mol/L 时，一般可以认为 Ag^+ 已电解完全。此时 Ag 的电极电位为

$$\varphi=0.799+0.059\ \lg10^{-6}=0.445\ (\text{V})$$

阳极发生的是水的氧化反应，析出氧气。

$$\varphi_a=(1.189+0.72)\ \text{V}=1.909\ \text{V}$$

而电解电池的外加电压值为

$$U=\varphi_a-\varphi_c=(1.909-0.681)\ \text{V}=1.228\ \text{V}$$

从 Ag 开始析出，到 Ag 电解完全。

$$U=\varphi_a-\varphi_c=(1.909-0.445)\ \text{V}=1.464\ \text{V}$$

而 Cu 开始析出的电压值为

$$U=\varphi_a-\varphi_c=(1.909-0.337)\ \text{V}=1.572\ \text{V}$$

故 1.464 V 时，Cu 还没有开始析出。

在实际电解过程中，阴极电位不断发生变化，阳极电位也并不是完全恒定的。由于离子浓度随着电解的进行而逐渐下降，电池的电流也逐渐减小，应用控制外加电压的方式往往达不到好的分离效果，较好的方法是控制阴极电位。

要实现对阴极电位的控制，需要在电解池中插入一个参比电极，如甘汞电极，其装置如图 12-14 所示。它通过运算放大器的输出很好地控制阴极电位和参比电极电位差为恒定值。

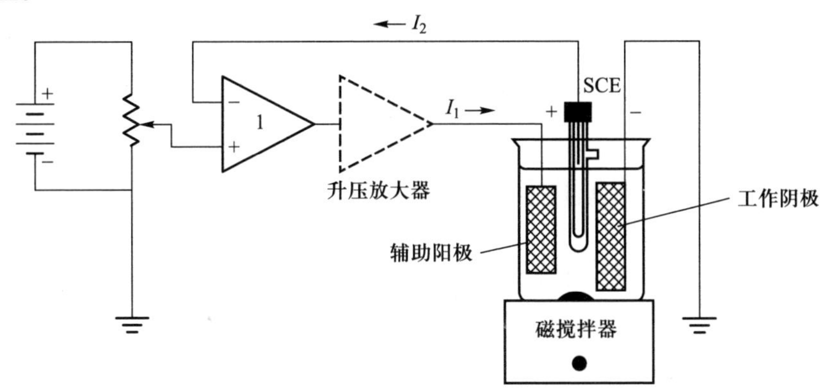

图 12-14 恒定阴极电位电解装置

电解测定 Cu 时，Cu^{2+} 浓度从 1.0 mol/L 降到 10^{-6} mol/L 时，阴极电位从 +0.337 V 降到 +0.16 V，只要不在该范围内析出的金属离子都能与 Cu^{2+} 分离。还原电位比 +0.337 V 更正的离子可以通过预电解分离，比 +0.16 V 更负的离子可以留在溶液中。

控制阴极电位电解，开始时被测物质析出速率较快，随着电解的进行，浓度越来越小，电极反应的速率也逐渐变慢，电流也越来越小。当电流趋于零时，电解完成。

12.4.3 恒电流电解法

电解分析有时也在控制电流恒定的情况下进行。这时外加电压较高，电解反应速

率较快，但选择性不如控制电位电解法好。往往一种金属离子还未沉积完全时，第二种金属离子就在电极上析出。

为了防止干扰，可使用阳极或阴极去极剂（depolarizer），以维持电位不变。如在 Cu^{2+} 和 Pb^{2+} 的混合液中，为防止 Pb 在分离沉积 Cu 时沉淀，可以加入 NO_3^- 作为阴极去极剂。NO_3^- 在阴极上还原生成 NH_4^+ 即

$$NO_3^-+10H^++8e^- \rightleftharpoons NH_4^++3H_2O$$

它的电位比 Pb^{2+} 更正，而且量比较大，在 Cu^{2+} 电解完成前可以防止 Pb^{2+} 在阴极上的还原沉积。

类似的情况也可以用于阳极，加入的去极剂比干扰物质先在阳极上氧化，可以维持阳极电位不变，它称为阳极去极剂。

12.4.4 汞阴极电解法

汞阴极电解法（mercury cathode electrolysis）将汞作为电解池中的阴极，它一般不直接用于测定，而是用作分离的手段。例如，采用汞阴极，可将电位较正的 Cu、Pb 和 Cd 等浓缩在汞中而与 U 分离来提纯铀。用同样的方法可以除去金属离子，制备伏安分析的高纯电解质。在酶法分析中，痕量重金属离子的存在可以抑制或失去酶的活性，用此法可除去溶液中的重金属离子。

汞阴极电解的特点为：金属与汞生成汞齐，金属析出电位将正移，易分离；氢在汞上有较大的超电位，扩大了电解分离的电位范围；汞的密度大，易挥发，也有毒，使用时需要特别注意。

12.4.5 库仑分析基本原理和法拉第（Faraday）电解定律

电解分析是采用称量电解后铂阴极的增量来进行定量分析的。如果用电解过程中消耗的电荷量来定量，这就是库仑分析。库仑分析的基本要求是电极反应必须单纯，用于测定的电极反应必须具有 100% 的电流效率。电荷量全部消耗在被测物质上。

库仑分析的基本依据是法拉第电解定律。法拉第电解定律表示物质在电解过程中参与电极反应的质量 m 与通过电解池的电荷量 Q 成正比，用数学式表示为

$$m=\frac{M}{zF}Q \tag{12-35}$$

式中 F 为 1 mol 电荷的电荷量，称为法拉第常数（96 485 C/mol）；M 为物质的摩尔质量；z 为电极反应中的电子数。电解消耗的电荷量 Q 按下式计算：

$$Q=it \tag{12-36}$$

库仑分析可以分成恒电位库仑分析和恒电流库仑分析两种。由于这种方法的优势不明显，现代检验检测实验室已经很少使用，本教材不做进一步介绍。

12.5 伏安分析法

根据电解过程中的电流－电压关系曲线确定样品中待测组分含量的分析方法称为伏安分析法(voltammetry),主要有极谱法(polarography)和溶出伏安法(stripping voltammetry)。

伏安法是一种特殊的电解方法。伏安法的工作电极面积很小,浓差极化现象明显。这种电极称为极化电极。极化电极可使用面积固定的悬汞电极、玻碳电极、铂电极等作工作电极,也可使用表面做周期性连续更新的滴汞电极作工作电极。后者是伏安法的特例,被称为极谱法。参比电极常采用面积较大、不易极化的甘汞电极。伏安分析法电解池由极化电极、参比电极和辅助电极组成。

极谱法由 Heyrovsky J 于 1922 年创建,已有 100 多年历史,至今除经典极谱法外,已形成了一系列近代极谱的方法和技术。20 世纪 80 年代我国极谱分析方法应用广泛,制订了一系列国家标准分析方法,2000 年以后极谱的国家标准方法逐渐被 ICP 发射光谱技术所取代,现代伏安分析主要用在科学研究实验室,第三方检验检测机构和生产企业的产品检测已经很少使用极谱分析技术了。

12.5.1 经典极谱法基本原理

一、滴汞电极和三电极系统

经典极谱法采用滴汞电极(dropping mercury electrode, DME)作工作电极(working electrode),饱和甘汞电极(SCE)作参比电极,分析的装置如图 12–15 所示。其中滴汞电极为负极,饱和甘汞电极为正极。直流电源 B、可变电阻 R 和滑线电阻 DE 构成电位计线路。移动接触键,在 0~2 V 范围内,以 100~200 mV/min 的速率连续改变加于两电极间的电位差。G 是灵敏检流计,用来测量通过电解池的电流。记录的是电流－电压曲线,称为极谱图,图 12–16 是镉离子的极谱图。

伏安仪是伏安法的测量装置,目前大多采用三电极系统(图 12–17)。除工作电极 W、参比电极 R 外,尚有一个辅助电极(auxiliary electrode)C[又称对电极(counter electrode)]。辅助电极一般为铂丝电极。三电极的作用如下:当回路的电阻较大或电解电流较大时,电解池的 iR 降较大,此时工作电极的电位就不能简单地用外加电压来表示了。引入辅助电极,在电解池系统中,外加电压 U_0 加到工作电极 W 和对电极 C 之间,则

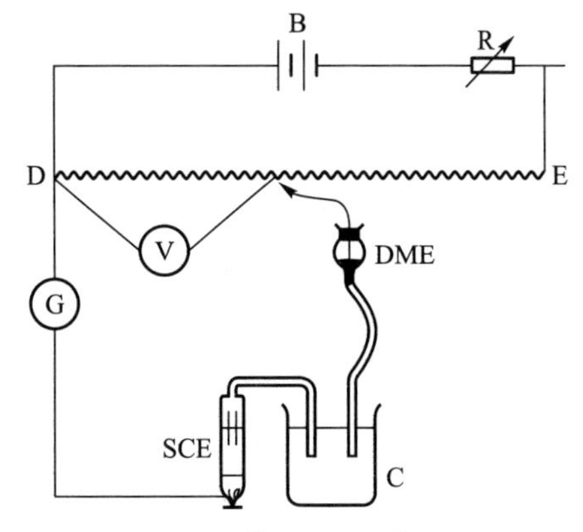

图 12–15 极谱法的基本装置和电路

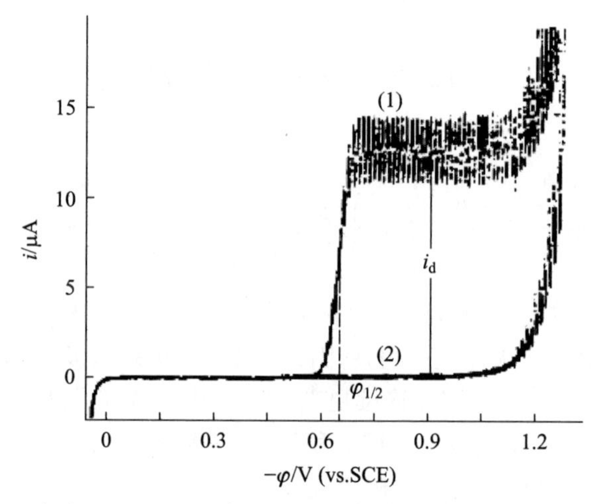

（1）—1 mol/L HCl 中 0.5 mmol/L 镉;（2）—1 mol/L HCl

图 12-16　镉离子的极谱图

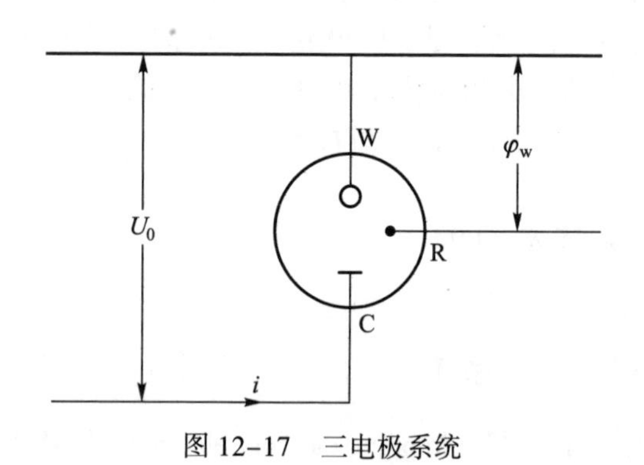

图 12-17　三电极系统

$$U_0=\varphi_c-\varphi_w+iR \tag{12-37}$$

伏安图是 i 与 φ_w 的关系曲线，i 很容易由 W 和 C 电路中求得，困难是如何准确测定 φ_w，且不受 φ_c 和 iR 降的影响。为此，在电解池中放置第三个电极，即参比电极，将它与工作电极组成一个电位监测回路。此回路的阻抗甚高，实际上没有明显的电流通过，回路中的电压降可以忽略。监测回路随时显示电解过程中工作电极相对于参比电极的电位 φ_w。

二、工作电极

在伏安分析中，可以使用多种不同性能和结构的电极作为工作电极。当进行还原测定时，常常使用滴汞电极（DME）和悬汞电极（hanging mercury drop electrode，HMDE）。由于汞本身易被氧化，因此，汞电极不宜在正电位范围中使用。但使用固体电极时可进行氧化测定，它既可采用静止电极，也可采用旋转电极。

1. 汞电极

汞电极具有很高的氢超电位（1.2 V）及很好的重现性。最原始的汞电极是滴汞电极，滴汞的增长速率及寿命受地球重力控制，滴汞电极由内径为 0.05~0.08 mm 的毛细管、储汞瓶及连接软管组成，如图 12-18 所示。每滴汞的滴落速率为 2~5 s，其表面周期性地更新可消除电极表面的污染。同时，汞能与很多金属形成汞齐，从而降低了它们的还原电位，其扩散电流也能很快地达到稳定值，并具有很好的重现性。在非水溶液中，用四丁基铵盐作支持电解质，滴汞电极的电位窗口为 0.3~2.7 V（vs.SCE）。当电位于 0.3 V 时，汞将被氧化，产生一个阳极波。

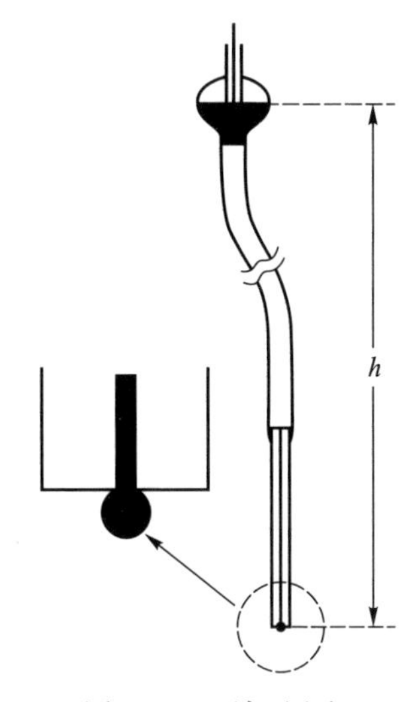

图 12-18 滴汞电极

与滴汞电极不同，静态汞滴电极（SMDE）通过一个阀门在毛细管尖端得到一静态汞滴，它只能通过敲击来更换汞滴。悬汞电极是一个广泛应用的静态电极，汞滴是由一个计算机控制的快速调节阀生成的，通过改变计算机产生脉冲的宽度及数量的多少，可得到一系列具有不同表面积的汞滴。

在玻璃碳电极、金电极、银电极或铂电极表面镀上一层汞膜就可制成汞膜电极，它可用于浓度低于 10^{-7} mol/L 的样品的分析，但主要用于高灵敏度的溶出伏安分析及作为液相色谱的检测器。

2. 固体电极

固体电极有铂电极、金电极或玻璃碳电极。玻璃碳电极可检测电极上发生的氧化反应，特别适用于在线分析，如用于液相色谱中。把铂丝、金丝或玻璃碳密封于绝缘材料中，再把垂直于轴体的尖端平面抛光即可制得圆盘电极。

3. 旋转圆盘电极

旋转圆盘电极最基本的用途是用于痕量分析及电极过程动力学研究，它还可应用于阳极溶出伏安法及安培滴定中。

12.5.2 极谱法

一、扩散电流及尤考维奇（Ilkovic）方程

极谱分析中，必须使溶液保持静止，不能搅拌。电活性物质向电极表面移动取决于两种力：一种是扩散力，其大小与电活性物质在扩散层中的浓度梯度成正比；另一种力是电场力，其大小与电极附近的电势梯度成正比。极谱图上扩散电流包括三部分：① 扩散电流。由电活性物质扩散作用决定。② 迁移电流。由极化池中两电极间的电场强度决定。③ 残余电流。由底液中微量杂质的还原和溶液与滴汞电极之间的双电层充电而产生。

1. 扩散电流

极谱分析是在静止溶液中进行的，在消除迁移电流以后，如果电极反应不存在除扩散以外的其他控制步骤，则极谱电流就完全由电活性物质扩散过程控制，产生扩散

电流。

用滴汞电极作工作电极，施加扫描速率较慢（如 200 mV/min）的线性变化的电位，当溶液中加入支持电解质，其电迁移和 iR 降可忽略不计。测量时溶液静止（不搅拌），又可消除对流扩散的影响。这时在滴汞电极上所获得电流为扩散电流，典型的极谱图如图 12-16 所示。离子的扩散速率与离子在溶液中的浓度 c 及离子在电极表面的浓 c_s 之差成正比。由于电解速率远远大于扩散速率，当电位到一定值时，c_s 实际上为零。此时的扩散电流称为极限扩散电流 i_d，尤考维奇（Ilkovic）从菲克（Fick）第一定律和菲克第二定律出发，推导出 i_d 不随电位的增加而增加，且与溶液中待测离子的浓度成正比。这个结论称为 Ilkovic 方程。

$$i_d=708zD^{1/2}m^{2/3}t^{1/6}c \qquad (12\text{-}38)$$

式中 i_d 为极限扩散电流（μA）；D 为扩散系数（cm^2/s）；z 为电极反应的电子转移数；m 为汞的流速（mg/s）；t 为汞滴寿命（s）；c 为本体溶液物质的量浓度（mmol/L）。

最大极限扩散电流是在每滴汞寿命的最后时刻获得的，实际测量得到的是每滴汞上的平均电流，其大小为

$$\bar{i}_d=\frac{1}{t}\int_0^t i_d\mathrm{d}t=607zD^{1/2}m^{2/3}t^{1/6}c \qquad (12\text{-}39)$$

式（12-38）和式（12-39）称为尤考维奇方程，它是极谱定量分析的理论基础。

2. 影响扩散电流的因素

（1）电活性物质的浓度。在相同的汞柱高度下，用同一根毛细管，且温度不变，扩散电流与电活性物质的浓度成正比

$$\bar{i}_d=Kc \qquad (12\text{-}40)$$

（2）毛细管特性 $m^{2/3}t^{1/6}$。滴汞流量 m 与滴汞滴下的时间 t 由毛细管的性质决定，m 与汞柱高度成正比，t 与汞柱高度成反比，当其他条件及电活性物质浓度不变时，$m^{2/3}t^{1/6}$ 只与汞柱高度有关，称为毛细管常数。代入尤考维奇方程，可得

$$\bar{i}_d=kh^{1/2} \qquad (12\text{-}41)$$

此关系式常用作实验室验证电活性物质在汞电极上的反应是否由扩散控制。

（3）温度。在尤考维奇方程中，除电子转移数 n 与温度无关外，其余各项均受温度影响，因此，在实际测量过程中要控制温度。

（4）扩散系数 D。扩散系数受溶液组成的影响，溶液黏度越大，扩散系数越小。

二、干扰电流消除措施

1. 残余电流

在极谱波上，当外加电压尚未达到被测离子的分解电位之前就有微小的电流通过电解池，它称为残余电流（residual current）。

残余电流一方面是由溶液中微量的杂质（如金属离子）在滴汞上还原产生的，它可以通过试剂的提纯来减小；另一方面是由于滴汞电极与溶液界面上电双层的充电产生的，称为充电电流（charging current）或电容电流（capacitive current）。

电容电流的大小为 10^{-7}A 数量级，这相当于浓度为 10^{-5} mol/L 物质所产生的扩散电流的大小。电容电流是残余电流的主要部分，一般仪器上有消除残余电流的补偿装置，也可用作图法进行校正。电容电流限制了经典极谱法的灵敏度，为了解决电容电流的问题，促进了新的极谱技术，如方波极谱、脉冲极谱的产生和发展。

2. 迁移电流

迁移电流来源于极化池的正极和负极对待测离子的静电吸引力或排斥力。滴汞电极接电源的负极，它对溶液中的正离子有静电作用，导致更多的（相对于扩散作用）正离子移向工作电极发生电化学反应。到达滴汞电极表面的电活性物质的量较纯扩散时小，导致扩散电流下降。这种由滴汞电极对发生电化学反应的电活性物质的静电作用而产生的极谱电流称为迁移电流。迁移电流与待测物质的浓度没有定量关系，必须加以扣除。

在试液中加入支持电解质可以消除迁移电流。常用的支持电解质有氯化钾、氯化氨、硝酸钾等。它们在水中是强电解质，且在待测物质的还原电位范围内不发生电极反应。其浓度通常是电活性物质的 100 倍。由于支持电解质的浓度很大，电极附近电荷的平衡主要由支持电解质承担，电场力对待测物质的影响可忽略不计，从而消除迁移电流。

3. 极谱极大

在极谱分析时，当外加电压达到被测物质的分解电位后．极谱电流随外加电压增高而迅速增大到极大值，随后又恢复到扩散电流的正常值。极谱波上出现的这种极大电流的畸峰，称为极谱极大（polarographic maxima）。

极谱极大是由于汞滴在生长过程中表面产生切向运动所致。消除极大的方法是在溶液中加入很小量的表面活性物质，如动物胶、Triton X-100、甲基红，称为极大抑制剂（maxima suppressor）。

4. 溶液氧波

氧在水溶液中有一定的溶解度，在 25 ℃时大约为 8 mg/L，在伏安分析时，氧可在电极上按下式还原：

$$O_2+2H^++2e^- \Longrightarrow H_2O_2$$

$$H_2O_2+2H^++2e^- \Longrightarrow 2H_2O$$

其还原电位分别在 −0.2 V 和 −0.8 V 左右。氧的还原电流将对还原性物质的研究测定产生干扰，因此，电化学测定前试液必须除氧。

除氧的方法有：向溶液中通高纯氮气、氢气或其他惰性气体 5~10 min 除氧；酸性溶液中还可用二氧化碳除氧；在碱性或中性溶液中可加入亚硫酸钠还原氧；强酸性溶液中可用碳酸钠除氧。在某些极谱测量中必须在氮气保护下进行，以防止试液重新吸收空气中的氧。

5. 其他干扰

极谱波的其他干扰还有前波、氢波、叠波等。前波是指在待测电活性物质起波之前出现的大量的半波电位较正的还原物质的干扰，可通过预电解的方式消除干扰。氢波是指溶液中的氢离子在阴极还原产生的干扰，可通过控制溶液的 pH 消除干扰。叠波是指两个电极电位相近的金属离子的极谱波重叠的现象，一般可通过配合掩蔽消除干扰。

三、应用

尤考维奇方程是极谱定量分析的基础。极谱分析把电解池内的溶液体系称为底液（blank solution），它包括支持电解质、极大抑制剂、除氧剂及为消除干扰和改善极谱波所需加入的试剂，如 pH 缓冲剂、配合掩蔽剂等。定量分析首先要选择一个底液。极谱波的波高代表扩散电流的大小，它可以用作图的方法来测量。图 12-19 所示的方法称为三切线法。

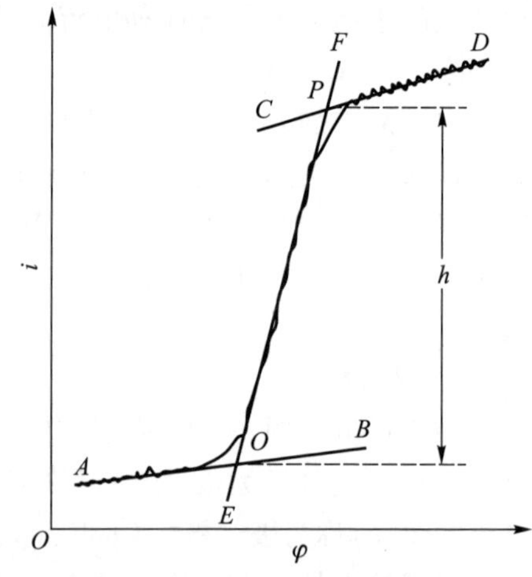

图 12-19　三切线法测量波高

定量方法可采用校准曲线法或标准加入法。

1. 校准曲线法

配制一系列含不同浓度的被测离子的标准溶液，在相同的实验条件下（底液条件、滴汞电极、汞柱高度）绘制极谱波；以波高对浓度作图得一通过原点的校准曲线。在上述条件下测定未知液的波高，从校准曲线上查得试液的浓度。

2. 标准加入法

先测得试液体积为 V_x 的被测物质的极谱波的波高 h，再在电解池中加入浓度为 c_s、体积为 V_s 的被测物的标准溶液；在同样实验条件下测得波高 H，则

$$h=kc_x$$

$$H=k\frac{V_xc_x+V_sc_s}{V_s+V_x}$$

消去比例系数 k 即可求得 c_x

$$c_x=\frac{c_sV_sh}{H(V_x+V_s)-hV_x} \tag{12-42}$$

极谱分析法广泛用于测定无机和有机化合物。

（1）周期表中有许多元素可用极谱法来测定。常用极谱分析的元素有 Cr、Mn、Fe、Co、Ni、Cu、Zn、Cd、ln、Tl、Sn、Pb、As、Sb、Bi 等。这些元素易于测定，其还原电位分布在 0~1.6 V 的范围内，往往可以在一张极谱图上同时得到若干元素的极谱波。如在氨性溶液中 Cu、Cd、Ni、Zn、Mn 可同时测定。

碱金属和碱土金属，它们的还原电位相当负，因此，很难进行极谱分析。它们的盐类，如 KCl、NaCl、Na_2SO_4 常常用作支持电解质。

无机极谱分析主要用于测定纯金属中微量的杂质元素，合金中的各金属成分，矿石中的金属元素，工业制品、药物、食品中的金属元素，以及动植物体内或海水中的微量及

痕量金属元素。

（2）极谱分析法对一般有机化合物、高分子化合物、药物和农药等分析也非常有用。许多有机化合物可在滴汞电极上还原产生有机极谱波，如共轭不饱和化合物、羰基化合物、有机卤化物、含氮化合物、亚硝基化合物、偶氮化合物、含硫化合物。在药物分析方面有各种抗微生物类药物、维生素、激素、生物碱、磺胺类、呋喃类等。在农药化工方面有敌百虫和某些硫磷类农药。在高分子化工方面可用于测定氯乙烯、苯乙烯、丙烯腈等单体。

有机化合物常常不溶于水，可以用各种醇或它们与水的混合物作溶剂，加入适量的锂盐或有机季铵盐作为支持电解质。

（3）极谱分析除作定量测定外，还可测定配合物离子的解离常数和配位数。据尤考维奇方程，可以测定金属离子在溶液中的扩散系数。通过汞柱高度的改变、对极谱波做对数分析等手段来判断电极过程的可逆性。

12.5.3 极谱和伏安分析技术的发展

极谱分析技术的发展主要是提高极谱分析的灵敏度，灵敏度的提高要增大信噪比，即提高法拉第电解电流的值和降低电容电流。由于经典极谱法在市场竞争中不敌现代光谱分析法，只有高灵敏度的现代催化极谱法和溶出伏安法还有应用。

一、极谱催化波

极谱催化波（polarographic catalytic wave）是一种动力波，也称催化极谱法。动力波是一类在电极反应过程中同时受某些化学反应速率所控制的极谱波。催化极谱是一种高灵敏度的检测方法，检测下限有些金属离子比 ICP–MS 还高，是现代生产企业检测高纯物质中痕量杂质现行有效的检测手段之一。

根据化学反应的情况，可以分成三种类型：

（1）化学反应先于电极反应：

$$\mathrm{A} \underset{}{\overset{k}{\rightleftharpoons}} \mathrm{B}$$

$$\mathrm{B} + ze^- \longrightarrow \mathrm{C}$$

（2）化学反应平行于电极反应：

$$\mathrm{A} + ze^- \longrightarrow \mathrm{B}$$

$$\mathrm{B} + \mathrm{C} \rightleftharpoons \mathrm{A}$$

（3）化学反应后行于电极反应：

$$\mathrm{A} + ze^- \longrightarrow \mathrm{B}$$

$$\mathrm{B} \overset{k}{\rightleftharpoons} \mathrm{C}$$

常用 C 表示化学反应，E 表示电极反应。先行反应简称 CE 过程，平行反应简称 EC（R）过程，后行反应简称 EC 过程。

通常极谱催化波是平行反应过程的动力波，它可以使用普通的极谱仪器，而将测定的灵敏度大大提高。

1. 平行催化波

在电极反应进行的同时，电极周围的薄层溶液（反应层）中发生某化学反应，将电极还原的产物又氧化回来。如

$$Ox + ze^- \rightleftharpoons Red \quad \text{电极反应}$$

$$Red + Z \overset{k}{\rightleftharpoons} Ox \quad \text{化学反应}$$

整个电极过程受有关化学反应动力学控制。这类电流总称为动力电流，这种电极反应与化学反应平行进行，形成了循环，使催化电流比相同浓度电活性物质的扩散电流要大得多，故称平行催化波。实际上电解前后 Ox 的浓度没有变化，被消耗的是氧化剂 Z。而 Ox 相当于一个催化剂，它催化了 Z 的还原。产生的催化电流与 Ox 的浓度在一定范围内成正比。

常用的氧化剂有 H_2O_2，$NaClO_3$ 或 $KClO_3$，$NaNO_2$ 等，如在苦杏仁酸和硫酸体系中，$NaClO_3$ 和 Mo（Ⅵ）产生一个灵敏的催化波。

$$Mo(\text{Ⅵ}) + e^- \longrightarrow Mo(\text{Ⅴ})$$

$$6Mo(\text{Ⅴ}) + ClO_3^- + 6H^+ \overset{k}{\rightleftharpoons} 6Mo(\text{Ⅵ}) + Cl^- + 3H_2O$$

灵敏度可达 6×10^{-10} mol/L。

催化电流的大小主要取决于化学反应的速率常数 k，k 越大，化学反应的速率越快，催化电流越大，方法的灵敏度就越高。催化电流与汞柱高无关，其温度系数取决于化学反应速率常数的温度系数，一般为 4%~5%。

2. 氢催化波

氢在汞上有很高的超电位，某些物质在酸性缓冲溶液中能降低氢的超电位，使 H^+ 在比正常氢波较正的电位还原，产生氢催化波。由于产生的机理不同，可以分成两类：

（1）铂族元素的氢催化波。在稀酸性溶液中 Pt（Ⅳ）在汞滴上还原不形成汞齐而形成具有催化活性的铂原子，聚集在滴汞的表面，降低 H^+ 还原的超电位。如在 0.1 mol/L HCl 溶液中，氢在 −1.25 V 处开始起波。若溶液中有 5×10^{-8} mol/L Pt（Ⅳ）时，在 −1.05 V 处出现一个氢催化波。该波随铂的浓度增加而增高，可测定痕量的铂。

铂族元素中除钯、锇外，痕量的钌、铑、铱也都能产生氢催化波。

（2）有机化合物或金属配合物的催化波。

$$B + DH^+ \rightleftharpoons BH^+ + D$$

$$BH^+ + e^- \longrightarrow B + \frac{1}{2}H_2$$

某些含氮和含硫的有机化合物或它们的金属配合物，它们含有可质子化的基团。这些化合物能与溶液中的质子给予体相互作用，形成质子化产物，吸附到电极表面，发生 H^+ 的还原。电极反应的产物再次质子化，形成一个 H^+ 还原的催化循环，产生氢催化电流。

它与平行催化波不同，这类催化剂本身不参加电极反应。这类氢催化波常用来测定氨基酸、蛋白质。

在含有钴(Ⅱ)盐的氨性缓冲溶液中，具有—SH 键的半胱氨酸及胱氨酸均能产生催化氢波。催化电流与胱氨酸及钴的浓度有关，可用来测定胰岛素、尿、脑脊髓液、血清中的胱氨酸及蛋白质，以及用于医疗诊断。

二、溶出伏安法

溶出伏安法(stripping voltammetry)是一种高灵敏度的电化学分析方法，检测下限一般可达 10^{-11}~10^{-7} mol/L。它将电化学富集与测定有机地结合在一起。溶出伏安法的操作分为两步：第一步是预电解，第二步是溶出。

1. 预电解

预电解是在恒电位下和搅拌的溶液中进行，将痕量组分富集到电极上。时间需严格地控制。富集后，让溶液静止 30 s 或 1 min，称为休止期，再用各种伏安方法在极短时间内溶出。

2. 溶出

工作电极发生氧化反应的称为阳极溶出伏安法；工作电极发生还原反应的称为阴极溶出伏安法。溶出峰电流的大小与被测物质的浓度成正比。

电解富集的电极有悬汞电极、汞膜电极和固体电极。汞膜电极面积大，同样的汞量做成厚度为几十纳米到几百纳米的汞膜，其表面积比悬汞大，电极效率高。

如图 12-20，在盐酸介质中测定痕量铜、铅、镉。先将汞电极电位固定在 -0.8 V 处电解一定时间，此时溶液中 Cu^{2+}、Pb^{2+}、Cd^{2+} 在电极上还原，生成汞齐。电解完毕后，使电极电位向正电位方向线性扫描，这时镉、铅、铜分别被氧化形成峰。

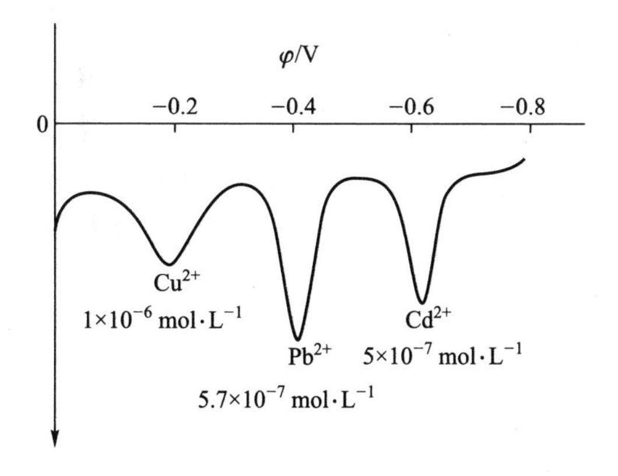

图 12-20 盐酸底液中镉、铅、铜的溶出伏安曲线

溶出伏安法除用于测定金属离子外,还可测定一些阴离子,如氯、溴、碘、硫等。它们能与汞生成难溶化合物,可用阴极溶出伏安法进行测定。

思 考 题

1. 电化学分析法可分为哪些类型?有何特点?
2. 化学电池如何图解表达?
3. 电极如何分类?电势如何测量?
4. 直接电位分析的原理?膜电位是如何产生的?
5. 简述 pH 玻璃电极和氟离子选择电极的构造和工作原理,使用注意事项。
6. 电位型电化学传感器的性能参数有哪些?这些参数对直接电位法有何意义?
7. 直接电位法定量分析方法有哪些?如何进行定量分析?如何测定溶液的 pH ?
8. 电位滴定法的原理是什么?有何特点?如何确定滴定终点?如何用该法测定磷酸铁锂中铁的含量?
9. 电解和库仑分析法的原理是什么?为什么通过控制电解电位可分离和分析溶液中共存的金属离子?
10. 经典极谱法的原理?使用什么电极?
11. 极限扩散电流是如何产生的?与哪些因素有关?有哪些干扰?如何消除?
12. 简述催化极谱的原理和特点,溶出伏安法的原理和特点。

习 题

一、选择题

1. 用离子选择性电极法测定氟离子含量时,加入的TISAB的组成中不包括( )。

A. NaCl　B. NaAc　C. HCl　D. 柠檬酸钠

2. pH 标准缓冲溶液应储存于( )中密封保存。

A. 玻璃瓶　B. 塑料瓶　C. 烧杯　D. 容量瓶

3. pHS-2 型酸度计是由( )电极组成的工作电池。

A. 甘汞电极 - 玻璃电极　B. 银 - 氯化银 - 玻璃电极

C. 甘汞电极 - 银 - 氯化银　D. 甘汞电极 - 单晶膜电极

4. pH 玻璃电极产生的不对称电位来源于( )。

A. 内外玻璃膜表面特性不同　B. 内外溶液中 H^+ 浓度不同

C. 内外溶液的 H^+ 活度系数不同　D. 内外参比电极不一样

5. 玻璃电极使用前,需要( )。

A. 在酸性溶液中浸泡 1 h　B. 在碱性溶液中浸泡 1 h

C. 在水溶液中浸泡 24 h　　D. 测量的 pH 不同,浸泡溶液不同

6. 利用电极选择性系数估计干扰离子所产生的相对误差,对于一价离子正确的计算式为(　　)。

A. $K_{ij}\frac{a_j}{a_i}$　　B. $K_{ij}\frac{a_i}{a_j}$　　C. $\frac{K_{ij}}{a_i}$　　D. $\frac{a_j}{K_{ij}a_i}$

7. 膜电极(离子选择性电极)与金属电极的区别(　　)。

A. 膜电极的薄膜并不给出或得到电子,而是选择性地让一些电子渗透

B. 膜电极的薄膜并不给出或得到电子,而是选择性地让一些分子渗透

C. 膜电极的薄膜并不给出或得到电子,而是选择性地让一些原子渗透

D. 膜电极的薄膜并不给出或得到电子,而是选择性地让一些离子渗透(包含着离子交换过程)

8. K_{ij} 称为电极的选择性系数,通常 K_{ij} 越小,说明(　　)。

A. 电极的选择性越高　　B. 电极的选择性越低

C. 与电极选择性无关　　D. 分情况而定

9. 在自动电位滴定法测 HAc 的实验中,指示滴定终点的是(　　)。

A. 酚酞　　B. 甲基橙

C. 指示剂　　D. 自动电位滴定仪

10. 用 $AgNO_3$ 标准溶液电位滴定 Cl^-、Br^-、I^- 时,可以用作参比电极的是(　　)。

A. 铂电极　　B. 卤化银电极　　C. 饱和甘汞电极　　D. 玻璃电极

11. 待测离子 i 与干扰离子 j,其选择性系数 K_{ij}(　　)则说明电极对被测离子有选择性响应。

A. $\gg 1$　　B. >1　　C. $\ll 1$　　D. 1

12. 用氟离子选择电极测定溶液中氟离子含量时,主要干扰离子是(　　)。

A. 其他卤素离子　　B. NO_3^-　　C. Na^+　　D. OH^-

二、判断题

1. 用电位滴定法测定磷酸铁锂中铁的含量时,滴定前加入的混合酸是盐酸和磷酸。

2. 测溶液的 pH 时玻璃电极的电位与溶液的氢离子浓度成正比。

3. 电位法基本原理是指示电极的电极电位与被测离子的活度符合能斯特方程。

4. 膜电位与待测离子活度的对数呈线形关系是离子选择性电极测定离子活度的基础。

5. 标准氢电极是常用的指示电极。

6. 氟离子电极的敏感膜材料是晶体氟化镧。

7. 普通酸度计通电后可立即开始测量。

8. 玻璃电极不是离子选择性电极。

9. 库仑分析法的理论基础是法拉第电解定律。

10. 库仑分析的关键是保证电流效率的重复不变。

11. 酸度计测定溶液的 pH 时,使用的玻璃电极属于晶体膜电极。

12. 溶出伏安法的要点是先富集再测量。

13. 用玻璃电极测定溶液的 pH 时，必须首先进行定位校正。

14. pH 玻璃电极在使用之前应浸泡 24 h 以上，方可使用。

15. 在电位滴定中，滴定终点的体积为 $\Delta^2\varphi/\Delta V^2-V$（二级微商）曲线的最高点所对应的体积。

16. 参比电极的电极电位不随温度变化是其特性之一。

17. Ag-AgCl 参比电极的电位随电极内 KCl 溶液浓度的增加而增加。

18. 甘汞电极和 Ag-AgCl 电极只能作为参比电极使用。

19. 根据 TISAB 的作用推测，测 F^- 时，所使用的 TISAB 中应含有 NaCl 和 HAc、NaAc。

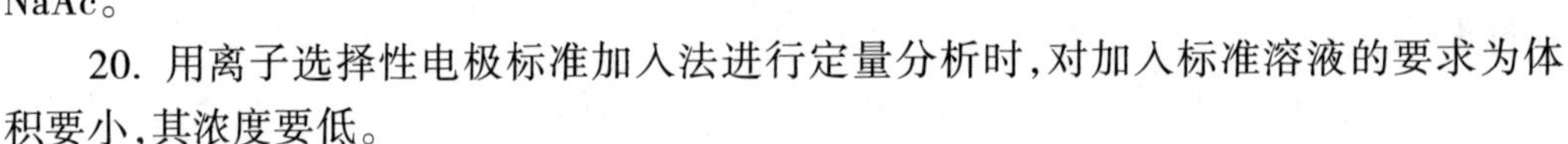

20. 用离子选择性电极标准加入法进行定量分析时，对加入标准溶液的要求为体积要小，其浓度要低。

参考答案

第十三章　现代仪器分析方法简介

20 世纪末，现代仪器分析技术飞速发展，单台（套）价格在 100 万元人民币以上的分析仪器已经成为检验检测机构必备的检测设备，本章简介几种检验检测实验室常用的现代仪器分析方法。

13.1　X 射线荧光光谱法（XRF）

X 射线照射物质时，除发生散射、衍射和吸收等现象外，还产生次级 X 射线。照射样品的 X 射线称为初级 X 射线。次级 X 射线的波长取决于吸收初级 X 射线的元素的原子结构。因此，根据 X 射线荧光的波长可以进行定性分析，根据特征 X 射线荧光的强度可以进行定量分析。

13.1.1　X 射线荧光光谱仪

根据分光原理不同，X 射线荧光光谱仪分为波长色散和能量色散两种类型。

一、波长色散 X 射线荧光光谱仪

波长色散 X 射线荧光光谱仪如图 13-1 所示，主要由光源、分光系统、检测系统、记录系统组成。它们分别起激发、分光、检测和显示作用。

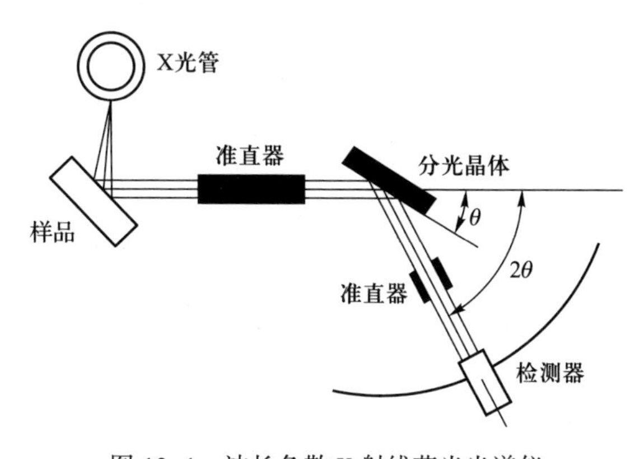

图 13-1　波长色散 X 射线荧光光谱仪

1. 光源

X 射线荧光分析的光源是 X 光管，可发射连续 X 射线。当 X 射线照射物质时，除了发生吸收和散射外，还能产生 X 射线荧光。

2. X 射线荧光的产生

当 X 射线光子的能量足够大，足以击出原子的内层电子（如 K 层电子）使其成为光电子，如图 13-2 所示，L 层电子会跃入 K 层空穴，多余的能量以光子的形式释放出来：$\Delta E=E_K-E_L$，产生 K_α 特征谱线，这就是 X 射线荧光。只有当初级 X 射线能量稍大于分析物质原子内层电子的结合能时，才能击出相应的电子，因此，X 射线荧光波长总是比初级 X 射线的波长要长一些。X 光管的靶材的原子序数越大，X 光管的管压越高则发射的连续 X 射线的强度越大，一般分析重元素使用钨靶，分析轻元素时使用铬靶。

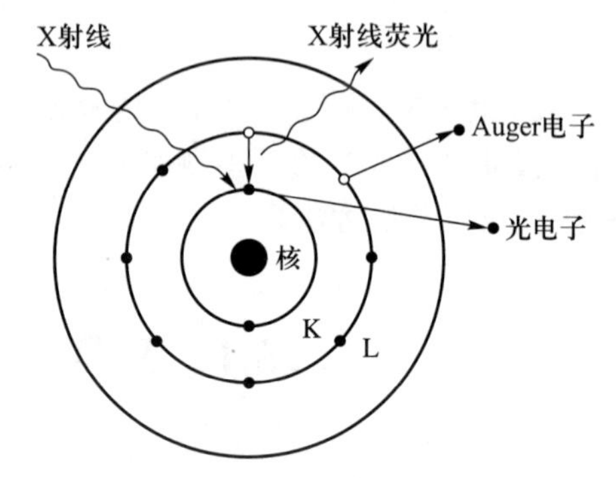

图 13-2 X 射线电子激发弛豫示意图

原子内层（如 K 层）电子被电离后出现一个空穴，外层（L 层）电子跃迁时所释放的能量也可能被原子内部吸收后激发出较外层的另一个电子，这种现象称为俄歇（Auger）效应。后来被逐出的电子称为俄歇电子。各元素的俄歇电子能量都有其固定值，在此基础上建立了俄歇电子能谱法。

原子在 X 射线的激发下，所发生的俄歇效应和荧光辐射是两种互相竞争的过程。

对一个原子来说，激发态原子在弛豫过程中释放的能量只能用一种方式，要么发射俄歇电子，要么发射 X 荧光光子。对大量原子来说，两种过程就存在概率问题，符合统计规律，其比例是一定的，产生荧光的概率称为荧光产额（ω）。俄歇电子产额则为（$1-\omega$）。L 层、M 层的荧光产额的定义与 K 层相似。元素的原子序数越大，荧光产额越高，原子序数小于 11 的元素荧光产额较低，因此，X 射线荧光光谱分析原子序数小的元素灵敏度不高。

3. 分光系统

分光系统由准直镜和分析晶体组成。准直镜的作用是将光源发射的原级 X 射线和分光后的特征 X 射线荧光聚集成平行光。分析晶体是仪器的心脏，作用是将样品发射的特征 X 射线荧光色散分开。由于 X 射线波长很短，因此，传统的光栅无法完成分光。X 射线的分光是利用晶体的衍射作用进行分光，因为晶体质点之间的距离与 X 射线波长同属一个数量级，可使不同波长的 X 射线荧光色散，然后选择被测元素的特征 X 射线进行测定。常用的分光晶体有氟化锂、磷酸二氢铵、硬脂酸铅等。

由于温度对分析晶体的晶间距有影响，因此，仪器的工作环境必须恒温。

晶体分光器有平面分光器和弯曲晶体分光器两种，由于每种分光晶体的分光范围不同，没有任何一块分光晶体能适应所有元素的分光，因此，波长色散的分光系统备有多块分析晶体。

4. 检测系统

检测器是接收并检测从分光晶体后面出来的特征 X 射线的装置。常用的检测器有正比计数器、闪烁计数器和半导体探测器三种。

正比计数器是一种充气型检测器，利用 X 射线能使气体电离的作用，使辐射能转换为电能进行测量。闪烁计数器的核心是闪烁晶体，闪烁晶体吸收 X 射线后会闪烁发光，利用光电倍增管可将闪烁晶体发射的光转换为电信号。半导体探测器是利用半导体的特性，由掺杂锂的半导体硅（或锗）制成，在其两面真空喷镀一层 20 nm 厚的金膜构成电极，在 n、p 区有一个锂漂移区。由于锂的原子半径小，很容易漂移穿过半导体，而且锂的电离能也较低，当入射的 X 射线撞击锂漂移区时，在其运动途径形成电子 – 空穴对，电子 – 空穴对在外电场的作用下，分别移向 n 层和 p 层，形成电脉冲。脉冲高度与 X 射线能量成正比。

5. 记录系统

记录系统由放大器、脉冲高度分析器、记录和显示装置组成。放大器、记录和显示装置在前面章节中已有介绍，这时着重介绍一下脉冲高度分析器。

脉冲高度分析器的工作原理见图 13–3。脉冲高度分析器也叫甄别器，设有两个甄别阀，当检测器中出来的 X 射线信号进入脉冲高度分析器后，只有光子能量大小在两个甄别阀之间的光子信号才能通过甄别器。通过调节甄别阀，可选择最终检测的测量谱线以消除高次衍射、散射线的干扰。

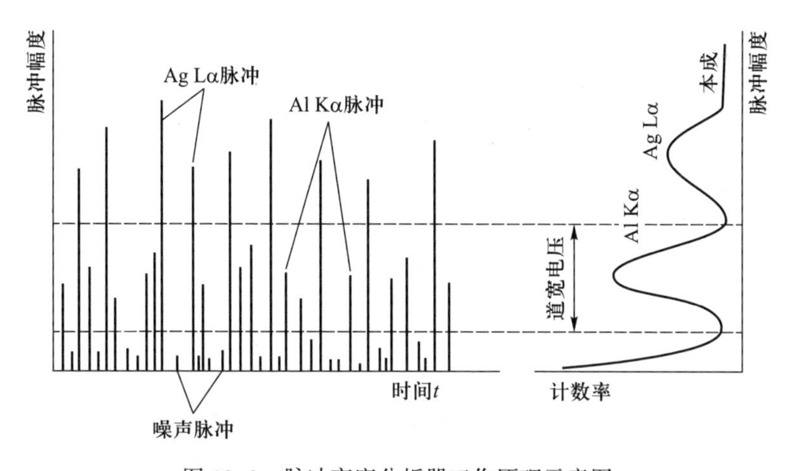

图 13–3　脉冲高度分析器工作原理示意图

二、能量色散 X 射线荧光光谱仪

能量色散 X 射线荧光光谱仪不需要分光晶体，直接利用半导体检测器的高分辨率，并配以多道脉冲分析器，直接测量 X 射线荧光的能量，这使仪器结构趋于小型化、轻便化。其仪器结构如图 13–4 所示。

来自样品的 X 射线荧光依次被半导体检测器检测，得到一系列幅度与光子能量成正比的脉冲，经放大器放大后送到多道脉冲高度分析器（1 000 道以上）。然后按脉冲幅度的大小分别统计脉冲数，脉冲幅度可以用光子能量来标度，从而得到计数率随光子能量分布的曲线即能谱图。

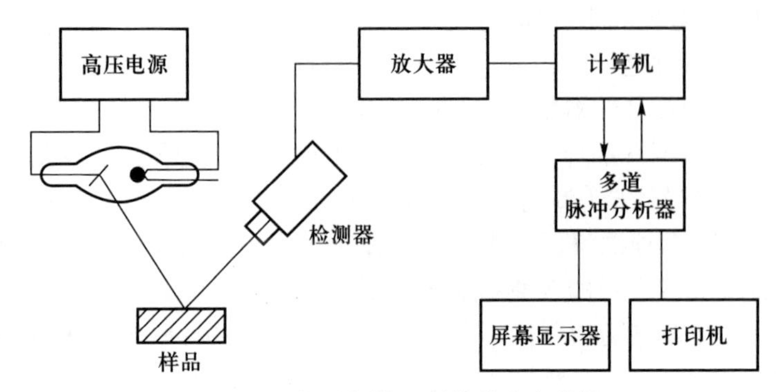

图 13-4 能量色散 X 射线荧光光谱仪

13.1.2 定性和定量分析

一、定性分析

莫塞莱（Moseley）根据 X 射线荧光波长变化的规律，建立了 X 射线波长与元素原子序数关系的定律：

$$\frac{1}{\lambda}=\sqrt{K(Z-S)} \tag{13-1}$$

式中 λ 为某元素发射的特征 X 射线谱线的波长；Z 为该元素的原子序数；K、S 为常数，随不同线系而定，这一规律称为莫塞莱定律。由莫塞莱定律可知，每个元素发射的 X 射线荧光波长都是特征的，据此可以进行定性分析。

二、定量分析

定量分析的依据是特征 X 射线荧光的强度与样品中待测元素的含量成正比。

$$I=kc \tag{13-2}$$

定量测定的主要干扰有基体效应、粒度效应和谱线干扰。因此，在实际工作中基体匹配就显得尤其重要，同时粒度越小干扰越小，样品尽量磨细可减小粒度效应的影响。谱线干扰可通过提高仪器的分辨率，如增加脉冲高度分析器加以消除。

定量分析方法有校准曲线法、内标法、增量法、数学校正法。校准曲线法、内标法前已述及，增量法就是标准加入法，数学校正法是 X 射线荧光分析特有的定量分析方法，主要有经验系数法和基本参数法，近来发展了多重回归法和有效波长法，随着现代电子技术的发展和大数据的积累，数学校正法将成为 X 射线荧光定量方法的主流，详见有关专著。

13.1.3 应用

X 射线荧光光谱分析法已被定为国际标准（ISO）的分析方法之一，其主要优点是：

(1)X 射线荧光对应原子内层电子跃迁,谱线数量少,彼此干扰少,特征性更强。

(2)由于测定的是荧光谱线,没有连续背景发射,分析灵敏度显著提高。

(3)原子内层电子能级主要由原子本身的特性决定,与原子所处的化学环境(如价态)关系不大。

(4)可对样品进行表面及微区分析,自动化程度高。

(5)一次可进行全元素分析,样品在激发过程中不被破坏,可进行无损分析。

该法的不足是不能分析原子序数前 4 的元素,原子序数在 5~10 的元素灵敏度较低,钠及原子序数在钠以后的元素灵敏度、准确度都有保障。

X 射线荧光光谱法具有很大的优势,可将样品磨成粉末后直接测定,并可进行全元素分析,在冶金、地质、环境、农业、建材、机械、化工等领域广泛使用。

【例 13.1】 波长色散 X 射线荧光光谱法测定铝用碳素中微量元素含量(YS/T 63.16—2019)

YS/T 63.16—2019 规定了铝用碳素材料中硫、钒、钙、钠、硅、铁、镍、铝、磷、镁、铅、锌、铬、锰含量的测定方法。本方法适用于石油焦、煅后石油焦、预焙阳极中硫、钒、钙、钠、硅、铁、镍、铝、磷、镁、铅、锌、铬、锰含量的测定,其他碳素材料可参考使用。

X 光管发射的初级 X 射线照射在样品上,样品内各化学元素被激发出各自的二次特征辐射。根据样品发射的二次特征谱线的波长可进行定性分析,根据特征谱线的强度可进行定量分析。在进行定量分析时采用校准曲线法,必要时进行基体效应的数学修正。

铝用碳素按 GB/T 26297.3—2010、GB/T 26297.6—2010 的规定取样,所取样品先破碎至 4 mm 以下,再将破碎后的样品磨细至全部通过 150 μm 标准筛网在 110 ℃烘干 2 h。称取 10~20 g(精确至 0.1 mg)样品和一定量黏结剂混合后用研磨机研磨 20 s。推荐制样条件为:样品与黏结剂的混合比例为(6∶1),压力为 20 kN,保压 20 s,样片厚度不小于 4 mm。仪器的测量条件见表 13-1。

表 13-1 各元素测量条件

元素	分析线	计数器	晶体	谱峰角度(2θ)/(°)
S	S K_α	FPC	PET	75.85
V	V K_α	FPC	LiF200	76.94
Na	Na K_α	FPC	TAP 或 PX10	55.10 或 27.75
Ca	Ca K_α	FPC	LiF200	113.05
Si	Si K_α	FPC	PET	109.05
Fe	Fe K_α	SC	LiF200	57.50
Ni	Ni K_α	SC	LiF200	48.68
Ti	Ti K_α	FPC	LiF200	86.14
Al	Al K_α	FPC	PET	114.60

续表

元素	分析线	计数器	晶体	谱峰角度(2θ)/(°)
P	P K_α	FPC	Ge(111)	141.03
Mg	Mg K_α	FPC	PET 或 TAP	23.03 或 45.10
Pb	PbL_α 或 $L2a$	SC	LiF200	33.95 或 28.26
Zn	Zn K_α	SC	LiF200	41.78
Cr	Cr K_α	FPC	LiF200	69.35
Mn	Mn K_α	FPC	LiF200	62.97

注:FPC 为流气封闭计数器,SC 为闪烁计数器。

样品测量前先必须对仪器进行校准,所选校准样品应具有合适的含量范围,并有一定梯度。测量范围由所选标准样品决定。各元素的参考测量范围如下:

硫:0.30%~5.0%、硅:0.002 0%~0.050%、钒:0.002 0%~0.070%、铁:0.002 0%~0.070%、钠:0.002 0%~0.050%、镍:0.002 0%~0.050%、钙:0.002 0%~0.050%、钛:0.000 50%~005 0%、铝:0.002 0%~0.044%、锌:0.000 5%~0.005 0%、镁:0.000 5%~0.015%、铬:0.000 5%~0.005 0%、磷:0.000 5%~0.005 0%、锰:0.000 5%~0.005 0%、铅:0.000 5%~0.005 0%。

可根据实际情况对校准曲线进行计算,如理论系数法、基本参数法、经验系数法等,可根据仪器情况选择校准方程,对有谱线重叠干扰的元素,须进行谱线重叠干扰校正。仪器漂移的校准控制样品应是均匀稳定的物质,含有所有待测元素,其浓度应使其计数率的统计误差小于或等于校准元素的计数率统计误差,每次做监控漂移时应用新制样片。在建立校正曲线的同时测量标准样品和监控样品以保证漂移校正的有效性。可采用单点校正或两点校正,定期使用控制样品进行仪器漂移校正,时间间隔根据仪器稳定性确定。

样品制备好按表 13-1 所示条件进行测定,仪器会自动执行分析程序、报告分析结果。方法的重复性限和允许误差可查阅标准文件,每周或每两周应使用标准样品对本方法的有效性进行校验,必要时重新制作工作曲线。

13.2 核磁共振波谱法(NMR)

核磁共振波谱法(nuclear magnetic resonance spectrum, NMR)测量的是磁性原子核对射频能的吸收现象。

1924 年,Pauli 预言了核磁共振的基本理论,1946 年 Bloch 和 Purcell 观察到核磁共振现象并获得 1952 年诺贝尔奖,1956 年 Varian 制造出第一台核磁共振商品仪器,随后广泛应用于无机化学、有机化学、生物化学及临床检验中。

13.2.1 核磁共振的基本原理

一、自旋核在磁场中的行为

假设一个原子核围绕核心指定轴进行自旋，其自旋角动量为 P，而自旋角动量的状态由该核的自旋量子数 I 决定，共有（$2I+1$）个，取值分别为 $I, I-1, \cdots, -I$。而角动量的能级差为 $h/(2\pi)$ 的整数或半整数倍，在无外磁场时，各状态的能量相同。

由于核都是带电荷的，其自旋时就会产生一个小的磁场，其磁矩方向为轴向，其大小与角动量 P 有关：

$$\mu=\gamma P \tag{13-3}$$

式中 μ 为核的磁偶极矩；γ 为磁旋比，每种核都有其特征值。

核自旋量子数 $I=1/2$ 的常见核有 ^{1}H, ^{13}C, ^{19}F, ^{31}P 等，这些核有两种自旋状态，分别为 $m=-\dfrac{1}{2}$, $m=\dfrac{1}{2}$，在外加磁场的作用下，I 为 1/2 的核自旋存在两种取向，其能级差为

$$\Delta E=\frac{\gamma h}{2\pi}B_0$$

式中 B_0 为外加磁场强度，与其他光谱方法一样，当外加的射频能量刚好满足上式的要求时会发生能级跃迁，从而产生吸收光谱。吸收的频率为

$$\nu=\frac{\Delta E}{h}=\frac{\gamma}{2\pi}B_0 \tag{13-4}$$

二、核磁共振中环境因素的影响

从式（13-4）可知，自旋核在一定的外加磁场中会吸收一定频率的射频辐射。但在实际工作中，由于不同质子所处的环境不同，其共振频率会发生变化，从而可根据这种变化推测出环境的特性。为了论述方便，现以质子为例。

1. 化学位移

从式（13-4）计算可知，若施加的磁场强度为 1.409 T，共振吸收频率应为 60 MHz。但在实验中发现，各种化合物中不同的氢原子吸收的频率稍有不同，正是这些不同使 NMR 尤其是质子共振，在有机结构方面得到了广泛应用。

产生差别的原因是由于原子核总是处在核外电子的包围之中。核外电子在外加磁场的作用下产生次级磁场。该磁场方向与外加磁场方向相反，因此，原子核实际受到的磁场作用比外加磁场要低。

$$\begin{aligned} B &= B_0-\sigma B_0 \\ &= (1-\sigma)B_0 \end{aligned} \tag{13-5}$$

式中 B 为原子核实际感受到的磁场强度；B_0 为外加的磁场强度；σ 为屏蔽常数，此常数由核外电子云密度决定，与化学结构密切相关。电子云密度越大，共振时所需的外加磁

场强度就越大。而电子云密度与核所处化学环境（如相邻基团电负性）有关。

在恒定外加磁场时，由于化学环境的作用，不同氢核吸收的射频能的频率不同。由于频率差异的范围不大，通常引入一个相对标准（内标物）来测量样品吸收频率与标准物质吸收频率的差值。为了便于比较，必须采用相对值来消除不同频率的差别，称为化学位移用 δ 表示。

$$\delta=\frac{\nu_x-\nu_s}{\nu_s}\times10^6 \tag{13-6}$$

目前最常用的内标物是四甲基硅烷（简称 TMS），人们把它的化学位移定为 0。使用四甲基硅烷做内标是因为四甲基硅烷的 12 个质子处于完全相同的化学环境之中，且其屏蔽常数大于绝大多数其他化合物，只在图谱中远离其他大多数待研究峰的高场区有一个尖峰。TMS 很稳定，化学惰性，易溶于大多数有机溶剂中且易于用蒸馏法从样品中除去，其沸点只有 28 ℃。

影响化学位移的因素有诱导效应、共轭效应、磁各向异性、氢键等。总之，化学位移这一现象使化学家们可以获得关于电负性、键的各向异性及其他一些基本信息，对确定化合物的结构起了很大作用。

2. 自旋耦合及耦合裂分

乙醇分子中共有 3 组质子，处于不同的化学环境中，因此，在 NMR 图谱上有三个峰，见图 13-5（a）。而在高分辨的 NMR 谱图上，实验发现其中两个峰还有精细结构，见图 13-5（b），这是氢核之间相互作用所致。由于氢核在磁场中有两个自旋取向，而这些自旋取向会产生局部磁场对邻近的核产生微扰。两种核之间产生的微扰称为自旋 - 自旋耦合，简称自旋耦合。相互干扰的大小用耦合常数 J 来表示。由自旋耦合引起的谱线分裂现象称为耦合裂分。对于氢核来说，可根据相互耦合的核之间相隔的键数分为同碳耦合，邻碳耦合及远程耦合三类。同碳耦合常数变化范围很大，其值与其结构密切相关。邻碳耦合是相邻碳上氢的耦合，在饱和体系中耦合可通过三个单键进行，其值大约为 0~16 Hz。若某质子相邻两个碳原子上分别有 m 和 n 个质子，裂分规则是裂分后峰的数目等于 $(m+1)\times(n+1)$ 个，若质子只有一个相邻的碳原子上有质子，则裂分后峰的数目为 $(m+1)$，裂分后峰强的比例为 $(a+b)^n$ 展开后各项系数成正比。因此，邻碳耦合是 NMR 谱图最有用的信息之一，能为解析分子结构提供大量有用数据。相隔四个或四个以上的键之间的耦合称为远程耦合，

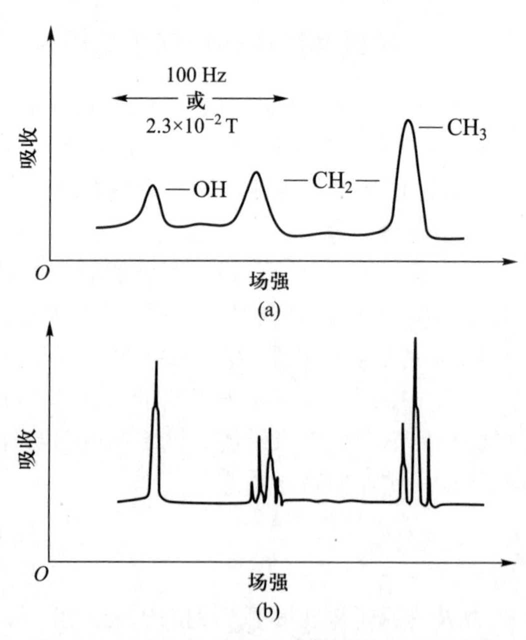

图 13-5 乙醇 NMR 谱（a）低分辨，（b）高分辨

远程耦合的耦合常数很小。

在复杂图谱分析中，正确理解分子中各个质子的相互作用关系十分重要。如甲烷中的四个质子的化学环境完全相同，化学位移也完全相同，称之为化学等价，且四个质子相互的耦合作用完全相等，也称它们是磁等价的，因此，在 NMR 上只有一个峰。要说明的是磁等价一定化学等价，但化学等价不一定磁等价。

13.2.2　核磁共振波谱仪

按工作方式，可将 NMR 仪器分为连续波 NMR 和脉冲傅里叶变换 NMR，本方法发明的前 20 年只有连续波 NMR，20 年后出现傅里叶变换 NMR，现代仪器基本上是傅里叶变换 NMR。

傅里叶变换 NMR 工作原理见图 13-6，其中脉冲射频通过一个线圈照射到样品上，随后该线圈作为接收线圈收集自由感应衰减信号。这一过程通常可在数秒内完成。在恒定的磁场中，在整个射频范围内施加具有一定能量的脉冲，使样品自旋取向发生改变并跃迁至高能态。高能态的核经一段时间后又回到低能态。通过收集这个过程产生的感应电流，即可获得时间域上的波谱图。一种化合物具有多种吸收频率时，所得图谱十分复杂，称为自由感应衰减，自由感应衰减信号产生于激发态的弛豫过程，有关机理可参阅有关专著，自由感应衰减信号经快速傅里叶变换后可获得频域上的波谱图，即可见的 NMR 谱图。

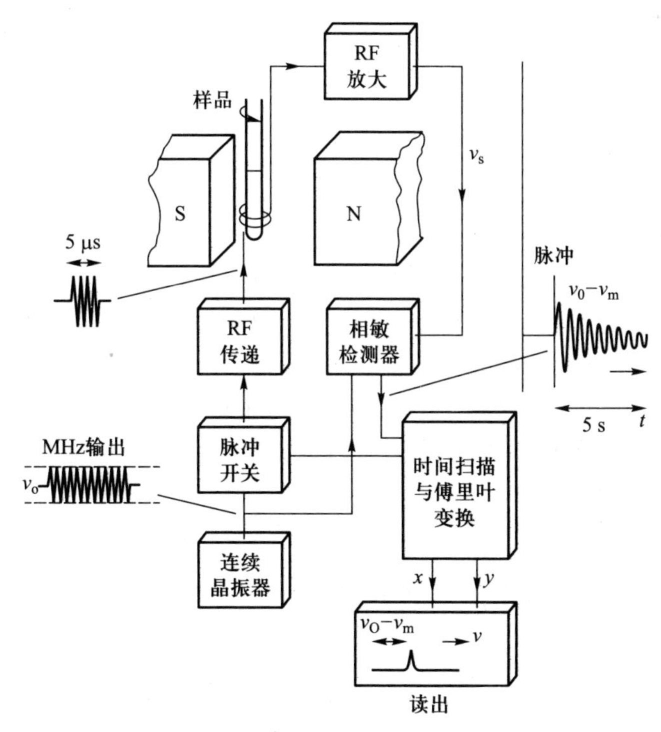

图 13-6　傅里叶变换 NMR 工作原理示意图

与连续波相比，傅里叶变换大大提高了分析速度，连续波扫描1次，傅里叶变换可扫描100次。^{13}C NMR由于灵敏度低，需要累积扫描100次以上叠加才能获得较强信号，经典NMR由于效率较低无法满足测定要求，傅里叶变换技术使得^{13}C NMR成为一种常规的分析手段。

13.2.3　核磁共振波谱法的应用

NMR谱图可以提供化学位移、质子裂分峰数目、耦合常数、各组分相对峰面积等参数，在有机物结构解析、临床医学检验中得到了广泛应用，下面举一个实例说明。

【例13.2】 根据元素分析确定化合物的化学式为$C_5H_{10}O_2$，在四氯化碳溶液中质子的NMR谱如图13-7所示，试推测其结构。

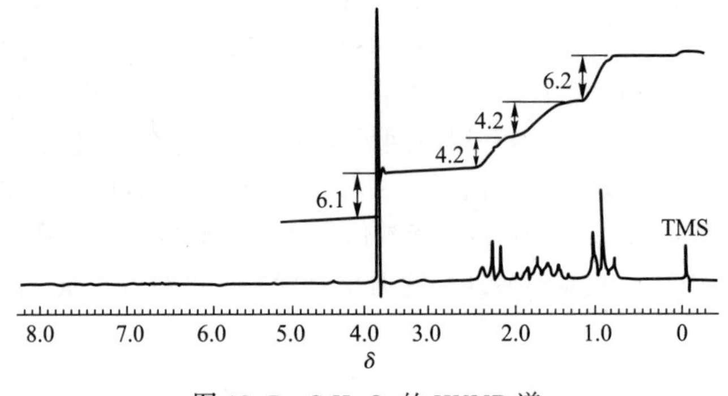

图13-7　$C_5H_{10}O_2$的HNMR谱

解： 该化合物的不饱和度$\Omega=1+5+\frac{0-10}{2}=1$，分子中有一个双键或一个环。

从图13-7可知，该分子中有四组化学环境不同的质子，根据各峰的积分强度的比值6.1∶4.2∶4.2∶6.2可知，四组质子的个数分别为3个、2个、2个、3个。化学位移3.6的单峰有3个质子，且没有耦合裂分，应为一个独立的甲基峰，其化学位移最大，应与吸电子能力最强的氧原子直接相连。化学位移最小（0.9）的三峰有三个化学等价的质子，应是远离氧原子、与亚甲基相连的甲基峰，化学位移2.2的两个质子的三重峰应为与亚甲基相连的亚甲基，化学位移较大应与吸电子基团相连，化学位移1.7的两个质子应为亚甲基，其峰分裂为6重峰，实际应为$(2+1)\times(3+1)=12$的多重峰，因仪器分辨率不够不能全部观测到。因此，可合理推断其分子结构为：$CH_3O(CO)CH_2CH_2CH_3$。

13.3　质谱分析法（MS）

质谱分析法（mass spectrometry，MS）通常采用高能电子束撞击气态分子，将分子电离出阳离子，再加速导入质量分析器中，按质荷比（m/z）大小顺序收集，并以质谱图记录下来，根据质谱峰位置进行定性分析和有机物结构解析及元素中各种同位素比的测定，根据峰强度进行定量分析。

早期的质谱法最重要的工作是发现各种元素的同位素，到 20 世纪 30 年代，质谱法已经鉴定了大多数稳定的同位素，并精确测量了它们的质量，建立了原子量不是整数的概念，大大促进了核化学的发展，但直到 1942 年，才出现了第一台用于石油分析的商品质谱仪。20 世纪 80 年代以后，基质辅助激光解吸电离（MALDI）和电喷雾电离（ESI）等技术的发展，带来了质谱真正意义上的变革，使得在 fmol（10^{-15}）乃至 amol（10^{-18}）水平检测相对分子质量高达几十万的生物大分子成为可能，由此开拓了质谱学的一个崭新的领域——生物质谱。

13.3.1　质谱分析法的基本原理

气体分子受到高能电子流的轰击，首先失去一个外层价电子，成为带正电荷的阳离子，同时正离子的化学键也可能断裂产生带有不同电荷和质量的碎片离子。碎片离子的种类和含量与原来化合物的结构有关。如果测定了这些离子的种类和相对含量，就有可能推测出该化合物的组成和结构。

图 13-8 是单聚焦质谱仪的结构示意图，有机化合物分子在离子室电离后，只要正离子寿命达到 10^{-5} s，经加速器加速后，正离子获得动能，其大小与正离子的势能相等：

$$zU=\frac{1}{2}mV^2 \tag{13-7}$$

式中 z 为电荷数；U 为加速度；m 为离子质量；V 为离子被加速后的速度。具有速度 V 的带电粒子进入质量分析器的磁场中，此磁场方向与离子流前进的方向垂直，强度为 0.05~1 T，在磁场中离子所受的向心力应等于离心力：

$$HzV=\frac{mV^2}{R} \tag{13-8}$$

式中 H 为磁场强度；R 为离子的轨道半径。由式（13-7）和式（13-8）可得

$$R=\sqrt{\frac{2Em}{H^2z}} \tag{13-9}$$

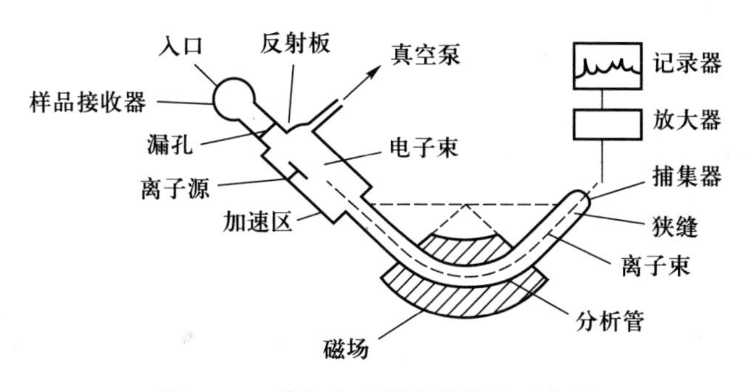

图 13-8　单聚焦质谱仪的结构示意图

由式（13-9）可知，离子圆形轨道半径受外加电压 E、磁场强度 H 和离子的质荷比（m/z）三种因素影响，当 R 保持不变时，改变磁场强度或外加电压，只允许一种质荷比的离子通过出口狭缝，被离子捕集器收集，电信号放大后由记录器记录，得到以质荷比为横坐标、相对丰度为纵坐标的质谱图，如图 13-9 所示。图中各峰表示各种不同 m/z 的离子，峰越高表示生成的离子越多，因此，谱峰的强度与离子的多少成正比。峰的强度以相对丰度表示，并规定其中最强峰的相对强度为 100%，计算机自动给出其他峰的相对强度。

根据质谱仪的工作原理，中性碎片和阴离子在质谱仪上不出峰。

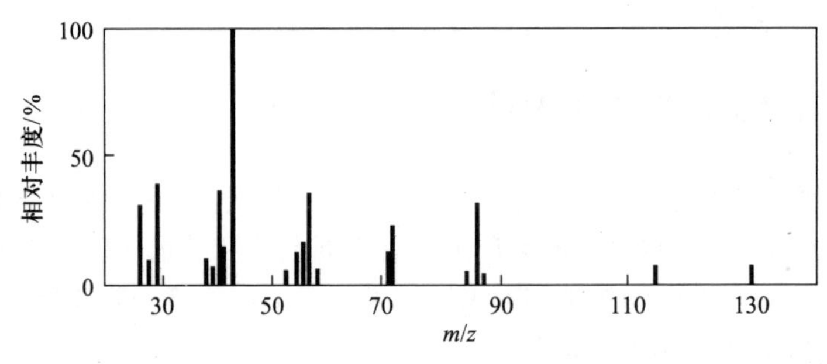

图 13-9　$CH_3(CH_2)_6CH_3$ 的质谱图

13.3.2　质谱仪

质谱仪种类繁多，根据分析对象的不同可分为无机质谱仪、有机质谱仪、同位素质谱仪、生物质谱仪等。根据质量分析器的工作原理，可以将质谱仪分为动态仪器和静态仪器两大类。在静态仪器中采用恒定电场和磁场，按空间位置将不同质荷比的离子依次分开，如单聚焦和双聚焦质谱仪；而在动态仪器中采用可变的电磁场，按时间不同来区分质荷比不同的离子，如飞行时间质谱仪和四极滤质器质谱仪。

质谱仪通常由真空系统、进样系统、离子化系统、质量分析器和检测系统组成。

一、真空系统

测定过程中为减小空气的影响，避免本底值过高，凡是有样品分子或离子存在或通过的地方，必须处于真空状态。质谱仪离子产生及经过的系统必须处于高真空状态，离子源真空度应达 1.3×10^{-5}~1.3×10^{-4} Pa，质量分析器中应达 1.3×10^{-6} Pa。若真空度过低，可能造成灯丝损坏、本底值增高、副反应增加，从而出现谱图复杂化、干扰离子源的调节，加速极放电等问题。一般质谱仪都是采用机械泵预抽真空后，再用高效率扩散泵连续运行以保持高真空。

二、进样系统

进样系统的作用是高效重复地将样品引入离子源中，并且不能造成真空度降低。目前常用的进样装置有三种：间歇式进样系统、直接探针进样系统及色谱进样系统

（色谱－质谱联用仪）。

间歇式进样系统可用于液体、气体和中等蒸汽压的固体。通过可拆卸式的样品管将少量（10~100 g）固体或液体引入样品储存器中，由于进样系统的低压，及储存器的加热装置使样品气化。由于进样系统的压强比离子源的压强大（约 1 Pa），样品分子可以通过分子漏隙以分子流的形式渗透至高真空的离子源中。

对那些在间歇式进样系统中无法气化的固体、热敏性固体、非挥发性液体样品，可将样品放入小烧杯中，通过真空闭锁装置将其引入离子源，所用装置称为直接探针进样系统，该法所需样品量少，可达 1 ng，也能测定蒸汽压较低的物质，从而迅速扩大了质谱法的应用范围。

三、离子源

离子源的功能是将进入离子源的样品分子转化为离子。由于不同分子电离时所需的能量差异很大，因此，对不同的分子应选用不同的离子化方法。离子化过程提供的能量较大称为硬离子化，离子化过程提供能量较小称为软离子化。软离子化适用于易破碎或易离子化的样品。

离子源是质谱仪的心脏。可以将离子源看作是比较高级的反应器，其中样品发生一系列特征的降解反应，分解作用在 1 ns 内发生，所以可以快速获得质谱。对一个给定的分子而言，其质谱图的面貌很大程度上取决于离子化的方法。离子源的性能直接影响质谱仪的灵敏度和分辨本领。

许多方法可以将气态分子变成离子。表 13-2 列出了各种离子源的基本特征。

表 13-2　质谱分析中的离子源

名称	简称	类型	离子化试剂	发明年份
电子轰击离子化（electron bomb ionization）	EI	气相	高能电子	1920
化学离子化（chemical ionization）	CI	气相	试剂离子	1965
场离子化（field ionization）	FI	气相	高电势电极	1970
场解析（field desorption）	FD	解吸	高电势电极	1969
快原子轰击（fast atomic bombardment）	FAB	解吸	高能电子	1981
二次离子质谱（secondary ion MS）	SIMS	解吸	高能离子	1977
激光解吸（laser desorption）	LD	解吸	激光束	1978

续表

名称	简称	类型	离子化试剂	发明年份
电喷雾（electrohydrodynamics）	EH	解吸	高场	1978
热喷雾离子化（thermalspray ionization）	TSI	解吸	荷电微粒能量	1985

四、质量分析器

质量分析器位于离子源和检测器之间，其作用是将从离子源中进来的各种离子按质荷比的大小依次分开。

现用的质量分析器主要有磁分析器、飞行时间分析器、四极滤质器、离子阱和离子回旋共振分析器。

磁分析器。包括单聚焦型和双聚焦型。经加速后的离子束在磁场作用下，飞行轨道发生不同程度的弯曲而分离。双聚焦质谱仪的分辨率可达 150 000。

飞行时间分析器。飞行时间分析器中被加速的离子按不同的时间经漂移管到达收集极而分离。

四极滤质器。可以快速地进行全扫描，适合与气相色谱仪联用。

电子捕获分析器和离子回旋共振分析器。前者结构简单，易于操作，已用于与气相色谱仪联用，分析 m/z 为 200~2 000 的分子；后者用于傅里叶变换质谱仪上，扫描速率快，分辨率高，能获得较大相对分子质量的信号。

五、检测与记录

质谱分析的检测器有法拉第杯、电子倍增管、闪烁计数器等。其中电子倍增管是最常用的检测器，单个电子倍增管没有空间分辨能力，常将电子倍增管微型化，集成为微型多道检测器，应用更加广泛。

现代仪器的质谱图都是计算机自动记录和保存质谱图，并可与谱图库中质谱图进行比较，推算样品可能的组成和结构。

13.3.3 离子的主要类型

有机化合物在质谱中形成的离子有分子离子、碎片离子、亚稳离子、同位素离子和重排离子等，它们的丰度与分子结构和电压有关。

一、分子离子

分子受电子流轰击失去一个价电子，生成的离子称为分子离子或母离子，用 M^+ 表示。由分子离子形成的峰叫分子离子峰，当失去一个电子时，其质荷比正好是样品分子的相对分子质量。

在质谱中,很多化合物的分子离子极易裂解,分子离子峰的强度变得很弱甚至消失,这给分子离子峰的鉴别带来困难。

二、碎片离子

当电子轰击分子时,如果能量过剩,会使分子离子的化学键断裂,形成带正负电荷的碎片离子或中性分子。碎片离子的形成与分子结构有着密切的关系,一般可根据反应中形成的几种主要碎片离子推测原来化合物的大致结构。

三、亚稳离子

在质谱图中,分子离子和碎片离子的峰都是非常尖锐的,但也时常出现一些平顶峰、凹形峰、凸形峰,这种峰应为亚稳离子峰。

亚稳离子峰一般强度不大,通常不到最强峰的1%,但它对解析质谱很有帮助,因为其质量数的大小与分子离子和碎片离子有固定的关系,且通常不是整数。

$$m^{*}=\frac{m_{2}^{2}}{m_{1}} \tag{13-10}$$

式中 m^* 为亚稳离子的表观质量;m_1 为分子质量;m_2 为碎片离子质量。

四、同位素离子

天然碳有质量为13和14的同位素,氢也有氘和氚同位素,氯有质量数为35和37的同位素,且其丰度比为3∶1,很容易识别分子中是否含有氯原子,溴有质量数79和81两种同位素,且其丰度比约为1∶1,若出现质量数相差2个单位且丰度为1∶1的两个峰,则分子中一定含有溴原子。碳、氢、氧的同位素丰度较弱,其同位素峰很弱。表13-3列出了常见元素同位素的确切质量及天然丰度。

表13-3 常见元素同位素的确切质量及天然丰度

元素	同位素	确切质量	天然丰度/%	元素	同位素	确切质量	天然丰度/%
H	^{1}H	1.007 825	99.98	P	^{31}P	30.973 763	99.63
	^{2}H(D)	2.014 102	0.015	S	^{32}S	31.972 072	0.37
C	^{12}C	12.000 000	98.9		^{33}S	32.971 459	4.25
	^{13}C	13.033 355	1.07		^{35}S	33.967 868	4.25
N	^{14}N	14.003 074	99.63		^{36}S	35.967 079	0.01
	^{15}N	15.000 109	0.37	Cl	^{35}Cl	34.968 853	75.76
O	^{16}O	15.994 915	99.76		^{37}Cl	36.965 903	24.24
	^{17}O	16.999 131	0.04	Br	^{79}Br	78.918 336	50.69
	^{18}O	17.999 161	0.2		^{81}Br	80.916 290	49.31
F	^{19}F	18.998 403	1.07	I	^{127}I	126.904 477	100

五、重排离子

在分子裂解过程中,因重排产生的离子称为重排离子。有些重排具有一定的规律,对解析图谱有用,但也有一些重排是复杂且无规则的,重排产生的离子解析时应加以注意。

13.3.4 质谱定性分析

质谱是纯物质鉴定的有效工具,其中包括相对分子质量测定、化学式确定及结构解析等。

一、相对分子质量的测定

从前述可知,利用分子离子峰可确定化合物的相对分子质量,因此,确认分子离子峰十分重要。虽然理论上认为除同位素峰外分子离子峰应该是最高质量处的峰,但实际工作中并不能如此简单认定。质量数最大的峰到底是不是分子离子峰,可从如下几个方面进行判断。

(1)判断是否是同位素峰。

(2)左边的峰是否符合裂解规律,因分子不可能裂解出两个以上的氢或小于一个甲基的质量单位,如果峰的左边出现一个比最右端峰小 3~14 质量单位的峰,则最右端的峰一定不是分子离子峰。

(3)检查 N 律,N 律是指不含或含有偶数个氮原子的分子其相对分子质量为偶数,否则为奇数。

(4)分子容易获得或失去一个 H 原子,在其左右出现 M–1 和 M+1 的小峰。

二、化学式的确定

由于高分辨质谱可以非常精确地测定分子离子及碎片离子的质量(误差可小于 10^{-5}),故可利用表 13–2 中同位素的精确质量求出它的组成。例如,一般情况下认为 CO 及 N_2 的质量数都是 28,在低分辨质谱仪上无法区别,但是若在高分辨质谱仪上测得某峰的质量数为 28.006 0,则可推断其对应的物质是氮气,因为一氧化碳的精确质量数为 27.994 9,氮气的精确质量数为 28.006 1。同样复杂分子的化学式也可算出。

三、结构鉴定

通过对质谱图上的各种离子峰的识别,并根据化合物的分解规律从而拼凑出整个分子结构,再根据拼凑出的分子结构,对照红外光谱、NMR 等其他分析结果可以得出可靠的结论。另一种方法就是在相同的实验条件下,通过与标准物质的质谱图对照进行确定。

13.3.5 质谱定量分析

在一定的测定条件下,质谱峰的相对强度与离子数目成正比,据此可以进行定量分析。

一、同位素测量

同位素离子的鉴定和定量分析是质谱发展的原始动力,至今稳定同位素的测定依然十分重要。只不过不单纯是元素分析而已。比如同位素标记对有机化学和生命科学尤其重要,质谱就成为最常见的分析手段。另外,在考古中利用 ^{14}C 丰度进行年代测定,同位素测定在地质工作中也有重要应用。

二、无机痕量分析

火花源的发展使质谱能用于无机固体分析,成为金属、合金、矿物等分析的重要工具,它能分析周期表中几乎所有元素,并且灵敏度极高,可检出 10^{-9} 数量级的浓度,由于质谱图简单且各元素谱线强度大致相当,应用十分方便。

电感耦合等离子体发射光谱(ICP-MS)引入质谱作检测器后,使测定的灵敏度又提高了数个数量级,在无机痕量分析中得到了广泛应用。

三、混合物的定量分析

质谱根据谱峰的强度可以对样品中杂质成分进行定量分析,最早的质谱定量分析是石油工业中对挥发性烷烃的分析。早期质谱定量分析操作烦琐复杂,误差较大,现代通常采用先将复杂样品利用色谱分离后再用质谱进行定量分析,这种将两种或多种方法结合起来的技术叫联用技术,常用的质谱联用技术有 ICP-MS、GC-MS、HPLC-MS、CE-MS、MS-MS。

13.4 电感耦合等离子体质谱法(ICP-MS)

13.4.1 概述

质谱法具有很高的灵敏度,可进行超痕量分析,它还可以进行多元素同时测定。因此,人们不断地研究,想把质谱法用于无机物分析,并试图把原子发射光谱法的光源用作离子源,当 ICP 光源在原子发射光谱分析中广泛应用后,由于 ICP 光源中 80% 以上原子离子化,是一个丰富的离子源,可进行超痕量的元素质谱分析。近年来电感耦合等离子体质谱法取得了巨大的成功,发展迅速,已经成为地质、冶金、环境、材料、食品、药品中痕量金属元素分析的常用设备。

13.4.2　仪器

ICP-MS 是 ICP 光源与质谱仪相连接而成。样品中的被测元素在 ICP 等离子体中蒸发、解离、电离，然后将其导入质谱仪进行分析。要将处于高温、正常大气压下等离子体中的离子导入高真空状态下的质谱仪，必须要有一个好的连接部分（即接口部分）。

图 13-10 是 ICP-MS 商品仪器接口装置图。等离子体炬管采用水平方向。在炬管的前方有取样锥和分离锥（或称截取锥），它们为金属制成的圆锥体，顶端都有一个小孔（直径约为 0.75~1.2 mm），两个锥体在同一个轴上，相距 6~7 cm。带有水冷夹套的取样锥与 ICP 炬管口距离约为 1 cm，其中心对准炬管的中心通道。炽热的等离子气体通过取样锥小孔进入一个真空区域，此区的压力经机械泵作用降至约 10^2 Pa（≈ 10^{-3} atm）。在此区域内，气体迅速膨胀，并被冷却下来。其中部分进入截取锥的小孔，到达下一个真空室，室内压力约为 10^{-2} Pa（10^{-7} atm），在这里正离子与电子和分子系列分离开，并被加速。然后进入到离子光学系统，用离子镜聚焦，形成一个方向的离子束，进入质谱分析器。

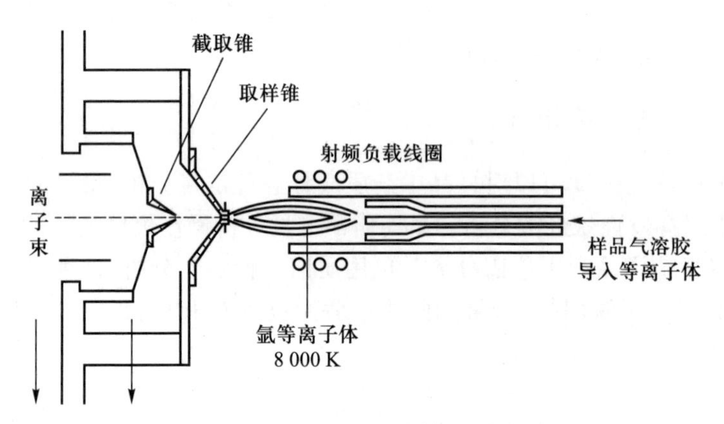

图 13-10　ICP-MS 进样接口示意图

13.4.3　分析方法

一、定性分析

ICP-MS 可快速进行定性分析。它所测得的谱图比 ICP 简单，一种元素有几种同位素就有几个质谱峰。在 AES 中，每种元素绝不止一条谱线，像过渡元素和部分稀土元素，它们均可发射上千条谱线。

图 13-11 为 Cr、Co、Cu、Zn 等微量元素的 ICP-MS 图。

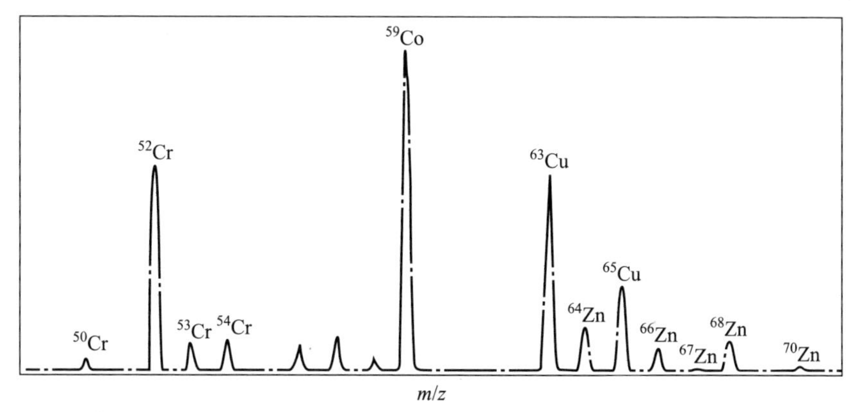

图 13-11 ICP-MS 图(1% 硫酸溶液含 0.1 μg/mL 的 Cr、Co、Cu、Zn)

二、定量分析

质谱检出的离子流强度与离子数目成正比,因此,通过离子流强度的测量可进行定量分析。定量分析一般采用校准曲线法,用离子流强度对浓度作校准曲线,并求出样品中各元素的浓度。若基体元素有干扰时,也可采用标准加入法。

三、同位素稀释质谱法

质谱法中所用的大多数离子化方法都能使用同位素稀释法定量。质谱法是很灵敏的方法,要得到高准确度的测定结果,只有用同位素稀释法才能得到。其原理是:往样品中加入一定量的某元素的某一同位素,经过质谱法的测定,可得到待测元素与添加同位素的强度比 R。由于加入了添加元素的同位素,使被测元素离子被添加元素所稀释。选作测定 R 的同位素可有两种:一种是添加的同位素;另一种通常是样品中丰度最高的同位素。测量后,通过 R 作校准曲线,得到被测元素含量。R 是两个同位素强度的比值。测定的每一个样品,所受到的影响(包括物理的、化学的干扰)被测元素与添加元素同位素是一样的,其比值 R 使得影响相抵消,使准确度大为提高。

同位素稀释法有一些应用是其他方法难以替代的,如地质年代学、核工艺学等领域,准确度是首要的,多采用同位素稀释法定量。

13.4.4 干扰及其消除

ICP-MS 法的干扰一般不是很严重的,但仍然有,也必须设法消除。

(1) 由于测量过程中会引入氩和水,会产生 Ar^+、OH^-、H^+ 等离子。选择测定的同位素时,要尽量避开它们的干扰。

(2) 制备样品溶液时酸的影响。溶解样品使用盐酸及高氯酸时,会生成 Cl^-、ClO^-、$ArCl^+$ 等离子;用硫酸时会生成 S^+、SO^+、SO_2^+ 等离子。它们都会干扰一些元素的测定,这样就应该选择不受干扰的同位素进行测定。要避免使用高酸度,尽量用硝酸配制溶液。

(3) 氧化物离子。金属元素氧化物在 ICP 光源中是会完全解离的,但在取样锥孔附近温度降低，停留时间长，又会重新复合，这样使测定离子减少，影响测定结果。要调节取样锥的位置，减少氧化物的生成。

（4）分子离子、同质量离子及双电荷离子的干扰。使用高分辨率的质谱分析器，就可减少或消除其干扰。

13.4.5 ICP-MS 的特点

ICP-MS 具有以下几方面的优点：

（1）与其他无机分析法比，是目前灵敏度最高与检出限最低的方法。对大部分元素的检出限可达 10^{-15}~10^{-12} g/mL。可检出 10^{-12}~10^{-9} g 量级的元素。它的检出限可优于其他原子光谱法 3 个数量级。

（2）可同时进行多元素分析。

（3）分析的准确度与精密度都很好。精密度可达 0.5%。

（4）测量的线性范围宽，可达 4~6 个数量级。也可对高含量元素进行分析。

（5）谱线简单，容易辨认。

（6）可快速进行定性、定量分析，并可测定同位素。

ICP-MS 的缺点是仪器价格昂贵，日常运转和维护的费用较高，仪器的环境条件要求严格，必须恒温、恒湿、超净。

ICP 等离子体热功率大部分损失了，进入质量分析器的离子只是很少的一部分，因此，说明 ICP-MS 法还有很大的潜力。

13.4.6 ICP-MS 测定水体中 65 种元素（HJ 700—2014）

HJ 700—2014 规定了测定水中 65 种元素的 ICP-MS 方法，可用于地表水、地下水、生活污水、低浓度工业废水中银、铝、砷、金、硼、钡、铍、铋、钙、镉、铈、钴、铬、铯、铜、镝、铒、铕、铁、镓、钆、锗、铪、钬、铟、铱、钾、镧、锂、镥、镁、锰、钼、钠、铌、钕、镍、磷、铅、钯、镨、铂、铷、铼、铑、钌、锑、钪、硒、钐、锡、锶、铽、碲、钍、钛、铊、铥、铀、钒、钨、钇、镱、锌、锆的测定，检出限为 19.6 μg/L~0.02 g/L，定量限为 0.08~78.4 μg/L。各元素的方法检出限详见表 13-4。

水样经预处理后，采用 ICP-MS 进行测定，根据元素质谱图或特征离子进行定性分析，采用内标法进行定量分析，样品由载气带入雾化系统进行雾化后以气溶胶形式进入等离子体的轴向通道，在高温和惰性气体中被充分蒸发、解离、原子化和电离，转化成带正电荷的离子经离子采集系统进入质谱仪，质谱仪根据离子的电荷比即元素的质量数进行分离并定性、定量测定，在一定浓度范围内，元素质量数处的信号响应值与其浓度成正比。

质谱干扰主要有多原子离子干扰、同量异位数干扰、氧化物和双电荷干扰等。多原子离子干扰是 ICP-MS 干扰的主要来源，可以利用干扰校正方程、仪器优化，以及碰撞反应池技术消除。试验必须用一级水，试剂纯度不低于优级纯。必须随同试验做空白校正，各元素工作曲线的线性相关系数 >0.999，每批样品至少 10% 做平行双样，每批样品至少进行一次加标回收实验，回收率必须在 70%~130%。开始测定前必须使用调谐标准溶液将仪器调整至最佳状态。

表 13-4 ICP-MS 各元素检出限 单位：μg/L

元素	检出限	测定下限	元素	检出限	测定下限	元素	检出限	测定下限
银 Ag	0.04	0.16	铪 Hf	0.03	0.12	铑 Rh	0.03	0.12
铝 Al	1.15	4.60	钬 Ho	0.03	0.12	钌 Ru	0.05	0.20
砷 As	0.12	0.48	铟 In	0.03	0.12	锑 Sb	0.15	0.60
金 Au	0.02	0.08	铱 Ir	0.04	0.16	钪 Sc	0.20	0.80
硼 B	1.25	5.00	钾 K	4.50	18.0	硒 Se	0.41	1.64
钡 Ba	0.20	0.80	镧 La	0.02	0.08	钐 Sm	0.04	0.16
铍 Be	0.04	0.16	锂 Li	0.33	1.32	锡 Sn	0.08	0.32
铋 Bi	0.03	0.12	镥 Lu	0.04	0.16	锶 Sr	0.29	1.16
钙 Ca	6.61	26.4	镁 Mg	1.94	7.76	铽 Tb	0.05	0.20
镉 Cd	0.05	0.20	锰 Mn	0.12	0.48	碲 Te	0.05	0.20
铈 Ce	0.03	0.12	钼 Mo	0.06	0.24	钍 Th	0.05	0.20
钴 Co	0.03	0.12	钠 Na	6.36	25.4	钛 Ti	0.46	1.84
铬 Cr	0.11	0.44	铌 Nb	0.02	0.08	铊 Tl	0.02	0.08
铯 Cs	0.03	0.12	钕 Nd	0.04	0.16	铥 Tm	0.04	0.16
铜 Cu	0.08	0.32	镍 Ni	0.06	0.24	铀 U	0.04	0.16
镝 Dy	0.03	0.12	磷 P	19.6	78.4	钒 V	0.08	0.32
铒 Er	0.02	0.08	铅 Pb	0.09	0.36	钨 W	0.43	1.72
铕 Eu	0.04	0.16	钯 Pd	0.02	0.08	钇 Y	0.04	0.16
铁 Fe	0.02	3.28	镨 Pr	0.04	0.16	镱 Yb	0.05	0.20
镓 Ga	0.02	0.08	铂 Pt	0.03	0.12	锌 Zn	0.67	2.68
钆 Gd	0.03	0.12	铷 Rb	0.04	0.16	锆 Zr	0.04	0.16
锗 Ge	0.02	0.08	铼 Re	0.04	0.16			

13.5 元素的形态分析

元素的形态就是元素在物质中的存在状态，包括元素的价态、存在的形式等。这一直是一个非常重要的问题，如果只知道元素的含量而不知其形态，常常无法对一些问题做出判断。尤其是当今生命科学、医药科学、环境科学、营养学、材料科学、地质学等迅猛地发展,对元素的形态分析提出了更高的要求,特别是微量元素。以人们熟悉的砷为例,As(Ⅲ)与As(Ⅴ)同是砷元素,但对人的毒性就不一样,砒霜[As(Ⅲ)]有剧毒,雄黄[As(Ⅴ)]为低毒。又如铬,六价铬对人有毒;而三价铬,经研究发现,吡啶甲酸铬对糖尿病患者有治疗作用。这样的例子说明元素的形态分析是多么的重要。

原子光谱法和原子质谱法虽然对元素的定性、定量分析有强大的优势,但是直接进行元素形态分析却无能为力,因为原子光谱法与原子质谱法要破坏被测元素的固有形态,在高温下变成气态的原子或离子再进行分析。

现代分离技术发展很快,将它们与原子光谱或原子质谱法相结合,就可很好地进行元素形态分析。有的学者将这些结合作了图表进行总结。由图13-12可看出,方法还是比较多的,元素形态分析的发展前景是乐观的。

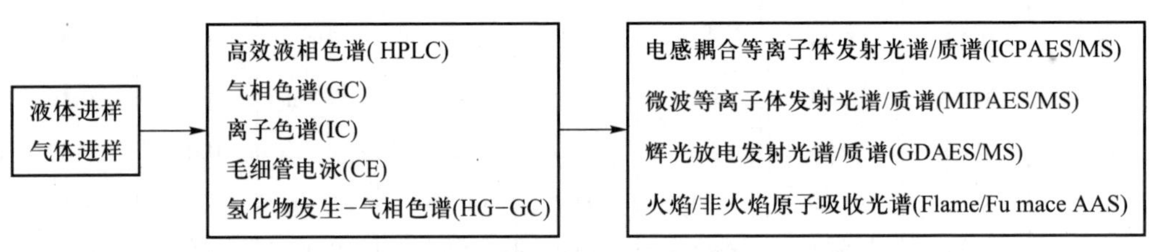

图13-12 原子光谱与原子质谱元素形态分析方法结构框图

13.6 气相色谱-质谱联用仪(GC-MS)

气相色谱与质谱联用技术是利用气相色谱对混合物的高效分离能力和质谱对纯物质的准确鉴定能力而发展起来的一种技术,其仪器称为气相色谱-质谱联用仪。这种技术开发较早,已经成为分析联用技术中最成功的一种。目前生产的有机质谱仪都具备与气相色谱仪联用的功能,广泛应用于石油化工、环境保护、医药卫生、生命科学等领域。

13.6.1 仪器装置

GC-MS联用仪由气相色谱仪、接口、质谱仪和计算机处理系统四大部分组成,见图13-13。

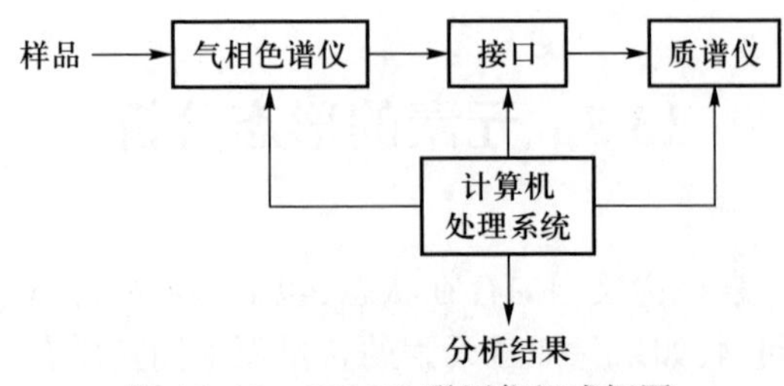

图13-13 GC-MS联用仪组成框图

一、气相色谱仪

气相色谱仪是样品中各组分的分离器，样品入口端高于大气压，出口端为大气压，在高于大气压下完成各组分的分离。其色谱柱有填充柱和毛细管柱。

二、接口

填充柱内径较大，载气流量大，需要专门的接口才能联用。毛细管柱载气流量小，可直接导入质谱仪。接口仅起传输和控温作用。由于高分辨细内径的毛细管广泛使用，常用直接导入型接口，如图13-14所示。接口的温度一般稍高于柱温，色谱柱的所有流出物全部导入质谱仪的离子源。

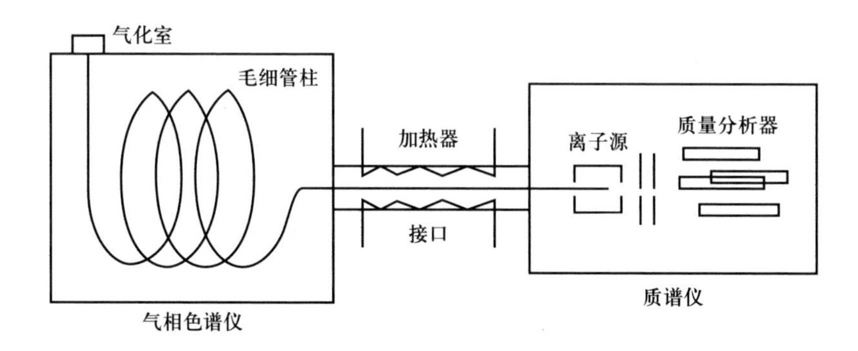

图13-14 毛细管柱直接导入型接口示意图

三、质谱仪

与气相色谱相连的质谱仪主要有四极杆质谱仪、飞行时间质谱仪、离子阱质谱仪等。

四、计算机

GC-MS的计算机要求较大的内存，也称为工作站，它能实现在线数据处理、仪器控制和自动化管理；能记录和存储色谱图、质谱图；能进行各种运算、定量分析、创建谱库或从购买者的谱库中检索谱图进行组分的鉴别。

13.6.2 工作原理

将样品注入气相色谱仪，样品经分离后，直接进入接口，除去载气，样品各组分依次进入质谱仪的离子源中电离为离子。样品离子被离子源中的加速电压加速，射入质谱仪的质量分析器中，对各组分的各种离子进行分离排序，然后依次由检测器检测。各种信号经计算机处理后获得每一组分的质谱图和整个样品的色谱图，用以对样品进行定性、定量和结构分析。

13.6.3 应用

GC-MS 测定血液和尿液中 108 种毒(药)物(SF/Z JD0107014—2015)。

一、方法适用范围

SF/Z JD0107014—2015 规定了血液和尿液中 108 种毒(药)物的气相色谱 - 质谱检测方法。本方法适用于血液和尿液中 108 种毒(药)物的定性分析,也适用于体外样品、可疑物证中 108 种毒(药)物的定性分析。

二、原理

在酸性或碱性条件下,用有机溶剂将待测毒(药)物从样品中提取出来,用气相色谱 - 质谱法进行检测,以保留时间和特征碎片离子进行定性分析。

三、仪器与试剂

仪器:质谱仪必须配备电子轰击源(EI)、离心机、恒温水俗、称液器、感量 0.1 mg 的天平、旋涡混合器。

对照品标准溶液的制备:分别精密称取 108 种毒(药)物对照品各适量,用甲醇配成 1 mg/mL 的对照品储备液,保质期 12 个月,试验中所用其他浓度的工作液由储备液稀释所得,保质期 3 个月。精密称取 SKF_{525A} 和烯丙异丙巴比妥对照品适量,用甲醇配成 1 mg/mL 的内标物储备液,保质期 12 个月,使用时稀释至 200 μg/mL,保质期 3 个月。

四、测定

取待测样品 2 mL 置于 10 mL 离心管中加入 200 μg/mL 内标工作液 10 μL,加 1 mol/L 盐酸使溶液呈酸性(pH=3~4),加入 3 mL 乙醚,置于旋涡混合器中提取 2 min,离心使之分层,转移出乙醚至试管中,检材再加入 10% 的氢氧化钠溶液,使其呈碱性(pH=11~12),再加入 3 mL 乙醚,重复上述提取操作,合并乙醚提取液,于 60 ℃水浴中蒸发至近干,残留物加 30 μL 甲醇复溶,待测。

取空白血液或尿液 2 mL,按样品处理方法平行进行空白样品处理。

取空白血液或尿液 2 mL,添加待测样品中出现的可疑毒(药)物对照品,按样品处理方法平行进行加标样品处理。

GC-MS 参考测定条件为:选用 DB-5MS 毛细管柱或等效色谱柱,柱温 100 ℃保持 1.5 min,以 25 ℃ /min 程序升温至 280 ℃保持 15 min,选用纯度 >99.999% 的氦气为载气,流速为 1 mL/min,进样量 1 μL,进样中温度 250 ℃,EI 源电压 70 V,离子源温度 230 ℃,四极杆温度 150 ℃,接口温度 280 ℃,采用全扫描模式,质量范围(m/z)50~500,108 种毒(药)物的保留时间和特征碎片离子见表 13-5。

表 13-5 108 种毒（药）物和内标物的参考参数（部分）

编号	名称	保留时间 /min	特征碎片离子	检测限 /（μg·mL^{-1}）	
				血液	尿液
1	灭多威	3.04	88、105	0.2	0.1
2	苯丙胺	3.54	44、91	0.2	0.2
3	丙戊酸	3.66	57、73、102	0.5	0.5
4	甲基苯丙胺	4.16	58、91	0.05	0.02
5	残杀威	4.36	110、152	0.3	0.2
6	金刚烷胺	4.55	94、151	0.1	0.1
7	甲胺磷	5.11	94、141	0.1	—
8	敌敌畏	5.17	79、109、185	0.5	0.2
9	杀虫双（单）	5.41	70、103、149	0.5	0.3
10	尼古丁	5.63	84、133、162	0.1	0.05

五、结果评价

在相同的实验条件下，待测样品中出现的色谱峰保留时间与添加对照品的色谱峰保留时间比较，相对误差在 2% 以内，且特征碎片离子均出现，所选择的离子相对丰度比与添加对照品的离子相对丰度比不超过表 13-6 规定的范围，则可判断样品中存在这种化合物。

表 13-6 相对离子丰度比的最大允许相对误差 %

离子丰度比	≥50	20~50	10~20	≤10
允许的相对误差	±20	±25	±30	±50

如果样品中仅检出内标物 SKF_{525A} 和烯丙异丙巴比妥，未检出表 13-4 中的毒（药）物成分，则阴性结果可靠。如果样品中未检出内标物，则阴性结果不可靠。

若样品中检出表 13-4 中的毒（药）物成分，且空白样品无干扰，则阳性结果可靠，若样品中检出，空白样品也检出，则阳性结果不可靠。

13.7 液相色谱－质谱联用仪（LC-MS）

13.7.1 仪器

对于难挥发、难气化、极性强、相对分子质量大及热稳定性差的样品可使用液相色谱－质谱联用法。液相色谱－质谱联用仪主要由液相色谱仪、接口、质谱仪和数据处理系统组成。

LC–MS 中的液相色谱与传统的液相色谱系统相同，只是检测器由原来的紫外光度检测器变成质谱检测器，由于检测器的变化，使得其他部分产生了或大或小的变化。LC–MS 要求液相色谱泵能在较低流速下提供流量准确、稳定的流动相以保证实验结果的稳定性和重现性。

13.7.2 应用

液相色谱 – 质谱法测定血液、尿液中 238 种毒（药）物（SF/Z JD0107005—2016）。

一、范围

SF/Z JD0107005—2016 规定了血液及尿液中阿片类、苯丙胺类、大麻酚类滥用药物，有机磷及氨基甲酸酯类杀虫剂、苯二氮䓬类、抗抑郁类、抗癫痫类、平喘类、解热镇痛类药物及其他常见治疗药物共 238 种毒（药）物的液相色谱 – 串联质谱（LC–MS–MS）检验方法。

本方法适用于血液、尿液中阿片类、苯丙胺类、大麻酚类滥用药物，有机磷及氨基甲酸酯类杀虫剂、抗抑郁类、抗癫痫类、平喘类、解热镇痛类药物及其他常见治疗药物共 238 种毒（药）物的定性、定量分析，也适用于体外样品、可疑物证中 238 种毒（药）物的定性分析。

二、原理

本方法利用阿片类、苯丙胺类、大麻酚类滥用药物，有机磷及氨基甲酸酯类杀虫剂、苯二氮䓬类、抗抑郁类、抗癫痫类、平喘类、解热镇痛类药物及其他常见治疗药物共 238 种毒（药）物可在碱性条件下可被有机溶剂从生物检材中提取出来的特点，利用 LC–MS–MS 多反应监测进行检测。经与平行添加的毒（药）物对照品比较，以保留时间、两对母离子 / 子离子对进行定性分析，以定量离子对峰面积为依据，内标法或外标法进行定量分析。

三、仪器与试剂

仪器：液相色谱 – 串联质谱联用仪（配备电喷雾离子源）、旋涡混合器、离心机、恒温水浴锅、精密移液器、具塞离心管、分析天平（感量 0.1 mg）。

238 种毒（药）物对照物标准溶液：分别精密称取 238 种毒（药）物对照物各适量，用甲醇配成 1.0 mg/mL 的对照品标准储备液，保质期 12 个月，试验中其他浓度标准溶液由标准备储备液稀释而得。

内标物地西泮 $-d_5$ 和 SKF_{525A} 对照品标准溶液：精密称取对照物适量，用甲醇稀释至 1.0 mg/mL，置于冰箱中冷冻保存，保存期 12 个月，工作液稀释至 1.0 μg/mL，保质期 6 个月。

四、测定

取样品 1 mL，加入 10 μL 内标物工作液，2 mL 硼酸缓冲溶液，用 3.5 mL 乙醚提取，涡旋、离心。上清液于 60 ℃水浴中挥干，残留物加入 200 μL 流动相复溶，取 10 μL 进 LC–MS–MS 分析，随同样品作平行空白。另取空白样品 1.0 mL，添加待测样品中出现的可疑物对照品，按样品进行操作和分析。

分析样品时仪器的参考条件为：

液相柱选 Allure PFP Propyl 100 mm × 2.1 mm × 5 μm 或相当者，接 C18 保护柱；流动相选乙腈 +20 mmol/L 乙酸和 0.1% 甲酸缓冲溶液（7+3）；流速 200 μL/min；进样量 10 μL；检测方式选用多反应监测，用高纯氩作为碰撞气、气帘气、雾化气、辅助气。

1. 定性分析

筛选：分析选取的第一对母离子 / 子离子，如果待测样品的色谱图中出现峰高超过 5 000 的色谱峰，则记录该峰的保留时间和对应的母离子 / 子离子对，由表 13–6 筛选出可疑的毒（药）物，并进行空白添加试验，进行确证分析。

确证：重新设定 LC–MS–MS 的条件，按照表 13–6 增加可疑的毒（药）物的第二对母离子 / 子离子对。如果待测样品中出现可疑的毒（药）物的两对母离子 / 子离子对的特征色谱峰，保留时间与添加样品中相应对照品的色谱峰比较，相对误差在 2.5% 以内，且所选择的离子对相对丰度比相对误差不超过表 13–5 规定的范围，可认为待测样品中检出此种毒（药）物成分。

2. 定量分析

根据待测样品中毒（药）物的浓度情况，用空白样添加相应的对照品采用内标法或外标法以定量离子对峰面积进行定量分析，定量方法可采用工作曲线法或单点校正法。

采用工作曲线法时待测样品中的毒（药）物的浓度应在工作曲线的线性范围内，配制系列浓度的毒（药）物质控样品，按样品测定方法测定，以毒（药）物和内标定量离子对峰面积比为纵坐标、标准系列样品中的浓度为横坐标作图绘制工作曲线，用工作曲线对待测样品中毒（药）物浓度进行定量分析。采用单点校正法时待测样品中毒（药）物浓度应在添加样品中毒（药）物浓度的 ±50% 内。仪器将自动计算并报告分析结果。

五、结果评价

1. 定性结果评价

如果样品中仅检出内标物、未检出表 13–6 中 238 种毒（药）物成分，则阴性结果可靠，若待测样品中未检出内标物，则阴性结果不可靠。

如果待测样品检出表 13–7 中列出的毒（药）物成分，且空白样品无干扰，则阳性结果可靠，若空白样品也呈阳性，则阳性结果不可靠。

2. 定量结果评价

平行测定中两份检材的相对相差不得超过 20%（腐败检材不得超过 30%），结果取两次测定的平均值，否则需重新测定。

表 13-7　238 种毒（药）物的分析资料（部分）

目标物名称		母离子 / 子离子对（m/z）		DP	CE（1/2）	Rt	LOD
中文名	英文名	1	2	V	eV	min	ng/mL
苯丙胺	amphetamine	136.1/119.1	136.1/91.1	40	20/16	6.7	1
甲胺磷	methamidophos	142.1/94	142.1/112.1	60	20/17	1.74	20
甲基苯丙胺	methamphetamine	150.1/119.1	150.1/91.1	30	16/26	8.03	1
苯丁胺	phentermine	150/91.1	150/133.3	20	27/13	8.05	1
苯丙醇胺	phenylpropanolamine	152.1/134.3	152.1/117.2	40	16/24	5.15	20
金刚烷胺	amantadine	152.2/135.3		40	24	6.97	1
对乙酰氨基酚	acetaminophenol	152.3/110.2	152.3/93	50	21/31	1.56	10
尼古丁	nicotine	163.2/130.2	163.2/117.1	30	30/36	5.79	1
灭多威	methomyl	163.2/88.0		30	20	1.7	20
甲卡西酮	methcathinone	164.0/146.0	164.0/130.0	60	10/34	5.7	1
速灭威	metolcarb	166.1/109.1	166.1/81.1	50	19/31	2.26	1
麻黄碱	ephedrine	166.1/148.1	166.1/133.1	40	18/26	6.09	1

附录

附录 1：弱酸弱碱在水中的解离常数和稳定常数（25 ℃，I=0）

弱酸或弱碱	分子式	K_a 或 K_b	pK_a 或 pK_b
砷酸	H_3AsO_4	6.3×10^{-3}（K_{a_1}）	2.20
		1.0×10^{-7}（K_{a_2}）	7.00
		3.2×10^{-12}（K_{a_3}）	11.50
亚砷酸	$HAsO_3$	6.0×10^{-10}	9.22
硼酸	H_3BO_3	5.8×10^{-10}	9.24
焦硼酸	$H_2B_4O_7$	1×10^{-4}（K_{a_1}）	4.0
		1×10^{-9}（K_{a_2}）	9.0
碳酸	H_2CO_3（CO_2+H_2O）	4.2×10^{-7}（K_{a_1}）	6.38
		5.6×10^{-11}（K_{a_2}）	10.25
氢氰酸	HCN	6.2×10^{-10}	9.21
铬酸	H_2CrO_4	1.8×10^{-1}（K_{a_1}）	0.74
		3.2×10^{-7}（K_{a_2}）	6.50
氢氟酸	HF	6.6×10^{-4}	3.18
亚硝酸	HNO_2	5.1×10^{-4}	3.29
过氧化氢	H_2O_2	1.8×10^{-12}	11.75
磷酸	H_3PO_4	7.6×10^{-3}（K_{a_1}）	2.12
		6.3×10^{-8}（K_{a_2}）	7.20
		4.4×10^{-13}（K_{a_3}）	12.36
焦磷酸	$H_4P_2O_7$	3.0×10^{-2}（K_{a_1}）	1.52
		4.4×10^{-3}（K_{a_2}）	2.36
		2.5×10^{-7}（K_{a_3}）	6.60
		5.6×10^{-10}（K_{a_4}）	9.25
亚磷酸	H_3PO_3	5.0×10^{-2}（K_{a_1}）	1.30
		2.5×10^{-7}（K_{a_2}）	6.60

续表

弱酸或弱碱	分子式	K_a 或 K_b	pK_a 或 pK_b
氢硫酸	H_2S	$1.3\times10^{-7}(K_{a_1})$	6.88
		$7.1\times10^{-15}(K_{a_2})$	14.15
硫酸	H_2SO_4	$1.0\times10^{-2}(K_{a_2})$	2.00
亚硫酸	$H_2SO_3(SO_2+H_2O)$	$1.3\times10^{-2}(K_{a_1})$	1.90
		$6.3\times10^{-8}(K_{a_2})$	7.20
偏硅酸	H_2SiO_3	$1.7\times10^{-10}(K_{a_1})$	9.77
		$1.6\times10^{-12}(K_{a_2})$	11.80
甲酸	HCOOH	1.8×10^{-4}	3.74
乙酸	CH_3COOH	1.8×10^{-5}	4.74
一氯乙酸	$CH_2ClCOOH$	1.4×10^{-3}	2.86
二氯乙酸	$CHCl_2COOH$	5.0×10^{-2}	1.30
三氯乙酸	CCl_3COOH	0.23	0.64
氨基乙酸盐	$^+NH_3CH_2COOH$	$4.5\times10^{-3}(K_{a_1})$	2.35(pK_{a_1})
	$^+NH_3CH_2COO^-$	$2.5\times10^{-10}(K_{a_2})$	9.60(pK_{a_2})
抗坏血酸	O═C—C(OH)—C(OH)—CH—（C 与 CH 经 —O— 成环）	$5.0\times10^{-5}(K_{a_1})$	4.30(pK_{a_1})
	—CHOH—CH_2OH	$1.5\times10^{-10}(K_{a_2})$	9.82(pK_{a_2})
乳酸	$CH_3CHOHCOOH$	1.4×10^{-4}	3.86
苯甲酸	C_6H_5COOH	6.2×10^{-5}	4.21
草酸	$H_2C_2O_4$	$5.9\times10^{-2}(K_{a_1})$	1.22
		$6.4\times10^{-5}(K_{a_2})$	4.19
α - 酒石酸	CH(OH)COOH │ CH(OH)COOH	$9.1\times10^{-4}(K_{a_1})$	3.04
		$4.3\times10^{-5}(K_{a_2})$	4.37
邻苯二甲酸	C_6H_4(COOH)(COOH)（苯环邻位二 COOH）	$1.1\times10^{-3}(K_{a_1})$	2.95
		$3.9\times10^{-6}(K_{a_2})$	5.41
柠檬酸	CH_2COOH │ C(OH)COOH │ CH_2COOH	$7.4\times10^{-4}(K_{a_1})$	3.13
		$1.7\times10^{-5}(K_{a_2})$	4.76
		$4.0\times10^{-7}(K_{a_3})$	6.40
苯酚	C_6H_5OH	1.1×10^{-10}	9.95

续表

弱酸或弱碱	分子式	K_a 或 K_b	pK_a 或 pK_b
乙二胺四乙酸	H_6Y^{2+}	$0.13(K_{a_1})$	0.91
	H_5Y^{+}	$3\times10^{-2}(K_{a_2})$	1.6
	H_4Y	$1\times10^{-2}(K_{a_3})$	2.0
	H_3Y^{-}	$2.1\times10^{-3}(K_{a_4})$	2.67
	H_2Y^{2-}	$6.9\times10^{-7}(K_{a_4})$	6.16
	HY^{3-}	$5.5\times10^{-11}(K_{a_4})$	10.26
氨水	NH_3	$1.8\times10^{-5}(K_b)$	4.74
联胺	H_2NNH_2	$3.0\times10^{-6}(K_{b_1})$	5.52
		$7.6\times10^{-15}(K_{b_2})$	14.12
羟氨	NH_2OH	$9.1\times10^{-9}(K_b)$	8.04
甲胺	CH_3NH_2	$4.2\times10^{-4}(K_b)$	3.38
乙胺	$C_2H_5NH_2$	$5.6\times10^{-4}(K_b)$	3.25
二甲胺	$(CH_3)_2NH$	$1.2\times10^{-4}(K_b)$	3.93
二乙胺	$(C_2H_5)_2NH$	$1.3\times10^{-3}(K_b)$	2.89
乙醇胺	$HOCH_2CH_2NH_2$	$3.2\times10^{-5}(K_b)$	4.50
三乙醇胺	$(HOCH_2CH_2)N$	$5.8\times10^{-7}(K_{a_4})$	6.24
六亚甲基四胺	$(CH_2)_6N_4$	$1.4\times10^{-9}(K_b)$	8.85
乙二胺	$H_2NCH_2CH_2NH_2$	$8.5\times10^{-5}(K_b)$	4.07
		$7.1\times10^{-8}(K_b)$	7.15
吡啶	N	$1.7\times10^{-9}(K_b)$	8.77

注：如不计水合 CO_2，H_2CO_3 的 $pK_{a_1}=3.76$。

附录 2：标准电极电位（18~25 ℃）

半反应	φ/V
$F_2(g)+2H^++2e^- \rightleftharpoons 2HF$	3.06
$O_3+2H^++2e^- \rightleftharpoons O_2+H_2O$	2.07
$S_2O_8^{2-}+2e^- \rightleftharpoons 2SO_4^{2-}$	2.01
$H_2O_2+2H^++2e^- \rightleftharpoons 2H_2O$	1.77

续表

半反应	φ/V
$MnO_4^- + 4H^+ + 3e^- \rightleftharpoons MnO_2(s) + 2H_2O$	1.695
$PbO_2(s) + SO_4^{2-} + 4H^+ + 2e^- \rightleftharpoons PbSO_4(s) + 2H_2O$	1.685
$HClO_2 + 2H^+ + 2e^- \rightleftharpoons HClO + H_2O$	1.64
$HClO + H^+ + 2e^- \rightleftharpoons 1/2Cl_2 + H_2O$	1.63
$Ce^{4+} + e^- \rightleftharpoons Ce^{3+}$	1.61
$H_5IO_6 + H^+ + 2e^- \rightleftharpoons IO_3^- + 3H_2O$	1.60
$HBrO + H^+ + e^- \rightleftharpoons 1/2Br_2 + H_2O$	1.59
$BrO_3^- + 6H^+ + 5e^- \rightleftharpoons 1/2Br_2 + 3H_2O$	1.52
$MnO_4^- + 8H^+ + 5e^- \rightleftharpoons Mn^{2+} + 4H_2O$	1.51
$Au^{3+} + 3e^- \rightleftharpoons Au$	1.50
$HClO + H^+ + 2e^- \rightleftharpoons Cl^- + H_2O$	1.49
$Cl^- + 6H^+ + 5e^- \rightleftharpoons 1/2Cl_2 + 3H_2O$	1.47
$PbO_2(s) + 4H^+ + 2e^- \rightleftharpoons Pb^{2+} + 2H_2O$	1.455
$HIO + H^+ + e^- \rightleftharpoons 1/2I_2 + H_2O$	1.45
$ClO_3^- + 6H^+ + 6e^- \rightleftharpoons Cl^- + 3H_2O$	1.45
$BrO_3^- + 6H^+ + 6e^- \rightleftharpoons Br^- + 3H_2O$	1.44
$Au^{2+} + 2e^- \rightleftharpoons Au(s)$	1.41
$Cl_2(g) + 2e^- \rightleftharpoons 2Cl^-$	1.359 5
$ClO_4^- + 8H^+ + 7e^- \rightleftharpoons 1/2Cl_2 + 4H_2O$	1.34
$Cr_2O_7^{2-} + 14H^+ + 6e^- \rightleftharpoons 2Cr^{3+} + 7H_2O$	1.33
$MnO_2(S) + 4H^+ + 2e^- \rightleftharpoons Mn^{2+} + 2H_2O$	1.23
$O_2(g) + 4H^+ + 4e^- \rightleftharpoons 2H_2O$	1.229
$IO_3^- + 6H^+ + 5e^- \rightleftharpoons 1/2I_2 + 3H_2O$	1.20
$ClO_4^- + 2H^+ + 2e^- \rightleftharpoons ClO_3^- + H_2O$	1.19
$Br_2(aq) + 2e^- \rightleftharpoons 2Br^-$	1.087
$NO_2 + H^+ + e^- \rightleftharpoons HNO_2$	1.07
$Br_3^- + 2e^- \rightleftharpoons 3Br^-$	1.05
$HNO_2 + H^+ + e^- \rightleftharpoons NO(g) + H_2O$	1.00
$VO_2^+ + 2H^+ + e^- \rightleftharpoons VO^{2+} + H_2O$	1.00
$HIO + H^+ + 2e^- \rightleftharpoons I^- + H_2O$	0.99
$NO_3^- + 3H^+ + 2e^- \rightleftharpoons HNO_2 + H_2O$	0.94
$ClO^- + H_2O + 2e^- \rightleftharpoons Cl^- + 2OH^-$	0.89
$H_2O_2 + 2e^- \rightleftharpoons 2OH^-$	0.88
$Cu^{2+} + I^- + e^- \rightleftharpoons CuI(s)$	0.86
$Hg^{2+} + 2e^- \rightleftharpoons Hg$	0.845
$NO_3^- + 2H^+ + e^- \rightleftharpoons NO_2 + H_2O$	0.80
$Ag^+ + e^- \rightleftharpoons Ag$	0.799 5
$Hg_2^{2+} + 2e^- \rightleftharpoons 2Hg$	0.793
$Fe^{3+} + e^- \rightleftharpoons Fe^{2+}$	0.771
$BrO^- + H_2O + 2e^- \rightleftharpoons Br^- + 2OH^-$	0.76

续表

半反应	φ/V
$O_2(g)+2H^++2e^- \rightleftharpoons H_2O$	0.682
$AsO_2^-+2H_2O+3e^- \rightleftharpoons As+4OH^-$	0.68
$2HgCl_2+2e^- \rightleftharpoons Hg_2Cl_2(s)+2Cl^-$	0.63
$Hg_2SO_4(s)+2e^- \rightleftharpoons 2Hg+SO_4^{2-}$	0.615 1
$MnO_4^-+2H_2O+3e^- \rightleftharpoons MnO_2(s)+4OH^-$	0.588
$MnO_4^-+e^- \rightleftharpoons MnO_4^{2-}$	0.564
$H_3AsO_4+2H^++2e^- \rightleftharpoons HAsO_2+2H_2O$	0.559
$I_3^-+2e^- \rightleftharpoons 3I^-$	0.545
$I_2(S)+2e^- \rightleftharpoons 2I^-$	0.534 5
$Mo(VI)+e^- \rightleftharpoons Mo(V)$	0.53
$Cu^++e^- \rightleftharpoons Cu$	0.52
$4SO_2(aq)+4H^++6e^- \rightleftharpoons S_2O_6^{2-}+2H_2O$	0.51
$HgCl_4^{2-}+2e^- \rightleftharpoons Hg+4Cl^-$	0.48
$2SO_2(aq)+2H^++4e^- \rightleftharpoons S_2O_3^{2-}+H_2O$	0.40
$Fe(CN)_6^{3-}+e^- \rightleftharpoons Fe(CN)_6^{4-}$	0.36
$Cu^{2+}+2e^- \rightleftharpoons Cu$	0.337
$VO^{2+}+2H^++e^- \rightleftharpoons V^{3+}+H_2O$	0.337
$BiO^++2H^++3e^- \rightleftharpoons Bi+H_2O$	0.32
$Hg_2Cl_2(s)+2e^- \rightleftharpoons 2Hg+2Cl^-$	0.267 6
$HAsO_2+3H^++3e^- \rightleftharpoons As+2H_2O$	0.248
$AgCl(s)+e^- \rightleftharpoons Ag+Cl^-$	0.222 3
$SbO^++2H^++3e^- \rightleftharpoons Sb+H_2O$	0.212
$SO_4^{2-}+4H^++2e^- \rightleftharpoons SO_2(aq)+H_2O$	0.17
$Cu^{2+}+e^- \rightleftharpoons Cu^+$	0.159
$Sn^{4+}+2e^- \rightleftharpoons Sn^{2+}$	0.154
$S+2H^++2e^- \rightleftharpoons H_2S(g)$	0.141
$Hg_2Br_2+2e^- \rightleftharpoons 2Hg+2Br^-$	0.139 5
$TiO^{2+}+2H^++e^- \rightleftharpoons Ti^{3+}+H_2O$	0.1
$S_2O_6^{2-}+2e^- \rightleftharpoons 2SO_3^{2-}$	0.08
$AgBr(s)+e^- \rightleftharpoons Ag+Br^-$	0.071
$2H^++2e^- \rightleftharpoons H_2$	0
$O_2+H_2O+2e^- \rightleftharpoons HO_2^-+OH^-$	−0.067
$TiOCl^++2H^++3Cl^-+e^- \rightleftharpoons TiCl_4^-+H_2O$	−0.09
$Pb^{2+}+2e^- \rightleftharpoons Pb$	−0.126
$Sn^{2+}+2e^- \rightleftharpoons Sn$	−0.136
$AgI(s)+e^- \rightleftharpoons Ag+I^-$	−0.152
$Ni^{2+}+2e^- \rightleftharpoons Ni$	−0.246
$H_3PO_4+2H^++2e^- \rightleftharpoons H_3PO_3+H_2O$	−0.276
$Co^{2+}+2e^- \rightleftharpoons Co$	−0.277
$Ti^++e^- \rightleftharpoons Ti$	−0.336

续表

半反应	φ/V
$In^{3+}+3e^- \rightleftharpoons In$	−0.345
$PbSO_4(s)+2e^- \rightleftharpoons Pb+SO_4^{2-}$	−0.355 3
$SeO_3^{2-}+3H_2O+4e^- \rightleftharpoons Se+6OH^-$	−0.366
$As+3H^++3e^- \rightleftharpoons AsH_3$	−0.38
$Se+2H^++e^- \rightleftharpoons H_2Se$	−0.4
$Cd^{2+}+2e^- \rightleftharpoons Cd$	−0.403
$Cr^{3+}+e^- \rightleftharpoons Cr^{2+}$	−0.41
$Fe^{2+}+2e^- \rightleftharpoons Fe$	−0.44
$S+2e^- \rightleftharpoons S_2^-$	−0.48
$2CO_2+2H^++2e^- \rightleftharpoons H_2C_2O_4$	−0.49
$H_3PO_4+2H^++2e^- \rightleftharpoons H_3PO_3+H_2O$	−0.5
$Sb+3H^++3e^- \rightleftharpoons SbH_3$	−0.51
$HPbO_2^-+H_2O+2e^- \rightleftharpoons Pb+3OH^-$	−0.54
$Ga^{3+}+3e^- \rightleftharpoons Ga$	−0.56
$TeO_3^{2-}+3H_2O+4e^- \rightleftharpoons Te+6OH^-$	−0.57
$2SO_3^{2-}+3H_2O+4e^- \rightleftharpoons S_2O_3^{2-}+6OH^-$	−0.58
$SO_3^{2-}+3H_2O+e^- \rightleftharpoons S+6OH^-$	−0.66
$AsO_4^{3-}+2H_2O+2e^- \rightleftharpoons AsO_2^-+4OH^-$	−0.67
$Ag_2S(s)+2e^- \rightleftharpoons 2Ag+S^{2-}$	−0.69
$Zn^{2+}+2e^- \rightleftharpoons Zn$	−0.763
$2H_2O+2e^- \rightleftharpoons H_2+2OH^-$	−0.828
$Cr^{2+}+2e^- \rightleftharpoons Cr$	−0.91
$HSnO_2^-+H_2O+2e^- \rightleftharpoons Sn+3OH^-$	−0.91
$Se+2e^- \rightleftharpoons Se^{2-}$	−0.92
$Sn(OH)_6^{2-}+2e^- \rightleftharpoons HSnO_2^-+H_2O+3OH^-$	−0.93
$CNO^-+H_2O+2e^- \rightleftharpoons CN^-+2OH^-$	−0.97
$Mn^{2+}+2e^- \rightleftharpoons Mn$	−1.182
$ZnO_2^{2-}+2H_2O+2e^- \rightleftharpoons Zn+4OH^-$	−1.216
$Al^{3+}+3e^- \rightleftharpoons Al$	−1.66
$H_2AlO_3^-+H_2O+3e^- \rightleftharpoons Al+4OH^-$	−2.35
$Mg^{2+}+2e^- \rightleftharpoons Mg$	−2.37
$Na^++e^- \rightleftharpoons Na$	−2.714
$Ca^{2+}+2e^- \rightleftharpoons Ca$	−2.87
$Sr^{2+}+2e^- \rightleftharpoons Sr$	−2.89
$Ba^{2+}+2e^- \rightleftharpoons Ba$	−2.90
$K^++e^- \rightleftharpoons K$	−2.925
$Li+e^- \rightleftharpoons Li$	−3.042

附录 3：条件电极电位（18~25 ℃）

半反应	φ/V	介质
$Ag(II)+e^- = Ag^+$	1.927	4 mol/L HNO_3
$Ce^{4+}+e^- = Ce^{3+}$	1.74	1 mol/L $HClO_4$
	1.44	0.5 mol/L H_2SO_4
	1.28	1 mol/L HCl
$Co^{3+}+e^- = Co^{2+}$	1.84	3 mol/L HNO_3
$Co(en)_3^{3+}+e^- = Co(en)_3^{2+}$	-0.2	0.1 mol/L KNO_3+0.1 mol/L 乙二胺
$Cr^{2+}+2e^- = Cr$	-0.40	5 mol/L HCl
$Cr_2O_7^{2-}+14H^++6e^- = 2Cr^{3+}+7H_2O$	1.08	3 mol/L HCl
	1.15	4 mol/L H_2SO_4
	1.025	1 mol/L $HClO_4$
$CrO_4^{2-}+2H_2O+3e^- = CrO_2^-+4OH^-$	-0.12	1 mol/L NaOH
$Fe^{3+}+e^- = Fe^{2+}$	0.767	1 mol/L $HClO_4$
	0.71	0.5 mol/L HCl
	0.68	1 mol/L H_2SO_4
	0.68	1 mol/L HCl
	0.46	2 mol/L H_3PO_4
	0.51	1 mol/L HCl+0.25 mol/L H_3PO_4
$Fe(EDTA)^-+e^- = Fe(EDTA)^{2-}$	0.12	0.1 mol/L EDTA pH4~6
$Fe(CN)_6^{3-}+e^- = Fe(CN)_6^{4-}$	0.56	0.1 mol/L HCl
$FeO_4^{2-}+2H_2O+3e^- = FeO_4^-+4OH^-$	0.55	10 mol/L NaOH
$I_3^-+2e^- = 3I^-$	0.544 6	0.5 mol/L H_2SO_4
$I_2(aq)+2e^- = 2I^-$	0.627 6	0.5 mol/L H_2SO_4
$MnO_4^-+8H^++5e^- = Mn^{2+}+4H_2O$	1.45	1 mol/L $HClO_4$
$SnCl_6^{2-}+2e^- = SnCl_4^{2-}+2Cl^-$	0.14	1 mol/L HCl
$Sb(V)+2e^- = Sb(III)$	0.75	3.5 mol/L HCl
$Sb(OH)_6^-+2e^- = SbO_2^-+2OH^-+2H_2O$	-0.428	3 mol/L NaOH
$SbO_2^-+2H_2O+3e^- = Sb+4OH^-$	-0.675	10 mol/L KOH

续表

半反应	φ/V	介质
Ti(Ⅳ)+e^- ══ Ti(Ⅲ)	−0.01	0.2 mol/L H_2SO_4
	0.12	2 mol/L H_2SO_4
	−0.04	1 mol/L HCl
	−0.05	1 mol/L H_3PO_4
$Pb^{2+}+2e^-$ ══ Pb	−0.32	1 mol/L NaAc

附录 4：微溶化合物溶度积和累积稳定常数（25 ℃，I=0）

微溶化合物	K_{sp}	pK_{sp}	微溶化合物	K_{sp}	pK_{sp}
$AgAsO_4$	1×10^{-22}	22.0	BiOOH	4×10^{-10}	9.4
AgBr	5.0×10^{-13}	12.30	BiI_3	8.1×10^{-19}	18.09
Ag_2CO_3	8.1×10^{-12}	11.09	BiOCl	1.8×10^{-31}	30.75
AgCl	1.8×10^{-10}	9.75	$BiPO_4$	13×10^{-23}	22.89
Ag_2CrO_4	2.0×10^{-12}	11.71	Bi_2S_3	1×10^{-97}	97.0
AgCN	1.2×10^{-16}	15.92	$CaCO_3$	2.9×10^{-9}	8.54
$Ag_2C_2O_4$	3.5×10^{-11}	10.46	CaF_2	2.7×10^{-11}	10.57
AgI	9.3×10^{-17}	16.03	$CaC_2O_4\cdot H_2O$	2.0×10^{-9}	8.70
AgOH	2.0×10^{-8}	7.71	$Ca_3(PO_4)_2$	2.0×10^{-29}	28.70
Ag_3PO_4	1.4×10^{-16}	15.84	$CaSO_4$	9.1×10^{-6}	5.04
Ag_2SO_4	1.4×10^{-5}	4.84	$CaWO_4$	8.7×10^{-9}	8.06
Ag_2S	2×10^{-49}	48.69	$CdCO_3$	5.2×10^{-12}	11.28
AgSCN	1.0×10^{-12}	12.00	$Cd_2[Fe(CN)_6]$	3.2×10^{-17}	16.49
$Al(OH)_3$（无定形）	1.3×10^{-33}	32.9	$Cd(OH)_2$（新析出）	2.5×10^{-14}	13.60
As_2S_3	2.1×10^{-22}	21.68	$CdC_2O_4\cdot 3H_2O$	9.1×10^{-8}	7.04
$BaCO_3$	5.1×10^{-9}	8.29	CdS	8×10^{-27}	26.1
$BaCrO_4$	1.2×10^{-10}	9.93	$CoCO_3$	1.4×10^{-13}	12.84
BaF_2	1×10^{-6}	6.00	$Co_2[Fe(CN)_6]$	18×10^{-15}	14.74
$BaC_2O_4\cdot H_2O$	2.3×10^{-8}	7.64	$Co(OH)_2$（新析出）	2×10^{-35}	14.7
$BaSO_4$	1.1×10^{-10}	9.96	$Co(OH)_3$	2×10^{-44}	43.7
$Bi(OH)_3$	4×10^{-31}	30.4	$Co[Hg(SCN)]_4$	1.5×10^{-6}	5.82

续表

微溶化合物	K_{sp}	pK_{sp}	微溶化合物	K_{sp}	pK_{sp}
α-CoS	4×10^{-21}	20.4	$Mg(OH)_2$	1.8×10^{-11}	10.74
β-CoS	2×10^{-25}	24.7	$MnCO_3$	1.8×10^{-11}	10.74
$Co_3(PO_4)_2$	2×10^{-35}	34.7	$Mn(OH)_2$	1.9×10^{-13}	12.72
$Cr(OH)_3$	6×10^{-31}	30.2	MnS（无定形）	2×10^{-10}	9.7
CuBr	5.2×10^{-9}	8.28	MnS（晶形）	2×10^{-13}	12.7
CuCl	1.2×10^{-6}	5.92	$NiCO_3$	6.6×10^{-9}	8.18
CuCN	3.2×10^{-20}	19.49	$Ni(OH)_2$（新析出）	2×10^{-15}	14.7
CuI	1.1×10^{-12}	11.96	$Ni_3(PO_4)_2$	5×10^{-31}	30.3
CuOH	1×10^{-14}	14.0	α-NiS	3×10^{-19}	18.5
Cu_2S	2×10^{-48}	47.7	β-NiS	1×10^{-24}	24.0
CuSCN	4.8×10^{-15}	14.32	γ-NiS	2×10^{-36}	25.7
$CuCO_3$	14×10^{-10}	9.86	$PbCO_3$	7.4×10^{-14}	13.13
$Cu(OH)_2$	2.2×10^{-20}	19.66	$PbCl_2$	1.6×10^{-5}	4.79
CuS	6×10^{-36}	35.2	PbCIF	2.4×10^{-9}	8.62
$FeCO_3$	3.2×10^{-11}	10.50	$PbCrO_4$	2.8×10^{-13}	12.55
$Fe(OH)_2$	8×10^{-16}	15.1	PbF_2	2.7×10^{-8}	7.57
FeS	6×10^{-18}	17.2	$Pb(OH)_2$	1.2×10^{-15}	14.93
$Fe(OH)_3$	4×10^{-28}	37.4	PbI_2	7.1×10^{-9}	8.15
$FePO_4$	1.3×10^{-22}	21.89	$PbMoO_4$	1×10^{-13}	13.0
Hg_2Br_2	58×10^{-23}	22.24	$Pb_3(PO_4)_2$	8.0×10^{-43}	42.10
Hg_2CO_3	8.9×10^{-17}	16.05	$PbSO_4$	1.6×10^{-8}	7.79
Hg_2Cl_2	1.3×10^{-18}	17.88	PbS	8×10^{-28}	27.9
$Hg_2(OH)_2$	2×10^{-24}	23.7	$Pb(OH)_4$	3×10^{-66}	65.5
Hg_2I_2	4.5×10^{-29}	28.35	$Sb(OH)_3$	4×10^{-42}	41.4
Hg_2SO_4	7.4×10^{-7}	6.13	Sb_2S_3	2×10^{-93}	92.8
Hg_2S	1×10^{-47}	47.0	$Sn(OH)_2$	1.4×10^{-24}	27.85
$Hg(OH)_2$	3.0×10^{-26}	25.52	SnS	1×10^{-25}	25.0
H_2S（红色）	4×10^{-53}	52.4	$Sn(OH)_4$	1×10^{-56}	56.0
H_2S（黑色）	2×10^{-52}	51.7	SnS_2	2×10^{-27}	26.7
$MgNH_4PO_4$	2×10^{-13}	12.7	$SrCO_3$	1.1×10^{-10}	9.96
$MgCO_3$	3.5×10^{-8}	7.46	$SrCrO_4$	2.2×10^{-5}	4.65
MgF_2	6.4×10^{-9}	8.19	SrF_2	2.4×10^{-9}	8.61

续表

微溶化合物	K_{sp}	pK_{sp}	微溶化合物	K_{sp}	pK_{sp}
$SrC_2O_4 \cdot H_2O$	1.6×10^{-7}	6.80	$ZnCO_3$	1.4×10^{-11}	10.84
$Sr_3(PO_4)_2$	4.1×10^{-28}	27.39	$Zn_2[Fe(CN)_6]$	4.1×10^{-16}	15.39
$SrSO_4$	3.2×10^{-7}	6.49	$Zn(OH)_2$	1.2×10^{-17}	16.92
$Ti(OH)_3$	1×10^{-40}	40.0	$Zn_3(PO_4)_2$	9.1×10^{-33}	32.04
$TiO(OH)_2$	1×10^{-29}	29.0	ZnS	2×10^{-22}	21.7

（1）为反应 AsS_3+H_2O ══ $2HAsO_2+3H_2S$ 的平衡常数

（2）$K_{sp}=[BiO^+][OH^-]$

（3）$(Hg_2)_mX_n$ 的 $K_{sp}=[Hg_2^{2+}]^m[X]^n$

（4）$TiO(OH)_2=[TiO^{2+}][OH^-]^2$

附录 5：化合物相对分子质量

物质	相对分子质量	物质	相对分子质量	物质	相对分子质量
Ag_3AsO_4	462.57	As_2S_3	246.02	$CaCO_3$	100.09
Ag_2CrO_4	331.73	$Ba(OH)_2$	171.34	CaO	56.08
AgBr	187.77	BaC_2O_4	225.35	$CaSO_4$	136.14
AgCl	143.32	$BaCl_2$	208.24	$CdCl_2$	183.32
AgCN	133.89	$BaCl_2 \cdot 2H_2O$	244.27	$CdCO_3$	172.42
AgI	234.77	$BaCO_3$	197.34	CdS	144.47
$AgNO_3$	169.87	$BaCrO_4$	253.32	$Ce(SO_4)_2$	332.24
AgSCN	165.95	BaO	153.33	$Ce(SO_4)_2 \cdot 4H_2O$	404.30
$Al(NO_3) \cdot 9H_2O$	375.13	$BaSO_4$	233.39	CH_3COOH	60.05
$Al(NO_3)_3$	213.00	$BiCl_3$	315.34	CH_3COONa	82.034
$Al(OH)_3$	78.00	BiOCl	260.43	$CH_3COONa \cdot 3H_2O$	136.08
$Al_2(SO_4)_3$	342.14	$(C_9H_6NO)_3Al$	459.46	CH_3COONH_4	77.08
$Al_2(SO_4)_3 \cdot 18H_2O$	666.41	$Ca(NO_3)_2 \cdot 4H_2O$	236.15	$Co(NH_2)_2$	60.06
Al_2O_3	101.96	$Ca(OH)_2$	74.09	$Co(NO_3)_2$	182.94
$AlCl_3$	133.34	$Ca_3(PO_4)_2$	310.18	$Co(NO_3)_2 \cdot 6H_2O$	291.03
$AlCl_3 \cdot 6H_2O$	241.43	CaC_2O_4	128.10	CO_2	44.01
As_2O_3	197.84	$CaCl_2$	110.99	$CoCl_2$	129.84
As_2O_5	229.84	$CaCl_2 \cdot 6H_2O$	219.08	$CoCl_26H_2O$	237.93

续表

物质	相对分子质量	物质	相对分子质量	物质	相对分子质量
CoS	90.99	FeS	87.91	$HgSO_4$	296.65
$CoSO_4$	154.99	$FeSO_4$	151.9	HI	127.91
$CoSO_4 \cdot 7H_2O$	281.1	$FeSO_4 \cdot 7H_2O$	278.01	HIO_3	175.91
$Cr(NO_3)_3$	238.01	$FeSO_4(NH_4)_2SO_4 \cdot 6H_2O$	392.13	HNO_3	63.01
Cr_2O_3	151.99	$H_2C_2O_4$	90.04	HNO_3	47.01
$CrCl_3$	158.35	$H_2C_2O_4 \cdot 2H_2O$	126.07	K_2CO_3	138.21
$CrCl_3 \cdot 6H_2O$	266.45	H_2CO_3	62.02	K_2CrO_4	194.19
$Cu(NO_3)_2$	187.56	H_2O	18.02	K_2O	94.196
$Cu(NO_3)_2 \cdot 3H_2O$	241.6	H_2O_2	34.02	K_2SO_4	174.25
Cu_2O	143.09	H_2S	34.08	$K_3Fe(CN)_6$	329.25
$CuCl$	99	H_2SO_3	82.07	$K_4Fe(CN)_6$	368.35
$CuCl_2$	134.45	H_2SO_4	98.07	$KAl(SO_4)_2 \cdot 12H_2O$	474.38
$CuCl_2 \cdot 2H_2O$	170.48	H_3AsO_3	125.94	KBr	119
CuI	190.45	H_3AsO_4	141.94	$KBrO_3$	167
CuO	79.55	H_3BO_3	61.83	$KClO_4$	138.55
CuS	95.61	H_3PO_4	98	KCl	74.551
$CuSCN$	121.62	HBr	80.91	$KClO_3$	122.55
$CuSO \cdot 5H_2O$	249.68	HCl	36.46	KCN	65.12
$CuSO_4$	159.6	HCN	27.03	$KFe(SO_4)_2 \cdot 12H_2O$	503.24
$FeCl_2$	126.75	$HCOOH$	46.03	$KHC_2O_4 \cdot H_2C_2O_4 \cdot 2H_2O$	254.19
$Fe(NO)_3 \cdot 9H_2O$	404	HF	20.006	$KHC_2O_4 \cdot H_2O$	146.14
$Fe(NO_3)_3$	241.86	$Hg(CN)_2$	252.63	$KHC_4H_4O_6$	188.18
$Fe(OH)_3$	106.87	$Hg(NO_3)_2$	324.6	$KHSO_4$	136.16
Fe_2O_3	159.69	$Hg_2(NO_3)_2$	525.19	KI	166
Fe_2S_3	207.87	$Hg_2(NO_3)_2 \cdot 2H_2O$	561.22	KIO_3	214
Fe_3O_4	231.54	Hg_2Cl_2	472.09	$KIO_3 \cdot HIO_3$	389.91
$FeCl_2 \cdot 4H_2O$	198.81	Hg_2SO_4	497.24	$KMnO_4$	158.03
$FeCl_3$	162.21	$HgCl_2$	271.5	$KNaC_4H_4O_6 \cdot 4H_2O$	282.22
$FeCl_3 \cdot 6H_2O$	270.3	HgI_2	454.4	KNO_2	85.104
$FeNH_4(SO_4)_2 \cdot 12H_2O$	482.18	HgO	216.9	KNO_3	101.1
FeO	71.85	HgS	232.65	KOH	56.106

续表

物质	相对分子质量	物质	相对分子质量	物质	相对分子质量
KSCN	97.18	$Na_2C_2O_4$	134	NiS	90.75
$Mg(NO_3)_2 \cdot 6H_2O$	256.41	Na_2CO_3	105.99	$NiSO_4 \cdot 7H_2O$	280.85
$Mg(OH)_2$	58.32	$Na_2CO_3 \cdot 10H_2O$	286.14	NO	30.01
$Mg_2P_2O_7$	222.55	$Na_2H_2Y \cdot 2H_2O$	372.24	NO_2	46.01
MgC_2O_4	112.33	$Na_2HPO_4 \cdot 12H_2O$	358.14	P_2O_5	141.94
$MgCl_2$	95.21	Na_2O	61.98	$Pb(CH_3COO)_2$	325.3
$MgCl_2 \cdot 6H_2O$	203.3	Na_2O_2	77.98	$Pb(CH_3COO)_2 \cdot 3H_2O$	379.3
$MgCO_3$	84.314	Na_2S	78.04	$Pb(NO_3)_2$	331.2
$MgNH_4PO_4$	137.32	$Na_2S \cdot 9H_2O$	240.18	$Pb_3(PO_4)_2$	811.54
MgO	40.304	$Na_2S_2O_3$	158.1	$PbCl_2$	278.1
$MgSO_4 \cdot 7H_2O$	246.47	$Na_2S_2O_3 \cdot 5H_2O$	248.17	$PbCO_3$	267.2
$Mn(NO_3)_2 \cdot 6H_2O$	287.04	Na_2SO_3	126.04	$PbCrO_4$	323.2
$MnCl_2 \cdot 4H_2O$	197.91	Na_2SO_4	142.04	PbI_2	461
$MnCO_3$	114.95	Na_3PO_4	163.94	PbO	223.2
MnO	70.937	$NaBiO_3$	279.97	PbO_2	239.2
MnO_2	86.94	NaClO	74.44	PbS	239.3
MnS	87	NaCN	49.01	$PbSO_4$	303.3
$MnSO_4$	151	$NaHCO_3$	84.01	Sb_2O_3	291.5
$MnSO_4 \cdot 4H_2O$	223.06	$NaNO_2$	69	Sb_2S_3	339.68
MoO_3	143.94	$NaNO_3$	85	$SbCl_3$	228.11
$(NH_4)_2C_2O_4$	124.1	NaOH	40	$SbCl_5$	290.02
$(NH_4)_2C_2O_4 \cdot H_2O$	142.11	NaSCN	81.07	SiF_4	104.08
$(NH_4)_2CO_3$	96.09	NH_3	17.03	SiO_2	60.084
$(NH_4)_2HPO_4$	132.06	NH_4Cl	53.49	$SnCl_2$	189.62
$(NH_4)_2MoO_4$	196.01	NH_4HCO_3	79.06	$SnCl_2 \cdot 2H_2O$	225.65
$(NH_4)_2S$	68.14	NH_4NO_3	80.04	$SnCl_4$	260.52
$(NH_4)_2SO_4$	132.13	NH_4SCN	76.12	$SnCl_4 \cdot 5H_2O$	350.6
$(NH_4)_3PO_4 \cdot 13MoO_3$	2 020.31	NH_4VO_3	116.98	SnO_2	150.7
Na_2AsO_3	191.89	$Ni(NO_3)_2 \cdot 6H_2O$	290.79	SnS	150.78
$Na_2B_4O_7$	201.22	$NiCl_2 \cdot 6H_2O$	237.69	SO_2	64.06
$Na_2B_4O_7 \cdot 10H_2O$	381.37	NiO	74.69	SO_3	80.06

续表

物质	相对分子质量	物质	相对分子质量	物质	相对分子质量
$Sr(NO_3)_2$	211.63	$UO_2(CH_3COO)_2\cdot 2H_2O$	424.15	$ZnCl_2$	136.29
$Sr(NO_3)_2\cdot 4H_2O$	283.69	$Zn(CH_3COO)_2$	183.47	$ZnCO_3$	125.39
SrC_2O_4	175.64	$Zn(CH_3COO)_2\cdot 2H_2O$	219.5	ZnO	81.38
$SrCO_3$	147.63	$Zn(NO_3)_2$	189.39	ZnS	97.44
$SrCrO_4$	203.61	$Zn(NO_3)_2\cdot 6H_2O$	29 748	$ZnSO_4$	161.44
$SrSO_4$	183.68	ZnC_2O_4	153.4	$ZnSO_4\cdot 7H_2O$	287.54

附录 6：一些金属离子的 $\lg\alpha_{M(OH)}$

金属离子	I / $mol\cdot L^{-1}$	pH													
		1	2	3	4	5	6	7	8	9	10	11	12	13	14
Ag^+	0.1											0.1	0.5	2.3	5.1
Al^{3+}	2					0.4	1.3	5.3	9.3	13.3	17.3	21.3	25.3	29.3	33.3
Ba^{2+}	0.1													0.1	0.5
Bi^{3+}	3	0.1	0.5	1.4	2.4	3.4	4.4	5.4							
Ca^{2+}	0.1													0.3	1.0
Cd^{2+}	3									0.1	0.5	2.0	4.5	8.1	12.0
Ce^{4+}	1~2	1.2	3.1	5.1	7.1	9.1	11.1	13.1							
Cu^{2+}	0.1								0.2	0.8	1.7	2.7	3.7	4.7	5.7
Fe^{2+}	1									0.1	0.6	1.5	2.5	3.5	4.5
Fe^{3+}	3			0.4	1.8	3.7	5.7	7.7	9.7	11.7	13.7	5.7	17.7	9.7	21.7
Hg^{2+}	0.1			0.5	1.9	3.9	5.9	7.9	9.9	11.9	13.9	15.9	17.9	9.9	21.9
La^{3+}	3										0.3	1.0	1.9	2.9	3.9
Mg^{2+}	0.1											0.1	0.5	1.3	2.3
Ni^{2+}	0.1									0.1	0.7	1.6			
Pb^{2+}	0.1							0.1	0.5	1.4	2.7	4.7	7.4	0.4	3.4
Th^{4+}	1				0.2	0.8	1.7	2.7	3.7	4.7	5.7	6.7	7.7	8.7	9.7
Zn^{2+}	0.1									0.2	2.4	5.4	8.5	11.8	15.5

参考文献

[1] 化学名词审定委员会 . 化学名词 . 2 版 . 北京: 科学出版社, 2016.

[2] 武汉大学 . 分析化学 . 6 版 . 北京: 高等教育出版社, 2018.

[3] 胡坪, 王氢 . 仪器分析 . 5 版 . 北京: 高等教育出版社, 2019.

[4] 周西林, 叶反修, 王娇娜, 等 . 光电直读光谱分析技术 . 北京: 冶金工业出版社, 2019.

[5] 叶宪曾, 张新祥 . 仪器分析教程 . 2 版 . 北京: 北京大学出版社, 2016.

[6] 王玉枝, 张正奇 . 分析化学 . 3 版 . 北京: 科学出版社, 2016.

[7] 朱鹏飞, 陈集 . 仪器分析教程 . 北京: 化学工业出版社, 2016.

[8] 中国标准出版社第五编辑室 . 化学实验室常用标准汇编(下). 2 版 . 北京: 中国标准出版社, 2009.

[9] 汪尔康 . 21 世纪的分析化学 . 北京: 科学出版社, 1999.

[10] 夏之宁 . 光化学分析 . 重庆: 重庆大学出版社, 2004.

[11] 邓勃 . 原子吸收光谱分析的原理、技术和应用 . 北京: 清华大学出版社, 2004.

[12] 李克安 . 分析化学教程 . 北京: 北京大学出版社, 2005.

[13] 吴性良, 朱万森, 马林 . 分析化学原理 . 北京: 化学工业出版社, 2004.

[14]《岩石矿物分析》编委会 . 岩石矿物分析 . 4 版 . 北京: 地质出版社, 2011.

[15] 辛仁轩 . 等离子体发射光谱分析 . 北京: 化学工业出版社, 2005.

[16] 张平民 . 工科大学化学 . 长沙: 湖南教育出版社, 2002.

[17] 王立, 汪正范, 牟世芬, 等 . 色谱分析样品处理 . 北京: 化学工业出版社, 2001.

[18] 傅若农 . 色谱分析概论 . 北京: 化学工业出版社, 2000.

[19] 陈立仁, 蒋生祥, 刘霞, 等 . 高效液相色谱基础与实践 . 北京: 科学出版社, 2001.

[20] 牟世芬, 刘克纳 . 离子色谱方法及应用 . 北京: 化学工业出版社, 2000.

郑重声明

高等教育出版社依法对本书享有专有出版权。任何未经许可的复制、销售行为均违反《中华人民共和国著作权法》,其行为人将承担相应的民事责任和行政责任;构成犯罪的,将被依法追究刑事责任。为了维护市场秩序,保护读者的合法权益,避免读者误用盗版书造成不良后果,我社将配合行政执法部门和司法机关对违法犯罪的单位和个人进行严厉打击。社会各界人士如发现上述侵权行为,希望及时举报,我社将奖励举报有功人员。

反盗版举报电话　(010)58581999　58582371

反盗版举报邮箱　dd@hep.com.cn

通信地址　北京市西城区德外大街 4 号

　　　　　高等教育出版社法律事务部

邮政编码　100120

读者意见反馈

为收集对教材的意见建议,进一步完善教材编写并做好服务工作,读者可将对本教材的意见建议通过如下渠道反馈至我社。

咨询电话　400-810-0598

反馈邮箱　hepsci@pub.hep.cn

通信地址　北京市朝阳区惠新东街 4 号富盛大厦 1 座

　　　　　高等教育出版社理科事业部

邮政编码　100029